工程量清单计价造价员培训教程

市 政 工 程

（第二版）

工程造价员网　张国栋　主编

中国建筑工业出版社

图书在版编目（CIP）数据

市政工程/张国栋主编. —2版. —北京：中国建筑工业出版社，2016.6
工程量清单计价造价员培训教程
ISBN 978-7-112-19349-3

Ⅰ.①市… Ⅱ.①张… Ⅲ.①市政工程-工程造价-技术培训-教材 Ⅳ.①TU723.3

中国版本图书馆CIP数据核字(2016)第075645号

本书将住房和城乡建设部新颁《建设工程工程量清单计价规范》（GB 50500—2013）、《市政工程工程量清单计算规范》（GB 50857—2013）与《全国统一市政工程预算定额》有效地结合起来，以便帮助读者更好地掌握新规范，巩固旧知识。编写时力求深入浅出、通俗易懂，加强其实用性，在阐述基础知识、基本原理的基础上，以应用为重点，做到理论联系实际，深入浅出地列举了大量实例，突出了定额的应用、概（预）算编制及清单的使用等重点。本书可供工程造价、工程管理及高等专科学校、高等职业技术学校和中等专业技术学校建筑工程专业、工业与应用建筑专业与土建类其他专业作教学用书，也可供建筑工程技术人员及从事有关经济管理的工作人员参考。

* * *

责任编辑：周世明
责任校对：陈晶晶　关　健

工程量清单计价造价员培训教程
市政工程
（第二版）
工程造价员网　张国栋　主编
*
中国建筑工业出版社出版、发行（北京西郊百万庄）
各地新华书店、建筑书店经销
北京红光制版公司制版
北京富生印刷厂印刷
*
开本：787×1092毫米　1/16　印张：25¼　字数：613千字
2016年8月第二版　2016年8月第三次印刷
定价：58.00元
ISBN 978-7-112-19349-3
（28615）

编　委　会

主　　编　工程造价员网　张国栋

参　　编　赵小云　郭芳芳　洪　岩　刘　瀚
张梦婷　余　莉　雷迎春　蔡利红
张金萍　魏琛琛　苏　莉　娄金瑞
张慧利　王丽格　郑倩倩　王会梅
安新杰　孔　秋　文学红　王甜甜
周　凡　王　琳　惠　丽　魏晓杰
范胜男　闫应鹏　周亚萍　刘晓锐
唐磊磊　廖荣芳　梁朋柱　葛淑丽
王晓君　夏先红　杨家林

第二版前言

工程量清单计价造价员培训教程系列共有6本书，分别为工程量清单计价基本知识、建筑工程、装饰装修工程、安装工程、市政工程、园林绿化工程。第一版书于2004年出版面世，书中采用的规范为《建设工程工程量清单计价规范》(GB 50500—2003）和各专业对应的全国定额。在2004～2014年期间，住房和城乡建设部分别对清单规范进行了两次修订，即2008年和2013年各一次，目前最新的为2013版本，2013版清单计价规范相对之前的规范做了很大的改动，将不同的专业采用不同的分册单独列出来，而且新的规范增加了原来规范上没有的诸如城市轨道等内容。

作者在第一版书籍面世之后始终没有停止对该系列书的修订，第二版是在第一版的基础上修订，第二版保留了第一版的优点，并对书中有缺陷的地方进行了补充，特别是在2013版清单计价规范颁布实施之后，作者更是投入了大量的时间和精力，从基本知识到实例解析，逐步深入，结合规范和定额逐一进行了修订。与第一版相比，第二版书中主要做的修订情况包括如下：

1. 首先将原书中的内容进行了系统的划分，使本书结构更清晰，层次更明了。

2. 更改了第一版书中原先遗留的问题，将多年来读者来信或邮件或电话反馈的问题进行汇总，并集中进行了处理。

3. 将书中比较老旧过时的一些专业名词、术语介绍、计算规则做了相应的改动。并增添了一些新规范上新增添的术语之类的介绍。

4. 将书中的清单计价规范涉及的内容更换为最新的2013版清单计价规范。

5. 将书中的实例计算过程对应地添加了注释解说，方便读者查阅和探究对计算过程中的数据来源分析。

6. 将实例中涉及的投标报价相关的表格填写更换为最新模式下的表格，以迎合当前造价行业的发展趋势。

完稿之后作者希望做第二版，为众多学者提供学习方便，同时也让刚入行的人员能通过这条捷径尽快掌握预算的要领并运用到实际当中。

本书在编写过程中，得到了许多同行的支持与帮助，在此表示感谢。由于编者水平有限和时间紧迫，书中难免有错误和不妥之处，望广大读者批评指正。如有疑问，请登录www.gczjy.com（工程造价员网）或www.ysypx.com（预算员网）或www.debzw.com（企业定额编制网）或www.gclqd.com（工程量清单计价网），或发邮件至zz6219@163.com或dlwhgs@tom.com与编者联系。

编者

目　录

第一章　建设工程制图及识图

第一节　市政工程制图

一、投影概念

投影原理是制图和识读市政工程图的理论基础，要准确地绘制和阅读市政工程图并掌握基本知识，就必须研究投影原理，学好投影的基本规律。

1. 投影的形成与要素

工程图是按照投影原理绘制的，在日常生活中，我们经常看到影子这个自然现象。例如：在阳光下，树木、电杆、房屋、人、车等的物都有影子落在地上。投影原理就是以这类现象为根源而产生的。

现在，我们分析一下，一个三角板 ABC 在灯光的照射下，其影子落在地面上的投影过程如图 1-1（a）、图 1-1（b）、图 1-1（c）。

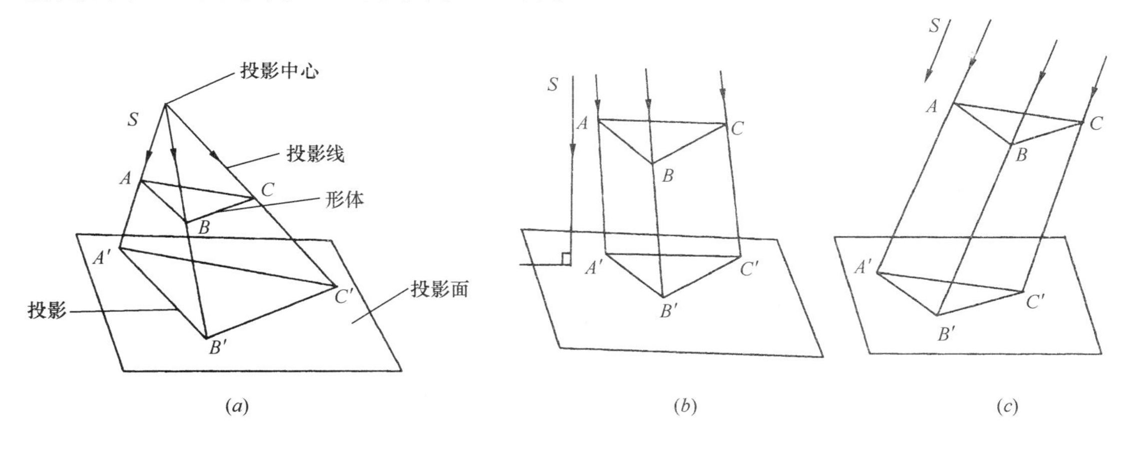

图 1-1　投影的种类

（a）中心投影；（b）正投影；（c）斜投影

如图 1-1（a），三角板 ABC 在光源 S 的照射下，相应地在投影面 P 上就出现了影子 abc，这是投影的形成。

在制图上：

把表示光线的线称为投射线或投影线；

把落影平面称为投影面（如 P 地面）；

为了便于研究，人们对于物体，撇开其材料、质量等物理性质，只考虑物体所占据的空间部分的几何形体，并专门称之为形体（如三角板 ABC 以 Q 来代表）；

把形体 Q 在光源 S 的照射下于投影面 P 上投下的影子 q（abc）称为投影（或投影面上物体的影像称投影）。

由此可见，投射线、投影面和形体是形成投影的必不可少的三个要素。

2. 投影法的分类及其定义

投影法可分为两大类，即中心投影法和平行投影法。其中平行投影法又可分为正投影法和斜投影法。

中心投影法即投射光线从一点发射并对物体作出投影图的方法，如图 1-1（*a*）所示；平行投影法即用相互平行的投射光线不仅相互平行且垂直于投影面，对物体作出投影图的方法，如图 1-1（*b*）所示；斜投影法是所有投影光线相互平行，但与投影面斜交，对物体作出投影图的方法，如图 1-1（*c*）所示。

由于正投影图既反映物体的真实形状又反映其大小，在工程制图中得到了广泛的应用，因此，本节将主要介绍正投影图。

3. 正投影的基本特性

（1）全等性　当空间直线和平面平行于投影面时直线和平面的正投影分别会反映实长和实形，这种性质称为正投影的全等性，如图 1-2（*a*）所示。

（2）积聚性　直线、平面垂直于投影面时，其投影积聚为一点、直线，称投影的积聚性。如图 1-2（*b*）所示。

（3）类似性　点的正投影仍然是点，直线倾斜于投影面时正投影仍然为直线，平面倾斜于投影面时正投影仍然反映原来的空间几何形状，这种性质称为正投影的类似性。如图 1-2（*c*）所示。

（4）重合性　两个或两个以上的点、直线、平面具有相同的正投影图称为投影重合即重影，这种性质称为正投影的重合性，如图 1-2（*d*）所示。

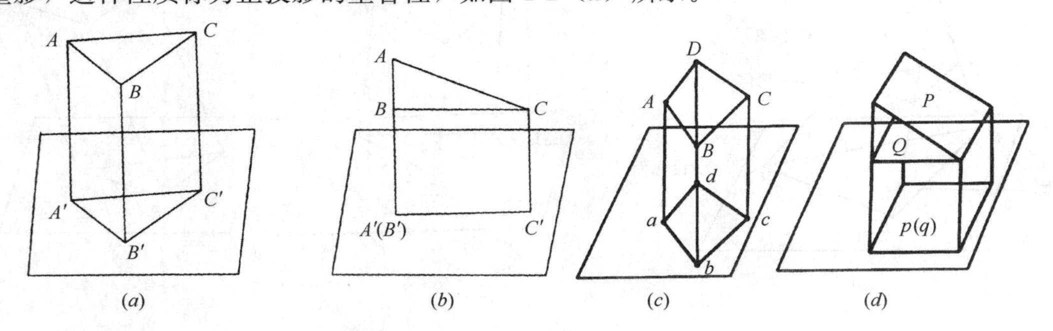

图 1-2　正投影规律

（*a*）平面平行投影面；（*b*）平面垂直投影面；（*c*）平面倾斜投影面；（*d*）两平面正投影重合性

二、点、线、面的正投影

各种形体实际上都是由面围成的，面又是由线组成的，线则是由点构成的。

所以，各种形体都可以看作是由点、线、面所组成，形体的投影也可以看作是由形体上点、线、面的投影所组成。我们首先分析点、线、面的正投影基本规律，以便在此基础上研究和理解形体的正投影规律。以下凡不特别指出，投影均指正投影。

1. 点的投影规律

点的投影是通过该点的投射线与投影面的交点（图 1-3）。

点的投影仍然是点。

2. 直线的投影规律

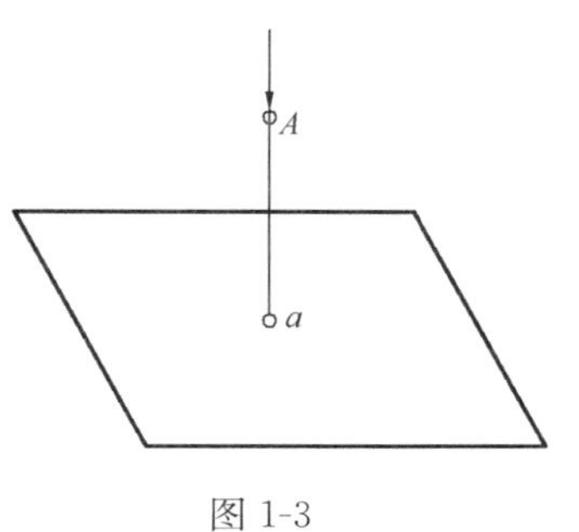

图 1-3

直线的投影是直线上各点的投影，实际上也就是直线两端点投影的连线。直线的投影规律主要有以下几点：

（1）当直线与投影面平行时，它的投影仍是一条直线，且与它的实际长度相等，如图 1-4（a）所示。

（2）当直线与投影面垂直时，它的投影将汇聚于一点，如图 1-4（b）所示。

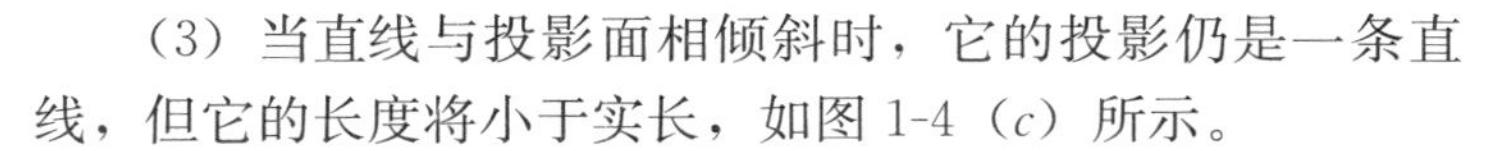

（3）当直线与投影面相倾斜时，它的投影仍是一条直线，但它的长度将小于实长，如图 1-4（c）所示。

（4）当直线上有一点，则这一点的投影将仍在这条直线上，如图 1-4（c）所示。

（5）直线上两线段长度之比，投影后仍保持不变，如图 1-4（c）$\frac{CB}{AC}=\frac{cb}{ac}$。

（6）平行线的投影仍保持平行，如图 1-4（d）所示。

（7）两平行线段长度之比值，投影后仍保持不变，如图 1-4（d）所示。顺便指出：（1），（4），（5），（6），（7）五点，在斜投影中也是成立的。

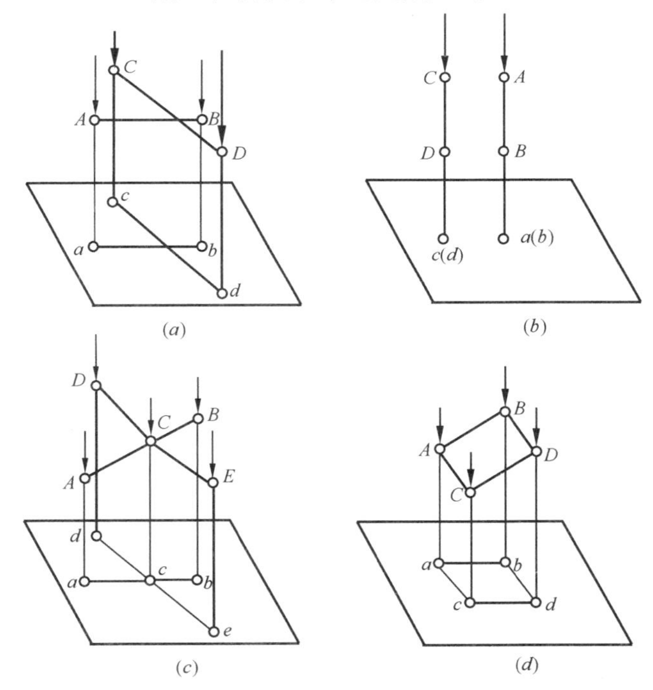

图 1-4

3. 平面的投影规律

平面的投影是该平面轮廓线投影所围成的图形。平面的投影规律主要如下：

（1）当平面与投影面平行时，它的投影与实际形状相同，肯每条线段的长度与实长相等，如图 1-5（a）所示。

（2）当平面与投影面垂直时，它的投影将汇聚为一条直线。如图 1-5（b）所示。

（3）当平面与投影面相倾斜时，其投影的形状将会发生变化且其面积也将变小，如图 1-5（c）所示。

（4）平面上互相平行的直线，其投影仍保持平行。

（5）平面上相交的两直线，其投影仍然相交，并且投影的交点也是交点的投影。如图 1-5（a）、（c），AB 和 BC 相交，则 ab 和 bc 也相交，并且投影的交点 b 也就是 AB 和 BC 交点 B 的投影。

由上可知：直线和平面对一个投影面的位置都有三种情况，即平行、垂直和倾斜。它们的投影是随着其位置的变化而发生变化的。

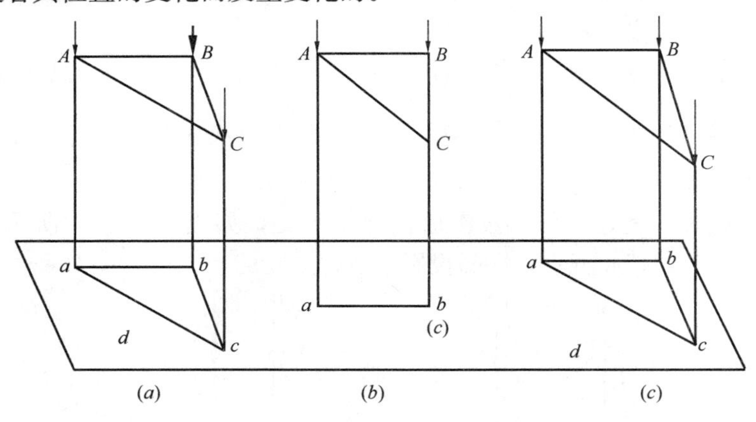

图 1-5

4. 投影的积聚性与全等性

（1）一个面与投影面垂直，其正投影为一条线。这个面上的任意一点或线或其他图形的投影也都积聚在这一条线上，如图 1-6（a）所示；一条直线与投影面垂直，它的正投影成为一点，这条线上的任意一点的投影也都落在这一点上，如图 1-6（b）所示。投影中的这种特性称为积聚性。

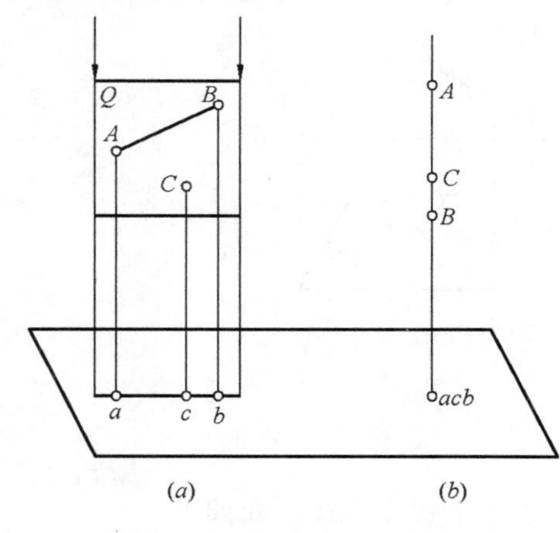

图 1-6　三面投影体系

图 1-6（a），Q 面的投影积聚为一直线，Q 面上的 AB 线和 C 点的投影也都积聚在 Q 面的投影上。

图 1-6（b），AB 直线的投影积聚为一点，AB 线上 C 点的投影也积聚在这一点上。

具有积聚性的投影，能清楚地反映物体上线、面的位置。

（2）与投影面平行的直线或平面，它们的正投影反映实形。这种投影特性称为全等性。如图 1-4（a）与图 1-5（a）所示。

具有全等性的投影，能真实地反映物体上线、面的大小、形状、相对位置。掌握这两种投影所具有的特性，对判断物体的形状是很有用的，所以，它们就成为我们看图和画图必须掌握的最重要的两条规律。

三、三面正投影图

1. 三面投影体系

反映一个空间物体的全部形状需要六个投影面，但一般物体用三个相互垂直的投影面上的三个投影图，就能比较充分地反映它的形状和大小。这三个相互垂直的投影面称为三面投影体系，如图 1-7 所示。三个投影面分别称为水平投影面（简称水平面，H 面），正立投影面（立面、V 面）和侧立投影面（侧面，W 面）。各投影面间的交线称为投影轴。

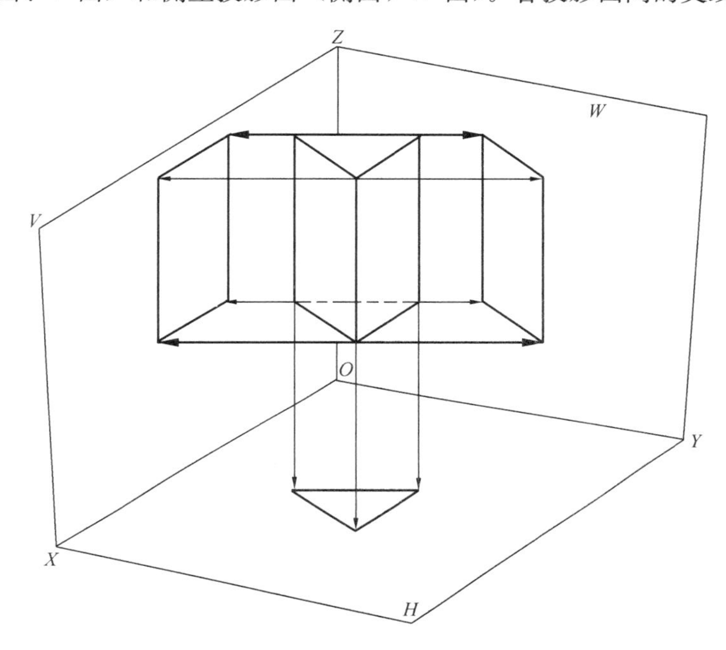

图 1-7　三面投影体系

2. 三面投影图的形成与展开

将物体置于三面投影体系之中，用三组分别垂直于 V 面、H 面和 W 面的平行投射线（如图中箭头所示）向三个投影面作投影，即得物体的三面正投影图。

上述所得到的三个投影图是相互垂直的，为了能在图纸平面上同时反映出这三个投影，需要将三个投影面及面上的投影图进行展开，展开的方法是：V 面不动，H 面绕 OX 轴向下转 90°；W 面绕 OZ 轴向右转 90°。分别为 OX、OY、OZ、投影轴、三条投影轴相交于 O 点，点 O 称为原点。

把形体放在三面投影体系中，用三组分别垂直于 V 面、H 面、W 面的平行投射线向三个面作正投影，这三个正投影图称为三面正投影图（简称三面投影）。投射方向从上到下得到的在 H 面上的正投影图称为水平投影（简称 H 投影）；投射方向从前到后得到的在 V 面的正投影图称为正面投影图（简称 V 投影）；投影方向从左到右得到的在 W 面上的正投影图称为侧面投影（简称 W 投影）。如图 1-7 所示。

此时 OY 轴分为两条，位于 H 面上的 Y 轴称为 OYH 位于 W 面上的 Y 轴称为 OYW。

这样三个投影面及投影图就展平在与 V 面重合的平面上，如图 1-8 所示。在实际制图中，投影面与投影轴省略不画，但三个投影图的位置必须正确。

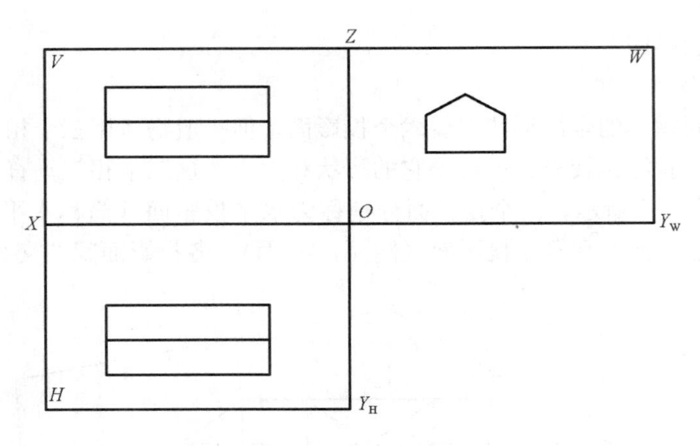

图 1-8　投影面展开图

3. 三面投影图的投影规律

（1）三个投影图中的每一个投影图表示物体的两个向度和一个面的形状，即

1）V 面投影反映物体的长度和高度。

2）H 面投影反映物体的长度和宽度。

3）W 面投影反映物体的高度和宽度。

（2）三面投影图的“三等关系”

1）长对正　即 H 面投影图的长与 V 面投影图的长相等。

2）高平齐　即 V 面投影图的高与 W 面投影图的高相等。

3）宽相等　即 H 面投影图中的宽与 W 面投影图的宽相等。

（3）三面投影图与各方位之间的关系

物体都具有左、右、前、后、上、下六个方向，在三面图中，它们的对应关系为：

1）V 面图反映物体的上、下和左、右的关系。

2）H 面图反映物体的左、右和前、后的关系。

3）W 面图反映物体的前、后和上、下的关系。

4. 平面的三面正投影特性

（1）投影面平行面　此类平面平行于一个投影面，同时垂直于另外两个投影面，如图 1-9 所示，其投影特点是：

1）平面在它所平行的投影面上的投影反映实形；

2）平面在另两个投影面上的投影积聚为直线，且分别平行于相应的投影轴。

（2）投影面垂直面　此类平面垂直于一个投影面，同时倾斜于另外两个投影面，如图 1-10 所示。其投影图的特征为：

1）垂直面在它所垂直的投影面上的投影积聚为一条与投影轴倾斜的直线；

2）垂直面在另两个面上的投影不反映实形。

（3）一般位置平面

对三个投影面都倾斜的平面称一般位置平面，其投影的特点是：三个投影均为封闭图形，小于实形，没有积聚性，但具有类似性。

四、形体的投影

对于形状极其复杂的事物，均可以把它们分解成几个简单的几何图形，这种几何图形也被称为基本形体，以其基本形体的投影若能牢固掌握并能阅读，那儿对于复杂图形的投影图的阅读就会极其容易、简单，见表 1-1 和表 1-2。

投影面平行面 **表 1-1**

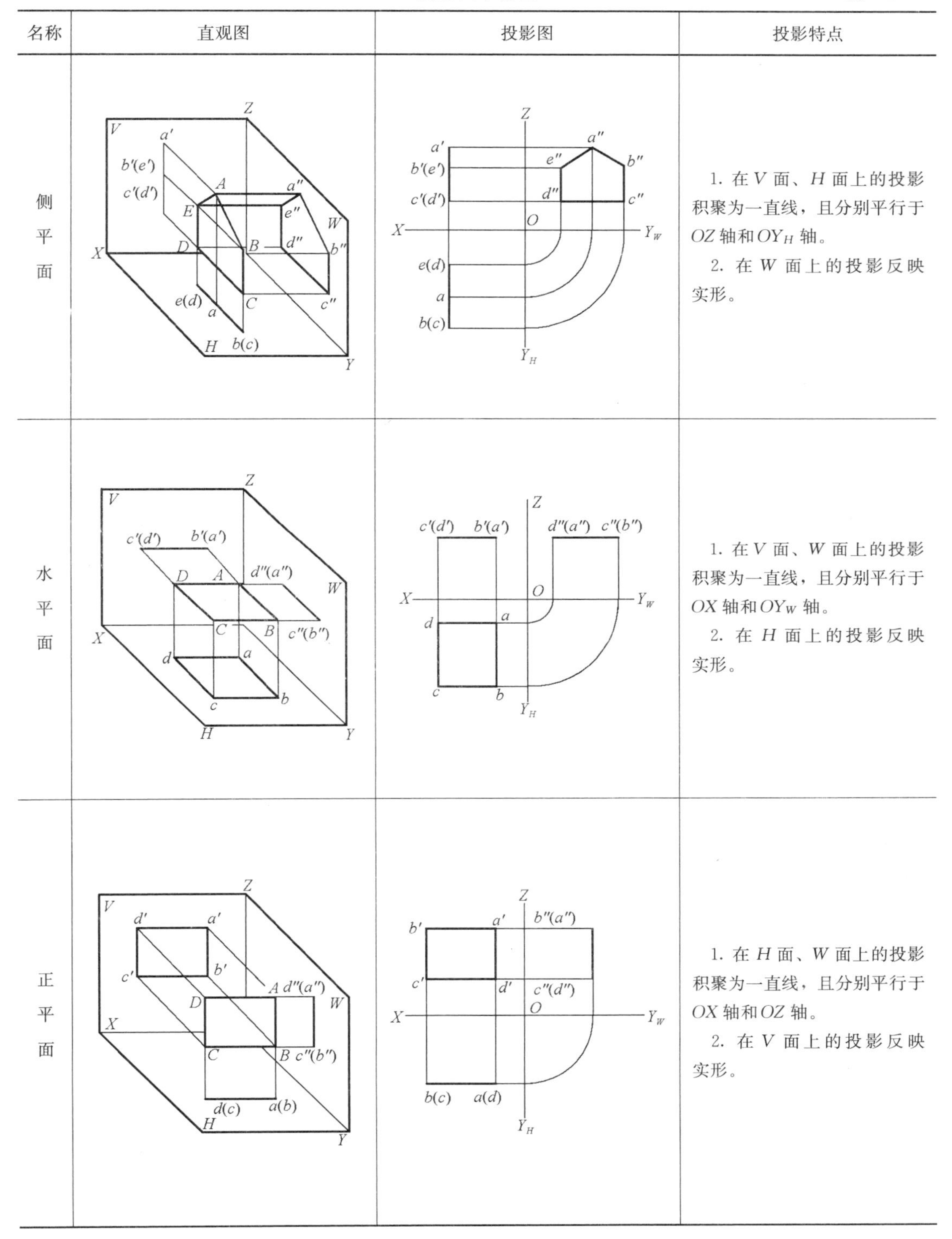

名称	直观图	投影图	投影特点
侧平面			1. 在 V 面、H 面上的投影积聚为一直线，且分别平行于 OZ 轴和 OY_H 轴。 2. 在 W 面上的投影反映实形。
水平面			1. 在 V 面、W 面上的投影积聚为一直线，且分别平行于 OX 轴和 OY_W 轴。 2. 在 H 面上的投影反映实形。
正平面			1. 在 H 面、W 面上的投影积聚为一直线，且分别平行于 OX 轴和 OZ 轴。 2. 在 V 面上的投影反映实形。

投影面垂直面　　表 1-2

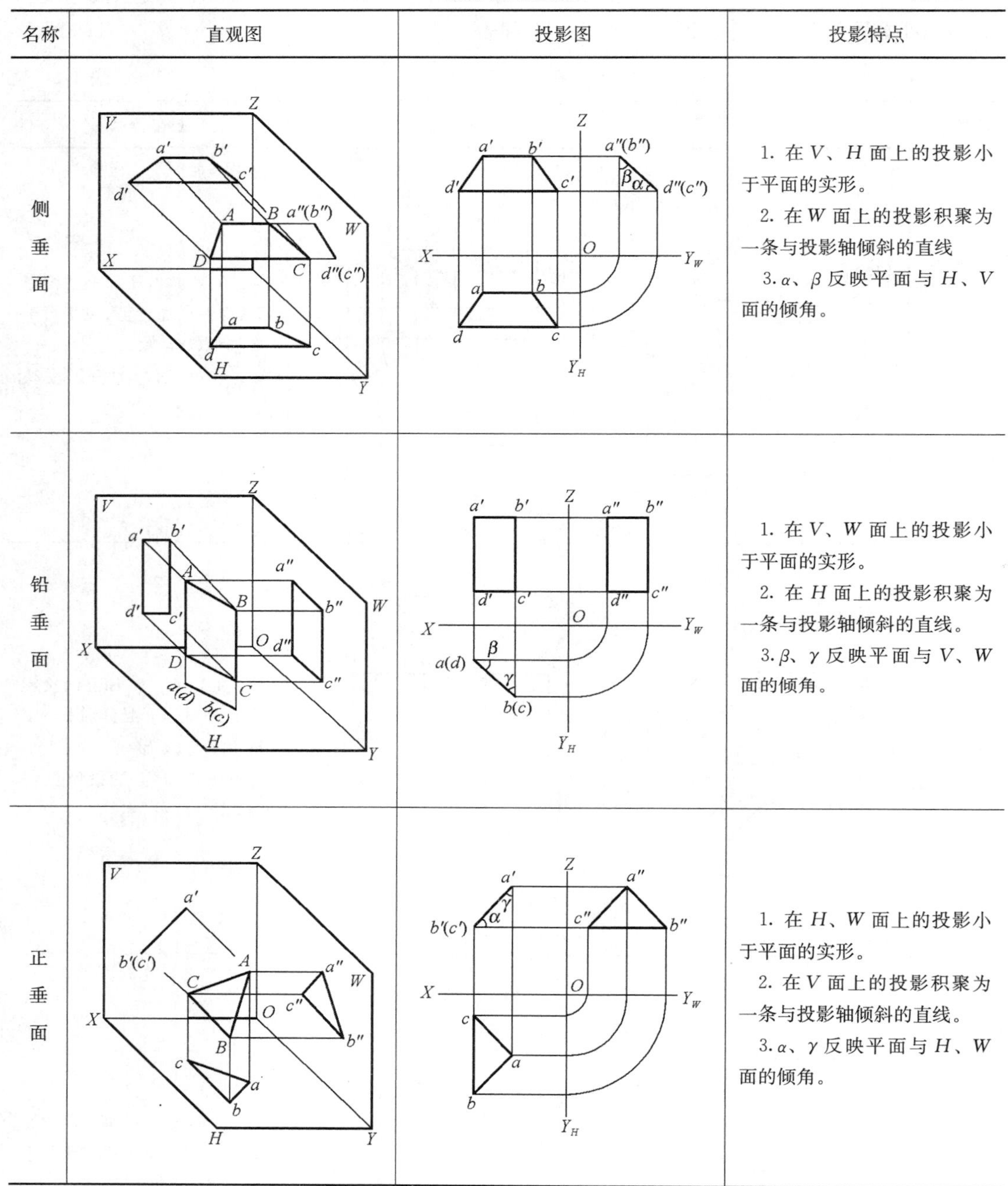

名称	直观图	投影图	投影特点
侧垂面			1. 在 V、H 面上的投影小于平面的实形。 2. 在 W 面上的投影积聚为一条与投影轴倾斜的直线 3. α、β 反映平面与 H、V 面的倾角。
铅垂面			1. 在 V、W 面上的投影小于平面的实形。 2. 在 H 面上的投影积聚为一条与投影轴倾斜的直线。 3. β、γ 反映平面与 V、W 面的倾角。
正垂面			1. 在 H、W 面上的投影小于平面的实形。 2. 在 V 面上的投影积聚为一条与投影轴倾斜的直线。 3. α、γ 反映平面与 H、W 面的倾角。

根据基本形体表面的直观特点，可分为平面体和曲面体两种类型，其中由若干个平面围成的几何体即称为平面体，它由曲面或由平面与曲面围围成的几何体称为曲面体，在工程上常见的平面体有：棱柱、棱台、棱锥等。曲面体有圆柱、圆锥、球体等。

1. 平面体的投影

图 1-9（a）为正方体的立体图，图 1-9（b）是该正方体的三面投影图，为了方便作图和阅读，令正方体的底面平行于 H 面，左右两面垂直于 V 面，前后面垂直于 W 面，对

V 面的投影方向如图 1-9（a）所示。

若正方体里面有一直线 AB，如图 1-9（a）所示，现作该直线在三个投影面上的投影。

线平面上的投影亦符合三面正投影的投影规律，在作直线的投影时，只要先作该直线两个端点的投影，然后连接两端点的投影，即可得该直线在三个投影面上的投影。具体的作图方法为：

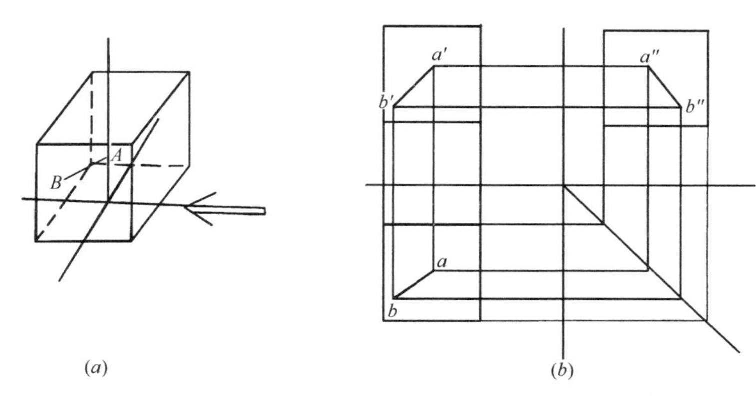

图 1-9　正方体的投影

（a）直观图；（b）投影图

（1）首先，设 AB 直线在 V 面上的投影为 $a'b'$；

（2）作 a'点在 W 面的投影 a''，通过 a'和 a''求出 H 面的投影 a；

（3）同法求 b''及 b 点；

（4）连接 $a'b'$，ab，及 $a''b''$，即为 AB 在三个投影面上的投影。

2. 曲面体的投影

图 1-10 是一个正圆锥体的直观图和投影图其中直观图的正圆锥体的底面平行于 H 面，因此，正圆锥体在 H 面上的投影为圆，反映其真实形状和大小，而锥面的水平投影管理层底面在 H 面上的投影重合，且圆心为锥顶的投影，正圆锥体在 V 面及 W 面上的投影将汇聚为一条直线，而锥面在 V 面及 W 面上的投影是轮廓素线的投影。

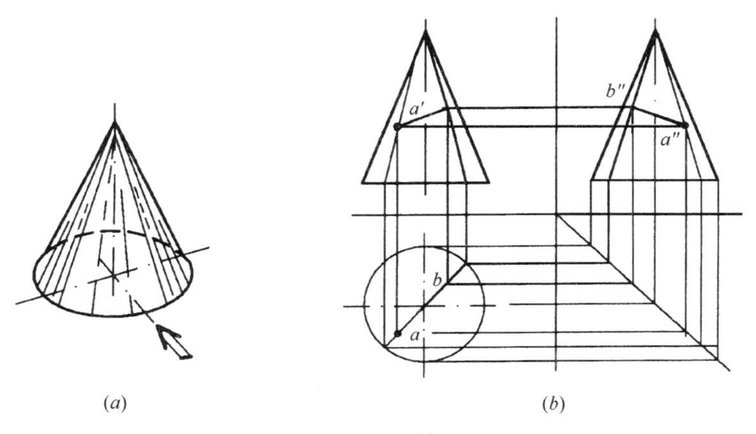

图 1-10　正圆锥体的投影

（a）直观立体图；（b）投影图

若图 1-10 所示的圆锥体表面有一弧线 AB，且 AB 在 V 投影面上的投影为 $a'b'$，求弧线 AB 在三个投影面上的投影 ab、a'，b'，$a''b''$。

曲面上点的投影有两种方法即素线法和纬圆法两种，本图用素线法作出 $a'b'$、ab、$a''b''$。

3. 组合体的投影

组合体是由多个基本的几何图形所组成的组合体，在生活中最常见到。

（1）平面组合体的投影

图 1-11（a）是两相交的棱柱，图（b）是两相交棱柱的三面投影图。

（2）平面体与曲面体的组合体投影

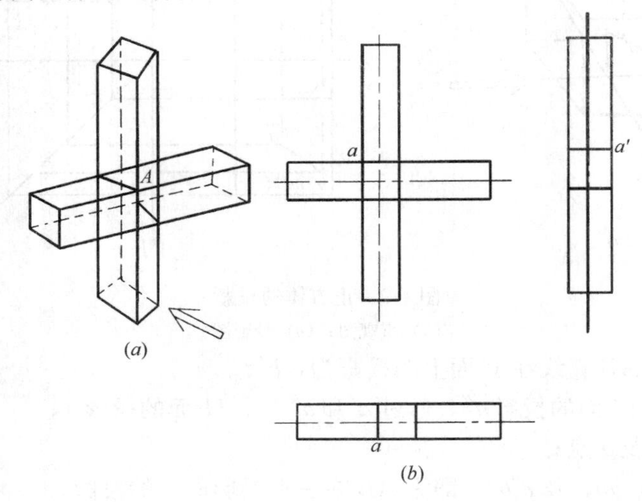

图 1-11 平面组合体投影图

（a）台阶立体图；（b）投影图

图 1-12 是平面体与曲面体的组合体投影图，图（a）是矩形梁与圆形柱的组合立体

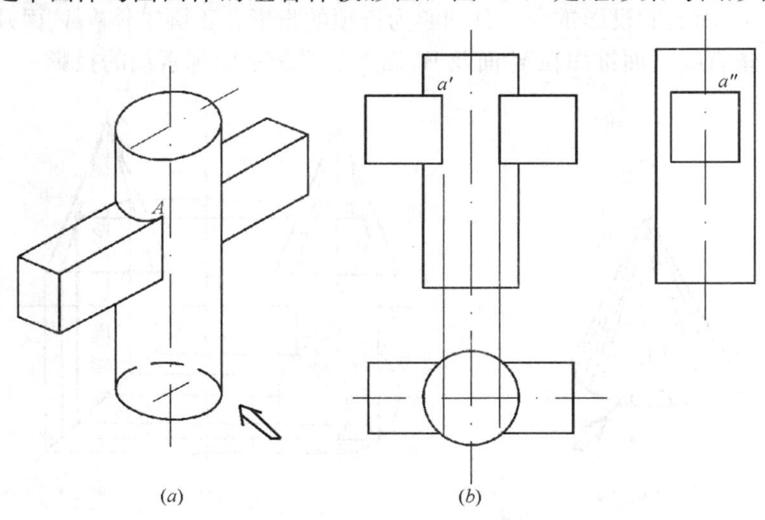

图 1-12 组合体投影图

（a）梁、柱组合体立体图；（b）投影图

图，图（b）是该组合体的三面投影图。本例图（a）的三视图是先用细实线画出柱和梁各自的三视图底稿，再按它们间的位置关系加深可见轮廓线（用粗实线），即得图（b）的投影图。

五、剖面图与断面图

1. 剖面图

（1）剖面图的形成　用假想的剖切面（平面或剖面）剖开形体，移去剖切面与观察者之间的那部分形体，而将其余部分向投影面投射所得的正投影图称为剖面图。如图1-13所示。

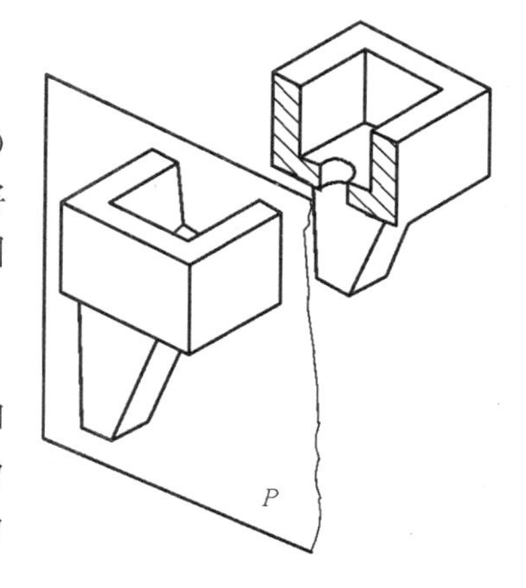

图 1-13　剖面图的形成

（2）剖面图的标注方法

1）剖切符号。剖面图的剖切符号应由剖切位置线和投射方向线组成，均用粗实线绘制，剖切位置线长度约为6～10mm。投射方向线应与剖切位置线垂直，长度约为4～6mm。剖切符号不应与图线相交。

2）剖切符号编号。剖切符号的编号采用阿拉伯数字，并注写在剖视方向线的端部，编号应按顺序由左至右，由下至上连续编排。

3）剖面图的标注。

① 在剖切面的迹线的起、迄、转折处标注剖切位置线，在图形外的位置线两端画出投射方向线如图1-14。

② 在投射方向线端注写剖切符号编号。如果剖切位置线需要转折时，应在转角外侧注上相同的剖切符号编号（图1-14）。

③ 在剖面图下方标注剖面图名称，如“×—×剖面图”，在图名下绘一水平粗实线，其长度以图名所占长度为准（图1-14）。

（3）剖面图的画法　剖面图应画出剖切后留下部分的投影图，绘图要点是：

1）图线。被剖切的轮廓线用粗实线，未剖切的可见轮廓线为中或细实线。

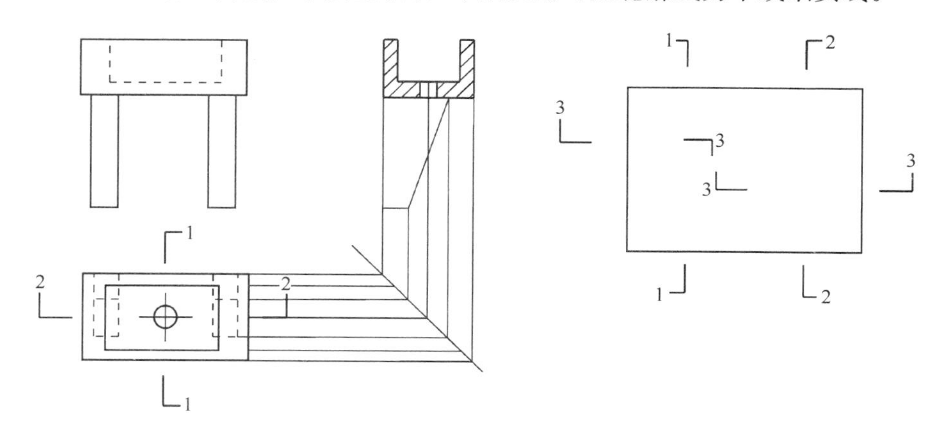

图 1-14　剖面图的标注

2）不可见线。在剖面图中，看不见的轮廓线一般不画，特殊情况可用虚线表示。

3）被剖切面的符号表示。剖面图中的切口部分（剖切面上），一般画上表示材料种类的图例符号；当不需标出材料种类时，用 45°平行细线表示；当切口截面比较狭小时，可涂黑表示。

（4）剖面图的种类　按剖切位置可分为两种：

1）水平剖面图。当剖切平面平行于水平投影面时，所得的剖面图称为水平剖面图，建筑施工图中的水平剖面图称平面图。

2）垂直剖面图。若剖切平面垂直于水平投影面所得到的图称垂直剖面图，图 1-14 中的 1-1 剖面称纵向剖面图，2-2 剖面称横向剖面图，两者均为垂直剖面图。

按剖切面的形式可分为：

1）全剖面图。用一个剖切平面将形体全部剖开后所画的剖面图。图 1-14 所示的两个剖面为全剖面图。

2）半剖面图。当物体具有对称平面时，在垂直于对称平面的投影面上所得的投影，可以以中心线为界，一半绘制成剖面图，另一半绘制成投影图，这样的剖面图称为半剖面图。如图 1-15 所示。

3）阶梯剖面图。用阶梯形平面剖切形体后得到的剖面图，如图 1-16 所示。

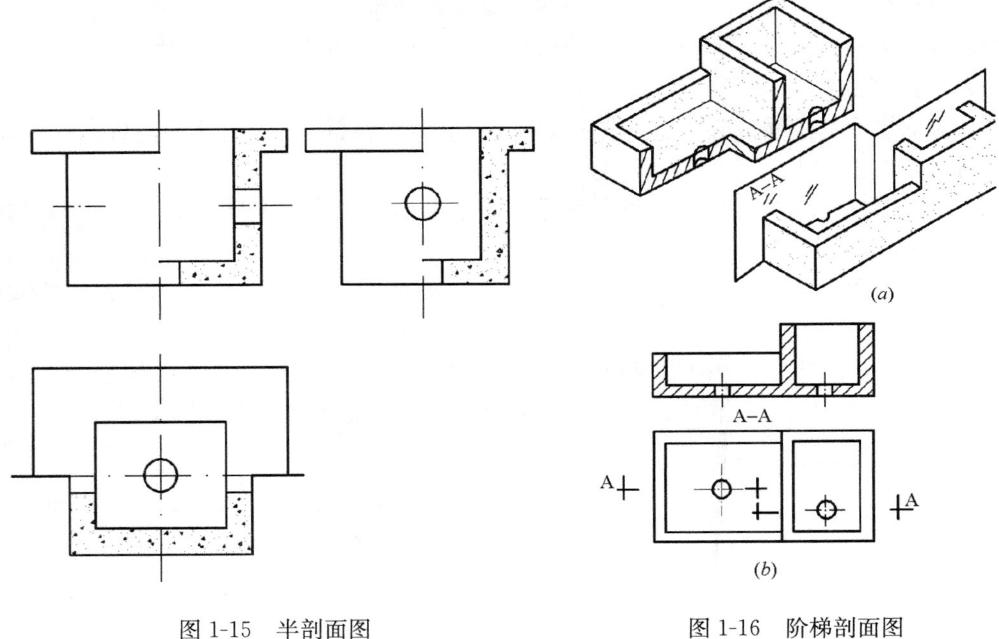

图 1-15　半剖面图　　　　图 1-16　阶梯剖面图

4）局部剖面图。用剖切面局部地剖开物体所得的剖面图。如图 1-17 所示。

2. 断面图

（1）断面图的形成。断面图亦称截面图，是假想用剖切面将物体某部分切断，仅画出剖切面与物体接触部分的投影图。常用来表示物体局部断面形状。

（2）断面图的标注方法与画法。

1）断面图中剖切符号由剖切位置线表示。剖切位置线用粗实线绘制，长度约 6～10mm。

2）剖切符号编号与剖面图相同。

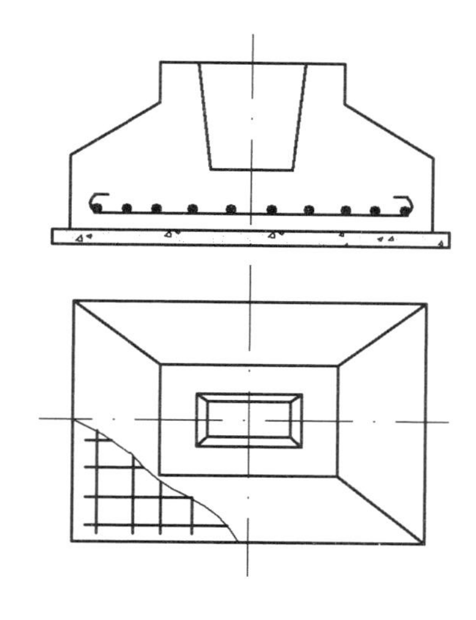

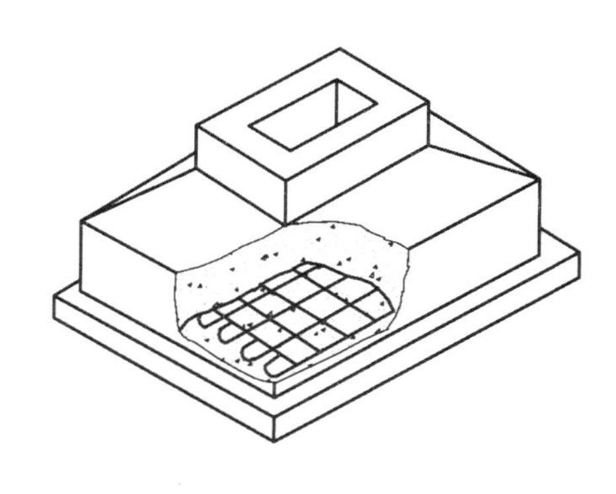

图 1-17　局部剖面图

3）断面图的标注

①在剖切平面的迹线上标注剖切位置线。

②在剖切位置线一侧注写剖切符号编号，编号所在一侧表示该断面剖切后的投射方向。

③在断面图下方标注断面图名称，如“×—×”，并在图名下画一水平粗实线，其长度以图名所占长度为准。

（3）断面图的画法。

断面图只画被切断面的轮廓线，用粗实线画出，不画未被剖切部分和看不见部分。断面内按材料图例画；断面狭窄时，涂黑表示，或不画图例线，用文字予以说明。

1）移出断面图

将断面图画在投影轮廓线之外的断面图称为移出断面图。为了便于看图，移出断面应尽量画在剖切平面迹线的延长线上。断面轮廓线用粗实线表示。移出断面图适用于形体的截面形状变化较多情况，如图 1-18 所示。

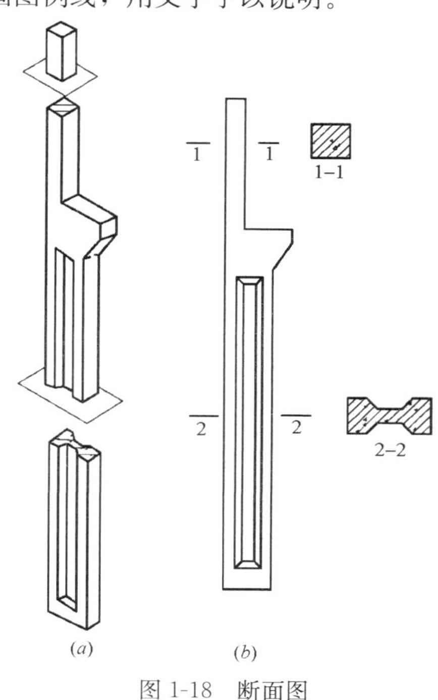

图 1-18　断面图

2）折倒断面图

画在剖切位置迹线上，并与视图重合的断面图称为折倒断面图或重合断面图。折倒断面图的轮廓线用粗实线，当视图中的轮廓线与重合断面轮廓线重合时，视图的轮廓线仍应连续画出，不可间断。剖切面画材料符号，不标注符号及编号。图 1-19 是现浇楼层结构平面图中表示梁板及标高所用的断面图。

3）中断断面图

将断面图画在视图的断开处，称中断断面图，中断断面图不需要标注，适用于形体较长且截面单一的杆件。如图 1-20 所示。

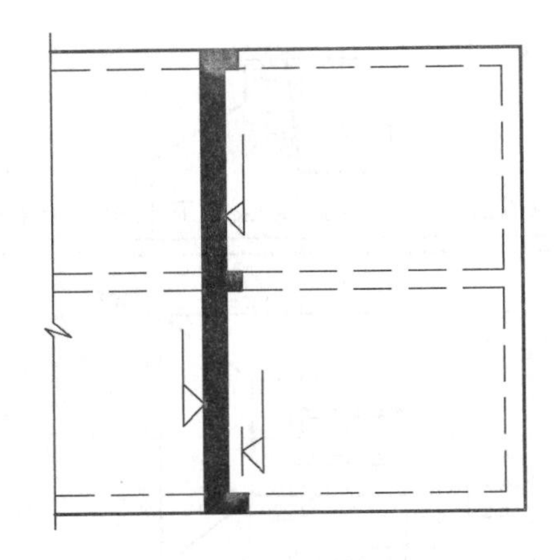

图 1-19　折倒断面图

六、轴测投影图

1. 轴测投影图的特点

正投影图的优点是能够完整而准确地表示形体的形状和大小，作图简便，所以在工程实践中被广泛应用。但是，这种图缺乏立体感，要有一定的空间想象力和识图能力才能看懂。例如图 1-21 所示的垫座，如果单画出它的三面投影图（图 1-21*a*），每个投影就只反映出形体的长、宽、高三个向度中的两个，所以缺乏立体感，不易看出它的真实形状。

如果画出垫座的轴测投影图（图 1-21*b*），这虽然是一幅单面投影图，但由于能在一个投影图中，同时反映出它的长、宽、高，所以具有较强的立体效果，能较容易看出其各部分的形状，并且可沿图上的长、宽、高三个向度量尺寸。

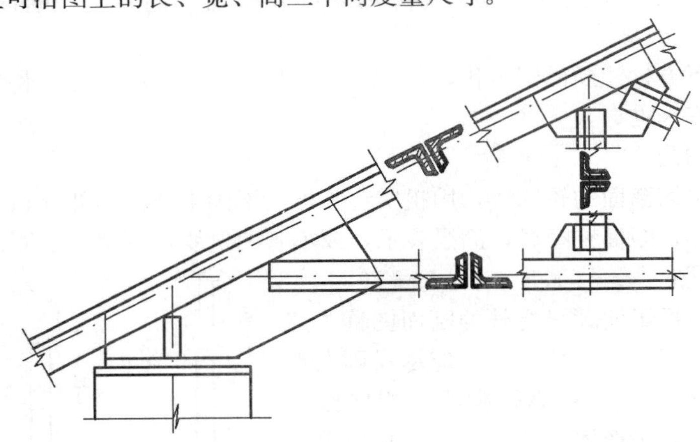

图 1-20　中断断面图

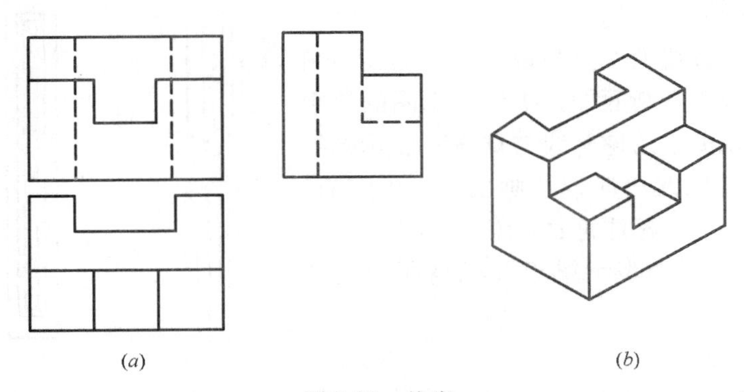

(*a*)　(*b*)

图 1-21　垫座

（*a*）正投影图；（*b*）轴测图

但是，轴测投影图也有不足之处，一是对形体表达够不全面，特别是对于较复杂的形体，往往是不能够将其各个部位的形状完全表达出来；二是轴测图没有反映出形体各侧面的实形，如垫座上各矩形侧面，在轴测图中变成了平行四边形；三是作图比较麻烦。因此，轴测图一般只作为辅助图用以帮助阅读正投影图。

轴测投影图和三面正投影图的区别详见表 1-3。

轴测投影图的三面正投影图的区别　　　　表 1-3

轴测投影图	三面正投影图
1. 只有一个投影面	1. 有三个互相垂直的投影面
2. 物体的轴与投影面倾斜（正轴测投影）	2. 物体的轴与三个投影面的关系都是平行或垂直
3. 投射线不垂直于投影面（斜轴测投影）	3. 投射线垂直于投射面
4. 不能反映实际形状和大小	4. 多数能反映实际形状和大小

轴测投影图是根据平行投影的原理，把形体投影到一个投影面上所得到的投影。当平行投射线垂直于投影面时，所得到的轴测图。就称之为正轴测图；当平行投射线倾斜于投影面时，所得到的轴测图，就称之为斜轴测图。

2. 正轴测图

（1）三等正轴测图　三等正轴测图（简称正等轴测图），是用图 1-22（*a*）所示的三个箭头所指方向来表达形体长、宽、高各向度大小，通常把这三个方向的相交直线叫做正等轴测投影轴。由于三根轴的斜角相同，所以轴间角也相同，即都等于 120°。1∶1∶1 的变形系数和 120°的轴间角就是三等正轴测图的特点。

图 1-22（*b*）是形体的正等轴测投影图。在这种轴测投影图中，凡平行于铅直轴线的棱线均反应形体高向度的大小；凡平行于指向左下方或指向右下方轴线的棱线，均反应形体长向度或宽向度的大小。

（2）二等正轴测图　二等正轴测图，三根轴有两根的投影面倾斜相同，因此，这两根轴的变形系数也相同，而另一根轴的变形系数约为这两根轴的 1/2，所以 $X:Y:X=1:0.5:1$。三个轴间角中，也有两个相等，为 131°25′，而另一个轴间角度为 97°10′。详如图 1-23 所示。

用二等正轴测图绘出的图立体感较强。

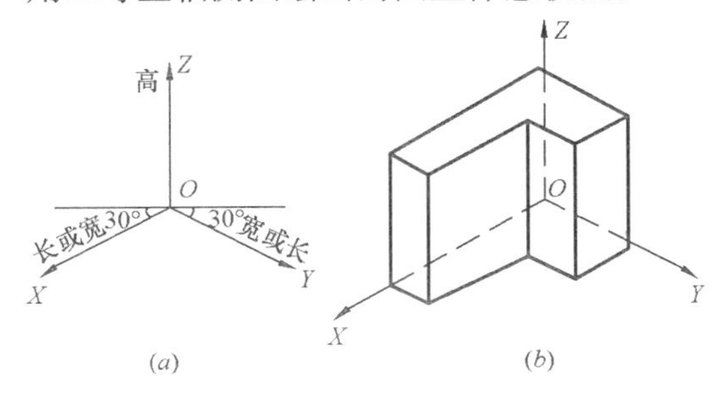

图 1-22　正等轴测图
（*a*）正等轴测投影图；（*b*）正等轴测图

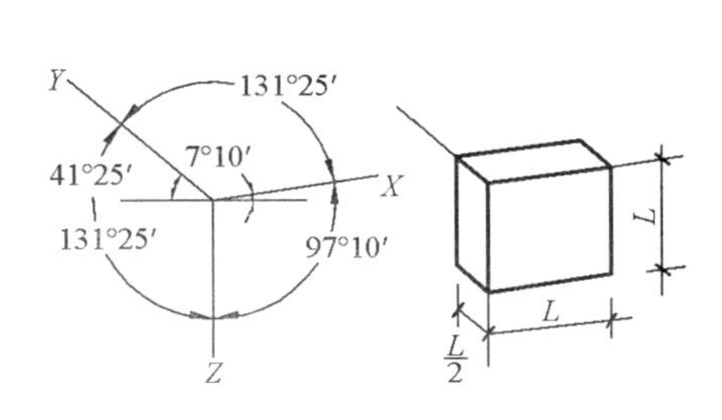

图 1-23　二等正轴测图

3. 斜轴测图

（1）正面斜轴测图　正面斜轴测投影图是用图 1-24（a）所示的三个箭头所指方向来表达形体长、宽、高各向度大小的，这样三个方向的相交直线叫做正面斜轴测投影轴。正面斜轴测投影轴中 X 轴与 Z 轴相互垂直，即轴间角为 90°；Y 轴是用 45°斜线画的，两个轴间角均是 135°。两根轴的变形系数为 X 轴和 Z 轴是 1，Y 轴可以任意选，一般定为 0.5。

图 1-24（b）是形体的正面斜轴测投影图，在这种轴测投影图中，凡平行于铅直轴线的棱线均反映形体高向度的大小，凡平行于水平轴线的棱线均反映形体的长度大小，凡平行于指向右下方轴线的棱线均反映形体的宽向度大小。

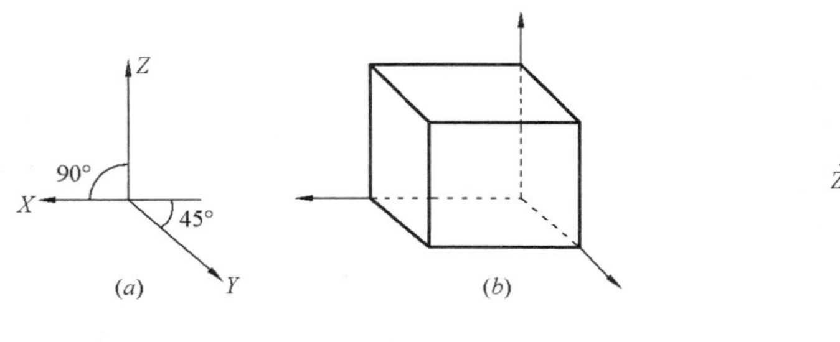

图 1-24　正面斜轴测图

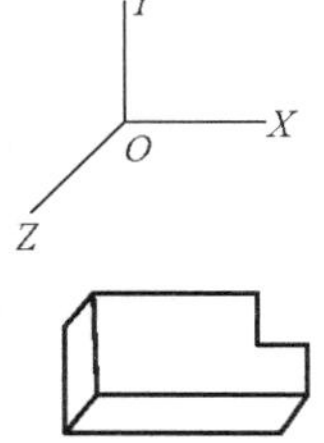

图 1-25　水平斜轴测图

（2）水平斜轴测图　物体的水平面平行于投影面，因而反映实际形状，从侧面来的平行投射线也能使物体的两个侧面表示出来，这种图叫水平斜轴测图，如图 1-25 所示。

4. 轴测图应用

由于正面斜轴测图画法比正等轴测图简便，房屋的给水和排水工程图的管网系统图以及暖气安装系统图，通常采用正面斜轴测图表示。如图 1-26 所示是某工程室内给水管网的系统图。这个图就是采用了正面斜轴测的画法，图中管道是用单线表示的，从图中可直接看出纵、横向管道与立管连接及分布情况，并且还可以看出水龙头等配件的安装位置和数量等。

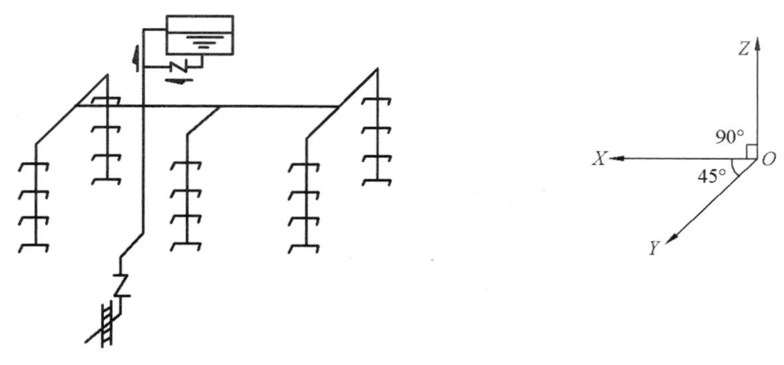

图 1-26　室内给水管网系统图

第二节　市政工程识图

道路常用图例见表 1-4～表 1-44。

道路工程常用图例　　表 1-4

项目	序号	名　称	图　例
平面	1	涵　洞	
	2	通　道	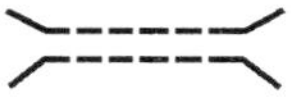
	3	分离式立交 a. 主线上跨 b. 主线下穿	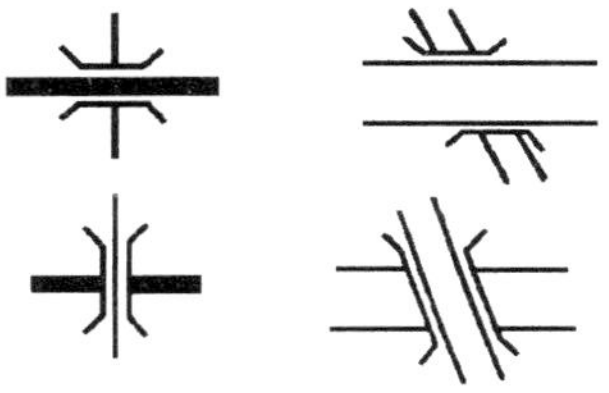
	4	桥　梁 （大、中桥按实际长度绘）	
	5	互通式立交 （按采用形式绘）	
	6	隧　道	
平面	7	养护机构	
	8	管理机构	
	9	防护网	
	10	防护栏	
	11	隔离墩	

续表

项目	序号	名　称	图　例
纵断	12	箱　涵	
	13	管　涵	
	14	盖板涵	
	15	拱　涵	
	16	箱型通道	
	17	桥　梁	
	18	分离式立交 a. 主线上跨 b. 主线下穿	
	19	互通式立交 a. 主线上跨 b. 主线下穿	 
材料	20	细粒式沥青混凝土	
	21	中粒式沥青混凝土	
	22	粗粒式沥青混凝土	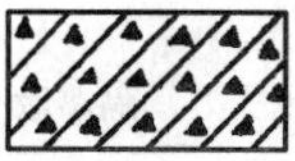

续表

项目	序号	名　　称	图　　例
材料	23	沥青碎石	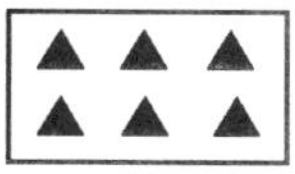
	24	沥青贯入碎砾石	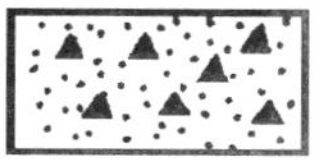
	25	沥青表面处治	
	26	水泥混凝土	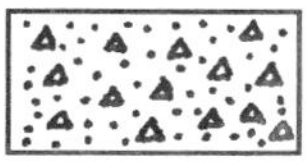
	27	钢筋混凝土	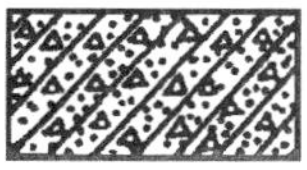
	28	水泥稳定土	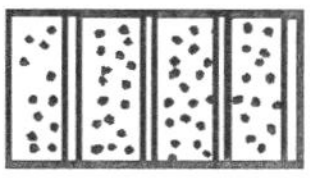
	29	水泥稳定砂砾	
	30	水泥稳定碎砾石	
	31	石灰土	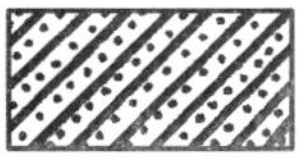
	32	石灰粉煤灰	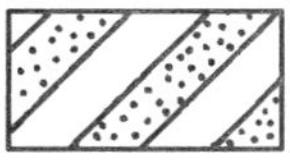

续表

项目	序号	名称		图例
材料	33	石灰粉煤灰土		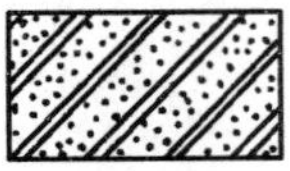
	34	石灰粉煤灰砂砾		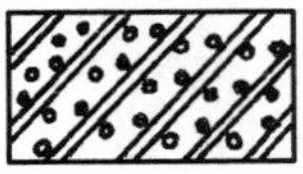
	35	石灰粉煤灰碎砾石		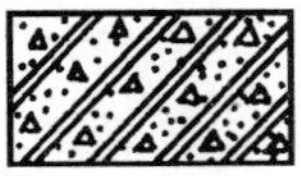
	36	泥结碎砾石		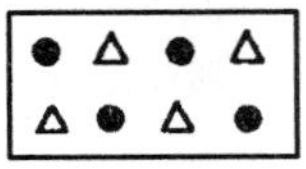
	37	泥灰结碎砾石		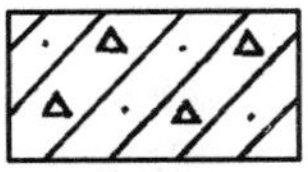
	38	级配碎砾石		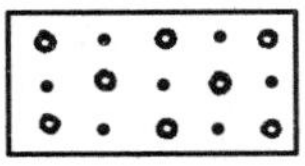
	39	填隙碎石		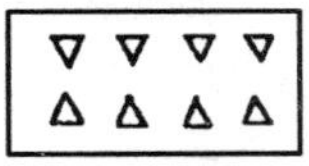
	40	天然砂砾		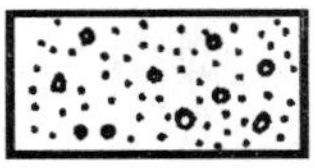
	41	干砌片石		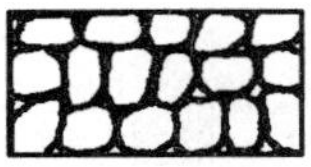
	42	浆砌片石		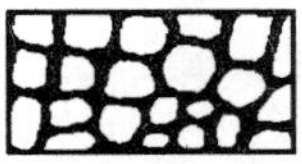
	43	浆砌块石		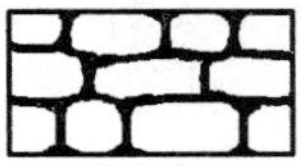
	44	木材	横	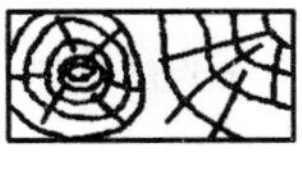
			纵	

续表

项目	序号	名　称	图　例
材料	45	金　属	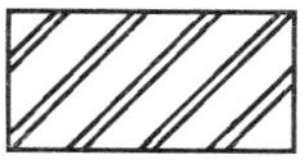
	46	橡　胶	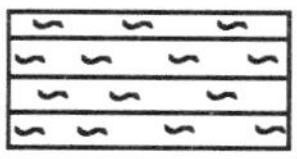
	47	自然土	
	48	夯实土	

道路工程平面设计图图例　　**表 1-5**

图　例	名　称	图　例	名　称
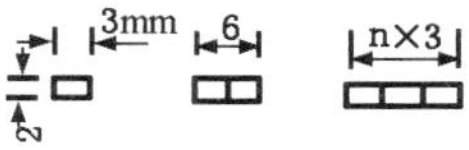	平箅式雨水口（单、双、多箅）		护　坡 边坡加固
	偏沟式雨水口（单、双、多箅）	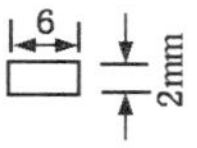	边沟过道（长度超过规定时按实际长度绘）
	联合式雨水口（单、双、多箅）	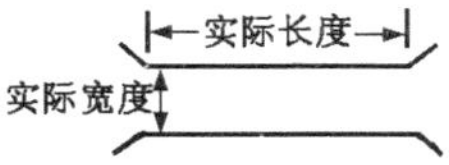	大、中小桥（大比例尺时绘双线）
 φ××cm　L=××m	雨水支管		涵洞（一字洞口）（需绘洞口具体做法及导流措施时宽度按实际宽度绘制）
			涵洞（八字洞口）（需绘洞口具体做法及导流措施时宽度按实际宽度绘制）
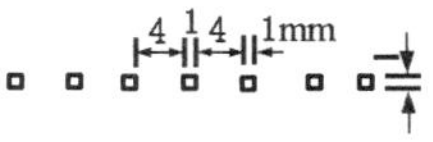	标　柱	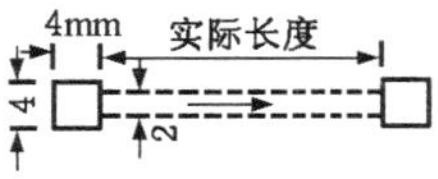	倒虹吸
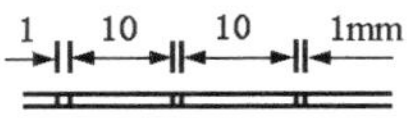	护　栏	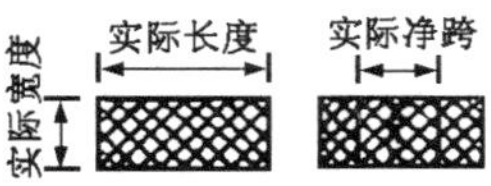	过水路面 混合式过水路面

续表

图例	名称	图例	名称
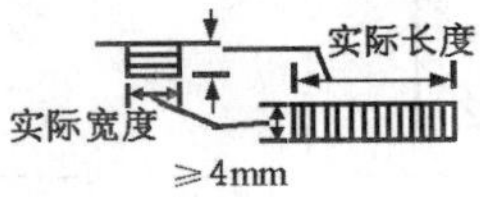 实际长度 实际宽度 ≥4mm	台阶、礓礤、坡道	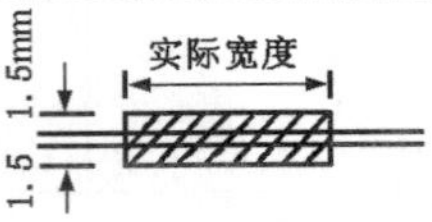 1.5mm 实际宽度 1.5	铁路道口
 1.5mm	盲　沟	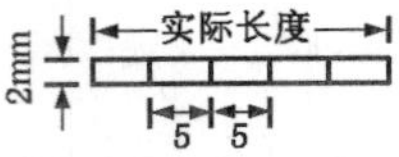 2mm 实际长度 5　5	渡　槽
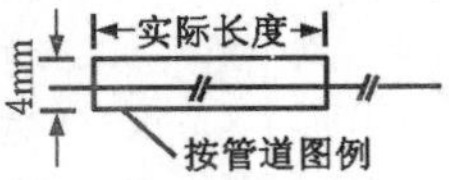 4mm 实际长度 按管道图例	管道加固	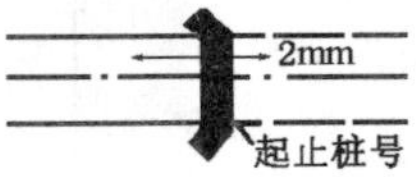 2mm 起止桩号	隧　道
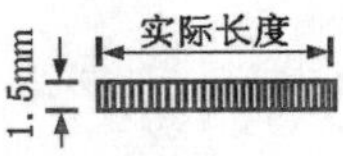 1.5mm 实际长度	水簸箕、跌水	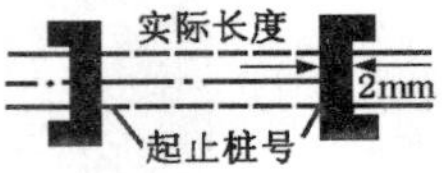 实际长度 2mm 起止桩号	明　洞
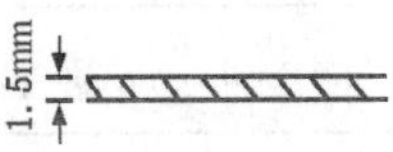 1.5mm	挡土墙、挡水墙	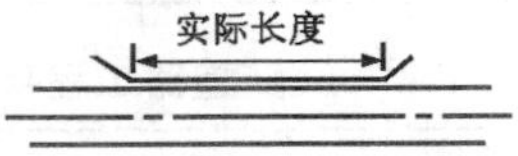 实际长度	栈桥 （大比例尺时绘双线）
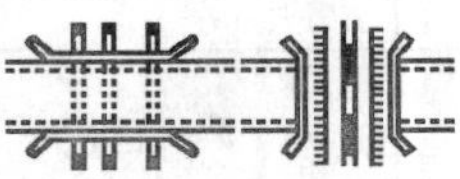	铁路立交 （长、宽角按实际绘）	 雨 升降标高	迁杆、伐树、迁移、 升降雨水口、探井等
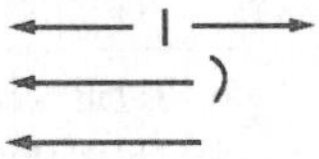	边沟、排水沟 及地区排水方向	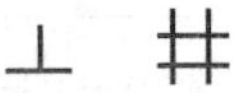	迁坟、收井等（加粗）
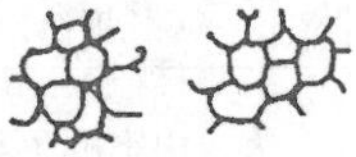	干浆 砌片石（大面积）	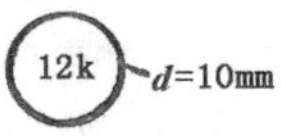 12k d=10mm	整公里桩号
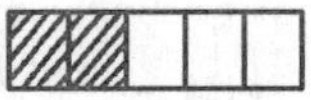	拆房 拆除其他建筑物及 刨除旧路面相同	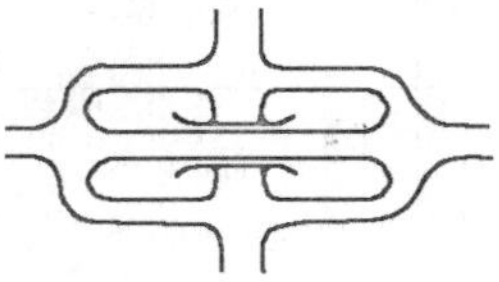	街道及公路立交按设计实际形状（绘制，各部组成）参用有关图例

道路工程文字注释图例　　　　**表 1-6**

桩号 名称、型式 长度=(m) l_0(净跨)=(m)	大中桥（需表示起讫桩号时另注）	桩　号 类别 D或$B×H$（孔径）=(m) l（长度）=(m) 管底高　进口=出口	倒虹吸（另列表时不注长度底高）	高程 高程 $d≤5$	高程符号（图形为较大平面面积）
桩号～桩号 名称 长度=(m)	隧道、明洞、半山洞、栈桥、过水路面等	类别 h（高度）=(m) m（斜率）=1:x	水簸箕跌水	30mm 12 X= Y=	坐标

续表

桩 号 类别 l_0或D=(m) L或A(长度)=(m) 底高进口=出口	水桥涵（山区路不注长度及进出口高）	桩号～桩号（路口不注） 类别 长度(m) 类别 长度(m) 桩号 桩号	挡土墙、挡水墙、护挡、标柱、护坡等	桩号=桩号 应增(减)(m) 12 40mm	断链
桩 号 类别 l_0或D=(m) 荷载级别	边沟过道	修整大车道 B（宽度）=（m） i（纵坡）=（%） l（长度）=（m）	修整大车道其他简单附属工程拆迁项目同此	5 9mm 2 5 至×× 或 至××	路标

注：1. 道路设计图的绘制，目前国家尚无统一规定，一般根据道路设计内容、特点及绘制习惯编定设计图例。此表为北京市政设计院编制的北京地区道路设计图例。

2. 构造物及工程项目图例号用于1∶500及1∶100平面图，1∶2000平面图可参考使用。大比例尺图纸及构造物较大可按实际尺寸绘制时，均按实际绘制。

3. 图例符号与文字注释结合使用，升降各种探井、闸门、雨水口，杆线应注升降值及高程。

4. 需表明构造物布置情况及相互关系时，按平面设计图纸内容规定绘注。

道路工程线型图例 **表 1-7**

5　40mm　规划 设计施工			道路中心线（较细线 最细线）
	路基边线 平道牙（粗线）	用红铅笔或红墨水绘	规划红线（粗线）
15　2　15mm	路面边线 平道牙（较细线）	长度视图 面大小定	坡面线（最细线）
25mm　2　25	收地线（较细线）		填挖方 坡脚线（较细线）
1　2　1　2mm	道口道牙（粗线）	注：用针管笔绘 线时笔号选择	最细线 0.3mm 较细线 0.6mm 粗线 0.9mm

路面结构材料断面图例 **表 1-8**

	单层式 沥青表面处理		水泥混凝土		石灰土
	双层式沥青 表面处理		加筋水泥混凝土		石灰焦渣土
	沥青砂黑色 石屑（封面）		级配砾石		矿渣

续表

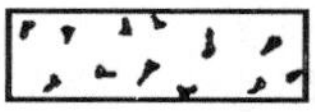	黑色 石屑碎石	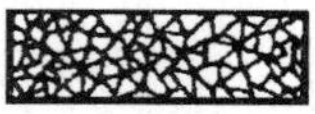	碎石、破碎砾石	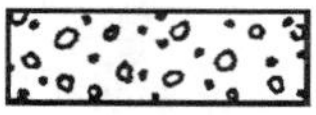	级配砂石
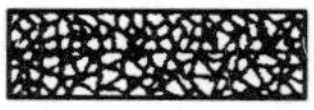	沥青碎石	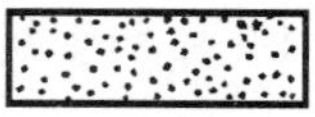	粗　　砂	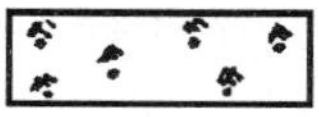	水泥稳定土 或其他加固土
	沥青混凝土	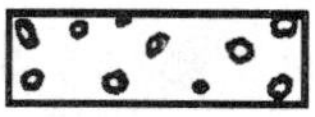	焦　　渣	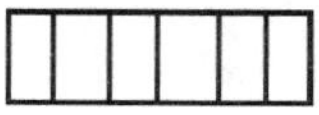	浆砌块石

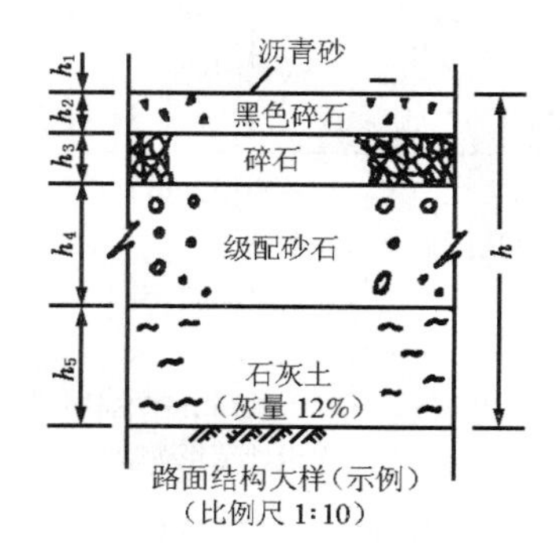

路面结构大样（示例）
（比例尺 1:10）

管　道　图　例　　　　**表 1-9**

序号	名　　称	图　　例	备　　注
1	生活给水管	———— J ————	
2	热水给水管	———— RJ ————	
3	热水回水管	———— RH ————	
4	中水给水管	———— ZJ ————	
5	循环给水管	———— XJ ————	
6	循环回水管	———— Xh ————	

续表

序号	名　称	图　例	备　注
7	热媒给水管	—— RM ——	
8	热媒回水管	—— RMH ——	
9	蒸汽管	—— Z ——	
10	凝结水管	—— N ——	
11	废水管	—— F ——	可与中水源水管合用
12	压力废水管	—— YF ——	
13	通气管	—— T ——	
14	污水管	—— W ——	
15	压力污水管	—— YW ——	
16	雨水管	—— Y ——	
17	压力雨水管	—— YY ——	
18	膨胀管	—— PZ ——	
19	保温管		
20	多孔管		

续表

序号	名　　称	图　　例	备　　注
21	地沟管	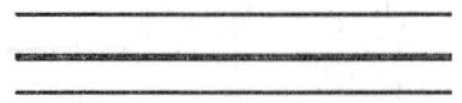	
22	防护套管	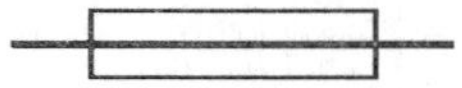	
23	管道立管	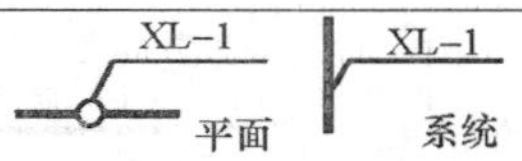 XL-1 平面　XL-1 系统	X：管道类别 L：立管 1：编号
24	伴热管		
25	空调凝结水管	 KN	
26	排水明沟	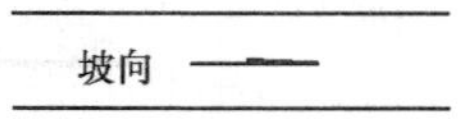 坡向	
27	排水暗沟	 坡向	

注：分区管道用加注角标方式表示：如 J_1、J_2、RJ_1、RJ2……。

管道附件图例 **表 1-10**

序号	名　　称	图　　例	备　　注
1	套管伸缩器	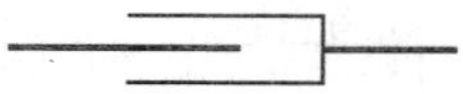	
2	方形伸缩器		
3	刚性防水套管	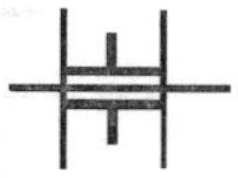	
4	柔性防水套管	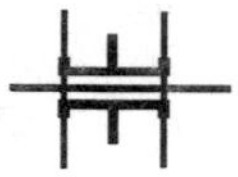	
5	波纹管		

续表

序号	名　称	图　例	备　注
6	可曲挠橡胶接头		
7	管道固定支架		
8	管道滑动支架		
9	立管检查口		
10	清扫口	平面　系统	
11	通气帽	成品　铅丝球	
12	雨水斗	YD 平面　YD- 系统	
13	圆形地漏		左为平面图　右为系统图
14	方形地漏		左为平面图　右为系统图
15	自动冲洗水箱		左为平面图　右为系统图
16	挡墩		
17	减压孔板		
18	Y 形除污器		

续表

序号	名　称	图　例	备　注
19	毛发聚集器	 平面　系统	
20	防回流污染止回阀		
21	吸气阀		

管道连接图例　表 1-11

序号	名称	图例	备注
1	法兰连接	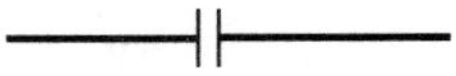	
2	承插连接		
3	活接头	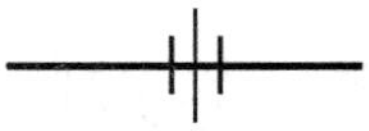	
4	管堵		
5	法兰堵盖		
6	弯折管		表示管道向后及向下弯转 90°
7	三通连接	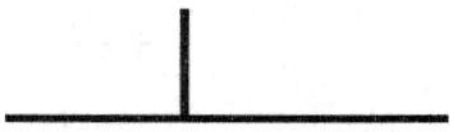	
8	四通连接	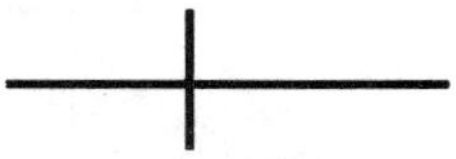	
9	盲板		
10	管道丁字上接	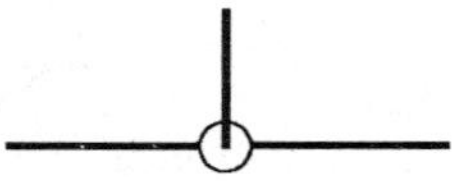	

续表

序号	名称	图例	备注
11	管道丁字下接		
12	管道交叉		在下方和后面的管道应断开

管 件 图 例 **表 1-12**

序号	名称	图例	备注
1	偏心异径管		
2	异径管		
3	乙字管		
4	喇叭口		
5	转动接头		
6	短管		
7	存水弯		
8	弯头		
9	正三通		
10	斜三通		
11	正四通		

续表

序号	名称	图例	备注
12	斜四通	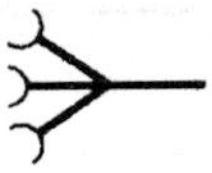	
13	浴盆排水件	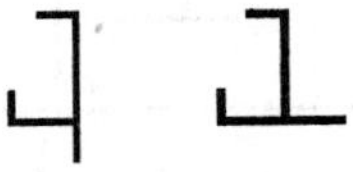	

阀 门 图 例 **表 1-13**

序号	名称	图例	备注
1	闸阀		
2	角阀		
3	三通阀		
4	四通阀	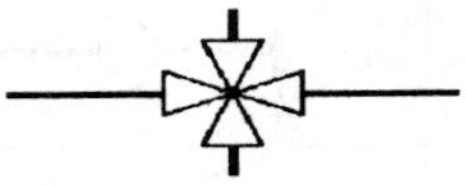	
5	截止阀	 *DN*≥50 *DN*<50	
6	电动阀		
7	液动阀		
8	气动阀		
9	减压阀	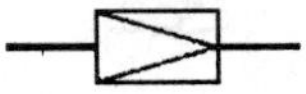	左侧为高压端
10	旋塞阀	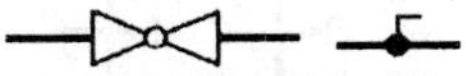 平面 系统	

续表

序号	名称	图例	备注
11	底阀		
12	球阀		
13	隔膜阀		
14	气开隔膜阀		
15	气闭隔膜阀		
16	温度调节阀		
17	压力调节阀		
18	电磁阀	M	
19	止回阀		
20	消声止回阀		
21	蝶阀		
22	弹簧安全阀		左为通用
23	平衡锤安全阀		
24	自动排气阀	平面 系统	
25	浮球阀	平面 系统	
26	延时自闭 冲洗阀		

续表

序号	名称	图例	备注
27	吸水喇叭口	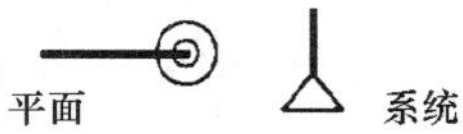 平面 系统	
28	疏水器		

消防设施图例 **表 1-14**

序号	名称	图例	备注
1	消火栓给水管	 XH	
2	自动喷水灭火给水管	 ZP	
3	室外消火栓		
4	室外消火栓（单口）	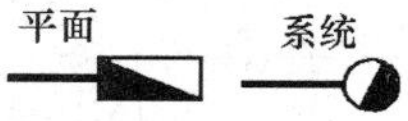 平面 系统	白色为开启面
5	室内消火栓（双口）	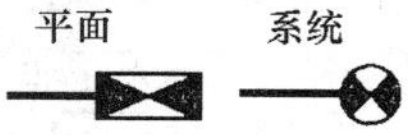 平面 系统	
6	水泵接合器	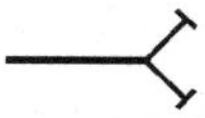	
7	自动喷洒头（开式）	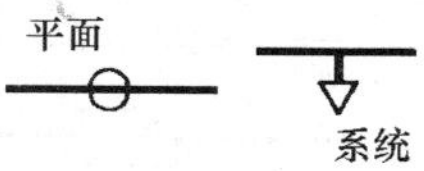 平面 系统	
8	自动喷洒头（闭式）	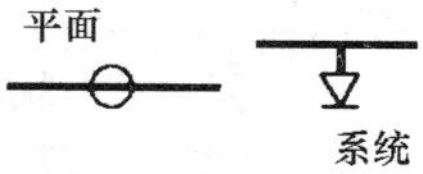 平面 系统	下喷
9	自动喷洒头（闭式）	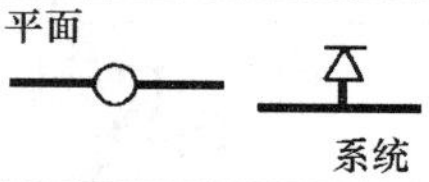 平面 系统	上喷
10	自动喷洒头（闭式）	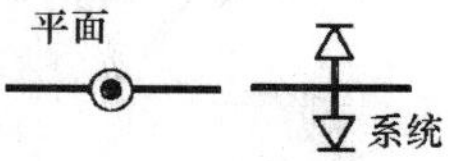 平面 系统	上下喷
11	侧墙式自动喷洒头	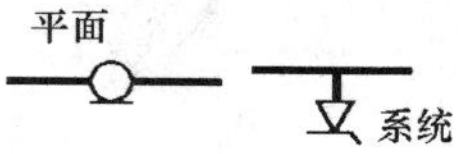 平面 系统	
12	侧喷式喷洒头	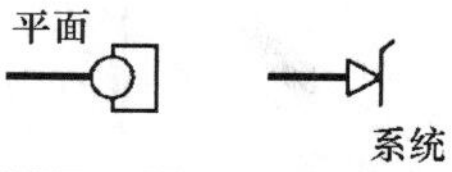 平面 系统	

续表

序号	名称	图例	备注
13	雨淋灭火 给水管	—— YL ——	
14	水幕灭火 给水管	—— SM ——	
15	水炮灭火 给水管	—— SP ——	
16	干式报警阀	平面　系统	
17	水炮		
18	湿式报警阀	平面　系统	
19	预作用报警阀	平面　系统	
20	遥控信号阀		
21	水流提示器	L	
22	水力警铃		
23	雨淋阀	平面　系统	
24	末端测试阀	平面　系统	
25	手提式灭火器		
26	推车式灭火器		

注：分区管道用加注角标方式表示：如 XH_1、XH_2、ZP_1、ZP_2……。

卫生设备及水池图例 **表 1-15**

序号	名称	图例	备注
1	立式洗脸盆		
2	台式洗脸盆	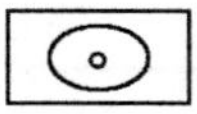	
3	挂式洗脸盆		
4	浴盆	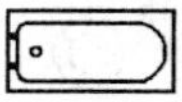	
5	化验盆、洗涤盆	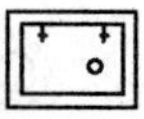	
6	带沥水板洗涤盆	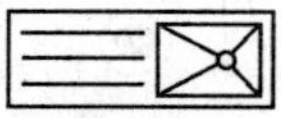	不锈钢制品
7	盥洗槽	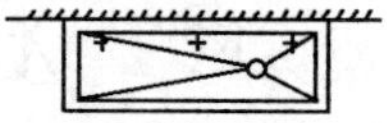	
8	污水池		
9	妇女卫生盆		
10	立式小便器		
11	壁挂式小便器		
12	蹲式大便器	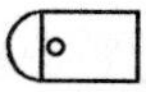	
13	坐式大便器		
14	小便槽		
15	淋浴喷头	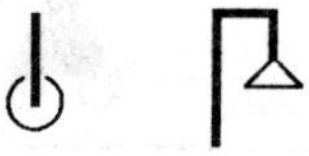	

小型给水排水构筑物图例　　表 1-16

序号	名称	图例	备注
1	矩形化粪池	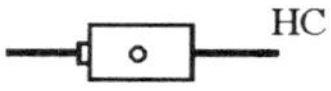 HC	HC 为化粪池代号
2	圆形化粪池	 HC	
3	隔油池	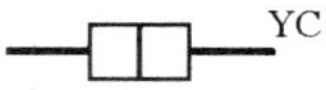 YC	YC 为除油池代号
4	沉淀池	 CC	CC 为沉淀池代号
5	降温池	 JC	JC 为降温池代号
6	中和池	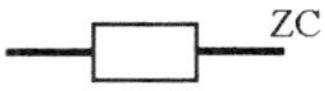 ZC	ZC 为中和池代号
7	雨水口		单口
			双口
8	阀门井 检查井		
9	水封井		
10	跌水井		
11	水表井		

给水排水设备图例　　表 1-17

序号	名称	图例	备注
1	水泵	 平面　系统	
2	潜水泵	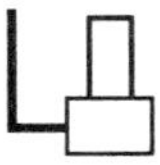	

续表

序号	名称	图例	备注
3	定量泵		
4	管道泵		
5	卧式热交换器	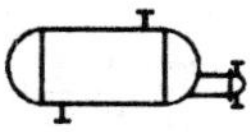	
6	立式热交换器	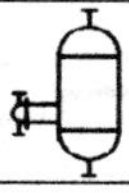	
7	快速管式热交换器		
8	开水器		
9	喷射器		小三角为进水端
10	除垢器		
11	水锤消除器	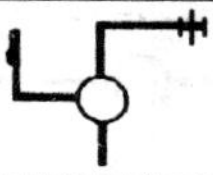	
12	浮球液位器	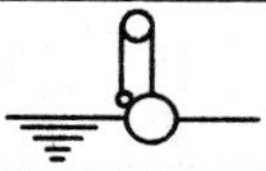	
13	搅拌器	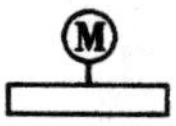	

给水配件图例 **表 1-18**

序号	名　　称	图　　例	备　　注
1	放水龙头	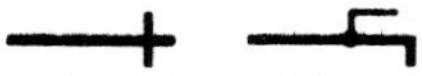	左侧为平面，右侧为系统
2	皮带龙头		左侧为平面，右侧为系统
3	洒水（栓）龙头		

续表

序号	名　称	图　例	备　注
4	化验龙头		
5	肘式龙头		
6	脚踏开关		
7	混合水龙头		
8	旋转水龙头		
9	浴盆带喷头 混合水龙头		

铸铁管件详图　　**表 1-19**

管件名称	管件形式	图　示
三承丁字管		
三盘丁字管	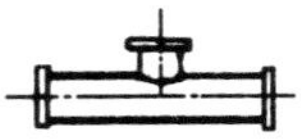	
双承一插丁字管	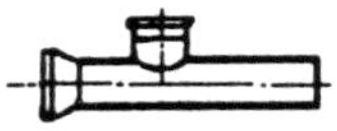	
双盘一插丁字管	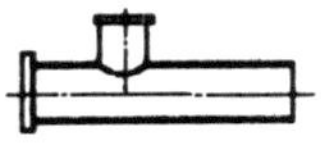	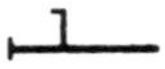
双承一盘丁字管	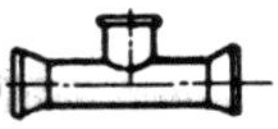	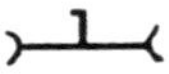

续表

管件名称	管件形式	图　示
双盘一承丁字管	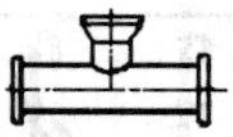	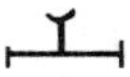
承插弯管	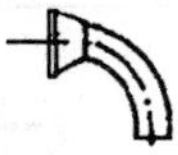	
盘插弯管		
双盘弯管		
双承弯管		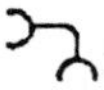
带座双盘弯管		
承插渐缩管		
插承渐缩管		
双承渐缩管		
双插渐缩管		
双承套管	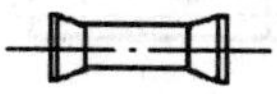	
承插乙字管	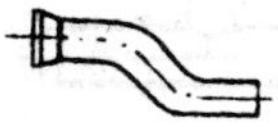	
承盘短管	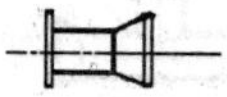	

续表

管件名称	管件形式	图　　示
插盘短管		
承盘渐缩短管	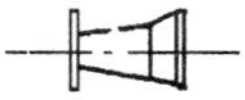	
插盘渐缩短管		
双承一插泄水管	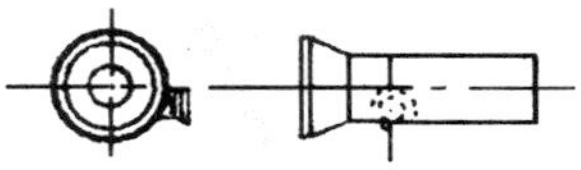	
三承泄水管	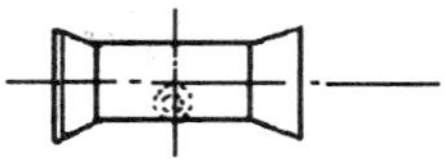	
带人孔承插存渣管	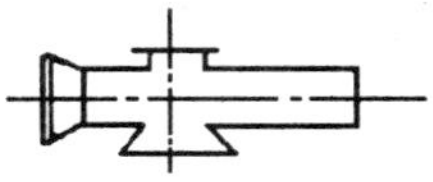	
不带人孔双平存渣管	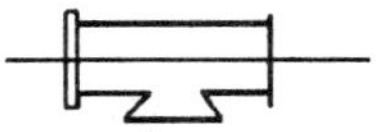	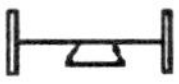
承堵（塞头）	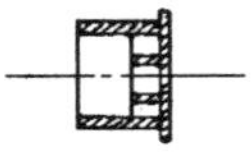	
插堵（帽头）	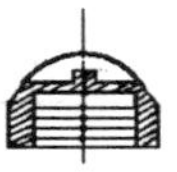	
带盘管鞍	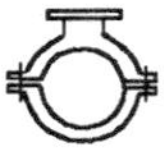	
带内螺纹管鞍	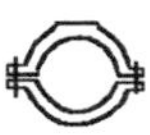	
三承套管三通	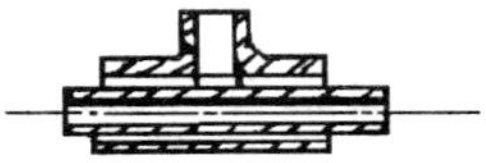	

常用仪表图例 **表 1-20**

序号	名称	图例	备注
1	温度计		
2	压力表		
3	自动记录压力表		
4	压力控制器		
5	水表		
6	自动记录流量计		
7	转子流量计		
8	真空表		
9	温度传感器	T	
10	压力传感器	P	
11	pH 值传感器	pH	
12	酸传感器	H	
13	碱传感器	Na	
14	余氯传感器	Cl	

水管零件（配件）图例 **表 1-21**

编号	名称	符号	编号	名称	符号
1	承插直管		17	承口法兰缩管	
2	法兰直管		18	双承缩管	
3	三法兰三通		19	承口法兰短管	
4	三承三通		20	法兰插口短管	
5	双承法兰三通		21	双承口短管	
6	法兰四通		22	双承套管	
7	四承四通		23	马鞍法兰	
8	双承双法兰四通		24	活络接头	
9	法兰泄水管		25	法兰式墙管（甲）	
10	承口泄水管		26	承式墙管（甲）	
11	90°法兰弯管		27	喇叭口	
12	90°双承弯管		28	闷头	
13	90°承插弯管		29	塞头	
14	双承弯管		30	法兰式消火栓用弯管	
15	承插弯管		31	法兰式消火栓用丁字管	
16	法兰输管		32	法兰式消火栓用十字管	

管道与附件图例 表 1-22

名称	图例	名称	图例
煤气管道		低压电线	
其他管道	—— N —— (N应填写相应的管代号)	照明通讯线	
高压电线		煤气气流方向	
地下煤气管道		法兰连接管道	
地上煤气管道		螺纹连接管道	
有导管的煤气管道		焊接连接管道	
法兰		丝堵	
法兰堵板		管堵	
管帽			
活接头		正四通	
大小头			
弯头		异径弯头	
直角弯头		管道支架	
正三通		管道支座（砖墩）	
斜三通		管道支座（泥土）	

阀门及仪表图例 表 1-23

闸门		压力表	
截止阀		灶具	
针形阀	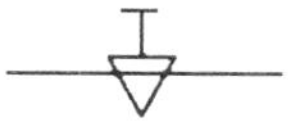	双波纹管差压计	
旋塞阀		自动记录压力表	
止回阀（▶表示流向）		U形压力表	
直通球阀	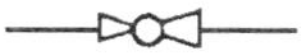	电接点式压力表	
密封式弹簧安全阀	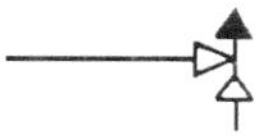	罗茨表	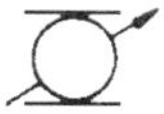
开放式弹簧安全阀		皮膜表	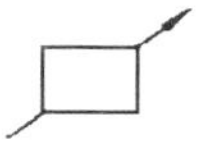
5025调压器	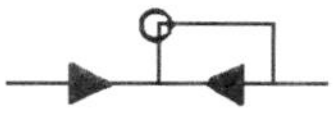	环室孔板节流装置	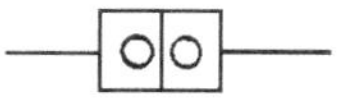
自力式调压器	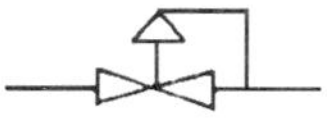	安全水封	
T型调压器		放散管口	
户外调压器		凝水器	
圆筒形过滤器	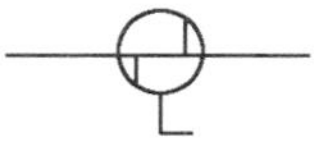	雷诺式调压器	
扁形过滤器		叶轮表	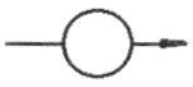
温度计			

手工电弧焊图例　　　　**表 1-24**

<table>
<tr><th colspan="3">焊接接头形式名称</th><th colspan="2">剖面图形</th><th rowspan="2">符号代号</th><th rowspan="2">尺寸（mm）</th></tr>
<tr><th>形式</th><th>坡口</th><th>焊缝</th><th>坡口</th><th>焊缝</th></tr>
<tr><td rowspan="2">对接接头</td><td>V形坡口</td><td>单面焊</td><td> 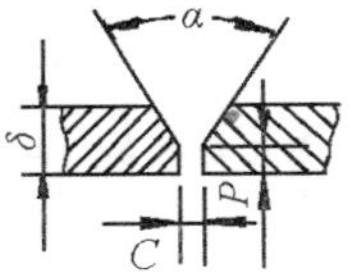δ=3~8,
α=70°±5°
δ>8,
α=60°±5°</td><td> 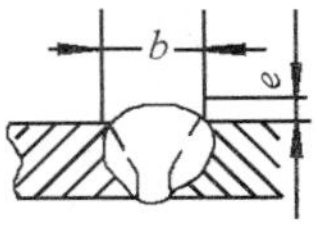适用δ=3~26</td><td> DV_1</td><td>
<table>
<tr><th>δ</th><th>b</th><th>c</th><th>e</th><th>p</th></tr>
<tr><td>3</td><td rowspan="2">8</td><td rowspan="4">1±1</td><td rowspan="4">1±1</td><td rowspan="4">1+0.5</td></tr>
<tr><td>4</td></tr>
<tr><td>5</td><td rowspan="2">10</td></tr>
<tr><td>6</td></tr>
<tr><td>7</td><td>12</td><td rowspan="4">2±1</td><td rowspan="4">$1.5^{+1}_{-1.5}$</td><td rowspan="4">2±1</td></tr>
<tr><td>8</td><td rowspan="2">14</td></tr>
<tr><td>9</td></tr>
<tr><td>10</td><td>16</td></tr>
</table>
</td></tr>
<tr><td>不开坡口</td><td>单面焊</td><td> 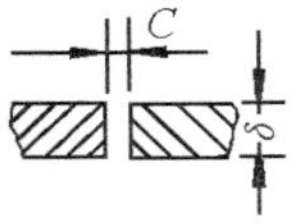</td><td> 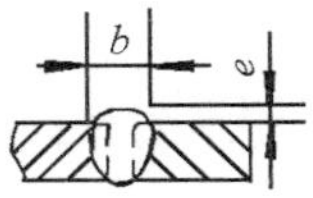适用δ=1~3</td><td> D_1</td><td>
<table>
<tr><th>δ</th><th>b</th><th>c</th><th>e</th></tr>
<tr><td>1</td><td>4</td><td>0+0.5</td><td rowspan="3">$1^{+0.5}_{-1}$</td></tr>
<tr><td>2</td><td>6</td><td rowspan="2">1±0.5</td></tr>
<tr><td>3</td><td>8</td></tr>
</table>
</td></tr>
<tr><td rowspan="2">角接接头</td><td rowspan="2">不开坡口</td><td>平接单面焊</td><td>0+1</td><td>适用δ=2~5
b值公差±1</td><td> JI</td><td>
<table>
<tr><th>δ</th><th>b</th><th>h</th><th>k</th></tr>
<tr><td>2</td><td>5</td><td rowspan="2">1±0.5</td><td rowspan="4">3</td></tr>
<tr><td>3</td><td>7</td></tr>
<tr><td>4</td><td>9</td><td rowspan="2">1.5±1</td></tr>
<tr><td>5</td><td>12</td></tr>
</table>
</td></tr>
<tr><td>错边单面焊</td><td>0+2</td><td>适用δ=4~30</td><td>J_I</td><td>
<table>
<tr><th>δ</th><th>K</th><th>L</th></tr>
<tr><td>4~30</td><td>≥0.5δ</td><td>由设计计定</td></tr>
</table>
</td></tr>
<tr><td>丁字接头</td><td>不开坡口</td><td>双面连续焊</td><td>0+2</td><td></td><td>T_2</td><td>K 值由设计决定</td></tr>
<tr><td rowspan="2">搭接接头</td><td rowspan="2">不开坡口</td><td>双面焊</td><td> 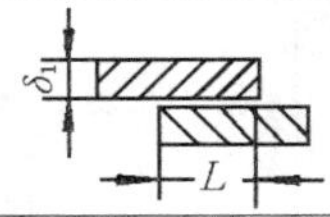</td><td> 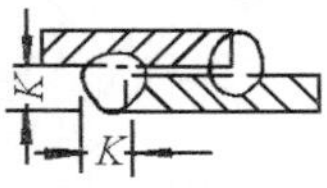</td><td> D_{a2}</td><td rowspan="2">
<table>
<tr><th>δ</th><th>K</th><th>L</th><th>C</th></tr>
<tr><td>1~5</td><td rowspan="2">≥0.85</td><td rowspan="2">≥(δ+δ_1)</td><td>0+0.5</td></tr>
<tr><td>6~30</td><td>0+1</td></tr>
</table>
尺寸K、L、t由设计确定
</td></tr>
<tr><td>单面断续焊</td><td> 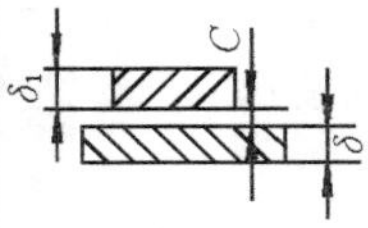</td><td> 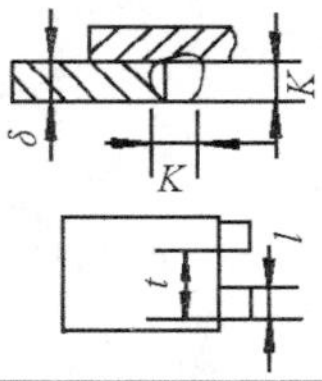</td><td> D_{a1}</td></tr>
</table>

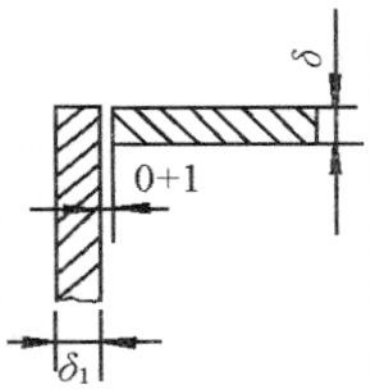

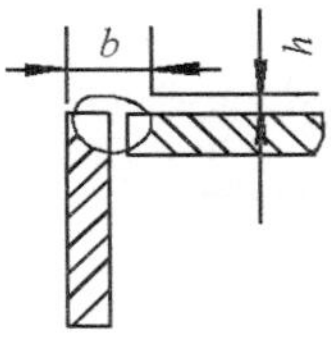

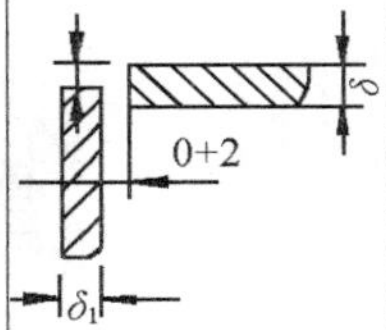

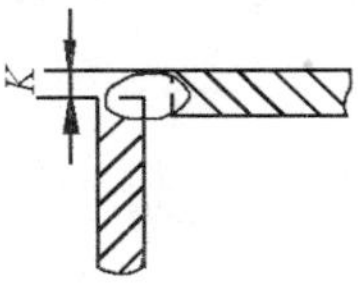

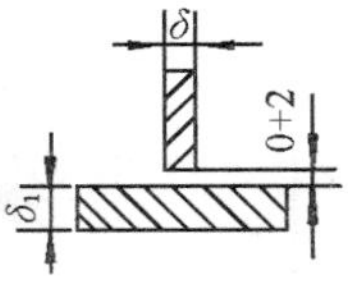

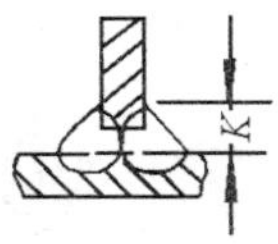

气焊接头形式和尺寸 **表 1-25**

<table>
<tr><th colspan="2">接头名称</th><th>简图</th><th>板厚 δ (mm)</th><th>钝边 δ_1 (mm)</th><th>间隙 c (mm)</th><th>焊丝直径 (mm)</th></tr>
<tr><td rowspan="2">对接接头</td><td>不开坡口</td><td>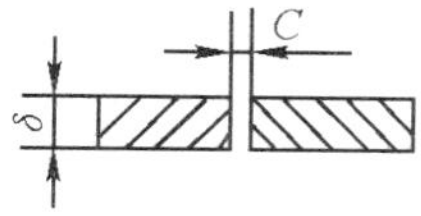
C
δ</td><td>0.5～5</td><td></td><td>1～4</td><td>2～4</td></tr>
<tr><td>V形坡口</td><td>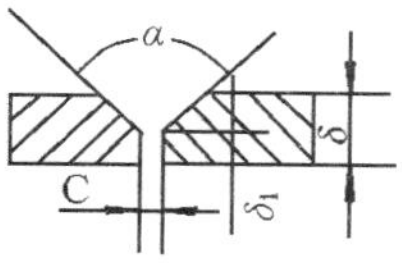
α
δ
C
δ1
左焊法α=80°;
右焊法α=60°。</td><td>>5</td><td>1.5～3</td><td>2～4</td><td>3～6</td></tr>
</table>

管子的坡口形式及尺寸 **表 1-26**

管壁厚度（mm）	≤2.5	≤6	6～10	10～15
坡口形式	—	V 形	V 形	V 形
坡口角度	—	60°～90°	60°～90°	60°～90°
钝边（mm）	—	0.5～1.5	1～2	2～3
间隙（mm）	1～1.5	1～2	2～2.5	2～3

注：采用右焊法时坡口角度为 60°～70°。

紫铜管对接接头的坡口尺寸 **表 1-27**

<table>
<tr><th>母材厚度（mm）</th><th>坡口尺寸（mm）</th></tr>
<tr><td>2 以下</td><td>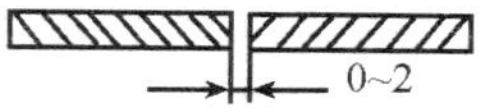
0~2</td></tr>
<tr><td>2～25</td><td>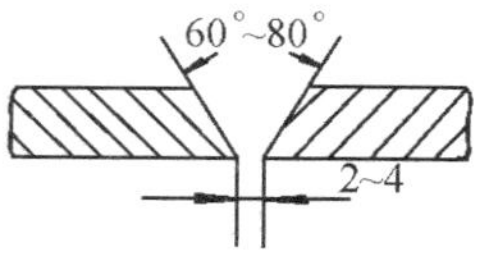
60°~80°
2~4</td></tr>
<tr><td>25～38</td><td>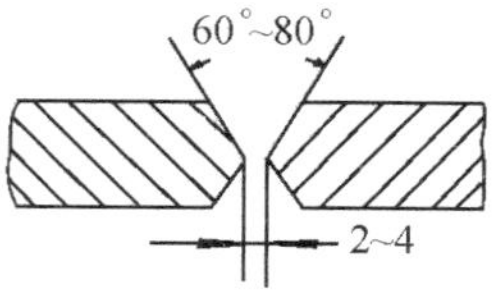
60°~80°
2~4</td></tr>
</table>

黄铜管对接接头及坡口尺寸 **表 1-28**

母材厚度（mm）	接头形式	坡口尺寸（mm）
<2	卷边对接（不加焊丝）	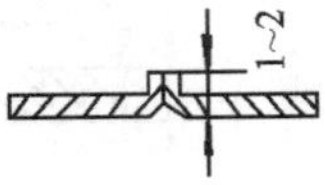 1~2
1～3	不开坡口的对接（单面焊接）	 1~2
3～6	不开坡口的对接	 3~4
6～15	V 形对接	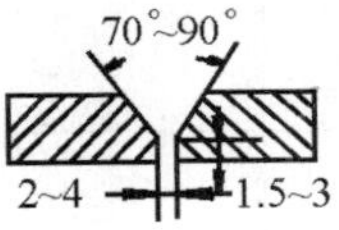 70°~90° 2~4 1.5~3
15～25	X 形对接	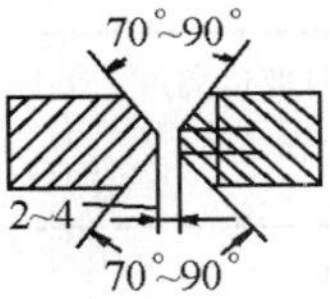 70°~90° 2~4 70°~90°

电源图形符号图例 **表 1-29**

图形符号		说　明	标准	图形符号		说　明	标准
规划的		发电站	IEC	规划的		变（配）电所	IEC
运行的				运行的			

电源设备图形符号图例 表 1-30

图形符号	说明	标准	图形符号	说明	标准
	双绕组变压器	IEC		动力或动力一照明配电箱（注：需要时符号内可标准电流种类符号）	GB
				照明配电箱（屏）	GB
	三绕组变压器	IEC		事故照明配电箱（屏）	GB
	三相变压器星形—三角形连接	IEC		多种电源配电箱（屏）	GB
	具有四个抽头（不包括主头）的三相变压器星形—星形连接	IEC		直流配电盘（屏）	GB
				交流配电盘（屏）	GB
	屏、台、箱、柜一般符号	GB		电源自动切换箱（屏）	GB

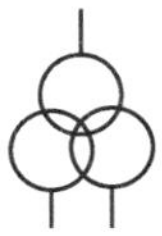

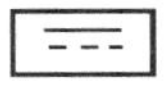

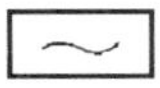

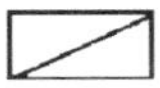

注：1. 需要时符号内可标示电流种类符号。
2. 表中“GB”为中华人民共和国标准（下同）。

导线图形符号图例 **表 1-31**

图形符号	说　明	标准	图形符号	说　明	标准
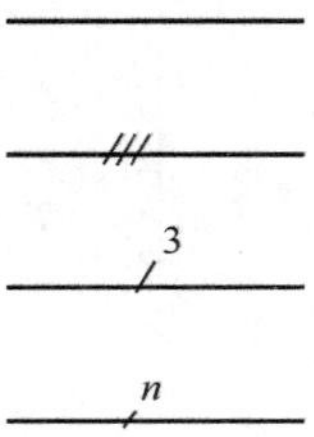 3 n	导线、导线组、电线、电缆、电路、传输通路（如微波技术）、线路、母线、（总线）一般符号当用单线表示一组导线时，若示出导线数则加小短斜线或画一条短斜线并加数字表示	IEC		柔软导线	IEC
			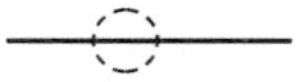	屏蔽导线	IEC
				绞合导线（示出二股）	IEC
				未连接的导线或电缆	IEC
				未连接的特殊绝缘的导线或电缆	IEC

线路图形符号图例 **表 1-32**

图形符号	说明	标准	图形符号	说明	标准
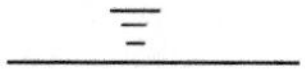	地下线路	IEC		50V 及其以下电力及照明线路	GB
	架空线路	IEC		控制及信号线路（电力及照明用）	GB
	挂在钢索上的线路	GB		用单线表示的多种线路	GB
	事故照明线路	GB		母线一般符号交流母线直流母线	GB
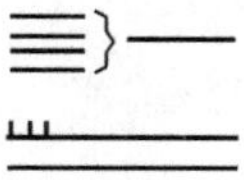	用单线表示的多回路线路（或电缆管束）	GB	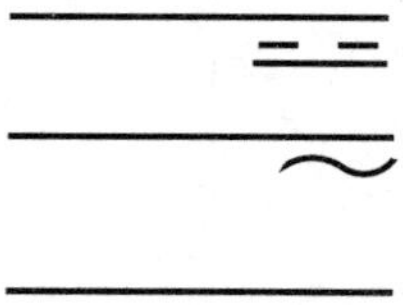		
	滑触线	GB			

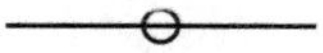

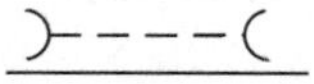

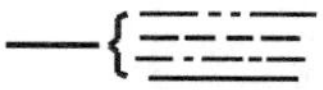

配线图形符号图例　　表 1-33

图形符号	说明	标准	图形符号	说明	标准
	向上配线	IEC	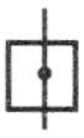	带配线的用户端	IEC
	向下配线	IEC	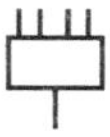	配电中心（示出五根导线管）	IEC
	垂直通过配线	IEC		连接盒或接线盒	IEC
	盒（箱）一般符号	IEC			

灯具图形符号图例　　表 1-34

图形符号	说明	标准	图形符号	说明	标准
	灯的一般符号信号的灯一般符号(注)	IEC		在专用电路上的事故照明灯	IEC
				自带电源的事故照明装置（应急灯）	IEC
	荧光灯一般符号	IEC		气体放电灯的辅助设备	IEC
	三管荧光灯	GB		深照型灯	GB
	五管荧光灯	GB		广照型灯（配照型灯）	GB
	防腐荧光灯	GB		球型灯	GB
	防爆荧光灯	GB		防水防尘灯	GB
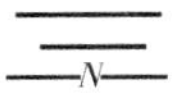	光带 N：表示灯管数			防腐灯	HGJ

续表

图形符号	说明	标准	图形符号	说明	标准
	投光灯一般符号	IEC		防腐局部照明灯	HGJ
	聚光灯	IEC			
	泛光灯	IEC		隔爆灯	GB
	局部照明灯	GB		碘钨灯	HGJ
	矿山灯	GB		混照灯	HGJ
	安全灯	GB		软线吊灯	HGJ
	天棚灯（吸顶灯）	GB		探照灯	HGJ
	弯灯	GB		座灯	HGJ
	壁灯	GB		霓虹灯	HGJ
	花灯	GB		脚灯	HGJ
	玻璃月罩灯	HGJ		斜照型灯	HGJ
	彩灯	HGJ			
	方灯	HGJ		高层建（构）筑物标志灯	HGJ

注：在靠近符号处如标出如下字母时，其含义为：RD—红；BV—蓝；YE—黄；

开关图形符号图例 **表 1-35**

图形符号	说明	标准	图形符号	说明	标准
	开关一般符号	IEC		三极开关	GB
	单极开关	GB		三级暗装开关	GB
	暗装单极开关	GB		密闭（防水）三级开关	GB
	密闭（防水）单极开关	GB		防爆三级开关	GB
	防爆单极开关	GB		防腐三级开关	HGJ
	防腐单极开关	HGJ		单极拉线开关	IBC
	双极开关	IBC		单极双控拉线开关	GB
	双极暗开关	GB		双控开关（单极三线）	IBC
	密闭（防水）双极开关	GB		具有指示灯的开关	IBC
	防爆双极开关	GB		多拉开关	IBC
	防腐双极开关	HGJ		定时开关	IBC
	中间开关	IBC		单极限时开关	IBC
N A N	中间开关等效电路	IBC		调速开关	HGJ
	调光器	GB		光控装置	HGJ
t	限时装置	GB			

注：单极拉线开关、单极双控拉线开关、双控开关（单极三线）、具有指示灯的开关、多拉开关、单极限时开关等，暗装、防水、防爆、防腐采用派生符号为●、⊖、◑、⦶。

插座图形符号图例　　　　表 1-36

图形符号	说明	标准
	单相插座	GB
	暗装单相插座	GB
	密闭（防水）单相插座	GB
	防爆单相插座	GB
	防腐单相插座	HGJ
	带保护接点插座带接地插孔的单相插座	
	带保护接点插座暗装	GB
	带保护接点插座密闭（防水）	
	防爆	GB
	防腐	HGJ
	带接地插孔的三相插座	GB
	具有隔离变压器的插座（如电动剃刀用的插座）	IEC
	带接地插孔的三相插座（暗装）	GB
	带接地插孔的三相插座密闭（防水）	GB
	防爆	GB
	防腐	HGJ
	多个插座（示出三个）	IEC
	具有护板的插座	IEC
	具有单极开关的插座	IEC
	具有联锁开关的插座	IEC
	带熔断器的插座	GB
	电信插座的一般符号	IEC

注：1. 具有护板插座、具有单极开关插座、具有联锁开关的插座，暗装、密闭、防爆、防腐派生符号为：

2. 电信插座用以下文字或符号区别：

TP—电话；TX—电传；TV—电视；M—传声器；FM—调频；◁—扬声器。

地下电缆线路常用图形图例 **表 1-37**

序号	名　　称	图形符号
1	人孔一般符号 注：需要时可按实际形状绘制	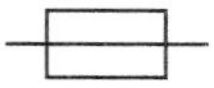
2	手孔一般符号	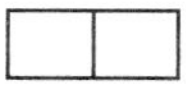
3	防电缆蠕动装置 注：该符号应标在人孔蠕动的一边	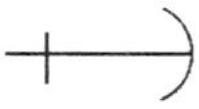
4	示出防蠕动装置的人孔	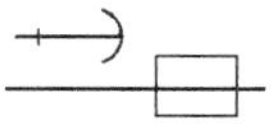
5	保护阳极〔阳电极〕 注：阳极材料的类型可用其化学字母符号来加注	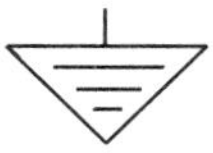
6	示例：镁保护阳极	 Mg
7	电缆铺砖保护	
8	电信电缆的蛇形敷设	
9	电缆与其他管道交叉点〔电缆无保护〕*a*—交叉点编号	 *a*
10	电缆与其他管道交叉点〔电缆有保护〕*a*—交叉点编号	 *a*

变配电系统图符号图例 **表 1-38**

图形符号		说　明
GB 4728	GB 313	
		发电站□设计 ▨ 运行
 V/V　V/V	 PS BS	变电所、配电所 V/V 电压等级
		杆上变电所（站）

续表

图形符号		说明
GB 4728	GB 313	
TA	LH	电流互感器
TV	YH	电压互感器
1 TM 2		双绕组变压器 形式 1　形式 2
1 2		三绕组变压器 形式 1　形式 2
QL	ZK	具有自动释放的负荷开关
QF	DL	断路器（低压断路器）
QS	GK	隔离开关
FU	RD	熔断器
F DR		跌开（落）式熔断器
Q	RK	熔断式开关
		一般开关符号动合（常开）触点

续表

图形符号		说明
BG 4728	GB 313	
		动断（常闭）触点
KM		接触器
		具有自动释放的接触器
Q	K	多极开关单线表示 多极开关多线表示
QL	FK	负荷开关 （负荷隔离开关）
QL	RG	熔断式隔离开关
QL		熔断式负荷开关

电气接地的图形符号和文字符号图例 **表 1-39**

名称	图形符号	文字代号	说明
接地		E	一般符号，用于接地系统图
接机壳	或	MM	

续表

名称	图形符号	文字代号	说明
无噪声接地		TE	抗干扰接地
保护接地	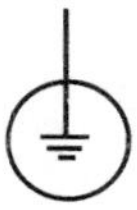	PE	表示具有保护作用，例如在故障情况下防止触电的接地
接地装置	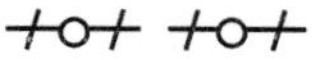		有接地极（体）
			无接地极，用于平面布置图中
中性线		N	用于平面图中
保护线		PE	用于平面图中
保护和中性共用线		PEN	用于平面图中

常用防雷设备的图形符号和文字代号 **表 1-40**

序号	名称	图形符号	文字代号	说明
1	避雷针	●	F	平面布置图形符号，必要时注明高度，m
2	避雷线		FW	必要时注明其长度，m

续表

序号	名称	图形符号	文字代号	说明
3	避雷器		FV 或 F	限压保护器件
4	放电间隙		FV 或 F	限压保护器件

街道照明器推荐配置方式 **表 1-41**

配置方式名称	图　例	行车道的最大宽度（mm）
一侧排列		12
在钢索上沿行车道的中心轴成一列布置		18
交错排列		24
相对矩形排列		48
中央分离带配置		24
中央＋交错		48
中央＋相对矩形		90
两列钢索上布灯，沿车道方向轴交错布置	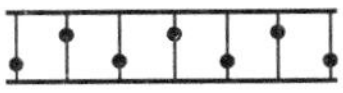	36
两列钢索上布灯，沿车道方向轴矩形布置	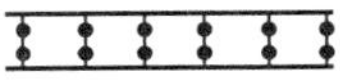	60
路两侧矩形布置，第三列在钢索上布置		80

常用电器图用图形符号（摘自 GB 4728） 表 1-42

名称	图形符号	名称	图形符号
三相鼠笼 型电动机	M 3~	三相变压器 Y/△联接	Y Δ
三相绕线 型电动机	M 3~	接触器线圈 一般继电器线圈	
串励直流 电动机	M	电磁铁	
并励直流 电动机	M	按钮开关（不闭锁） 动合触点	
他励直流 电动机	M	按钮开关（不闭锁） 动断触点	
电抗器 扼流图		旋钮开关 旋转开关（闭锁）	
双绕组 变压器		液位开关	
电流互感器		热继电器的热元件	单相 三相
缓放继电器线圈 （断电延时）		过电流继电器线圈	I>

续表

名称	图形符号	名称	图形符号
缓吸继电器线圈 （通电延时）		欠电压继电器线圈	U<
接触器 动合（常开）触点		熔断器	
接触器 动断（常闭）触点		三极熔断器 式隔离开关	
继电器动合触点		延时闭合动合 （常开）触点	
继电器动断触点		延时断开动断 （常闭）触点	
热继电器 常闭触点		延时断开动合 （常开）触点	
热继电器 常开触点		延时闭合动断 （常闭）触点	
插头和插座		行程开关动合 （常开）触点	
低压断路器		行程开关动断 （常闭）触点	

常用基本文字符号 **表 1-43**

元器件种类	元件名称	基本文字符号	
		单字母	双字母
变换器	扬声器	B	
	测速发电机	B	BR
电容器	电容器	C	
保护器件	熔断器	F	FU
	过电流继电器		FA
	过电压继电器		FV
	热继电器		FR
信号器件	指示灯	H	HL
其他器件	照明灯	E	EL
电力电路开关器件	断路器	Q	QF
	电动机保护开关		QM
	隔离开关		QS
	闸刀开关		QS
测量设备	电流表	P	PA
	电压表		PV
	电度表		PJ
电阻器	电阻器	R	
	电位器		RP
控制电路开关器件	选择开关	S	SA
	按钮开关		SB
	压力传感器		SP
操作器件	电磁铁	Y	YA
	电磁制动器		YB
	电磁阀		YV
接触器	接触器	K	KM
继电器	时间继电器		KT
	中间继电器		KA
	速度继电器		KV
	电压继电器		KV
	电流继电器		KA
电抗器	电抗器	L	
电动机	可作发电机用	M	MG
	力矩电动机		MT
变压器	电流互感套	T	TA
	电压互感器		TV
	控制变压器		TC
	电力变压器		TM
电子管	二极管	V	
晶体管	晶体管		
	晶闸管		
	电子管		VE
	控制电路用电源		VC
	整流器		
传输通道	导线	W	
波导天线	电缆		
端子	插头	X	XP
插头	插座		XS
插座	端子板		XT

常用文字辅助符号 **表 1-44**

名称	文字符号	名称	文字符号	名称	文字符号
电流	A	正	F	输入	IN
交流	AC	反	R	输出	OUT
自动	AUT，A	手动	M，MAN	运行	RUN
黑	BK	吸合	D	闭合	ON
蓝	BL	释放	L	断开	OFF
向后	BW	上	U	加速	ACC
向前	FW	下	D	减速	DEC
直流	DC	控制	C	额定	RT

续表

名称	文字符号	名称	文字符号	名称	文字符号
绿	GN	反馈	FD	负载	LD
起动	ST	励磁	E	转矩	T
制动	B，BRK	平均	ME	左	L
高	H	附加	ADD	右	R
低	L	保护	P	中	M
升	H	稳定	SD	停止	STP
降	D	等效	EQ	防干扰接地	TE
大	L	比较	CP	压力	P
小	S	电枢	A	保护	P
中性线	N	分流器	DA	保护接地	PE
稳压器	VS	测速	BR	红	RD
并励	E	复位	R，RST	白	WH
串励	D	置位	S，SET	黄	YE
衬偿	CO	步进	STE		

第二章　单位工程施工图工程量清单计价的编制

第一节　土 石 方 工 程

本节内容适用于各类市政工程的土石方工程（有关专业中说明了不适用本节内容除外）。

城镇基础设施的建设称为市政工程，亦称城镇建设工程。市政工程建设属建筑行业的范畴，同样是国家基本建设的一个重要组成部分，也是城镇发展和建设水平的一个衡量标准。

市政工程是指道路、桥梁、广（停车场）场、隧道、管网、污水处理、生活垃圾处理、路灯等公用事业工程。

一、土石方工程造价概论

土石方工程包括场地平整，基坑降水，基坑、基槽、路基及构筑物等的开挖、回填、压实等。计算各分项工程的工程量前，应首先确定下列各项资料：

（1）土及岩石类别的确定。土壤及岩石类别的划分，按工程地质勘察资料与土及岩石（普氏）分类表，对照后确定，见表 2-1 所示。

（2）地下水位标高及排（降）水方法。

（3）土方、沟槽、基坑挖（填）起止标高、施工方法及运距。

（4）岩石开凿、爆破方法、石渣清运方法及运距。

（5）其他有关资料。

土壤及岩石（普氏）分类表　　**表 2-1**

定额分类	普氏分类	土壤及岩石分类	天然湿度下平均密度（kg/m^3）	极限压碎强度（kg/cm^2）	用轻钻孔机钻进 1m 耗时（min）	开挖方法及工具	紧固系数 f
一、二类土壤	Ⅰ	砂 砂填土 腐殖土 泥炭	1500 1600 1200 600			用尖锹开挖	0.5～0.6
	Ⅱ	轻壤土和黄土类土 潮湿而松散的黄土，软的盐渍土和碱土 平均 15mm 以内的松散而软的砾石 含有草根的密实腐殖土 含有直径在 30mm 以内根类的泥炭和腐殖土 掺有卵石、碎石和石屑的砂和腐殖土 含有卵石或碎石杂质的胶结成块的填土 含有卵石、碎石和建筑料杂质的砂壤土	1600 1600 1700 1400 1100 1650 1750 1900			用尖锹开挖并少数用镐开挖	0.6～0.8

续表

定额分类	普氏分类	土及岩石分类	天然湿度下平均密度（kg/m^3）	极限压碎强度（kg/cm^2）	用轻钻孔机钻进1m耗时（min）	开挖方法及工具	紧固系数 f
三类土	Ⅲ	肥黏土其中包括石炭纪、侏罗纪的黏土和冰黏土	1800			用尖锹并同时用镐开挖（30%）	0.81～1.0
		重壤土、粗砾石，粒径为15～40mm碎石和卵石	1750				
		干黄土和掺有碎石或卵石的自然含水量黄土	1790				
		含有直径大于30mm根类的腐殖土或泥炭	1400				
		掺有碎石或卵石和建筑碎料的土壤	1900				
四类土	Ⅳ	含碎石黏土、其中包括侏罗纪和石炭纪的硬黏土	1950			用尖锹并同时用镐和撬棍开挖（30%）	1.0～1.5
		含有碎石、卵石、建筑碎料和重达25kg的顽石（总体积10%以内）等杂质的肥黏土和重壤土	1950				
		冰碛黏土，含有重量在50kg以内的巨砾，其含量为总体积10%以内	2000				
		泥板岩	2000				
		不含或含有重量达10kg的顽石	1950				
松石	Ⅴ	含有重量在50kg以内巨砾（占体积10%以上）的冰碛石	2100	小于200	小于3.5	部分用手凿工具，部分用爆破来开挖	1.5～2.0
		矽藻岩和软白垩岩	1800				
		胶结力弱的砾岩	1900				
		胶结力不坚实的片岩	2600				
		石膏	2200				
次坚石	Ⅵ	凝灰岩和浮石	1100	200～400	3.5	用风镐的爆破法来开挖	2～4
		松软多孔和裂隙严重的石灰岩和介质石灰岩	1200				
		中等硬变的片岩	2700				
		中等硬变的泥灰岩	2300				
	Ⅶ	石灰石胶结的带有卵石和沉积岩的砾石	2200	400～600	6.0	用爆破方法来开挖	4～6
		风化的和有大裂缝的黏土质砂岩	2000				
		坚实的泥板岩	2800				
		坚实泥灰岩	2500				
	Ⅷ	砾质花岗岩	2300	600～800	8.5	用爆破方法开挖	6～8
		泥灰质石灰岩	2300				
		黏土质砂岩	2200				
		砂质云片岩	2300				
		硬石膏	2900				
普坚石	Ⅸ	严重风化的软弱的花岗岩、片麻岩和正长岩	2500	800～1000	11.5	用爆破方法开挖	8～10
		滑石化的蛇纹岩	2400				
		含有卵石、沉积岩的渣质胶结的砾岩	2500				
		砂岩	2500				
		砂质石灰质片石	2500				
		菱镁矿	3000				
	Ⅹ	白云岩	2700	1000～1200	15	用爆破方法开挖	10～12
		坚固的石灰岩	2700				
		大理岩	2700				
		石灰岩质胶结的致密砾石	2600				
		坚固砂质片岩	2600				

续表

定额分类	普氏分类	土及岩石分类	天然湿度下平均密度（kg/m³）	极限压碎强度（kg/cm²）	用轻钻孔机钻进1m耗时（min）	开挖方法及工具	紧固系数 f
特坚石	XI	粗花岗岩	2800	1200～1400	18.5	用爆破方法开挖	12～14
		非常坚硬的白云岩	2900				
		蛇纹岩	2600				
		石灰质胶结的含有火成岩卵石的砾石	2800				
		石英胶结的坚固砂岩	2700				
		粗粒正长岩	2700				
	XII	具有风化痕迹的安山岩和玄武岩	2700	1400～1600	22.0	用爆破方法开挖	14～16
		片麻岩	2600				
		非常坚固的石灰岩	2900				
		硅质胶结的含有火成岩卵石的砾岩	2900				
		粗石岩	2600				
	XIII	中粒花岗石	3100	1600～1800	27.5	用爆破方法开挖	16～18
		坚固的片麻岩	2800				
		辉绿岩	2700				
		玢岩	2500				
		坚固的粗面岩	2800				
		中粒正长岩	2800				
	XIV	非常坚硬的细粒花岗岩	3300	1800～2000	32.5	用爆破方法开挖	18～20
		花岗岩麻岩	2900				
		闪长岩	2900				
		高硬度的石灰岩	3100				
		坚硬的玢岩	2700				
	XV	安山岩、玄武岩、坚固的角页岩	3100	2000～2500	46.0	用爆破方法开挖	20～25
		高硬度的辉绿岩和闪长岩	2900				
		坚固辉长岩和石英岩	2800				
	XVI	拉长玄武岩和橄榄玄武岩	3300	大于2500	大于60	用爆破方法开挖	大于25
		特别坚固的辉长绿岩、石英石和玢岩	3000				

其次还要清楚以下几点：

（1）干、湿土的划分首先以地质勘察资料为准，含水率≥25%为湿土；常年位于地下水位以下为湿土，以上的为干土。挖湿土时，人工定额和机械定额乘以系数1.18，干湿土工程量分别计算。

如定额：1-4 人工挖沟槽土方（湿土）

基价＝808.92×1.18＝954.53(元/100m³)

1-64 推土机推土(湿土)

基价＝2271.06×1.18＝2679.85(元/100³)

采用井点降水的土方应按干土计算。

如定额 1-5 人工挖沟槽土方(湿土)

基价＝1054.29×1.18＝1244.06(元/100m³)

1-59 推土机推土(湿土)

基价＝1189.23×1.18＝1403.29(元/100m³)

1-120 拖式铲运机铲运土，有材料费，注意只有人工费和机械费增加系数。

基价＝(134.82＋3273.35)×1.18＋2.25＝4021.64＋2.25＝4023.89(元/100m^3)

(2) 人工夯实土堤、机械夯实土堤执行人工填土夯实平地、机械填土夯实平地子目。

人工夯实适用于小规模的工程或不适宜于机械夯实的地方，为一种高强度的、人数众多的施工方法，既费工又费时，是一种不提倡的施工方法。

机械夯实土堤是目前使用最多的施工方法，多用于大规模大工程量的市政工程，必须先做好工程前的准备工作，使击实试验的结果尽量与实际工程相近，才能找到最优含水量和最大干密度以期能达到最好的压实效果。

(3) 挖土机在垫板上作业，人工定额和机械定额乘以系数 1.25，搭拆垫板的人工、材料和辅机摊销费另行计算。

(4) 推土机推土或铲运机铲土的平均土层厚度＜30cm 时，其推土机台班定额乘以系数 1.25，铲运机台班定额乘以系数 1.17。

(5) 机械挖土方中如需人工辅助开挖（包括切边、修整底边，人工挖土方量套相应定额乘以系数 1.5)。

(6) 在支撑下挖土，按实挖体积人工定额乘以系数 1.43，机械定额乘以系数 1.20。先开挖后支撑的不属于支撑下挖土。

《全国统一市政工程预算定额》第一册，通用项目中所列各分项工程定额包括综合工日、材料用量、机械台班，是按正常施工条件下，多数建筑企业的施工装备程度、合理施工工期、施工工艺、劳动组织为基础编制的，鉴于各种市政工程在现场施工中，往往在施工条件、材料规格、机械装备等方面与定额所列情况不全相符合，如果套用定额就会出现差错。为此，要根据现场实际情况换算某些分项工程定额，但并不是所有定额都可以换算。

例如：人工挖沟槽 8m 深，三类土。综合工日查《全国统一市政工程预算定额》第一册《通用项目》为：

人工为 101.78，则综合工日换算为：

1.43×101.78＝145.55（工日）

机械式拖式铲运机 3m^3 运距 200m 为 12.14，则综合工日为：

1.20×12.14＝14.57（工日）

先开挖土、挖土完毕后支撑的，不能算是在支撑下挖土，只能说是挖土，按普通的挖土计算，不需乘以系数即可。

(7) 挖密实的钢渣，按挖四类土人工乘以系数 2.50，机械乘以系数 1.50。

钢渣：市政工程中使用的钢渣指的是平炉、转炉钢渣存放一年以上，呈灰褐色，有微孔，密实时质地较重。市政工程中严禁使用新渣，冶炼前期渣。钢渣呈蜂窝状，质地轻，强度低的不能单独使用，钢渣粒径应不小于 50mm；游离氯化钙的含量不大于 3%，压碎值应小于 30%。

(8) 0.2m^3 抓斗挖土机挖土、淤泥、流砂按 0.5m^3 抓铲挖掘机挖土、淤泥、流砂定额消耗量乘以系数 2.50 计算。

在淤泥、流砂的施工过程中，由于淤泥、流砂处于流体状态，给施工带来很大的不方便，加之 0.2m^3 抓斗挖土机适合于小工程，0.5m^3 抓铲挖掘机使用较多，为了统一计算，所以在预算定额中按 0.5m^3 抓铲挖掘机挖土，0.2m^3 抓斗挖土机挖土、淤泥、硫砂乘以放大系数 2.50。

（9）自卸汽车运土，如系反铲挖掘机装车，则自卸汽车运土台班数量乘以系数 1.10；拉铲挖掘机装车，自卸汽车运土台班数量乘以系数 1.20。

采用反铲挖掘机装车，自卸汽车运土时，自卸汽车运土的台班数量应乘以 1.10，即增加 10%的费用，原因是由于反铲挖掘机装车时装的土较满。采用拖铲挖掘机装车，自卸汽车运土时，自卸汽车运土的台班数量应放大 20%，是由于拉铲挖掘机挖土的功率大，且土质不是松散的，增加汽车的负荷。

（10）石方爆破按炮眼法松动爆破和无地下渗水积水考虑，防水和覆盖材料未在定额内。采用火雷管可以换算，雷管数量不变，扣除胶质导线用量，增加导火索用量，导火索长度按每个雷管 2.12m 计算。抛掷和定向爆破另行处理。打眼爆破若要达到石料粒径要求，则增加的费用另计。

（11）定额不包括现场障碍物清理，障碍物清理费用另行计算。弃土、石方的场地占用费按当地规定处理。

（12）开挖冻土按拆除素混凝土障碍物子目乘以系数 0.8。

如定额 1-608 人工拆除无筋混凝土障碍物

基价＝711.62（元）则开挖冻土基价＝711.62×0.8＝569.30（元）

（13）定额中为满足环保要求而配备了洒水汽车的施工现场降尘，若实际施工中未采用洒水汽车降尘的，在结算中应扣除洒水汽车和水的费用。

（14）定额的土、石方体积均以天然密实体积（自然方）计算，回填土按碾压后的体积（实方）计算。土方体积换算见表 2-2。

土方体积换算表 **表 2-2**

虚方体积	天然密实度体积	夯实后体积	松填体积
1.00	0.77	0.67	0.83
1.30	1.00	0.87	1.08
1.50	1.15	1.00	1.25
1.20	0.92	0.80	1.00

（15）土方工程量按图纸尺寸计算，修建机械上下坡的便道土方量并入土方工程量内。石方工程量按图纸尺寸加允许超挖量。开挖坡面每侧允许超挖量：松、次坚石 20cm，普、特坚石 15cm。

（16）夯实土堤按设计断面计算。清理土堤基础按设计规定以水平投影面积计算，清理厚度为 30cm 内，废土运距按 30m 计算。

（17）人工挖土堤台阶工程量，按挖前的堤坡斜面积计算，运土应另行计算。

（18）人工铺草皮工程量以实际铺设的面积计算，花格铺草皮中的空格部分不扣除。花格铺草皮，设计草皮面积与定额不符时可以调整草皮数量，人工按草皮增加比例增加，其余不调整。

（19）管道接口作业坑和沿线各种井室所需增加开挖的土石方工程量按有关规定如实计算。管沟回填土应扣除管径在 200mm 以上的管道、基础、垫层和各种构筑物所占的体积。

管道沟槽回填方量：

*DN*200 以上管径＝沟槽挖方量－管道所占体积－基础－垫层－各种井所占体积

*DN*200 以内管径=沟槽挖方量

*DN*200 以内管径回填方量同挖方量一样多，但弃方（回填后多余土方）照样另行计算。

*DN*200 以上管径弃方=挖方量－填方量

(20) 挖土放坡和沟、槽底加宽应按图纸尺寸计算，如无明确规定，可按表 2-3 和表 2-4 计算。

放　坡　系　数　　**表 2-3**

土壤类别	放坡起点深度（m）	机械开挖		人工开挖
		坑内作业	坑上作业	
一、二类土	1.20	1：0.33	1：0.75	1：0.50
三类土	1.50	1：0.25	1：0.67	1：0.33
四类土	2.00	1：0.10	1：0.33	1：0.25

管沟底部每侧工作面宽度　　**表 2-4**

管道结构宽（mm）	混凝土管道基础 90°	混凝土管道基础>90°	金属管道	构筑物	
				无防潮层	有防潮层
500 以内	400	400	300	400	600
1000 以内	500	500	400		
2500 以内	600	500	400		
2500 以上	700	600	500		

如：1：0.5 的放坡系数如图 2-1。1 表示垂直高度，0.5 表示水平宽度。例：垂直高度为 4m，每边上口水平宽度均增加 2m。

注：放坡挖土交接处产生的重复工程量不扣除。

挖土交接处产生的重复工程量不扣除。如在同一断面内遇有数类土，其放坡系数可按各类土占全部深度的百分比加权计算。

管道结构宽：无管座按管道外径计算，有管座按管道基础外缘计算，构筑物按基础外缘计算，如设挡土板则每侧增加 10cm。如图 2-2～图 2-4 所示。

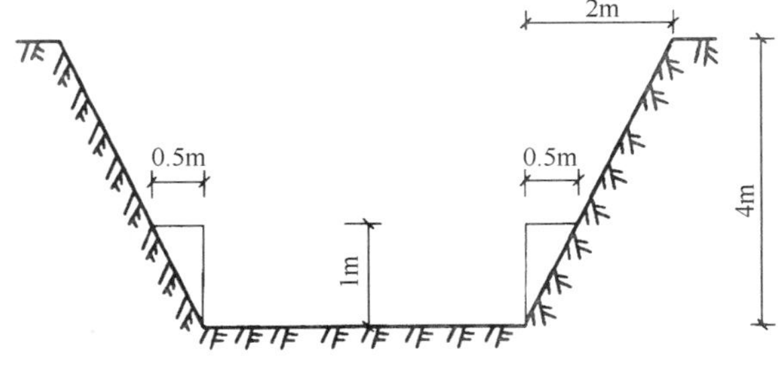

图 2-1

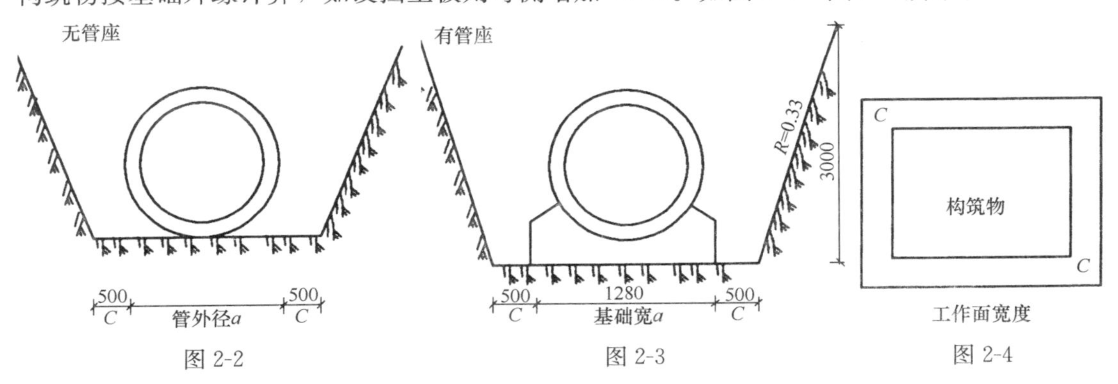

图 2-2　　图 2-3　　图 2-4

如按有管座横断面图，其沟槽长度 210m，计算该段沟槽挖方量。

公式：$V=(a+2c+kh)hl$

$=(1.28+2\times0.5+0.33\times3)\times3\times210$

$=3.27\times3\times210$

$=2060.1\ (m^3)$

式中 V——挖方体积；

k——放坡系数；

l——沟槽长度；

c——工作面宽度；

a——结构宽度；

h——槽深（高度）。

(21) 土石方的运距计算。应该以挖土重心至填土重心或弃土重心的最近距离进行计算，填土重心、挖土重心、弃土重心应按施工组织设计进行计算而确定，若遇下列情况应增加运距：

1) 人力及人力车运土、石方上坡坡度在 15%以上，推土机、铲运机重车上坡坡度大于 5%，斜道运距按斜道长度乘以表 2-5 系数。

表 2-5

项　目	推土机、铲运机				人力及人力车
坡度（%）	5～10	15 以内	20 以内	25 以内	15 以上
系　数	1.75	2	2.25	2.5	5

如：推土机推运土方上坡斜长距离 20m，坡度为 12%，该推土机推土运距应为多少？（见图 2-5）

推土机推土运距＝20×2＝40（m）

2) 采用人力垂直运输土、石方，垂直深度每米折合水平运距 7m 计算。见图 2-6 所示。

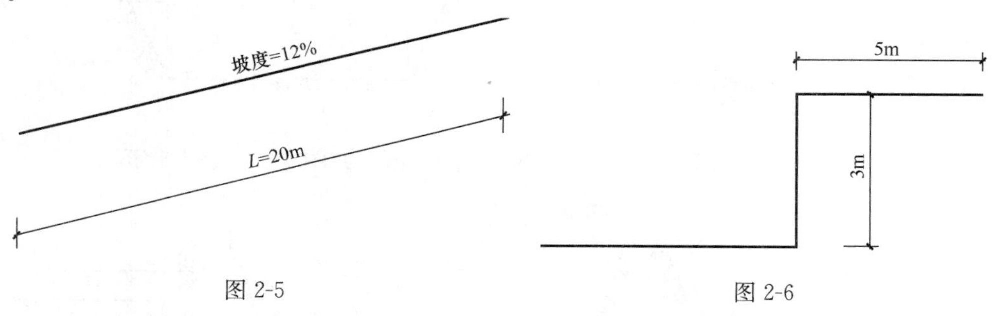

图 2-5　　图 2-6

如：图 2-6 人力垂直运输土方深度 3m，另加水平距离 5m，计算其运距？

人力运土运距＝3×7＋5＝26（m）

3) 拖式铲运机 $3m^3$ 加 27m 转向距离，其余型号铲运机加 45m 转向距离。

(22) 沟槽、基坑、平整场地和一般土石方的划分：底宽 7m 以内，底长大于底宽 3 倍以上按沟槽计算；底长小于底宽 3 倍以内按基坑计算，其中基坑底面积在 $150m^2$ 以内执行基坑定额。厚度在30cm以内就地挖、填土按平整场地计算。超过上述范围的土、石方按挖土方和石方计算。

(23) 机械挖土方中如需人工辅助开挖(包括切边、修整底边),机械挖土按实挖土方量计算,人工挖土土方量按实套相应定额乘以系数1.5。

(24) 人工装土汽车运土时,汽车运土定额乘以系数1.1。

二、项目说明

1. 土方工程

040101001　挖一般土方

(1) 挖土方工程量按立方米计算。挖土方和挖基坑的区别,主要是坑底面积的大小,如上所述,即以下情况视为挖土方:

1) 凡挖填土厚度在30cm以上的场地平整工程,按挖土方计算;

2) 凡槽长不超过槽宽的3倍,且底面积大于20m² 的为挖土方;

3) 槽长大于槽宽的3倍,而槽宽在3m以上的定为挖土方工程。

(2) 人工挖土方的深度超过1.5m时,需按表2-6增加工日。

人工挖土方超深增加工日表(100m³)　　**表2-6**

深2m以内	深4m以内	深6m以内
5.55工日	17.60工日	26.16工日

(3) 土方工程量的计算

1) 有关道路、排水工程的土方量计算

一般道路、排水工程的土方量可以根据两种方式进行计算,一种是按设计纵横断面图进行计算;另一种则是按平面图计算。

①公式法。首先根据横断面图上的多边形,用数学公式近似地计算出各个桩号的横断面的面积,然后求出相邻两个横断面面积的平均值,最后利用平均值乘以相邻两个横断面之间的距离,这样即可求得土方量。如表2-7所示。

土 方 量 计 算　　**表2-7**

桩　号	土方面积(m²)		平均面积(m²)		距离(m)	土方量(m³)	
	挖　方	填　方	挖　方	填　方		挖　方	填　方
①	②	③	④	⑤	⑥	⑦	⑧
0+000	11.5	3.2	11.95	3.75	50	597.5	187.5
0+050	11.6	2.7	11.1	1.35	40	444	54
0+090	10.6						
0+150	7.3	4.6	8.95	2.3	60	537	138
0+200			8.25	2.3	50	412.5	115
合　计						1991	494.5

②积距法。这种计算土方量的方法较为简单,工程技术人员经常采用这种方法计算工程量。如图2-7,先将挖方面积分为若干个宽度L相等三角形或梯形,用三脚规量取各三角形、梯形的平均高度的累计值,将累计值乘以宽度L,即得本断面的总面积。如果断面图画在坐标纸上,比例为1∶100,两脚规量取的累计高度在长尺上一量,长尺上的读数,

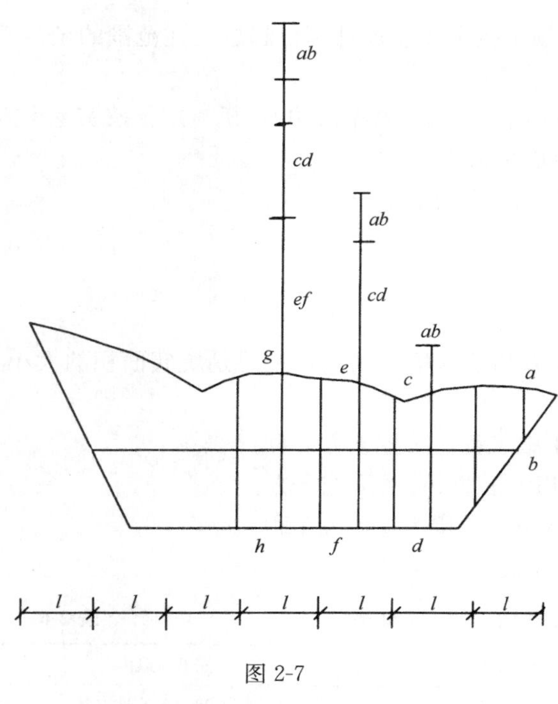

图 2-7

就是本断面的面积。如图 2-7 所示，ab 至 b 的高度为 6.3cm，它的面积就是 6.3cm²。如果该图的比例为 1∶200，1cm 见方的格子面积为 4cm²，那么高度为 6.3cm 时，它的面积为 25.2cm² = 6.3×4。

$$A = (ab+cd+ef+hg+\cdots\cdots) \times L$$
$$= 积距 \times L$$

式中 A——断面面积（m²）；

L——横断面所分划的等距宽度。

计算方法：先用两脚规量取 ab 长，随即移至 c 点，向上方量距等于 ab 长，固定上方的一脚，将在 c 点的小脚移至 d 点，即得 $ab+cd$ 长，用此法将整个断面量完，最后累计所得长度即为该断面之积距，并乘以 L 即为面积。

③计算道路路基（路槽）土方量时，路基（路槽）宽度应按设计要求计算，如设计无明确要求时，按道路结构宽度每边均加宽 40cm 进行计算。

④若在排水工程上面接着做道路工程，挖方、填方不能重复计算或漏算。如图 2-8 所示。

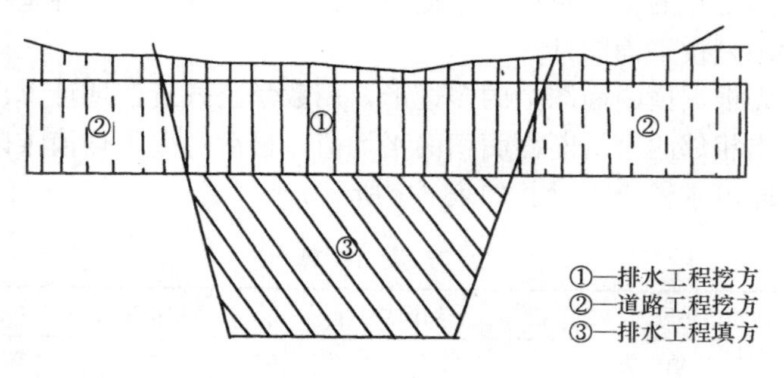

图 2-8

2）有关广场及大面积场地平整或挖填方的计算

大面积挖填方一般采用方格网法进行计算，根据地形起伏变化情况或精度要求，可选择适当的方格网进行计算，有 5m×5m、10m×10m、20m×20m、50m×50m、100m×100m 的方格，方格分得小，计算的精度就高，方格分得大，计算的精度就差些。方格网法即可采用实测，也可在图上进行。

在图上进行：就是用施工区域已有 1∶500 或 1∶1000 近期测定的比较准确的地形图，选择适当的方格按比例绘制到地形图上，按等高线求算每方格点地面高程（此过程相当于实测过程），然后按坐标关系将设计标高标记到方格网上，也算出每方格点的设计高程，根据地面标高和设计标高，求出每点施工高，标出正负，以表示挖填。若地面标高小于设计标高的，为填方；若地面标高大于设计标高的，为挖方。从方格边和方格点上找出挖填零点（即地面标高同设计标高相等，不挖不填的点），连接相邻零点，并绘出开挖零点，据此用几何方法按每格（可能是整方格，或者是三角形或五边形）所围面积乘以各角点的平均高即得到每格体积，按挖填分别相加即得总工程量。如图 2-9 实测方格网的区别在于按坐标在现场放出方格网，用水准仪或三角高程测定每个方格点的地面高程，其余步骤均与上法（在地形图上定格网）相同。

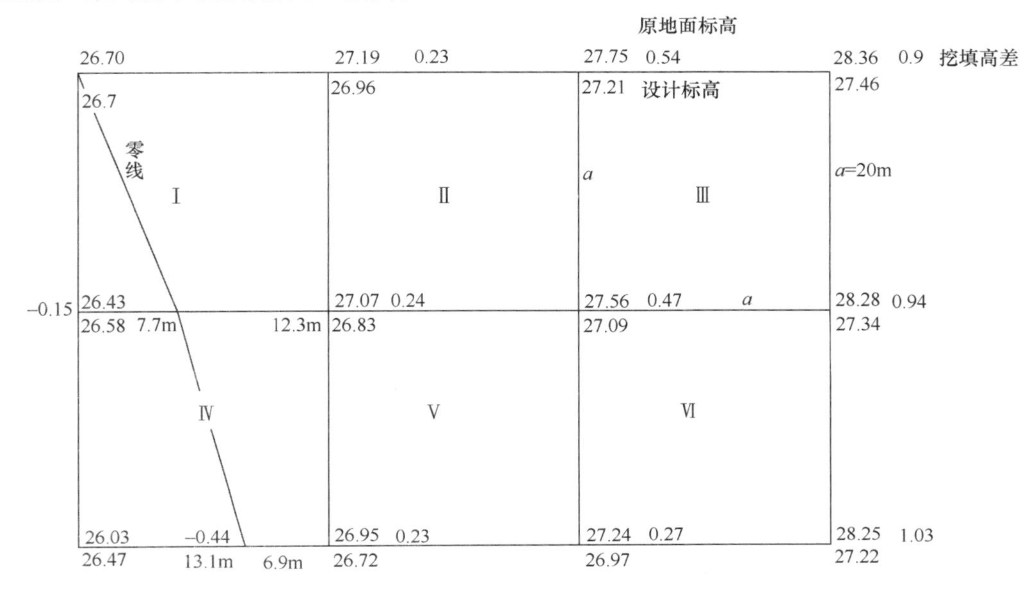

图 2-9

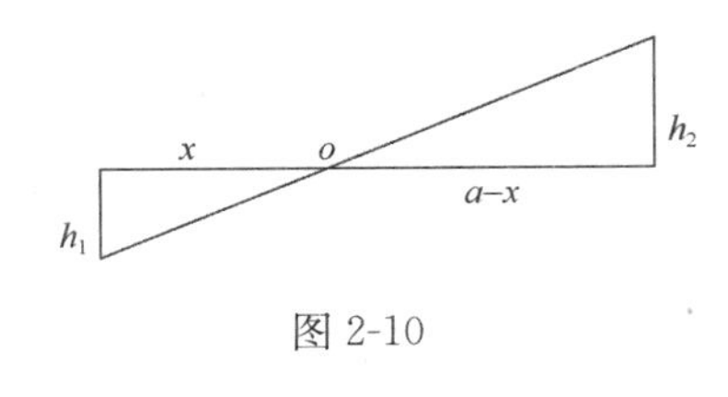

图 2-10

计算零点边长公式（图 2-10）：

$$x=\frac{ah_1}{h_1+h_2}$$

方格Ⅰ　$h_1=+0.15$　$h_2=-0.24$　$a=20$

代入公式 $x=\frac{20\times0.15}{0.15+0.24}=7.7\text{m}$

$a-x=20-7.7=12.3\text{m}$

方格Ⅳ　$x=\frac{20\times0.44}{0.44+0.23}=13.1\text{m}$

$a-x=20-13.1=6.9\text{m}$

计算土方量

方格Ⅰ　底面为一个三角形、一个梯形：

①三角形：$V_{填}=\frac{0.15}{3}\times\frac{20\times7.7}{2}=3.85\text{m}^3$

②梯形：$V_{挖}=\frac{20+12.3}{2}\times20\times\frac{0.23+0.24}{4}=37.95\text{m}^3$

方格Ⅱ、Ⅲ、Ⅴ、Ⅵ底面为正方形：

公式：$V=\frac{a^2}{4}$（$h_1+h_2+h_3+h_4$）$=\frac{a^2}{4}\sum h$

①Ⅱ：$V_{挖}=\frac{20^2}{4}$（0.23+0.24+0.47+0.54）

$=148m^3$

②Ⅲ：$V_{挖}=\frac{20^2}{4}$（0.54+0.47+0.9+0.94）

$=285m^3$

③Ⅴ：$V_{挖}=\frac{20^2}{4}$（0.24+0.23+0.47+0.27）$=121m^3$

④Ⅶ：$V_{挖}=\frac{20^2}{4}$（0.47+0.27+0.94+1.03）$=271m^3$

方格Ⅳ底面为两个梯形：

××地区场地平整施工图

①梯形：$r_{填}=\frac{7.7+13.1}{2}\times20\times\frac{0.15+0.44}{4}=30.68m^3$

②梯形：$r_{挖}=\frac{12.3+6.9}{2}\times20\times\frac{0.23+0.24}{4}=22.56m^3$

土方总量：

挖方量$=37.95+148+285+121+271+22.56=885.51m^3$

填方量$=3.85+30.68=34.53m^3$

挖方－填方$=885.51-34.53=850.98m^3$

计算结果土方就地平衡后，多余 $850.98m^3$ 需运往其他区域。

3）有关结构工程的土方量计算

在现实生活中，结构工程有很多类型，如：桥涵、地下通道、防洪堤防泵站等，在这些工程进行深挖时，应有比较完整详细的地质资料，其中底部尺寸、深度、放坡系数应按设计图纸注明的尺寸和设计要求进行开挖。若在设计图中未注明，应经设计单位、建设单位（甲方）审定后的施工组织设计计算的结果进行开挖，由于选择的施工方案不同，土方的工程量以及工作量可能会有很大的差别。

（4）平整场地工程量计算

平整场地是指在深度±300mm 之内，在建筑物或构筑物场地的挖填土及找平工作。平整场地的工程量是按建筑物外墙外边线两边各增加 2m 范围的面积，以 m^2 计算，如图 2-11 所示，常见建筑物平面类型的计算公式如下：

1）平面为矩形时：

平整场地的面积＝（$a+2\times2$）×（$b+2\times2$）

【注释】a——建筑物长的外边线长（m）

b——建筑物宽的外边线长（m）

2）平面为“L”形，如图 2-12 所示。

平整场地的面积$=S_d+2L_{外}+16m^2$

S_d——底层建筑物的面积

$L_{外}$——外墙外边线周长（m）

3）平面为“封闭”的环“□”形，如图 2-13 所示。

<table>
<tr>
<td>1 V_F=33400

30.00(25.37)</td>
<td>2 V_F=20450
V_C=570
3区调来6380

30.70(26.72)</td>
<td>3 V_F=490
V_C=6870
调往2区6380
运距100m
31.50(33.60)</td>
<td>4 V_F=1460
V_C=421
8区调来1039

31.75(30.80)</td>
</tr>
<tr>
<td>5 V_F=31080

29.45(25.15)</td>
<td>6 V_F=8110
V_C=4090
11区调来4020

30.15(29.49)</td>
<td>7 V_F=15220
V_C=1100
8区调来9984
11区调来4136
30.50(28.16)</td>
<td>8 V_F=880
V_C=11903
调往4区1039
调往7区9984
运距100m
31.40(32.01)</td>
</tr>
<tr>
<td>9 V_F=32040
11区调来2364
12区调来16260
15区调来7280
16区调来6136

29.00(24.32)</td>
<td>10 V_F=16540
V_C=3920
11区调来12620

29.50(29.85)</td>
<td>11 V_F=1310
V_C=24450
调往10区12620运距100m
调往7区4136运距100m
调往6区4020运距150m
调往9区2364远距200m
30.10(33.51)</td>
<td>12 V_C=16260
调往9区16260
运距300m

31.10(37.64)</td>
</tr>
<tr>
<td>13 V_F=24780
V_C=20
15区调来24760

28.75(24.14)</td>
<td>14 V_F=4340
V_C=4290
15区调来50

29.00(26.83)</td>
<td>15 V_F=400
V_C=32490
调往14区50运距100m
调往13区24760运距200m
调往9区7280运距300m
29.80(32.76)</td>
<td>16 V_C=7459
调往9区等
运距300m

30.50(35.12)</td>
</tr>
</table>

说明：

1. 本图比例为 1∶2500，方格网角所注标高为设计标高，括号内为原地面标高。
2. 图中阴影部分为填方区，未涂阴影部分为挖方区。
3. 方格网数字单位为"m^3"，运距为图形重心直线运距。
4. 土方挖填平衡后，差土 76657m^3，由外运来，运距 3000m。
5. V_F 为填方，V_C 为挖方。

××设计院

图 2-11

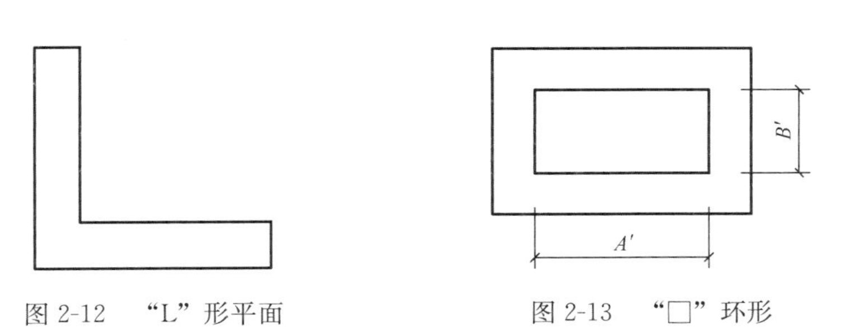

图 2-12 "L"形平面　　图 2-13 "□"环形

平整场地的面积$=S_d+2L_外$

S_d——同上

$L_外$——同上

【注释】(封闭环的内周边长A'不小于4m，B'也不小于4m)

040101002　挖沟槽土方

挖沟槽按体积以立方米（m^3）计算工程量。

沟槽宽度按图示尺寸计算，深度按图示槽底面至室外地坪的深度计算。

挖沟槽工程量应根据是否增加工作面，支挡土板，放坡和不放坡等具体情况分别计算。

（1）不放坡，不支挡土板，不留工作面

如图2-14所示，计算公式为：

$$V=h\times l\times b$$

式中　V——挖槽工程量（下同）（m^3）；

b——槽底宽度（m）；

h——挖土深度（m）；

l——沟槽长度（m）。

（2）不放坡，不支挡土板，留工作面如图2-15所示，计算公式为：

$$V=(2c+b)\times l\times h$$

式中　b——基础底宽度（m）；

c——增加工作面，按表2-4取值。

（3）不放坡，双面支挡土板，留工作面图2-16为沟槽的横断面，其计算公式为：

$$V=(2c+b+0.2)\times l\times h$$

【注释】0.2——双面挡土板的厚度。

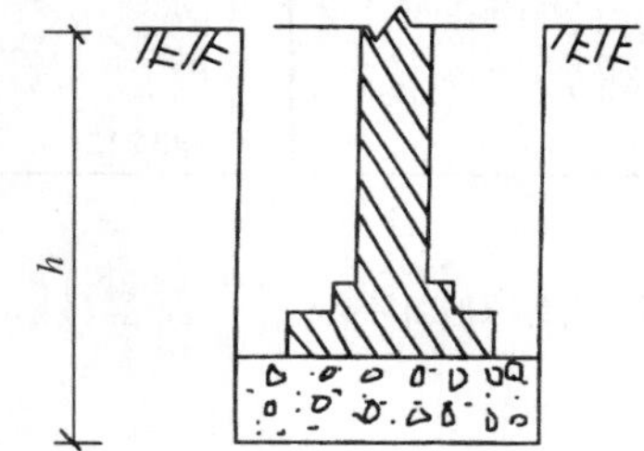

图2-14　不放坡，不支挡土板，不留工作面

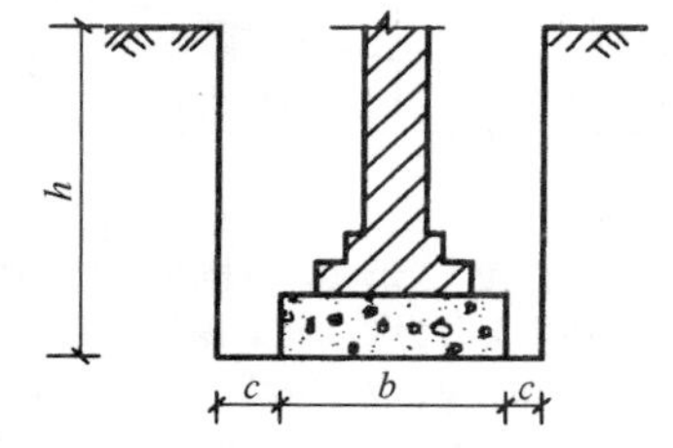

图2-15　不放坡，不支挡土板，留工作面

（4）放坡，不支挡土板，留工作面

1）自垫层上表面放坡地槽（如图2-17），其计算公式为：

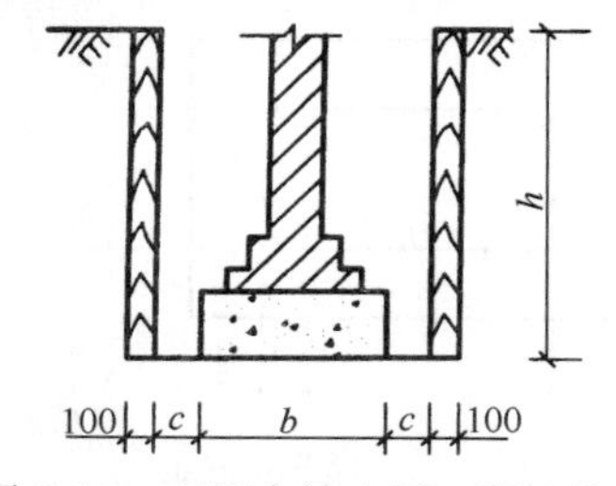

图2-16　双面支挡土板，留工作面

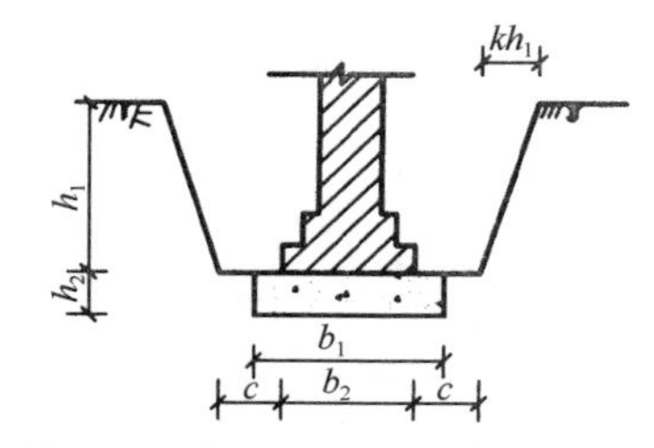

图2-17　自垫层上表面放坡示意图

$$V=[b_1h_2+(b_2+2c+kh_1)h_1]l$$

式中　h_1——地槽上表面至垫层上表面深（m）；

h_2——垫层的厚度（m）；

b_1——垫层宽度（m）；

b_2——基础宽度（m）。

2）自槽底面放坡，如图 2-18 所示，计算公式如下：

$$V=(2c+b+h\times k)\times l\times h$$

式中　k——放坡系数，按表 2-3 取值。

（5）单面放坡，单面支挡土板，留工作面。如图 2-19 是单面放坡，单面支挡土板，留工作面，其工程量计算公式为：

$$V=\left(2c+b+\frac{1}{2}k\times h+0.1\right)\times l\times h$$

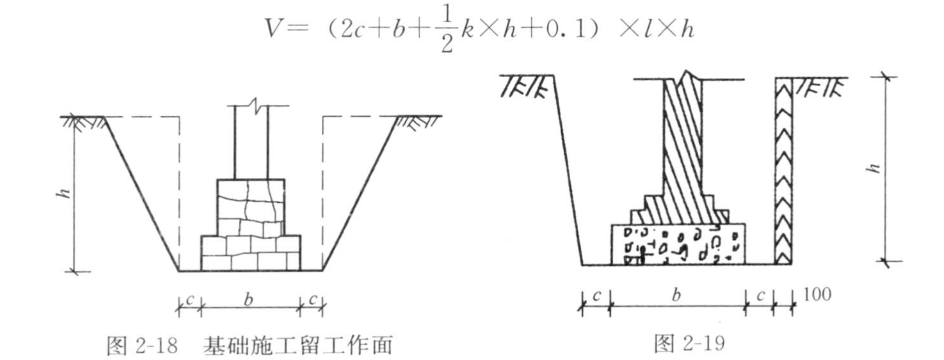

图 2-18　基础施工留工作面　　　　图 2-19

挖管道沟槽工程量计算：

挖管道沟槽适用于地下给排水管道、通讯电线电缆等的挖土工程，其土方量按体积以立方米（m^3）计算。沟槽开挖长度按图示中心线长度计算；沟底宽度，设计有规定的，按设计规定尺寸计算，设计无规定的，可按表 2-8 的规定宽度计算。

管道沟槽沟底宽度计算表（m）　　　　**表 2-8**

管径（mm）	铸铁管、钢管、石棉水泥管	混凝土、钢筋混凝土、预应力混凝土管	陶土管	管径（mm）	铸铁管、钢管、石棉水泥管	混凝土、钢筋混凝土、预应力混凝土管	陶土管
50～70	0.60	0.80	0.70	700～800	1.60	1.80	
100～200	0.70	0.90	0.80	900～1000	1.80	2.00	
250～350	0.80	1.00	0.90	1100～1200	2.00	2.30	
400～450	1.00	1.30	1.10	1300～1400	2.20	2.60	
500～600	1.30	1.50	1.40				

注：1. 按上表计算管道沟土方工程量时，各种井类及管道（不含铸铁给排水管）接口等处需加宽增加的土方量不另行计算，底面积大于 $20m^2$ 的井类，其增加工程量并入管沟土方内计算。

2. 铺设铸铁给排水管道时其接口等处土方增加量，可按铸铁给排水管道地沟土方总量的 2.5%计算。

在计算管道沟槽土方工程量时，各种井类（如检查井、窨井等）及管道（不含铸铁给排水管）接口等处，需加宽沟槽而增加的土方工程量，不另行计算；若井类的底面积不小于 $20m^2$ 的，其增加的工程量并入管沟土方的计算。铺设铸铁给排水管道时，其接口等处的土方增加量，可按铸铁给排水管道沟槽土方总量的 2.5%计算。

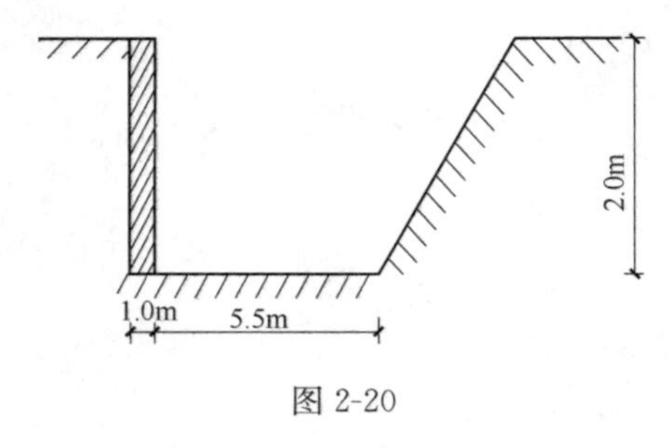

图 2-20

管道沟槽的深度，按图示沟底至室外地坪的深度计算。

【例 1】 某沟槽的示意图如图 2-20 所示，一面不放坡，支挡土板，混凝土基础支模板，一面放坡，槽长为 27m，采用人工开挖土，土质为三类土。试计算该沟槽的挖土方工程量。

【解】（1）清单工程量：

已知放坡系数 $K=0.33$

$$V=5.5\times2.0\times27\text{m}^3=297\text{m}^3$$

【注释】 5.5——沟槽的宽度；

2.0——沟槽的深度；

27——沟槽的长度。

清单工程量计算见表 2-9。

清单工程量计算表 **表 2-9**

项目编码	项目名称	项目特征描述	计量单位	工程量
040101002001	挖沟槽土方	三类土，深 2m	m^3	297

（2）定额工程量：

放坡系数 $K=0.33$

$$V=[(0.33\times2.0+1.0+5.5)+(1.0+5.5)]\times2.0\times\frac{1}{2}\times27\text{m}^3$$

$$=368.82\text{m}^3$$

【注释】 1.0——挡土板的宽度；

5.5——沟槽宽度；

2.0——沟槽的深度；

27——沟槽的长度。

040101003　挖基坑土方

基坑挖土体积以 m^3 计算，基坑深度按图示坑底面至室外地坪深度计算。设备基础、满堂基础、柱基础等的挖土均属此种情况，这些基础地坑通常多为圆形、长方形、正方形，其工程量计算可以分为三种情况。

（1）不放坡、不支挡土板

1）矩形

$$V=a\times b\times h$$

若增加工作面，上式则变为

$$V=(b+2c)(a+2c)\times h$$

2）圆形

$$V=\pi R^2\times h$$

若增加工作面时

$$V=\pi\ (R+c)^2\times h$$

式中 a——基础底面长度（m）；

b——基础底面宽度（m）；

R——基础底面半径（m）。

（2）放坡，留工作面

1）图 2-21 是矩形放坡，不支挡土板，留工作面基坑示意图，挖土方工程量则按下式计算：

$$V=(a+2c+kh)(b+2c+kh)\times h+\frac{1}{3}k^2h^3$$

【注释】$\frac{1}{3}k^2h^3$——基坑四角的一个锐角锥体的体积，其数值列于表 2-10 中，计算时可直接查用。

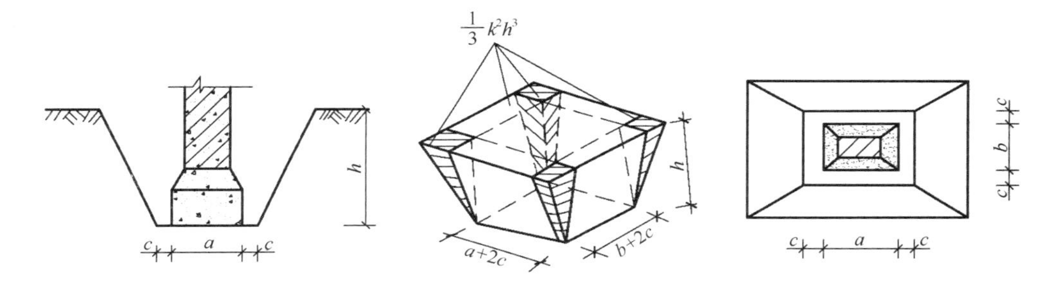

图 2-21 放坡方形或长方形基坑

基坑放坡时四角的角锥体体积表（m³） **表 2-10**

放坡系数(k) / 坑深（m）	0.10	0.25	0.33	0.50	0.67	0.75	1.00
1.20	0.01	0.04	0.06	0.14	0.26	0.32	1.58
1.30	0.01	0.05	0.08	0.18	0.33	0.41	0.73
1.40	0.01	0.06	0.10	0.23	0.41	0.51	0.91
1.50	0.01	0.07	0.12	0.28	0.51	0.63	1.13
1.60	0.01	0.09	0.15	0.34	0.61	0.77	1.37
1.70	0.02	0.10	0.18	0.41	0.74	0.92	1.64
1.80	0.02	0.12	0.21	0.49	0.87	1.09	1.94
1.90	0.02	0.14	0.25	0.57	1.03	1.29	2.29
2.00	0.03	0.17	0.29	0.67	1.20	1.50	2.67
2.10	0.03	0.19	0.34	0.77	1.39	1.74	3.09
2.20	0.04	0.22	0.39	0.89	1.59	2.00	3.55
2.30	0.04	0.25	0.44	1.01	1.82	2.28	4.06
2.40	0.05	0.29	0.50	1.15	2.07	2.59	4.61

续表

坑深（m）＼放坡系数(k)	0.10	0.25	0.33	0.50	0.67	0.75	1.00
2.50	0.05	0.33	0.57	1.30	2.34	2.93	5.21
2.60	0.06	0.37	0.64	1.46	2.63	3.30	5.86
2.70	0.07	0.41	0.71	1.64	2.95	3.69	6.56
2.80	0.07	0.46	0.80	1.83	3.28	4.12	7.31
2.90	0.08	0.51	0.89	2.03	3.65	4.57	8.13
3.00	0.09	0.56	0.98	2.25	4.04	5.06	9.00
3.10	0.10	0.62	1.08	2.48	4.46	5.59	9.93
3.20	0.11	0.68	1.19	2.7	4.90	6.14	10.92
3.30	0.12	0.75	1.30	2.99	5.38	6.74	11.98
3.40	0.13	0.82	1.43	3.28	5.88	7.37	13.10
3.50	0.14	0.90	1.56	3.57	6.42	8.04	14.29
3.60	0.16	0.97	1.69	3.89	6.98	8.75	15.55
3.70	0.17	1.06	1.84	4.22	7.58	9.50	16.88
3.80	0.18	1.14	1.99	4.57	8.21	10.29	18.20
3.90	0.20	1.24	2.15	4.94	8.88	11.12	19.77
4.00	0.21	1.33	2.32	5.33	9.58	12.00	21.33
4.10	0.23	1.44	2.50	5.74	10.31	12.92	22.97
4.20	0.25	1.54	2.69	6.17	11.09	13.89	24.69
4.30	0.27	1.66	2.89	6.63	11.90	14.91	26.50
4.40	0.28	1.78	3.09	7.10	12.75	15.97	28.39
4.50	0.30	1.90	3.31	7.59	13.64	17.09	30.38
4.60	0.32	2.03	3.53	8.11	14.56	18.25	32.45
4.70	0.35	2.16	3.77	8.65	15.54	19.47	34.61
4.80	0.37	2.30	4.01	9.22	16.55	20.74	36.86
4.90	0.39	2.45	4.27	9.80	17.60	22.06	39.21
5.00	0.42	2.60	4.54	10.42	18.70	23.44	41.67

2）圆形基坑，如图 2-22 所示，工程量计算公式如下：

$$V=\frac{1}{3}\pi h(R_1^2+R_1R_2+R_2^2)$$

式中　$R_1=R+C$——基坑底挖土半径（m）；

$R_2=R_1+kh$——基坑上口挖土半径（m）。

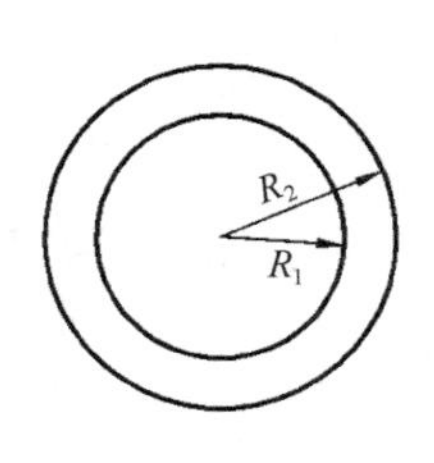

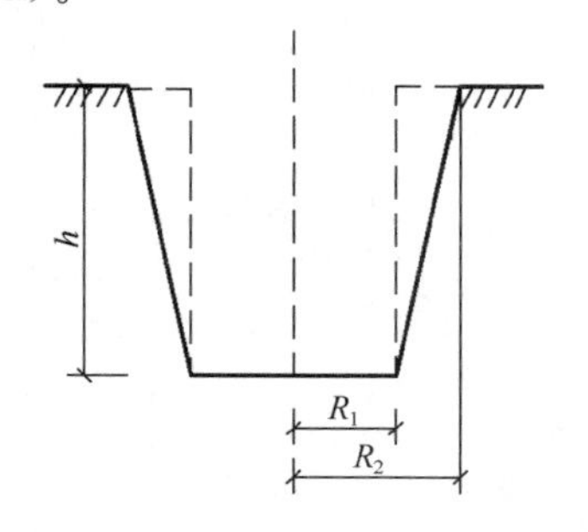

图 2-22　圆形基坑

【例 2】某构筑物基础为阶梯形，其断面图如图 2-23 所示。基础长 14m，由于受场地的限制，没有足够的场地来放坡，所以采用上层放坡，下层双面支挡土板的形式开挖。土质为三类土，断面图如图 2-23 所示。基础回填为夯实回填，回填密实度要求 97%。试计算其土方工程量。

【解】(1) 清单工程量：

1) 挖土方工程量：$V=10\times(3.3+1.2)\times14\text{m}^3=630\text{m}^3$

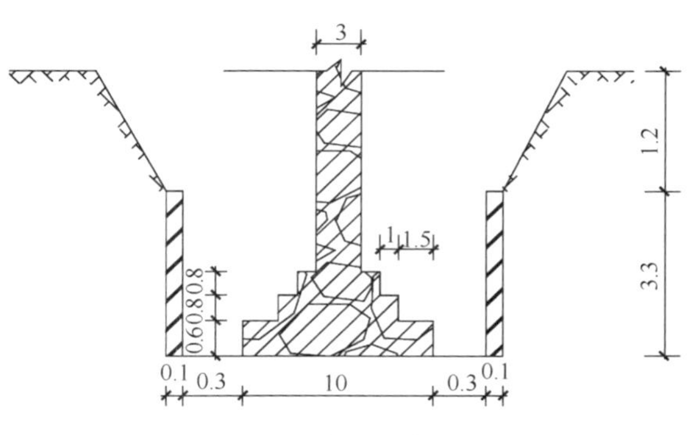

图 2-23 某基础断面图

【注释】 10——基础底面的长度；

3.3——支模土的开挖深度；

14——基坑长度。

2) 回填土工程量：

$V=630-10\times0.6\times14-(10-1.5\times2)\times0.8\times14-(10-1.5\times2-1\times2)\times0.8\times14-3\times(1.2+3.3-0.8-0.8-0.6)\times14\text{m}^3$

$=630-(84+78.4+56+96.6)\text{m}^3$

$=630-315\text{m}^3$

$=315\text{m}^3$

【注释】 630——挖土方工程量；

10——基础底面的长度；

0.6——基础底层的高度；

14——基础的长度；

1.5——第一级基础到第二级基础边缘的距离；

0.8——底二级基础和第三级基础的高度；

1——第三级基础到第二级基础边缘的距离；

1.2——放坡土的开挖深度；

3.3——支模土的开挖深度。

3) 余方弃置工程量：

体积转换的 $V'=315\times1.15\text{m}^3=362.25\text{m}^3$

【注释】 315——回填土体积；

1.15——天然密实体积与夯实体积的体积转换系数。

余方弃置工程量：$V=630-362.25\text{m}^3=267.75\text{m}^3$

【注释】 630——挖方土体积；

362.25——转换后的体积。

清单工程量见表 2-11。

清单工程量计算表 **表 2-11**

序号	项目编码	项目名称	项目特征描述	计量单位	工程量
1	040101003001	挖基坑土方	三类土，深 4.5m，弃土运距为 2km	m^3	630
2	040103001001	回填方	密实度 97%，来源于挖方天然土	m^3	315
3	040103002001	余方弃置	弃土运距为 2km	m^3	267.75

(2) 定额工程量：

1) 挖土方工程量：

放坡系数为$k=0.33$

$V=(0.1\times2+0.3\times2+10)\times3.3\times14+(0.1\times2+0.3\times2+10+0.33\times1.2)\times1.2\times14\text{m}^3$

$=687.058\text{m}^3$

【注释】0.1——支模板的宽度；

14——基础的长度；

1.2——放坡土的开挖深度；

3.3——支模土的开挖深度；

0.33——放坡系数。

2）回填方工程量：

$V=687.058-10\times0.6\times14-(10-1.5\times2)\times0.8\times14-(10-1.5\times2-1\times2)\times0.8\times14-3\times(1.2+3.3-0.8-0.8-0.6)\times14\text{m}^3$

$=687.058-(84+78.4+56+96.6)\text{m}^3$

$=687.058-315\text{m}^3=372.058\text{m}^3$

【注释】687.058——挖土方工程量；

10——基础底面的长度；

0.6——基础底层的高度；

14——基础的长度；

1.5——第一级基础到第二级基础边缘的距离；

0.8——第二级基础和第三级基础的高度；

1——第三级基础到第二级基础边缘的距离；

1.2——放坡土的开挖深度；

3.3——支模土的开挖深度。

3）余方弃置工程量

体积换算得$V'=372.058\times1.15\text{m}^3=427.867\text{m}^3$

【注释】372.058——回填方工程量；

1.15——天然密实体积与夯实体积的体积转换系数。

则余方弃置工程量：

$$V=687.058-427.867=259.191\text{m}^3$$

【注释】687.058——挖方土体积；

427.867——转换后的体积。

040101004　暗挖土方

暗挖土方是指挖土面不露天的地下土方。

040101005　挖淤泥、流砂

2. *石方工程*

040102001　挖一般石方

由于地质、地形的变化复杂，石方工程量计算一般采用断面法。其步骤为：

（1）确定横断面。根据地形图及竖向布置情况，标定断面位置，断面间距可以有变，不必强求一致，高差大可以短一点，高差小可以适当长一点。峒库工程间距，一般为

50m，若遇地质复杂，发生塌方等特殊情况，亦可缩短间距，增加断面。

（2）画断面图。根据自然地面和设计地面轮廓线，按比例绘制，并按断面图计算断面面积。峒库工程断面图，可按直接测成峒后的断面所得数据绘制。

（3）计算工程量。根据断面面积，按下列公式计算石方的工程量：

$$V=\frac{F_1+F_2}{2}\times L$$

式中 V——相邻两截面间的石方工程量（m^3）；

F_1、F_2——相邻两截面的截面面积（m^2）；

L——相邻两截面的距离（m）。

040102002　挖沟槽石方

石方沟槽开挖工程量按图 2-24 所示尺寸另加允许超挖量以立方米计算。允许超挖厚度：普通岩石为 20cm，坚硬岩石为 15cm。其工程量计算公式为

$$V=H\ (b+2d)\ L$$

式中 V——石方沟槽开挖工程量（m^3）；

H——沟槽开挖深度（m）；

d——允许超挖厚度（m）；

b——沟槽设计宽度，不包括工作面的宽度（m）；

L——沟槽开挖长度（m）。

【例 3】某管道沟槽如图 2-25 所示，该沟槽安置两根管道分别为管 1 和管 2，两根管道长都为 100m，都是混凝土管道，外径分别为 1.2m、0.8m，管 1 所需工作面为 0.6m，管 2 所需工作面为 0.5m。沟槽施工场地地质有明显变化，上部深 1.6m 为四类土，下部 1.8m 为半成岩的极软岩。现采用人工开挖方式开挖。试计算该管道沟槽的挖土石方工程量。

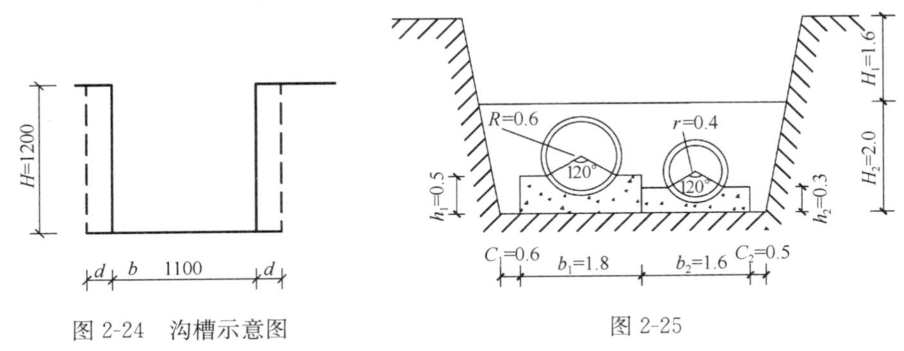

图 2-24　沟槽示意图

图 2-25

【解】（1）清单工程量：

1）挖土方工程量：

$$V_1=(2\times0.25\times2.0+0.6+1.8+1.6+0.5)\times1.6\times100m^3=880m^3$$

【注释】0.25——坡度系数 k；

2.0——挖石方的深度；

0.6——管道 1 的工作面；

1.8——管道 1 的基础宽度；

1.6——管道 2 的基础宽度；

0.5——管道 2 的工作面；

1.6——挖土方的深度；

100——管道长度。

2）挖石方工程量：

$$V_2=(1.8+1.6)\times 2.0\text{m}^3=680\text{m}^3$$

【注释】1.8——管道 1 的基础宽度；

1.6——管道 2 的基础宽度；

2.0——挖石方的深度 。

则挖土石方总工程量：

$$V=V_1+V_2=880+680=1560\text{m}^3$$

清单工程量见表 2-12。

清单工程量计算表 **表 2-12**

序号	项目编码	项目名称	项目特征描述	计量单位	工程量
1	040101002001	挖沟槽土方	四类土，深 1.6m	m^3	880
2	040102002001	挖沟槽石方	极软岩，深 2.0m	m^3	680

(2) 定额工程量：

挖土方工程量：

$$\begin{aligned}V_1&=(kH_1+2\times 0.25\times 2.0+0.6+1.8+1.6+0.5)H_1 l\\&=(0.25\times 1.6+5.5)\times 1.6\times 100\text{m}^3\\&=944\text{m}^3\end{aligned}$$

【注释】0.25——坡度系数 k；

2.0——挖石方的深度 ；

0.6——管道 1 的工作面；

1.8——管道 1 的基础宽度；

1.6——管道 2 的基础宽度；

0.5——管道 2 的工作面；

1.6——挖土方的深度；

100——管道长度。

挖土石方总量：

040102003　挖基坑石方

3. 回填方及土石方运输

040103001　回填方

回填土分为两种类型，即夯填和松填两种，其中回填的体积以 m^3 为单位，将土壤回填后，并用夯实机具对其进行夯实，即为回填土的夯填。此类型适用于面积较小的填土工程，例如室内地坪、桩基坑、墙基槽等均需回填夯实，以保证其强度和承载能力。

(1)沟槽、基坑回填土　图 2-26 表示基础回填土。在基础完工后，需将基础周围的槽

(坑)部分回填至室外地坪标高，如图示沟槽，基坑的回填体积为挖方体积减去设计室外地坪以下埋设的砌筑物(包括基础垫层，基础等)体积，用公式表示为：

$$\text{沟槽(坑)回填土体积}(m^3)=\left(\text{槽坑挖土体积}\right)-\left(\text{设计室外地坪以下埋设的砌筑体积}\right)$$

【注释】埋设的砌筑体积，包括基础垫层、墙基、柱基、杯形基础、基础梁、管道基础及室内地沟的体积等。

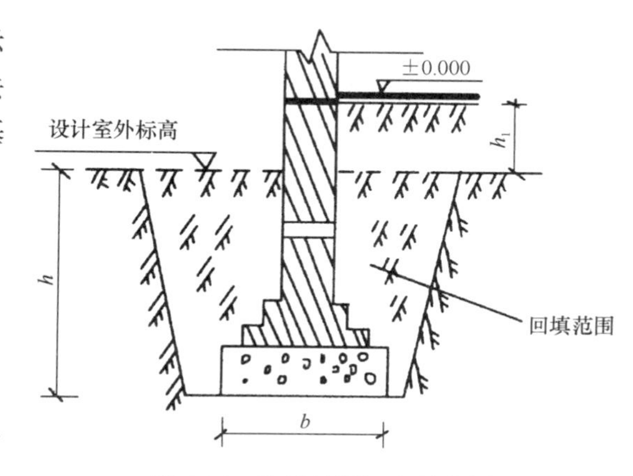

图 2-26 沟槽及回填土示意图

(2)管道沟槽回填土

$$\text{管道沟槽回填土体积}(m^3)=\text{挖土体积}-\text{管径所占体积}$$

【注释】管径在 500mm 以下的管道所占体积不予扣除；管径超过 500mm 以上(>500mm)时，按表 2-13 规定扣除管道所占体积(表中为每米管道应扣除土方量，m^3)

管道扣除土方体积表　　表 2-13

管道名称	管道直径(mm)					
	501～600	601～800	801～1000	1101～1200	1201～1400	1401～1600
钢　管	0.21	0.44	0.71			
铸铁管	0.24	0.49	0.77			
混凝土管	0.33	0.60	0.92	1.15	1.35	1.55

(3)房心回填土　房心回填土系指室内地坪结构层以下不够设计标高而回填的土方，如图 2-26 所示，计算公式为：

$$\text{房心回填土体积}(m^3)=\text{房心主墙间净面积}\times\text{回填土厚度}$$

【注释】房心主墙间净面积，主墙指承重墙或厚度不小于 0.24mm 的墙，计算中不予以扣除附墙垛、柱、附墙烟囱所占体积。

回填土厚度=室外设计标高至室内地面垫层底之间的高差

=室内外设计标高差－室内地面结构层厚度。

040103002　余方弃置

当土方工程在经过挖土、砌筑基础及各种回填土之后，仍然有剩余的土方量，这些土方量必须运出场外，这就叫余土；在回填土时，原来挖出的土小于回填所需的土方量，或者挖出土的土质较差需要换土回填，这些要由场外运入的土方量称取土。

运土工程量按天然密实体积以立方米(m^3)计算，其工程量计算公式为：

$$\text{余(取)土体积}(m^3)=\text{挖土总体积}-\text{回填土总体积}$$

公式计算结果为大于零时，为余土外运体积；如为小于零时，则为取土内运体积；等于零时挖土体积等于回填土体积。

人工土方运输距离，按单位工程施工中心点至卸土或取土场地中心点的距离计算。

三、分部分项工程量清单项目表的编制与计价举例

【例 4】某构筑物基础为满堂基础，其基坑如图 2-27、图 2-28 所示，基础为阶梯式基础，第一阶梯为厚度 0.6m 的浆砌毛石材料，第二、三阶梯为 0.4m、3m 的砖材料。基础长宽方向的外边线尺寸为 16m 和 10m，挖深为 4m ，放坡按 1∶0.25 放坡，人工开挖，试求其开挖的土方工程量填方工程量和余方运土工程量(填方密实度为 95%，余土运距为 3km)。

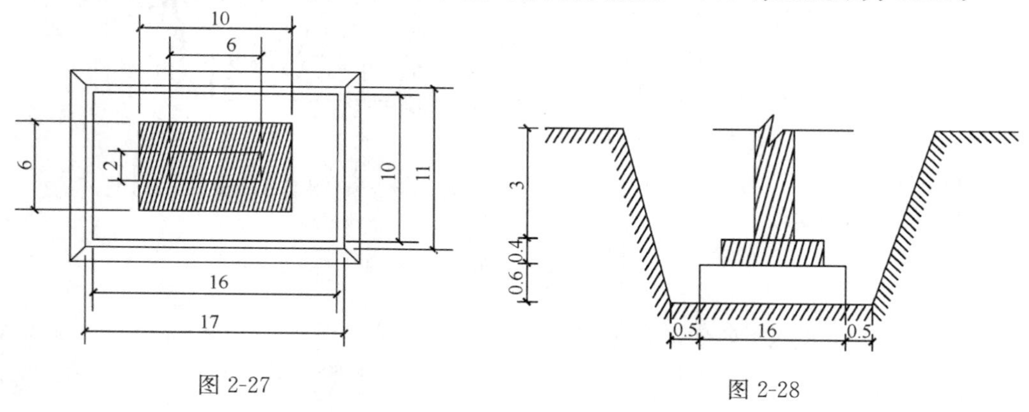

图 2-27

图 2-28

【解】(1)清单工程量

因底面积为 160 大于 150 ，所以为一般土方。

1)挖土方工程量：$V_1=16\times10\times4\text{m}^3=640\text{m}^3$

【注释】16——浆砌毛石基础的长度；

10——浆砌毛石基础的宽度；

4——基坑的深度。

2)回填工程量：$V_2=640-16\times10\times0.6-10\times6\times0.4-6\times2\times3\text{m}^3=484\text{m}^3$

【注释】0.6——浆砌毛石基础的厚度；

0.4——第二阶梯砖基础的厚度；

3——第三阶梯砖基础的高度。

3)余方弃土工程量：

体积换算得 $V'=V_2\times1.15\text{m}^3=484\times1.15\text{m}^3=556.6\text{m}^3$

【注释】1.15——土方体积折算系数。

则

4)余方弃土工程量：$V_3=640-556.6\text{m}^3=83.4\text{m}^3$

清单工程量见表 2-14。

清单工程量计算表 **表 2-14**

序号	项目编码	项目名称	项目特征描述	计量单位	工程量
1	040101001001	挖一般土方	人工挖土方，深 4m，四类土	m^3	640
2	040103001001	填方	密实度 95%	m^3	484
3	040103002001	余方弃置	运距 3km	m^3	83.4

(2)定额工程量

放边坡基坑计算公式：$V=(a+2c+kh)(b+2c+kh)h+\frac{1}{3}k^2h^2$

由题意知，该基坑放坡系数为 0.25，坑深为 4.0m，则有，

1)土方开挖工程量：

$V_1=[(16+2\times0.5+0.25\times4)(10+2\times0.5+0.25\times4)\times4]+\frac{1}{3}\times0.25^2\times4^3\text{m}^3$

$=865.33\text{m}^3$

2) 回填土工程量：

$V_2=865.33-16\times10\times0.6-10\times6\times0.4-6\times2\times3\text{m}^3$

$=709.33\text{m}^3$

3) 余方弃土工程量：

体积换算得 $V'=709.33\times1.15\text{m}^3=815.73\text{m}^3$

则

4) 余方弃土工程量：$V_3=865.33-815.73\text{m}^3=49.60\text{m}^3$

【例 5】某地新修一条双向四车道的道路，路面采用沥青混凝土路面宽度为 23m，其中行车道宽 3.75m 人，行道宽 1.5m，中央分隔带宽为 2m ，在 K0＋950～K1＋200 之间是挖方路段，土质为二类土，余土运至 3km 出弃置，填方要求密实度达到 90%以上，道路横断面如图 2-29 所示，试求该段道路的土方量。

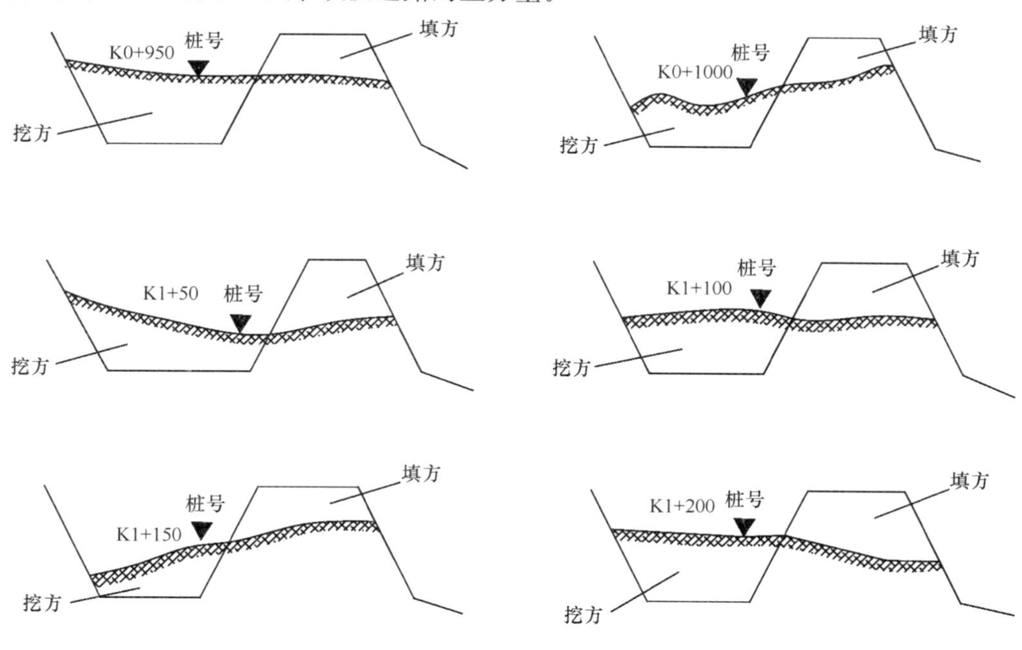

图 2-29 道路横断面示意图

【解】(1) 清单工程量

各个截面面积可套用公式计算，如图 2-30 所示。

$$F=h\left[b+\frac{h(m+n)}{2}\right]$$

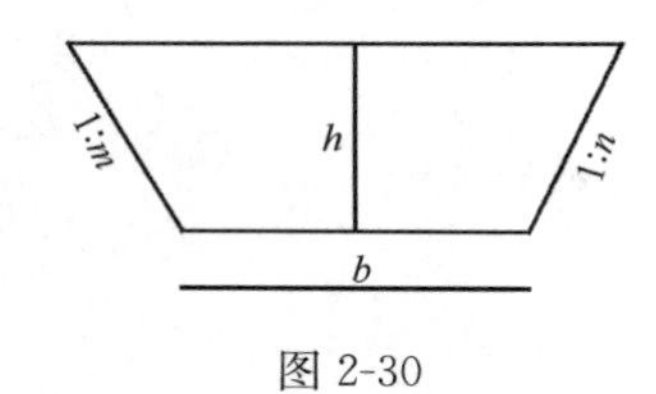

图 2-30

式中 F——开挖横断面的面积；

h——横断面的高度；

b——横断面地面的宽度；

m——放坡系数；

n——放坡系数；

假设各桩号的填（挖）方横断面积如表 2-15 所示。

清单工程量计算表 **表 2-15**

桩号		K0+950	K0+1000	K1+50	K1+100	K1+150	K1+200
横断面积	挖方	16.5	7.6	9.4	13.5	4.8	13.5
单位（m^2）	填方	8.7	7.2	11.2	13.4	6.4	13.2

则可根据公式 $V=\frac{1}{2}(F_1+F_2)\times L$ 计算土方量

式中 V——两个开挖横断面间的土方体积；

F_1——第一个开挖横断面的面积；

F_2——第二个开挖横断面的面积；

L——两个开挖横断面之间的距离；

计算填（挖）方量：

桩号 K0+950～K0+1000 之间的填（挖）方量：

$$V_{挖方}=\frac{1}{2}(F_1+F_2)\times L$$
$$=\frac{1}{2}(16.5+7.6)\times 50m^3$$
$$=602.5m^3$$

$$V_{填方}=\frac{1}{2}(F_1+F_2)\times L$$
$$=\frac{1}{2}(8.7+7.2)\times 50m^3$$
$$=397.5m^3$$

桩号 K0+1000～K1+50 之间的填（挖）方量：

$$V_{挖方}=\frac{1}{2}(F_1+F_2)\times L$$
$$=\frac{1}{2}(7.6+9.4)\times 50m^3$$
$$=425m^3$$

$$V_{填方}=\frac{1}{2}(F_1+F_2)\times L$$
$$=\frac{1}{2}(7.2+11.2)\times 50m^3$$
$$=460m^3$$

桩号 K1+50～K1+100 之间的填（挖）方量：

$$V_{挖方}=\frac{1}{2}(F_1+F_2)\times L$$

$$=\frac{1}{2}(9.4+13.5)\times 50m^3$$

$$=572.5m^3$$

$$V_{填方}=\frac{1}{2}(F_1+F_2)\times L$$

$$=\frac{1}{2}(11.2+13.4)\times 50m^3$$

$$=615m^3$$

桩号 K1＋100～K1＋150 之间的填（挖）方量：

$$V_{挖方}=\frac{1}{2}(F_1+F_2)\times L$$

$$=\frac{1}{2}(13.5+4.8)\times 50m^3$$

$$=457.5m^3$$

$$V_{填方}=\frac{1}{2}(F_1+F_2)\times L$$

$$=\frac{1}{2}(13.4+6.4)\times 50m^3$$

$$=495m^3$$

桩号 K1＋150～K1＋200 之间的填（挖）方量：

$$V_{挖方}=\frac{1}{2}(F_1+F_2)\times L$$

$$=\frac{1}{2}(13.5+4.8)\times 50m^3$$

$$=457.5m^3$$

$$V_{填方}=\frac{1}{2}(F_1+F_2)\times L$$

$$=\frac{1}{2}(6.4+13.2)\times 50m^3$$

$$=490m^3$$

土方量计算如表 2-16 所示。

土方量计算 **表 2-16**

桩号	土方面积（m^2）		距离（m）	土方量（m^3）	
	挖方	填方		挖方	填方
K0＋950	16.5	8.7	50	602.5	397.5
K0＋1000	7.6	7.2	50	425	460
K1＋50	9.4	11.2	50	572.5	615
K1＋100	13.5	13.4	50	457.5	495
K1＋150	4.8	6.4	50	457.5	490
K1＋200	13.5	13.2			

K0＋950～K1＋200 之间挖土方量为：602.5＋425＋572.5＋457.5＋457.5 m^3＝2515 m^3

K0＋950～K1＋200 之间填土方量为：397.5＋460＋615＋495＋490m^3＝2457.5m^3

清单工程量计算如表 2-17。

清单工程量计算表 **表 2-17**

序号	项目编码	项目名称	项目特征描述	计量单位	工程量
1	040101001001	挖一般土方	二类土，弃土运距为 3km	m^3	2515
2	040103001001	回填方	密实度 90%以上，夯实回填	m^3	2547.5

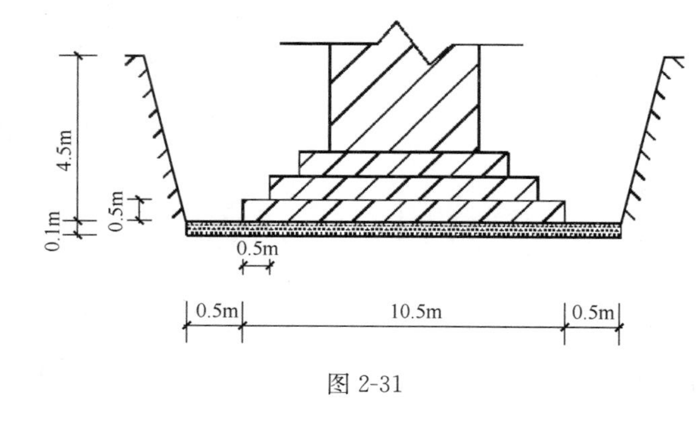

图 2-31

（2）定额工程量同清单工程量。

【例 6】 某桥梁工程基础采用钢筋混凝土垫层，基坑础开挖并回填，基础垫层为无筋混凝土，采用原槽浇筑，垫层厚 100mm，长为 13m，宽为 11.5m，基础的宽为 10.5m，长为 12m，其结构示意图如图 2-31 所示，该基坑采用矩形放坡，放坡按 1∶0.25 放坡，开挖深度为 4.5m，土质为四类土，试计算其基坑挖土方的工程量，基坑回填土方量（密实度达 95%）以及余土外运工程量（运距为 3km）。

【解】（1）清单工程量

根据清单计算规则，由于该基础边长为 12m 小于三倍的边宽，底面积小于 150m^2，所以按基坑挖土方计算工程量。

挖土方工程量：

$$V=13\times11.5\times4.6=687.7\text{m}^3$$

【注释】 13——基础垫层的长度；

11.5——基础垫层的宽度；

4.6——基础和垫层的高度；

回填方工程量：

$$V=\{(10.5\times12+9.5\times11+8.5\times10)\times0.5+7.5\times9\times(4.5-3\times0.5)+13\times11.5\times0.1\}$$

$$=(157.75+202.5+14.95)=375.2\text{m}^3$$

【注释】 13——基础垫层的长度；

11.5——基础垫层的宽度；

9.5——基础第二个台阶底面的宽度；

11——基础第二个台阶底面的长度；

8.5——基础第三个台阶底面的宽度；

10——基础第三个台阶底面的长度；

0.5——基础台阶的高度；

7.5——基础顶面的宽度；

9——基础顶面的长度；

4.5——基础的开挖深度。

余土弃置工程量：

$$V=687.7-375.2=312.5\text{m}^3$$

【注释】687.7——挖土方工程量；

375.2——回填方的土方工程量。

清单工程量计算如表 2-18。

清单工程量计算表 **表 2-18**

序号	项目编码	项目名称	项目特征描述	计量单位	工程量
1	040101003001	挖基坑土方	四类土，深 4.5m，运距为 3km	m^3	687.7
2	040103001001	回填方	原土回填，密实度为 95%	m^3	375.2
3	010103002001	余方弃置	废弃土，弃土运距为 3km	m^3	312.5

（2）定额工程量

挖垫层工程量：

$$V_1=13\times11.5\times0.1\text{m}^3=14.95\text{m}^3$$

【注释】13——基础垫层的长度；

11.5——基础垫层的宽度；

0.1——基础垫层的厚度。

挖基础工程量：

开挖深度为 4.5m，达到四类土的放坡起点，查放坡系数表可知采用人工挖土的放坡系数为 0.25，则挖基础的工程量为：

$$\begin{aligned}V_2&=(11.5+0.25\times4.5)(13+0.25\times4.5)\times4.5+1/3\times0.25\times0.25\times4.5\times4.5\times4.5\\&=12.625\times14.125\times4.5+1.90\\&=804.38\text{m}^3\end{aligned}$$

【注释】11.5——垫层底面的宽度；

0.3——工作面的宽度；

0.25——四类土人工开挖的放坡系数；

13——垫层底面的长度；

4.5——基础的开挖深度。

挖土方工程量：

$$V=V_1+V_2=14.95+804.38=819.33\ \text{m}^3$$

【注释】14.95——垫层挖土方的工程量；

804.38——基础挖土方的工程量。

回填方工程量：同清单工程量$=375.2m^3$

余土弃置工程量：

$$V=819.33-375.2=444.13m^3$$

【注释】819.33——挖土方工程量；

375.2——回填方的土方工程量。

第二节 道 路 工 程

一、道路工程造价概论

道路是一种供车辆行驶和行人步行的带状构筑物。根据不同的组成和功能特点，道路可分为公路和城市道路两种。位于城市郊区和城市以外的道路称为公路，位于城市范围以内的道路称为城市道路。

二、项目说明

1. 路基处理

路基是路面的基础，是一种人造线形构筑物，路基贯通道路的全线，具有路线长，面积大，穿越不同地形、地貌、地质和水文地段的特点。路基与路面共同承受行车荷载，没有坚固稳定的路基，就没有稳固的路面，路基的强度和稳定性是保证路面强度和稳定性的先决条件。所以，由于路基的重要作用，除要求路基断面尺寸符合要求外，还应具有足够的整体稳定性，强度及水稳定性等要求。

路基在施工过程中通过挖、运、填等工序，土料原始的天然结构被破坏，呈松散状态，为使路基具有足够的强度和稳定性，必须进行人工或机械压实使之呈密实状态。土体经过压实后，三相土体中土颗粒重新排列，互相靠近、挤紧、使小颗粒土填充于大颗粒土的间隙中，使空气排出，从而使土的孔隙减小，密度提高，形成密实体，内摩擦力和黏聚力增加，最终提高土基强度及稳定性。因此砂土土颗粒间排列的紧密程度即密实度是砂土最重要的物理状态指标，它是确定土地基承载力的主要依据。判断砂土、密实度的指标有以下三种：即相对密实度D_r、标准贯入试验锤击数$N_{63.5}$和天然孔隙比e。

040201001　预压地基

在原状土上加载，使土中水排出，以实现土的预先固结，减少建筑物地基后期沉降和提高地基承载力。按加载方法的不同，分为堆载预压、真空预压、降水预压三种不同方法的预压地基。

040201002　强夯地基

对于粗粒土中的砂土，由于其成分中缺乏黏土矿物，土粒间的连接是极其微弱的，不具有塑性，属于单粒结构。砂土土粒间排列的紧密程度对其工程性质影响极大，故密实度是砂土最重要的物理状态指标，它是确定砂土地基承载力的主要依据。判断砂土密实度的指标可有以下三种：即相对密实度D_r、标准贯入试验锤击数$N_{63.5}$和孔隙比e_o。

▲相对密实度D_r　相对密实度D_r是在室内试验的条件下，用以下公式来确定的。其值等于砂土的最大孔隙比e_{max}与天然孔隙比e之差和最大孔隙比e_{max}与最小孔隙比e_{min}之差

的比值，用符号 D_r 表示。

用图 2-32 可以直观地解释公式的意义：它能定量地反映出，相对密实度 D_r 愈大，砂土愈密实的规律。即以 $e_{max}-e_{min}$ 这个定值作分母，e_1、e_2 是两种砂土的天然孔隙比（即公式中的 e），再以差值 $e_{max}-e_1$ 或 $e_{max}-e_2$ 作分子。若 $e_1<e_2$，则有 $e_{max}-e_1>e_{max}-e_2$，于是可计算出 $D_{r1}>D_{r2}$。这样就能定量地表示出：e_1 愈小，D_{r1} 就愈大，于是第 1 种砂土就愈密实的事实。

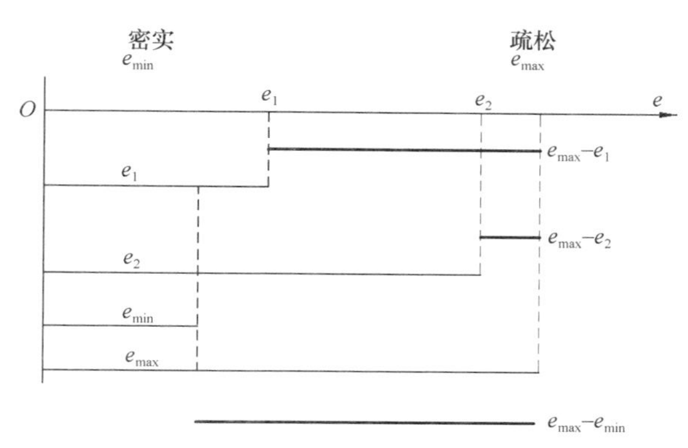

图 2-32　相对密度 D_r 公式内涵示意图

$$D_r=\frac{e_{max}-e}{e_{max}-e_{min}}$$

式中　e_{max}——最大孔隙比；

e_{min}——最小孔隙比；

e——土的天然孔隙比。

砂土在最松散状态时的孔隙比，即是最大孔隙比 e_{max}。其测定方法是将疏松风干的（即 $\omega=0$）土样，通过长颈漏斗轻轻地倒入容器，求其最小干密度 $\rho_{min}=\frac{M_{min}}{V}$。

砂土在最紧密状态时的孔隙比，即是最小孔隙比 e_{min}，其测定方法是将疏松风干的（即 $\omega=0$）土样分几次装入金属容器，并加以振动和捶击，直到密度不变为止，求其最大干密度：

$$\rho_{max}=\frac{M_{max}}{V}$$

然后分别用公式 $e_{max}=\frac{\rho_w d_s}{\rho_{min}}-1$ 和 $e_{min}=\frac{\rho_w d_s}{\rho_{max}}-1$ 计算出最大孔隙比 e_{max} 和最小孔隙比 e_{min}。

砂土的密实程度并不单单取决于孔隙比，而在很大程度上取决于土的级配情况。粒径级配不同的砂土即使其有相同的孔隙比，但由于颗粒大小不同，颗粒排列不同，所处的密实状态也会不同。为了同时考虑孔隙比和级配的影响，引入砂土相对密实度概念。

相对密实度 D_r 是砂土紧密程度的指标，其规律是：相对密实度 D_r 愈大，则说明砂土愈密实，反之亦然。交通部颁布的《公路桥涵地基与基础设计规范》规定判断砂土密实状态的界限指标是：

密实	$D_r\geqslant0.67$
中密	$0.67>D_r\geqslant0.33$
稍松	$0.33>D_r\geqslant0.20$
极松	$D_r<0.20$

▲标准贯入试验锤击数 $N_{63.5}$　从理论上讲，采用 D_r 作为砂土密实度指标是完善的，但由于测定砂土的最大孔隙比和最小孔隙比试验方法的缺陷，试验结果有较大出入；同时也很难采取原状砂土进行测定。因此在工程实践中通常用标准贯入试验来划分砂土密实度。

标准贯入试验是用规定的锤重（63.5kg）和落距 760mm，以自由下落的能量把标准贯入器（带有刀口的对开管、外径 50mm、内径 35mm）打入土中 300mm 所需的锤击数 N 值的原位测试方法。标准贯入试验锤击数用符号 $N_{63.5}$ 表示。

路基压实的目的是使土体呈密实状态而提高土基强度和稳定性。因此密实度是路基压实的重要指标。反映土基使用品质。成为衡量压实的指标之一。

密实度是指单位土体积内固体颗粒排列紧密程度，即单位体积土重。通常以不含水分重的土体的单位体积重即干密度作为密实度指标，用以下公式计算土的干密度：

$$\gamma=\frac{\gamma_w}{1+\dfrac{W}{100}}$$

式中 γ_w——土的湿密度（g/cm^3）；

W——土的含水量（%）。

在实际施工中，各种土的化学、物理等成分不同从而导致其相对密度各异，干密度指标就无法准确反映各种土颗粒排列的紧密程度，相对密度大的土在相同干密度条件下较相对密度小的土颗粒排列要稀疏。因此在路基压实施工中为了统一标准和控制压实质量，用“压实度”来作为土基的压实标准。

压实度是压实后土的干密度与该种土的最大干密度之比，以 K 表示：

$$K=\frac{\text{压实后土的干密度}}{\text{土的最大干密度}}\times 100\%$$

压实度 K 值是以最大干密度为基准的相对值，是土在压实后达到或接近最大干密度的程度。

土的最大干密度是按规定的方法在室内对要压实的土进行击实试验而确定的。

压实度 K 值就是现行规范规定的路基压实标准。

土基压实施工：

（1）确定不同种类填土的最大干密度和最佳含水量。

城市道路系带状构造物，用于填挖路基的沿线材料的性质往往发生较大变化。在路基填筑施工之前，必须对主要取土场（包括挖方利用方）取代表性土样，进行土工试验，用规范规定方法求得各个土场土样的最大干密度和最佳含水量，以便指导路基土的压实施工。

（2）正确选择和使用压实机械：

1）压实施工中正确选择压实机具并组织合理的操作，对土基压实的技术经济效果影响很大。

常用的压实方法可分为静力碾压式、夯击式和振动式三种类型。静力碾压式包括光面碾、如普通的两轮和三轮压路机、羊足碾、气胎碾等；夯击式包括各种夯锤、夯板、风动或内燃式夯、蛙式夯等；振动式中有振动器和振动压路机。

2）压实机械的使用。为了能以尽可能小的压实功获得良好的压实效果，在压实机械的使用上应注意以下几点：

①压实机械应先轻后重，以便能适应逐渐增长的土基强度。

②碾压速度宜先慢后快，以免机械将松土推走，形成不良的结构，从而影响压实质量，尤其是黏性土，高速碾压时，压实效果明显不好。一般压路机进行路基压实时行驶速度在 4km/h 以内的为佳。

③组织压实机具合理的作业线路，直线段宜先两侧后中间，以便保持路拱，在设超高处，由低的一侧开始逐渐向高的一侧碾压。相邻两次的轮迹应重叠轮宽的三分之一（或15～20cm），保证压实均匀，且不漏压。对于压不到的边角，应辅以人工或小型机具夯实。

④经常注意检查土的含水量和密实度，并视需要采取相应调整措施，以达到符合规定压实度的要求。

（3）压实作业的控制和检查：

在压实施工中，为保证达到规定的压实度，须经常按照规范及设计要求进行控制和检查，以便符合规范和设计要求。

压实机具对土施加外力，应进行人为控制，既防止功能太大，压实过度；又防止失效，浪费工日、台班，甚至对路基造成破坏。一般的压实施工中，单位压力不应超过土的强度极限。一般按以下几方面对压实施工进行控制和检查。

1）压实度 K 值是否符合规范要求。对施工现场进行土类取样。在室内以规范所规定的试验方法对所取土样进行最佳含水量和最大干密度 γ 测定，然后根据施工现场所在地区的自然条件。道路设计等级、路基挖填情况，填筑层位及压实机械设备等，按规范确定要求达到的压实度 K 值。

2）根据土质和压实机具的效能，选择最优的压实机具，并通过试压确定每层填土的松铺厚度和碾压遍数。

3）对路基土的含水量进行控制，尽可能地达到最佳含水量。将含水量控制在规范所要求的范围内，否则，含水量偏大则应将土摊开晾晒至合适含水量或换填符合要求的土类；含水量偏低时，需均匀加水至合适含水量或换填符合要求的土类。

一般地，天然土的含水量接近最佳含水量，因此在填土后应随即压实。

施工中含水量的测定由于施工质量和施工进度的要求，需要简便、快速、可靠的测定方法。一般我们以规范规定的烘干法为标准方法，若施工中无烘箱设备或要求快速测定含水量时，可按土的性质和工程情况分别选用以下几种方法：

烘干法：向干净的炒盘中加入约500g含水试样，称取试样与炒盘总重后，置炒盘于电炉（火炉）上用小铲不断地翻拌试样，到试样表面全部干燥后，切断电源（或移出火炉）再继续翻拌1min。稍予冷却（以免损坏天平）后、称干样与炒盘的总重量。

含水率 W_h：

$$W_h=\frac{m_2-m_1}{m_3-m_1}\times100\%$$

式中 m_1——容器重量（g）；

m_2——含水试样与容器总重（g）；

m_3——炒干后试样与容器总重（g）。

注：①各次试验前来样应予以密封，以防水分散失。

②一般进行两次试验，结果的算术平均值作为测定值。

③对含泥量过大及有机杂质含量较多的土类不宜采用。

此外还有酒精燃烧法、（不适用于有机土和盐渍土）、比重法（适用于砂性土）及放射性同位素法。

4）路床顶面压实完成后，还应进行弯沉值检验，检验汽车的轴载质量及弯沉允许值。

检验频率为每一幅双车道每 50m 检验 4 点，左、右两后轮隙下各 1 点。计算路床顶面的回弹弯沉值，可按设计提供的 E_0 值，考虑季节影响系数土后用下式计算：

$$l_0=9308E_0^{-0.938}$$

式中 l_0——路床顶面设计要求的弯沉值（mm）；

E_0——土基回弹模量（MPa）。

此外，路基的压实还有强夯锤压实法。第一遍各夯位应紧靠，如有间隙则不得大于 15cm，第二遍夯位应压在第一遍夯位的缝隙上，如此连续夯实，直至达到规定的压实度。

理论上采用 D_r 作为砂土密实度指标是完善的，但由于测定 e_{max} 和 e_{min} 时，试验数值将因人而异，平行试验误差大；同时采取原状砂土测定天然孔隙比 e 也是难以实现的。所以，在地质钻探过程中利用标准贯入试验或静力触探试验等原位测试手段来评定砂土的密实度就得到了重视。

标准贯入试验锤击数 $N_{63.5}$ 是将 63.5kg 的穿心锤，升高 760mm 后，以自由下落的能量，将标准贯入器打入土中 300mm 所需的锤击数称为标准贯入试验锤击数，用符号 $N_{63.5}$ 来表示。也可将下标 63.5 省略，用 N 表示。经验告诉我们，贯入同样深度所需的锤击数愈大，则说明土层愈密实。故《公路桥涵地基与基础设计规范》用实测锤击数 $N_{63.5}$ 平均值的大小来反映砂土的密实程度。其界限指标是：

密实 $30\leqslant N_{63.5}\leqslant 50$

中密 $10\leqslant N_{63.5}\leqslant 29$

稍松 $5\leqslant N_{63.5}\leqslant 9$

极松 $N_{63.5}<5$

▲孔隙比 e　如前所述，砂土的孔隙比愈大，其密实程度愈差。

对于粗粒土中的碎石土，其密实程度应根据土的天然骨架、开挖、钻探等难易程度按表 2-19 划分。

碎石土密实程度划分表　　**表 2-19**

密实程度	骨架及充填物	天然坡和开挖情况	钻探情况
松　散	多数骨架颗粒不接触而被充填物包裹，充填物松散	不能形成陡坡，天然坡接近于粗颗粒的安息角，锹可以挖掘，坑壁易坍塌，从坑壁取出大颗粒后，砂土即塌落	钻进较容易，冲击钻探时，钻杆稍有跳动，孔壁易坍塌
中　密	骨架颗粒疏密不均，部分不连接，孔隙填满，充填物中密	天然陡坡不太稳定，或陡坡下堆积物较多，但大于粗颗粒的安息角，锹可以挖掘，坑壁有掉块现象，从坑壁取出大颗粒后砂土不易保持凹面形状	钻进较难，冲击钻探时，钻杆、吊锤跳动不剧烈，孔壁有坍塌现象
密　实	骨架颗粒交错紧贴，孔隙填满，充填物密实	天然陡坡较稳定，坡下堆积物较少，镐挖掘困难，用橇棍方能松动，坑壁稳定，从坑壁取出大颗粒后，能保持凹面形状	钻进困难，冲击钻探时，钻杆、吊锤跳动剧烈，孔壁较稳定

强夯法是用起重机械吊起重 8～30t 的夯锤，从 6～30m 高处自由落下，给地基土以强大的冲击能量的夯击，使土中出现冲击波和很大的冲击应力，迫使土层孔隙压缩，土体局部液化，在夯击点周围产生裂隙，形成良好的排水通道，孔隙水和气体逸出，使土粒重

新排列，经时效压密达到固结，从而提高地基承载力，降低其压缩性的一种有效的地基加固方法，国内外应用十分广泛。适用于加固碎石土、砂土、黏性土、湿陷性黄土、高填土、杂填土、泥炭和混凝土等地基，也可用于防止粉土及粉砂的液化；对于淤泥与饱和软黏土如采取一定措施也可采用。如强夯所产生的震动对周围建筑物或设备有一定的影响时，应有防震措施。

（1）施工机具、设备的选择：

1）夯锤　用钢板作外壳，内部焊接钢骨架后浇筑 C30 混凝土（图 2-33）。锤底形状有圆形和方形两种，圆形不易旋转但定位方便，稳定性和重合性却较好，消耗能量少，被广泛采用。锤底尺寸取决于表层土质，对于砂质土和碎石类土，锤底面积一般宜为 3～4m²；对于黏性土或淤泥质土等软弱土，不宜小于 6m²。锤重一般为 8t、10t、12t、16t、25t。夯锤中宜设 1～4 个直径 250～300mm 上下贯通的排气孔，以利空气排出和减小坑底的吸力。

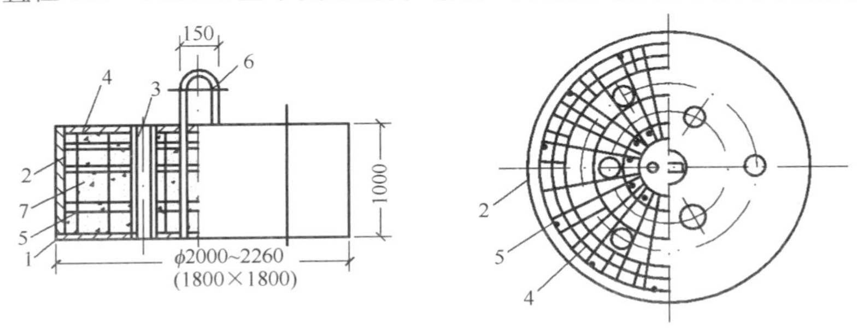

图 2-33　混凝土夯锤（圆柱形重 12t；方形重 8t）

1—30mm 厚钢板底板；2—18mm 厚钢板外壳；3—6×ϕ159mm 钢管；4—水平钢筋网片 ϕ16@200mm；5—钢筋骨架 ϕ14@400mm；6—ϕ50mm 吊环；7—C30 混凝土

2）起重设备　常采用 15t、20t、25t、30t、50t 带有离合摩擦器的履带式起重机。当起重能力不够时，亦可采取加钢辅助人字桅杆（图 2-34）或龙门架的办法。其起重能力：当直接用钢丝绳悬吊夯锤时，大于夯锤重量的 3～4 倍，当采用能脱落夯锤的吊钩时，应大于夯锤重量的 1.5 倍。施工宜尽量采用自由落钩，常用吊钩形式见图 2-35。开钩系利用直径 9.3mm 钢丝绳，通过吊杆顶端的滑轮，固定在吊杆上作为拉绳，当夯锤提至要求高度时自由脱钩下落。吊车起落速度为一次/1～2min。为防止突然脱钩，起重机后仰翻车造成安全事故，一般在起重机前端臂杆上用缆风绳拉住，并用推土机作地锚。

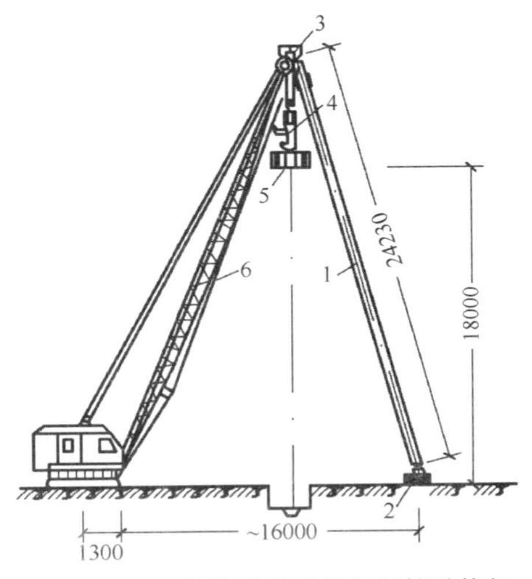

图 2-34　15t 履带式起重机加钢辅助桅杆

1—ϕ325×8mm 钢管辅助桅杆；2—底座；3—弯脖接头；4—自动脱钩器；5—12t 夯锤；6—拉绳

（2）强夯技术参数的选择：

强夯法所用锤重、落距、夯击点间距、夯击遍数、两遍之间的间隙时间、加固范围（宽度）等参数，要根据现场地质条件和要求加固深度，经现场试验后确定。

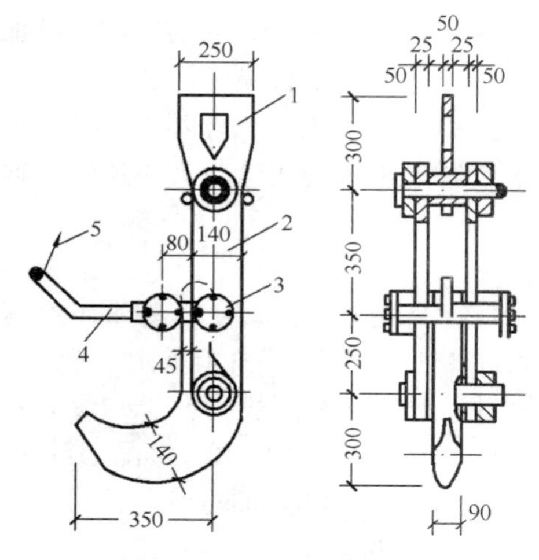

图 2-35 强夯自动脱钩器
1—吊钩；2—耳板；3—销环轴辊；
4—销柄；5—拉绳

1）锤重和落距 锤重 $M(t)$ 与落距 h（m），通常根据要求加固土层的深度（即影响深度）H（m），按以下法·梅那氏修正公式选定：

$$H \approx K\sqrt{\frac{Mh}{10}}$$

式中 H——夯锤能力（m）；

h——落距（锤底至起夯面距离）（m）；

K——折减系数，一般黏性土取 0.5，砂性土取 0.7，黄土取 0.35～0.50。

锤重一般不宜小于 8t，常用的为 10t、12t、17t、18t、25t。落距一般应大于 6m，多采用下列几种落距，如 8m、10m、12m、13m、15m、17m、18m、20m、25m 等几种。每一击的夯击能（$E=Mh$）一般取 500～600kJ。夯击能的总和除以施工面积称为平均夯击能，不宜过小或过大，一般对砂质土取 500～1000kJ/m^2；对黏性土取 1500～3000kJ/m^2。

2）夯击点布置及间距 夯击点布置对大面积地基，一般采用梅花形或正方形网格排列（图 2-36）；对条形基础夯点可成行布置，对独立柱基础，可按柱网设置单夯点。

夯击点间距通常取夯锤直径的 3 倍，一般为 5～15m；一般第一遍夯点的间距宜大，以便夯击能向深部传递。

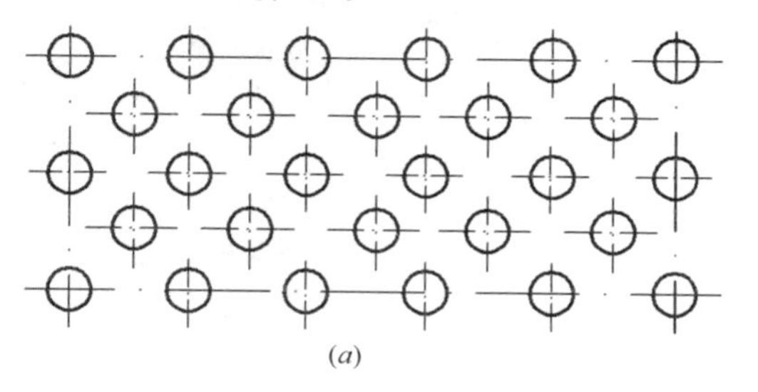

(a)

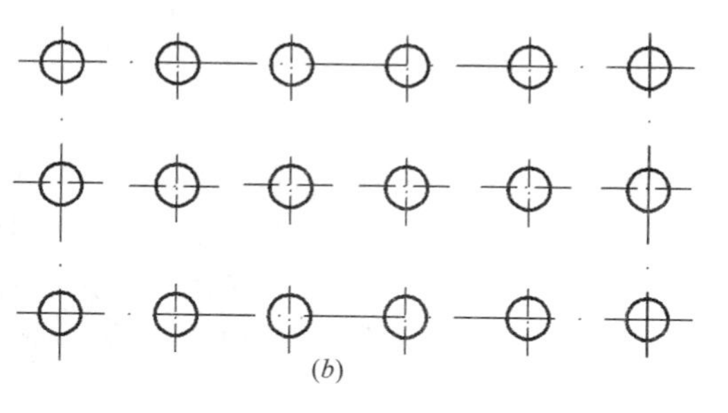

(b)

图 2-36 夯点布置
(a) 梅花形布置；(b) 方形布置

3）夯点遍数与击数 一般为 2～5 遍，前 2～3 遍为“间夯”，最后一遍以低能量（为前几遍能量的 1/4～1/5）进行满夯（即锤印彼此搭接），以加固前几遍夯点之间的土层和被振动的表土层，每夯击点的夯击数，以使土体竖向压缩量最大面侧向移动最小或最后两击沉降量之差小于试夯确定的数值为准，一般软土控制瞬时沉降量为 5～8cm，废渣填石地基控制的最后两击下沉量之差为 2～4cm。每夯击点之夯击数一般为 3～10 击，开始两遍夯击数宜多些，随后各遍击数逐渐减小，最后一遍只夯 1～2 击。

4）两遍之间的间隔时间 通常待土层内超孔隙水压力大部分消散，地基稳定后再夯下一遍，一般时间间隔 1～4 周。对黏土或冲积土常为 3 周，若无地下水或地下水位在 5m 以下，含水量较少的碎石类填土或透水性强的砂性土，可采取间歇 1～2d 或采用连续夯击，而不需要间歇。

5）夯击加固范围，对于重要工程应比设计地基长（L）、宽（B）各大出一个加固深度

（H），即（$L+H$）×（$B+H$）；对一般建筑物，在离地基轴线以外 3m 布置一圈夯击点即可。

040201003　振冲密实（不填料）

振冲地基亦称振冲法，是指利用振冲器的强力振动和高压水冲加固土体的方法。该法是国内应用较普遍和有效的地基处理方法，适用于各类可液化土的加密和抗液化处理，以及碎石土、砂土、粉土、黏性土、人工填土、湿陷性土等地基的加固处理。采用振冲法地基处理技术，可以达到提高地基承载力、减小建（构）筑物地基沉降量、提高土石坝（堤）体及地基的稳定性、消除地基液化的目的。

040201004　掺石灰

石灰：钙石灰和镁石灰均可使用。在有条件时可优先采用磨细的生石灰作为原料。

生石灰的 CaO+MgO 含量宜大于 60%，消石灰的 CaO+MaO 含量宜大于 50%。当石灰的 CaO+MgO 含量在 30%～50%时，应通过试验选用较高石灰剂量，但剂量不宜超过 30%。石灰的 CaO+MgO 含量小于 30%时，不得采用。消石灰应充分消解，不得含有未消解颗粒。钙质石灰在用灰前 7d、镁质石灰在用灰前 10d 加水充分消解，并保持含水量在 25%～35%。消解生石灰用水量可为生石灰重的 65%～80%。

注：按石灰中氧化镁的含量，将生石灰和生石灰粉划分为钙质石灰（MgO≤5%）和镁质石灰（MgO>5%）。

040201005　掺干土

干土：采用就地挖出的黏性土及塑性指数大于 4 的粉土，土内不得含有松软杂质或使用耕植土；土料应过筛，其颗粒不应大于 15mm。

灰土配合比应符合设计规定，一般用 3∶7 或 2∶8（石灰∶土，体积比）。多用人工翻拌，不少于三遍，使达到均匀，颜色一致，并适当控制含水量，现场以手握成团，两指轻捏即散为宜，一般最优含水量为 14%～18%；如含水分过多或过少时，应稍晾干或洒水湿润，如有球团应打碎，要求随拌随用。

040201006　掺石

砂和砂石垫层，系用砂或砂砾石（碎石）混合物，经分层夯实，作为地基的持力层，提高基础下部地基强度，并通过垫层的压力扩散作用，降低地基的压应力，减少变形量，同时垫层可起排水作用，地基土中孔隙水可通过垫层快速地排出，能加速下部土层的沉降和固结。

砂和砂石垫层具有应用范围广泛；不用水泥、石材；由于砂颗粒大，可防止地下水因毛细作用上升，地基不受冻结的影响；能在施工期间完成沉陷；用机械或人工都可使垫层密实，施工工艺简单，可缩短工期，降低造价等特点。适于处理 3.0m 以内的软弱、透水性强的黏性土地基；不宜用于加固湿陷性黄土地基及渗透系数小的黏性土地基。

材料要求：

1）砂宜用颗粒级配良好、质地坚硬的中砂或粗砂，当用细砂、粉砂时，应掺加粒径 20～50mm 的卵石（或碎石），但要分布均匀。砂中不得含有杂草、树根等有机杂质，含泥量应小于 5%，兼作排水垫层时，含泥量不得超过 3%。

2）砂石用自然级配的砂石（或卵石、碎石）混合物，粒级应在 50mm 以下，其含量应在 50%以内，不得含有植物残体、垃圾等杂物，含泥量小于 5%。

040201007　抛石挤淤

040201008　袋装砂井

砂井堆载预压地基系在软弱地基中用钢管打孔，灌砂设置砂井作为竖向排水通道，并在砂井顶部设置砂垫层作为水平排水通道，在砂垫层上部压载以增加土中附加应力，使土体中孔隙水较快地通过砂井和砂垫层排出，从而加速土体固结，使地基得到加固。

（1）加固机理

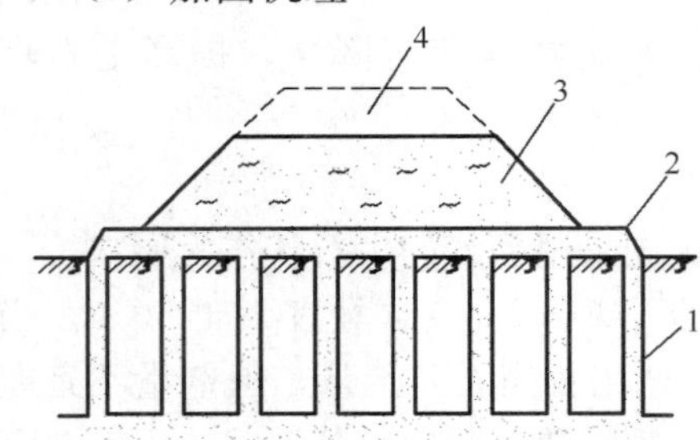

图 2-37　典型的砂井地基剖面
1—砂井；2—砂垫层；
3—永久性填土；4—临时超载填土

一般软黏土的结构呈蜂窝状或絮状，在固体颗粒周围充满水，当受到应力作用时，土体中孔隙水慢慢排出，孔隙体积变小而发生体积压缩，常称之为固结。由于黏土的孔隙率很细小，这一过程是非常缓慢的。一般黏土的渗透系数很小，为 10^{-7}～10^{-9}cm/s，而砂的渗透系数介于 10^{-2}～10^{-3}cm/s，两者相差很大。故此当地基黏土层厚度很大时，仅采用堆载预压而不改变黏土层的排水边界条件，黏土层固结将十分缓慢，地基土的强度增长过慢而不能快速堆载，使预压时间很长。当在地基内设置砂井等竖向排水体系，则可缩短排水距离，有效地加速土的固结，图 2-37 为典型的砂井地基剖面。

（2）特点及适用范围

砂井堆载预压的特点是：可加速饱和软黏土的排水固结，使沉降及早完成和稳定（下沉速度可加快 2.0～2.5 倍），同时可大大提高地基的抗剪强度和承载力，防止基土滑动破坏；而且，施工机具、方法简单，就地取材，不用三材，可缩短施工期限，降低造价。

适用于透水性低的饱和软弱黏性土加固；用于机场跑道、油罐、冷藏库、水池、水工结构、道路、路堤、堤坝、码头、岸坡等工程地基处理。对于泥炭等有机沉积地基则不适用。

（3）砂井的构造和布置

1）砂井的直径和间距　砂井的直径和间距由黏性土层的固结特性和施工期限确定。一般情况下，砂井的直径和间距取细而密时，其固结效果较好，常用直径为 300～400mm。井径不宜过大或过小，过大不经济，过小施工易造成灌砂率不足、缩颈或砂井不连续等质量问题。砂井的间距一般按经验由井径比 $n=\dfrac{d_e}{d_w}=6\sim10$ 确定（d_e 为每个砂井的有效影响范围的直径；d_w 为砂井直径），常用井距为砂井直径的 6～9 倍，一般不应小于 1.5m。

2）砂井长度　砂井长度的选择与土层分布、地基中附加应力的大小、施工期限和条件等因素有关。当软土层不厚、底部有透水层时，砂井应尽可能穿透软土层；如软土层较厚，但中间有砂层或砂透镜体，砂井应尽可能打至砂层或透镜体。当黏土层很厚，其中又无透水层时，可按地基的稳定性及建筑物变形要求处理的深度来决定。按稳定性控制的工程，如路堤、土坝、岸坡、堆料场等，砂井深度应通过稳定分析确定，砂井长度应超过最危险滑弧面的深度 2m。从沉降考虑，砂井长度应穿过主要的压缩层。砂井长度一般为

10～20m。

3）砂井的布置和范围　砂井常按等边三角形和正方形布置（图 2-38）。当砂井为等边三角形布置时，砂井的有效排水范围为正六边形，而正方形排列时则为正方形，如图 2-38 中虚线所示。假设每个砂井的有效影响面积为圆面积，如砂井距为 l，则等效圆（有效影响范围）的直径 d_e 与 l 的关系如下：

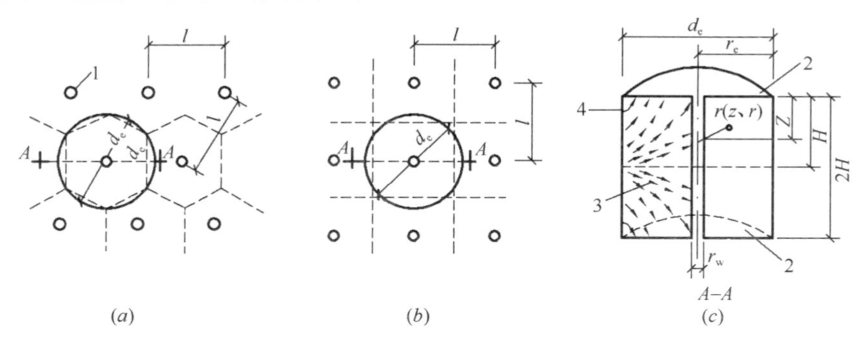

图 2-38　砂井平面布置及影响范围土柱体剖面

（a）正三角形排列；（b）正方形排列；（c）土柱体剖面

1—砂井　2—排水面　3—水流途径　4—无水流经过此界线

等边三角形排列时
$$d_e=\sqrt{\frac{2\sqrt{3}}{\pi}}\cdot l=1.05l$$

正方形排列时
$$d_e=\sqrt{\frac{4}{\pi}}\cdot l=1.13l$$

由井径比就可算出井距 l。由于等边三角形排列较正方形紧凑和有效，较常采用，但理论上两种排列效果相同（当 d_e 相同时）。砂井的布置范围，宜比建筑物基础范围稍大为佳，因为基础以外一定范围内地基中仍然产生由于建筑物荷载而引起的压应力和侧应力。如能加速基础外地基土的固结，对提高地基的稳定性和减小侧向变形以及由此引起的沉降均有好处。扩大的范围可由基础的轮廓线向外增大约 2～4m。

4）采用锤击法沉桩管，管内砂子亦可用吊锤击实，或用空气压缩机向管内通气（气压为 0.4～0.5MPa）压实。

5）打砂井顺序应从外围或两侧向中间进行，如砂井间距较大可逐排进行。打砂井后基坑表层会产生松动隆起，应进行压实。

6）灌砂井砂中的含水量应加以控制，对饱和水的土层，砂可采用饱和状态；对非饱和土和杂填土，或能形成直立孔的土层，含水量可采用 7%～9%。

（4）袋装砂井堆载预压地基存在的问题，是在普通砂井堆载预压基础上改良和发展的一种新方法。普通砂井的施工，存在着以下普遍性问题：

1）砂井成孔方法易使井周围土扰动，使透水性减弱（即涂抹作用），或使砂井中混入较多泥砂，或难使孔壁直立。

2）砂井不连续或缩井、断颈、错位现场很难完全避免。

3）所用成井设备相对笨重，不便于在很软弱地基上进行大面积施工。

4）砂井采用大截面完全为施工的需要，而从排水要求出发并不需要，造成材料大量浪费。

5）造价相对比较高。采用袋装砂井则基本解决了大直径砂井堆载预压存在的问题，使砂井的设计和施工更趋合理和科学化，是一种比较理想的竖向排水体系。

特点及适用范围：

袋装砂井堆载预压地基的特点是：能保证砂井的连续性，不易混入泥砂，或使透水性减弱；打设砂井设备实际了轻型化，比较适应于在软弱地基上施工；采用小截面砂井，用砂量大为减少；施工速度快，每班能完成 70 根以上；工程造价降低，每 m^2 地基的袋装砂井费用仅为普通砂井的 50%左右。

适用范围同砂井堆载预压地基。

构造及布置：

（1）砂井直径和间距　袋装砂井直径根据所承担的排水量和施工工艺要求决定，一般采用 7～12cm，间距 1.5～2.0m，井径比为 15～25。

袋装砂井长度，应较砂井孔长度长 50cm，使能放入井孔内后可露出地面，以使埋入排水砂垫层中。

（2）砂井布置　可按三角形或正方形布置，由于袋装砂井直径小，间距小，因此加固同样土所需打设袋装砂井的根数较普通砂井为多，如直径 70mm 袋装砂井按 1.2m 正方形布置，则每 1.44m^2 需打设一根，而直径 400mm 的普通砂井，按 1.6m 正方形布置，每 2.56m^2 需打设一根，前者打设的根数为后者的 1.8 倍。

材料要求：

（1）装砂袋　应具有良好的透水、透气性，一定的耐腐蚀、抗老化性能，装砂不易漏失，并有足够的抗拉强度，能承受袋内装砂自重和弯曲所产生的拉力。一般多采用聚丙烯编织布或玻璃丝纤堆布、黄麻片、再生布等，其技术性能见表 2-20。

砂袋材料技术性能　　**表 2-20**

砂袋材料	渗透性（cm/s）	抗拉试验			弯曲 180°试验		
		标距（cm）	伸长率（%）	抗拉强度（kPa）	弯心直径（cm）	伸长率（%）	破坏情况
聚丙烯编织袋	$>1\times10^{-2}$	20	25.0	1700	7.5	23	完整
玻璃丝纤维布	—	20	3.1	940	7.5	—	未到 180°折断
黄麻片	$>1\times10^{-2}$	20	5.5	1920	7.5	4	完整
再生白布	—	20	15.5	450	7.5	10	完整

（2）砂　用中、细砂，含泥量不大于 3%。

040201009　塑料排水板

塑料排水板堆载预压地基，是将塑料排水板用插板机，置于软土中，而无云梦山灌砂，塑料排水板将组成垂直和水平排水体，继而在地基表面加载，这样，土水孔隙水通过化纤无纺布滤套渗入到塑料芯板的纵向凹槽里，再排入砂垫层，通过这种方法从而加速了软弱地基的沉降程度，使地基更加密实稳固（图 2-39）。

（1）特点及适用范围

塑料排水板堆载预压地基的特点是：①用机械埋设，效率高，运输省，管理简单；特别用于大面积超软弱地基土上进行机械化施工，可缩短地基加固周期。②加固效果与袋装砂井相同，承载力可提高70%～100%，经100天，固结度可达到80%；加固费用比袋装砂井节省10%左右。③质量轻，强度高，耐久性好；其排水沟槽截面不易因受土压力作用而压缩变形。④板单孔过水面积大，排水畅通。

适用范围与砂井堆载预压、袋装砂井堆载预压相同。

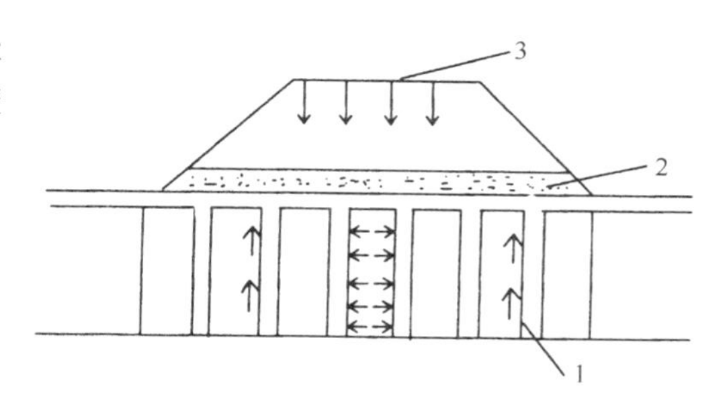

图 2-39　塑料排水板堆载预压法
1—塑料排水板；2—土工织物；3—堆载

（2）塑料排水板的性能和规格

塑料排水板由板和滤膜（滤套）组成。芯板是由聚丙烯和聚乙烯塑料加工而成两面有间隔沟槽的板体，土层中的固结渗流水通过滤膜渗入到沟槽内，并通过沟槽从砂垫层中排出。根据塑料排水板的结构，要求滤网膜做到渗透性好，与黏土接触后，其渗透系数不亚于中粗砂，排水沟槽输水畅通，不因受土压力作用而减小。

塑料排水板的结构由所用材料不同，结构型式也各异，主要有图2-40所示几种。

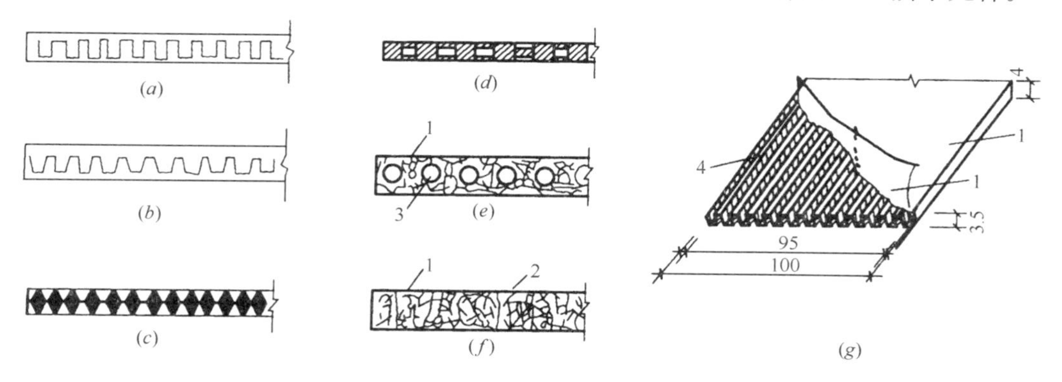

图 2-40　塑料排水板结构型式、构造
(*a*)∏型塑料带；(*b*) 梯形槽塑料带；(*c*) △形槽塑料带；(*d*) 硬透水膜塑料带；
(*e*) 无纺布螺栓孔排水带；(*f*) 无纺布柔性排水带；(*g*) 结构构造
1—滤膜；2—无纺布；3—螺栓排水孔；4—芯板

板芯材料：沟槽型排水板，如图2-40 (*a*)、(*b*)、(*c*)，多采用聚丙烯或聚乙烯塑料带芯，聚氯乙烯制作的质较软，延伸率大，在土压作用下易变形，从而使过水截面减小。多孔型带芯如图2-40 (*d*)、(*e*)、(*f*)，一般用耐腐蚀的涤纶丝无纺布。

滤膜材料：一般用耐腐蚀的涤纶衬布，涤纶布不低于60号，含胶量不小于35%，既保证涤纶布泡水后的强度满足要求，又有较好的透水性。

排水板的厚度应符合表2-21要求，排水带的性能应符合表2-22要求，国内常用塑料排水板的类型及性能见表2-23。

不同型号塑料排水板的厚度　　**表 2-21**

型　号	A	B	C	D
厚度 (mm)	>3.5	>4.0	>4.5	>6

塑料排水板的性能　　表 2-22

项　目		单位	A 型	B 型	C 型	条　件
纵向通水量		cm^3/s	≥15	≥25	≥40	侧压力
滤膜渗透系数		cm/s	$\geqslant 5\times10^{-4}$	$\geqslant 5\times10^{-4}$	$\geqslant 5\times10^{-4}$	试件在水中浸泡 24h
滤膜等效孔径		μm	<75	<75	<75	以 D_{98} 计，D 为孔径
复合体抗拉强度（干态）		kN/10cm	≥1.0	≥1.3	≥1.5	延伸率 10%时
滤膜抗拉强度	干态	N/cm	≥15	≥25	≥30	延伸率 15%时试件在水中浸泡 24h
	湿态	N/cm	≥10	≥20	≥25	
滤膜重度		N/m^2		0.8		

注：A 型排水带适用于插入深度小于 15m；B 型排水带适用于插入深度小于 25m；C 型排水带适用于插入深度小于 35m。

国内常用塑料排水板性能　　表 2-23

项目 \ 指标 \ 类型			TJ-1	SPB-1	Mebra	日本大林式	Alidrain
截面尺寸　(mm)			100×4	100×4	100×3.5	100×1.6	100×7
材料	带芯		聚乙烯、聚丙烯	聚氯乙烯	聚乙烯	聚乙烯	聚乙烯或聚丙烯
	滤膜		纯涤纶	混合涤纶	合成纤维质	—	—
纵向沟槽数			38	38	38	10	无固定通道
沟槽面积 (mm^2)			152	152	207	112	180
带芯	抗拉强度 (N/cm)		210	170	—	270	—
	180°弯曲		不脆不断	不脆不断	—	—	—
滤膜	抗拉强度 (N/cm)	干	>30	经 42，纬 27.2	107	—	—
		饱和	25～30	经 22.7，纬 14.5	—	—	57
	耐破度 (N/cm)	饱和	87.7	52.5	—	—	54.9
		干	71.7	51.0	—	—	—
	渗透系数 (cm/s)		1×10^{-2}	4.2×10^{-4}	—	1.2×10^{-2}	3×10^{-4}

截面周长决定了塑料排水板的排水性能，但很少受其截面积的影响。在塑料排水板进行设计时，需把塑料排水板换算成相当直径的砂井，根据两种排水体与周围土接触面积相等的原理，换算直径 D_p 可按下式计算：

$$D_p=\alpha\cdot\frac{2(b+\delta)}{\pi}$$

式中　b——塑料排水板宽度（mm）；

δ——塑料排水板厚度（mm）；

α——换算系数，考虑到塑料排水板截面并非圆形，其渗透系数和砂井也有所不同而采取的换算系数，取 $\alpha=0.75\sim1.0$。

040201010　振冲桩（填料）

振冲桩主要应用在软地基处理中，用振动及高压喷射水流或高压空气在软基中建成密实的碎石桩。

040201011　砂石桩

砂桩和砂石桩统称砂石桩，是指用振动、冲击或水冲等方式在软弱地基中成孔后，再将砂或砂卵石（砾石、碎石）挤压入土孔中，形成大直径的砂或砂卵石（砾石、碎石）所构成的密实桩体，它是处理软弱地基的一种常用的方法。砂石桩地基主要适用于挤密松散沙土、素填土和杂填土等地基，对建在饱和黏性土地基上主要不以变形控制的工程，也可采用砂石桩作置换处理。

040201012　水泥粉煤灰碎石桩

水泥粉煤灰碎石桩是在碎石桩的基础上掺入适量石屑、少量水泥粉煤灰、加水拌合后制成的具有一定强度的桩体。它是近年来才出现的处理软弱地基的一种新方法，其实它仍以碎石为骨料，在其里面掺入石屑水泥和粉煤灰，水泥粉煤灰具有改善混合料的作用，还可利用它的活性来减少水泥的用量。石屑可以改善颗粒级配，而水泥又具有粘结作用。因此，它是一种强度较低的混凝土桩，具有较好的技术性能和经济效果。

CFG 桩适用于多层或高层的建筑地基。还可以适用于粉土、砂土、松散砂土、淤泥质土、黏土等地基的处理。它的特点是具有较高承载力；对软土地基承载力提高更大；沉降量少；变形稳定快；施工方便，提高工效；可节约大量水泥、钢材；利用工业废料；消耗大量粉煤灰、降低工程费用；还可以通过改变桩长、桩径、桩距等设计参数使承载力在较大范围内得到调整。

（1）构造要求

1）桩径　根据振动沉桩机的管径大小而定，一般为 350～400mm。

2）桩距　根据土质、布桩形式、场地情况，可按表 2-24 选用。

桩距选用表　　表 2-24

土质 桩距 布桩形式	挤密性好的土，如砂土、粉土、松散填土等	可挤密性土，如粉质黏土、非饱和黏土等	不可挤密性土，如饱和黏土、淤泥质土等
单、双排布桩的条基	(3～5) d	(3.5～5) d	(4～5) d
含 9 根以下的独立基础	(3～6) d	(3.5～6) d	(4～6) d
满堂布桩	(4～6) d	(4～6) d	(4.5～7) d

注：d——桩径，以成桩后桩的实际桩径为准。

3）桩长　根据需挤密加固深度而定，一般为 6～12m。

（2）机具设备　CFG 桩成孔、灌注一般采用振动式沉管打桩机架，配 DZJ90 型变矩式振动锤，主要技术参数为：电动机功率：90kW；激振力 0～747kN；质量：6700kg。亦可采用履带式起重机、走管式或轨道式打桩机，配有挺杆、桩管。桩管外径分 ϕ325 和 ϕ377mm 两种。此外配备混凝土搅拌机及电动气焊设备及手推车、吊斗等机具。

（3）材料要求及配合比

1）碎石用粒径 20～50mm，松散密度 1.39t/m³，杂质含量小于 5%；

2）石屑用粒径 2.5～10mm，松散密度 1.47t/m³，杂质含量小于 5%；

3）粉煤灰用Ⅲ级粉煤灰；

4）水泥用强度等级 32.5 普通硅酸盐水泥，新鲜无结块；

5）混合料配合比根据拟加固场地的土质情况及加固后要求达到的承载力而定。水泥、粉煤灰、碎石混合料的配合比相当于抗压强度为 C1.2～C7 的低强度等级混凝土的配合比，密度大于 2.0t/m³。掺加最佳石屑率（石屑量与碎石和石屑总重量之比）约为 25%左右情况下，当$\frac{W}{C}$（水与水泥用量之比）为 1.01～1.47，$\frac{F}{C}$（粉煤灰与水泥重量之比）为 1.02～1.65，混凝土抗压强度约为 8.8～14.2MPa。

040201013　深层水泥搅拌桩

深层水泥搅拌桩地基是利用水泥作为凝固剂，在深层搅拌机的作用下，强制使软土与水泥拌合，在固化剂与软土之间发生物理化学反应形成了具有整体性强度较高，水稳性好的加固体，并且与天然地基形成复合地基共同承受荷载作用。其加固原理是：水泥加固土由于水泥用量很少，水泥水化反应完全是在土的围绕下产生的，凝结速度比在混凝土缓慢。水泥与软黏土拌合后，水泥矿物和土中的水分发生强烈的水解和水化反应，同时从溶液中分解出氢氧化钙生成硅酸三钙（$3CaO \cdot SiO_2$）、硅酸二钙（$2CaO \cdot SiO_2$）、铝酸三钙（$3CaO \cdot Al_2O_3$）、铁铝酸四钙（$4CaO \cdot Al_2O_3 \cdot Fe_2O_3$）、硫酸钙（$CaSO_4$）等水化物，有的自身继续硬化形成水泥石骨架，有的则因有活性的土进行离子交换和团粒反应、硬凝反应和碳酸化作用等，使土颗粒固结、结团，颗粒间形成坚固的联结，并具有一定强度。

（1）特点及适用范围

深层搅拌法的特点是：①在对地基进行加固过程中没有振动、没有噪音，对环境无污染；对土无侧向挤压，对邻近建筑物影响很小；②可按建筑物要求作成柱状、壁状、格栅状和块状等形状；③可有效地提高地基强度（当水泥掺量为 8%和 10%时，加固体强度分别为 0.24 和 0.65MPa，而天然软土地基强度仅 0.006MPa）；同时施工期较短，造价低廉，效益显著。

本法适于加固较深较厚的淤泥、淤泥质土、粉土和含水量较高且地基承载力不大于 120kPa 的黏性土地基，对超软土效果更为显著。多用于墙下条形基础、大面积堆料厂房地基；在深基开挖时用于防止坑壁及边坡塌滑、坑底隆起等，以及作地下防渗墙等工程上。

（2）桩平面布置

水泥土搅拌桩平面布置可根据上部建筑对变形的要求，采用柱状、壁状、格栅状、块状等处理形式。可只在基础范围内布桩。柱状处理可采用正方形或等边三角形布桩形式。

深层搅拌桩加固软土的固化剂可选用水泥，掺入量一般为加固土重的 7%～15%，每加固 1m³ 土体掺入水泥约 110～160kg。SJB-1 型深层搅拌机还可用水泥砂浆作固化剂，其配合比为：1∶(1～2)（水泥∶砂），为增强流动性，可掺入水泥重量 0.20%～0.25%的木质素磺酸钙减水剂，只加 1%的硫酸钠和 2%的石膏以促进速凝、早强。水灰比为 0.43～0.50，水泥砂浆稠度为 11～14cm。

040201014　粉喷桩

粉喷桩属于深层搅拌法加固地基方法的一种形式，也叫加固土桩。深层搅拌法是加固饱和软黏土地基的一种新颖方法，它是利用水泥、石灰等材料作为固化剂的主剂，通过特制的搅拌机械就地将软土和固化剂（浆液状和粉体状）强制搅拌，利用固化剂和软土之间所产生的一系列物理一化学反应，使软土硬结成具有整体性、水稳性和一定强度的优质地基。粉喷桩就是采用粉体状固化剂来进行软基搅拌处理的方法。粉喷桩最适合于加固各种成因的饱和软黏土，目前国内常用于加固淤泥、淤泥质土、粉土和含水量较高的黏性土。

040201015　高压水泥旋喷桩

水泥旋喷桩地基简称旋喷桩，是利用钻机钻孔至设计深度，用高压脉冲泵，通过安装在钻杆下端的特殊喷射装置向土中喷射水泥，在喷浆的同时，钻杆以一定的速度旋转并逐渐往上提升，高压射流使一定范围内的土体结构破坏，强制破坏的土体与水泥混合胶结硬化后在土层中形成直径较匀称的圆桩体，从而使强度增加，提高了地基的承载能力。

（1）分类及形式

旋喷法根据使用机具设备的不同又分为：

1）单管法　用单管喷射高压水泥浆液作为喷射流，因为在高压浆液射流在土中衰减大，所以破碎土的射程较短，且成桩直径较小，一般为 30～80cm。

2）二重管法　用同轴双通道二重注浆管复合喷射高压水泥浆和压缩空气二种介质，以浆液作以喷射流，并在其外围裹着一圈空气流成为复合喷射流，成桩直径 10cm 左右。

3）三重管法　同轴三重注浆管复合喷射高压水流和压缩空气，并注入水泥浆液。因为在高压水射流的作用，使地基中一部分土粒随着水、气排出地面，高压浆流随之填充空隙。成桩直径较大，一般有 100～200cm，但成桩强度较低（0.9～1.2MPa）。

成桩形式分旋喷注浆、定喷注浆和摆喷注浆等三种类别。加固形状可分为柱状、壁状和块状等。

（2）特点及适用范围

旋喷法具有以下特点：①提高地基的抗剪强度，改善土的性质，使在上部结构荷载作用下，不产生较大沉降；②能利用小直径钻孔旋喷成比孔径大 8～10 倍的大直径固结体；③可通过调节喷嘴的旋喷速度、提升速度、喷射压力和喷浆量，旋喷成各种形状桩体；④可制成垂直桩、斜桩或连续墙，并获得需要的强度；⑤可用于已有建筑物地基加固而不扰动附近土体，施工噪声低，振动小；⑥可用于任何软弱土层，可控制加固范围；设备较简单、轻便，机械化程度高，材料来源广；⑦施工简便，操作容易，速度快，效率高，用途广泛，成本低。

适于淤泥、淤泥质土、黏性土、粉土、砂土、湿陷性黄土、人工填土及碎石土等的地基加固；可用于既有旧建筑和新建筑的地基处理，深基坑侧壁挡土或挡水，基坑底部加固防止管涌与隆起，坝的加固与防水帷幕等工程。但对含有较多大粒块石、坚硬黏性土、大量植物根基或含过多有机质的土以及地下水流过大、喷射浆液无法在注浆管周围凝聚的情况下，不宜采用。

（3）桩径的选择

桩直径大小根据注浆方法、土的类别、密度、施工条件等而定，表 2-25 可供参考。

旋喷使用的水泥应采用强度等级为 32.5 的普通硅酸盐水泥、要求新鲜无结块。一般泥浆水灰比为 1：1～1.5：1，稠度大，流动缓慢，喷嘴易堵塞，增加排除故障时间，影响施工进度；稠度过小，对强度有影响。为消除离析，一般再加入水泥用量 3%的陶土、0.9‰的碱。浆液宜在旋喷前 1h 以内配制，使用时滤去硬块、砂石等，以免堵塞管路和喷嘴。

桩径大小选用（m） **表 2-25**

土质		旋喷方法		
		单管法	二重管法	三重管法
		直径		
黏性土	$0<N<5$	1.0±0.2	1.5±0.2	2.0±0.3
	$6<N<10$	0.8±0.2	1.2±0.2	1.5±0.3
	$11<N<20$	0.6±0.2	0.8±0.2	1.0±0.3
砂土	$0<N<10$	1.0±0.2	1.3±0.2	2.0±0.3
	$11<N<20$	0.8±0.2	1.1±0.2	1.5±0.3
	$21<N<30$	0.6±0.2	1.0±0.2	1.2±0.3
砂砾	$20<N<30$	0.6±0.2	1.0±0.2	1.2±0.3

注：N——标准贯入锤击数。

040201016　石灰桩

040201017　灰土（土）挤密桩

灰土挤密桩，在土基成孔后，在孔中灌入石灰和砂夯实而成。灰土比例为 2∶8 或 3∶7，土基成孔主要是将钢管打入土中侧向挤密而成孔的。桩与桩间土共同承受上部荷载所传递的压力。

（1）特点及适用范围

灰土挤密桩与其他地基处理方法相比较有以下特点：灰土挤密桩成桩时为横向挤密，这同样可达到与其他处理方法相同的结果。与换土垫层相比，不需开挖回填，可缩短工期；可就地取材，应用廉价材料；且机具简单，施工方便，效率高。适用于加固地下水位以上，天然含水量，在 12%～15%之间。厚度在 5～15m 的杂填土、新填土、含水率较大的软弱地基以及湿陷性黄土。当地基土饱和度大于 0.65 且含水量大于 23%时，打管成孔质量不好，且易对相邻已成的桩体造成破坏，并且拔管后容易缩颈，在这种情况下不宜采用灰土挤密桩。

由于灰土桩吸水膨胀和对土体的挤密作用，所以灰土桩强度较高，桩身强度远大于周围的地基土，可以分担较大部分荷载，使桩间土承受的荷载较小，但是当深度在 2～4m 以下则与灰土桩相似。在一般情况下，为了提高地基的承载力和水稳定笥，消除地基的湿陷性，降低压缩性，则应选用灰土桩。

（2）桩的构造和布置

1）桩孔直径一般选用 300～600mm，主要根据工程量挤成孔方法，施工设备、经济性及挤密效果来确定。

2）桩长一般采用 5～15m 主要根据工程要求、成孔设备、土质情况以及桩处理地基的深度等因素来确定。

3）桩距和排距　桩孔一般按等边三角形布置，其间距和排距可按以下公式计算（图 2-41）：

$$S=0.95d\sqrt{\frac{\bar{\lambda}_c\rho_{dmax}}{\bar{\lambda}_c\rho_{dmax}-\bar{\rho}_d}}$$

$$h=0.866S$$

式中　S——桩的间距（mm）；

d——桩孔直径（mm）；

$\bar{\lambda}_c$——地基挤密后，桩间土的平均压实系数，宜取0.93；

ρ_{dmax}——桩间土的最大干密度（t/m^3）；

$\bar{\rho}_d$——地基挤密前土的平均干密度（t/m^3）；

h——桩的排距（mm）。

一般灰土桩不少于3排。

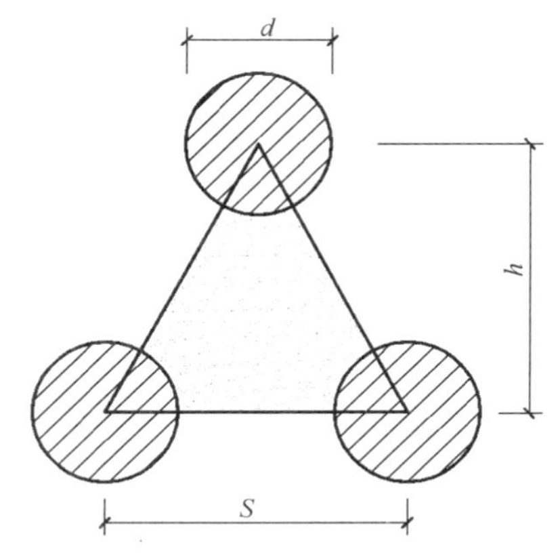

图2-41　桩距和排距计算简图

d—桩孔直径；S—桩的间距；h—桩的排距

4）处理宽度　处理地基的宽度应大于基础的宽度。局部处理时，对非自重湿陷性黄土、素填土、杂填土等地基，每边超出基础的宽度不应小于0.25b（b为基础短边宽度）（图2-42）并不应小于0.5m；对自重湿陷性黄土地基，不应小于0.75b，并不应小于1m。整片处理宜用于Ⅲ、Ⅳ级自重湿陷性黄土场地，每边超出建筑物外墙基础边缘的宽度不宜小于处理土层厚度的1/2，并不应小于2m。

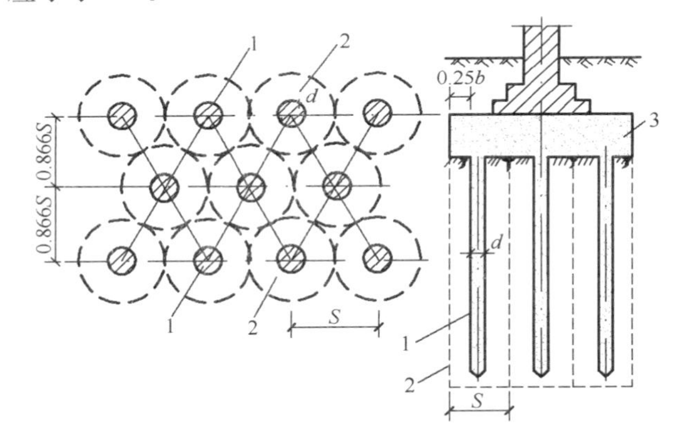

图2-42　灰土桩及灰土垫层布置

1—灰土挤密桩；2—桩的有效挤密范围；3—灰土垫层；d—桩径；S—桩距（2.5～3.0d）；b—基础宽度

5）地基的承载力和压缩模量　灰土挤密桩处理地基的承载力特征值，应通过原位测试或结合当地经验确定。当无经验资料时，对土挤密桩地基，不应大于处理前的1.4倍，并不应大于180kPa；对灰土挤密桩地基，不应大于处理前的2倍，并不应大于250kPa。

灰土挤密桩地基的压缩模量应通过试验或结合本地经验确定，一般为29.0～30.0MPa。

桩孔内的填料应根据工程要求或处理地基的目的确定。石灰、砂质量要求和工艺要求、含水量控制同石灰砂垫层。

040201018　柱锤冲扩桩

柱锤冲扩桩法是在《建筑地基处理技术规范》（JGJ 79）中所提及的一种地基处理方法，孔内深层强夯法其实是在柱锤冲扩桩法的基础上发展起来的。在施工过程中，处理深度不断被突破，冲击能量也随之逐渐增大，为区别于原来的柱锤冲扩桩法，结合其施工特点命名为：孔内深层强夯法，也就是目前流行的DDC桩法。

040201019　地基注浆

040201020　褥垫层

褥垫层是CFG复合地基中解决地基不均匀的一种方法。如建筑物一边在岩石地基上，一边在黏土地基上时，采用在岩石地基上加褥垫层（级配砂石）来解决。

竖向承载搅拌桩复合地基应在基础和桩之间设置褥垫层。褥垫层厚度可取200～

300mm。其材料可选用中砂、粗砂、级配砂石等，最大粒径不宜大于20mm。

褥垫不可以算进基底标高中。

不宜采用卵石，由于卵石咬合力差，施工时扰动较大、褥垫厚度不容易保证均匀。

褥垫层不仅仅用于CFG桩，也用于碎石桩、管桩等，以形成复合地基，保证桩

040201021　土工合成材料

土工织物：透水性合成材料。按照制造方法不同，分为织造土工织物和非织造（无纺）土工织物。

非织造土工积物：由短纤维或长丝按随机或定向排列制成的溥絮垫，经机械结合、热粘或化粘而成的织物。

织造土工织物：由纤维纱或长丝按一定方向排列机织的土工织物。

土工织物地基又称土工聚合物地基、土工合成材料地基，系在软弱地基中或边坡上埋设土工织物作为加筋，使形成弹性复合土体，起到排水、反滤、隔离、加固和补强等方面的作用，以提高土体承载力，减少沉降和增加地基的稳定。图2-43为土工织物加固地基、边坡的几种应用。

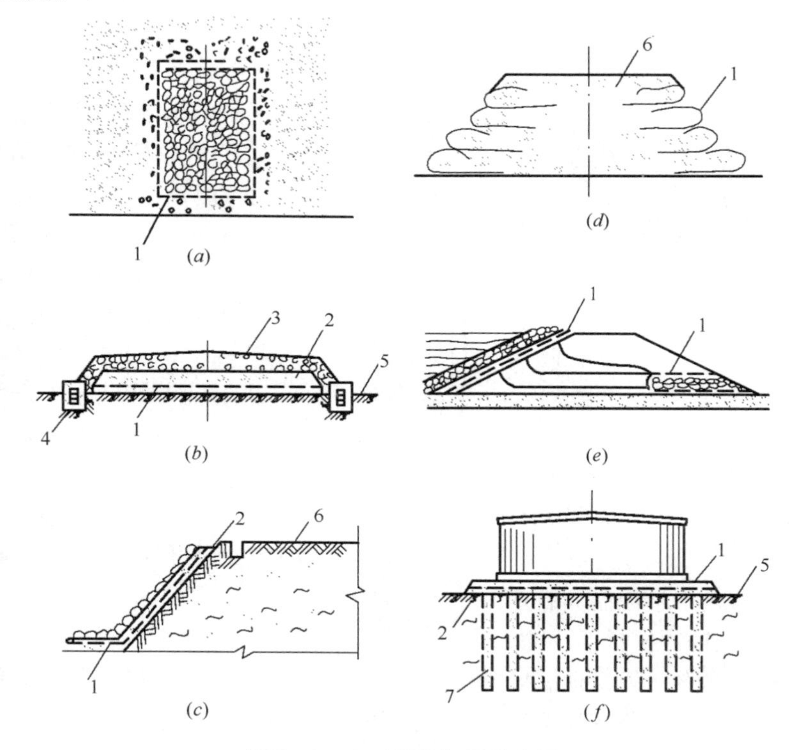

图2-43　土工织物加固的应用

(a) 排水；(b) 稳定路基；(c) 稳定边坡或护坡；(d) 加固路堤；(e) 土坝反滤；(f) 加速地基沉降

1—土工织物；2—砂垫；3—道渣；4—渗水盲沟；5—软土层；6—填土或填料夯实；7—砂井

(1) 材料要求

土工织物系采用聚酯纤维（涤纶）、聚丙纤维（腈纶）和聚丙烯纤维（丙纶）等高分

子化合物（聚合物）经加工后合成。一般用无纺织成的，系将聚合物原料投入经过熔融挤压喷出纺丝，直接平铺成网，然后用粘合剂粘合（化学方法或湿法）、热压粘合（物理方法或干法）或针刺结合（机械方法）等方法将网联结成布。土工织物产品因制造方法和用途不一，其宽度和重量的规格变化甚大，用于岩土工程的宽度由2～18m；重量大于或等于0.1kg/m^2；开孔尺寸（等效孔径）为0.05～0.5mm，导水性不论垂直向或水平向，其渗透系数$k \geqslant 10^{-2}$cm/s（相当于中、细砂的渗透系数）；抗拉强度为10～30kN/m（高强度的达30～100kN/m）。

（2）特点和适用范围

土工合成材料的特点是：①质地柔软，重量轻，整体连续性好；②施工方便，抗拉强度高，没有显著的方向性；③弹性、耐磨、耐腐蚀性、耐久性和抗微生物侵蚀性好，不易霉烂和虫蛀；④而且，土工织物具有毛细作用，内部具有大小不等的网眼，有较好的渗透性（水平向1×10^{-1}～1×10^{-3}cm/s）和良好的疏导作用，水可竖向、横向排出；⑤材料为工厂制品，材质易保证，施工简便，造价较低，与砂垫层相比可节省大量砂石材料，节省费用1/3左右。用于加固软弱地基或边坡，作为加筋使形成复合地基，可提高土体强度，承载力增大3～4倍，显著地减少沉降，提高地基稳定性。但土工聚合物存在抗紫外线（老化）能力较低，如埋在土中，不受阳光紫外线照射，则不受影响，可使用40年以上。

适用于加固软弱地基，以加速土的固结，提高土体强度；用于公路、铁路路基作加强层，防止路基翻浆、下沉；用于堤岸边坡，可使结构坡角加大，又能充分压实；作挡土墙后的加固，可代替砂井。此外，还可用于河道和海港岸坡的防冲；水库、渠道的防渗以及土石坝、灰坝、尾矿坝与闸基的反滤层和排水层，可取代砂石级配良好的反滤层，达到节约投资、缩短工期、保证安全使用的目的。

040201022　排水沟、截水沟

排水沟：排水沟主要用于降低地下水位截流地下水及其路基附近低洼处易汇集污水，引向路线走向布置的一种水沟。当路线受到多段沟渠或水道影响时，为保护路基不受水害，可以设置排水沟或改移渠道，以调节水流，整治水道。

排水沟的横断面形式，一般采用梯形，尺寸大小应经过水力水文计算选定。用于边沟、截水沟及取土坑出水口的排水沟，横断面尺寸根据设计流量确定，底宽与深度不宜小于0.5m，土沟的边坡坡度约为1：1～1：1.5。

排水沟的位置，可根据需要并结合当地地形等条件而定，离路基尽可能远些，距路基坡脚大于或等于2m，平面上应力求直捷，需要转弯时亦应尽量圆顺，做成弧形，其半径不宜小于10～20m，连续长度宜短，一般不超过500m。

排水沟水流注入其他沟渠或水道时，应使原水道不产生冲刷或淤积。通常应使排水沟与原水道两者成锐角相交，即交角不大于45°，有条件可用半径$R=10b$（b为沟顶宽）的圆曲线朝下游与其他水道相接，如图2-44所示。

排水沟应具有一定的坡度，以保证水流通畅，不致流速太大而产生冲刷，亦不可流速太小而形成淤积，为此宜通过水文水力计算择优选定。在一般情况下，可取0.5%～1.0%之间，大于或等于0.3%，亦不宜大于3%。

路基排水沟渠的加固类型有多种，表2-26为土质沟渠各种加固类型，图2-45为沟渠加固横断面图，设计时可结合当地条件，根据沟渠土质、水流速度、沟底纵坡和使用要求

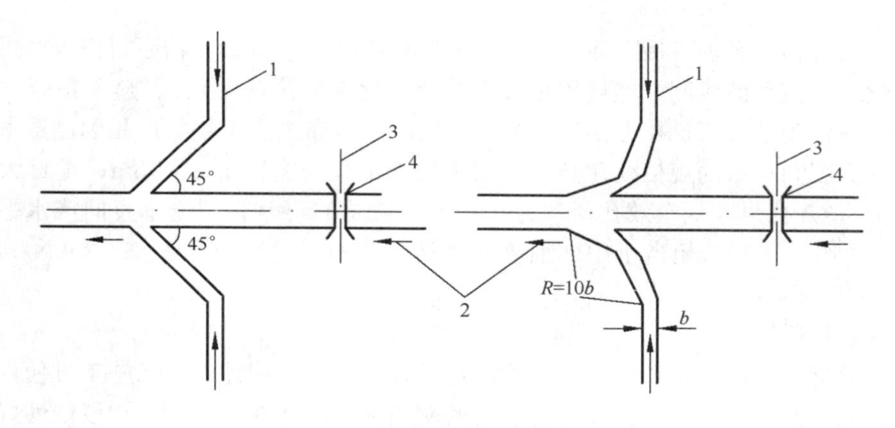

图 2-44　排水沟与水道衔接示意图

1—排水沟；2—其他渠道；3—路基中心线；4—桥涵

等而定。

沟渠加固类型　　表 2-26

型　式	名　称	铺砌厚度（cm）
简易式	平铺草皮 竖铺草皮 水泥砂浆抹平层 石灰三合土抹平层 黏土碎（砾）石加固层 石灰三合土碎（砾）石加固层	单层 迭铺 2～3 3～5 10～15 10～15
干砌式	干砌片石 干砌片石砂浆匀缝 干砌片石砂浆抹平	15～25 15～25 20～25
浆砌式	浆砌片石 混凝土预制块 砖砌水槽	20～25 6～10

沟渠加固类型与沟底纵坡有关，表 2-27 所列可供设计时参照使用。

加固类型与沟底纵坡关系　　表 2-27

纵坡（%）	＜1	1～3	3～5	5～7	＞7
加固类型	不加固	1. 土质好，不加固 2. 土质不好，简易加固	简易加固或干砌式加固	干砌式或浆砌式加固	浆砌式加固或改用跌水

截水沟

又称天沟，一般设置在挖方路基边坡坡顶以外，或山坡路堤上方的适当地点，用以拦截并排除路基上方流向路基的地面径流，减轻边沟的水流负担，保证挖方边坡和填方坡脚不受流水冲刷。对于降水量较少且坡面稳固和边坡较低以致冲刷影响不大的路段，可以不设置截水沟；反之，对于降水量较多，且暴雨频率较高，山坡覆盖层比较疏松，坡面较

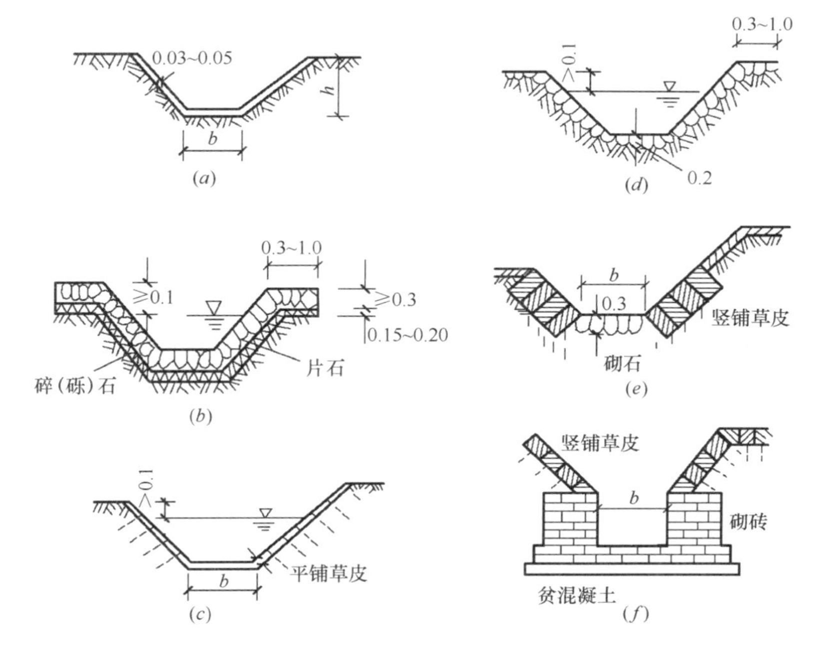

图 2-45　沟渠加固断面图（单位：m）

(a) 石灰三合土抹平层；(b) 干砌片石（碎石垫平）；(c) 平铺草皮；
(d) 浆砌片石（碎石垫平）；(e) 竖铺草皮，砌石底；(f) 砖砌水槽

高，水土流失比较严重的地段，必要时可设置两道或多道截水沟。

图 2-46 是路堑段挖方边坡上方设置的截水沟图例之一，图中距离 d，一般应大于 5.0m，地质不良地段可取 10.0m 或更大。截水沟下方一侧，可堆置挖沟的土方，要求作成顶部向沟倾斜 2%的土台。路堑上方设置弃土堆时，截水沟的位置及断面尺寸，如图 2-47 所示。

山坡填方路段可能遭到上方水流的破坏作用，此时必需设截水沟，以拦截山坡水流保护路堤。如图 2-48 所示，截水沟与坡脚之间，要有大于 2.0m 的间距，并做成 2%的向沟倾斜横坡，确保路堤不受水害，保证路堤稳定。

截水沟的横断面形式，一般为梯形，其边坡坡度，由岩土条件而定，一般采用 1∶1.0～1∶1.5，如图 2-49 所示。沟底宽度 b 不小于 0.5m，沟深 h 按设计流量而定，亦

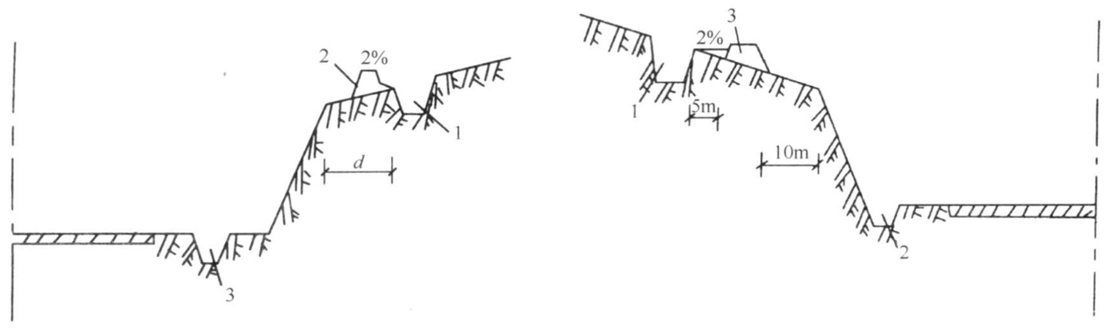

图 2-46　挖方路段截水沟示意图
1—截水沟；2—土台；3—边沟

图 2-47　挖方路段弃土堆与截水沟关系图
1—截水沟；2—边沟；3—弃土堆

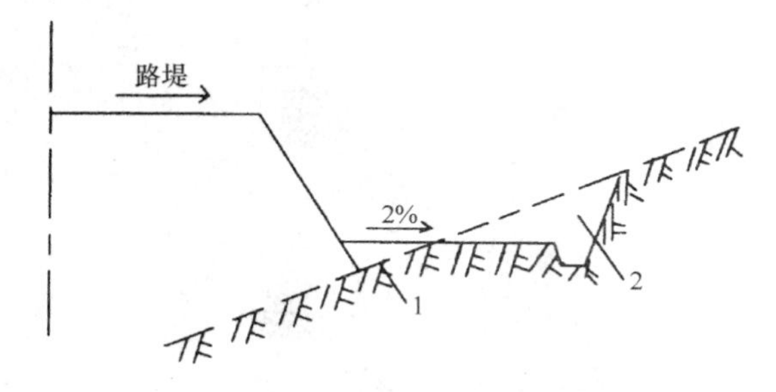

图 2-48 填方路段上的截水沟示意图
1—土台；2—截水沟

应大于或等于 0.5m。

同时减小沟的长度；截水沟的位置一般应尽量与绝大多数地面水流方向垂直，且为了保证水流的通畅，可以直接引入附近的自然沟排出，在必要时可配以涵洞或急流槽等泄水结构物，将水引入指定地点，截水沟的长度不宜过长宜设为 200～500m，且沟底须有 0.5%以上的纵坡，沟底与沟壁平整密实，以便阻止流水渗入地下，在必要时需予以加固或铺砌。

040201023 盲沟

道路盲沟（又称道路暗沟）：盲沟是引排地下水流的沟渠，其作用是隔断或截流流向路基的泉水和地下集中水流，并将水流引入地面排水沟渠。

在城区、近郊区道路下的盲沟多用大孔隙填料包裹的粒石混凝土滤水管、水泥混凝土管等；在郊区或远郊区，道路设置盲沟时，可就地取材，常用大孔隙填料或用片石砌筑排水孔道。

从盲沟的构造特点出发，由于沟内分层填以大小不同的颗粒材料，利用渗水材料透水性将地下水汇集于沟内，并沿沟排泄至指定地点，此种构造相对于管道流水而言，习惯上称之为盲沟，在水力特性上属于紊流。

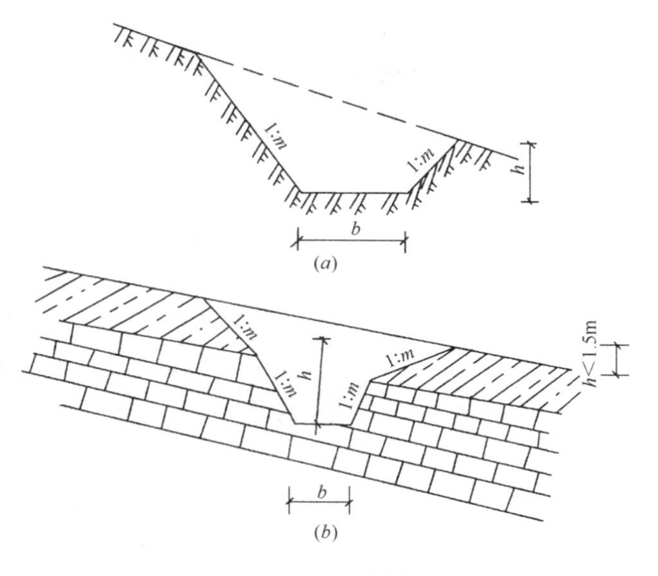

图 2-49 截水沟的横断面图例
（a）土沟；（b）石沟

图 2-50 为一侧边沟下面设盲沟，主要目的是为了拦截流向路基的层间水，防止路基边坡滑坍和毛细水上升危害到路基的强度与稳定性。

图 2-51 是路基两侧边沟下面均设盲沟，主要是为了降低地下水位，防止毛细水上升至路基工作区范围内，形成水分积聚而造成路基冻胀和翻浆，或土基过湿而导致路基强度降低等。

图 2-52 是设在路基挖方与填方交界处的横向盲沟，用以拦截和排除路堑下面层间水或小股泉水，保持路堤填土不受水侵害，保证路基稳定。

以上所述的盲沟，沟槽内全部填满颗粒材料，可以理解为简易盲沟，其构造比较简单，横断面成矩形，亦可做成上宽下窄的梯形，沟壁倾斜度约 1∶0.2，底宽 b 与深度 h 大致为 1∶3，深约 1.0～1.5m，底宽约 0.3～0.5m。盲沟的底部中间填以粒径较大（3～5cm）的碎石，其空隙较大，水可在空隙中流动。粗粒碎石两侧和上部，按一定比例分层

（层厚约 10cm）填以较细粒径的粒料，逐层粒径比例大致按 6 倍递减。盲沟顶部和底面，一般设有厚 30cm 以上的不透水层，或顶部设有双层反铺草皮。

图 2-50　一侧边沟下设盲沟

1—盲沟；2—层间水；3—毛细水；4—可能滑坡线

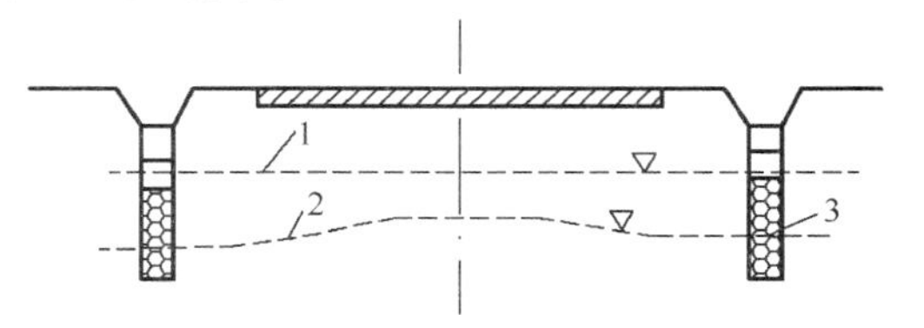

图 2-51　二侧边沟下设盲沟

1—原地下水位；2—降低后地下水位；3—盲沟

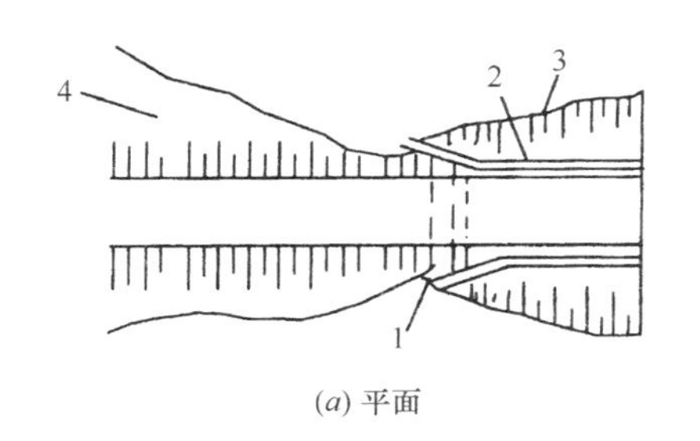

(*a*) 平面

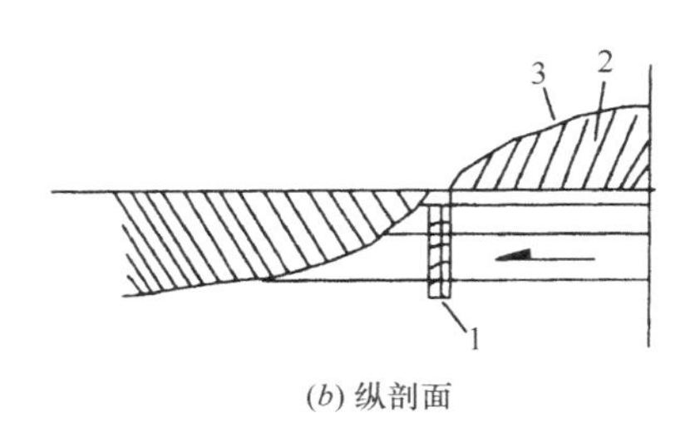

(*b*) 纵剖面

图 2-52　挖填交界处横向盲沟

1—盲沟；2—边沟；3—路堑；4—路堤

简易盲沟的排水能力较小，不宜过长，沟底具有 1%～2%的纵坡，出水口底面标高应高出沟外最高水位 20cm，以防水流倒渗。

寒冷地区的暗沟，应做防冻保温处理或将暗沟设在冻结深度以下。

2. 道路基层

040202001　路床（槽）整形

路床：是指路面底面以下，80cm 范围内的路基部分，承受由路面传来的荷载。有零填及路堑上路床（路面底面以下深度 0～30cm），下路床（路面底面以下深度 30～80cm）。路床的主要作用是排水和布载重力。

按设计要求和规定标高，将边沟、边坡、路基起高垫低、夯实、碾压成形。整形路床的平均厚度一般在 10cm 以内。

路床整形工程量：一般是按路基顶面的宽度计算；也有是按路面结构层的宽度每边再加适当的宽度计算。

040202002　石灰稳定土

在粉碎的或原来松散的土（包括各种粗、中、细粒土）中，掺入一定量的石灰、水，经拌和、压实及养生后得到的混合料，当其抗压强度符合规定的要求时，称为石灰稳定土基层。

用石灰稳定细粒土得到的混合料，简称石灰土。用石灰土稳定中粒土或粗粒土得到的混合料，原材料为天然砂砾土时，简称石灰砂砾土；原材料为天然碎石时，简称石灰碎石土。用石灰稳定级配砂砾（砂砾中无土）和级配碎石（包括未筛分碎石）时，分别简称石灰土砂砾或石灰土碎石。用石灰稳定土铺筑的路面基层或底基层，分别称为石灰稳定土基层或石灰稳定土底基层。

石灰土：在粉碎或原来松散的土（包括各种粗、中、细粒土）中掺入足量的石灰和水，经拌和、压实及养生后得到的混合料，当其抗压强度符合规定的要求时，称为石灰稳定土，用石灰稳定土的细颗粒得到的混合料称为石灰土。其形成原理：石灰土在最佳含水量下压实后，既发生了一系列的物理化学作用，也发生了一系列的化学与物理化学作用，从而使土的结构和性质发生了根本性的改变，形成了石灰土。

石灰土基：指用石灰土作为道路基层铺筑材料的路基，石灰土路基由于石灰土的和易性高、强度大和耐水性好，而使石灰路基稳固，故石灰路基的强度高，水稳定性好，压缩性小，施工方便。由于黏土中含有的少量的活性氧化硅和活性氢氧化钙反应生成了少量的水硬性产物，使密实度、强度、耐水性得到改善。

含灰量：即石灰剂量，它对石灰土强度影响显著，石灰剂量较小（小于3%～4%）时，石灰主要起稳定作用，土的塑性、膨胀、吸水量减小，使土的密实度、强度得到改善。随着剂量的增加，强度和稳定性均提高，但剂量超过一定范围时，强度反而降低。生产实践中常用的最佳剂量范围，对于黏性土及粉性土为8%～14%；对砂性土则为9%～16%。剂量的确定应根据结构层技术要求进行混合料组成设计。

拌和

（1）石灰稳定土应在中心站用强制式拌和机、双转轴桨叶式拌和机等稳定土石拌和设备进行集中拌和。

（2）在正式拌制稳定土混合料之前，应先调试所用的拌和设备，使混合料的配比和含水量都达到规定要求。

（3）稳定土混合料正式拌制时，应将土块粉碎，必要时，筛除原土中＞15mm的土块；配料要准确，各料（石灰、土、加水量）可按重量配比，也可按体积配比；拌和要均匀；加水量要略大于最佳含水量的1%左右，使混合料运至现场摊铺后碾压时的含水量能接近最佳含水量。

（4）成品料露天堆放时，应减少临空面（建议堆成圆锥体），并注意防雨水冲刷。对屡遭日光暴晒或受雨淋的料堆表面层材料应在使用前清除。

（5）上路摊铺前，应检测混合料中有效CaO＋MgO含量，如达不到要求时，应在运料前加料（消石灰）重拌。成品料运达现场摊铺前应覆盖，以防水分蒸发。

摊铺

（1）可用稳定土摊铺机、沥青混凝土摊铺机或水泥混凝土摊机摊铺混合料；如没有上述摊铺机，也可用摊铺箱摊铺。如石灰土层分层摊铺时，应先将下层顶面拉毛，再摊铺上层混合料。

（2）拌和机与摊铺机的生产能力应互相协调。如拌和机的生产能力较低时，在用摊铺箱摊铺混合料时，应尽量采用最低速度摊铺，减少摊铺机停机待料的情况。

（3）石灰土混合料摊铺时的松铺系数应视摊铺机机械类型而异，必要时，通过试铺碾压求得。

（4）场拌混合料的摊铺段，应安排当天摊铺当天压实。

整形

（1）路拌混合料拌和均匀后或场拌混合料运到现场经摊铺达预定的松厚之时，即应进行初整型，在直线段，平地机由两侧向路中进行刮平；在平曲线超高段，平地机由内侧向外刮平。

（2）初整型的灰土可用履带拖拉机或轮胎压路机稳压 1～2 遍，再用平地机进行整型，并用上述压实机械再碾压一遍。

（3）对局部低洼处，应用齿耙将其表层 5cm 以上耙松，并用新拌的灰土混合料找补平整，再用平地机整型一次。

（4）在整型过程中，禁止任何车辆通行。

碾压

（1）混合料表面整型后应立即开始压实。混合料的压实含水量应在最佳含水量的 ±1%范围内，如因整型工序导致表面水分不足，应适当洒水。

（2）用 12～15t 三轮压路机碾压时，每层压实厚度不应超过 15cm；用 18～20t 三轮压路机或相应功能的滚动压路机碾压时，每层压实厚度不应超过 20cm。压实厚度超过上述规定时，应分层铺筑，每层的最小压实厚度为 10cm。

（3 ……向路中心碾压，超高段由内侧路肩向外侧路肩碾压，碾压时后轮应重……两段的接缝处。后轮（压实轮）压完路面全宽时，即为一遍……机碾压速度，头两遍采用 1 档（1.5～1.7km/h）为宜，以……路面两侧应多压 2～3 遍。

……在碾压的路上"调头"和急刹车，以保证灰土表面不受破……施（如覆盖 10cm 厚的砂或砂砾）保护"调头"部分的灰土……

……面应始终保持湿润，如表面水分蒸发太快，应及时补充洒水……

……簧"、松散、起皮等现象，应及时翻开晾晒或换新混合料重……

……地机再终平一次，使其纵向顺适、路拱和超高符合设计要求……刮除，并扫出路外。

……应按 JTJ057 第 3 章方法检查灰土的压实度。频率：开始阶……后用碾压遍数与检查相结合，每 1000m 为 6～10 次。如果在铺一层或工程验收之前检验的石灰土材料没达到所需的压实度，则必须返工。

（9）不管路拌或场拌，其拌压间隔时间不得多于 2 天。

养生

（1）刚压实成型的石灰土底基层，在铺筑基层之前，至少在保持潮湿状态下养生 7 天。养生方法可视具体情况采用洒水、覆盖砂等。养生期间石灰土表层不应忽干忽湿，每次洒水后应用两轮压路机将表层压实。

（2）在养生期间未采用覆盖措施的石灰土底基层上，除洒水车外，应封闭交通；在采用覆盖措施的石灰土底基层上，不能封闭交通时，应当限制车速不得超过 30km/h。

040202003　水泥稳定土

水泥稳定土：在粉碎的或原状松散的土（包括各种粗、中、细粒土）中，掺入适当水泥和水，按照技术要求，经拌和摊铺，在最佳含水量时压实及养护成型，其抗压强度符合规定要求，以此修建的路面基层称水泥稳定类基层。当用水泥稳定细粒土（砂性土、粉性土或黏性土）时，简称水泥土。

用水泥稳定粗粒土和中粒土得到的混合料，视原材料可相应简称为水泥碎石（级配碎石和未筛分碎石）、水泥石渣（采石场废料），水泥石屑（碎石场细筛余料）、水泥砂砾、水泥碎石土或水泥砂砾土。

水泥是水硬性结合料，绝大多数的土类（高塑性黏土和有机质较多的土除外）都可以用水泥来稳定，改善其物理力学性质，适应各种不同的气候条件与水文地质条件。水泥稳定类基层具有良好的整体性、足够的力学强度、抗水性和耐冻性。其初期强度较高，且随龄期增长而增长，所以应用范围很广。近年来，在我国一些路面工程中，水泥稳定土可用于路面结构的基层和底基层，在保证路面使用品质上取得了满意的效果。但水泥土禁止作为高速公路或一级公路路面的基层，只能用做底基层。在高等级公路的水泥混凝土路面板下，水泥土也不应做基层。

水泥要求：普通硅酸盐水泥、矿渣硅酸盐水泥或火山灰质硅酸盐水泥都可以用于稳定土，但应选用终凝时间较长（宜6h以上）的水泥。早强、快硬及受潮变质的水泥不应使用。宜采用强度等级较低的水泥，如42.5级水泥。

水泥含量：各种类型的水泥都可以用于稳定土。但试验研究证明，水泥的矿物成分和分散度对其稳定效果有明显影响。对于同一种土，通常情况下硅酸盐水泥的稳定效果好，而铝酸盐水泥较差。

在水泥硬化条件相似，矿物成分相同时，随着水泥分散度的增加，其活性程度和硬化能力也有所增大，从而水泥土的强度也大大提高。

水泥土的强度随水泥剂量的增加而增长，但过多的水泥用量，虽获得强度的增加，在经济上却不一定合理，在效果上也不一定显著，且容易开裂。试验和研究证明，水泥剂量为4%～8%较为合理。

拌和和摊铺

（1）混合料应在中心拌和厂拌和，可采用间歇式或连续式拌和设备。

（2）所有拌和设备都应按比例（重量比或体积比）加料，配料要准确，其加料方法应便于监理工程师对每盘的配合比进行核实。

（3）拌合要均匀，含水量要略大于最佳值，使混合料运到现场摊铺碾压时的含水量不小于最佳值。运距远时，运送混合料的车厢应加覆盖，以防水分损失过多。

（4）用平地机或摊铺机按松铺厚度摊铺，但摊铺要均匀，如有粗细料离析现象，应以人工或机械补充拌匀。

整型：对二级以下公路所用混合料，在摊铺后立即用平地机初步平和整型。在直线段，平地机由两侧向路中心进行刮平；在平曲线段，平地机由内则向外侧进行刮平。需要时再返回刮一遍。

碾压

（1）整型后，当混合料的含水量等于或大于最佳含水量时，立即用停振的振动压路机在全宽范围内先静压1～2遍，然后打开振动器均匀压实到规定的压实度。碾压时振动轮必须重叠。通常除路面的两侧应多压2～3遍以外，其余各部分碾压到的次数尽量相同。

（2）严禁压路机在已完成的，或正在碾压的路段上“调头”或急刹车。

（3）碾压过程中，水泥稳定碎石的表面应始终保持潮湿，如表层蒸发过快，应尽快洒少量的水。

（4）碾压过程中，如有“弹簧”、松散、起皮等现象，应及时翻开重新拌和（如加少量的水泥）或其他方法处理，使其达到质量要求。

（5）在碾压过程结束之前，用平地机再终平一次，使其纵向顺适，路拱和标高符合规定要求。终平时应仔细用路拱板校正，必须将高出部分刮除，并扫出路外。

接缝处理

（1）当天两工作段的衔接处，应搭接拌和，即先施工的前一段尾部留 5～8m 不进行碾压，待第二段施工时，对前段留下未压部分要再加部分水泥重新拌和，并与第二段一起碾压。

（2）应十分注意每天最后一段末端缝（即工作缝）的处理，工作缝应成直线，而且上下垂直。经过摊铺整型的水泥稳定碎石当天应全部压实，不留尾巴。第二天铺筑时为了使已压成型的稳定边缘不致遭受破坏，应用方木（厚度与其压实后厚度相同）保护，碾压前将方木提出，用混合料回填并整平。

养生

（1）每一段碾压完成后应立即开始养生，不得延误。

（2）在整个养生期间都应使水泥稳定碎石层保持潮湿状态，养生结束后，必须将覆盖物清除干净。

（3）在养生期间未采用覆盖措施的水泥稳定碎石层上，除洒水车外，应封闭交通。在采用覆盖措施的水泥稳定碎石层上不能封闭交通时，应限制重车通行，其他车辆车速不得超过 30km/h。

（4）水泥稳定碎石层上立即铺筑沥青面层时，不需太长的养生期，但应始终保持表面湿润，至少洒水养生 3 天。

040202004　石灰、粉煤灰、土

石灰粉煤灰（简称二灰）基层是用石灰和粉煤灰按一定配合比，加水拌和、摊铺、碾压及养生而成型的基层。在二灰中掺入一定量的土，经加水拌和、摊铺、碾压及养生成型的基层，称二灰土基层。混合料的配比组成，各地可根据当地的实践经验可参照下面配比选用。

采用石灰粉煤灰土做基层或底基层时，土的塑性指数（用 100g 平衡锥测定）宜为 11～25，并不得小于 6 或大于 30。当土的塑性指数小于 6 或大于 30 时，应采取压实混合料或粉碎土团粒的措施。当温度为 700℃时，土中有机质含量应小于 8%。硫酸盐含量宜小于 0.8%。

消解石灰、拌制混合料和混合料基层养生应采用清洁的地面水、地下水自来水及 pH 值大于 6 的水。

采用石灰粉煤灰做基层或底基层时，粉煤灰石灰集料混合料中粉煤灰与矿灰的比例宜为 2∶1（当集料用量为 70%以上时）至 5∶1（当集料用量为 50%左右时）。当混合料中无集料时，粉煤灰（或粉煤灰土）与石灰的比例宜为 3∶1 至 10∶1。

采用石灰粉煤灰与级配的中粒土和粗粒土时，石灰与粉煤灰的比为 1∶2～1∶4，石灰粉煤灰与粒料的比常采用 20∶80～15∶85。

根据最近研究提出，为了防止裂缝，采用石灰与粉煤灰的配比为1：3～1：4，集料含量为80%～85%左右为最佳，既可抗干缩又可抗温缩。不少地区在修筑高级或次高级路面时选用这种基层和底基层，既减少了因基层反射裂缝而引起的面层开裂问题，还减轻沥青路面的本辙。

石灰粉煤灰类的基层施工，同石灰稳定土基层的施工。施工时，应尽量安排在温暖高温季节，以利于形成早期强度而成型。

修筑道路基层使用的粉煤灰（硅铝灰）化学成分中的 $SiO_2+Al_2O_3$ 总量宜大于70%；在温度为700℃的烧失量宜小于或等于10%，当烧失量大于10%时应做试验，当其混合料强度符合要求时方可采用。

用石灰稳定粉煤灰时，石灰在水的作用下形成饱和的 $Ca(OH)_2$ 溶液，废渣的活性氧化硅和氧化铝在 $Ca(OH)_2$ 溶液中产生火山灰反应，生成水化硅酸钙和铝酸钙凝胶，把颗粒胶凝在一起，随水化物不断产生而结晶硬化，具有水硬性。温度较高时，强度增长快，因此，石灰稳定粉煤灰最好在热季施工，并加强保湿养生。

石灰稳定粉煤灰基层具有：水硬性、缓凝性、强度高、稳定性好，成板体、且强度随龄期不断增加，抗水、抗冻、抗裂而且收缩性小，适应各种气候环境和水文地质条件等特点。所以，近几年来，修筑高等级公路，常选用石灰稳定做高级或次高级路面的基层或底基层。

粉煤灰要求

（1）要求粉煤灰的 $SiO_2+Al_2O_3$ 含量大于70%，CaO含量在2%～6%，烧失量不大于10%，粒径变化在0.001～0.3mm之间，其比表面积一般在2000～3500cm^2/g之间。

（2）湿排粉煤灰含水量大于40%时应堆高沥水，干排粉煤灰应加水润湿，其含水量宜保持在25%～35%，并应防止雨淋或灰粉飞扬。

（3）粉煤灰不应含有团块、腐殖质及有害杂质。使用时应将凝固的粉煤灰块打碎或过筛。

配合比设计

（1）应按指定的配比（包括最佳含水量和最大干密度），在二灰碎石层施工前10～15d进行现场试配，按照JTJ057的规定进行试验，养生湿度为95%，温度为25℃±2℃，养生6d后，第7d饱水，试件尺寸：15cm×15cm（高×直径）的圆柱体。

（2）建议把提供的二灰掺量作中档值（例如20%），按15%、20%、25%三档二灰掺量（碎石掺量分别为85%、80%、75%）试验制作，按JTJ057的规定程序进行重型击实试验和强度试验。后者每组试验结果的偏差系数（C_V）大于10%时应重做试验。

经现场试验结果证明，提供的配比剂量和试验强度达不到规定要求（指第7d饱水后的无侧限抗压强度≥0.8MPa）或施工工艺上有难度时，需经批准后方可予以调整。但二灰的掺量应>20%。

拌和

二灰碎石混合料应用拌和机械集中拌和，不得采用路拌；用摊铺机铺筑，防止水分蒸发和产生离析；碾压和整型的全部操作应在当天完成。

（1）材料的拌合可用带旋转刀片的分批出料的拌合设备或是用转动鼓拌合机或连续拌和式设备。二灰和集料可按质量比控制，也可按体积比控制。

（2）向各拌和设备内加水的比例可以按质量，也可按体积计量，要随时对每批材料或按连续式拌合的材料流速进行用水量检查，所加的水量必须考虑二灰及集料的原有含水量。

（3）注意拌合机内是否有死角存在，如发现应及时纠正。

（4）混合料应在拌合以后尽快摊铺。

（5）各种成分的配合比偏差应在下列范围之内：

集料　　±2%，质量比

粉煤灰　　±1.5%，质量比

石灰　　±1.0%，质量比

水　　±2%，按最佳含水量

摊铺：当二灰碎石层的铺筑厚度超过碾压有效厚度时，应分二层铺筑，在第一铺筑层经压实并压实度达到规定标准时，应立即铺筑第二层。

压实：最好用振动压路机碾压。压实度应达到规定的要求。

（1）通过在100～200m间隔内随机钻孔来检查铺筑层的厚度，全部试验也至少有50%等于或超过要求的厚度，且不允许有两个相邻孔相差在±10%。

（2）二灰碎石层表面的平整度容许偏差不超过10mm；标高的容许偏差为0～10mm；厚度的容许偏差为0～+10mm。

（3）粉煤灰石灰类混合料每层压实厚度应根据压路机械的压实功能决定，并不得大于20cm，且不得小于10cm。若采用振动力大的重型振动压路机碾压时，每层压实厚度可增至25cm。

（4）人工拌合人工摊铺整型的混合料应先用6～8t两轮压路机、轮胎压路机或履带拖拉机在基层全宽内进行碾压。直线段应由内侧路肩向外侧路肩碾压，碾压1～2遍后，可再用12～15t三轮压路机械或振动压路机压实。

（5）机械拌和、机械摊铺整型的混合料可直接用12～15t三轮压路机、振动压路机或轮胎压路机压实。当用振动压路机时，应先静后再振动碾压。

（6）用两轮压路机碾压时，每次应重叠1/3轮宽；用三轮压路机碾压时，每次应重叠后轮宽的1/2。碾压速度：光轮压路机宜为30～40m/min；振动压路机宜为60～100m/min。

（7）最后均应碾压至混合料基层表面无明显轮迹。基层压实度应达到设计要求，当设计无规定时，应符合下列规定：

（8）快速路和主干路压实度：

基层　　不得小于97%；

底基层和垫层　　不得小于95%。

次干路和支路压实度：

基层　　不得小于95%；

底基层和垫层　　不得小于93%。

（9）初压时应设人跟机，检查基层有无高低不平之处，高处铲除，低处填平，填补处应翻松洒水再铺混合料压实。当基层混合料压实后再找补时，应在找补处挖深8～10cm，并洒适量水分后及时压实成型。不得用贴补薄层混合灶找平。

（10）在碾压中出现“弹簧现象”时，应即停止碾压，将混合料翻松晾干或加集料或加石灰，重新翻拌均匀，再行压实。碾压时若出现松散堆移现象，应适量洒水，再翻拌、整平、压实。

（11）当工作间断或分段施工时，衔接处可预留混合料不压实段，人工摊铺时，宜为2m，机械摊铺时，应为10m及以上。

（12）混合料基层施工应避免纵向接缝。当分幅施工时，纵缝应垂直相接，不得斜接。

（13）在有检查井、缘石等设施的城市道路上碾压混合料，应配备火力夯等小型夯、压机具；对大型碾压机械碾压不到或碾压不实之处，应进行人工补压或夯实。

（14）压路机或汽车不得在刚压或正在碾压的基层上转弯、调头或刹车。

养生与浇洒沥青透层

（1）压实成型并经检验符合标准的粉煤灰石灰类混合料基层，当经过1～2d后，应保持潮湿状态下养生。养生期的长短应根据环境温度确定当环境温度在20℃以上时，不得少于7d；当环境温度在5～20℃时，不得少于14d。

（2）应浇洒乳化沥青养生、乳化沥青用量宜为0.6～1.0kg/m^2。

（3）也可洒水养生，水应分次均匀洒布，并应以在养生期内保持混合料基层表面湿润为度，不得有薄层积水。不得用水管直接对基层表面冲水养生、温度较低时，尚应在基层上适量喷洒盐水。

（4）养生期间应封闭交通。对个别不能断绝交通的道路，可选用集料含量大的混合料基层，并用乳化沥青养生，再按0.3～0.5m^3/100m^2 的用量撒3～6mm石屑后，方可开放交通，并应限制车速和支通量。

（5）在混合料基层上铺筑沥青面层或其他结构层时应对基层表面进行一次检查和清扫。发现局部变形、松散和污染，应及时修补清理、并宜适量洒水，保持基层表面湿润。

（6）粉煤灰石灰类基层在达到设计规定的结硬强度后，方可在其上铺筑沥青面层或其他结构层。在规定养生期内（7～4d）基层提前达到强度时，可在基层上铺筑沥青面层或其他结构层。当超过规定养生期，基层仍未达到设计强度时应延长养生期限。

（7）石灰加固类混合料底基层和垫层的养生，可在下层混合料压实后，采取立即覆盖上层混合料或原材料的方式进行。

040202005　石灰、碎石、土

碎（砾）石灰土底基层：用石灰稳定碎（砾）石土，简称碎（砾）石灰土。将拌和均匀的碎（砾）石灰土经摊铺、整型、碾压、养生后成型的底基层，称碎（砾）石灰土底基层。

混合料的最佳组成应是碎（砾）石掺入量占混合料总重的60％～70％，而且要求碎（砾）石要有一定级配（级配标准可参照级配碎（砾）石基层）。按重型击实试验确定材料的最佳含水量和最大干密度。所制成的试件在规定温度下，经6d保湿养生，一天浸水的无侧限抗压强度应满足规范规定的强度标准要求。

040202006　石灰、粉煤灰、碎（砾）石

粒料（砾料）：高速公路和一级公路集料的压碎值应小于或等于30％，二级公路和二级以下公路集料的压碎值应小于或等于35％。高速公路和一级公路颗粒最大粒径小于或等于31.5mm（方孔筛），二级公路和二级以下公路不大于40mm（圆孔筛）。

石灰工业废渣混合料中粒料质量宜占80%以上，并有良好的级配；二灰砂砾混合料应符合表2-28规定，二灰碎石混合料应符合表2-29规定。

二灰砂砾混合料的级配范围　　　表2-28

筛孔尺寸（mm）	40	31.5	19	9.5	4.75	2.36	0.6	0.6	0.075
通过百分率（%）（基层）		100	83～98	55～75	39～59	29～49	20～40	12～32	0～15
通过百分率（%）（底基层）	100	89～100	69～89	52～72	39～59	29～49	20～40	12～32	0～15

二灰碎石混合料的级配范围　　　表2-29

筛孔尺寸（mm）	40	31.5	19	9.5	4.75	2.36	0.6	0.6	0.075
通过百分率（%）（基层）		100	81～98	52～70	30～50	18～38	10～27	6～20	0～7
通过百分率（%）（底基层）	100	90～100	72～90	48～68	30～50	18～38	10～27	6～20	0～7

040202007　粉煤灰

粉煤灰是火力发电厂的工业废料，有良好的物理力学性能，已在许多地区得到应用。它具有承载能力和变形模量较大，可利用废料，施工方便、快速，质量易于控制，技术可行，经济效果显著等优点。可用于作各种软弱土层换填地基的处理，以及作大面积地坪的垫层等。

（1）粉煤灰垫层的特性

根据化学分析，粉煤灰中含有大量SiO_2、Al_2O_3、Fe_2O_3（表2-30），有类似火山灰的特性，有一定活性，在压实功能作用下能产生一定的自硬强度。

粉煤灰的化学成分（%）　　　表2-30

编号＼项目	SiO_2	Al_2O_3	Fe_2O_3	CaO	MgO	K_2O	SO_3	Na_2O	烧失量
1	51.1	27.6	7.8	2.9	1.0	1.2	0.4	0.4	7.1
2	51.4	30.9	7.4	2.8	0.7	0.7	0.4	0.3	4.9
3	52.3	30.9	8.0	2.7	1.1	0.7	0.2	0.3	3.5

注：1. 编号1为国内百多个电厂粉煤灰化学成分的平均值；
2. 编号2为上海地区粉煤灰化学成分平均值；
3. 编号3为宝钢电厂粉煤灰化学成分。

粉煤灰垫层具有遇水后强度降低的特性，其经验数值是：对压实系数$\lambda_c=0.90\sim0.95$的浸水垫层，其容许承载力可采用120～200kPa，可满足软弱下卧层的强度与地基变形要求；当$\lambda_c>0.90$时，可抗地震液化。

（2）粉煤灰质量要求

用一般电厂Ⅲ级以上粉煤灰，含SiO_2、Al_2O_3、Fe_2O_3总量尽量选用高的，颗粒粒径宜0.001～2.0mm，烧失量宜低于12%，含SO_3宜小于0.4%，以免对地下金属管道等产生一定的腐蚀性。粉煤灰中严禁混入植物、生活垃圾及其他有机杂质。粉煤灰进场，其含水量应控制在±2%范围内。

040202008　矿渣

人工铺装：指在铺垫炉渣底层时，采用人工放线，清除路床杂物及取、运输炉渣混合料等工序。在人工铺装时，根据炉渣底层的性质，其厚度一般在10～25cm内，一边铺装时并应及时洒水、找平、使用8t或15t的光轮压路机进行碾压，也可采用90kW的平地机进行碾压。并使边线对齐，使铺砌要求符合设计要求，当路宽≥22m时，应采用分条法进行。

炉渣底层：软土层加固的一种常用措施，其厚度根据路面档次和性质而定，一般在10～25cm左右，要求不发生沉降而产生错乱，影响排水，铺设炉渣后，能使地基中的水分，在填土荷载作用下，竖向通过炉渣空隙内排除以便加快固结速度，从而提高软土的强度，保证路堤的稳定性。

人机配合：指在摊铺炉渣底层利用人工放线清理路床杂物，利用机械进行运输混合料、进行机械摊铺及碾压等工序，结合人工进行上料，灌缝及找平等工序，这个人工与机械的共同配合的过程称之为人机配合。

矿渣：铺垫材料的一种产生于高炉之中，其主要化学成分为二氧化硅与氧化铝。抗水侵蚀能力强，水化热低，耐热性高，常常在工业上与水泥熟料拌合，形成高强度的矿渣硅酸盐水泥。

矿渣底层：利用矿渣材料作为路基层的一种处理方法，根据矿渣的抗水侵蚀能力好的性质特点，常用于软土加固，摊铺地基垫层，是一种较好的铺垫材料。

人工铺装：指在摊铺矿渣底层时，利用人工放样，清理路床杂物，利用机械运输矿渣混合料。根据矿渣的性质特点，其摊铺厚度一般在7～25cm内，并且应在一边摊铺时一边随时注意均匀洒水，然后利用8t或15t的光轮压路机对摊铺层进行碾压。并使边线对齐，使铺砌要求符合设计规范。当路宽≥22m时，应采用分条法进行铺装。

040202009　砂砾石

砂砾石基层是采用砂和砾石的混合物作为基层。由于砂颗粒大，可防止地下水因毛细作用上升；基层不受冻结的影响，能在施工期间完成沉陷；用机械或人工都可以使地基密实，施工工艺简单，可缩短工期，降低造价等特点。

材料要求：

（1）砂宜用颗粒级配良好、质地坚硬的中砂或粗砂，当用细砂、粉砂时，应掺加粒径20～50mm的卵石（或碎石），但要分布均匀。砂中有机质含量不超过5%，含泥量应小于5%，兼作排水垫层时，含泥量不得超过3%。

（2）砂石用自然级配的砂砾石（或卵石、碎石）混合物，粒径应在50mm以下，其含量应在50%以内，不得含有植物残体、垃圾等杂物，含泥量小于5%。

040202010　卵石

卵石：母岩经自然条件风化、磨蚀、冲刷等作用而形成的表面较光滑、粒径为2～60mm的颗粒状石料。

级配砾（碎）石基层应密实稳定，其粒径级配范围应按表2-31选用。为防止冻胀和湿软，应注意控制小于0.5mm细料的含量和塑性指数。在中湿和潮湿路段，用作沥青路面的基层时，应在级配砾石中掺石灰，细料含量可适当增加，掺入的石灰剂量为细料含量的8%～12%。在级配砾石中掺石灰修筑基层，主要是为了提高基层的强度和稳定性。

级配砾（碎）石矿料级配表　　表 2-31

编号	通过下列筛孔（mm）的重量百分率（%）									小于 0.5mm 细料性质		适用条件
	50～80	40	25	20	10	5	2	0.5	0.074	液限	塑性指数	
1	—	100	—	60～80	40～60	30～50	20～35	15～25	7～12	不大于 35	8～14	潮湿或有黏性土地区
2	—	100	—	70～90	50～70	40～60	25～40	20～32	8～15	不大于 35	8～12	干旱半干旱或缺乏黏性土地区
3	100	—	55～85	—	35～70	25～60	15～45	10～20	5～10	不大于 25	不大于 4	潮湿路段
4	—	—	90～100	—	60～75	40～60	20～50	12～25	5～12	不大于 25	不大于 6	中湿或干燥路段
5	100	—	<50	—	<30	<25	<15	<8	≤3	不大于 25	不大于 4	
6	—	—	<65	—	<45	<35	<25	<15	≤5	不大于 25	不大于 6	

注：1、2 号作面层；3、4 号作基层；5、6 号作垫层。

级配砾石有时用来作垫层叫做级配砂砾垫层，其级配砂砾要求颗粒尺寸在 5～40mm 之间，其中 25～40mm 含量不少于 50%。

铺料：先铺砾石，再铺黏土，最后铺砂。

拌和和整形：可采用平地机或拖拉机牵引多铧犁进行。拌和时边拌边洒水，使混合料的湿度均匀，避免大小颗粒分离。混合料的最佳含水量约为 5%～9%。混合料拌和均匀后按松厚（压实系数 1.3～1.4）摊平并整理成规定的路拱横坡度。

碾压：先用轻型压路机压 2～3 遍，继用中型压路机碾压成型。碾压工作应注意在最佳含水量下进行，必要时可适当洒水，每层压实厚度不得超过 16cm，超过时需分层铺筑碾压。

铺封层：施工的最后工序是加铺磨耗层和保护层。

除上述内容外，也可采用天然砂砾修筑基（垫）层，它可以就地取材，且施工简易，造价低廉。天然砂砾料含土少，水稳性好，宜作为路面的底基层或垫层。

天然砂砾基层所用的砂砾材料，虽无严格要求，但为了保证其干稳性及便于稳定成型，对于颗粒组成应予适当控制。综合各地初步使用经验，其颗粒组成中，大于 20mm 的粗骨料要占 40%以上，最大粒径不宜大于压实厚度的 0.7 倍，并不得大于 100mm，小于 0.5mm 的细料含量应小于 15%，细料塑性指数不得大于 4。

天然砂砾基层施工的关键在于洒水碾压。砂砾摊铺均匀后，先用轻型压路机稳压几遍，接着洒水用中型压路机碾压，边压边洒水，反复碾压至稳定成型。由于天然砂砾基层的颗粒组成不属最佳级配，且缺乏粘结料，故其整体性较差，强度不高。为了提高其整体性和强度，可根据交通量和公路线形（如弯道、陡坡）情况，在其表面嵌入碎石或铺碎石过渡层。

040202011　碎石

碎石：天然岩石经人工或机械破碎而成的、粒径大于 5mm 的颗粒状石料。其性质决定于母岩的品质。

毛石：由爆破直接得到的石块，按其表面平整程度分为乱毛石和平毛石两类。

(1) 乱毛石：是形状不规则的毛石。一般在一个方向的尺寸达 300～400mm，质量约为 20～30kg 的石块，其强度不宜小于 10MPa，软化系数不应小于 0.75。常用于砌筑基础、载脚、墙身、堤坝挡土墙等，也可作毛石混凝土的骨料。

（2）平毛石：乱毛石略经加工面而成的石块。形状较为整齐，但表面粗糙，其中部厚度不应小于 200mm。

碎石基层可采用干压方法，要求填缝紧密，碾压坚实。如土基软弱，应先铺筑低剂量石灰土或砂砾垫层，以防止软土上挤和碎石下陷。石料和嵌缝料的尺寸，视结构层的厚度而定；如压实厚度为 8～10cm，一般采用 30～50mm 粒径的石料和 5～15mm 粒径的嵌缝料；如压实厚度为 11～15mm，碎石最大尺寸不得大于层厚的 0.70 倍，50mm 以上粒径的石料应占 70％～80％，同时应两次嵌缝，其粒径为 20～40mm 和 5～15mm。有些单位使用尺寸较大的碎石（大于 80～100mm）铺筑厚度为 15～25mm 的基层，常称为大块碎石基层。

040202012　块石

块石：由毛石略经加工而成六面体的石块。如将块石进一步凿平，并使一个面的边角整齐，则成为整形块石。长方形的整形块石又称“条石”，正方形者称为“方石”，制品尺寸可按照建筑要求定制。作为重要部分的块石，压强不应小于 10MPa。常用于砌基础、勒脚、桥墩、涵洞、墙身、踏步、纪念碑等。

块石路面：用块石作为面层的路面，根据使用材料的形状、尺寸和修琢程度，可分为长方石、小方石、粗打（拳石）或粗琢块石等。长方石或小方石用于高级路面面层，粗琢块石等不整齐块石用于中级路面面层，具有坚固耐久、清洁少尘、便于维修、能供重型汽车和履带车行驶等优点。但要手工铺砌，块石需加工琢制，建筑成本高，一般在盛产石料区采用。

块石底层：采用块石当作基底的材料，也是软土层加固的一种常用措施，块石在基底层的作用大致与碎石的作用相同，都是为了加固底层的强度，从而保证土层的稳定性。

人工铺装：利用人工对块石底层的中线横纵断截面进行高程测量，使之表面清洁，无杂物，并定时落实上料数量，进行循序摊铺，其厚度大约在 15～35cm 左右在铺砌时，块石只能采用人工，并使边线对齐，使铺砌要求符合设计规范，同样当路宽≥22m 时，应采用分条法进行人工摊铺。

040202013　山皮石

山皮石也叫山皮土，是指经过自然风化后的山上的表皮浅层比较细小混合石土。

山皮石的颜色有很多种，如灰色，有暗红色，也有黑褐色。

作用：在农业上：可以用来改良板结的碱性土壤，增加土壤酸性，有利于 植物成活。

在工业上：可以作为道路的底基层，上面做水泥稳定碎石或者二灰稳定碎石，增加道路的可用性。

在第三产业上：可以作为欣赏的假山，做美丽的花石。

040202014　粉煤灰三渣

粉煤灰三渣混合料：指的是混合料中的石灰、粉煤灰与碎石的体积比为 1∶2∶3 的配方在其最佳含水量时，其标准干密度到达预定要求的一种混合料。

粉煤灰三渣有路拌和厂拌两种拌和方式。

摊铺：指三渣混合料经拌和后运至工地上进行摊铺和整平，其要求应根据施工情况控制好摊铺厚度、松铺系数由现场试铺确定。混合料摊铺时，宜用平地机或其他适用的摊铺机械辅以人工整平，严禁用齿耙拉平。其压实厚度为 15～20cm，下层压实后再铺上层并用水洒湿，使之连结良好。

碾压：当粉煤灰三渣土基层在摊铺完毕后，用碾压机、12t 或 15t 的光轮压路机在其最佳含水量时进行压实，其碾压先轻后重，从路边压向路中的工序称之为碾压。

养护：粉煤灰三渣基层碾压完成后再开始进行经常性或定期性的保护，对其进行每天洒水保湿，当发现有不符合质量要求时，及时补救不合格之处，并测定其弯沉值。这一系列的检查工作便称为粉煤灰三渣的养护。

路拌厚度：这里的厚度指的是粉煤灰三渣基层的摊铺厚度，其厚度一般宜在 15～20cm，当厚度大于 20cm 时，应分两层结构层。以便进行分层施工，下层压实后应尽快摊铺上层。上层不能立即铺筑时，下层应保湿养生，再铺上层时其下层表面应打扫干净，并适当洒水湿润，使上下层联结良好。

厂拌厚度：此时的厚度是指粉煤灰三渣基层的摊铺厚度，其厚度在 15cm～20cm 内，当厚度大于 20cm 时应按两层结构层铺筑，以便进行分层施工，下层压实后应尽快摊铺上层，上层不能直接立即摊铺时，下层应保湿养生，再铺上层时其下层表面应打扫干净，并适当洒水湿润使上下层连接良好。

040202015　水泥稳定碎（砾）石

用水泥稳定粗粒土（颗粒的最大粒径小于 50mm 且其中小于 40mm 的颗粒含量不少于 85%）和中粒土（颗粒的最大粒径小于 30mm 且其中小于 20mm 的颗粒含 量不少于 85%）得到的混合料，视所用原材料为碎石或砾石，而简称为水泥碎石或水泥砂砾。其特点是，强度高，水稳性好，抗冻性好，耐冲刷，温缩性和干缩性均较小。

是一种优良的基层材料；用于水泥混凝土路面基层及各级沥青路面基层。

040202016　沥青稳定碎石

沥青：一类有机胶凝材料，由复杂的高分子碳氢化合物，及其非金属衍生物的混合物组成，呈溶液溶胶、溶凝胶或凝胶物。色黑而具光泽，常温下呈液态、半固态或固态。溶于二硫化碳、四氯化碳、苯和其他有机溶剂，加热后能熔化而放出特殊气味，有粘性、塑性、延展性、不透水性、耐化学侵蚀性和大气稳定性等，是制作混凝土乳化沥青、防水卷材、防水涂料、油膏等的原料，常用于铺筑路面、工业建筑和民用建筑、水利工程以及油漆工业、塑料工业、电器绝缘、金属和木材的防锈防腐等。

沥青稳定碎石：沥青混合料的一种，用沥青和碎石拌制而成，碎石颗粒可尺寸均一，亦可适当级配。在碎石中还可加入少量矿粉，经压实后具有一定强度，其稳定性大大增强，故称为沥青稳定碎石，但孔隙率较大。

嵌缝：一种处理裂缝的措施，常用浆砌片或混凝土作为嵌补材料，施工前应注意将表面风化层和碎屑清除干净并整理基础，开凿至足够宽度且作成具有反坡的形式台阶，然后进行嵌补，其特点是施工简便易行，效果良好。

喷油：防护路基坡面的一种措施，将油质材料通过人工或机械方法喷射到边坡坡面上以形成保护层，厚度一般不小于 2cm。优点是固结强度大、效果好、施工简便、速度快。缺点是喷油量大、成本较高。适用于易风化但尚未严重风化的岩石边坡，坡度和高度不限。

撒料：一种撒布于油毡毡面防止毡面粘结的处理方法。分粉状撒布料、细碎片状撒布料和粒状撒布料三种，细碎片状撒布料和粒状撒布料除能防止毡面粘结外，还能使防水层的表面起隔热、遮光、提高油毡抗老化等性能。

喷洒机喷油、人工摊铺撒料：指在处理沥青稳定碎石基层时，利用喷洒机将沥青油喷洒在路基坡面上以形成保护层防止风化，利用人工摊铺沥青稳定碎石，使之能牢固的粘结在沥青油上，增加路基的抗压强度，提高地基土的强度，从而保证基层的稳定性。是一种很有效的铺垫地基的方法，适应于高级、次高级道路工程。

定额说明：

（1）各种材料的底基层材料消耗中不包括水的使用量，当作为面层封顶时，如需加水碾压，加水量由各省、自治区、直辖市自行确定。

封顶：施工术语，指建筑物或构筑物在最顶层部分进行修建铺筑或维修时，用石灰砂浆或混凝土及其他抹面材料对其进行碾压密实或压实等。

（2）石灰土基层中的石灰均为生石灰的消耗量，土为松方用量。

生石灰：石灰石经高温煅烧后的分解产物，其主要化学成分为氧化钙，呈白色或灰色块状，其表观密度为800～1000kg/m^3。石灰石中含有少量的碳酸镁，因而生石灰中还含有次要成分氧化镁。生石灰中氧化镁含量小于等于5%时称为钙质石灰，大于5%的称为镁质石灰，镁质石灰熟化较慢，但硬化后强度稍高。生石灰加水后便成为熟石灰。

松方：即没有经过压实的土或混合料。

（3）设有“每增减”的子目，适用于压实厚度20cm以内。压实厚度在20cm以上应按两层结构层铺筑。

“每增减”指的是在摊铺道路基层铺筑料时，其铺筑厚度每增加或每减少1cm时，所用的不同土方及其含灰量的不同。此时的每增减1cm只适合于在压实厚度20cm以内，当压实厚度在20cm以上应按两层结构层铺筑。

（4）道路工程路基应按设计车行道宽度另计两侧加宽值，加宽值的宽度由各省、自治区、直辖市自行确定。

路基宽度：路基宽度为路面及其两侧路肩宽度之和，必要时还应包括护栏、照明、绿化等占用的宽度。

路基高度：路基高度是指路堤的填筑高度或路堑的开挖深度，是原地面标高与路基设计标高的差值。

路基边坡坡度可用边坡高度H与边坡宽度b之比来表示。

1）路基的宽度设计　为满足汽车、行人、自行车和其他车辆在道路上正常行驶的要求，路基应有一定的宽度。路基越宽对行车越有利，但工程数量与造价也随之增大，其中土石方数量的增加尤为突出。公路路基宽度为行车道和路肩宽度之和，当设有中间带、路缘带、变速车道、爬坡车道等或路上设施时，均应包括这些部分的宽度。

各级公路的路基宽度和路基高度可参考表2-32、表2-33。

汽车专用公路路基宽度　　**表2-32**

公路等级		汽车专用公路							
		高速公路				一		二	
地　形		平原微丘	重丘	山岭		平原微丘	山岭重丘	平原微丘	山岭重丘
路基宽度（m）	一般值	26.0	24.5	23.0	21.5	24.5	21.5	11.0	9.0
	变化值	24.5	23.0	21.5	20.0	23.0	20.0	12.0	—

汽车专用公路路基高度 **表 2-33**

公路等级		汽车专用公路						
		高速公路			一		二	
地　　形		平原微丘	重丘	山岭	平原微丘	山岭重丘	平原微丘	山岭重丘
路基高度（m）	一般值	12.0	8.5	8.5	7.5	6.5	6.5	
	变化值	—	—	—	—	7.0	4.5	

四级公路一般采用 3.5m 的行车道和 6.5m 的路基，当交通量较大或有特殊需要时，可采用 6.5m 的行车道和 7.0m 的路基，在工程特别艰巨的路段以及交通量很小的公路，采用 4.5m 的路基，并按规定设置错车道。

2）路基高度设计　路基高度的设计，应使路肩边缘高出路基两侧地面积水高度，同时要考虑地下水、毛细水和冰冻的作用，不致影响路基的强度和稳定性。

路基设计标高，无中央分隔带的道路，一般为路基边缘高度；有中央分隔带的道路，一般为中央分隔带边缘的高度。

沿河及受水浸淹的路基设计标高，一般应高出表 2-34 所规定的洪水频率计算水位 0.5m 以上。

路基设计洪水频率 **表 2-34**

公路等级	汽车专用公路			一般公路		
	高速公路	一	二	二	三	四
设计洪水频率	1/100	1/100	1/50	1/50	1/50	按具体情况确定

填方路段的路基最小填土高度应综合考虑地区的气候、水文地质、土质、路基结构、公路等级、路基类型及排水难易程度等因素对它的影响，符合路基设计规范的要求。当路基的填土高度受到限制不能达到规范规定的要求时，应采用相应的防范措施，如做好排水设计、设隔离层等，以免影响路基的强度和稳定性。

3）路堤边坡坡度设计　路堤边坡坡度，当路堤基底的情况良好时，可参考表 2-35 所列数值，结合已成公路的实践经验采用。如边坡高度超过表中所列的总高度，应按高度路堤另行设计。

路堤边坡坡度 **表 2-35**

填料种类	边坡最大高度			边坡的坡度		
	全部高度	上部高度	下部高度	全部坡度	上部坡度	下部坡度
黏性土、粉性土、砂性土	20	8	12	—	1∶1.5	1∶1.7
砾石土、粗砂、中砂	12	—	—	1∶1.5	—	—
碎（块）石土、卵石土	20	12	8	—	1∶1.5	1∶1.7
不易风化的石块	20	8	12	—	1∶1.3	1∶1.5

路堤受水浸淹部分的边坡采用 1∶2，并应视水流等情况采取边坡加固防护措施。

4）路堑边坡坡度设计　路堑边坡坡度，应根据当地的自然条件、土石种类及其结构、边坡高度和施工方法等确定。当地质条件良好且土质均匀或岩石无不利的层理时，可参照下表 2-36 所列数值范围，结合已成公路的实践经验采用。

路堑边坡坡度 **表 2-36**

土石种类		边坡高度	
		<20	20～30
一般土	较松	1∶1.0～1∶1.5	1∶1.0～1∶1.75
	中密密实	1∶0.5～1∶1.0	1∶0.75～1∶1.15
	胶结	1∶0.3～1∶0.5	1∶0.5～1∶0.75
黄土		1∶0.1～1∶1.25	1∶0.1～1∶1.25
岩石	岩浆岩、厚层灰岩或硅、钙质砂砾层、片麻岩	1∶0.1～1∶0.75	1∶0.1～1∶1.0
	中薄砂层、砾岩、中薄层灰岩	1∶0.1～1∶1.10	1∶0.2～1∶1.25
	薄层岩、页岩、云母、绿泥	1∶0.2～1∶1.25	1∶0.3～1∶1.5

注：非均质土层中，路堑边坡采用适应于各该土层稳定的折线形状。

在砂类土、黄土、易风化碎落的岩石和其他不良的土质路堑中，其边沟外侧边缘与边坡坡脚之间，宜设置碎落台。其宽度视边坡高度和土质而定，一般不小于 0.5m。当边坡已适当加固或其高度小于 2m 时，可不设碎落台。

(5) 道路基层计算不扣除各种井位所占的面积。

(6) 道路工程的侧缘（平）石、树池等项目以延长米计算，包括各转弯处的弧形长度。

人工拌合：在配混合料时，采用人工分条法拌合，以路幅宽窄而定拌合宽度，一般碾压长度 60m 左右，边翻拌边前进，至接近混合料最佳含水量时应注意加水量，顺序均匀洒泼，直至拌合至混合料均匀为止，不得出现大于 25mm 的石灰团粒，这个过程便称之为人工拌合。

机械拌合：在配混合料时，用机械替代人工的拌合方法，称为机械拌合，在机械拌合过程中，首先在初步找平的基础上，铺上石灰、炉渣和土，然后再加入一定量的水分后，进行拌合，拌合后还需进行检查、调平、整型一系列的稳压工作，再进行找补、整型、碾压，直至达到养生为止的这一期间的工序，都由机械来完成。

拖拉机拌合：利用拖拉机牵引（悬挂）多铧犁、干拌，以插犁扶耕的形式，从起点向内逐渐耕到中心，从中心向外逐渐绞耕到两侧边线。如此反复，重耙与轻耙并用的反复耕耙。

3. 道路面层

道路面层：直接与车轮及大气相接触的道路结构层。它承受行车荷载（竖直力、特别是水平力和冲击力）的反复作用。又受到降水侵蚀和气温变化的不利影响。因此，同其他层次相比，面层应具有较高的结构强度和气候稳定性，而且要耐久，防渗，其表面还应有良好的平整度和粗糙度。

修筑面层的主要材料有水泥混凝土、沥青与矿料组成的混合料，砂砾或碎石掺土（或不掺土）的混合料，块石及混凝土预制块等。

联结层也包括在面层之内。联结层是在非沥青结合料的基层与沥青面层间设置的一个辅助结构层。它的作用是防止沥青面层沿着基层表面滑移，从而有效地发挥路面结构层的整体强度。一般在交通量大、荷载等级高的快速路与主干路上采用。联结层主要采用黑色碎石、沥青贯入式、沥青稳定碎石及碎石等。

简易路面，即指：交通量较少，工程技术标准低于四级的路面，一般路基宽为6.5m，山岭区可采用3.5～4.5m宽的单车道，并加修错车道。最小平曲线半径为20m，山岭区可采用15m，回头线最小半径为12m，最大纵坡在特别困难地区为11%，路面材料以就地取材为主，可采用泥结碎石、级配砾石、圆石或拳石、碎石或碎石土、砂土、炉渣、礓石和碎砖等。具有工程简单、造价低廉、能供兽力车、农用拖拉机和少量汽车通行等优点。但适应的交通量按解放CA—10B型汽车计算，仅在50辆/日以下。

040203001　沥青表面处治

沥青表面处治：由沥青和集料按层铺法或拌和法铺筑的方法。铺筑厚度一般不超过3cm。沥青表面处治的厚度一般为1.5～3.0cm。铺层法可分为单层、双层、三层。单层表面处治厚度为1.0～1.5cm，双层表面处治的厚度为1.5～2.5cm。三层表面处治厚度为2.5～3.0，沥青表面处治适用于三级、四级公路的面层、旧沥青面层上加铺罩面或抗滑层、磨耗层等。单层表面处治也可作基层或沥青路面的封层，以防地表水浸入地基。它的使用年限为6～10年，其中单层表面处治为3～5年，双层表面处治7～10年三层表面处治为10～15年。

040203002　沥青贯入式

沥青贯入式路面：是指用沥青贯入碎（砾）石作面层的路面。沥青贯入式路面的一般厚度为4～8cm。当沥青贯入式的上部加铺拌和的沥青混合料时，也称上拌下贯，此时拌和层厚度为3～4cm。其总厚度为7～10cm。沥青贯入式碎石路面适用于二级及二级以下公路的沥青面层。

在初步压实的碎石（或轧制砾石）上浇洒沥青后，再分层撒铺嵌料浇洒沥青和压实而形成的路面面层结构，厚度通常为4～8cm。因为它有较高的强度和稳定性，适应于次高级路面面层，也可作为高级路面的连接层或基层，它的使用年限冷铺为10～15年。

040203003　透层、粘层

透层指的是为使路面沥青层与非沥青材料的基层结合良好，在非沥青材料层上浇洒的液化石油沥青、煤沥青或乳化沥青后形成的透入基层表面的薄沥青层。一般与基层的宽度相同，常常在面层宽度的基础上+0.5m～0.75m。

垫层指的是设于基层以下的结构层。

其主要作用是隔水、排水、防冻以改善基层和土基的工作条件。

垫层为介于基层与土基之间的结构层，在土基水温状况不良时，用以改善土基的水温状况，提高路面结构的水稳性和抗冻胀能力，并可扩散荷载，以减少土基变形。垫层，一般为素混凝土。有时也用砂石或碎砖等做垫层。

040203004　封层

封层指的是为封闭表面空隙，防止水分侵入面层或基层，在面层或基层上铺的沥青封面。铺筑在面层表面的称为上封层；铺筑在面层下面的称为下封层。

040203005　黑色碎石

即沥青碎石路面：由一定级配的矿料（有少量矿粉或不加矿粉），用沥青作结合料按一定比例配合，均匀拌和后经摊铺压实成型的一种路面面层结构。此种路面面层热稳定性好，不易产生推挤拥包，但空隙率较大，易渗水，广泛用于城市道路和公路干道上。它的使用年限当冷铺时为10～15年，当热铺时为15～20年。

040203006　沥青混凝土

沥青混凝土路面：按级配原理选配的矿料与适量沥青均匀拌合，经摊铺压实而成的沥青路面面层。它具有强度高，整体性强，抵抗自然因素破坏的能力强等优点，属于高级路面，适用于交通量大的城市道路和公路，也适用于高速公路。它的使用年限为15～20年。

喷洒沥青油料定额中，分别列有石油沥青和乳化沥青两种油料，应根据设计要求套用相应项目。

道路石油沥青：由石油废渣料与沥青相拌合的一种铺筑面层的混合料。道路石油沥青是符合沥青路面的技术要求的石油沥青，适用于各类沥青面层。

乳化石油沥青：是将粘稠沥青加热至流动态，经机械力的作用，而形成微滴（粒径约为2～5μm）分散在有乳化剂——稳定剂的水中，由于乳化剂——稳定剂的作用而形成均匀稳定的乳状液。

液体石油沥青：液体石油沥青是用汽油、柴油和煤油等有机溶剂将石油沥青在溶剂中稀释而成的一种沥青产品，在工业中也常常被称为轻制沥青和稀释沥青，是一种较好的铺砌材料。

透层：透层是在无沥青材料的基层上，浇洒低黏度的液体沥青（煤沥青、乳化沥青或液体沥青）薄层，透入基层表面所形成的一层薄沥青层。其作用是增进基层与沥青面层的粘结力；封闭基层表面的空隙，减少水分下渗，防止基层吸收表面处治的第一次喷洒沥青；在铺筑面层前能作为临时性的保护层以增强基层表面。

透层沥青宜采用慢裂的洒布型乳化沥青PC-2，PA-2（高等级道路采用PC-2），也可采用中、慢凝液体石油沥青或煤沥青。其稠度应通过试洒确定。一般对表面致密的半刚性基层、细粒料基层及气温较低时，宜用渗透性好的较稀的透层沥青；空隙较大、粗粒料基层及气温较高时，宜采用较稠的透层沥青。采用沥青的标号应根据基层的种类、疏密状态、施工季节等条件通过试洒确定。透层沥青用量取决于基层的吸收性能，一般应使透层沥青在4～8h内渗入基层表面3～6mm，不留多余沥青为宜。施工时可以通过试洒确定用量，并用符合沥青路面透层技术标准要求。对于石灰（水泥）稳定土、石灰稳定工业废渣（土）等基层，宜在基层完工后表面稍干即浇洒，以利于基层的养生；对级配砂砾等基层，待基层完工后，表面开始变干时，再进行浇洒，以利于基层的养生；若基层完工后时间较长在浇洒透层之前，应在基层表面浇洒少量的水，以轻微湿润基层10mm左右，待表面干燥后即可浇洒透层沥青，这样有利于沥青透入基层。

黏层：是为加强在路面的沥青层与沥青层之间，沥青层与水泥混凝土路面之间的粘结而洒布的沥青材料薄层。它的作用在于使上下沥青层与沥青层与构造物完全粘结成一整体。黏层常用于旧沥青路面作基层、水泥混凝土路面或桥面上铺浇沥青面层，双层式或三层式热拌热铺沥青混合料路面在铺筑上层前，其下的沥青层已被污染、所有与新铺沥青混合料相接触的构筑物侧面，如路缘石，雨水进水口，各种检查井，在陡坡、弯急及交叉口停车站等沥青面层容易产生推移的地段。黏层的沥青材料宜选用快裂的洒布型乳化沥青，也可采用块、中凝液体石油沥青或煤沥青。黏层沥青宜用与地面面层所使用的种类、标号相同的石油沥青经乳化或稀释制成，其品种和用量应根据结构层的种类通过试洒来确定，并使之符合沥青路面粘层技术标准。

封层：封层是修筑在面层或基层上的沥青混合料薄层。铺筑在面层表面上的称为上封层，铺筑在面层下面的称为下封层。其主要作用是封闭表面空隙，防止水分浸面层或基层，延缓面层老化，改善路面外观。上封层适用于空隙较大，透水严重的沥青面层；有裂缝或已修补的旧的沥青路面，需加铺磨耗层或保护层的新建沥青路面。下封层适用于位于多雨地区且沥青面层空隙较大，渗水严重；在铺筑基层后，不能及时铺筑沥青面层，且须开放交通。上封层与下封层可采用拌和法或层铺法施工的单层表面处治，也可采用乳化沥青稀释封层。作封层的沥青粘滞度越大对防水、保持覆盖、矿料散失以及防止沥青下透等越有利。上封层及下封层适用的沥青材料根据实际施工情况确定。沥青的标号根据当地的气候情况确定。

040203007　水泥混凝土

水泥混凝土路面：指以素混凝土或钢筋混凝土板和基、垫层所组成的路面，水泥混凝土板作为主要承受交通荷载的结构层，而板下的基（垫）层和路基，起着支承的作用。水泥混凝土路面与沥青类路面相比较，其特点是具有强度高，稳定性好，使用年限长，养护费用少等优点，但也有造价相对较高，板块之间有裂缝，施工较复杂等缺点。

（1）水泥混凝土路面，综合考虑了前台的运输工具不同所影响的工效及有筋无筋等不同的工效。施工中无论有筋无筋及出料机具如何均不换算。水泥混凝土路面中未包括钢筋用量。如设计有筋时，套用水泥混凝土路面钢筋制作项目。

伸缩缝：建筑物因受温度变化的影响而产生热胀冷缩，在结构内部产生温度应力，当建筑物长度超过一定限度时，建筑平面变化较多或结构类型变化较大时，建筑物会因热胀冷缩变形较大而产生开裂。为预防这种情况发生，常常沿建筑物长度方向每隔一定距离或结构变化较大处预留缝隙，将建筑物断开。这种因温度变化而设置的缝隙就称为伸缩缝或温度缝。

伸缩缝要求把建筑物的墙体、楼板层、屋顶等地面以上部分全部断开，基础部分因受温度变化影响较小，不需断开。

伸缩缝的构造是将基础以上的建筑构件全部分开，并在两个部分之间留出适当的缝隙，以保证伸缩缝两侧的建筑构件能在水平方向自由伸缩。缝宽一般在20～40mm。

水泥混凝土路面的接缝，根据其主要功能作用与布置地点的不同，可分为伸缝、缩缝、纵向缝及建筑缝等几种。

伸缝：伸缝是适应混凝土路面板伸胀变形的预留缝。它的特点是接缝系贯通缝，或称直缝，其缝宽约为1.8～2.5cm。

为了能使行驶中的车轮荷载压力从一块板传递一部分至相邻的另一块板，以减小接缝处的不利荷载应力，通常宜在缝隙间设置传力杆，将相邻两板接连到一起，或采用缝底，设置水泥混凝土刚性垫枕的措施来传递压应力。

伸缝的传力杆采用长为40cm，直径不小于20mm的光面圆钢筋，安设在板厚的中心处，其一端浇固在混凝土内，另一端涂以沥青，套上内径较传力杆直径长约大5mm左右的金属套筒或硬塑料套筒，再浇入缝边另一块混凝土板内。杆端与套筒间应预留2～4cm的空隙，并填放可变形的弹性填料如锯末等，以便使混凝土板在热胀冷缩时能自由转动，传力杆的横向间距约为 30～40cm，缝下部可设预制的有一定伸缩性的弹性填缝板（如软木板、木纤维板、橡胶屑板和沥青木屑，油浸柑遮板等）；缝的上部则以弹性良好的橡胶特制嵌条或其他弹塑性沥青玛𤧛脂填料封填，以利于防水与伸缩。传力杆横向安放应与自由端与浇固端间隔错开排列，以保证两板传力的均匀性。

至于垫枕一般宽度约为 60～80cm 或不小于板厚的三倍，高度一般为 8～12cm。在垫枕上尚需有 2～3cm 的沥青砂或双层油毡，以便混凝土板能在垫枕上自由伸缩。

缩缝：缩缝系主要起收缩作用，缝宽约为 0.6～1.0cm，深度仅切割 4～6cm，或约为板厚的 1/3，因而是不贯通到底的假缩。这种假缝上的路面板，由于实际厚度减薄 1/3，成为路面的最薄弱环节，因此在行车荷载及收缩作用下很自然地断开成犬牙交错的咬接缝。考虑到这种缝尚可起传递部分荷载压力到相邻板（这种作用，将随时间缝宽逐渐加大而减弱），一般可不设传力杆。由于缩缝宽随着时间而增大，因而设计缝宽愈窄愈好，国内外采用切割机建造的实践经验表明，有可能采用 0.6cm 的低值。

建筑缝：混凝土路面施工中，由于落雨、停电或工序上的原因而不能连续浇筑时，应设施工中止缝称为建筑缝。

建筑缝系贯通式的平头缝，在缝隙两侧的路面板厚度中部也宜设置长 40cm，直径 20mm，间距为 30cm 的传力钢筋，其一端涂以沥青以利板体收缩滑移，它的缝口上部同缩缝一样以沥青砂封填，建筑缝位置的选择有可能时，应与缩缝位置一致起来。

纵缝：纵缝系多条车道之间的纵向接缝。当路肩加固不够或未设路缘石时，特别是当路面板系铺筑在半填半挖路基或弯道上时，混凝土板在行车作用与温度变化影响下，往往易于沿路拱中心线脱开、错台，因此，慎重处理如纵缝连接构造是不可忽视的。如山城重庆的某干道由于铺设在半填半挖石质基础上，路面板尽管采用了加设侧向拉结的钢筋，也发生了沿纵缝脱开，剪断拉杆的情况；再如武汉的某扩建帮宽混凝土路面，由于路基基层原有部分与帮宽部分下沉不一致加上纵缝未从构造上加强连接，也大多发生台阶现象。

纵缝一般多采用企口式，也有用平头拉杆式和企口缝加拉杆式。

纵缝拉杆应具有足够的锚固力。一般采用长 60cm，直径为 12～16mm 的螺纹钢筋，设于板厚的中部间距约为 1.0m，纵缝其他构造要求与缩缝相同。

（2）水泥混凝土路面以平口为准，如设计为企口时，其用工量按本定额相应项目乘以系数 1.01。木材摊销量按本定额相应项目摊销量乘以系数 1.051。

企口：用一侧刨有凹槽，一侧刨有凸榫的木板逐块铺镶而成的水泥混凝土板。企口板的凹缝，一般上缘比下缘凸出少许，使企口地板铺好后，表面拼缝紧密，不会因水泥混凝土的收缩而出现裂缝，并有利于隔声。企口板常用的规格为 100、150mm，厚为 18、20mm，拼花硬木地板的宽有 25、37、50、70mm 等多种。为避免板面因木材收缩而翘曲，所在板的下面反年轮方向刨一凹槽，以控制变形，铺摊时企口的凹槽在内，凸榫在外，逐块紧密，并在凸榫上加以铆钉与木阁栅钉合，钉头常砸扁并送入木板内，板的纵向端头接缝应有规律地错开。铺板时，一般纵缝顺光线铺设，以免板缝过于明显。铺钉完毕后刨平并磨平保养。

平口：接缝口两侧为平面形状，是桥梁结构中的一种支承桥身的装置。桥身的底部与桥墩各用一块平面的钢板，使其接触而传递荷载，如用钢销插在板的中心，则为固定支座，不用钉销者则为活动支座，平口支座不能保证端口的转动，使用效果不好。近年来一般在水泥混凝土路面上使用，成为一种最常用的接缝装置。

（3）水泥混凝土路面均按现场搅拌机搅拌。如实际施工与定额不符时，由各省、自治区、直辖市另行调整。

（4）水泥混凝土路面定额中，不含真空吸水和路面刻防滑槽。

防滑槽：指在水泥混凝土路面中，为保证车辆和行人正常行驶时所设置的一种防止路面由于下雨或洪水冲洗后的潮湿地面出现交通事故的措施。防滑槽的设置一般设置在路面两侧的人行道上。其宽度一般为0.3～0.8cm。现在公路上一般采用的是抗滑表层而不设置防滑槽。直接在路的表层铺筑抗滑混合料。

真空吸水：真空吸水是混凝土的一种机械脱水方法。被国外列为20世纪70年代混凝土施工四项新技术之一。近几年被交通部推广应用，在混凝土经过一定程度浇筑，振捣成型后，立即在混凝土板表面覆盖上真空吸垫，通过真空泵产生负压，将混凝土内多余水分和空气吸出，同时由于大气压差作用，在吸垫面层上产生压力，挤压着混凝土，使其内部结构达到致密，可有效地防治表面缩裂，提高抗冻性、降低水灰比、缩短整平、抹面、拉毛、拆模工序的间隙时间，加速模板周转，提高施工效率，减轻劳动强度，为混凝土机械施工创造条件。

（5）道路工程沥青混凝土、水泥混凝土及其他类型路面工程量以设计长乘以设计宽计算（包括转弯面积），不扣除各类井所占面积。

路面转弯处加宽：汽车在弯道上行驶时，汽车前轮的轨迹半径与后轮的轨迹半径是不一样的，汽车前轮可以自由地转动一定的角度，而后轮只能直行，不能随便转动。因此汽车在弯道上行驶时前后轮迹不会重叠，后轮内轮轮迹底弧线半径比前外轮轮迹底弧线半径要小一些。当汽车沿内侧车道行驶时。如果转弯半径较小，汽车的前轮轮迹在道路上，而后轮轮迹就可能落到侧石线上了，另外，汽车在弯道上行驶，其轨迹也是很不稳定的，有较大的摆动和宽度偏移。在这种情况下，弯道内侧的路面就应该加宽。规范规定，当道路圆曲线半径小于或等于250m时，应在圆曲线内侧加宽。城市道路对每条车道的加宽值作了规定。见表2-37。公路设计规范对双车道圆曲线部分的路面加宽值也作了规定见表2-38。

圆曲线每条车道的加宽值（m） **表 2-37**

车型＼圆曲线半径	$200<R\leqslant250$	$150<R\leqslant200$	$100<R\leqslant150$	$60<R\leqslant100$	$50<R\leqslant60$	$40<R\leqslant50$	$30<R\leqslant40$	$20<R\leqslant30$	$15<R\leqslant20$
小型汽车	0.28	0.30	0.32	0.35	0.39	0.40	0.45	0.60	0.70
普通汽车	0.40	0.45	0.60	0.70	0.90	1.00	1.30	1.80	2.40
铰接车	0.45	0.55	0.75	0.95	1.25	1.50	1.90	2.80	3.50

注：此表为单车道加宽值，多车道应按相应的倍数采用。

城市道路路面加宽后，人行道或路肩仍应保持与直线段路段同宽，以保证行人交通和路容的美观；公路一般利用弯道内侧路肩进行加宽，加宽后路肩的宽度若不能保证其最小宽度时，应进行路基的加宽。

加宽缓和段：一般在平曲线的圆曲线部分是全加宽段，而在直线段的加宽值为零，所以在全加宽段的前后必须分别设置一段加宽过渡段，此过渡段即为加宽缓和段。加宽缓和段一般设在紧接圆曲线起点、终点的直线上。在地形困难地段，允许将加宽缓和段的一部分插入曲线，但插入长度不得超过加宽缓和段的一半。

公路圆曲线双车道加宽值（m）　　**表 2-38**

加宽类别	加宽值 / 平曲线半径 / 汽车轴距加前悬	<250～200	<200～150	<150～100	<100～70	<70～50	<50～30	<30～25	<25～20	<20～15
1	5	0.40	0.60	0.80	1.00	1.20	1.40	1.80	2.20	2.50
2	8	0.60	0.70	0.90	1.20	1.50	2.00	—	—	—
3	5.2+8.8	0.80	1.00	1.50	2.00	2.50	—	—	—	—

注：1. 四级公路和山岭、重丘区的三级公路采用第一类加宽值；其余各级公路采用第三类加宽值；对不经常通行集装箱运输半挂车的公路，可采用第二类路面加宽值。

2. 单车道路面的加宽值按表列数值折半，三、四车道路面则按表中值的 1.5 及 2 倍采用。

缓和曲线：汽车在直线上行驶时，其曲率半径为∞，所以离心力为零，而当汽车由直线进入弯道时，其曲率半径从∞变为R，这时就有离心力C作用在汽车身上，这样使驾驶员一下子改变方向盘，对行车十分不便，另外，由于离心力的作用，将使汽车横向稳定性降低，使乘客产生很不舒服的感觉，因此，道路设计人员在直线和曲线之间插入一条由零逐渐变大到弯道曲率相同的曲线，控制离心力逐渐增大或减小，这样的曲线即称为缓和曲线。

1）直线段路面计算：

路面面积＝道路纵线长度×水平道路宽

（斜长、坡度长）(不考虑路拱宽度)

2）曲线段路面计算：

(A) $S=\frac{\pi\alpha}{360^\circ}(R^2-r^2)=\frac{(R^2-r^2)\pi}{360^\circ}\times\alpha$

【注释】 S——面积。

计算阴影面积，先将四边形面积对角连一条线，按两个三角形计算面积，再减去扇形面积，即得出阴影面积。

或者：$S=\left(\tan\frac{\alpha}{2}-0.00873\times\alpha^\circ\right)R^2$

(6) 伸缩缝以面积为计量单位。此面积为缝的断面积，即设计宽×设计厚。

(7) 道路面层按设计图所示面积（带平石的面层应扣除平石面积）以 m^2 计算。

路肩指公路两侧由路面边缘到路基边缘的部分。路肩的作用是与行车道连接在一起，作为路面的横向支承，可供紧急情况下停车或堆放养路材料使用，并为设置安全护栏提供侧向净空，还起到增强行车安全感作用。

040203008　块料面层

用块状石料或混凝土预制块铺筑的路面称为块料路面。根据其使用材料性质、形状、尺寸、修琢程度的不同，分为条石、小方石、拳石、粗琢石及混凝土块料路面。

块料路面的主要优点是坚固耐久，清洁少尘，养护修理方便。由于这种路面易于翻修，因而特别适用于土基不够稳定的桥头高填土路段、铁路交叉口以及有地下管线的城市道路上。又由于它的粗糙度较好，故可在山区急弯、陡坡路段上采用，能提高抗滑能力。

块料路面的主要缺点是用手工铺筑，难以实现机械化施工，块料之间容易出现松动，铺筑进度慢，建筑费用高。

为了使块料满足强度和稳定性的要求，块料路面必须设置整平层外，还应在块料之间用填缝料嵌填。

整平层主要是用来垫平块石底面和基础表面，目的是为了使块石顶面平整即减小车辆行驶时的振动冲击作用。整平层的厚度，视路面等级、块料规格、基层材料性质而异，一般路面为 2～3cm。整平层材料一般采用级配良好、清洁的粗砂或中砂，它具有施工简便、成本低的优点，但稳定性较差。有时采用煤渣或石屑以及水泥砂或沥青砂作整平层。

块料路面的填缝料，主要用来填充块料间缝隙，嵌紧块料，加强路面的整体性，并起着保护块料边角与防止路面水下渗作用。一般采用砂作填缝料，但有时应用水泥砂浆或沥青玛瑞脂。水泥砂浆具有良好防水和保护块料边角的作用，但翻修困难。有时每隔 15～20m 还需设置胀缩缝。

块料路面的强度，主要借基础的承载力和石块与石块之间的摩擦力所构成。当此两种力很小，不足以抵抗车轮垂直荷载作用时，就会出现沉陷变形。因此，欲使块料路面坚固，则块石料周界长与土基承载力和传布面积，均应尽可能地大。如果摩擦周界面上的摩擦力很小，或土基和基层承载力不足，则路面在车轮荷载作用下，将发生压缩变形。如果压缩变形不一致，则路面高低不平，最后导致块石松动而路面破坏。

天然块料路面主要是由石料经修琢成块状材料，再铺筑路面。

天然块料路面的整齐条石和石块，其形状近似为正方体或长方体，且宜采用Ⅰ级石料，底面与顶面需大致平行，且底面面积应大于顶面面积的 75%，不整齐石块路面即拳石路面和片弹街路在，是天然石料经过粗琢以后铺筑而成的。Ⅰ～Ⅱ级标准的石料的均能用，半整齐石块路面是用坚硬石料经琢成立方体或长方体，再铺筑而成石料后，符合Ⅰ～Ⅱ级标准，顶面底面大致平行即可（图 2-53）。

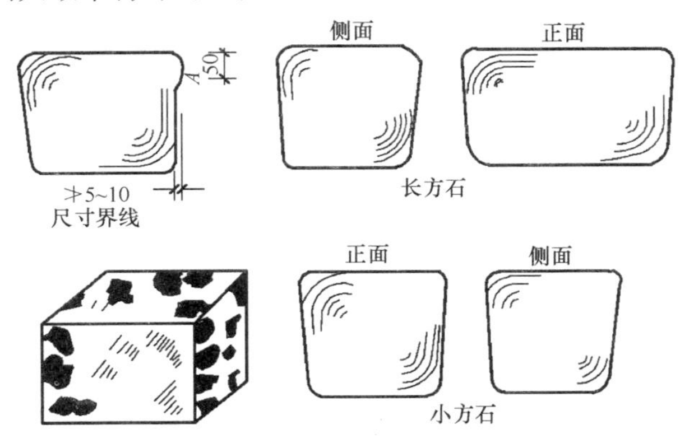

图 2-53　条石及小方石形状图

各种块石尺寸与类别参考表 2-39。

拳石和粗琢块石路面可用碎砖、碎石、级配砾石作基层，也可直接铺在厚为 10～20cm 的砂或炉渣基层上。

条石、小方石路面，根据具体情况需要可铺设在碎石、稳定土基层或贫水泥混凝土上。

各种块石尺寸与类别　　　　**表 2-39**

类别名称		高度（cm）	长度（cm）	宽度（cm）
整齐石块	大型花岗岩块石	25	100	50
	大方石块	12～15	30	30
	小方（条）石	25（12）	12（25）	12
半整齐石块	矮条石	9～10	15～30	12～15
	中条石	11～13	15～30	12～15
	高条石	14～16	15～30	12～15
	矮方石	8～9	7～10	7～10
	高方石	9～10	8～11	8～11
	方头弹街石	10～13 或	8～10 或	6～8 或
		11～13	9.5～10.5	9.5～10.5
不整齐石块			顶部直径（cm）	
	矮的	12～14	10～16	
	中的	15～16	12～18	
	高的	20～22	12～20	
	特高的	22～25	12～25	
	弹街石	10～13	10～13（长）×5～8（宽）	

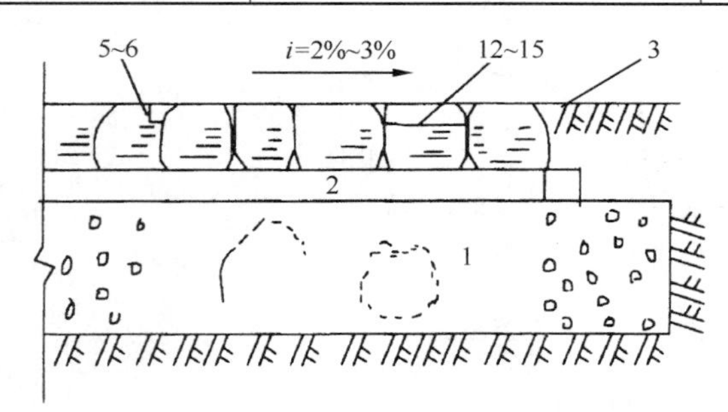

图 2-54　天然块料路面横断面示意图

1—级配砾石厚：15～25cm 或水泥混凝土（140°）厚 16cm；2—砂或水泥砂混合物；3—路肩（单位：cm）

对于整齐条石和石块路面来说，基层和整平层所要求的质量均较高。基层一般采用的水泥混凝土为 C20，整平层采用的水泥砂混合物为 M10，天然块料路面的构造示意图如图 2-54 所示。

在基层上摊铺的整平层应按规定厚度与压实系数。均匀摊铺砂和煤渣，且砂和煤渣必须具有最佳湿度才能被采用。然后用轻型压路机进行碾压即可。摊铺的进度应与排砌进度相配合，一般距水石块铺砌工作前 8～10m 为最佳距离。

对于排砌石块来说，在排砌石块之间需设置纵、横向间距分别为 1～1.5m 与 1～2.5m 的方格块石铺砌带（即先铺纵向路缘石及横向导石）。所设置的纵、横向间距应根据道路边线、中线及路拱形状进行设置。

排砌工作的范围应在道路面全宽上进行。首先在路边缘上铺砌石块较大的，最后中间段落的用尺寸适当的块石进行铺砌，中间部分的铺砌应比边部纵向排砌晚约 5～10m，在陡坡和每道超高路段，应先铺砌低处最后铺高处，铺砌的块石应大头向上，小头向下，需垂直嵌入整平层，且应有一定的深度，在块石之间必须嵌紧、表面平整、错缝，且石料的长边应垂直于行车方向。

对于嵌缝必须压实，在铺砌完块石之后，需对路肩进行加固，加固路肩所用材料有土、矿渣、废石渣等，且需对其夯实，然后再对路面进行夯打，且需用 5～15mm 石屑铺撒嵌缝，最后对其压实至稳定，没有显著的变形才许可。

对于小方石和条石路面，排砌与填缝工作与拳石有所不同，但施工过程中与拳石相似。在铺砌条石路面之间，需先在整平层上沿路边纵向排两行甚至三行块石，且块石长边必须与道路中线平线，条石的铺砌常采用斜向排列、横向排列、纵向排列这三种方法如图 2-55 所示。

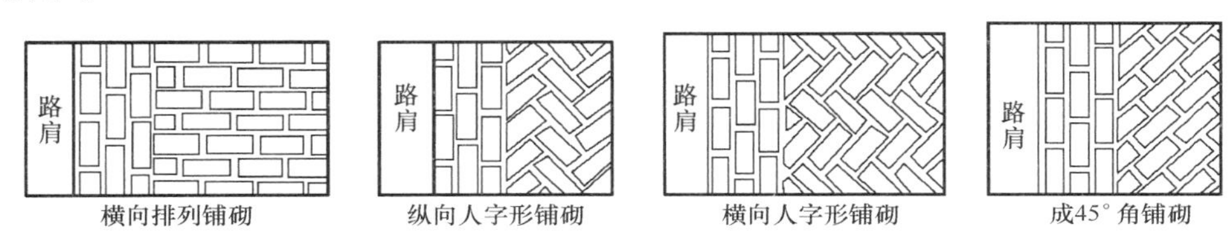

图 2-55　条石铺砌的平面形式

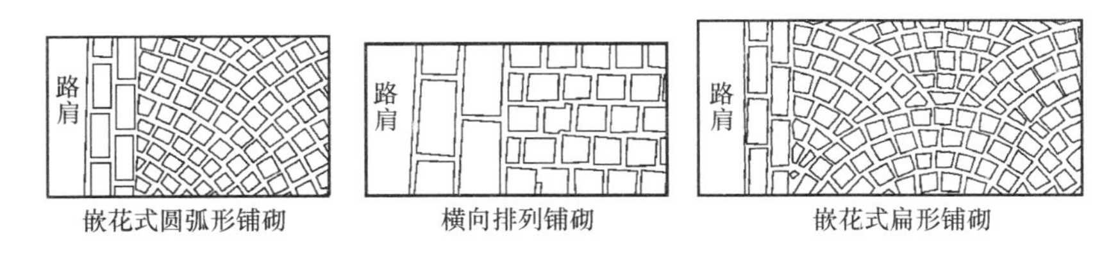

图 2-56　小方石铺砌的平面形式

在采用横向排列时，应先拉好横向导线，以保证横缝平直，横向导线应沿垂直路线方向每隔 1.5～2m 拉线，对于同一排的条石一般应具有相同的宽度，在条石与条石之间纵缝的相错长度应小于条石长边的 1/3～1/2，所以在靠边石块每隔一排均应镶砌半块条石。

采用 45°的角斜向排砌法，在国内很少采用，主要是由于边部一行斜向排列块石需加工成梯形，既费工又费时，故不采用，但它的有利地方是可以减轻行车对块石的磨圆程度。

在铺砌小方石路面时，一般采用横向排列的方法，但在铺砌具有高度艺术要求的道路和广场上以及坡度较大的桥头引道上，主要采用以弧形或扇形的嵌花式来铺砌（如图 2-56 所示），由于此方法非常费工，所以很少采用。

嵌花式铺砌应注意较大块石用于弧形顶部，较小块石用于边部，且圆弧或扇形需向行车方向和上坡方向凸起，主要是为了抵抗车轮的水平力，嵌花式铺砌必须用特制的样板在路面全宽上进行铺砌，这样才能使块石镶嵌更加紧密。

块石铺好，需用路拱板对其进行检验，检验合格后，用填料进行填缝，其填缝深度应与块石的厚度相等，然后再进行夯打或碾压，必须要求坚实稳定方可，若缝隙上部的 1/3

深度用水泥砂混合物或沥青玛瑞脂填缝，则下部 2/3 深度则用砂填缝。若缝隙用水泥砂混合料填筑则需设伸缩缝，伸缩缝的间距为 15～20m，在开放交通之前，水湿治养护 7d 左右。

由预制的混凝土小块铺筑的路面称为机制块料路面，为使路面更加美观，预制块料可采用形状颜色各异的块料铺筑。

预制块料路面所需的块料可选用（15～30cm）×（12～15cm）的矩形块，也可选用 15～30cm 的大角形块。一般预制块料路面的厚度为 8～20cm，美国根据基层材料的不同选用图 2-57 所示的特殊结构可供参考使用。

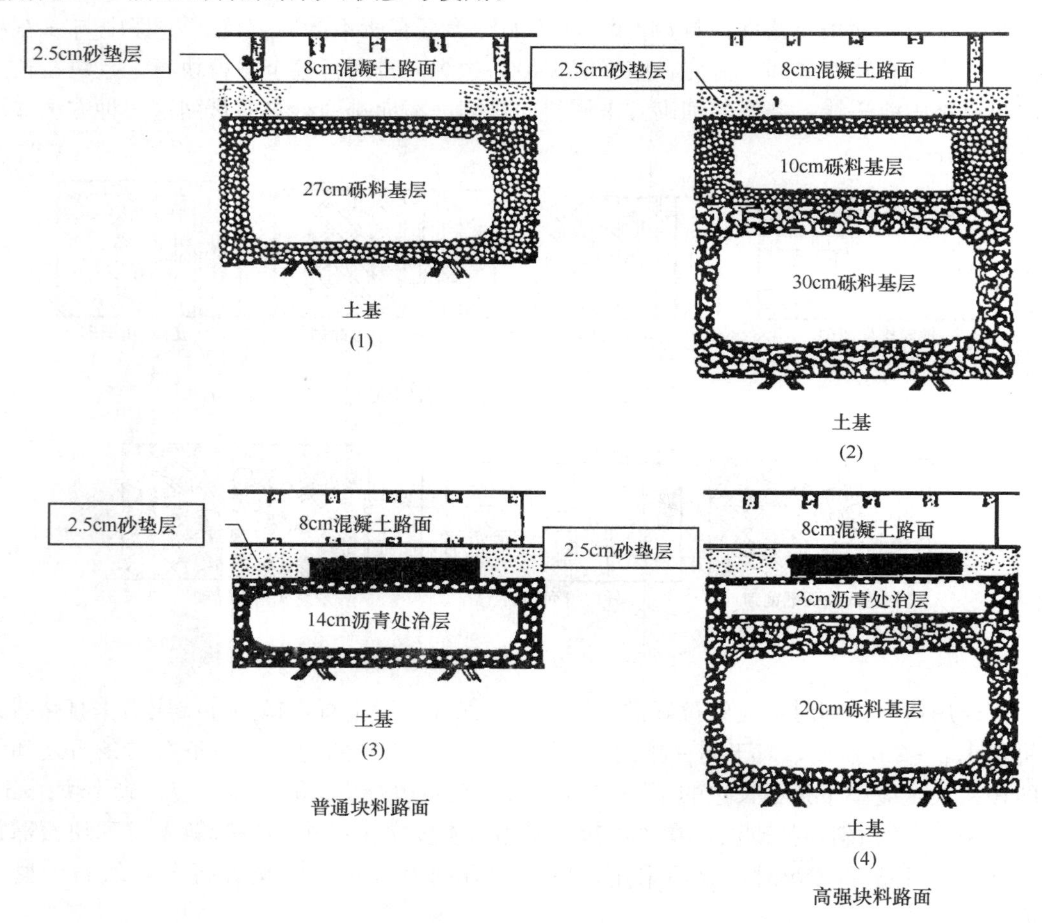

图 2-57　机制块料路面典型结构

040203009　弹性面层

4. 人行道及其他

040204001　人行道整形碾压

人行道：设在道路两侧专供行人行走的部分。人行道是道路上的重要部分。在城市中，主要干道往往要经过繁华的商业区，街道两侧行人川流不息。一方面，横向过街的行人，造成车辆延误甚至阻塞，降低道路通行能力，影响交通和行车安全；另一方面，人车不能各行其道，危及行人安全。因此，在城市道路中心必须妥善处理行人交通问题。人行道的首要功能是满足行人步行交通的需要，同时用来布置绿化，地上杆线、地下管线，以及护栏、交通标志、清洁箱等交通附属设施。

040204002　人行道块料铺设

块料品种：

异型彩色花砖：一种装饰材料，由水泥混凝土浇灌成型，利用各种模板可做成D形、S形、T形等不同形状，其具体材料由325号水泥、生石灰、中粗砂，按照一定的配合比拌合而成。

扒平：施工中的一个工序，在安砌花砖时将嵌在异型彩色花砖缝中的抹面砂浆捣实、抹平，使之平整。

普通型砖：砖砌体中的一种，其主要原料为黏土、页岩、煤矸石、粉煤灰等，并加入少量添加料，经配料、混合匀化、制坯、干燥、预热、焙烧而成。黏土质原料的可塑料和烧结性是制坯与烧成的工艺基础。以黏土砖为例，黏土中的主要成分高岭石（$Al_2O_3 \cdot 2SiO_2 \cdot 2H_2O$）和少量杂质（如石英砂、云母、碳酸盐、黄铁矿、碱、有机质等）以及少量的添加料，在干燥、预热、焙烧过程中发生一系列物理化学反应，重新化合形成一些合成矿物（如硅线石等）和易溶硅酸盐类新物质。当温度升高到某些矿物的最低共熔点时，便出现液相，此液相包裹在一些不溶固体颗粒表面并填充其颗粒间空隙，高温时所形成的液相在制品冷却时凝固成玻璃相。所以烧结砖一类烧土制品，其内部微观结构是结晶的固体颗粒被玻璃相牢固地粘结在一起。制品因之而具有一定的强度。砖坯在氧化气氛中焙烧，黏土中的铁被氧化成呈红色的高价铁（Fe_2O_3）此时砖为红色称普通砖。若砖坯开始在氧化气氛中焙烧，当达到烧结温度后又处于还原气氛中继续焙烧，此时高价铁被还原成呈青灰色的低价铁，此时砖呈青灰色，称为青砖。砖在焙烧过程中若火候不足，会成欠火砖。若焙烧火候过度，则会成过火砖，欠火砖呈淡红色，强度低、耐久性差；过火砖呈深红色，强度虽高，但经常有弯曲等变形。普通型砖的表观密度在1600～1800kg/m^3之间，吸水率一般为6%～18%，导热系数约为0.55W/（m·K）左右，砖的焙烧温度高，砖的孔隙率小，吸水率低，强度高。砖的吸水率低，则会影响砖的热工性能和砌筑性质。普通型砖的公称尺寸，长度为240mm，宽度为115mm，高度为53mm。

D形砖：属于异型彩色花砖中的一种，D形砖的原料有两种类型：一种是以1∶3的石灰砂浆混合而成，称为石灰D形砖；一种是以1∶3的水泥砂浆混合而成，称为水泥D形砖。然后利用半圆形模板模制而成，是一种常用装饰性砖材料。

S形砖：属于异型彩色花砖中的一种，其砖的原料来源有两种：一种是以1∶3的石灰砂浆为原料拌合模压而成；一种是以1∶3的水泥砂浆为原料拌合模制而成，称为石灰S形砖或混凝土S形砖，涂上涂料，变成了一种装饰性的花砖。

T形砖：属于异型彩色花砖中的一种，按其原料来源的不同可分为两种类型：一种是用1∶3的石灰砂浆作原料模制而成，称为石灰T形砖；一种是以1∶3的水泥砂浆作原料模制而成的称为水泥T形砖，在砖表面涂上涂料后，便变成彩色花砖了，属于一种装饰性的材料。

垫层：垫层是介于基层和土基之间的层次，起排水、隔水、防冻或防污等作用，调节和改善土基的水温状况，以保证面层和基层必要的强度、稳定性和抗冻胀能力，扩散由基层传来的荷载应力，以减小土层所产生的变形，因此，在一些路基水温状况不良或有冻胀的土基上，都应在基层之下加设垫层。垫层可采用颗粒材料（如砂砾、煤渣等）或无机结合料，稳定粗粒土等铺筑。垫层应比基层（底基层）每侧至少宽出 25cm，或与路基同宽。

垫层材料：

砂垫层：一种常用的地基加固措施，用砂作为垫层的铺筑材料，在当软土表面无隔水层时，在底面铺设厚 8～20cm 厚的砂土，加铺砂子后，能使地基中的水分在填土荷载的作用下，竖向通过砂子空隙内排水，以加快固结填土的固结速度，从而提高软土的强度，满足路堤的稳定性要求。但其整体性差。铺后需加以夯实。

炉渣垫层：即利用炉渣作为垫层的铺筑材料，炉渣也通常是用来作为软土加固的一种措施。其铺垫厚度视路面类型和施工状况确定，一般为 10～25cm 不等，其功能是要求垫层不发生沉降而产生错乱，影响排水。铺设炉渣后，能使地基中的水分，在填土荷载作用下，竖向通过炉渣空隙予以排除，以便加快基层填土的固结速度，以达到提高软土层的强度，保证路堤的稳定性效果。

石灰土垫层：即用石灰土作为路基垫层铺筑材料的垫层，一般适用于软土加固，其铺筑厚度视具体工程和施工性质而定，一般设置在 10～25cm 内，其目的是保证垫层不发生沉降而产生错乱，影响排水，铺设石灰土后，利用石灰土具有和易性好，强度大，水稳定性好的优点，能使软土层提高强度，保证其稳定性效果。

石灰砂浆垫层：即用石灰砂浆当作路基垫层材料的垫层，是一种软土加固的常见措施。当垫层中铺筑石灰砂浆时，可以使土基的强度提高，进一步固结，提高其密实度，增加其稳定性，使达到软土加固的目的。

安砌：这里的安砌指的是人行道块料安砌，首先是通过人工放样，通过将配料用机械运至施工现场后，进行人工找平，将摊铺层不平的地方进一步摊平、碾压，再通过机械夯实，在上面铺 2cm 厚的 1∶3 的水泥砂浆（或混合砂浆）作垫层（卧底）内侧上角挂线，让开线 5cm，缝宽 1cm，再铺上人行道块料。在人行道块料的勾缝之间垫上混凝土或砂浆进行捣实、整平、抹面直至平整为止，这个过程便称为安砌。

040204003　现浇混凝土人行道及进口坡

040204004　安砌侧（平、缘）石

侧缘石：侧缘石是设在路边边缘的界面，也称道牙或缘石，它是在路面上区分车行道、人行道、绿地、隔离带和道路其他部分的界线，起到保障行人、车辆交通安全和保证路面边缘整齐的作用，侧缘石可分为侧石、平石、平缘石三种，侧石又叫立缘石，顶面高出路面的路缘石，有标定车行道范围和纵向引导排除路面水的作用；平缘石是顶面与路面平齐的路缘石，有标定路面范围、整齐路容、保护路面边缘的作用，采用两侧明沟排水时，常设置平缘石，以利排水，也方便施工中的碾压作业；平石是铺筑在路面与立缘石之间的平缘石，常与侧石联合设置，是城市道路中最常用的设置方式。为保证准确地不使锯齿形偏沟的坡度的变动，使其充分地发挥作用，并有利于路面施工或使路面边缘能够被机械充分压实，应采用立石与平石结合铺设，特别是设置锯齿形偏沟的路段。路缘石可用不同的材料制作，有水泥混凝土、条石、块石等，缘石外形有直线形、弯弧形和曲线形，应根据要求和条件使用，路缘石应有足够的强度，抗风化和耐磨耗的能力。

垫层：当路基水温状况不良和土基湿软时，应在路基与基层（底基层）之间加设垫层，起排水、隔水、防冻、防污和扩散应力等作用。垫层可以采用颗粒材料（如砂砾、煤渣等）或无机结合料稳定粗粒土等铺筑。垫层应比基层（底基层）每侧至少宽出 25cm 或与路基同宽。对行车道两侧的路缘带和路肩进行加固（铺设路面），既可增加行车道的有效宽度，便于临时停放车辆，又可改善行车道路面边缘部分的工作条件，延长其使用寿命。高速公路、一级公路的路缘带及硬路肩的路面结构和厚度，宜与行车道部分相同。其他各级公路的路肩加固部分可视交通繁重程度分别采用级配砾（碎）石、沥青表面处治、沥青混合料等铺面。为了保护路面边缘，也有用块石、条石或水泥混凝土预制块设置路缘石，其宽度和厚度为 15～25cm。路肩横坡一般应比路拱坡度大 1%，以利排水。设拦水带时，硬路肩的横坡宜采用 5%。

摊铺：这里的摊铺指的是在侧缘石垫层中，铺设垫层混合料时的一个工序，指的是将混合料经拌合后运至工地上，进行摊铺和整平，其要求应根据施工情况控制好摊铺厚度，松铺系数由现场试铺确定，混合料摊铺时宜用平地机或其他适用的摊铺机械辅以人工整平，严禁用齿耙拉平，其压实厚度为 15～20cm，下层压实后，再铺上层并用水洒湿使之联结良好。

碾压：指在摊铺好侧缘石垫层的混合料后用碾压机或 12～15t 的光轮压路机在其最佳含水量时进行压实，其碾压宜先轻后重，从路边压向路中的工序称之为碾压。

夯实：又称动力固结，它是软土地基加固的一种措施，用 8～12t（甚至 20t）的重锤和 8～20m（最高达 40m）的落距，对地层表面进行强力夯击，利用冲击波和动应力使地基土密实，达到加固的目的，饱和软黏土地基使用时，应在地面上先铺相当厚（有时达 2.5m）的砂砾垫层，然后进行间歇地夯实，以提高其效果，这种方法可以使地基加固深度达 10～20m，甚至更深，但对周围环境的影响较大。

炉渣垫层：软土层加固的一种措施，其厚度根据路面档次和性质而定，一般在 10～25cm 左右，要求不发生沉降而产生错乱，影响排水，铺设炉渣后，能使地基中的水分在填土荷载作用下，竖向通过炉渣空隙内排除，以便加快固结速度，从而提高软土的强度，保证路堤的稳定性。

人工铺装：指在摊铺侧缘石垫层的垫层混合料时，采用人工的一道工序，其具体操作过程为：将基层打扫干净，并清除不必要的杂物，修整两侧的侧缘石，将原料用机械运送到施工现场，用人工按照工程设计的配合比将混合料拌合均匀，然后进行人工摊铺，铺垫完毕后，用碾压机进行初步碾压。并同时进行人工找平，对凹洼处再撒上混合料，并进行碾压机复压，然后进行人工洒水，对未碾压到之处进行夯实，进一步整平。这样一个工序的过程叫人工铺装。

侧石材料：

混凝土侧石：指以混凝土为原料，模制而成的砌块。侧石又称立缘石，是顶面高出路面的设在路边的界石，其作用是在路面上区分车行道、人行道、绿地、隔离带和道路其他部分的界线，起到保障行人、车辆交通安全和保证路面边缘齐整的作用。有标定车行道范围和纵向引导排除路面水的作用。

石质侧石：即用石头初步加工磨制而成的侧石，侧石又称为立缘石，是顶面高出路面的设在路面边缘的道牙，其作用是在路面上区分车行道、人行道、绿地、隔离带和道路其他部分的界线，起到保障行人、车辆交通安全和保证路面边缘齐整的作用。有标定车行道范围和纵向引导排除路面水的作用。

缘石材料：

混凝土缘石：以混凝土为原料模制而成的缘石，缘石是设在路面边缘的界石，也称道牙或路缘石，它在路面上是区分车行道、人行道、绿地、隔离带和道路其他部分的界线，起到保障行人、车辆交通安全和保证路面边缘齐整的作用，缘石可分为侧石、平石、平缘石三种：侧石又称为立缘石，顶面高出路面的路缘石，有标定车行道范围和纵向引导排除路面水的作用；平缘石是顶面与路面平齐的路缘石，有标定路面范围、整齐路容、保护路面边缘的作用，采用两侧明沟排水时，常设置平缘石，以利排水，也方便施工中的碾压作业；平石是铺筑在路面与立缘石之间的平缘石，常与侧石联合设置，是城市道路中最常用的设置方式。为准确地保证锯齿形偏沟的坡度变动，使其充分发挥作用并有利于路面施工或使路面边缘能够被机械充分压实，应采用立石与平石相结合铺设，特别是设置锯齿形偏沟的路段。缘石可用不同的材料制作，有水泥混凝土、条石、块石等，缘石外形有直线形、弯弧形和曲线形，应根据要求和条件选用，缘石应有足够的强度，抗风化和耐磨耗的能力。

石质缘石：指用石块磨制加工而成的缘石，缘石又称为路缘石，是设在路面边缘的界石，也称道牙，它在路面上是区分车行道、人行道、绿地、隔离带和道路其他部分的界线，起到保障行人、车辆交通安全和保证路面边缘齐整的作用，路缘石可分为侧石、平石和平缘石三种：侧石又叫立缘石，顶面高出路面的路缘石，有标定车行道范围和纵向引导排除路面水的作用；平缘石是顶面与路面平齐的路缘石，有标定路面范围、整齐路容、保护路面边缘的作用，采用两侧明沟排水时常设置平缘石，以利排水，也方便施工中的碾压作业；平石是铺筑在路面与立缘石之间的平缘石，常与侧石联合设置，是城市道路最常见的设置方式。为准确地保证锯齿形偏沟的坡度变动，使其充分地发挥作用，并有利于路面施工或使路面边缘能够被机械充分压实，应采用立石与平石相结合铺设，特别是设置锯齿形偏坡的路段。路缘石可用不同的材料制作，有水泥混凝土、条石、块石等，缘石外形有直形、弯弧形和曲线形。应根据要求和条件使用。缘石应有足够的强度，抗风化和耐磨耗的能力。

砖缘石：指用砖块为原料而砌成的缘石，缘石又称为路缘石，是设在路面边缘的界石，也称道牙，它在路面上是区分车行道、人行道、绿地、隔离带和道路其他部分的界线，起到保障行人、车辆交通安全和保证路面边缘齐整的作用，路缘可分为侧石、平石、平缘石三种：侧石又称为立缘石，顶面高出路面的路缘石，有标定车行道范围和纵向引导排除路面水的作用；平缘石是顶面与路面平齐的路缘石有标定路面范围、整齐路容、保护路面边缘的作用，采用两侧明沟排水时，常设置平缘石，以利排水，也方便施工中的碾压作业；平石是铺筑在路面与立缘石之间的平缘石，常与侧石联合设置，是城市道路中最常见的设置方式，为准确地保证锯齿形偏沟的边坡变动，使其充分地发挥其作用，并有利于路面施工或使路面边缘能够被机械充分压实，应采用立石与平石结合铺设，特别是设置锯齿形偏沟的路段。路缘石可用不同的材料制作，有水泥混凝土、条石、块石等。缘石外形有直线形、弯弧形和曲线形，应根据要求和条件选用。路缘石应有足够的强度，抗风化和耐磨耗的能力。

侧平石：侧平石是铺筑在路面与立缘石之间的平缘石，常与侧石联合设置，是城市道路中最为常见的设置方式。其作用为标定路面范围、整齐路容、保护路面边缘的作用，采用两侧明沟排水时常设置平石，以利排水，也方便施工中的碾压作业，在路面上是区分行车道、人行道、绿地、隔离带和其他部分的界线，起到保障行人、车辆交通安全和保证路面边缘齐整的作用。

侧平石安砌：即安砌侧平石，其具体操作过程为：把侧平石沿灰线排列好，在基础做好后，先铺2cm的1∶3水泥砂浆（或混合砂浆）作垫层（卧底），内侧上角挂线，让线5cm，缝宽1cm，对于侧平石高低不一的调整；低的用撬棍将其撬高，并在下面垫以混凝土或砂浆；高的可在顶面上垫以木条（或橡皮锤），夯击使之下沉，至合符容许误差为度。勾缝宜在路面铺筑完成后进行，用强度为10MPa的水泥砂浆勾嵌，也可采用石灰土作垫层来稳定侧平石。侧平石必须稳固，应该线条直顺，曲线圆滑美观，无折角，顶面应平整无错牙，侧平石勾缝严密，缘石不得阻水，缘石背后回填必须夯打密实。

开槽：施工中做基础前的一道工序，即在测量放样后，开槽做基础，并钉桩挂线，直线部分桩距10～15m，弯道部分5～10m，路口桩距1～5m。

勾缝：施工中做基础、墙体的一道工序，在路面铺筑完成后进行，这里的勾缝指的是在侧平石安砌施工中的勾缝，具体操作过程为：用强度10MPa的水泥砂浆勾嵌，也可采用石灰土作垫层来稳定侧平石、设计无勾缝时可随砌随用灰刀将灰缝刮平。勾缝前应清除墙面污染杂物，保持湿润，齿剔缝隙。片石砌体宜采用凸缝或平缝，料石应采用凸缝，保持砌体的自然缝，拐弯圆滑，宽度一致，赶光压实，结合牢固，无毛刺，无空鼓。

养护：指的是对已安砌好的侧平石进行经常性或定期性的保养和维修。其养护方法为湿治养护3天，并防止碰撞或采取其他保护措施。

林荫道：原指每侧有两行以上行道树的道路，后来发展成各种形式，一般都有较宽的绿化用地，有专供散步的人行道。近代许多居住区内建起禁止车辆通行，专供行人使用的林荫步道，还有的与车行道立体交叉。

连接型：侧平石安砌中的一种安砌形式，分为勾缝与不勾缝两种。

分离型：侧平石安砌中的一种安砌形式，分为勾缝与不勾缝两种。

040204005　现浇侧（平、缘）石

侧石：机动车主路与非机动车路之间的隔离带之间用的石为侧石，即露出地面的。

缘石：非机动车路与人行路之间的石为缘石，即只露一面的。

侧平石：人行路与绿地之间的石为侧平石，即一般是埋在地下的。

040204006　检查井升降

由于路面（或其他）施工需要，使检查井井盖面标高变动，需要把检查井加高或者降低。

040204007　树池砌筑

树池：为美化路面而用来种植乔木的一种构筑物，一般设置在人行道两侧，可布置成花丝状或模纹状，全部种树。要注意层次分明，色彩对比调和，并与周围环境的形式，色彩相调和，建成后还需长期养护管理。

砌筑树池：指树池的砌筑步骤，视砌筑的具体材料而定，有混凝土块、石质块、条石块、砖块等。首先测量放样，通常在作完基层后进行，按设计边线或其他施工基准线，准确地放线钉桩、测记砌体与施工标高，以控制方向和高程。钉桩，放样后，开槽做基础，并钉桩挂线，直线部分桩距10～15m，弯道部分5～10m，路口桩距1～5m。安砌，把砌体沿灰线排列好后，基础做好，铺 2cm 的 1∶3 的水泥砂浆（或混合砂浆）作垫层（卧底），内侧上角挂线，让线 5cm，缝宽 1cm。砌体高低不一的调整：低的用撬棍将其撬高，并在下面垫以混凝土或砂浆，高的可在顶面垫以木条（或橡皮锤）夯击使之下沉，至合符容许误差为度。勾缝宜在路面铺筑完成后进行用强度 10MPa 的水泥砂浆勾嵌。也可采用石灰土作垫层来稳定砌体。后背填筑。用肥沃的土夯填。

灌缝：在铺好砌体后应沿线检查平整度，发现有位移、不稳、翘角、与相邻板不平等现象，应立即修正，最后用砂或石屑扫缝或用干砂掺水泥（1∶10 体积比）拌合均匀填缝并在砌体上洒水，缸砖用素水泥土灌缝，灌缝后应清洗干净。保持砌体清洁。

材料品种：

混凝土块：这里指的是混凝土砌块，混凝土砌块是由水泥、粗细骨料加水搅拌、经装模、振动（或加压振动或冲压）成型，并经养护而成，其粗、细骨料可用普通碎石或卵石、砂子，也可用轻骨料（如陶粒、煤渣、煤矸石、火山渣、浮石等）及轻砂。分为承重砌块和非承重砌块两种类型。按其外观质量可分为一等品和二等品两个产品等级。按砌块的抗压强度分为 15.0、10.0、7.5、5.0、3.5 五个等级，一般用于低层或中层建筑的内墙和外墙。使用砌块作墙体材料时，应严格遵照有关部门所颁布的设计规范和施工规程。混凝土砌块在砌筑时一般不宜浇水，但在气候特别干燥炎热时，可在砌筑前稍喷水湿润。砌筑时尽量采用主规格砌块，并应先清除砌块表面污物和芯栓所用砌块孔洞的底部毛边，采用反砌（即砌块底面朝上），砌块之间应对孔错缝搭接，砌筑灰缝宽度应控制在 8～12mm，所埋设的拉结钢筋或网片，必须放置在砂浆层中。

石质块：这里的石质块为石质砌块，常用的石质块有片石、块石、毛石等，均要求石料质地均匀、无裂缝、不易风化、无脱皮（层）、强度不小于 30MPa。对于片石：形状不受限制，最小边长、中部厚度不应小于 15cm。对于块石：形体大致方正，顶面及底面较平整，表面凹入部分不大于 2cm，长宽厚度一般不小于 20cm。对于毛料石：形状大致规则的六面体，表面凹凸小于 2cm，厚度不小于 20cm。对于粗料石：形状规则的六面体，表面凸凹不大于 2cm，厚度不小于 20cm。长度不大于厚度的 3 倍。对于细料石：形状规则的六面体，表面凸凹不大于 1cm，厚度宽度不小于 20cm，长度不大于厚度 3 倍。

石质块安砌：指安砌石质块材料，具体操作步骤如下：第一层石料砌筑选择大块石料铺砌，大面朝下，大石料铺满一层，用砂浆灌入空隙处，然后用小石块挤入砂浆，使砂浆充满空隙，分层向上砌平，遇到在岩石或混凝土上砌筑时则须先铺底层砂浆后，再安砌石料，使砂浆和砌石联成一体，以使受力均匀，增强稳定性，砌筑从最外边及角石开始，砌好外圈接砌内圈，直至铺满一层，再铺砂浆，并用小石块填砌平实，填砌时应使外边角石砌筑，应选择有平面、有棱角、大致方正的石块，使其尺寸、坡度、角度符合挂线，同层高度大致相等。砌筑中石块应大小搭配、相互错叠、咬接紧密，所有石块之间均应有砂浆填实、隔开，不能石与石直接接触，工作缝须留斜茬，上下层交叉错缝不得小于 8cm，转角处不小于 15cm，片石不镶面，缝宽不宜大于 4cm，不得出现通缝，丁石和顺石要相间砌筑，至少两顺一丁或一层丁石一层顺石，丁石长应为顺石的 1.5 倍以上，伸缩缝处两面石块可靠着伸缩缝、隔板砌筑，砌完一层即把木隔板（缝板）提高一层位置，垂直度、尺寸必须准确，遇构造物有沉降缝，须认真核实，使砌石与构造物沉降缝起到伸缩和沉降作用。设计勾缝时可随砌随用灰刀将灰缝刮平，勾缝前应清除墙面污染杂物，保证湿润，齿剔缝隙。片石砌体宜采用凸缝或平缝，料石应采用凸缝，保持砌体的自然缝，拐弯圆滑，宽度一致，赶光压实，结合牢固，无毛刺，无空鼓，砂浆强度不低于 10MPa。

条石块：即长方形的整形块石。块石：由毛石略经加工而成的六面体的石块，将块石进一步凿平，并使一个面的边角整齐，则成为整形块石，条石块常用于砌基础、勒脚、桥墩、涵洞、墙身、踏步、纪念碑等。

单层立砖：墙砌体中的一种，按其材料来源分为两种，一种是以 1：3 的水泥砂浆为原料，一种是以 M5 的混合砂浆为原料，因其铺砌方式是立砖式的，故称立砖，按单层砌筑称为单层立砖砌筑。

双层立砖：墙砌体中的一种，按其材料来源分有两种，一种是以 1：3 的水泥砂浆为原料，一种是以 M5 的混合砂浆为原料，因其铺砌方式是立砖式的，故称立砖，按双层砌筑称为双层立砖砌筑。

040204008　预制电缆沟铺设

（1）为防止损伤电缆绝缘，在敷设和运行中不应使电缆过分弯曲。

（2）在可能受到机械损伤的地方，如进入建筑物、隧道，穿过楼板及墙壁，从沟道引至电杆、设备、墙壁表面等，距地面高度 2m 以下的一段电缆需穿保护管或加保护装置。保护管内径为电缆外径的 1.5 倍，保护管埋入地面不小于 100mm。

（3）敷设在厂房内、隧道内和不填砂电缆沟内的电缆，应采用裸铠装或非易燃性外护套电缆。电缆如有接头，应在接头周围采取防止火焰蔓延的措施。

（4）电缆敷设时，电缆应从盘的上端引出，不应使电缆在支架上及地面摩擦拖拉。电缆上不得有铠装压扁、电缆绞拧、护层折裂等未消除的机械损伤。

（5）机械敷设电缆时的最大牵引强度宜符合下表的规定。当采用钢丝绳牵引时，高压及超高压电缆总牵引力不宜超过 30kN。

（6）高压及超高压电缆敷设时，转弯处的侧压力应符合制造厂的规定，无规定时，不应大于 3kN/m。

（7）机械敷设电缆的速度不宜超过 15m/min，高压及超高压电缆敷设时，其速度应适当放慢，一般不宜超过 6m/min。

（8）机械敷设电缆时，应在牵引头或钢丝网套与牵引钢缆之间装设防捻器。

5. 交通管理设施

040205001　人（手）孔井

040205002　电缆保护管

电缆保护管，是按照线的规格相配的保护电线电缆不受损害，和加强绝缘的线管，有塑管，钢管、煤气管、和蛇皮管等多种。

040205003　标杆

040205004　标志板

040205005　视线诱导器

040205006　标线

公路交通标线是管制和引导交通的安全设施。公路交通标线包括：路面标线、箭头、文字、立面标记、突起路标和路边线轮廓标等。公路交通标线可以和交通标志配合使用，也可单独使用。

高速公路、一级公路和二级公路均应设置路面标线。其他等级的公路可根据需要设置，或仅在《公路工程技术标准》规定的极限值处如急弯、陡坡、视距不良等地段设置。

路面标线可用路标漆、塑胶标带和其他材料（如：突起路标用的黄铜、不锈钢、合金铝、合成树脂、陶瓷、白色混凝土预制块等）制作。各种标线材料应具有下列特点：

（1）耐久、防滑、耐磨耗、耐腐蚀、与路面粘结性好；

（2）在各种气候条件下具有较好的辨认性；

（3）便于施工且对人畜无害。

040205007　标记

040205008　横道线

040205009　清除标线

040205010　环形检测线圈

040205011　值警亭

040205012　隔离护栏

040205013　架空走线

040205014　信号灯

040205015　设备控制机箱

040205016　管内配线

040205017　防撞筒（墩）

040205018　警示柱

040205019　减速垄

040205020　监控摄像头

040205021　数码相机

040205022　道闸机

040205023　可变信息情报板

040205024　交通智能系统调试

护栏是诱导驾驶员视线、增加驾驶员和乘客安全感，防止车辆驶出行车道或路肩从而避免或减轻行车事故的设施。护栏的结构型式一般可有：梁式护栏，包括型钢或钢筋混凝土护栏、钢管或钢管——钢筋混凝土组合式护栏等；拉索式护栏，主要有钢丝护栏和链式护栏；柱式护栏，有石护柱、混凝土及钢筋混凝土护栏；墙式护栏，主要为钢筋混凝土护墙。

隔离栅是设置在高速公路及一级公路上的安全防护措施，其作用是防止行人横穿行车道。有的城市道路为渠化交通流或避免人车混行也设置了隔离栅。

三、工程量清单项目表的编制和计价举例

【例 7】某道路 KO＋000～KO＋400 为沥青混凝土路面结构，KO＋400～KO＋950 为水泥混凝土结构，沥青混凝土道路结构如下图 2-58 所示，水泥混凝土路面结构图如图 2-59 所示。车行道宽为 12m，路面两侧铺设路缘石。道路两侧设有宽 2.5m 的人行道，其结构示意图如下图 2-60。为了保证路面边缘稳定，在路基两边各加宽 0.3m。试求道路工程量。

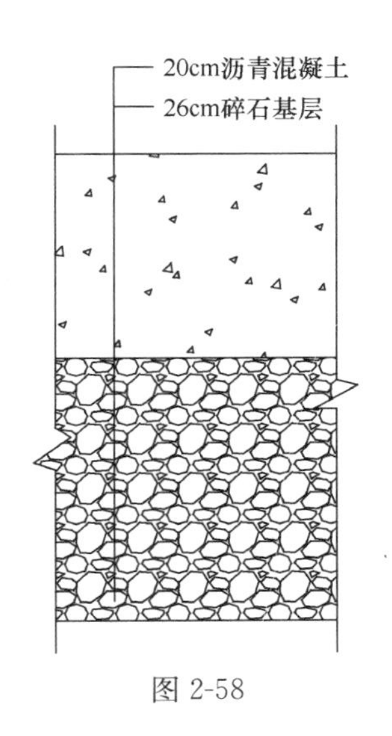

图 2-58

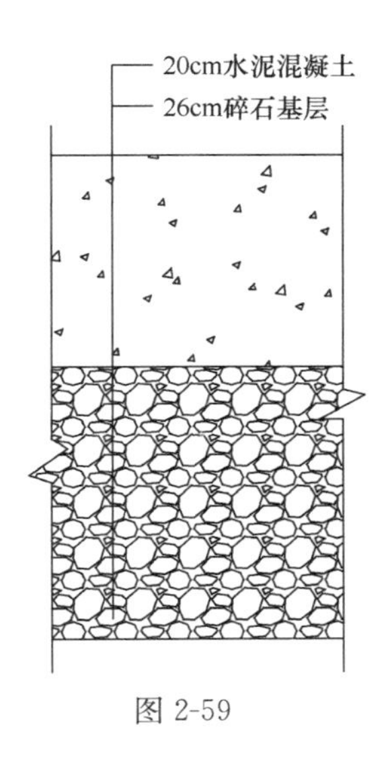

图 2-59

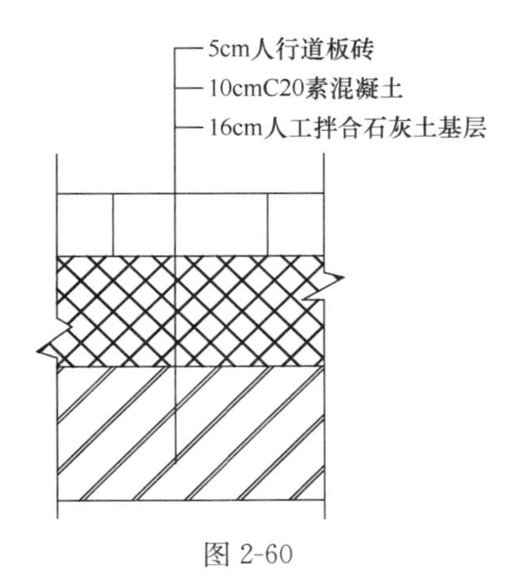

图 2-60

【解】(1) 清单工程量

1) 沥青混凝土路面：

沥青混凝土面层面积：$(400-0)\times12\text{m}^2=4800\text{m}^2$

【注释】 12——车行道宽度。

石灰、粉煤灰、土基层(12：35：53) 面积：$(400-0)\times12\text{m}^2=4800\text{m}^2$

碎石底层面积：$(400-0)\times12\text{m}^2=4800\text{m}^2$

2) 水泥混凝土路面：

水泥混凝土面层面积：$(950-400)\times12\text{m}^2=6600\text{m}^2$

碎石基层面积：$(950-400)\times12\text{m}^2=6600\text{m}^2$

3) 路缘石长度：$[(400-0)+(950-400)]\times2=1900\text{m}$

4) 人行道路面：

人行道板砖面积：$2.5\times(950-0)\times2\text{m}^2=4750\text{m}^2$

素混凝土面积：$2.5\times950\times2\text{m}^2=4750\text{m}^2$

人工拌合石灰土面积：$2.5\times950\times2\text{m}^2=4750\text{m}^2$

清单工程量见表 2-40。

清单工程量计算表 **表 2-40**

序号	项目编码	项目名称	项目特征描述	计量单位	工程量
1	040203006001	沥青混凝土	4cm 厚细粒式石油沥青，石料最大粒径为 20mm	m^2	4800
2	040203006002	沥青混凝土	8cm 厚细粒式石油沥青，石料最大粒径为 40mm	m^2	4800
3	040202004001	石灰、粉煤灰、土	20cm 石灰、粉煤灰、土基层（12：35：53）	m^2	4800
4	040202011001	碎石	15cm 厚碎石底层	m^2	4800
5	040203007001	水泥混凝土	20cm 厚水泥混凝土面层	m^2	6600
6	040202011002	碎石	26cm 厚碎石基层	m^2	6600
7	040204004001	安砌侧（平、缘）石	C30 混凝土缘石安砌	m	1900

续表

序号	项目编码	项目名称	项目特征描述	计量单位	工程量
8	040204002001	人行道块料铺设	5cm 厚人行道块料铺设	m^2	4750
9	040202001001	路床整形	10cm 厚 C15 素混凝土	m^2	4750
10	040202002001	石灰稳定土	16cm 人工拌合石灰土基层（含灰量 10%）	m^2	4750

（2）定额工程量

1）沥青混凝土路面：

沥青混凝土面层：$12 \times 400m^2 = 4800m^2$

石灰、粉煤灰、土基层面积：$12 \times 400m^2 = 4800m^2$

碎石底层面积：$12 \times 400m^2 = 4800m^2$

2）水泥混凝土路面：

水泥混凝土面层面积：$12 \times (950 - 400)m^2 = 6600m^2$

碎石基层：$12 \times (950 - 400)m^2 = 6600m^2$

3）路缘石：

路缘石的定额工程量同清单工程量。

4）人行道路面：

人行道板砖面积：$2.5 \times 950 \times 2m^2 = 4750m^2$

素混凝土基层面积：$(2.5 + 0.3 \times 2) \times 950 \times 2m^2 = 5890m^2$

素凝土基层体积：$5890 \times 0.1m^2 = 5890m^2$

人工拌合石灰土基层面积：$(2.5 + 0.3 \times 2) \times 950 \times 2m^2 = 5890m^2$

【例 8】 某大学新建校区要修建一条校内主干道路，道路全长为 1800m，道路的宽度为 7.5m，其中两侧人行道为 1.5m，中间行车道为 4.5m，路面是水泥混凝土路面，车行道道路的结构图如图 2-61 所示，人行道道路的结构图如图 2-62 所示，道路的横断面图如图 2-63 所示。道路两侧布置路缘石，该段路与校内其他路有两个交叉口，交叉口宽度为 3m，在人行道边缘每 6m 设一个树池，每 50m 设置一个路灯灯架，每隔 20m 有一个标志板用来展示学校的新闻等内容，试计算该校内主干道路的工程量。

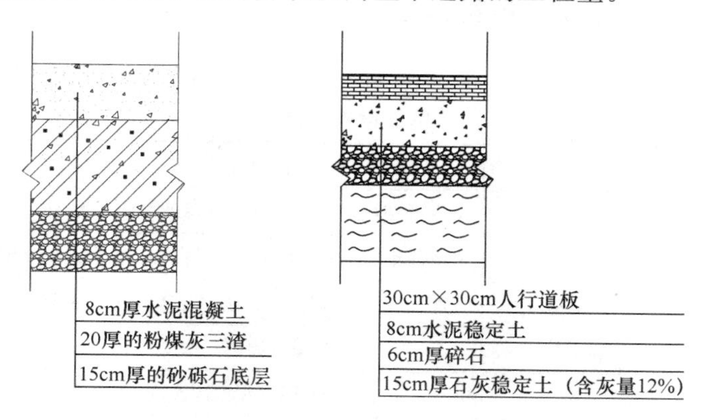

图 2-61　行车道结构图　　　图 2-62　人行道道路结构图

【解】（1）清单工程量

图 2-63　道路的横断面图

砂砾石底层的工程量：4.5×1800m^2＝8100m^2

【注释】4.5——车行道的宽度；

　　1800——道路的长度。

粉煤灰三渣的工程量：4.5×1800m^2＝8100m^2

【注释】4.5——车行道的宽度；

　　1800——道路的长度。

水泥混凝土的工程量：4.5×1800m^2＝8100m^2

【注释】4.5——车行道的宽度；

　　1800——道路的长度。

石灰稳定土的工程量：2×1.5×1800m^2＝5400m^2

【注释】2——人行道的个数；

　　1.5——人行道的宽度；

　　1800——道路的长度。

碎石的工程量：2×1.5×1800m^2＝5400m^2

【注释】2——人行道的个数；

　　1.5——人行道的宽度；

　　1800——道路的长度。

水泥稳定土的工程量：2×1.5×1800m^2＝5400m^2

【注释】2——人行道的个数；

　　1.5——人行道的宽度；

　　1800——道路的长度。

人行道板的工程量：2×1.5×1800m^2＝5400m^2

【注释】2——人行道的个数；

　　1.5——人行道的宽度；

　　1800——道路的长度。

路缘石的工程量：2×(1800－2×3)m＝3588m

【注释】1800——道路的长度；

　　3——道路交叉口的长度。

树池的工程量：2×(1800÷6＋1)个＝602 个

【注释】1800——道路的长度；

　　6——相邻树池之间的距离。

路灯灯架的工程量：2×(1800÷50＋1)根＝74 根

【注释】1800——道路的长度；

50——相邻灯架之间的距离。

标志板的工程量：2×(1800÷20+1)块=182 块

【注释】1800——道路的长度；

20——相邻标志板之间的距离。

清单工程量计算如表 2-41。

清单工程量计算表 **表 2-41**

序号	项目编码	项目名称	项目特征描述	计量单位	工程量
1	040202009001	砂砾石	15cm 厚的砂砾石底层	m^2	8100
2	040202014001	粉煤灰三渣	20cm 厚的粉煤灰三渣	m^2	8100
3	040203007001	水泥混凝土	8cm 厚的水泥混凝土	m^2	8100
4	040202002001	石灰稳定土	15cm 厚石灰稳定土（含灰量 12%）	m^2	5400
5	040202011001	碎石	6cm 厚的碎石	m^2	5400
6	040202003001	水泥稳定土	8cm 厚水泥稳定土	m^2	5400
7	040204002001	人行道块料铺设	25cm×25cm 的块料面板	m^2	5400
8	040204004001	安砌侧（平、缘）石	厚 15cm	m	3588
9	040204007001	树池浇筑	1m×1m 的树池	个	602
10	040205014001	信号灯	路灯灯架	根	74
11	040205004001	标志板	2m×1.5m 的标志板	块	182

（2）定额工程量

砂砾石底层的工程量：$4.5\times1800m^2=8100m^2$

【注释】4.5——车行道的宽度；

1800——道路的长度。

粉煤灰三渣的工程量：$4.5\times1800m^2=8100m^2$

【注释】4.5——车行道的宽度；

1800——道路的长度。

水泥混凝土的工程量：$4.5\times1800m^2=8100m^2$

【注释】4.5——车行道的宽度；

1800——道路的长度。

石灰稳定土的工程量：$(2\times1.5+2a)\times1800m^2=(5400+3600a)\ m^2$

【注释】2——人行道的个数；

1.5——人行道的宽度；

a——路基加宽值；

1800——道路的长度。

碎石的工程量：$(2\times1.5+2a)\times1800m^2=(5400+3600a)\ m^2$

【注释】2——人行道的个数；

1.5——人行道的宽度；

a——路基加宽值；

1800——道路的长度。

水泥稳定土的工程量：$(2\times1.5+2a)\times1800m^2=(5400+3600a)\ m^2$

【注释】2——人行道的个数；

1.5——人行道的宽度；

a——路基加宽值；

1800——道路的长度。

人行道板的工程量：$(2\times1.5+2a)\times1800m^2=(5400+3600a)\ m^2$

【注释】2——人行道的个数；

1.5——人行道的宽度；

a——路基加宽值；

1800——道路的长度。

路缘石的工程量：2×(1800－2×3)m＝3588m

【注释】1800——道路的长度；

3——道路交叉口的长度。

树池的工程量：2×(1800÷6＋1)个＝602个

【注释】1800——道路的长度；

6——相邻树池之间的距离。

路灯灯架的工程量：2×(1800÷50＋1)根＝74根

【注释】1800——道路的长度；

50——相邻灯架之间的距离。

标志板的工程量：2×(1800÷20＋1)块＝182块

【注释】1800——道路的长度；

20——相邻标志板之间的距离。

【例9】 某村进行新农村规划，村里的主干道长度为4680m，主干道的车行道宽度为8m，人行道的宽度为1.5m，人行道里侧放有路缘石，外侧有花圃，主干道的横断面图如图2-64所示，在人行道上每隔30m有一个树池，每隔100m有一个路灯，在主干道一侧有一个广场、一个超市和一个幼儿园，它们与主干道相交的宽度分别为5m、5m和2.5m。人行道路面采用环保砖路面，车行道的路面采用水泥混凝土路面，道路的结构图如图2-65所示，每隔500m就有一个次干道与之相交，次干道的宽度为6m，交叉口的平面图如图2-66所示，试计算该主干道的工程量。

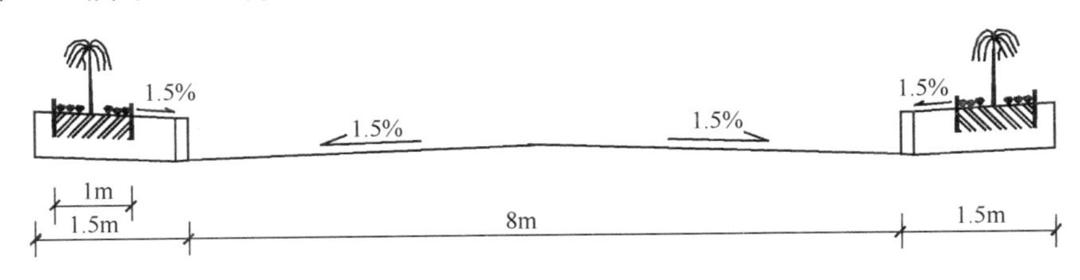

图2-64　主干道横断面图

【解】(1) 清单工程量

树池的工程量：

2×(4680÷30＋1)个＝314个

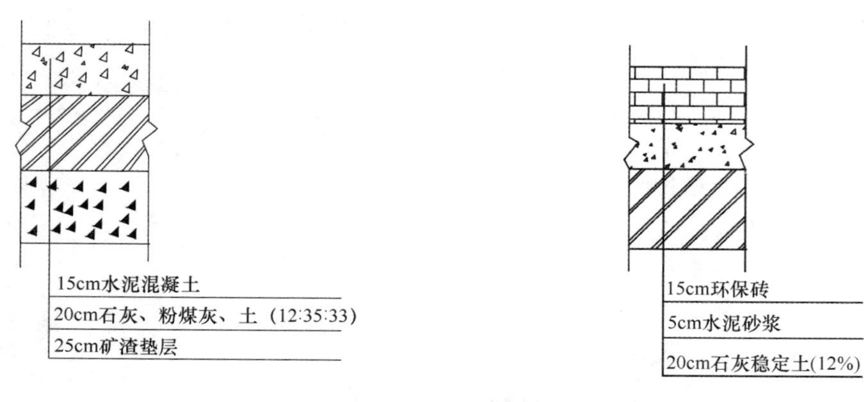

图 2-65　道路横断面图

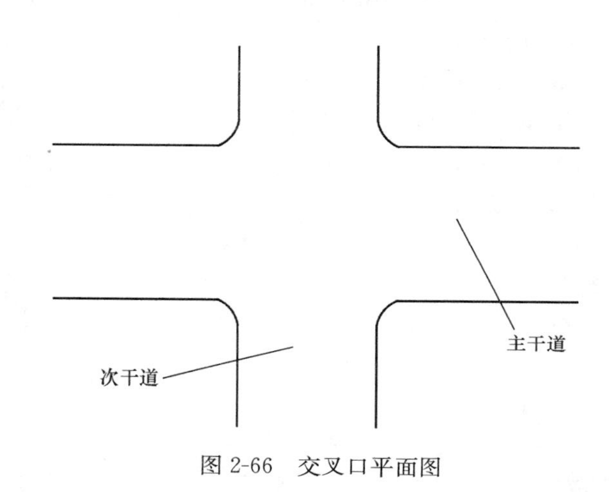

图 2-66　交叉口平面图

【注释】2——两侧都有树池；

4680——道路的长度；

30——相邻两个树池之间的距离。

路灯的工程量：

2×(4680÷100+1)个=96 个

【注释】2——两侧都有路灯；

4680——道路的长度；

100——相邻两个路灯之间的距离。

路缘石的工程量：

2×4680−5−5−2.5−2×6×(4680÷500−1)m=7832.38m

【注释】2——两侧都有路缘石；

4680——道路的长度；

5——广场与主干道相交的长度；

5——超市与主干道相交的长度；

2.5——幼儿园与主干道相交的长度；

6——次干道的宽度；

500——相邻两个交叉口之间的距离。

矿渣垫层的工程量：$8\times4680m^2=37440m^2$

【注释】8——车行道的宽度；

4680——道路的长度。

石灰、粉煤灰、土的工程量：$8\times4680m^2=37440m^2$

【注释】8——车行道的宽度；

4680——道路的长度。

水泥混凝土的工程量：$8\times4680m^2=37440m^2$

【注释】8——车行道的宽度；

4680——道路的长度。

石灰稳定土的工程量：$2\times1.5\times4680m^2=14040m^2$

【注释】2——人行道的个数；

1.5——人行道的宽度；

4680——道路的长度。

水泥砂浆的工程量：$2\times1.5\times4680m^2=14040m^2$

【注释】2——人行道的个数；

1.5——人行道的宽度；

4680——道路的长度。

环保砖的工程量：$2\times1.5\times4680m^2=14040m^2$

【注释】2——人行道的个数；

1.5——人行道的宽度；

4680——道路的长度。

清单工程量计算如表 2-42。

清单工程量计算表 **表 2-42**

序号	项目编码	项目名称	项目特征描述	计量单位	工程量
1	040204007001	树池浇筑	1m×1m 的树池	个	314
2	040805001001	常规照明灯	路灯	个	96
3	040204004001	安砌侧（平、缘）石	路缘石	m	7832.38
4	040202008001	矿渣	25cm 厚的矿渣垫层	m^2	37440
5	040202004001	石灰、粉煤灰、土	20cm 厚的石灰、粉煤灰、土基层，配合比为 12∶35∶33	m^2	37440
6	040203007007	水泥混凝土	15cm 厚的水泥混凝土面层	m^2	37440
7	040202002001	石灰稳定土	20cm 厚的石灰稳定土基层	m^2	14040
8		水泥砂浆	5cm 厚的水泥砂浆面层	m^2	14040
9	040203008001	块料面层	15cm 厚的环保砖面层	m^2	14040

（2）定额工程量

树池的工程量：

$2\times(4680\div30+1)$个$=314$个

【注释】2——两侧都有树池；

4680——道路的长度；
30——相邻两个树池之间的距离。

路灯的工程量：

$2\times(4680\div100+1)$个$=96$个

【注释】2——两侧都有路灯；
4680——道路的长度；
100——相邻两个路灯之间的距离。

路缘石的工程量：

$2\times4680-5-5-2.5-2\times6\times(4680\div500-1)\text{m}=8236.3\text{m}$

【注释】2——两侧都有路缘石；
4680——道路的长度；
5——广场与主干道相交的长度；
5——超市与主干道相交的长度；
2.5——幼儿园与主干道相交的长度；
6——次干道的宽度；
500——相邻两个交叉口之间的距离。

矿渣垫层的工程量：$8\times4680\text{m}^2=37440\text{m}^2$

【注释】8——车行道的宽度；
4680——道路的长度。

石灰、粉煤灰、土的工程量：$8\times4680\text{m}^2=37440\text{m}^2$

【注释】8——车行道的宽度；
4680——道路的长度。

水泥混凝土的工程量：$8\times4680\text{m}^2=37440\text{m}^2$

【注释】8——车行道的宽度；
4680——道路的长度。

石灰稳定土的工程量：$2\times(1.5+a)\times4680\text{m}^2=(14040+9370a)\text{m}^2$

【注释】2——人行道的个数；
1.5——人行道的宽度；
a——路基加宽值；
4680——道路的长度。

水泥砂浆的工程量：$2\times(1.5+a)\times4680\text{m}^2=(14040+9370a)\text{m}^2$

【注释】2——人行道的个数；
1.5——人行道的宽度；
a——路基加宽值；
4680——道路的长度。

环保砖的工程量：$2\times1.5\times4680\text{m}^2=14040\text{m}^2$

【注释】2——人行道的个数；
1.5——人行道的宽度；
4680——道路的长度。

第三节　桥　涵　工　程

一、桥涵护岸工程概论

桥梁是道路跨越障碍的人工构造物。当道路路线遇到江河、湖泊、山谷、深沟以及其他线路（公路或铁路）等障碍时，为了保证道路上的车辆连续通行，充分发挥其正常的运输能力，同时也要保证桥下水流的宣泄、船只的通航或车辆的运行，就需要建造专门的人工构造物——桥梁，来跨越障碍。

1. 桥梁的组成

图 2-67、图 2-68 分别表示桥梁中常用的梁桥和拱桥的结构图式。从图中可见，桥梁一般由以下三个主要部分组成：

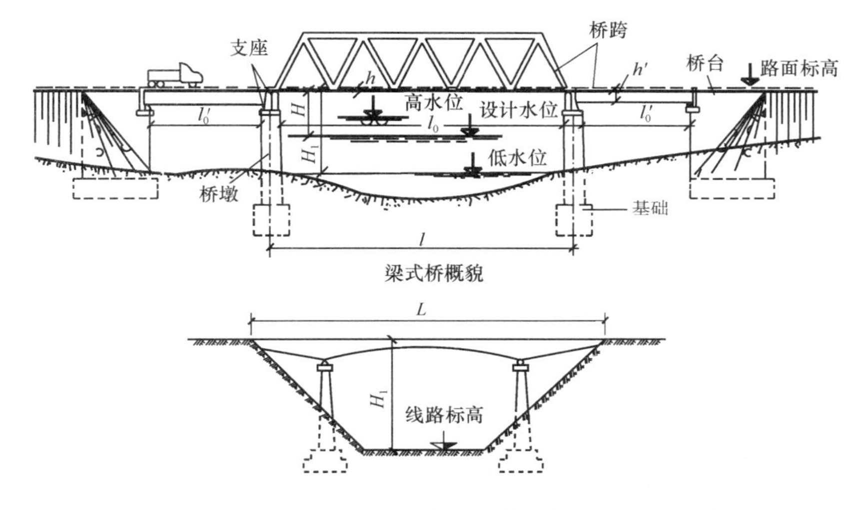

图 2-67　带悬臂的桥梁

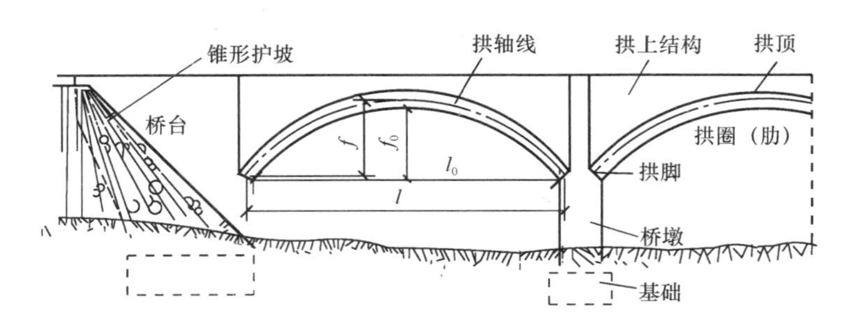

图 2-68　拱桥概貌

（1）上部结构，也称桥跨结构，它包括桥面系和桥跨结构，是在线路遇到障碍而中断时，跨越障碍的主要承载结构。它的作用是承受车辆等荷载，并通过支座传递给墩台。

（2）下部结构，包括桥墩、桥台和基础。它的作用是支承桥跨结构并将恒载和活载传至地基。桥墩设在两桥台中间，作用是支承桥跨结构。桥台设在两端，除了有支承桥跨结构的作用外，还要与路堤衔接抵御路堤土压力，防止路堤滑塌。

（3）附属结构，包括桥头锥形护坡、护岸以及导流结构物等。它的作用是抵御水流的冲刷，防止路堤填土坍塌。

下面介绍一些与桥梁布置和结构有关的主要尺寸和术语名称。

净跨径：对于梁式桥是设计划线处改斜体航水位上相邻两上桥墩之间的净距离，用 l_0 表示如图 2-67。

对于拱式桥是每孔拱跨两个拱脚最低点之间的水平距离，如图 2-68。

总跨径是多孔桥梁中各孔净跨径的总和，也称桥梁孔径（$\sum l_0$），它反映了桥下宣泄洪水的能力。

计算跨径：对于具有支座的桥梁，是指桥跨结构相邻两个支座中心之间的距离，用 l 表示。如图 2-68 所示的拱式桥，是两相邻拱脚截面形心点之间的水平距离。因为拱圈（或拱肋）各截面形心点的连线称为拱轴线，故也就是拱轴线两端点之间的水平距离。桥跨结构的力学计算是以 l 为基准的。

桥梁全长：简称桥长，是桥梁两端两个桥台的侧墙或八字墙后两端点之间的距离。以 L 表示对无桥台的桥梁为桥面系行车道的全长，如图 2-67 所示。在一条线路中，桥梁和涵洞总长的比重反映它们在整段线路建设中的重要程度。桥梁高度：简称桥高，是指桥面与低水位之间的高差 H_1 或为桥面与桥下线路路面之间的距离如图 2-67。

桥下净空高度：是设计洪水位或计算通航水位至桥跨结构最下缘之间的距离（如图 2-67 中的 H）。它应保证安全排洪，并不得小于该航道通航所规定的净空高度。

建筑高度：是桥上行车路面（或轨顶）标高至桥跨结构最下缘之间的距离（如图 2-67 中的 h 及 h'）它不仅与桥梁结构的体系和跨径的大小有关，而且还随行车部分在桥上布置的高度位置而异公路（或铁路）定线中确定的桥面（或轨顶）标高，对通航净空顶部标高之差，又称为容许建筑高度。显然，桥梁的建筑高度不得大于其容许建筑高度，否则就不能保证桥下的通航要求。

净矢高：从拱顶截面下缘至相邻两拱脚截面下缘最低点之连线的垂直距离，以 f_0 表示，如图 2-68 所示。

计算矢高是从拱顶截面下缘至相邻两拱脚截面下缘形心点之连线的垂直距离，以 f 表示如图 2-68 所示。

矢跨比：是拱桥中拱圈（或拱肋）的计算矢高 f 与计算跨径 l 之比（f/l）也称拱矢度，它是反映拱桥受力特性的重要指标。

2. 桥梁的分类

目前人们所见的桥梁，种类繁多。它们都是在长期的生产活动中，通过反复实践和不断总结逐步创造发展起来的。

桥梁的分类方式很多，如按其用途来划分，有公路桥、铁路桥、公路铁路两用桥、农桥、人行桥、运水桥等专用桥梁。

按主要承重结构所用的材料来划分，有木桥、钢桥、圬工桥（包括砖、石、混凝土），钢筋混凝土桥和预应力钢筋混凝土桥。

按结构受力体系划分，有梁式桥、拱式桥、刚架桥、吊桥和组合体系桥。

按桥梁的全长分，有小桥、中桥和大桥。

涵洞主要为宣泄地面水流（包括小河沟）而设置的横穿路基的小型排水构造物。按

《公路工程技术标准》（JTJ 101）规定：单孔标准跨径 L_0 小于 5m 或多孔跨径总长小于 8m，以及圆管涵及箱涵不论管径或跨径大小，孔径多少，均称为涵洞。

涵洞构造主要由基础、洞身和洞口组成（图 2-69），洞口包括端墙、翼墙或护坡、截水墙和缘石等部分。

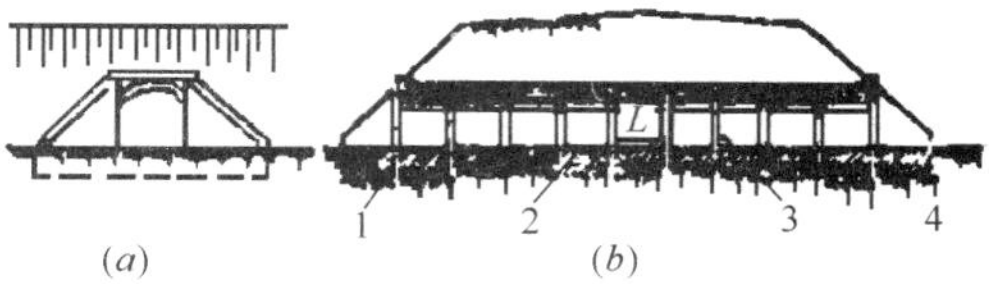

图 2-69 涵洞的组成部分
(a) 涵洞口；(b) 涵洞纵断面图
1—进水口建筑；2—变形缝；3—洞身；4—出水口建筑

涵洞的分类：

（1）按建筑材料分类

从涵洞所使用的材料分，常用的涵洞有石涵、混凝土涵、钢筋混凝土涵、砖涵，有时也可用陶土管涵、铸铁管涵、波纹管涵等。

（2）按构造型式分类

按构造类型可分为管涵（通常圆管涵）、盖板涵、拱涵、箱涵，这四种涵洞的常用跨径见表 2-43，各种构造型式涵洞的适用性和优缺点见表 2-44。

不同构造型式涵洞的常用跨径 **表 2-43**

构造形式	跨（直）径（cm）							
圆管涵	*50	75	100	125	150			
盖板涵	75	100	125	150	200	250	300	400
拱　涵	100	150	200	250	300	400		
箱　涵	200	250	300	400	500			

注：1. 带“*”号仅为农用灌溉涵洞。
2. 盖板涵中石盖板时为 75、100、125cm，其余均为钢筋混凝土盖板涵。

各种构造型式涵洞的适用性和优缺点 **表 2-44**

构造形式	适　用　性	优　缺　点
管　涵	有足够填土高度的小跨径暗涵	对基础的适应性及受力性能较好，不需墩台，圬工数量少，造价低
盖板涵	要求过水面积较大时，低路堤上的明涵或一般路堤暗涵	构造较简单，维修容易，跨径较小时用石盖板，跨径较大时用钢筋混凝土盖板
拱　涵	跨越深沟或高路堤时设置，山区石料资源丰富，可用石拱涵	跨径较大，承载潜力较大。但自重引起的恒载也较大，施工工序较繁多
箱　涵	软土地基时设置	整体性强。但用钢量多，造价高，施工较困难

3. 按洞顶填土情况和孔数分类

按洞顶填土情况可分为明涵和暗涵两类。明涵是指洞顶不填土的涵洞，适用于低路堤、浅沟渠；暗涵是指洞顶填土大于 50cm 的涵洞，适用于高路堤、深沟渠。

涵洞按孔数分为单孔、双孔和多孔等。

二、项目说明

1. 桩基

040301001　预制钢筋混凝土方桩

履带式柴油打桩机打预制管桩的套用定额的方式按管径 ϕ400、ϕ500 以内以及陆上、支架上、船上级别分别执行。

履带式柴油打桩机指桩架在履带上行走，桩锤采用柴油打桩锤。预制管桩的空心管桩直径为 40～55cm，长度每节为 4～12m，用钢制法兰及螺栓连接，管壁厚度 8cm。

射水法沉桩：又称水冲法沉桩，是将射水管附在桩身上，用高压水流束将桩尖附近的土体冲松液化，以减少土对桩端的正面阻力，同时水流及土的颗粒沿桩身表面涌出地面，减少了土与桩身的摩擦力，使桩借自重（或稍加外力）沉入土中。射水法沉桩的特点是：当在坚实的砂土中沉桩，桩难以打下或久打不下时，使用射水法可防止将桩打断，或桩头打坏；比锤击法可提高工效 2～4 倍，节省时间，加快工程进度；但需一套冲水装置。本法最适用于坚实砂土或砂砾石土层上的支承桩，在黏性土中亦可使用。

射水法沉桩设备包括：射水嘴、射水管、连接软管、高压水泵等。射水喷嘴有圆形、梅花形、扁形等形式，它的作用是将水泵送来的高压水流经过缩小直径以增加流速和压力，可起到强力冲刷的效果。射水嘴尖端直径为 20～25mm，最大 38mm，侧孔（ϕ10）与管壁成 30°～45°角。圆形射水嘴的大小约为射水管面积的 1/4，射水管内径 38～63mm，每节长 4.5～6.0m，用丝扣连接。桩外射水时，可在桩两侧或四侧各安一根射水管，使彼此对称，当下沉空心管桩时，射水管则设在桩的中间，可使桩下沉得更准确。射水管上端用橡皮软管连于高压（耐压 2.0MPa 以上）水泵上，管子用滑车组吊起可顺着桩身上下自由升降，能在任何高度上冲刷土体。高压水泵用电动离心式，水压 0.5～2.0MPa，出水量 0.2～2.0m^3/min；水冲法所需用射水管的数目、直径、水压及消耗水量等数值，一般根据桩的断面、土的种类及入土深度等数据而定。

植桩法沉桩又称钻孔植桩法，它是为防止在软土地区打长桩对邻近建筑物和地下管线造成隆起和位移等危害的一种有效方法，已在工程上广泛地采用。

040301002　预制钢筋混凝土管桩

040301003　钢管桩

钢管桩：常用的钢桩有下端开口或闭口的钢管桩以及 *H* 型钢桩等。一般钢管桩的直径为 250～1200mm。*H* 型钢桩的穿透能力强，且重量轻，锤击沉桩的效果好，承载能力高，无论起吊，运输或是沉桩，接桩都很方便，其缺点是耗钢量大，成本高。我国只在少数重要工程中使用。

送桩：也称为冲桩，是指在打桩工程中，要求将桩的顶面打入自然地面以下，或桩顶面低于桩架操作平台面，桩锤不能直接触击到桩头，需要冲桩，将桩顶面与桩锤联系起来，传递桩锤的力量，使桩锤将桩打到要求的位置，最后再去掉“冲桩”，这一过程即称为送桩。

接桩：一般钢筋混凝土预制桩都不超过 30m 长，因为过长，对桩的起吊和运输等工作都会带来很多的不便，所以当基础需要很长的桩时，一般是分段预制。打桩时先把第一段打到地面附近，然后采用某种技术措施，第二段与第一段连接牢固后，继续向下打入土中，这种连接的过程叫接桩。接桩的方式有三种，即焊接桩、法兰接桩和硫磺胶泥锚接。前两种适用于各类土层，后一种适用于软弱土层。

钢管桩内切割指将钢管桩内部或桩顶多余的部分利用内切割机将其切掉，以便减轻钢桩的重量和节约钢材。

桩帽：其作用是在打桩时加固桩顶，以免将桩顶打裂。桩帽上应垫一些柔性材料，如麻袋、纸等。

钢管桩精割盖帽指通过精确的手段利用切割机切割桩帽。

钢管桩管内钻孔取土：钢管桩打入后，为预防桩壁轴向抗压强度不足，当钢管桩打到预定要求后，可将挤入管内的土挖除，以便灌注混凝土。即可以安装钻机，钻头应对准钢管中心下钻，在钻孔过程中，应安设导管注入水来冲击管内的被钻土体，另外还要设置另一根导水管，将泥浆抽出管外。

钢管桩填心：将钢管打入至设计深度，即将拌好的混凝土浇灌到钢管内，灌到需要量时所灌注混凝土称作钢管桩混凝土填心。

040301004　泥浆护壁成孔灌注桩

钢管成孔灌注桩分为锤击和震动两种，适用于可塑、软塑、流塑的黏性土、稍密及松散砂土。

040301005　沉管灌注桩

沉管灌注桩又可称为打拔管灌注桩，是利用沉桩设备将带有钢筋混凝土桩靴的钢管沉入土中形成桩孔，放入钢筋骨架浇筑混凝土后，利用拔出套管的振动将混凝土捣实。

040301006　干作业成孔灌注桩

回旋钻机钻孔：利用钻具的旋转切削主体钻进，并在钻进的同时用循环泥浆的方法护壁排渣，继续钻进成孔。我国现用旋转钻机按泥浆循环的程序不同分为正循环与反循环两种。所谓正循环即在钻进的同时，泥浆泵将压进泥浆笼头，通过钻杆中心从钻头喷入钻孔内，泥浆挟带钻渣沿钻孔上升，从护筒顶部排浆孔排出至沉淀地，钻渣在此沉淀，而泥浆仍进入泥浆池循环使用。

1）正循环回转钻进：在钻机回转装置带动主动钻杆，钻杆和钻头回转切削岩土的同时，泥浆池中的泥浆被泥浆泵抽取，依次进入水笼头，主动钻杆和钻杆，再经钻头的出浆口射出，携带孔底破碎的钻渣沿钻杆与孔壁之间的环状空间上升到孔口并流进沉淀池中沉淀、净化或通过高频振动筛等净化后进入泥浆池再循环使用。开孔时，应先起动泥浆泵，待泥浆进入钻孔一定数量后，方可转动钻头钻进。钻进过程中，在注意采用合适的钻压，转速和冲洗液量，测定泥浆指标以及桩孔的直径和垂直度。如不符合要求，应及时采取措施，妥善处理。

钻头的构造根据土质采用多种形式，如双腰带翼状钻头（用于软层成孔）、牙轮钻头（用于风化岩层或卵砾石层）和钢粒全面钻进钻头。

2）反循环回转钻进：按泥浆循环输送的方式，动力来源和工作原理，分为泵吸反循环，气举反循环和射流反循环三种。钻进时，泥浆从泥浆地流入孔内，再由钻杆内的下端往上进入沉淀池，其循环路线与正循环相反，称为反循环。

不同的地层可采用相应的钻头钻进，如三翼空心钻（用于黏性土、砂土及含少量卵砾的土层）和牙轮钻头等。由于从钻杆内吸出泥浆和钻渣混合物的流量较大，钻杆内径宜大于 ϕ127mm，并维持护筒内 1.0～3.0m 的水头，以保证排渣顺利和孔壁稳定。

冲击式钻机钻孔：采用冲击式钻机或卷扬机带动一定重量的冲击钻头，在一定的高度内使钻头提升，然后使钻头自由降落，利用冲击动能冲挤土层或破碎岩层形成桩孔，再用掏渣筒或其他方法将钻渣掏出。每次冲击之后，冲击钻头在钢丝绳转向装置带动下转动一定的角度，从而使桩孔得到规则的圆形断面。冲击钻头有多种形式，均由上部接头，钻头体，导正环和底刃脚组成。钻头体提供钻头所需的重量和冲击能量，并起导向作用，底刃脚采用高强度耐磨钢材制成，不完全平直，以加大单位长度上的压重。冲击钻进主要适用于砾卵石层、漂石层、孤石、岩熔发育地层和裂隙发育的地层算。

卷扬机带抓锥冲孔：指提开钻头的设备为卷扬机，冲抓锥式钻头钻进。其原理是利用特制的冲抓锥或冲抓斗的重量，冲击孔底岩土使之破碎，并由锥辨直接抓取岩土并提出孔外卸土，从而使钻孔不断延伸到设计深度而终孔。冲抓钻进的设备与机具包括钻架、卷扬机，抓斗（常用于软质岩土，颚板铰钝）或抓锥（常用于硬质岩土，锥瓣较尖锐）。其中抓斗或抓锥有单绳和双绳两类，在漂石层成孔时；冲程太大容易损坏锥瓣，应用支撑绳提出锥头连续低冲，收紧开闭绳要慢，收一下松一下，然后收紧开闭绳，合拢锥瓣抓土并提锥出孔，经过这样反复进行，把漂石旁的一部分土石抓出，并把漂石松动后，能将整个漂石抓出来。冲抓钻进时，若在复杂地层（如紧密的土层，卵砾石层以及大漂石，探头石等），遇到困难，可结合冲击，爆破和高压水射流来处理。

现代基桩越来越长，穿过的地层复杂多样，如大抛石层和大孤石层等，厚达几米到几十米，用单一技术方法钻进成孔难度较大。应发挥各种钻进碎岩方法的长处，采用复合技术手段，如在同一桩孔中采用“爆、填、转、冲、抓”综合工艺，已取得良好的效果。

泥浆制作：泥浆是黏土（膨润土）和水（有时掺入添加剂）的混合物，其主要功能是清洗孔底，携带钻渣，平衡地层压力，维护孔壁，冷却钻头和润滑钻具等。若施工地层是较好的黏性土层，常可以通过钻孔自造泥浆进行钻进；若地层造浆效果差，则应专门制备泥浆，其方法是先将黏土或膨润土浸透，然后靠搅拌机或人工拌制，再放入制浆池中用高压液流冲洗。泥浆各项性能指标的要求不仅与地层情况有关，而且与钻孔方法关系很大，其基本要求是：相对密度（习惯比重）为1.02～1.45，漏斗粘度16～35s，含砂率＜8%～4%，失水率＜15～30ml/30min，胶体率＞90%～95%，pH值为8～11。

泥浆制备好后，应开挖泥浆沟，沉淀池和泥浆池等，以保证其循环利用。

定额说明：

（1）定额钻孔土质分为8种：

1）砂土：粒径≤2mm的砂类土，包括淤泥、轻亚黏土。

2）黏土：亚黏土、黏土、黄土，包括土状风化。

3）砂砾：粒径2～20mm的角砾、圆砾含量≤50%，包括礓石黏土及粒状风化。

4）砾石：粒径2～20mm的角砾、圆砾含量＞50%，有时还包括粒径为20～200mm的碎石、卵石，其含量在50%以内，包括块状风化。

5）卵石：粒径20～200mm的碎石、卵石含量大于10%，有时还包括块石、漂石，其含量在10%以内，包括块状风化。

6）软石：各种松软、胶结不紧、节理较多的岩石及较坚硬的块石土、漂石土。

7）次坚石：硬的各类岩石，包括粒径大于500mm、含量大于10%的较坚硬的块石、漂石。

8）坚石：坚硬的各类岩石，包括粒径大于1000mm、含量大于10%的坚硬的块石、漂石。

（2）成孔定额按孔径、深度和土质划分项目，若超过定额使用范围时，应另行计算。

成孔是旱地钻孔桩施工的一个重要环节。

成孔按施工工艺的不同可分为下列几种：

1）正循环回转钻进；

2）反循环回转钻进；

3）潜水电钻；

4）冲击钻进；

5）冲抓钻进。

成孔直径可分钻机钻孔直径和人工挖孔直径。

钻孔直径：当用回转机具成孔时，直径为 600 或 650、800、1000、1200（mm）等，更大直径有 1500～2800mm，当采用冲孔时，直径要小些。

人工挖孔桩直径，挖孔桩直径不宜小于 1m，深度为 15m 者，桩径应在 1.2～1.4m 以上，桩长度宜在 30m 内。

（3）埋设钢护筒定额中钢护筒按摊销量计算，若在深水作业，钢护筒无法拔出时，经建设单位签证后，可按钢护筒实际用量（或参考表 2-45 重量）减去定额数量一次增列计算，但该部分不得计取除税金外的其他费用。

（4）灌注桩混凝土均考虑混凝土水下施工，按机械搅拌，在工作平台上导管倾注混凝土。定额中已包括设备（如导管等）所需混凝土摊销及扩孔增加的混凝土数量，不得另行计算。

每米护筒重量 **表 2-45**

桩径（mm）	800	1000	1200	1500	2000
每米护筒重量（kg/m）	155.06	184.87	285.93	345.09	554.6

导管：导管一般用无缝钢管或钢板卷制焊成，其直径应按桩径和每小时需要通过的混凝土数量确定。导管的技术性能和适用范围见表 2-46 所示。导管的分节长度应按工艺要求确定，一般为 2m，但底管不得短于 4m，且不设法兰盘。上部导管长为 1m、0.5m 或 0.3m，以便保证导管的合理埋深。导管各分节之间“O”型橡胶密封圈或厚度为 4～5mm 的橡胶垫圈密封，严防漏水。

导管规格和适用范围 **表 2-46**

导管内径（mm）	适用桩径（mm）	通过混凝土能力（m^3/h）	导管壁厚（mm）		连接方式	备　注
			无缝钢管	钢板卷管		
ϕ200	ϕ600～ϕ1200	10	8～9	4～5	丝扣或法兰	导管的连接和卷制必须密封，不得漏水
ϕ230～ϕ255	ϕ800～ϕ1800	15～17	9～10	5	插接或法兰	
ϕ300	≥1500	25	10～10	6	插接或法兰	

桩孔内安装多节导管组成的导管柱。确定其合理长度时，应考虑导管柱的底和顶的位置，其中，导管柱底与孔底的距离宜为 25～50cm，以便既能顺利放出隔水塞，使首批混凝土快速扩散，又能避免导管柱底口进泥浆。导管柱顶（漏斗底口）应高于泥浆面或桩顶，以保证在灌注后期导管内混凝土顺利流布到导管外并将导管外的首批混凝土顶开，其高度不得小于 4～6m。

(5) 定额中未包括：钻机场外运输、截除余桩、废泥浆处理及外运，其费用可另行计算。

场外运输：预制梁从预制场至施工现场的运输称为场外运输，常用大型平板车，驳船或火车运至桥位现场。场内运输：指预制梁在施工现场内运输称为场内运输，常用龙门轨道运输、平车轨道运输、平板汽车运输，也可采用纵向流移法运输。

钻机场外运输常用平板汽车运至施工现场。

截除余桩：指在钻孔灌注桩浇筑混凝土后，其将桩浇至设计桩长之外，这些桩头露出地面过高，应截除掉，方便在上面浇筑梁或承台。截除余桩可用铁凿及铁锤将桩头打破露出钢筋。

泥浆：钻孔泥浆由水，黏土（膨润土）和添加剂组成，具有浮悬钻渣，冷却钻头，润滑钻具，增大静水压力，并在孔壁形成泥皮，隔断孔内外渗流，防止坍孔的作用。废泥浆可用泥浆泵吸出来排除掉。

(6) 定额中不包括在钻孔中遇到障碍必须清除的工作，发生时另行计算。

钻孔中遇到的障碍情况有：坍孔、钻孔偏斜，扩孔与缩孔，钻孔漏浆，掉钻落物，糊钻以及形成梅花孔、卡钻、铅杆折断等。

(7) 泥浆制作定额按普通泥浆考虑，若需采用膨润土，各省、自治区、直辖市可作相应调整。

(8) 灌注桩成孔工程量按设计入土深度计算。定额中的孔深指护筒顶至桩底的深度。成孔定额中同一孔内的不同土质，不论其所在的深度如何，均执行总孔深定额。

(9) 人工挖桩孔土方工程量按护壁外缘包围的面积乘以深度计算。

(10) 灌注桩水下混凝土工程量按设计桩长增加 1.0m 乘以设计横断面面积计算。

钢筋笼是灌注桩的一种加固措施，使中心混凝土不易开裂，增加混凝土的延性，其钢筋笼的箍筋形式有环箍，螺旋箍、单支箍、双支箍等。其中圆形钢筋笼常用环箍，螺旋箍等，螺旋箍的效果比环箍要好，但制作较麻烦，通常很少用（除设计要求外）。而单支箍，双支箍通常是针对方形或矩形钢筋笼而言。

预埋铁件一般起焊接、搭接作用和连接上部构件，如联系梁、承台等。在施工时预先将铁件埋入，其埋入深度应根据计算确定。

(11) 定额均为打直桩，如打斜桩（包括俯打、仰打）斜率在 1∶6 以内时，人工乘以 1.33，机械乘以 1.43。

如 3-19 陆上打钢筋混凝土方桩，斜率为 1∶8，则定额单价换算为：

基价＝145.38×1.33＋45.85＋588.18×1.43＝1080.31（元）

振动桩锤不适宜于打斜桩，射水沉桩不能用于打斜桩，双动汽锤适宜于打斜桩。柴油打桩机机架的导架有固定的和前后可倾斜的两种，后者一般向前倾斜不小于 1∶10，向后倾斜不小于 1∶40，倾斜度偏差不得大于倾斜角（桩纵向中心线与铅垂线的夹角）的正切值的 15%。

(12) 定额均考虑在已搭置的支架平台上操作，但不包括支架平台，其支架平台的搭设与拆除应按本册第九章有关项目计算。

桩架：桩架的作用是吊装吊桩锤、打桩、控制桩锤的上下方向。它包括导杆（又称龙门，控制锤和桩在打桩时的上下及打入方向）、起吊设备（滑轮、绞车、动力设备等）、撑架（支撑导杆）及底盘（承托以上设备）等。桩架常用的有木桩架和钢桩架。

（13）陆上打桩采用履带式柴油打桩机时，不计陆上工作平台费，可计 20cm 碎石垫层，面积按陆上工作平台面积计算。

履带式柴油打桩机指桩架在履带上行走，桩锤采用柴油打桩锤。柴油桩锤与桩架、动力设备配套组成柴油打桩机。

20cm 碎石垫层：在打桩时，固定桩架和打桩其他设备，使之不倾斜或下陷，否则打入的桩就不准确或者说无法进行施工，所以一般在地面上垫碎石或素混凝土来防止桩架下沉或倾斜，此处 20cm 碎石垫层正是如此，它当然要计入打架费用，面积按陆上工作平台面积计算。

工作平台：工作平台包括打桩机械工作平台，施工机械工作平台，运输、挖土机械工作平台。

（14）船上打桩定额按两艘船只拼搭、捆绑考虑。

在水上打桩时可采用将打桩机放在船上，且按两艘船拼搭考虑。船上打桩一般用水中墩台较多，或河水较深时，且必须用 30％的船载压仓。除上述情况之外，在水中的墩台桩一般先搭好脚手桩（支架桩），上面搭设打桩工作平台，这种打入的桩较船上打桩准确。

拼搭：指用钢锚、铁链或缆绳将两只船捆绑在一起，且要用下水锚将船只固定。

（15）打板桩定额中，均已包括打、拔导向桩内容，不得重复计算。

导向桩：指定位桩，引导其他的桩就位、下沉。

安拆导向夹具：安拆导向夹具以钢板柱的长度为标准，以 10m 为计算单位。导向夹具的作用是帮助桩准确定位和下沉。安拆导向夹具项目中包括人工（即综合工日）、材料（即二等板方材、二等硬木板方材、铁件）、机械（即柴油打桩机）。

（16）陆上、支架上、船上打桩定额中均未包括运桩。

运桩：预制桩通常在施工现场的预制场内或在预制构件厂内预制，从预制地点将桩运至桥头或施工现场就是运桩。

桩的运输及吊装是一种比较费时费工的工作，规模小或少量桩或许工作较简单，但对于长桩或数量较多的桩运输和吊装的费用很高，而且技术要求也较高，所以陆上、支架上、船上打桩定额中均不包括运桩费用及操作过程。

（17）送桩定额按送 4m 为界，如实际超过 4m 时，按相应定额乘以下列调整系数：

1）送桩 5m 以内乘以 1.2 系数；

2）送桩 6m 以内乘以 1.5 系数；

3）送桩 7m 以内乘以 2.0 系数；

4）送桩 7m 以上，以调整后 7m 为基础，每超过 1m 递增 0.75 系数。

计算打桩定额时，要查清送桩的类别、性质，控制其质量要求。例如打钢管桩时，当桩比较短或施工阻力较小时，可采取送桩至桩顶标高。送桩深度一般控制在 5～7m。当土质比较弱，挖土打桩有困难或桩比较长，采用送桩时，锤击能量大，有可能打不到预定深度。

（18）打桩：

1）钢筋混凝土方桩、板桩按桩长度（包括桩尖长度）乘以桩横断面面积计算；

2）钢筋混凝土管桩按桩长度（包括桩尖长度）乘以桩横断面面积，减去空心部分体积计算；

3）钢管桩按成品桩考虑，以吨计算。

预制方桩工程量＝设计桩长×桩截面面积×打桩根数

桩长指从桩尖到桩顶面的距离，体积不扣除桩尖的虚体积。预应力混凝土管桩的空心管直径为30～55cm，长度每节4～12m，用钢制法兰及螺栓连接，管壁厚度为8cm。在计算管桩的工程量即体积时，空心体积应扣除，但空心部分灌有混凝土或其他填充材料，要分别进行计算。

如打桩的桩长及截面尺寸如图2-70、图2-71所示，计算其工程量。

$$桩工程量=0.3\times0.3\times10=0.9m^3$$

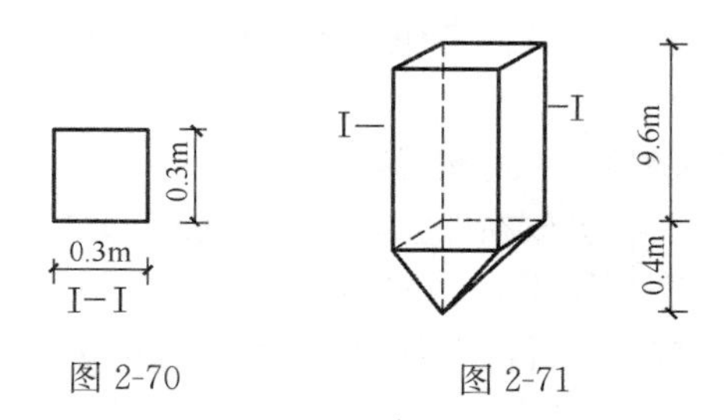

图2-70　　图2-71

（19）焊接桩型钢用量可按实调整。

（20）送桩：

1）陆上打桩时，以原地面平均标高增加1m为界线，界线以下至设计桩顶标高之间的打桩实体积为送桩工程量；

2）支架上打桩时，以当地施工期间的最高潮水位增加0.5m为界线，界线以下至设计桩顶标高之间的打桩实体积为送桩工程量；

3）船上打桩时，以当地施工期间的平均水位增加1m为界线，界线以下至设计桩顶标高之间的打桩实体积为送桩工程量。

陆上打桩指在自然地面上直接安置打桩机打桩，不需要安装打桩架或其他设备，此种打桩方式比较简单，且费用较低。陆上打桩包括打预制钢筋混凝土桩、预制钢管桩、木桩等。

支架上打桩一般指在施工现场的地质较差，湿度较大或在水上打桩。这种打桩一般要搭设桩架或脚手架，将打桩机安装在支架上打桩，相对于陆上打桩来说，费用较高，操作也比较麻烦。由于桩支架是固定的，不能随意的调整其高度，以当地施工期间的最高潮水位置增加0.5m为界线，界线以下至设计桩顶标高之间的打桩实体积为送桩工程量。

船上打桩工程一般用于桥梁的墩台基础施工。在建造小型桥梁时，一般打入的是钢板桩。

船上打桩时，以当地施工期间的平均水位增加1m为界线，界线以下至设计桩顶标高之间的打桩实体积为送桩工程量。如果是在大河或江上打桩时，且施工工期较长，应考虑是否有汛期出现，且也应考虑到最高水位的数值，以免造成不必要的损失。

040301007　挖孔桩土（石）方

040301008　人工挖孔灌注桩

挖孔灌注桩是利用简易机具，人工挖掘成孔，至持力层或岩层中，清空调放钢筋笼，在孔内浇筑混凝土而成。

挖孔桩的特点：直径大，单桩承载力大；造价低，成功直观且混凝土质量可靠，施工噪音低可以全面作业、施工进度快，容易穿过孤石和清理沉渣（沉降量小）；施工机具简单，不需较多技术人员，但其施工中不安全因素多、危险性大、作业环境差、劳动强度大。

挖孔灌注桩构造：

人工挖孔灌注桩直径一般为1～3.5m，孔深在5～40m，国内施工直径最大达6m，国内设计最深达55m。实挖时达60.4m。桩底部采取不扩孔或扩孔两种形式。

护筒是位于孔口且其中心线与桩孔一致的筒状物，一般用木材、薄钢板或钢筋混凝土制成。若基坑易于开挖，且地下水埋深大于1.5m，也可以采用砖砌护筒。护筒内径应比钻头直径稍大，旋转钻进时，增大0.1～0.3m，冲击或冲抓钻进时，增大0.2～0.4m。

护筒的作用是：

固定桩位，并作钻孔导向；

防止孔口土层坍塌；

隔离孔内外表层水，并保持孔内水位高出地下水位以稳固孔壁；

充当测量基准。

埋设护筒：钻孔成败的关键是防止孔壁坍塌。当钻孔较深时，地下水位以下的孔壁土在静水压力作用下会向孔内坍塌，甚至发生流砂现象。钻孔内若能保持比地下水位高的水头，增加孔内静水压力，就能稳定孔壁，防止坍孔。护筒除起到这个作用外，还有隔离地表水、保护孔口地面、固定桩孔位置和起到钻头导向作用等。

埋设护筒可采用下埋式或上埋式，并应注意下列几点：

（1）护筒的中心偏差不宜大于50mm，倾斜度的偏差不宜大于1%，以保证桩位偏差和桩身垂直度不超出容许值。

（2）护筒顶标高应高出地下水位1.5～2.0m以上，以开减水头差，保持孔壁稳定。在无水地层钻孔，因护筒顶部设有溢浆口，筒顶应高出地面0.3m。

（3）安制护筒底端埋置深度，对于黏性土，不小于1.0～1.5m；对于砂土，应将护筒周围0.5～1.0m范围内挖除，夯填黏性土至护筒底0.5m以下。冰冻地区应埋入冻层以下0.5m。其目的是防止护筒脚冒水，并保持护筒稳定。

支架上埋设钢护管：在水上施工桩基和旱地上施工桩基的基本方法是相似的，支架上埋设钢护筒适用于水上施工桩基。只是由于水中施工时，未知因素（如水文，地质等）太多，且都将直接影响工程质量，安全和工期，因此，水中施工桩基的难度较大，常采用一些特殊的方法。

在浅水或临近河岸区施工时，一般先修筑土袋围堰或土岛等，或者施打临时桩，搭设脚手架，或者施工临时便桥，以形成施工平台，然后埋置护筒。埋置护筒时，可采用上埋式，或下沉埋设，并注意以下几点：

（1）护筒平面位置应正确，偏差不宜大于50mm；

（2）护筒顶标高应比施工最高水位高1.5～2.0m，护筒底应比施工最低水位低0.1～0.3m。下沉埋设的护筒应沿导向架借自重、射水、震动或锤击等方法沉至稳定深度，要求进入黏性土0.5～1m，进入砂性土3～4m。

人工挖桩孔土方：指人工挖桩孔的土方量。土方量工程在灌注桩施工中占有重要的地位，其土方量为桩底面积乘以桩的长度。

人工挖桩孔所采用的方法如下；采取分段开挖，一般以 0.8～1.0m 为一施工段，从上到下由人工逐段用镐、锹挖土。同一段内的挖土次序为先中间后两边，扩底部分先挖桩身圆柱体；再按扩底尺寸从上到下削土修成扩底形。遇到特别坚硬的土层或岩层时，用锤和钎甚至用风镐破碎，必要时采用浅眼爆破法，但要在炮眼附近加强支护，以防震坍孔壁。桩孔较深时，应采用电引爆，并经检查孔内无毒后方可下孔施工。当桩底进入斜岩层时，应凿成水平或台阶。挖孔过程中，要采取有效排水措施。

安装混凝土护壁：若地层情况特别好，孔深不大，不护壁也可顺利成孔。但一般都应护壁。工程上广泛采用红砖，混凝土或钢套管等三种护壁形式。其中，红砖护壁主要适用于水量不大，土质较好及深度小的情况，钢套管常用来处理复杂地层。

护壁混凝土要注意捣实，因它起着护壁与防水双重作用。上下护壁间搭接不小于 5m，同一水平面上的井圈任意直径的极差不得大于 5cm，混凝土护壁分为外齿式和内齿式两种。其中外齿式的优点是：作为施工用的衬体，坑塌孔的作用更好；便于人工用钢钎等捣实混凝土，增大桩侧摩阻力。不管哪种形式，护壁厚度土不宜小于 10cm，混凝土强度等级不得低于桩身混凝土强度等级，上下节护壁间宜用钢筋拉结。

在整个成孔过程中，当开挖、排水和护壁是循环进行时，每节护壁均应在当日连续施工完毕。施工到设计深度后，即检验桩孔尺寸和持力层是符合设计要求，并清除虚土和积水，然后安装钢筋骨架，并通过溜槽灌注混凝土。若孔内水量大，应采用导管法进行水下灌注。

040301009　钻孔压浆桩

压降参数主要有压浆水灰比、压浆量和闭盘压力，压浆参数会因地质条件的不同而有所不同。

040301010　灌注桩后注浆

灌注桩成桩后一定时间，通过预设于桩身内的注浆导管及与之相连的桩端、桩侧注浆阀注入水泥浆，使桩端、桩侧土体（包括沉渣和泥皮）得到加固，从而提高单桩承载力，减小沉降。

040301011　截桩头

在基坑开挖后把高于使用标高这部分截除掉就是截桩

040301012　声测管

声测管是灌注桩进行超声检测法时探头进入桩身内部的通道。它是灌注桩超声检测系统的重要组成部分，它在桩内的预埋方式及其在桩的横截面上的布置形式，将直接影响检测结果。

2. 基坑与边坡支护

040302001　圆木桩

木桩常用松木、杉木做成，其桩径（小头直径）一般为 160～260mm，桩长为 4～6m。木桩自重小，具有一定的弹性和韧性，又便于加工，运输和施工。木桩在淡水下是耐久的，但在干湿交替的环境中极易腐烂，故应打入最低地下水位以下 0.5m。由于桩的承载能力很小，以及木材的供应问题，现在只在木材产地和某些应急工程中使用。木桩桩顶应加设铁箍，以保护桩顶不被打裂，桩尖削成棱锥形，常加铁桩靴。

040302002　预制钢筋混凝土板桩

钢筋混凝土板桩：位置允许偏差 100mm，垂直度 1%。用于防渗允许偏差不大于 20mm，用于挡土不大于 25mm，横截面相对两边之差 5mm，凸榫或凹榫±3mm，保护层厚度±5mm，桩尖对桩轴线位移 10mm，桩身弯曲矢高不大于 0.1%桩长且不大于 10mm。

打钢筋混凝土预制板桩的定额按单个长度为 8m、12m、16m 以内与陆上、支架上分别执行。

040302003　地下连续墙

地下连续墙是远方基础工程在地面上采用一种挖槽机械，沿着深开挖工程的周边轴线，在泥浆护壁条件下，开挖出一条狭长的深槽，清槽后，在槽内吊放钢筋笼，然后用导管法灌筑水下混凝土筑成一个单元槽段，如此逐段进行，在地下筑成一道连续的钢筋混凝土墙壁，作为截水、防渗、承重、挡水结构。

本法特点是：施工振动小，墙体刚度大，整体性好，施工速度快，可省土石方。

可用于密集建筑群中建造深基坑支护及进行逆作法施工，可用于各种地质条件下，包括砂性土层、粒径 50mm 以下的砂砾层中施工等。

040302004　咬合灌注桩

咬合灌注桩是基坑护壁的一种方式。基坑开挖后，边坡的土方会因为侧压力向坑内垮塌，所以需要基坑护壁。

咬合桩截面类似奥迪车的标注，一个圆圈咬着另一个圆圈，这个形成的护壁桩墙，可以防止透水。

040302005　型钢水泥土搅拌墙

040302006　锚杆（索）

指钻凿岩孔，然后在岩孔中灌入水泥砂浆并插入一根钢筋，当砂浆凝结硬化后钢筋便锚固在围岩中，借助于这种锚固在围岩中钢筋能有效地控制围岩或浅部岩体变形，防止其滑动和坍塌，这种插入岩孔，锚固在围岩中从而使围岩或上部岩体起到支护作用的钢筋称为“锚杆”。

040302007　土钉

土钉是用来加固或同时锚固现场原位土体的细长杆件。通常采取土中钻孔置入变形钢筋，即带肋钢筋，并沿孔全长注浆的方法做成土钉。

040302008　喷射混凝土

喷射混凝土，是用压力喷枪喷涂灌筑细石混凝土的施工法。常用于灌筑隧道内衬、墙壁、天棚等薄壁结构或其他结构的衬里以及钢结构的保护层。

3. 现浇混凝土构件

现浇混凝土构件是由混凝土搅拌站拌制成预拌混凝土（尚属拌合物状态），由专门的搅拌车运送至工地现场，自卸或由泵车浇注至现场预先安装好的模板中，现场收水养护，硬化后成为建筑构件，整体性相对较好。

040303001　混凝土垫层

混凝土垫层是钢筋混凝土基础与地基土的中间层，用素混凝土浇制，作用是使其表面平整便于在上面绑扎钢筋，也起到保护基础的作用，都是素混凝土的，无需加钢筋。如有钢筋则不能称其为垫层，应视为基础底板。

040303002　混凝土基础

这里的基础一般为桥梁墩台的基础，它是将上部荷载传给地基的中间部分。桥梁的基础施工属于桥梁下部结构施工。根据桥梁基础埋置深度可分为浅基础与深基础，浅基础一般采用明挖工程，深基础可采用多种方法施工，例如打入桩、钻孔灌注桩、沉井、沉箱等。

在天然土层上直接建造桥梁基础，可采用明挖法，即不用任何支撑的一种开挖方式；当地基土层较软，放坡受施工条件限制时，可采用各种坑壁支撑。采用明挖法施工特点是工作面大，施工简便，其施工程序和主要内容为基坑定位放样，基坑围堰，排水，开挖，支撑及基底的质量检验处理。

碎石垫层是基底的一种处理方式，当基底为黏土层时，铲平坑底，尽量不扰动土的天然结构，不得用回填土的方法来整平基坑，必要时，加铺一层厚 30～50mm 的碎石垫层，层面不得高出基底设计高程，基坑垫好后，要尽快处理，防止暴露过久或被雨水淋湿而变质。

混凝土垫层：指用素混凝土铺垫基底，垫层厚度一般为 50～70mm，它宜用于浅基础、条形基础的基底里。垫层铺设后，待干燥至一定强度后即可铺设钢筋网浇灌地基梁，混凝土是以立方米作计量单位。

混凝土基础是最常用的一种基础形式，其操作流程为：①将地基垫层上支模板，安放钢筋笼（如果没有垫层，则基础的厚度放宽 30～40mm），浇灌混凝土，振捣密实。②待基础养护至 70%的强度后，即可回填土，压实基础两侧的坑洞。

毛石混凝土：指混凝土中的粗骨料是由毛石拌和的，此种混凝土一般用于大体积浇筑工程（如桥梁的墩台及基础），其浇筑量以立方米作计量单位。

040303003　混凝土承台

承台：承台有高承台与低承台之分，高承台指承台的底部脱离地面，低承台指承台的底部与地面紧贴，低承台对地基承载力有利。

模板（无底模）：无底模模板指只有侧模没有底模的模板，此种模板在砖混结构中比较常用，其底模由砖墙代替，只需用铁夹将侧模夹紧即可浇筑混凝土。可节约一部分模板。

模板（有底模）：有底模模板一般呈槽形，用于浇筑现浇梁或板，其浇筑的梁或板的质量较好，浇筑时，水泥浆不会流失。

040303004　混凝土墩（台）帽

在支座下面墩帽内设置直径为 $\phi8$～$\phi12$，间距为 7～10cm 的钢筋网，其余部分大、中桥应设直径为 $\phi6$～$\phi10$，间距为 15～25cm 的构造钢筋，钢筋网尺寸应为支座垫板的 2 倍。

大、中桥支座下面可设置支承垫石，由钢筋混凝土构成，当墩台要安置不同高度支座时，应用以承垫调整高度（图 2-72），固定支座的支承垫石可埋入也可露出墩帽外，活动支座的支承垫石可埋入墩帽内，支承垫石的厚度一般比支座长 1/2～1/3 倍，边长大 15～20cm。

为了节省墩身及基础的砌体体积，也可采用钢筋混凝土悬臂式和托盘式墩帽（图 2-73），悬臂式墩帽采用 C20 以上混凝土，墩帽端部高度通常采用 30～40cm，并按需要配置受力钢筋；托盘式墩帽内是否配置受力钢筋则应由主梁着力点和托盘扩散角大小而定。

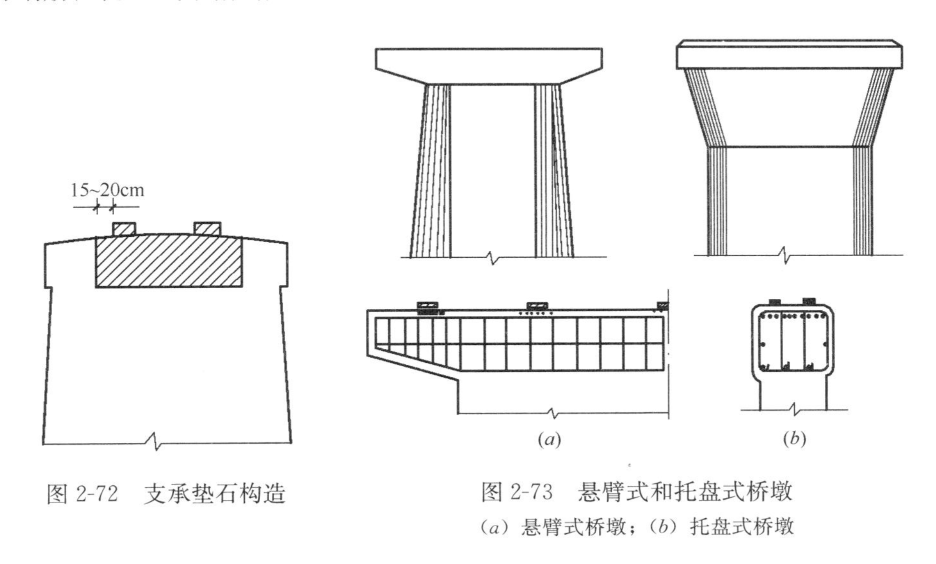

图 2-72 支承垫石构造

图 2-73 悬臂式和托盘式桥墩

(a) 悬臂式桥墩；(b) 托盘式桥墩

040303005 混凝土墩（台）身

墩：桥梁墩主要由墩帽、墩身和基础三部分组成。桥梁墩、台主要作用是承受上部结构传来的荷载，并通过基础又将此荷载及本身自重传递到地基上。桥墩一般系指多跨桥梁的支承结构物，它除承受上部结构的荷重外，还要承受流水压力，水面以上的风力以及可能出现的冰荷载，船只、排筏或漂浮物的撞击力。桥台除了是支承桥跨结构的构筑物之外，它又是衔接两岸接线路堤构筑物，既要能挡土护岸，又要能承受台背填土及填土上车辆荷载所产生的附加侧加力。因此，桥梁墩、台不仅本身应具有足够的强度、刚度和稳定性，而且对地基的承载能力、沉降量、地基与基础之间的摩阻力等也都提出一定的要求，以避免在这些荷载作用下有过大的水平位移、转动或者沉降发生。这一点对超静定结构桥梁尤为重要。

墩身与台身都是桥梁结构的一部分。墩身是桥墩的主体结构所采用的材料为块石、料石或混凝土，墩身平面的形状一般为圆端形或尖端形，目的主要是为了便于水流和漂浮物能顺利通过，某些桥墩，也可作为矩形，例如无水桥墩等，若河流的流速较大或河面上有大量的漂浮物，需在桥墩的迎水端做成破冰凌体，破冰凌体所用材料为强度较高的石料或用钢筋加固的高强标号的混凝土均可。

台身：台身由前墙和侧墙构成。前墙正面多采用 10∶1 或 20∶1 的斜坡。侧墙与前墙结成一体，兼有挡土墙和支撑墙作用。侧墙的正面一般是直立的，其长度视桥台高度和锥坡坡度而定。前墙的下缘一般与锥坡下缘相齐，因此，桥台越高，锥坡越坦，侧墙则越长。侧墙尾端，应有不小于 0.75m 的长度伸入路堤内，以保证与路堤有良好的衔接。台身的宽度通常与路基的宽度相同。

轻型桥台：轻型桥台分梁桥式轻型桥台和拱桥轻型桥台。

(1) 梁桥式轻型桥台：与轻型桥墩相似，但还将承受台后土侧压力，桥台上部与台帽相衔接时，应用栓钉相连接中间空隙应被填塞，填塞所用材料是小石子混凝土或砂浆，栓钉直径应大于上部构造主筋的直径，锚固的总长度等于台帽厚度加板厚和三角垫层。

桥台主要位于支撑梁顶座上，根据翼墙的形式不同，可分为三类即八字形、一字形和耳墙形。

(2) 拱桥轻型桥台：在13m以内的小跨径拱桥和桥台水位移很小的情况下均可适用此种类型的轻型桥台，当桥台受到拱的推动后，便向路堤方向转动，主要是绕基底形心轴而向方向转动，这样使台后的土产生抵抗力来抗衡水平推力，由此在很大程度上减小了桥占尺寸。

轻型桥台多式多样，一般情况下用U字形和八字形桥台，以及后来产生的E形Ⅱ形以及靠背式框架桥台等。

实体式桥台即重力式桥台，由三部分组成即台身、台帽和基础组成，重力式桥占形式多样，常用的类型有埋置式桥台、八字式、一字式和U形桥台等，采用的类型主要是依据桥梁高度、跨径墩台及地形条件而确定。

拱桥重力式桥台是拱桥台使用最广泛的一种形式，其构造和外形与重力式梁桥U形桥台相仿。主要差别在于拱脚截面处前墙顶比梁桥台前墙宽，用以抵抗拱桥产生的水平推力和直接剪力。空腹式拱桥前墙顶部还应设置防护墙（背墙），以此挡住路堤填土。

拱桥墩身与梁桥墩身相似，是桥墩的主体。通常采用料石、块石或混凝土建造。为了便于水流和漂浮物通过，墩身平面形状通常做成圆端形或尖端形，无水桥墩则可做成矩形，在有强烈流水或大量漂浮物的河流上，应在桥墩的迎水端做破冰凌。破冰凌体由强度较高的石料砌筑，也可用高强标号混凝土并以钢筋加固。

柱式墩台身的结构特点是由分离的两根或多根立柱（或桩柱）所组成，是公路桥梁中采用较多的桥墩形式之一。它的外形美观，圬工体积少，而且体轻。

双柱式桥墩应用更广泛，它由两个腰圆形柱和设置在柱顶上的墩帽以及连系梁所组成。柱的底端被联体整体。这种桥墩的刚度较大，适用性较广，并可与桩基配合使用。缺点是模板工程较复杂，柱间空间小，易于阻滞漂浮物，故一般多在水深不大的浅基础或高桩承台上采用，而避免在深水，深基础及漂浮物多，有木筏的河道上采用。

钻孔桩柱式桥墩适合于许多场合和各种地质条件。对于宽桥可采用三柱式或多柱式，视桩的承载能力而定，也可把洪水位以下部分墩身做成实体式，以增强抵抗漂浮物的能力。通过增大桩径，桩长或用多排桩加建承等措施，也能适用于更复杂的软弱地质条件，以及较大跨径和较高的桥墩。它的施工方式也较优越，全部墩台工程都可以在水上作业，避免了最繁重的水下作业，故目前应用较广。

040303006　混凝土支撑梁及横梁

支撑梁：指起支撑两桥墩相对位移的大梁，也称主梁，其次梁和横梁都搭在支撑梁上，因此支撑梁的构造要求强度大，承载能力高，有一定的抗冲击韧性，其浇筑时多用有底模板，以模板与混凝土的接触面积来计算模板的工程量。

横梁一般是搁在支撑梁上，起承担横梁（次梁）上部的荷载，横梁相对于支撑梁来说，其跨度要小得多，一般为3～20m，而支撑梁跨度最高可达50m。横梁要求轻质高强，截面尺寸不易过大。

040303007　混凝土墩（台）盖梁

墩盖梁：墩盖梁中的盖梁制作成槽形，通过吊装安放在墩台上，此种盖梁自重较轻，但抗弯和抗扭的性能较好，是一种比较合理的桥上盖梁。

台盖梁与墩盖梁相似，只是台盖梁放在桥台上，而墩盖梁放在墩身顶部。盖梁的外形与尺寸一般相同。都为槽形或 T 形梁，其抗弯强度较大。

040303008　混凝土拱桥拱座

拱座指与拱肋相连的部分，主要支承拱上结构的重要构件。拱座又称拱台，位于拱桥端跨末端的拱脚支承结构物。梁桥的拱台，除承受竖向外力外，主要水平力则来自路堤向桥孔结构方向的土压力；而拱台所受竖向力为拱轴向力的竖向分力，水平力为其水平分力，方向自桥孔结构向路堤，从绝对值而言，拱台的水平力比梁桥桥台的水平力大得多，梁桥桥台无活荷载时重心在后（近路堤方向）而后仰，拱台在无活载时则重心在前面前倾。

在浇筑拱座时，混凝土以 m^3 为计量单位，模板以接触混凝土的面积 m^2 为计量单位，多余的模板毛边应不计入总工程量。

040303009　混凝土拱桥拱肋

拱肋是拱桥墩的重要组成部分，是拱桥中的主要受力构件。肋拱桥中的拱圈和组合拱桥中的拱均属之。在双曲拱桥中，为拱圈组成部分之一。用钢筋混凝土预制而成。施工时先架设拱肋，再放拱波，然后在其上加浇拱板混凝土，三者共同组成整体拱圈。拱肋混凝土标号应比拱波和拱板稍高。采用无支架施工时，拱肋应保证足够的纵横向稳定。

040303010　混凝土拱上构件

拱上构件也称拱上结构、拱上建筑，指拱桥拱圈以上包括桥面的构造物。为行车平顺和传力而设。有实腹式拱上建筑和空腹式拱上建筑两种形式。前者用拱上挡土墙和填满其间的填料，上面再做桥面而成，后者用腹拱和拱上立墙（立柱）体系，或用钢筋混凝土梁格和刚架体系构成。选择拱上建筑形成的原则，既要节省全桥材料和造价，又要使拱圈受力较好。通常实腹拱上建筑多用于小跨板拱桥，空腹拱上建筑，以其自重较拱上建筑小，多用于大、中板拱桥和各种跨度的肋拱桥。

040303011　混凝土箱梁

梁：在桥梁建筑中，梁一般用在梁式桥梁上，是一种竖直承重构件，其形式有矩形梁、T 形梁、折形梁等。

梁式桥是一种在竖向荷载作用下无水平反力的桥。由于外力（恒载和活荷）的作用与承重结构的轴线接近垂直，故与同样跨径的其他结构体系相比，梁内产生的弯矩最大，通常需用抗弯能力强的材料（钢、木、钢筋混凝土等）来建造。为了节约钢材和木料（木桥使用寿命不长，除战备需要或临时性桥梁外，一般不宜采用），目前在公路上应用最广的是预制装配式的钢筋混凝土简支桥梁。这种桥梁结构简单，施工方便，对地基承载能力的要求也不高，但其常用跨径在 25m 以下。当跨度较大时，为了达到经济省料的目的，可根据地质条件等修建悬臂式或连续式的梁桥，对于很大的跨径，以及对于承受很大荷载的特大桥梁除可建靠钢桥以外，目前也往往修建使用高强度材料的预应力混凝土梁桥。

箱形梁：由钢筋混凝土或钢材组成箱形截面的梁。比实体梁用料省，自重小。常用于承受双向弯矩或兼受弯曲和扭转时。

在此章中的箱梁一般指箱形梁桥，其梁式结构横截面具有封闭周边而形成中空箱室的桥梁。由顶板（车道板）、底板和两侧腹板构成整体式的桥梁上部结构。横向可以布置成单箱、连续多箱（亦称多室）、或间隔并列多箱，视桥宽而定。箱形梁桥整体性好，能承担较大的扭矩，可节省材料，常用于大桥、宽桥和弯桥中，箱的顶、底板可以承受较大的正、负弯矩，在预应力混凝土桥中如将顶板（也可在顶底板中）做成正交各向异性钢桥面板，参与主梁共同受力，可节省钢材，减轻自重，提高跨越能力，最大跨度目前已达300m。当箱室设计较高时，亦可做成供非机动车在室侧底板上行驶的双层桥。

现浇混凝土0号块件：0号块件指块件的一种规格，其中有0、1、2、3…几种块件，每种块件都有一定的尺寸和模数化，采用工厂化生产，现浇0号块件，指利用现浇混凝土立模，放入钢网制作0号块件标准的构件，养护至一定强度后可直接进行搭接和安装，施工非常方便。

悬浇混凝土箱梁也称悬臂浇筑混凝土箱梁。悬臂浇筑法是预应力混凝土桥的一种无支架施工方法。先在墩台顶上做出伸臂，形成工作平台，后在已成节段上设置可移动的钢木行架（梁）悬臂，下吊脚手（统称“吊篮”），以供逐段浇筑梁身混凝土，并施加预应力（参见“预应力混凝土结构”），使新、老梁段联结成整体。混凝土要求缓凝和早强，施工阶段应满足结构的强度、稳定性和变形的要求。此法可节省支架，不影响通航，应用甚广。

支架上现浇箱梁：指现浇箱梁时，用支架做托模或脚手架以及作预应力施工的支承结构。支架一般采用钢桁架式或木制支架。待箱梁达一定强度后，即可拆模，拆模顺序为：先拆支架，后拆模板。模板的工程量以接触混凝土的面积计算。

实心板梁：指在桥梁建筑中，其承重构件为板梁，而不是拱，实心板梁指的是板梁为实体式，中间没有孔洞，这种形式的梁自重大，但制作方便。

空心板梁是桥梁梁板的一种，它将其板梁受拉区的混凝土挖除一部分形成空腹式板梁。这种形式的梁较实心板梁自重轻、节省材料、比较经济，但其缺点有：支模复杂，加预应力较麻烦，费时费工。

040303012　混凝土连续板

这里的板指桥梁结构中的桥面板，这种板的厚度较一般民用建筑中的板要厚，而采用了预应力施工方法，板厚一般为80～500mm（包括大型空心板）。

矩形实体连续板：指板的形状为矩形（其长宽比一般$l/b \geqslant 1.5$），板内无孔洞，即实体。矩形实体连续板指支承在三个支点以上的矩形实体现浇板。

矩形空心连续板：与矩形实体连续板相似，只是板内有孔洞，即空心。按孔洞率不同可将空心连续板分成不同的等级。

（1）低空心率连续板。

（2）中空心率连续板。

（3）高空心率连续板（空心率在60%以上）。

040303013　混凝土板梁

实心板梁：指在桥梁建筑中，其承重构件为板梁，而不是拱，实心板梁指的是板梁为实体式，中间没有孔洞，这种形式的梁自重大，但制作方便。

实心板梁一般用在桥孔结构的顶底面平行、横截面为矩形的板状桥梁。桥面受荷载后力可直接传给墩台。常用钢筋混凝土或预应力混凝土制成。其优点是建筑高度小，模板和钢筋制作简便。缺点是较小跨度板梁桥多用钢筋和混凝土、自重大，仅适用于小跨度桥梁。按制作方法的不同，可分现浇整体式、板桥和装配式铰接板桥；按力学体系可分为简支板桥、连续板桥和悬臂式板桥。现浇整体式板桥尤适用于斜桥和弯桥。空心板桥系由实心板桥挖孔（圆形或椭圆形）而成，用以减轻自重，节省材料，并便于架设，但不易制作预应力桥板，施工也比实心板梁较复杂。

所使用的材料有C30混凝土、草袋、水、板方材、钢支撑 $\phi25$、零星卡具、脱模剂、模板嵌缝料等，使用的机械有双锥反转出料混凝土搅拌机350L，机动翻斗车1t，履带式起重5t，杠圆锯机 $\phi500$。

空心板梁是桥梁梁板的一种，它将其板梁受拉区的混凝土挖除一部分形成空腹式板梁。这种形式的梁较实心板梁自重轻、节省材料、比较经济，但其缺点有：支模复杂，加预应力较麻烦，费时费工。

在空心板梁的浇筑中，混凝土以立方米作计量单位，模板工程量以模板接触混凝土的面积为计算量。

脱膜剂是一种便于均匀涂布在模型（或模具）内表面，能使硬化混凝土制品或橡胶树脂与模型间的粘结力减小，易于脱模的涂料。要求对模型有较好的附着力，不污染制品表面，无腐蚀性。亦可将脱模剂直接加入橡胶或树脂中。混凝土制品常用的脱模剂有肥皂水，废机油和石蜡、松香、肥皂、滑石粉的混合液等多种，橡胶和塑料制品常用的则有硅油、硬脂酸和石蜡等。

040303014　混凝土板拱

拱板多采用现浇混凝土，把拱肋、拱波结合成整体。目前常用波形或折线形拱板，如图2-74(*b*)、(*c*)中所示，其厚度不小于拱波的厚度。这种拱板，可节省材料，减轻自重，使截面刚度分布较均匀，截面重心轴大致居中，受力比较合理。图2-74(*a*)中的填平式拱板，截面刚度在波顶及波脚相差较大，在混凝土收缩，温度变化及荷载反复作用下，波顶易产生纵向裂缝，现已很少采用。

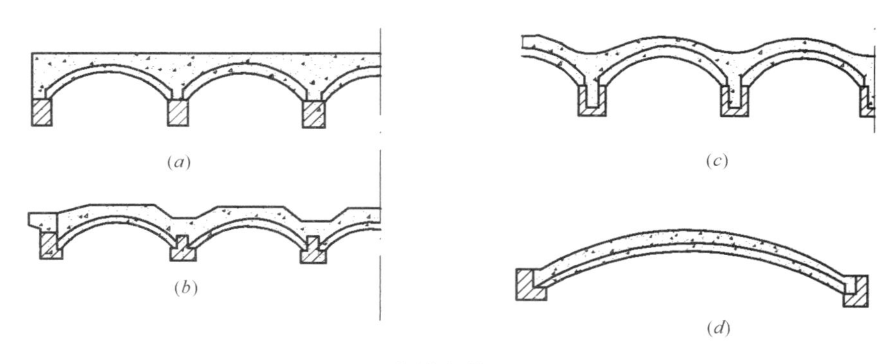

图2-74　双曲拱主拱圈的主要形式

拱板中的钢筋应根据受力情况设置。若计算不需受力钢筋，但仍须在拱板顶部设置纵向构造钢筋，中等跨径的双曲拱一般设置2～3根，直径为12～16mm的纵向钢筋。对拱脚截面，当荷载效应不利组合的设计值小于混凝土的抗力效应设计值时，则按构造钢筋设置，并与拱顶纵向构造筋相接，一起与墩、台拱座伸出的钢筋焊接，形成沿拱圈全弧长的纵向钢筋；当荷载效应不利组合的设计值大于混凝土的抗力效应设计值时，则按大偏心受压构件设置钢筋。

拱顶、拱脚部位的拱板上缘，宜适当设置横向分布钢筋，并与拱肋的锚固钢筋、板顶的纵向钢筋相连接，并予以张紧，从而提高主拱圈的整体性。

拱波一般用混凝土预制成圆弧形。拱波不仅是参与主拱圈共同承受荷载的组成部分，而在浇筑拱板混凝土时，它又起模板的作用。对于多肋多波的截面，拱波的跨径一般为1.3～2.0m，厚度6～8cm，矢跨比1/2～1/5，宽度30～50cm。对于少波和单波的截面，拱波跨径一般为3～5m，厚度6～8cm，矢跨比1/3～1/6，宽度2.5～5m，分块宽度还要由横隔板的间距决定，故宽度不完全相等，各块拱波纵向须按所在部位的坐标放标，曲率各不相同，吊装时需对号就位。大型拱波内一般布置直径为4～6mm的钢筋网，网格间距为30cm×30cm。为了增强拱波与现浇拱板混凝土的结合，可将拱波截面做成图2-75所示。

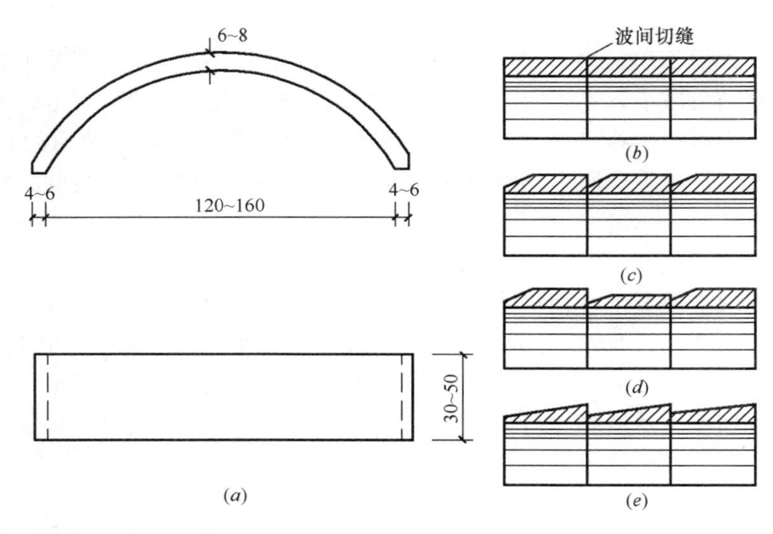

图2-75　拱波的形式（cm）

040303015　混凝土挡墙墙身

支挡结构：为保持结构物两侧的土体有一定高差的结构称为支挡结构。支挡结构有两个方面的用途，一类用作公路和铁路的挡土墙、桥台；水利，港湾工程的河岸及水闸的岸墙；这类支挡结构一般是先筑墙后填土，是永久性构筑物。常被称为挡土墙。另一类用作工业与民用建筑的地下室外墙、基坑工程中的开挖围护结构等，这类支挡结构一般是先在地层中形成支挡结构后再开挖土体，它既可作为临时支挡结构，也可作为永久性的地下结构的一部分。

挡土墙是防止土体坍塌的构筑物，在房屋建筑、水利工程、铁路工程以及桥梁中得到广泛应用，例如，支撑建筑物周围填土的挡土墙、地下室侧墙、桥台以及贮藏粒状材料的挡墙等。

040303016　混凝土挡墙压顶

压顶：是悬臂式挡土墙中所组成的一部分，它由三个悬臂板组成，即立壁、墙趾悬臂和墙踵悬臂。此时墙的稳定由墙踵底板上的土重压住，这种用土压住的做法叫压顶。一般这类墙体截面较小，在市政工程以及厂矿贮库中都有广泛应用。

040303017　混凝土楼梯

混凝土的表现密度范围为 1500～1900kg/m³，是用碎石、卵石、重矿渣作骨料配制的。轻骨料大孔混凝土的表观密度范围为 500～1500kg/m³，是用陶粒、浮石、碎砖、煤渣等作骨料配制成的。

一般对混凝土质量的基本要求是：具有符合设计要求的强度；具有与施工条件相适应的施工和易性；具有与工程环境相适应的耐久性。

常用强度等级的混凝土标号有 C10、C15、C20、C25、C30、C35、C40、C50、C60 等，其 C10、C15 为低强度等级的混凝土；C20、C25、C30 为常用中高强度的混凝土，也可用于桥梁建设的混凝土及预应力混凝土（C30 及以上）；C40、C50、C60 等为高强度混凝土，常用于特殊建筑构件。

混凝土是由胶凝材料、水和粗细骨料按适当比例配合，拌制成拌合物，经一定时间硬化而成的人造石材。

混凝土常按照表现密度的大小分类，一般可分为：

重混凝土：表观密度（试件在温度为 104±5℃的条件下干燥至恒重后测定）大于 2600kg/m³，用特别密实和特别重的骨料制成，如重晶石混凝土、钢屑混凝土等，它们具有不透 X 射线和 γ 射线的性能。

普通混凝土：表观密度为 1950～2500kg/m³，用天然的砂、石作骨料配制成。这类混凝土在土建工程中最常用，如房屋及桥梁等承重结构，道路的路面等。

轻混凝土：表现密度小于 1950kg/m³。它又可以分三类：①轻骨料混凝土，其表观密度范围是 800～1950kg/m³，是用轻骨料如浮石、火山渣、陶粒、膨胀珠岩、膨胀矿渣、煤渣等配制成。②多孔混凝土（泡沫混凝土、加气混凝土）。加气混凝土是由水泥、水与发气剂配制成的。泡沫混凝土是由水泥浆或水泥砂浆与稳定的泡沫制成的。它们的表观密度范围是 300～1000kg/m³。③大孔混凝土（普通大孔混凝土、轻骨料大孔混凝土），其组成中无细料。

040303018　混凝土防撞护栏

防撞护栏：一般桥梁上的防撞护栏指建筑在人行道和车行道之间，当汽车撞向护栏时又自动回到车行道，以确保人行道上行人安全的防护设施。防撞护栏可以是钢管预埋式的，也可是由钢筋混凝土做成的角块，即高路缘。

040303019　桥面铺装

也称行车道铺装，其功用是保护属于主梁整体部分的行车道板不受车辆轮胎（或履带）的直接磨耗，防止主梁遭受雨水的侵蚀，并能使车辆轮重的集中荷载起一定的分布作用。

钢筋混凝土和预应力混凝梁桥的桥面铺装，目前使用下列几种形式：

（1）普通水泥混凝土或沥青混凝土铺装：

在非严寒地区的小跨径桥上，通常桥面内可不做专门的防水层，而直接在桥面上铺筑 5～8cm 的普通水泥混凝土或沥青混凝土铺装层。铺层的混凝土一般用与桥面板混凝土相同的标号或略高一级的，在铺筑时要求有较好的密实度。为了防滑和减弱光线的反射，最好将混凝土做成粗糙表面。混凝土铺装的造价低，耐磨性能好，适合于重载交通，但其养生期比沥青系的铺装长，日后修补也较麻烦。沥青混凝土铺装的重量较轻，维修养护也较方便，在铺筑后只等几小时就能通车运营。桥上的沥青混凝土铺装可以做成单层式的(5～8cm）或双层式的（底层 4～5cm；面层 3～4cm）。

（2）防水混凝土铺装：

对于非冰冻地区的桥梁需作适当的防水时，可在桥面板上铺筑 8～10cm 厚的防水混凝土作为铺装层。防水混凝土的标号一般不低于桥面板混凝土的标号，其上一般可不另设面层，但为了延长桥面的使用年限，宜在上面铺筑 2cm 厚的沥青表面处治作为可修补的磨耗层。

（3）具有贴式防水层的水泥混凝土或沥青混凝土铺装：

在防水程度要求高，或在桥面板位于结构受拉区，而可能出现裂纹的桥梁上，往往采用柔性的贴式防水层。贴式防水层设在低标号混凝土排水三角垫层上面，其做法是：先在垫层上用水泥砂浆抹平，待硬化后在其上涂一层热沥青底层，随即贴上一层油毛毡（或麻袋布、玻璃纤维织物等），上面再涂一层沥青胶砂，贴一层油毛毡，最后再涂一层沥青胶砂。通常这种所谓“三油三毡”的防水层，其厚度约为 1～2cm。为了保护贴式防水层不致因铺筑和翻修路面而受到损坏，在防水层上需用厚约为 4cm，强度等级不低于 C20 的细骨料混凝土作为保护层。等它达到足够强度后再铺筑沥青混凝土或水泥混凝土。由于这种防水层的造价高，施工也麻烦费时，故应根据建桥地区的气候、条件、桥梁的重要性等，在技术和经济上经充分考虑后再采用。

此外，国外也曾使用环氧树脂涂层来达到抗磨耗，防水和减轻桥梁恒载。这种铺装层的厚度通常为 0.3～1.0cm。为保证其与桥面板牢固结合，涂抹前应将混凝土板面清刷干净。显然这种铺装的费用昂贵。

人行道：城市桥梁一般均应设置人行道，人行道一般采用肋板式构造。其中 a 型为上设安全带的构造，它可以单独做成预制块件或与梁一起预制；b 型为附设在板上的人行道构造，人行道部分用填空，上面敷设 2～3cm 砂浆面层或沥青砂，在人行道内缘设置缘石；c 型为小跨型宽桥上可将人行道部分墩台加高，在其上搁置人行道承重板；d 型则适用于整体浇筑的钢筋混凝土梁桥，而将人行道设在挑出的悬臂上，这样可缩短墩台宽度，但施工不太方便。

车行道：位于两人行道中间，供汽车行驶的道路，车行道与人行道之间有缘石（或侧石）相隔离，车行道的路面一般要求比较耐磨、防水。

040303020　混凝土桥头搭板

基本上桥梁和道路连接的地方都要放搭板，主要是为了防止桥梁与道路的不均匀沉降以后，产生的桥头跳车。

040303021　混凝土搭板枕梁

枕梁是放在搭板外侧的，可以理解为搭板的基础，但又不完全是。枕梁的使用，可以使搭板与道路连接更加顺畅。

040303022　混凝土桥塔身

040303023　混凝土连系梁

混凝土连系梁是联系结构构件之间的系梁，作用是增加结构的整体性。

040303024　混凝土其他构件

040303025　钢管拱混凝土

立柱：指支承上部荷载的柱子，其荷载一般在柱顶。

端柱：指荷载可能在柱的两侧，柱子的一端与其他构件连接，另一端则悬空。

灯柱：一般的桥梁上都设照明设备（特别是城市桥梁），照明灯柱可以设在栏杆扶手的位置上，也可以靠近缘石处，其高度一般高出车道5m左右（大多数灯柱设在扶手的位置上）。对于美观要求较高的桥梁，灯柱和栏杆的设计不但要由从桥上的观赏来考虑，而且也要符合全桥在立面上具有统一协调的艺术造型要求。钢筋混凝土灯柱的柱脚可以就地浇筑并将钢筋锚固于桥面中。铸铁灯柱脚可固定在预埋的锚固螺栓上。为了照明及其他用途所需的电讯线路等通常都从人行道下的预留孔道内通过。

地梁：指连接两柱基之间的连系梁。减少两柱基相对沉降量，地梁按上部结构荷载的大小，可设计不同尺寸的截面，其刚度一般都很大。

侧石：也称缘石，是公路桥和城市车行道与人行道分界线。用混凝土预制块或料石做成，顶面高出车行道路面20～30cm（或更高一些），以保障行人安全。

4．预制混凝土工程

040304001　预制混凝土梁

梁：本章的梁专指桥梁结构的梁，即梁桥，用梁作为桥身主要承重结构的桥梁。常用钢筋混凝土，预应力混凝土或钢等材料做成板梁、T形梁、背骨梁、箱形梁和桁架式的简支梁、悬臂梁桥和连续桥等，亦有用钢筋混凝土桥面板与钢主梁，预制的钢筋混凝土成预应力混凝土主梁与现浇（或预制）的钢筋混凝土桥面结合而成结合梁。梁桥构造简单，受力明确，施工便利，是中、小跨径的桥梁中最常采用的桥型。

040304002　预制混凝土柱

柱：柱子有装饰型柱子和承重型柱子，承重型柱子的截面形式有圆形、方形、矩形等；有实心柱及空心柱等。在框架结构及桥梁工程中，是主要的承重构件，是连接基础与上部结构的中间部分。

040304003　预制混凝土板

板：板有现浇板及预制板之分，也有空心板与实心板之分，可制成预应力板，其长（宽）厚之比$\geqslant\frac{1}{20}$。

040304004　预制混凝土挡土墙墙身

挡土墙是防止土体坍塌的构筑物，在房屋建筑、水利工程、铁路工程以及桥梁中得到广泛应用，例如，支撑建筑物周围填土的挡土墙、地下室侧墙、桥台以及贮藏粒状材料的挡墙等。

040304005　预制混凝土其他构件

桁架拱片是桁架拱桥的主要承重结构。桁架拱片一般用整体的钢筋骨架，而且构件接头可靠，混凝土龄期差别小。因此，结构整体性强，抗震性能好。桁架拱桥的大部分构件是预制安装的，上部结构以混凝土体积计算的装配率达70%～80%，同时，施工工序少，对吊装能力的适应性强，且桁架拱片构件预制可与下部结构施工平行作业，工期可相应缩短。

桁架拱片的片数应根据桥梁的宽度、跨径、设计荷载、用料经济、施工简易及桥面板跨越能力等因素综合考虑确定。当桥宽一定时，桁架拱片数愈多，桁架拱片的总用料量也愈多，但桥面板跨径就较小，桥面用料也减少；反之，如桁架拱片片数减少，桁架拱片的总用料量也减少，桥面板跨径则相应增大，桥面用料量也增加。然而，桥跨愈大，因桁架拱片增多而引起的每延米桥长桁架拱片材料用量的增加也愈多，而因桥面板跨径缩小而减少的每延米桥长材料用量却与桥跨无关。因此，桥跨较大时，为减少材料用量宜采用较少的桁架拱片片数。减少桁架拱片片数还可以减少拱片预制吊装工作量，缩短工期。同时，桁架拱片片数少些，桥梁外形亦显得美观。但是，减少拱片片数要受到桥面板跨越能力和吊装能力的限制，应根据需要和可能综合考虑。目前横向微弯板桥面的跨径一般为 2～3m，因此在实用上，对于使用这种桥面板的双车道公路桥梁，一般取 3～4 片。预应力混凝土空心板桥面跨径可达 4m 以上，对于双车道或者三车道公路桥都可取 2 片。

预制混凝土小型构件：

小型构件：桥梁上的小型构件包括栏杆、缘石、灯柱、下水管、拱肋等。

预制梁从预制场至施工现场的运输称为场外运输，常用大型平板车，驳船或火车运至桥位现场。预制梁在施工现场内运输称场内运输，常用龙门轨道运输、平车轨道运输、平板汽车运输、也可采用纵向滚移法运输。

预制构件的安装：在岸上或浅水区预制梁的安装可采用龙门吊机、汽车吊机及履带吊机安装，水中梁跨采用穿苍吊机安装、浮吊安装及架桥机安装等方法。

定额说明：

(1) 混凝土工程量计算：

1) 预制桩工程量按桩长度（包括桩尖长度）乘以桩横断面面积计算。

混凝土预制桩：混凝土预制桩的截面形状，尺寸和长度可在一定范围内按需要选择，其横截面有方、圆等各种形状。普通实心方桩的截面边长一般为 300～500mm。现场预制桩的长度一般为 300～500mm。现场预制桩的长度一般在 25～30m 以内。工厂预制桩的分节长度一般不超过 12m，沉桩时在现场连接到所需长度。

分节预制桩应保证接头质量以满足桩身承受轴力、弯矩和剪力的要求，分节接头采用钢板，角钢焊接后，宜涂以沥青以防锈蚀。还有采用机械式接桩法，以钢板垂直插头加水平销连接，施工快捷，又不影响桩的强度和承载力。

大截面实心桩的自重较大，其配筋主要受起吊、运输、吊立和沉桩等各阶段的应力控制，因而用钢量较大。采用预应力（抽筋或不抽筋）混凝土桩，则可减轻自重，节约钢材，提高桩的承载力和抗裂性。

预应力混凝土管桩，采用先张法预应力工艺和离心成型法制作，经高压蒸气养护生产的为 PHC 管柱，其桩身混凝土强度等级为 C80 或高于 C80，未经高压蒸气养护生产的为 PC 管桩（C60～接近 C80）。建筑工程中常用的 PHC，PC 管桩的外径为 300～600mm，分节长度为 5～13m。桩的下端设置开口的钢桩尖或封口十字刃钢桩尖。沉桩时桩节处通过焊接端头板接长。

2) 预制空心构件按设计图尺寸扣除空心体积，以实体积计算。空心板梁的堵头板体积不计入工程量内，其消耗量已在定额中考虑。

3) 预制空心板梁，凡采用橡胶囊做内模的，考虑其压缩变形因素，可增加混凝土数量，当梁长在 16m 以内时，可按设计计算体积增加 7%，若梁长大于 16m 时，则增加 9% 计算。如设计图已注明考虑橡胶囊变形时，不得再增加计算。

空心板梁的堵头板，指在空心板梁装配后，勾缝和打底灰时，如果不堵塞空心板梁的端部，则水泥浆会流入空心部分而使水泥浆的消耗过大，勾缝也有一定的麻烦，所以空心板梁在装配前就已用堵头板堵塞了端部的孔洞。所以预制空心构件按设计图尺寸扣除空心体积，以实体积计算，空心板梁的堵头板体积不计入工程量内，其消耗量已在定额中考虑。

橡胶囊内模：指用橡胶囊制成的一种模板，它可用作制预制空心板梁的孔洞内模，即称橡胶囊内模。它有一定的弹塑性，所以预制空心板梁时，凡采用橡胶囊作内模的，考虑其压缩变形因素，可增加混凝土数量，当梁长在 16m 以内时，可按设计计算体积增加 7%，若梁长大于 16m 时，则增加 9%计算。如设计图已注明考虑橡胶囊变形时，不得再增加计算。

4）预应力混凝土构件的封锚混凝土数量并入构件混凝土工程量计算。

封锚：指在张拉预应力混凝土构件时的锚具在建筑装配后需要将锚具用混凝土或砂浆密封，以免锚具生锈和预应力损失，这种做法称为封锚。

（2）模板工程量计算：

1）预制构件中预应力混凝土构件及 T 形梁、I 形梁、双曲拱、桁架拱等构件均按模板接触混凝土的面积（包括侧模、底模）计算。

箱形块件一般指箱形截面梁，由箱形截面梁组装成的梁桥称箱形梁桥。这种结构除了梁肋和上部翼缘板外，在底部尚有扩展的底板，因此，它提供了能承受正、负弯矩的足够的混凝土受压区。箱形梁桥的另一重要特点，是在一定的截面面积下能获得较大的抗弯惯矩，而且抗扭刚度也特别大，在偏心的活荷载作用下各梁肋的受力比较均匀。因此箱形截面能适用于较大跨径的是臂梁桥和连续梁桥，也可用来修建全截面均参与受力的预应力混凝土简支梁桥，显然，对于普通钢筋混凝土的简支梁桥来说，除底板陡然增加自重外并无其他益处，故不宜采用。

简单的槽形梁桥横截面，块件之间用穿过腹板的螺栓连结，以使施工简化。槽形梁构件的特点是：截面形状稳定，横向抗弯刚度大，块件堆放、装卸和安装都方便。但这种构件的制造较复杂。梁肋被分成两片薄的腹板，通常用钢筋网来配筋，难以做成刚度大的钢筋骨架。设计经验证明，跨度较大时槽形梁桥的混凝土和钢筋用量都比 T 形梁桥的大，而且构件也重。故槽形梁桥一般只用于 $l=6\sim12$m 小跨径桥梁。

拱肋是肋拱桥的主要承重结构，通常是由混凝土做成。拱肋的数目和间距以及拱肋的截面形式等，均应根据使用要求（跨径、桥宽等）、所用材料和经济性等条件综合比较选定。为了简化构造，宜选用较少的拱肋数量。同时，与其他形式拱桥一样，为了保证肋拱桥的横向整体稳定性，肋拱桥两侧的拱肋最外缘间的距离，一般也不应小于跨径的 1/20。

拱肋的截面，在小跨径的肋拱桥中多采用矩形。肋高约为跨径的 1/40～1/60，肋宽约为肋高的 0.5～2.0 倍。在较大跨径中，拱肋常做成工字形截面，肋高约为跨径的 1/25～1/35。肋宽约为肋高的 0.4～0.5 倍。其腹板厚度常用 0.3～0.5m。当肋拱桥的跨径大，桥面宽时，拱肋还可以采用箱形截面，这就可以减少更多的圬工体积。我国 1961 年建成的湖南省湘潭大桥，净跨径为 60m，矢跨比 1/6，钢筋混凝土拱肋为工字形截面，肋高 1.6m，约为跨径的 1/37.5，肋宽 0.5m，约为肋高的 0.31，肋间间距为 4.0m。

在分离的拱肋间，需设置横系梁，以增强肋拱桥的横向整体稳定性。拱肋的钢筋配置按计算确定。横系梁一般可按构造要求配置钢筋，但不得少于四根（沿四周放置），并用箍筋联结。

钢筋混凝土肋桥与板拱桥相比，优点在于：能较多地节省混凝土用量，减轻拱体重量。相应地，桥墩、桥台的工程量也减少。同时，随着恒载对拱肋内力的影响减小，活载影响相应增大，钢筋可以较好地承受拉应力，这样就能充分发挥建筑材料的作用，而且跨越能力也较大，它的缺点是比混凝土板拱用的钢筋数量多，施工较复杂。

肋拱桥的拱肋除一般采用钢筋混凝土结构以外，也能因地制宜、就地取材地采用石料砌筑拱肋。常用石肋拱截面形式有两种：一种是板肋组合形式，俗称板肋拱，它是在石板拱的基础上稍作改进而成的，不仅能增加大截面抵抗矩，减轻自重，节省圬工量，而且保持了石板拱施工简便的优点，适合于中小跨径石拱桥采用；另一种是分离式肋拱，如我国已建成的一座净跨 78m 的石肋拱桥，拱肋就是由两条分离的等截面石砌拱肋所构成。

桁架梁：由模板浇筑成桁架形式的梁称桁架梁，它一般用在桁架拱桥上，桁架拱桥是一种具有水平推力的结构，其下弦杆为拱形，上弦杆一般与桥道结构组合成一整体而共同工作。桁架拱桥的上部结构一般均由桁架拱片、横向联结系和桥面三部分组成。

桁架拱片是桁架拱桥的主要承重结构，在施工中它承受全部结构的自重（包括施工荷载），竣工后它与桥面结构组合成一体共同承受活荷载和其他荷载，桁架片由上弦杆、腹杆、下弦杆和拱顶实腹段组成。

上弦杆和实腹段上缘构成桁架拱片的上缘，它与桥面纵向平行（单孔拱桥也可设置竖曲线）；上弦杆的轴线平行于桁架拱片的上边缘。桁架拱片的轴线可采用圆弧线，二次抛物线或悬链线。由于圆弧的计算和施工都较方便，因此较为常用。

腹杆包括斜杆和竖杆。根据腹杆的不同布置情况，可分为竖杆式、三角形、斜压杆和斜拉杆等四种形式。竖杆式桁架拱片外形美观，施工较方便，但整体刚度较小，竖杆与上、下弦杆连接的节点处易开裂，故适用于荷载小、跨径较小的桥梁。三角形腹杆的桁架拱片，腹杆根数少，杆件的总长度也最短，因此，腹杆用料省，整体刚度较大，但是当拱跨较大，矢高较高时，三角形体系的节间就过大，为了承受桥面荷载，就要增加桥面构件的钢筋用量。因此宜增设竖杆来减少节间长度，成为带竖杆的三角形桁架拱。根据斜杆倾斜方向的不同，又有斜压杆和斜拉杆两种，前者斜杆受压，竖杆受拉，而且斜杆的长度随矢高和节间长度的增大而显著增长，尤其是第一个节间内的斜杆长度更大。为了防止斜杆失稳而需增大截面尺寸，或者采用不同截面尺寸的斜杆以节省材料，但增加了施工麻烦。同时这种斜压杆式桁架拱的外形不太美观，故目前较少采用。后者则相反，斜杆受拉而竖杆受压，为了避免拉杆及节点处开裂，并减少截面尺寸，节省材料，可采用预应力混凝土斜拉杆，外形也较美观，是常采用的一种形式。

桁架拱桥拱片杆件的节点是一个很重要的部位，其构造和形式随拱跨大小、腹杆布置方式等有所不同。由于计算中常将桁架杆件的连接视为铰接（验算时也考虑由于节点刚性产生的杆端次应力），因此节点构造应保证足够的强度和符合构造要求。

横向联系构件：为把桁架拱片联成整体，使之共同受力，并保证其横向稳定，需在桁架拱片之间设置横向联系。横向联系由拉杆、横系梁、横隔板和剪力撑等组成。

拉杆或横系梁分别设置在上、下弦杆的节点处，拱顶实腹段每隔 3～5m 也应设置横系梁。当跨径较小时，横系梁也可用拉杆代替。而对于城市宽桥，拱顶实腹段的横向联系宜加强，有利于活载横向分布。

横隔板一般置在实腹段桁架部分连接处及跨中，它在高度方向常直抵桥面板。横桥向的剪力撑，一般设置在四分之一跨径附近的上、下节点之间及跨径端部。较小跨径的桁架拱可不设端部剪力撑；对于大跨径桁架拱桥，除设置竖向剪刀撑外，还可在下弦杆平面内设置一些联结系杆件，以加强桥梁的横向刚度。

锚锭板：是一种块状锚钉，一般预埋在其他结构上，通过一根拉杆连接在锚钉板上传力。

2）灯柱、端柱、栏杆等小型构件按平面投影面积计算。

灯柱：是桥梁上的一种照明设备。在城市桥上，以及在城郊行人和车辆较多的公路上，都需要设置照明设备。照明灯柱可以设在栏杆扶手的位置上，在较宽的人行道上也可设置在靠近缘石处。照明用灯一般高出车道 5m 左右。对于美观要求较高的桥梁，灯柱和栏杆的设计不但要由从桥上的观赏来考虑，而且也要符合全桥在立面上具有统一协调的艺术造型要求。钢筋混凝土灯柱的柱脚可以就地浇筑并将钢筋锚固于桥面中。铸铁灯柱脚可固定在预埋的锚固螺栓上。为了照明以及其他用途所需的电讯线路等通常都从人行道下的预留孔道内通过。

端柱：指荷载可能在柱的两侧（如独立扶手），其一端与桥面连接，另一端则悬空，端柱所承受的荷载一般很小。

栏杆：公路桥梁的栏杆是一种安全防护设备。栏杆高度通常为 80～100cm，有时对于跨径较小且宽度又不大的桥可将栏杆做得矮一些（40～60cm）。栏杆柱的距离一般为 1.6～2.7m。

在公路上的钢筋混凝土梁式桥常采用钢筋混凝土的栏杆构造。栏杆扶手用水泥砂浆固定在柱的预留孔内，应该注意，在靠近桥面伸缩处的所有栏杆，均应使扶手与柱之间能自由变形。这种栏杆的制造安装都很方便，而且节约钢材，本身重量也不大。

对于城郊的公路桥以及城市桥梁，为了美观要求，往往使栏杆结构设计得带有一定的艺术造型。对于重要的城市桥梁，在设计栏杆和灯柱时更应注意在艺术造型上使与周围环境和桥型本身相协调。金属栏杆易于制成各种图案和铸成富于艺术性的花板，但金属材料耗费大，只在特殊要求下才采用（例如在我国武汉长江大桥和南京长江大桥上均采用了具有民族特色，造型优美的铸铁栏杆）。

3）预制构件中非预应力构件按模板接触混凝土的面积计算，不包括胎模、地模。

拱上构件亦称拱上结构构件或拱上建筑，拱桥的桥跨结构是由拱圈及其上面的拱上建筑所构成。拱圈是拱桥的主要承重结构。由于拱圈是曲线形，一般情况下车辆无法直接在弧面上行驶，所以在桥面系与拱圈之间需要有传递压力的构件或填充物，以使车辆能在平顺的桥道上行驶。桥面系和这些传力构件或填充物称为拱上结构或拱建筑。

板拱是拱桥中的石砌拱桥，主拱圈通常都是做成实体的矩形截面，所以又称为石板拱。按照砌筑拱圈的石料规格，又可以分为料石拱、块石拱及片石拱等各种类型。

用来砌筑拱圈的石料，要求是未经风化的，其强度等级不得小于 MU30；砌筑用的砂浆强度等级，对于大、中跨径拱桥不得小于 M7.5，小跨径拱桥不得小于 M5。为了节省水泥，在有条件的地方，可以用小石子混凝土代替砂浆砌筑片石或块石拱圈，小石子粒径一般不宜大于 2cm。采用小石子混凝土砌筑片石，其砌体强度比同标号的水泥石浆的砌体强度高，而且一般可以节省水泥用量1/4～1/3。

其板拱桥的支模比较麻烦，以模板接触混凝土的面积来计算模板工程量。

4）空心板梁中空心部分，本定额均采用橡胶囊抽拔，其摊销量已包括在定额中，不再计算空心部分模板工程量。

5）空心板中空心部分，可按模板接触混凝土的面积计算工程量。

（3）预制构件中的钢筋混凝土桩、梁及小型构件，可按混凝土定额基价的2%计算其运输、堆放、安装损耗，但该部分不计材料用量。

5. *砌筑*

砌筑工程指用各种砌块通过砌筑砂浆来砌筑各种墙体或挡土墙。

040305001　垫层

垫层是人工加固地基的一种方法。将基础下软弱土层全部或部分挖去，另用中砂、粗砂、砾砂、碎石、灰土（三成石灰和碱土）等材料填筑的垫层作为持力层。根据回填的材料分为砂垫层、碎石垫层、灰土垫层、素土垫层等。砂、碎石等垫层的主要作用是降低作用在下卧软土层上的扩散应力，并提供基底下的排水面，使基底下的孔隙水压力迅速消散，避免地基土的塑性破坏，可加速垫层下面软土层的固结，从而提高地基的强度，并减少基础的沉降。

换垫层材料的方法有两种：

① 挖填法：系将软土先挖掉，然后回填砂或碎石等材料，并分层夯实。

② 挤淤法：有抛石挤淤和爆破挤淤两种做法。前者是在软土上集中抛填石块（平均直径大于0.3m），强行将软土挤向两侧，石块就因此置换了被挤去的软土，后者是先将炸药埋于软土中，起爆时将软土向两侧挤压，土料就填入爆孔中。

拱背：拱圈的上曲面，一般按板拱而言。台背：指拱圈的下曲面。拱背和台背的填充材料一般用轻质材料，如发生上述填充项目，可套用有关定额。

定额中调制砂浆，均按砂浆拌和机拌和，如采用人工拌制时，定额不予调整。

在现代建筑中，无论混凝土还是砂浆一般都是采用机拌，如工程量很小时，才采用人工拌制，所以，采用人工拌制时，定额不予调整。因本册指的是桥梁和涵洞的建筑，工程量通常会很大，采用人工拌制的可能性很小。

砌筑工程量按设计砌体尺寸以立方米体积计算，嵌入砌体中的钢管、沉降缝、伸缩缝以及0.3m^{3}以内的预留孔所占体积不予扣除。

拱圈底模工程量按模板接触砌体的面积计算。

拱圈底模工程量应按板接触砌体的面积考虑，多余或外伸的模板不应计入模板费用和总工程量费用。

040305002　干砌块料

040305003　浆砌块料

浆砌块石：指将料石打平成块状利用砂浆作粘结剂的一种砌筑材料，它比砖砌体的强度高。

（1）料石。

细料石：通过细加工，外形规则，叠砌面凹入深度不应大于10mm，截面的宽度，高度不应小于200mm，且不应小于长度的1/4。

半细料石：规格尺寸同上，但叠砌面凹入深度不应大于 15mm。

粗料石：外形大致方正，一般不加工或仅稍加修整，高度不应小于 200mm，叠砌面凹入深度不应大于 20mm。

毛料石：外形大致方正，一般不加工或仅稍加修整，高度不应小于 200mm，叠砌面凹入深度不应大于 25mm。

（2）毛石。形状不规则，中部厚度不应小于 200mm。

（3）石材的强度等级《砌体规范》中规定石材的强度等级为 MU100、MU80、MU60、MU50、MU40、MU30、MU20、MU15 和 MU10 共九级。石材的强度是用边长为 70mm 的立方体试块的抗压强度来表示，抗压强度取三个试件破坏强度的平均值。若试件采用边长尺寸为 200、150、100 和 50mm，则应对试验结果乘以相应的换算系数 1.43、1.28、1.14 和 0.86 后，方可作为石材的强度等级。

砌块是一种就地取材，充分利用工业废料，投资少，收效快的墙体材料。但其强度低，仅适用于层数较少的建筑中。

（4）砌块的划分：

1）按尺寸：凡块体的高度为 350mm 及其以下者称为小型混凝土砌块，凡块体的高度为 360～900mm 之间者为中型砌块。

2）按材料：即按所用原料的不同划分为混凝土砌块，硅酸盐砌块（以粉煤灰，煤矸石等工业废料为原料），加气混凝土砌块等。

3）按抗渗程度：分为防水砌块和普通砌块。防水砌块用于清水外墙。

此外，还有实心与空心，承重与非承重砌块等划分方法。但最主要的是按尺寸分为中、小型砌块，它是当前我国制定标准，规程等分类的依据。例如，中华人民共和国城乡建设环境保护部制定的《混凝土空心小型砌块建筑设计与施工规程》，该标准适用于混凝土空心小型砌块，对于硅酸盐小型砌块等也可参考使用。

混凝土预制块。是利用强度较低的水泥（除对承重要求较高的构件外）通过钢模而制成的各种空心或实心的承重或非承重构件，也可以在预制块中配以一定量的钢筋来提高预制块的抗拉、抗压等强度。这种混凝土预制块通过钢模可以制成任意形状的砌块，使用方便，结构合理，因此在现代高层及桥涵水工建筑中被广泛采用。

（5）砌块的强度等级。《砌体规范》中规定的强度等级为：MU150、MU10、MU7.5、MU5 和 MU3.5 共五个等级，砌块的强度等级由抗压强度确定。

砖砌体：凡经焙烧而制成的砖称为烧结砖。砖按孔洞率分有：无孔洞或孔洞率小于 15％的实心砖（普通砖）；孔洞率等于或大于 15％，孔的尺寸小而数量多的多孔砖；孔洞率等于或大于 15％，孔的尺寸大而数量少的空心砖等。砖按制造工艺分有：经焙烧而成的烧结砖，经蒸汽（常压或高压）养护而成的蒸养（压）砖，以自然养护而成免烧砖等。

040305004　砖砌体

拱圈底模是模板的一种制作形式，常用作拱圈的底部起支托和使拱圈成形的模板，常用于现浇拱桥的拱圈部位。

拱圈：拱圈是拱桥的主要承重结构物。用以承受拱上建筑传来的各种荷载到桥台或桥墩上。拱圈有板拱和肋拱两种。板拱多用于砖石或混凝土拱桥中，其横截面呈矩形板状。沿桥宽为一连续整体结构，其宽度可等于或小于桥面宽度，但不得不小于计算跨度的 1/

20，以保证横向稳定。肋拱多用于钢筋混凝土和钢拱桥中。其截面有矩形，工字形和箱形等。常采用两条或条数分离式拱肋组成，并以横向梁（横撑）与纵向连接，联结成整体。两外肋中心线之间的最小距离亦不得小于计算跨度的 1/20。板拱施工简单，且容易艺术处理，但自重大，常用于中、小跨度拱桥，肋拱自重小，跨越能力大，但费钢材，常用于修建大跨度拱桥。

（1）拱盔：拱盔亦指拱帽，其作用是可作雨水的飘沿，又兼起美观作用。

（2）支架：亦称支护结构，可作脚手架，也可用在地下建筑工程中，在开挖坑道或洞涵后，为控制围岩破坏和防止其坍塌的支撑结构或衬砌结构。采用金属或圬工材料做成。传统的支护结构有用木支架或钢拱等的临时性支撑，有用石料，混凝土，钢筋混凝土或铸铁等材料做成的永久性衬砌结构。新型的支护结构有锚杆支护和喷射混凝土支护，两者可以单独使用，亦可联合使用。联合使用的形式，通常称"喷锚支护"，这类支护不仅能及时有效地加固围岩，防止其变形和坍塌，并能发挥围岩的自承能力，具有很大的经济效益。

040305005　护坡

护坡是指在河岸或路旁用石块、水泥等筑成的斜坡，用来防止河流或雨水冲刷。

块石：指形状大致方正，上下面大致平整，厚度约为 20～30mm，宽度约为厚度的 1.0～1.5 倍，长度约为宽度的 1.5～3.0 倍（如有锋棱锐角，应敲除）。块石用作镶面时，应由外露面四周向内稍加修凿，后部可不修凿，但应略小于修凿部分。

如 1-689 干砌块石护坡厚度 20cm 以内定额单价换算为：

$$基价=790.84+0.24\times22.47\times11.66+0.5\times0.45=853.95（元）$$

料石：是由岩层或大块石料开劈并经粗略修凿而成，应外形方正，正六面体，厚度 20～30cm，宽度为厚度的 1.0～1.5 倍，长度为厚度的 2.5～4.0 倍，表面凹陷深度不大于 2cm。加工镶面粗料石时，丁石长度应比相邻顺石宽度至少大 15cm，修凿面每 10cm 长须有錾路约 4～5 条，侧面修凿面应与外露面垂直，正面凹陷深不应超过 1.5cm，加工精度应符合有关标准。镶面料石的外露面如带细凿边缘时，细凿边缘的宽度应为 3～5cm。

料石应符合设计规定的类别和型号，石质应均匀，不易风化、无裂纹。料石尺寸为 20×20×20（cm^3）含水饱和试件的极限抗压强度（MPa）。用较小的试件时应乘以表2-47 中所示的系数，以修正其值。

料石尺寸换算系数　　表 2-47

试件尺寸（cm）	20×20×20	15×15×15	10×10×10	7.07×7.07×7.07	5×5×5
换算系数	1.0	0.9	0.8	0.7	0.6

预制块：指在施工现场或工厂预制的块料，以供做挡土墙、护坡的材料。

台阶：指护坡上用于供人们上下通行的路径，一个原因是为了防止滑坡，另一个原因是便于人们上下通行方便。

砂石滤层：为了使挡土墙后积水容易排出，通常在墙身布置适当数量的泄水孔，孔眼尺寸一般为 50mm×100mm、100mm×100mm、150mm×200mm 或 50～100mm 的圆孔。在泄水孔入口处应用易于渗水的粗颗粒材料（卵石或碎石等）做滤水层以防止淤塞泄水孔。

砂石滤沟：指在挡土墙前面，用来排掉从挡土墙后面排过来的水，以减少土对挡土墙的主动土压力，其中不过滤材料采用粒径较大的颗粒（如卵石、碎石等）。

勾缝：是为了保护墙体，防止风雨侵入墙体内部；并使墙面清洁、整齐美观。勾缝的方法有两种：一种是原浆勾缝，即利用砌墙的砂浆随砌随勾缝；另一种是加浆勾缝，清水墙砌完后，另拌砂浆勾缝。原浆勾缝一般用于内墙面或要求不太高的外墙面。北方地区墙体较厚，原浆勾缝较困难；或墙面美观要求较高时，多采用加浆勾缝。

定额说明：

（1）定额适用于砌筑高度在 8m 以内的桥涵砌筑工程。

通常桥涵砌筑工程限制在 8m 以内，超过 8m 则应乘相应的系数来摊销费用。

（2）砌筑定额中未包括垫层、拱背和台背的填充项目，如发生上述项目，可套用有关定额。

6. 立交箱涵

立交箱涵是指同一平面内相互交错的箱涵，或由几层相互叠交的箱涵构成，此种类型的箱涵比较复杂，施工比较困难。

箱涵分为单孔箱涵和多孔箱涵。

箱涵预制：

（1）预制箱涵的模板、钢筋制作和混凝土浇筑，除应符合本手册有关规定外，还应在支模时将两侧侧墙前端保持 1cm 的正偏差，后端保持 1cm 的负偏差，形成倒楔形。不得出现前窄后宽的楔形现象。

（2）为使混凝土的表面光滑，预制箱涵的模板宜采用钢模、木模包铁皮、木模内侧刨光找细包塑料薄膜。木模制作时必须密拼，接缝处堵塞严实不得跑模漏浆。模板支搭应直顺平正，不得出现弓背、鼓肚、错槎、倒坎现象。

（3）在钢筋上不得粘有油污及石蜡，影响与混凝土的粘结力。在浇筑过程中加强插捣，但应注意保护钢筋不得造成错位或变形。

（4）预制箱涵前端应设置钢刃角，钢刃角分顶刃角、底刃角和侧刃角。根据现场情况和桥涵高度可同时采用三部分，或采用其中一部分。钢刃角宜用厚 10～20mm 的钢板制成，与桥涵前端预埋螺栓固定。底刃角在安装时刃角度面应与桥涵表面平行或成一仰角（防止桥涵扎头），以利于切土。侧刃角应较桥涵端面外框尺寸大 1cm，其前端与水平线成 45°～60°交角，交角大小视路基土质而定。

（5）箱涵净高在 4m 以上时，宜在箱涵内设置中平台，中平台前端安装中刃角。顶进时插入土内切土。

1）平台后部为挖土的工作台，工作平台宽 2m 左右即可，在平台上绑杉杆铺木板，木板上铺 2mm 厚的钢板，便于铲土也防止漏土影响下层操作。

2）平台需承受一定的荷载，要求平台本身应有足够的刚度和强度，一般可采用型钢支架，固定在箱涵的预埋铁件上，跨径较大的箱涵，平台下应设中柱或支架，以增加平台刚度。

3）中平台的强度要求，可按施工垂直荷载和土对刃脚的正面阻力（可采用砂黏土 50～55t/m^2，砂卵石 150～170t/m^2）计算。

(6) 顶入桥涵宜在外表面喷涂石蜡或其他润滑剂，以减小顶入阻力；

采用气垫法减小顶入阻力时，宜在箱涵底板下设气垫层；

(7) 当顶板上设计有防水层时，应先铺设防水层，并在其上浇筑一层C10混凝土保护层，然后在保护层上喷涂石蜡或其他润滑剂。

(8) 处于常年地下水位以下、以顶入法施工的通道桥涵，应采用防水混凝土本体防水。

040306001　透水管

040306002　滑板

滑板：指滑开模板即可以上下滑动的模板。常用的滑板结构有下列两种：

(1) 铁轨滑板：将旧钢轨铺设在工作坑内的碎石垫层上，轨间用砂填充，并用水泥砂浆抹面，称为铁轨滑板。铁轨可与后背梁连接，不但可防止滑轨在箱体起动时被带走，同时还提高了后背的抗顶能力。

(2) 混凝土地梁滑板：在混凝土滑板下加钢筋混凝土地梁可增加阻力，防止滑板移动。如混凝土毛石嵌T滑板，用毛石来增加滑板对基础的摩阻力。

滑板要求：

(1) 工作坑滑板可采用不同结构形式，滑板虽是地道桥施工的辅助工程，但必须保证质量：

1) 滑板中心线与桥涵中心线一致；

2) 具有足够的强度、刚度和稳定性，必要时可在滑板上层配置钢筋网，以防顶入时滑板开裂，滑板不允许出现下沉现象；

3) 表面平整，以减小顶入时的阻力，宜以2m×2m方格网控制高程，各点按±3mm误差控制标高；

4) 底面设粗糙面或锚梁，以增加抗滑能力；

5) 为防止扎头，宜将滑板做成前高后低的仰坡，坡度为3‰左右；

6) 沿顶入方向，在滑板的两侧，距桥涵外缘5～10cm处设置导向墩，以控制桥涵顶入方向。

(2) 为使桥涵在滑板上顺利起动和顶入，宜根据不同的操作方法，作如下处理：

1) 当采用顶入法施工时，在滑板顶面设置润滑隔离层，以减小摩阻力；

2) 当采用顶拉法施工时，滑板顶面不要求光滑，以防止由于静摩阻力不够而使箱体后退；

3) 当采用气垫减阻法顶入时，箱体左右边缘处各0.5m宽范围内，要求平整光滑，便于气垫随箱身滑行，以增强密封效果。

(3) 润滑隔离层由润滑剂和隔离层两部分组成，润滑剂可采用机油、石蜡、滑石粉、黄油等；隔离层可采用塑料薄膜、油毡纸、油毡布等，隔离层的接缝应顺顶入方向搭接，并粘结牢固。

(4) 润滑剂的配比：

1) 石蜡润滑剂：

石蜡：机油＝1：0.1～0.25(重量比)

①气温高取0.1，气温低取0.25。②缺点：操作中受气温影响较大。

2）滑石粉润滑剂：机油∶滑石粉 1∶1.5～3

优点：操作简单。

3）石墨润滑剂：石墨∶石油沥青∶汽油＝1∶2∶3～4（体积比）。①搅拌均匀。②采用 4 号石油沥青。

4）塑料薄膜润滑剂：在各种润滑剂完成后，顺前进方向铺设一层塑料薄膜。

肋楞：指滑板拼接处的凸出部分，呈肋状。其滑板肋楞应计入滑板工程量中。

滑动模板（滑板）灌筑混凝土是桥墩施工的新工艺。其方法是将高 1～1.2m 的钢模板安装在墩位上，借助千斤顶和顶杆的作用，在灌筑混凝土的同时，使模板逐渐向上提升，直至完成整个墩台的施工。

滑模的优点：

1）简化了立模、拆模等工序，能使混凝土连续灌筑，每日平均灌筑墩身 5～7m，与木模相比，加快了施工进度，缩短了工期。

2）减少了接头缝，加强了混凝土的整体性，提高了混凝土质量。

3）节约了脚手架和模板，并以钢代木，节约木料约 70%，节约劳动力约 30%，降低了工程成本。

4）减少了高空安装和拆除模板的作业，保障了安全施工。

5）施工机械化程度高，减轻了劳动强度。

滑板的缺点：

1）不宜在北方冬季施工。

2）施工中位置掌握不好时容易偏扭。

3）耗钢材数量大，一次投资较多。

滑板面层：指可上下滑动模板的上部表面。它是箱涵混凝土施工的模板。为了使混凝土与滑板面层有很好的脱膜性，可在滑板面层涂石蜡，或垫一层塑料薄膜。石蜡层应涂满整个滑板面层，以防混凝土与模板发生粘结，而影响工程质量及施工进度。

040306003　箱涵底板

底板：此处底板指箱涵的底板。在底板制作时，应在底板上设置胎模，可用混凝土垫层抹平来作底板的胎模，胎模一定要平整，否则预制出的箱涵的底部也就不光滑，则受力也就不均匀。

040306004　箱涵侧墙

侧墙：指在涵洞开挖后，在涵洞的两侧砌筑的墙体，用来防止两侧的土体坍塌。侧墙可以用砖砌，也可以用混凝土浇筑。无论是用砖砌还是用混凝土浇筑都要通过两侧土压力计算侧墙的厚度和砌筑方法。

040306005　箱涵顶板

顶板：指箱涵的顶部，顶板要承受箱涵上部土体的压力和防止上部地下水的渗透，因此在顶板上面要抹一层防水砂浆及涂沥青防水层。顶板的厚度及其抗压强要通过上部土压力的计算来确定。

箱涵外壁：指箱涵与外部土体相接触的部分叫箱涵外壁。其外壁经过防水处理，否则由于渗透而使箱涵倒塌及土体的坍塌，箱涵外壁的防水处理是箱涵施工中一项重要的任务。其防水措施是抹防水砂浆及涂抹沥青层。

040306006　箱涵顶进

箱涵顶进方法有一次顶入法、分次顶进法、中继间法、气垫法、顶拉法。

箱涵顶入法：新建城市道路，当需从已建成且运行的铁路、公路或城市道路下穿过时，由于不能明挖，常采用箱形预制结构（地道桥）顶入法施工。其中以单孔一次顶入法最为简单，顶入方法如下：

（1）顶镐和拉镐相互配合使用，安放在箱体底板后面基础的连接钢板上。开动顶镐，将镐活塞杆伸出，开动拉镐则将顶镐复原。如图 2-76 若采用双作用油缸的顶镐，则可自动回镐，可不设置拉镐。

（2）垂直顶进的箱体，顶镐的位置要以箱体中心线为轴对称设置，放在箱体底板后面的钢板托盘上。在没有拉镐和双作用油缸顶镐时，也可用小顶镐（10t）代替，设置方法是将小型顶镐设置在专用的拉镐上，当顶完一镐后，用小顶镐将横梁顶回，使顶镐复原。拉镐应与顶镐错开，用钢拉板与箱体底板连结，一般安在尾端两侧，靠近底板底面。如图 2-77 所示。

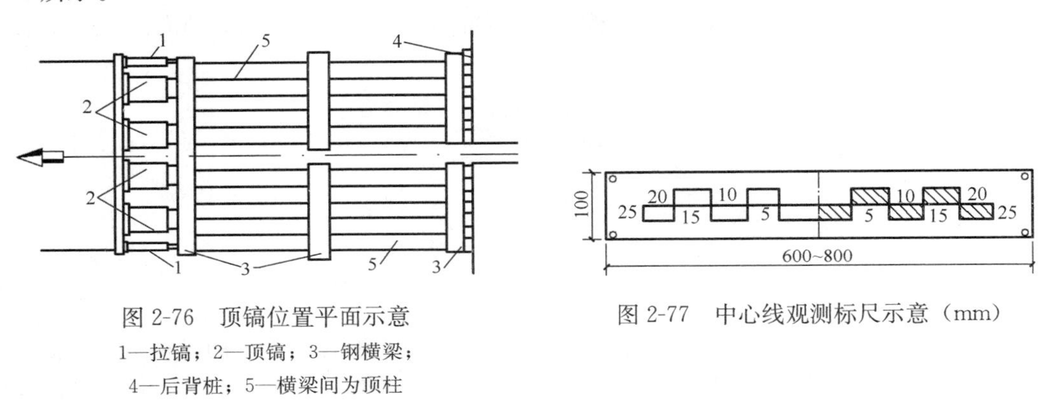

图 2-76　顶镐位置平面示意

1—拉镐；2—顶镐；3—钢横梁；4—后背桩；5—横梁间为顶柱

图 2-77　中心线观测标尺示意（mm）

当单孔箱体较长，一次不好顶入时，可按上述方法，将箱体分节（接顶进方向分两节或多节）预制后，再依分节数逐次按一次顶入法顶进就位。对分节预进箱涵还应注意以下事项：

（1）预制分节顶入桥涵时，每节桥涵的端面必须垂直于桥涵轴线。

（2）分节箱涵的节间接缝中应按设计要求设置止水带或防水处理。

多孔箱涵地道桥采用顶入法施工时，既可以将预制成多孔箱涵整体框架一次顶入，也可将箱涵预制成几个单孔框架后，再分次逐个顶入，即一次顶入法和分次顶进法。这主要取决于施工技术条件和规划的经济要求。

多孔箱涵最常用的是一次顶入法，如上条所述。只是将箱涵按设计要求预制成多孔箱体后，参见单孔的方法一次顶入就位。

分次顶进法是将箱体逐个顶入土层（避免两个或两个以上同时顶入）。当设备不足而需修建大型地道桥或各孔尺寸差异较大时，即可采用将桥体分成若干节后，分几次顶进就位的方法。

分项顶进方法如下：

（1）分次解体顶进，先顶入两侧，以控制箱体横移，而后分箱顶进，顶进顺序见图

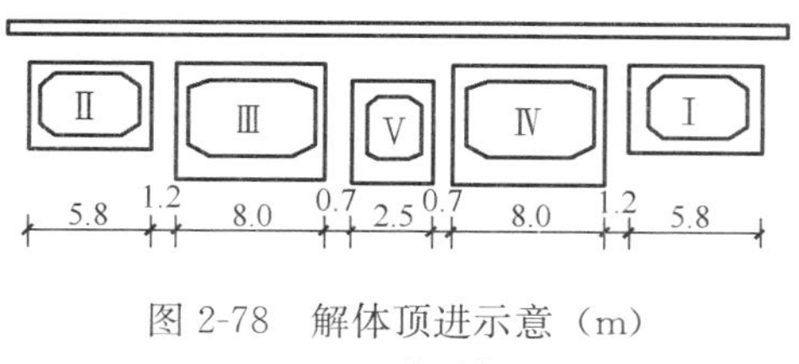

图 2-78　解体顶进示意（m）
Ⅰ……Ⅴ为顺序号

2-78。

（2）施工中箱体间距宜控制在 1.2m 以上。因为：

1）间距太小易出现两侧坍方；

2）无空隙则易出现箱体偏移。

箱涵内挖土：一般箱涵内挖土采用箱底超挖法，将底刃角前的挖土平面降至箱涵底面以下 1～2cm，当箱涵行进到开始超挖点附近时，箱涵高程逐渐发生变化。注意超挖长度不超过箱体重心前端箱体长度。

铁路及城市道路下顶进的基本原则：

（1）顶入桥涵跨径小于 2m，顶入位置处于线路直线段，运输车辆少，路基填土密实，覆土厚度在 3m 以上时，可不进行线路加固，但应限速通过，并设专人监视；

（2）顶入桥涵跨径大于 3m 小于 8m，覆土厚度 1m 以上时，可采用钢轨束梁法或吊轨加纵横梁加固，或采用钢板脱壳法和吊轨梁等法加固；

（3）顶入桥涵跨径大于 8m，顶上又无覆土或覆土很薄时，可采用吊轨加梁法或吊轨加纵横梁法加固；

（4）铁路下顶进必须确保铁路运营安全。

040306007　箱涵接缝

箱涵接缝形式有以下几种：

石棉水泥嵌缝：指用石棉水泥作防水材料来嵌涵管的接缝。

石棉水泥接口：指密封填料部分用石棉水泥填料。

石棉水泥：石棉在填料中主要起骨架作用，改善刚性接口的脆性，有利接口的操作。所用石棉应有较好的柔性，其纤维有一定长度。通常使用 4F 级温石棉，石棉在拌合前晒干，以利拌合均匀，水泥是填料的重要成分，它直接影响接口的密封性填料的强度和填料与管壁间的粘着力。作为接口材料的水泥不应低于 42.5 级，不允许使用过期或结块水泥。

石棉水泥填料的配合比（重量比）一般为 3∶7，水占干石棉水泥混合重量的 10%，气温较高时适当增加。石棉和水泥可集中拌制成干料，装入桶内，每次干拌填料不应超过一天的用量，使用时随用随加水湿拌成填料。加水拌合石棉水泥应在 1.5 小时内用完，否则影响质量。

嵌防水膏：指在涵管接口处涂嵌防水油膏。先将接口处的浮土、浮灰清理干净，用木柴将油膏加热，加热到要求温度后，在清理后的接口处满涂油膏一遍，待干硬后再涂一遍或多遍，直至达到设计要求。

一般所用的防水油膏大多数为塑料油膏。塑料油膏是以煤焦油和废旧聚乙烯（PVE）塑料为基料，按一定的比例加入增塑剂（邻苯二甲酸二丁酯、邻苯二甲酸一辛脂）、稳定剂（三盐基硫酸铝、硬脂酸钙）及填充料（滑石粉、磺粉）等，在 140℃温度下塑化而成的膏状密封材料，简称塑料油膏。

塑料油膏具有良好的粘结性、防水性、耐热、耐寒、弹塑性、耐腐性、抗老化性能也较好。这种密封材料可以冷用，也可以热用。热用时，将塑料油膏用温火加热，加热温度不超过 140℃，达塑化状态后，应立即浇灌于清洁干燥的缝隙或接头等部位。冷用时加溶剂稀释。

【注释】嵌缝取定纵缝断面：空心板 7.5cm^2；大型屋面板 9cm^2，如果断面不同于定额取定面，以纵缝断面比例调整人工，材料数量。

以上括号内为定额的特别注明，表明实际断面与定额取定断面不同时，人工材料数量可以调整。

沥青二度：指用沥青防水材料涂二遍。沥青的种类有石油沥青和焦油沥青两种。对由两者熬制成的沥青胶结材料，由于它们的来源不同，故而有些性质也不同。石油沥青胶结材料只能粘结石油沥青卷材，煤沥青胶结材料只能胶结煤沥青卷材，二者不得混用。

石油沥青：石油沥青是由石油原油炼制出轻质油，如：汽油、煤油、柴油、润滑油等之后，再经过处理而得到的副产品。其特点是韧性较好而有弹性，温度敏感性较小，大气稳定性较高，老化慢等，但抗腐蚀性较焦油沥青差。建筑上常用于卷材防水屋面、道路等温度变化较大处，还可以作沥青防腐材料，涂料等。

煤沥青：煤沥青又称焦油沥青或柏油。是炼焦炭或制造煤气时的副产品，其化学成分和性质与石油沥青大致相似，但质量次于石油沥青，主要适用于地下防水工程，作为防腐材料。

沥青的熬制：沥青的熬制要注意温度的变化，不能升温太快尤其在沥青将脱水时，要慢慢升温。若升温过快，会使沥青老化变质。加热时间一般以 3～4 小时为宜。建筑石油沥青胶结材料，加热温度不应高于 240℃，使用温度不宜低于 190℃；普通石油沥青或掺入建筑石油沥青的普通石油沥青胶结材料，加热温度不应高于 280℃，使用温度不宜低于 240℃。无论采用何种沥青胶结材料应该等沥青完全熔化脱水后，再缓慢充料，在加入填充料的同时，必须不停地搅拌均匀，直到达到上述温度，表面无泡沫疙瘩即可。加入的填充料必须是经过预热干燥的。当单独一种牌号的沥青不能满足涵管接头防水的要求时，可以用同产源的两种或三种沥青进行掺配使用。

沥青封口：指用沥青防水材料来密封箱涵的接口。其沥青的性质与熬制参见本章定额 3-413。

嵌沥青木丝板，指用沥青木丝板嵌缝。其工作内容有：熬沥青、浸木丝板、油浸木丝板嵌缝。

木丝板：指木工处理后的碎木屑。

沥青木丝板：指将木丝板浸入石油沥青内所得到的防水材料。

定额说明：

（1）箱涵滑板下的肋楞，其工程量并入滑板内计算。

（2）箱涵混凝土工程量，不扣除 0.3m^3 以下的预留孔洞体积。

（3）顶柱、中继间护套及挖土支架均属专用周转性金属构件，定额中已按摊销量计列，不得重复计算。

顶柱：顶柱（铁）是箱涵顶进中的传力设备，通过它将顶力传至后背。为确保顶进作业顺利进行，要十分注意顶铁（柱）的成品与安装质量。

1）顶柱（铁）的形式：

① 顶铁可用铸铁或用型钢加肋和端板焊制而成。常用的顶铁分 10、15、20、30、60 及 80cm 六种长度规格，并根据需要制有不同厚度（0.6～5.0cm）的补空顶铁。

② 顶柱多用型钢焊制或用钢筋混凝土顶柱，一般做成1m、2m、4m规格，当顶程较长时即更换使用。

2）安放要求：

① 各行顶柱顶铁应与顶镐顶力线安装成条直线，并与后背梁垂直。

② 每行顶柱的长度其误差不能过大，要求每隔8m左右排设横梁一道，使顶柱能较匀地传力，增加稳定。

③ 安装中，横梁和桥体轴线垂直，顶柱与桥轴线平行。以保证各排顶柱受力均匀，避免顶柱失稳，影响顶进。

④ 接换桩柱（铁）时，应以箱涵中线为轴两侧对称排列。当顶程够1m、2m和4m时，即更换相应长度的钢筋混凝土顶柱，安装时应与顶力轴线一致，并与横顶铁和后背梁垂直，要求横竖均在一条直线上，做到平、顺、直。

⑤ 横顶铁与底板和后背梁的连接松紧程度应力求一致，楔顶铁时不得用锤猛击，以免铁垫板卷边，不易楔严。如发现有卷边、飞刺，应修整后使用。

⑥ 横顶铁与底板和后背梁的连接不得有间隙，如发现间隙应用适当的薄钢板楔紧，再用稀水泥砂浆灌严。

⑦ 顶铁顶柱的排列，都要十分注意安放质量。

3）中继间护套：

它是中继间法施工中的一个构件，起剪力楔作用。中继间法的适用范围如下：

① 适用于较长的箱体，可并列预制，也可串联预制，要以场地条件规定。

② 利用后节作后背，可减少设备。因此当设备不足、条件又允许，可用此法。

挖土支架：指箱涵施工中，为挖土、运土所搭设的支架。支架按其构造分为支柱式、梁-柱式支架；按材料分为木支架、钢支架、钢木混合支架和万能杆件拼装的支架等。

顶柱、中继间护套及挖土支架都属于专用的周转性金属构件，在施工中已计入其周转费用，不得重复计算。

（4）箱涵顶进定额分空顶、无中继间实土顶和有中继间实土顶三类，其工程量计算如下：

1）空顶工程量按空顶的单节箱涵重量乘以箱涵位移距离计算；

2）实土顶工程量按被顶箱涵的重量乘以箱涵位移距离分段累计计算。

空顶：是箱涵施工的一种支撑工艺。其箱涵中间为空的作业场地，没有支撑柱，支撑柱在箱涵的两侧布置，此种支撑形式为空顶。其优点是作业空间较大，施工方便，且施工进度也快。

无中继间实土顶：指涵洞在施工过程中，全部的支撑都采用千斤顶支架、顶柱等设备，没有间隔的利用实体土本身作为支撑，这种施工方法叫无中继间实土顶。

有中继间实土顶：与无中继间实土顶刚好相反，指箱涵施工过程中，其顶部与侧部的支撑不是全部采用千斤顶支架、顶柱、板方材等作支撑，它是每间隔一段距离，留出一部分土体不挖掉，作为土体支撑。此种方法比较安全，且也较实用。但注意作为支撑的土体必须坚硬，有一定的粘结性，在土体的周围还需用模板支撑，以免时间过长土体发生坍塌，失去支撑作用。

（5）气垫只考虑在预制箱涵底板上使用，按箱涵底面积计算。气垫的使用天数由施工组织设计确定，但采用气垫后在套用顶进定额时应乘以 0.7 系数。

气垫：气垫法是利用在箱涵底板与滑板（土基）之间充气，这样可以减少顶进中的摩阻力，从而减少最大顶力，加速顶进作业。

气垫法的主要使用设备与构造：

1）送风管：

① 送风管主干管常用直径 80mm 镀锌管；

② 次干管常用直径 40mm 镀锌管；

③ 送风管在箱体的布置，如图 2-79 所示。

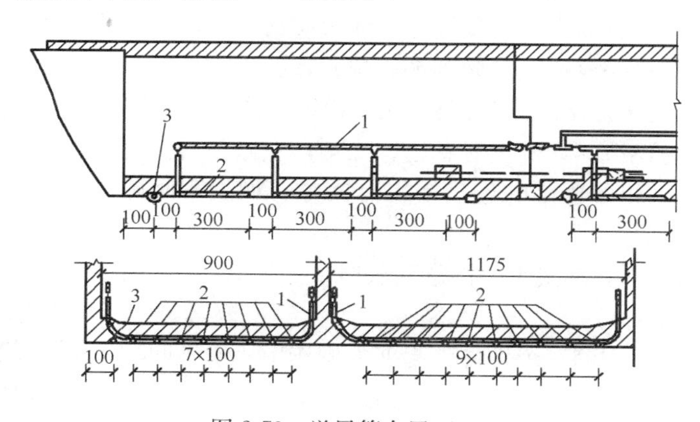

图 2-79　送风管布置（cm）

1—送风管；2—气垫通风孔道；3—气垫裙（防风裙）

2）防风裙：

①防风裙一般采用直径 50mm 普通四层布胶管。在箱涵底板中的位置如图 2-80；

②防风裙胶管设置在箱涵底板与滑板之间，如图 2-81(*a*)，在顶进过程中胶管形状将发生变化，如图 2-81(*b*)。

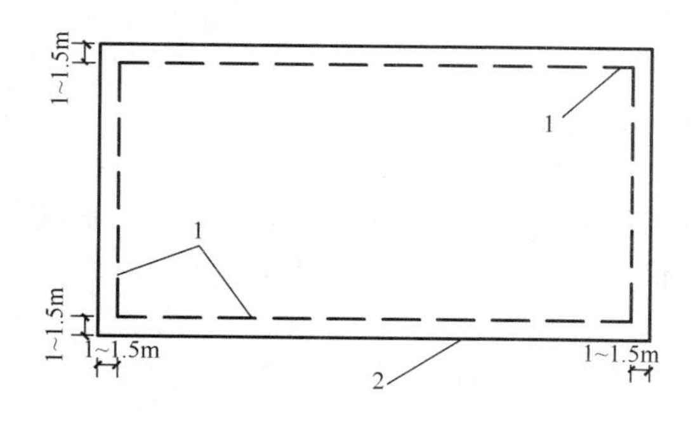

图 2-80　防风裙平面位置图

1—防风裙中心线；2—箱体基础边线

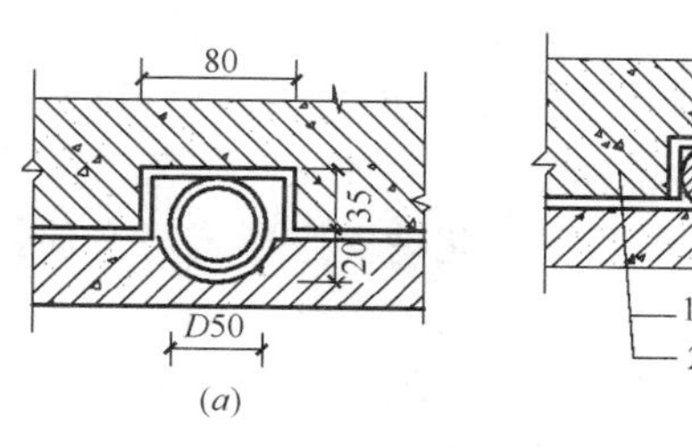

图 2-81　防风裙剖面示意（mm）

（*a*）制作状态；（*b*）顶进状态

1—箱涵底板；2—滑板

3）气垫布置：以某城市公铁立交桥（三股铁道为例）如图 2-82（两台空压机一台 $17m^3/min$，一台 $19m^3/min$）。

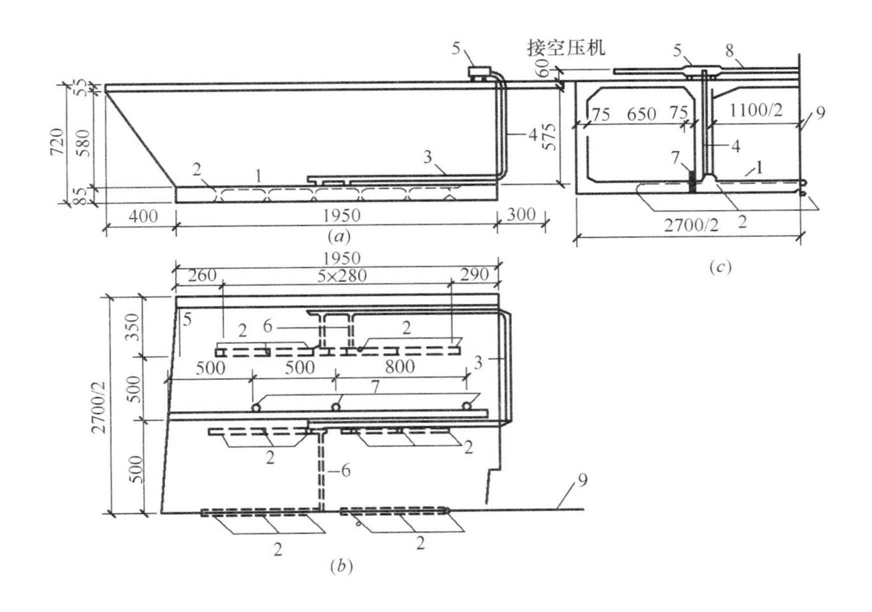

图 2-82 某立交桥的气垫布置示例（cm）

（a）侧面；（b）半平面；（c）半正面

1—进风管；2—排风管；3—支管；4—总管；5—储风包；

6—连接管；7—观测孔；8—连通管；9—框架中心线

预制箱涵底板：指预制箱涵的底面（即与地面最下处的接触面）。

箱涵底面积：指箱涵与地面最下处所接触的面积。

气垫的安装：气垫的安装包括送风管与防风裙的安装。

1）送风管：①送风管常用 80mm 镀锌管。②次干管常用直径 40mm 镀锌管；③送风管在箱体中的布置。

2）防风裙：①防风裙一般采用直径 50mm 普通四层布胶管。铺置在箱涵底板中。②防风裙胶管设置在箱涵底板与滑板之间，在顶进过程中胶管形状将发生变化。

气垫的拆除：气垫的拆除包括送风管、防风裙及气垫底板的拆除，可用人工配合吊机来拆除，滑模板可从坑内脱拉出坑外。

气垫的使用：气垫的作用是减小滑板与箱涵底面的摩阻力，在使用时，当滑板铺设后，将滑板四周密封，随后向滑板底部充气，在充气的过程中，一边充气，一边推动滑板前移，如此循环施工直至完备后拆除气垫，在充气过程中，充气要适度，以免滑板上跳或倾斜，另外，滑板底部的土层要平整密实。

（6）本章定额顶进土质按Ⅰ、Ⅱ类土考虑，若实际土质与定额不同时，可由各省、自治区、直辖市进行调整。

（7）定额中未包括箱涵顶进的后靠背设施等，其发生费用另行计算。

箱涵顶进的后靠背设施：箱涵顶进的后靠背设施主要有：顶入箱涵的千斤顶、油泵、顶铁、横梁、拉杆和导轨等设备。

后背：后背承受箱涵顶进时的水平顶力，位于工作坑后部。它虽是临时结构物，但必须安全可靠。主要形式有以下几种：

1）串联式后背：

由钢板桩和重力式后背串联构成串联式后背。其主要靠增加后背的长度，提高后背的抗力。如某工程后背经验顶力可达 2842kN/m（即每延米 290t）。

2）重力式后背：

① 其后背形式系利用结构物（毛石砌体）与土体之间的摩阻力提供后背抗力，其不足之处是后背拆除工作比较烦琐。其工程后背有 $500m^3$ 砌体，最大顶力约达到 19600kN/m（即每延米 2000t），后背未产生任何变形。

② 另一种形式（梁墙联合）的重力式后背，虽然后背抗力不如前一种形式，但拆除工作量小。

3）预制钢构件拼装式后背：该后背由钢构件、横梁（变截面工字形钢梁）花纹钢板和附属件组成。变截面工字形钢梁的腹板和边板的尺寸、厚度需通过应力计算。如其工程后背经验顶力可达 3920kN/m（即每延米 400t）。

4）桩式后背：桩式后背主要由桩、后背土提供水平抗力。有木桩，混凝土桩和钢桩等，可采取打入或埋入的施工方法。如经验顶力达 980kN/m（即每延米 100t）。

5）钢筋混凝土预制块拼装后背：钢筋混凝土预制块拼装后背，其优点是不仅简化了后背设施，又便于拆除，可多次周转使用。

6）其他形式的后背：除上述几种常用的后背外，还可根据箱体重量，现场条件选择以下几种形式的后背配合使用。

① 地梁与滑板相联式后背，一方面增加滑板的稳定性，同时又提高后背的抗顶能力。

② 加地梁的引道做后背，利用箱涵两端的混凝土引道做顶进后背，但必须在浇筑混凝土引道的同时或之前完成引道下特设的地梁混凝土灌筑，地梁和引道共同作用提供顶进抗力。

后背的选择原则和要求；

1）后背选择原则：①顶入桥涵后背设定，应根据现场条件、地质、材料设备情况。

②必须具有足够的强度和稳定性及选择经济合理的形式，一般可选用板桩式（钢板桩或型钢）、重力式或拼装式等。

③对所需顶力小的经后背设计如安全亦可采用原土后背。

2）工作坑原土壁作后背的要求：

① 计算原土后背横排方木面积时，应满足预力所需的土的容许承压应力，若缺乏试验资料时，对一般土质，可按不超过 150kPa 考虑；

② 方木应置于工作坑底以下一定深度，使千斤顶的着力点约在方木高度的 2/5 处；

③ 后背土壁应铲修平整，并使设置横木处的壁面与顶入方向垂直。

（8）定额中未包括深基坑开挖、支撑及井点降水的工作内容，可套用有关定额计算。

（9）立交桥引道的结构及路面铺筑工程，根据施工方法套用有关定额计算。

立交桥引道：一般在交通比较繁忙的路段或桥梁，常设制立交桥的形式，立交桥可以为两层或多层，可以为斜交或正交。由于立交桥上层桥面离地面较高，必须设置引道或引桥，其坡度视车流量而定，一般为 1∶20～1∶5，或者更长。

路面铺筑：在此章中均为桥梁及引道的路面铺筑，桥面铺筑也称车行道铺装，其功能是保护属于主梁整体部分的行车道板不受车辆轮胎的（或履带）直接磨耗，防止主梁遭受雨水的侵蚀，并能使车辆轮重的集中荷载起一定的分布作用。

桥面铺装部分在桥梁恒载中占有相当的比重，特别对于小跨径桥梁尤为显著，故应尽量设法减轻铺装的重量。如果桥面铺装采用水泥混凝土，其标号不低于桥面板混凝土的标号，并在施工中能确保铺装层与桥面板紧密结合成整体，则铺装层的混凝土（扣除作为车轮磨损的部分，约为 1～2cm 厚）也可合计在桥面板内一起参与工作，以充分发挥这部分材料的作用。

桥面铺装的类型：钢筋混凝土和预应力混凝土梁桥的桥面铺装，目前使用下列几种形式：

（1）普通混凝土或沥青混凝土铺装；

（2）防水混凝土铺装；

（3）具有贴式防水层的水泥混凝土或沥青混凝土铺装。

7. 钢结构

040307001　钢箱梁

040307002　钢板梁

在钢桥中，板梁桥的构造比桁梁简单。当跨度在 40m 以内时，从制造、安装、养护等全面衡量都显示其优越性。

板梁桥的结构形式可分上承式和下承式两种。上承式是常用的形式，因为它的主梁间距小，桥面直接放在主梁上，不需要桥面系，用钢量少，所以桥墩台圬工数量比用下承式板梁为少，因此比较简单经济，只有当建筑高度受到限制时，才考虑采用下承式板梁。

（1）上承式板梁

上承式板梁桥结构由桥面、主梁、联结系和支座四个主要部分组成。桥面将在后面介绍，支座构造在“桥涵设计”课程中已有叙述，以下仅介绍主梁及联结系。

1）主梁

主梁是桥跨结构的承重结构，整个桥跨的重量及列车荷载均由主梁通过支座传递到墩台。

主梁一般采用两片，对称布置于线路两侧。铆接板梁的主梁由腹板及上下翼缘构成工字形截面，如图 2-83 所示，翼缘包括翼缘角钢及翼缘盖板。此外，为了使腹板稳定，需要在腹板侧面设加劲肋（角钢）。

2）联结系

由上下平纵联及横联所组成，它和主梁共同形成一空间结构，其作用为：保持各构件于正确的位置；承受横向水平力（风力、列车横向摇摆力、离心力）并传递到支座；减少受压翼缘的自由长度；中间横向联结系可以增加桥跨的横向刚度使两片主梁受力均匀。

上承板梁的纵向联结系分为上平纵联及下平纵联两种，分别设置在主梁的上、下翼缘平面内，连同翼缘形成水平的桁架。它的两弦即主梁的翼缘，腹杆则由斜杆与横撑杆组成。它的形式有三角式及交叉式两种，如图 2-84 所示。

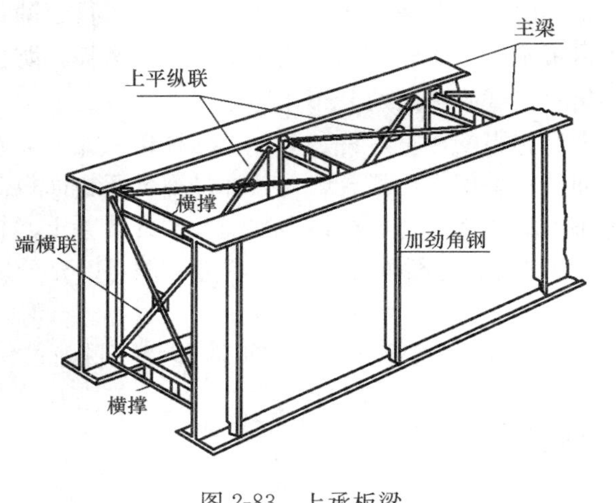

图 2-83 上承板梁

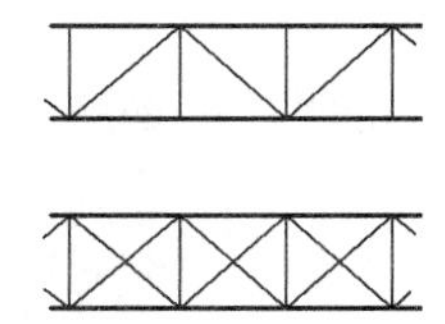

图 2-84 上承板梁纵向联结系形式

横向联结系分为中间横向联结系及端部横向联结系，均为叉架式的撑架，如图 2-85 所示，它的上下水平杆件即为纵向联结系中的横撑杆，竖直杆件即为板梁内侧的加劲角钢。

（2）下承式板梁

它与上承式板梁的主要不同点：

1）桥面是通过桥面系放在主梁的下部，桥面系由纵梁和横梁组成。桥面铺在纵梁上，纵梁支承于横梁，横梁支承于主梁，纵横梁一般均用板梁制成，如图 2-86 所示。

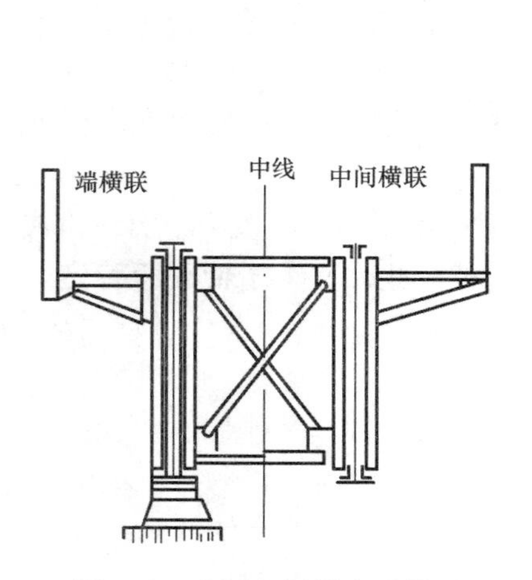

图 2-85 上承板梁横向联结系

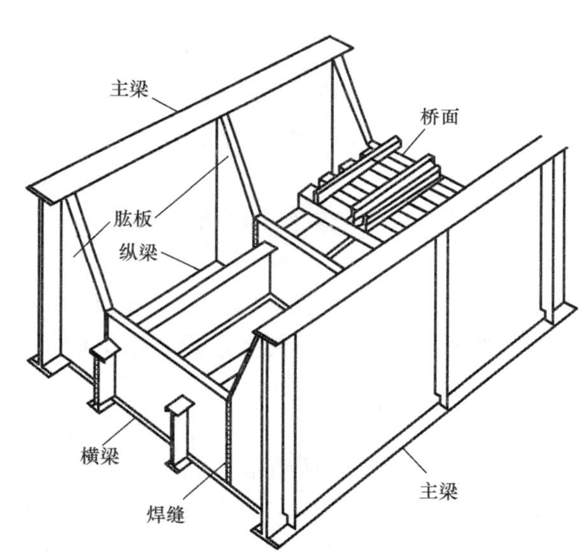

图 2-86 下承式板梁

2）主梁间距根据限界要求确定。

3）无上平纵联、无横联，只有下平纵联。

由于下平纵联承受全部横向力，杆件受力较大，故腹杆采用交叉式，其横撑杆即为横梁。横梁与主梁联结处设有三角形的肱板，横梁肱板与主梁构成一个开口刚架。

040307003　钢桁梁

当跨度增大时，梁的高度也要增大，如仍用板梁，则腹板、盖板、加劲角钢及接头等就显得尺寸巨大而笨重。若采用腹杆代替腹板组成桁梁，则重量大为减轻。由于桁梁构造比较复杂，所以一般适用于48m以上的跨度。

钢桁梁也分上承式与下承式。一般在河川的大跨度主梁上均采用下承式，如图2-87所示。

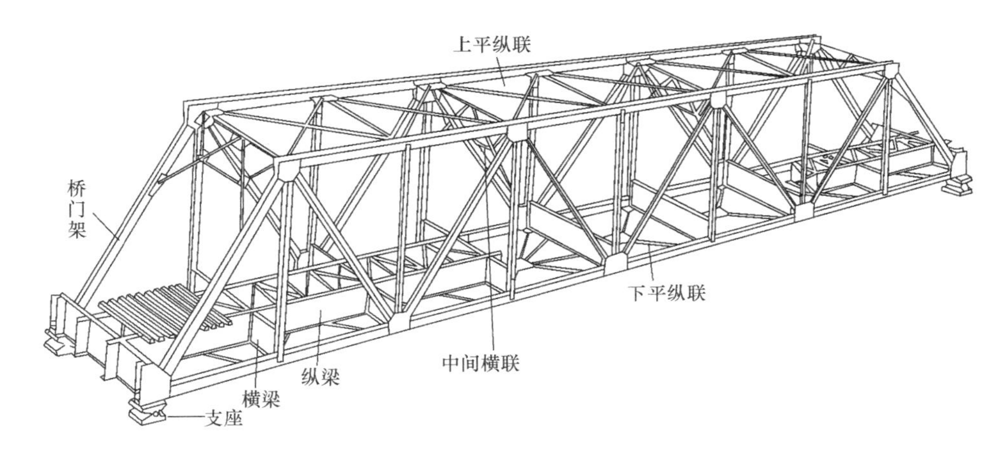

图2-87　下承式钢桁梁

钢桁梁主要由桥面、主桁架、桥面系、联结系及支座等部分组成。

主桁架是桥跨结构中的主要承重结构。竖向主要荷载全部是通过主桁架传到支座上，相当于板梁桥中的两片主梁。

主桁架的结构形式：桁架一般由上下弦杆、斜杆及竖杆等组成，斜杆及竖杆统称为腹杆，如图2-88所示。由于桁梁外形及腹杆系数形式的不同，桁架有多种多样的形式。一般来说，跨度较小的桁梁以采用三角形桁架为宜。大跨度的桁架则采用菱形，如图2-89所示，所有图式为铆接梁，栓焊梁则仅为三角形桁架。

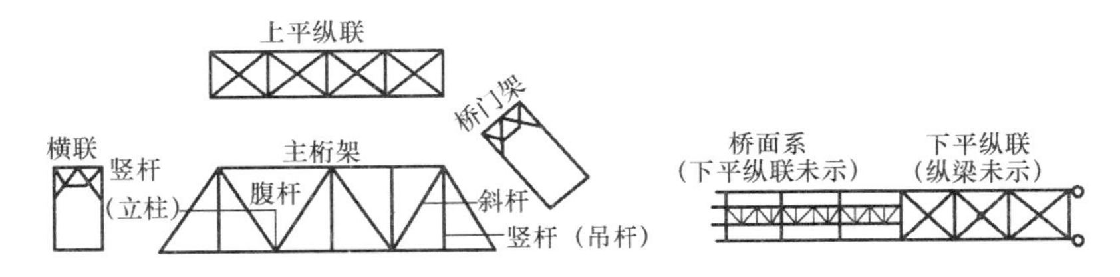

图2-88　下承桁梁轮廓

主桁架杆件，多用角钢及钢板组成。图2-90所示H形截面的优点是构造简单，制造方便；缺点是易于积留雨水污物，虽在其腹板上钻有50mm直径的泄水孔，也难于彻底将水排尽。

主桁各杆件在节点处交汇；用节点板通过铆钉或高强度螺栓连接起来，联结系杆件和

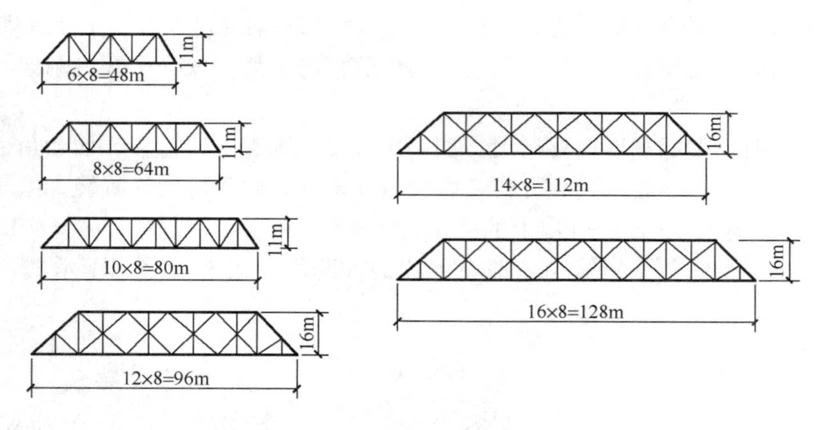

图 2-89 单线铁路下承钢桁梁图式

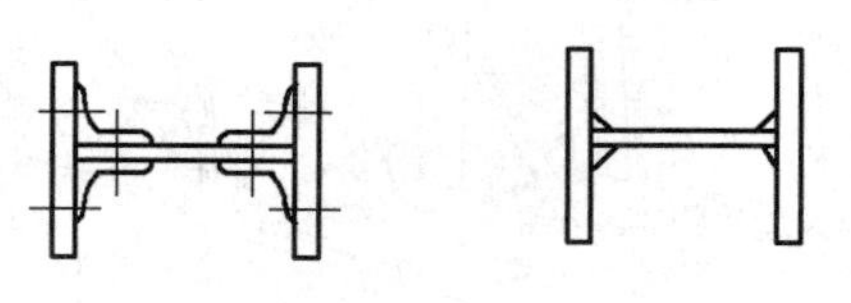
图 2-90 H形截面杆件

横梁也均在节点板处与主桁架连接。

040307004 钢拱

040307005 劲性钢结构

040307006 钢结构叠合梁

040307007 其他钢构件

040307008 悬（斜拉）索

040307009 钢拉杆

8. 装饰

040308001 水泥砂浆抹面

砂浆抹面：凡涂在建筑物或建筑构件表面的砂浆，可统称为抹面砂浆。根据抹面砂浆功能的不同，一般可将抹面用的砂浆分为普通砂浆抹面、装饰砂浆抹面、防水砂浆抹面和具有某些特殊功能的砂浆抹面（如绝热、耐酸、防射线砂浆抹面）等。

涂抹在建筑物内外墙表面，能具有美观装饰效果的抹面砂浆通称装饰砂浆抹面。装饰砂浆的底层和中层抹灰与普通抹面砂浆基本相同。主要是装饰砂浆的面层，要选用具有一定颜色的胶凝材料和骨料以及采用某种特殊的操作工艺，使表面呈现出各种不同的色彩、线条与花纹等装饰效果。

装饰砂浆抹面所采用的胶凝性材料有普通水泥、矿渣水泥、火山灰质水泥和白水泥、彩色水泥，或是在常用水泥中掺加些耐碱矿物颜料配成彩色水泥以及石灰、石膏等。骨料常采用大理石、花岗石等带颜色的细石渣或玻璃、陶瓷碎粒。

水刷石：用颗粒细小（约 5mm）的石渣所拌成的砂浆做面层，在水泥初始凝固时，即喷水冲刷表面，使其石渣半露而不脱落。水刷石多用于建筑物的外墙装饰，具有一定的质感，经久耐用。

干粘石：在水泥浆面层的整个表面上，粘结粒径5mm以下的彩色石渣小石子、彩色玻璃碎粒，要求石渣粘结牢固不脱落。干粘石的装饰效果与水刷石相同，而且避免了湿作业，施工效率高，也节约了材料。

斩假石：又称剁斧石，制作情况与水刷石基本相同。它是在水泥浆硬化后，用斧刃将表面剁毛并露出石渣。斩假石表面具有粗面花岗岩的效果。

假面石：将普通砂浆用木条在水平方向压出砖缝印痕，用钢片在竖面方向压出砖印，再刷涂料。亦可在平面上画出清水砖墙图案。

040308002　剁斧石饰面

剁斧石：又称斩假石、剁假石。制作情况与水刷石基本相同。它是水泥浆硬化后，用斧刃将表面剁毛并露出石渣。斩假石表面具有粗面花岗岩的效果。

040308003　镶贴面层

镶贴面层：用石材和水泥或建筑陶瓷粘结在墙体或地面表面而形成的面层。

（1）石材包含天然石材和人造石材两种。

天然石材：从天然岩体中开采出来的毛料，或经过加工成板状或块状的饰面材料。

人造石材：包括人造大理石和人造花岗石，其色彩和花纹均可根据要求设计制作，还可以制作成弧形、曲面等天然石材难以加工的复杂形状。

（2）建筑陶瓷：包括釉面砖、墙地砖、锦砖、建筑琉璃制品等，广泛用于建筑物内外墙、地面和屋面的装饰和保护，已成为房屋装饰中一类极为重要的装饰材料。其产品总的发展趋势是：提高质量、增大尺寸、品种多样、色彩丰富、图案新颖。

釉面砖：属于精陶类制品。它是黏土、石英、长石、助熔剂、颜料，以及其他矿物原料，经破碎、研磨、筛分、配料等工序加工成含有一定水分的生料，再经模具压制成型（坯体）、烘干、素烧、施釉和釉烧而成；或坯体施釉一次烧成。这里所谓的釉，是指附着于陶瓷坯体表面的连续玻璃质层，具有与玻璃相类似的某些物理化学性质。

釉面砖具有色泽柔和典雅、美观耐用、朴实大方、防火耐酸、易清洁等特点，主要用作建筑物内部墙面，如厨房、卫生间、浴室、墙裙等的装饰与保护。

近年来，我国釉面砖有了很大的发展，颜色从单一色调发展成彩色图案，还有专门烧制成供巨幅壁画拼装用的彩釉砖；在质感方面，已在表面光平的基础上增加了有凹凸花纹和图案的产品，给人以立体感；釉面砖的使用范围已从室内装饰推广到建筑物的外墙装饰。

墙面砖：生产工艺类似于釉面砖，或不施釉一次烧成无釉墙面砖，产品包括内墙砖、外墙砖和地砖之类。

墙面砖具有强度高、耐磨、化学性能稳定、不燃、吸水率低、易清洁、经久不裂等特点。

陶瓷锦砖：俗称马赛克（Masaic），是以优质瓷土为主要原料，经压制烧成的片状小瓷砖，表面一般不上釉。通常将不同颜色和形状的小块瓷片铺贴在牛皮纸上形成色彩丰富、图案繁多的装饰砖成联使用。

陶瓷锦砖具有耐磨、耐火、吸水率小、抗压强度高、易清洗及色泽稳定等特点，广泛适用于建筑物门厅、走廊、卫生间、厨房、化验室等内墙和地面，并可作建筑物的外墙饰面与保护。施工时，可以将不同花纹、色彩和形状的小瓷片拼成多种美丽的图案。

建筑琉璃制品：这是我国陶瓷宝库中的古老珍品之一，是用难熔黏土制坯，经干燥、上釉后焙烧而成，颜色有绿、黄、蓝、青等，品种可分为三类：瓦类（板瓦、滴水瓦、筒瓦、沟头）、背类和饰件类（吻、博古、兽）。

琉璃制品色彩绚丽，造型古朴，质坚耐久，用它装饰的建筑物富有我国传统的民族特色，主要用于具有民族特色的宫殿式房屋和园林中的亭、台、楼阁等。

缸砖：又名地砖，由难溶黏土烧成，一般做成150mm×150mm×10mm或100mm×100mm×10mm等正方形体，也有做成矩形、六角形、色棕红或黄，质坚耐磨，抗折强度高，有防潮作用，适用于铺筑室外平台、阳台、平屋顶等的地坪以及公共建筑的地面。贴缸砖应掌握其工作内容。

1）清理基层：将基层清理干净，并用水刷洗。

2）贴缸砖：铺缸砖前其背面应刷水湿润，并在铺贴范围内撒素水泥，洒水湿润后拉控制线按顺序铺贴。

3）清理净面：按先纵后横的顺序用刀将缝隙拔直，均匀用1：1水泥砂浆将缝隙填满，适当洒水擦平。

锦砖：属于精陶类制品。它是以黏土、石英、长石、助熔剂、颜料，以及其他矿物原料，经破碎、研磨、筛分、配料等工序，加工成含一定水分的生料，再经模具压制成型（坯体）、烘干、素烧、施釉和釉烧而成，或坯体施釉一次烧成，具有与玻璃相类似的某些物理化学性质。

锦砖具有色泽柔和典雅、美观耐用、朴实大方、耐火耐酸、易清洁等特点，主要用作建筑物内部墙面，如厨房、卫生间、浴室、墙裙等的装饰与保护。

密缝：大理石板拼缝不需用密封胶密封的称之为密缝。勾缝：大理石板拼缝用密封胶密封的称之为勾缝，但勾缝的宽度不得超过10mm。

040308004　涂料

涂料：涂料是敷于物体表面能与基体材料很好粘结并形成完整而坚韧保护膜的物料。它一般由三种基本成分所组成，即：

（1）成膜基料：它主要由油料或树脂组成，是使涂料牢固附着于被涂物表面上形成完整薄膜的主要物质，是构成涂料的基础，决定着涂料的基本性质。

（2）分散介质：即挥发性有机溶剂或水，主要作用在于使成膜基料分散而形成粘稠液体。它本身不构成涂层，但在涂料制造和施工过程中必不可少。

（3）颜料和填料：它们本身不能单独成膜，主要用于着色和改善涂膜性能，增强涂膜的装饰和保护作用，亦可降低涂料成本。

040308005　油漆

油漆：无论油漆是何种颜色，在定额中都取同一基价。油漆的分类如下：

（1）浅色：白色、银色（浅灰而略带银色的颜色）、乳黄、浅蓝、蛋青（像鸭蛋壳的颜色）、水绿。

（2）中色：正灰（蓝灰、深灰、绿灰）、正蓝（深蓝）、大红（橘红、酱红）、正黄（橘黄、棕黄）、正绿（果绿、黑绿）。

（3）深色：栗色、紫棕、铁红、黑色。

色漆（调和漆）等用量是按浅色60%、中色20%、深色20%综合编制的。单位工程无论何种颜色，其用量均不调整。门窗的内外分色及浅色（白色、乳黄色）、深色所占的比重按国家计算标准不变，即内外分色占40%，浅色（白色，乳黄色）占60%（调和漆）。

石灰浆：又称石灰砂浆，是以石灰为胶凝材料的砂浆，由石灰膏、砂按一定比例加水拌制而成。

石灰砂浆在市政工程中用量大，用途广。例如在砌体结构中，砂浆可以把单块的砖、石以及砌块胶结起来，构成砌体；大型模板和各种构件接缝也离不开石灰砂浆。石灰砂浆还可以用来饰面，满足装饰要求的保护结构。

水泥浆：以水泥为胶凝材料的砂浆，由水泥、砂按一定比例加水拌制而成。

水泥浆中的配合比是各组成材料之间的比例关系，它通常用每 m^3 混凝土中各种材料的用量来表示，或以各种材料用量的比例表示，通常以水泥质量为1。

白水泥浆：在水泥浆中掺合少量着色物质氧化铁、氧化锰、氧化钛、氧化铬等。水泥浆是以水泥为胶凝材料的砂浆，由水泥、砂按一定比例加水拌制而成。

白水泥浆的材料要求：

（1）水泥宜采用硅酸盐水泥、普通硅酸盐水泥，强度等级不低于42.5号（如果用石屑代砂时水泥强度等级不低于52.5号）。

（2）砂应用中砂或粗砂，含量不大于3%。

（3）如果用石屑代砂，其粒径宜为3～6mm，含泥量不大于3%。

（4）掺合着色物质不得超过4.5%。

106涂料：以溶解度97%聚乙烯醇树脂水溶液和模数为3.0以上的钠水玻璃为基料，混合一定量的填充量、颜料及少量表面活性剂，经磨砂或三辊磨碾磨而成的水溶性涂料，称为聚乙烯醇水玻璃内墙涂料。

聚乙烯醇树脂经改良便成803涂料，质优价廉、无毒无臭、色彩鲜艳、粘结牢固、耐磨耐水，适用于内墙表面装饰。

水柏油：又称煤焦油、焦油、臭油，具有强烈的臭气，稀释如水一样的黑色液体。在建筑上多用于木材防腐及白铁、生铁构件的防腐涂料。国家的标准名称为防腐油。

水柏油是生产焦炭和煤气的副产物，它的用途大部分在化工方面，而小部分用于制作建筑防水材料。烟煤在密闭设备中加热干馏，此时烟煤中挥发物质气化流出，冷却后仍为气体的可作煤气，冷凝下来的液体除去氨及苯后，即为煤焦油。因为干馏温度不同，生产出来的煤焦油品质也不同。

定额说明：

（1）镶贴面层定额中，贴面材料与定额不同时，可以调整换算，但人工与机械台班消耗量不变。

（2）水质涂料不分面层类别，均按定额计算，由于涂料种类繁多，如采用其他涂料时，可以调整换算。

水质涂料：以水为介质的涂料。

（3）水泥白石子浆抹灰定额，均未包括颜料费用，如设计需要颜料调制时，应增加颜料费用。

（4）油漆定额按手工操作计取，如采用喷漆时，应另行计算。定额中油漆种类与实际不同时，可以调整换算。

（5）本章定额除金属面油漆以吨计算外，其余项目均按装饰面积计算。

9. 其他

040309001　金属栏杆

栏杆是桥上的安全设施，要求坚固；栏杆又是桥梁的表面建筑，也要有一个美好的艺术造型。栏杆的高度一般为 80～120cm，标准设计为 100cm，栏杆的间距一般为 160～270cm，标准设计为 250cm。

公路与城市道路的栏杆常用混凝土、钢筋混凝土、钢、铸铁或钢与混凝土混合材料制作。从形式上可分为节间式与连续式。节间式由立柱、扶手及横栏（或栏杆板）组成，扶手支承于立柱上。连续式具有连续的扶手，一般由扶手、栏杆板（柱）及底座组成。节间式栏杆便于预制安装，能配合灯柱设计，但对于不等跨分孔的桥梁，在划分上感到困难。连续式栏杆有规则的栏杆板，富有节奏感，简洁、明快，但一般自重比较大。

栏杆的设计首先要考虑结构安全可靠，选材合理，栏杆柱或栏杆底座要直接与浇在混凝土中的预埋件焊牢，以增强抗冲击能力。同时栏杆要经济适用，工序简单，互换方便。对于艺术处理则根据桥梁的类别而要求不同。公路桥的栏杆要求简捷明快，栏杆的材料和尺度与主体工程配合，常采用简单的上扶手、下扶手和栏杆柱组成，给行驶的车辆有一个广阔的视野。城市桥梁的栏杆艺术造型应予以重视，以使栏杆与周围环境和桥梁本身相协调，这主要是指栏杆在形式、色调、图案和轮廓层次上应富有美感，而不是过分追求华丽的。

040309002　石质栏杆

040309003　混凝土栏杆

040309004　橡胶支座

支座：钢筋混凝土和预应力混凝土梁式桥在桥跨结构和墩台之间均须设置支座，其作用为：

（1）传递上部结构的支承反力，包括恒载和活载引起的竖向力和水平力。

（2）保证结构在活载、温度变化、混凝土收缩徐变等因素作用下的自由变形，以使上、下部分结构的实际受力情况符合结构的静力图式。

橡胶支座是随着优质合成橡胶的产生而发展起来的新型支座。橡胶支座构造简单，加工方便，省钢材，造价低，结构高度小，安装方便，在当前，已经得到越来越广泛的使用。

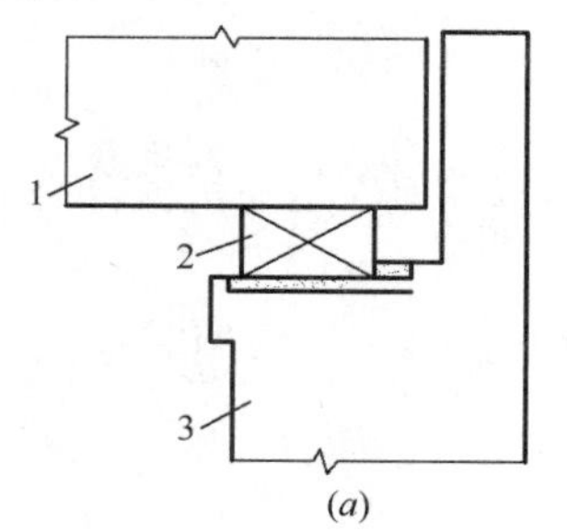

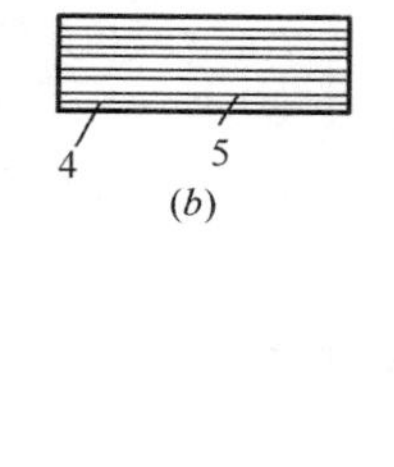

图 2-91　板式橡胶支座

1—主梁；2—桥台；3—支座；4—厚 2mm 薄钢片；5—橡胶片

橡胶支座可分为板式橡胶支座和盆式橡胶支座两类。

（1）板式橡胶支座。板式橡胶支座，对外形上看它是一块放置在上下结构之间的矩形黑色橡胶板，它的活动原理是：利用橡胶的不均匀弹性压缩实现转角 θ，利用其剪切变形实现水平位移△如图 2-91 无加劲层的纯橡胶支座，由于其容许压应力甚小，约为 3000kPa，故只适用于小跨径桥梁。常用的板式橡胶支座都有几层薄钢析板或钢丝网作为加劲层。由于橡胶片之间的加劲层能起阻止橡胶片侧向膨胀的作用，从而显著提高了橡胶片的抗压强度和支座的抗压刚度。这种支座的容许压力可达 1000kPa，可用于支承反力达 300kN 左右的中等跨径桥梁。

此外橡胶支座还可吸收部分动能，减轻车辆的冲击作用。板式橡胶支座一般不分固定支座和活动支座，这样能将水平力均匀地传递给各个支座且便于施工，如有必要设置固定支座可采用不同厚度的橡胶支座来实现。

板式橡胶支座目前常用的有 0.14×0.18、0.15×0.20、0.15×0.30、0.16×0.18、0.18×0.20、0.20×0.25（m×m）等，最常用的为 0.15×0.20（m×m），目前生产的橡胶支座厚度为 1.4cm（二层钢片）、2.1cm（三层钢片）、2.8cm（四层钢片）、4.2cm（六层钢片）等。可用于支承反力为 1500～7000kN 左右的中等跨度桥梁。

为了使橡胶支座受力均匀，安装时支座中心尽可能对准上部构造的计算支点，并应使梁底面与墩台顶面清洁平整，必要时可在墩台面敷设一层 1∶3 水泥砂浆或有机涂料，以增加接触面摩阻力防止相对滑动。

（2）盆式橡胶支座。由于板式橡胶支座处于无侧限受压状态，故其抗压强度不高，当竖向力较大时则应使用盆式橡胶支座。

盆式橡胶支座构造如图 2-92 所示。它由不锈钢滑板、锡青铜填充的聚四氟乙烯板、盆环、氯丁橡胶块、钢密封圈、钢盆塞及橡胶防水圈等组成。

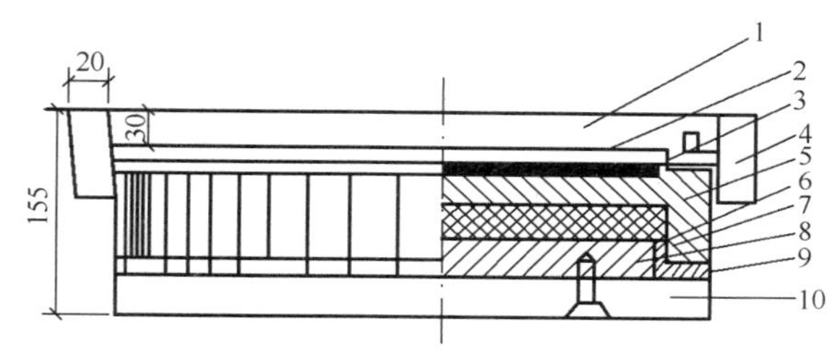

图 2-92　盆式橡胶支座构造
1—上支座板；2—不锈钢板；3—聚四氟乙烯板；4—侧板；5—横向止移板；6—盆环；7—氯丁橡胶板；8—密封圈；9—盆塞；10—氯丁橡胶防水圈

盆式橡胶支座结构紧凑，承载能力大，重量轻，高度小，成本低。目前生产的盆式橡胶支座竖向承载为 1000～20000kN。可依据不同情况选购使用。

040309005　钢支座

当跨径为 10～20m，支承反力不超过 600kN 时，可采用弧形钢板支座（图 2-93）。该支座由两块厚为 4～5cm 铸钢制成的上、下垫板组成。上垫板是平的矩形钢板，下垫板是顶面切削成圆柱面的弧形钢板。这样，上垫板沿着下垫板弧形接触面的相对运动形成了活动支座。对于固定支座，则将上垫板上做成齿槽或销孔，在下垫板上焊以齿板或销钉，安装时使齿板嵌入齿槽或将销钉伸入销孔而形成固定支座。

040309006　盆式支座

040309007　桥梁伸缩装置

钢筋混凝土梁桥伸缩缝：

为了保证主梁在外界条件变化时能自由变形，就需要在梁与桥台之间，梁与梁之间设置伸缩缝（也称变形缝）。伸缩缝的作用除保证梁自由变形外，还应能使车辆在接缝处平顺通过，防止雨水及垃圾泥土等渗入，其构造应方便施工安装和维修。因此伸缩缝部件除应具有一定强度外，应能与桥面铺装牢固连接，并便于检修和清除缝中的污物。常用的伸缩缝有：

（1）U 形镀锌铁皮式伸缩缝

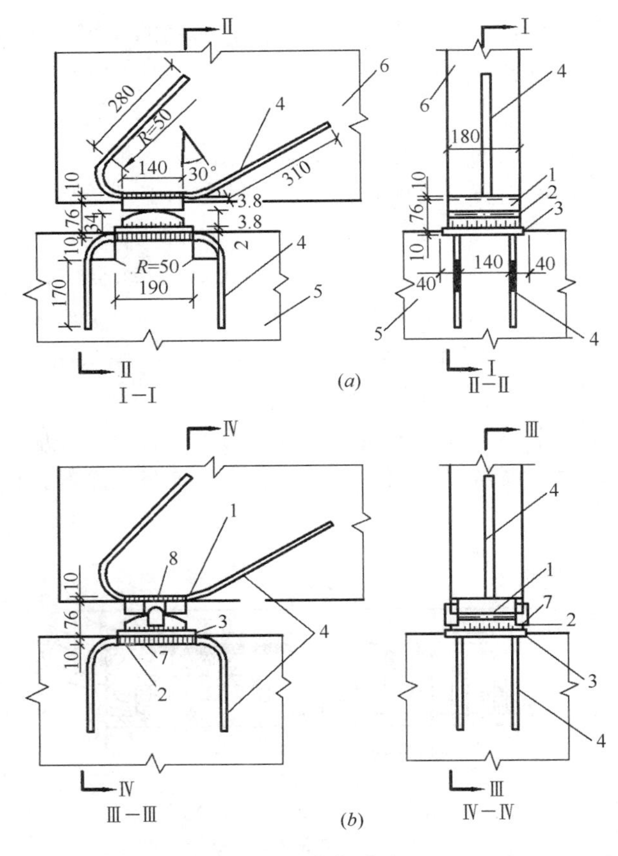

图 2-93 弧形钢板支座（cm）

（*a*）活动支座；（*b*）固定支座

1—上座板；2—下座板；3—垫板；4—锚栓；

5—墩台帽；6—主梁；7—齿板；8—齿槽

U 形镀锌铁皮式伸缩缝构造如图 2-94 所示，适用于变形量在 2～4cm 以内，通常采用镀锌铁皮作为跨缝材料，将镀锌铁皮弯成 U 形，分上下两层，上层开凿孔径 6mm，孔距 3cm 的梅花眼，其上设置石棉纤维垫绳，然后用沥青胶填塞，这样当桥面伸缩时镀锌铁皮可随之变形。下层 U 形镀锌铁皮可将渗下的雨水沿横向排出桥外。U 形镀锌铁皮构造简单，但伸缩量小，故适用于一般中小跨径桥梁。人行道部分伸缩缝，通常用一层 U 形镀锌铁皮跨搭，其上填充沥青膏即可。

（2）钢板伸缩缝

钢板伸缩缝以钢板作为跨缝材料，适用于梁端变形量为 4～6cm 甚至高达 20～40cm 的情况，其构造如图 2-95。其中（*a*）图为最简单的一种。是用一块厚度约为 10mm 的钢板搭在断缝上，钢板的一侧焊在锚固于铺装层混凝土内的角钢 1 上，另一侧可沿着对面的角钢 2 自由滑动，角钢 2 的边缘需焊上一条窄钢板边抵住后面的沥青砂面层。（*b*）图为安有螺丝弹簧装置来固定滑动钢板的新颖变形缝。由于滑动钢板始终通过橡胶垫块紧压在护缘钢板上，减少了车辆的冲击作用。（*c*）图为伸缩量达 20～40cm 的可两侧同时滑动的伸缩缝。（*d*）图则更为先进的梳形齿式钢板伸缩缝。

（3）橡胶伸缩缝

利用优质橡胶带作为跨缝和嵌填材料，使之既满足变形要求又兼备防水功能，目前在国内已得到广泛应用。

图 2-96 为各种橡胶伸缩缝构造图。其中（*a*）图是用一种特制的三节型橡胶带代替镀锌铁皮的伸缩缝的构造，带的中心是空心的，它兼备变形和防水功能。（*b*）图是用氯丁橡胶制作的具有两个圆孔的伸缩缝嵌条，当梁架好后，在端部焊好角钢，（角钢间距可略比橡胶嵌条的宽度小），涂上胶后，再将嵌条强行嵌入。（*c*）图为用螺栓夹具固定倒 U 形橡胶嵌条的伸缩缝构造，其适用变形量可达 5cm。（*d*）图则为橡胶与钢板组合的伸缩缝，橡胶嵌条的数量可随变形量的大小选取，其变形量可达 15cm。

伸缩缝在使用中容易破坏，为了行车平顺舒适，减轻养护工作量并提高桥梁的使用寿命，应尽量减少伸缩缝的数量并保证伸缩缝的施工质量。

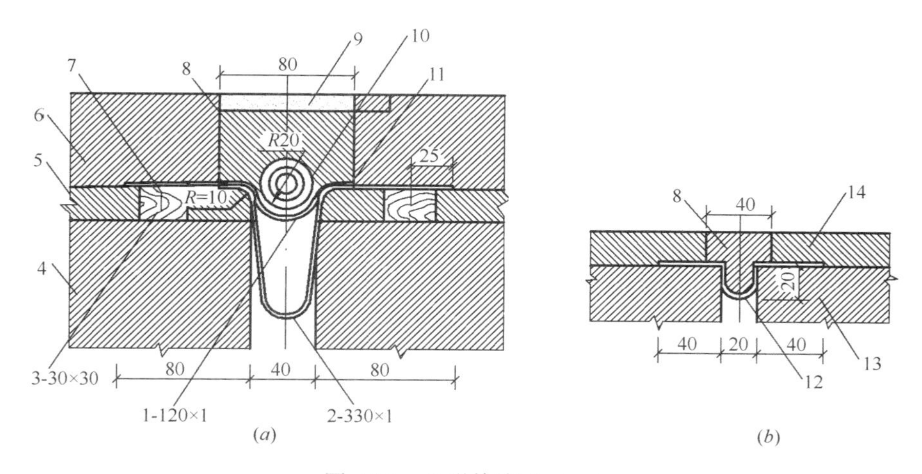

图 2-94 U 形伸缩缝（cm）

（a）行车道伸缩缝；（b）人行道伸缩缝

1—上层锌铁片；2—下层镀锌铁片；3—小木板；4—行车道板；5—三角垫层；6—行车道铺装层；7—圆钉；8—沥青膏；9—砂子；10—石棉纤维过滤器；11—锡焊；12—镀锌铁片；13—人行道块件；14—人行道铺装层

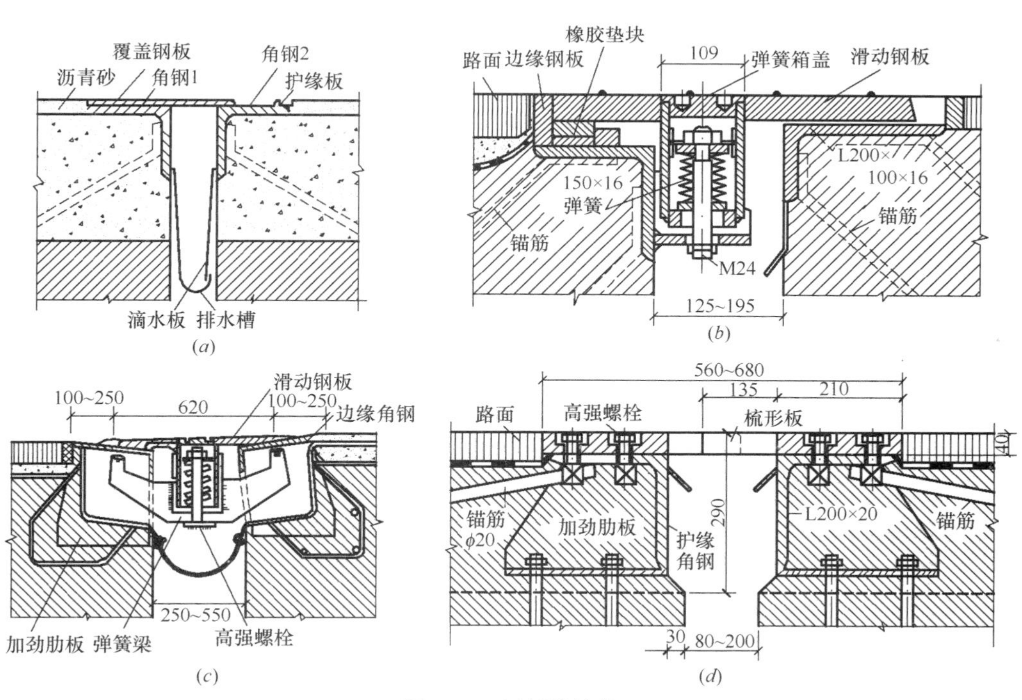

图 2-95 钢板伸缩缝

拱桥伸缩缝：

拱上建筑与主拱圈在构造上和受力上都有密切的联系，一方面拱上建筑能够提高拱的承载能力，但另一方面，它对拱圈的变形起约束作用。在温度变化、混凝土收缩及车辆荷载作用时，主拱圈产生挠度，拱上建筑随之变形，这时侧墙、腹拱圈与墩台连接处容易开裂。为了防止这种现象，除在设计上应作充分考虑外，应在构造上采用必要的措施。通常

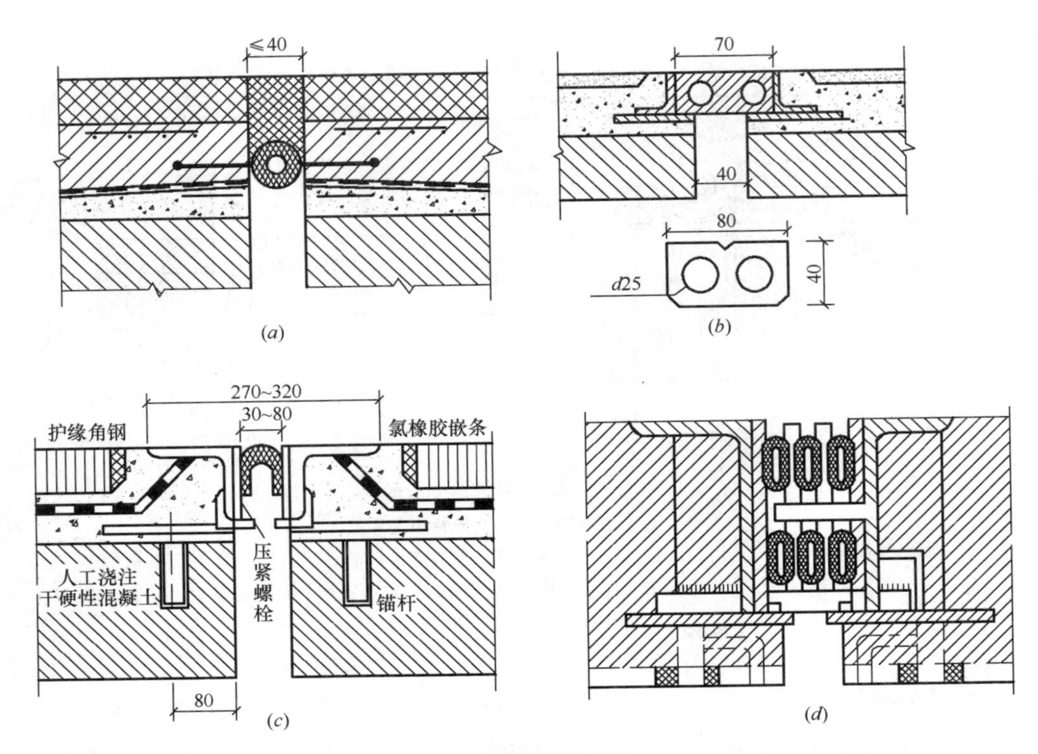

图 2-96　橡胶伸缩缝

是在相对变形（位移或转角）较大的位置设置伸缩缝，而在相对变形较小处设置变形缝。

实腹式拱桥的伸缩缝通常设在两拱脚的上方，并需在横桥方面贯通全宽和侧墙的全高直至人行道，伸缩缝多采用直线形（图 2-97）。

空腹式拱桥，一般将紧靠墩台的第一个腹拱圈做成三铰拱，并在靠墩台的拱铰上方的侧墙上，也相应地设置伸缩缝，在其余两拱铰的上方可设置变形缝（图 2-98），在特大跨径拱桥中，在靠近主拱圈拱顶的腹拱，宜设置成两铰或三铰拱，腹拱铰上方的侧墙仍需设置变形缝（图 2-98），以便使拱上建筑更好地适应主拱圈的变形。

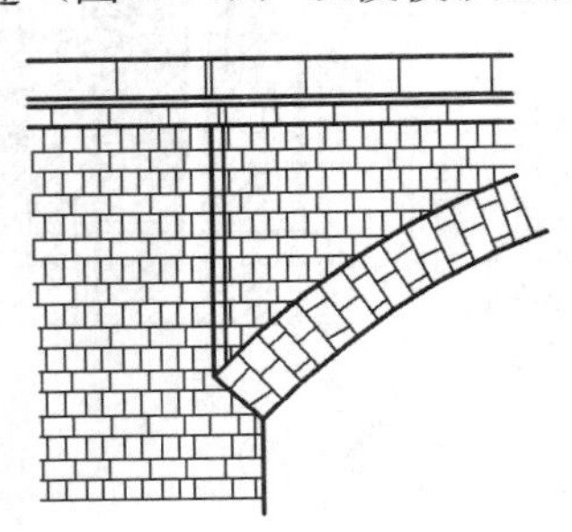

图 2-97　实腹拱桥伸缩缝布置

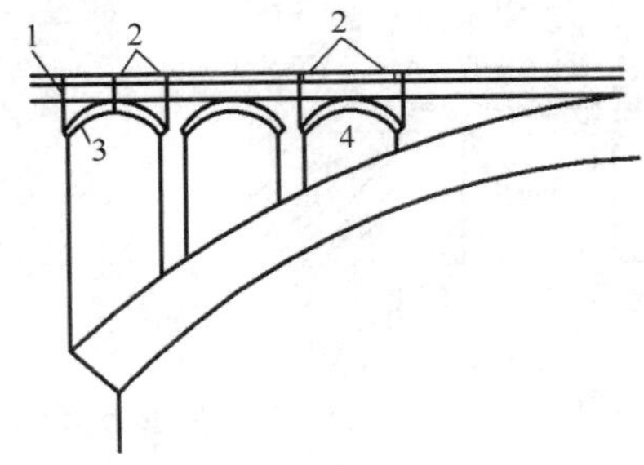

图 2-98　空腹式拱桥伸缩缝布置
1—伸缩缝；2—变形缝；3—三铰腹拱；4—二铰腹拱

伸缩缝的宽度一般为 2～3cm，可用锯末沥青（重量比为 1∶1）做成预制板，施工时嵌入缝内，上缘一般做成能活动而不透水的覆盖层。缝内填料亦可采用沥青砂浆等其他材料。

变形缝不设缝宽，其缝可干砌，用油毛毡隔开或用低强度等级砂浆砌筑。

在设置伸缩缝或变形缝处的人行道、栏杆、缘石和混凝土桥面，均匀相应设置伸缩缝和变形缝。

040309008　隔音屏障

040309009　桥面排（泄）水管

钢筋混凝土梁桥：

桥面排水是借助于纵坡和横坡的作用，使桥面雨水迅速汇向集水碗，并从泄水管排出桥外。横向排水是在铺装层表面设置 1.5%～2%的横坡，横坡的形成通常是铺设混凝土三角垫层构成，对于板桥或就地浇筑的肋梁桥，也可在墩台上直接形成横坡，而做成倾斜的桥面板。

当桥面纵坡大于 2%而桥长小于 50m 时，桥上可不设泄水管，而在车行道两侧设置流水槽以防止雨水冲刷引道路基，当桥面纵坡大于 2%但桥长大于 50m 时应顺桥长方向 12～15m 设置一个泄水管，如桥面纵坡小于 2%，则应将泄水管的距离减小至 6～8m。

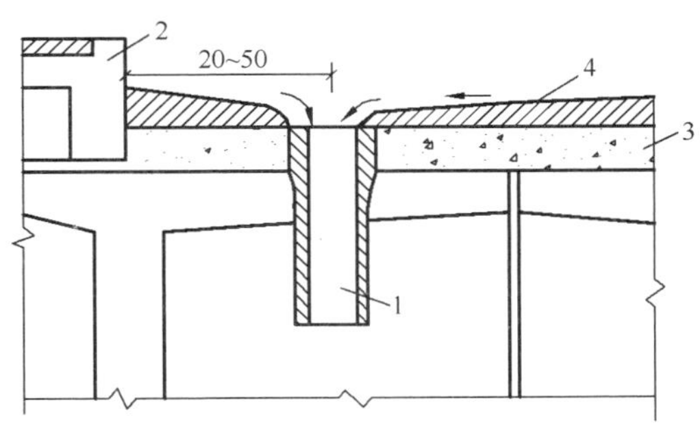

图 2-99　泄水管布置

1—泄水管；2—路缘石；3—铺岩层；4—沥青面层

排水用的泄水管设置在行车道两侧，可对称布置，也可交错布置。泄水管离路缘石的距离为 0.2～0.5m（图 2-99）。泄水管的过水面积通常按每平方米桥面需 1cm² 泄水面积布置。常用泄水管有钢筋混凝土和铸铁管两种，其构造如图 2-100 所示。

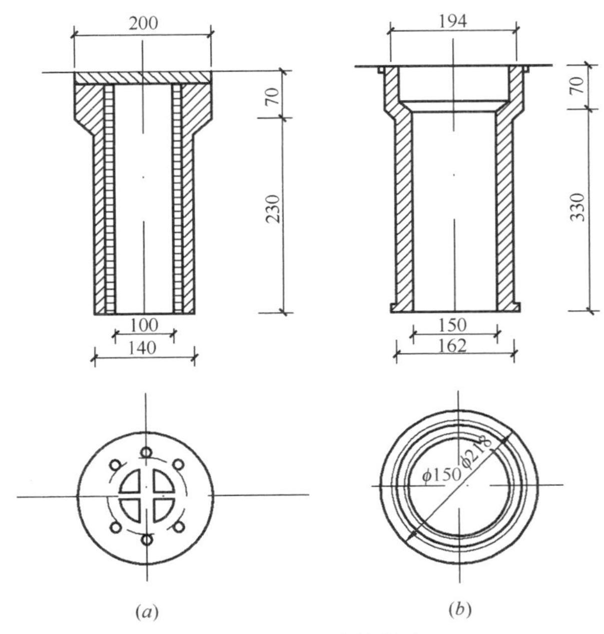

图 2-100　泄水管构造

泄水管顶应设金属或钢筋混凝土栅板，在跨河桥上，泄水管可直接向河中排水，但管的下口须伸出梁底 15～20cm，泄水管管径宜用 15cm，最小 10cm。跨河桥上设泄水孔时，则孔下设檐沟并接泄水管，沿墩（台）往下接入区域排水系统。

拱桥：

拱桥排水不仅要能及时排除桥面的雨、雪水，还应能及时排除渗入拱腔内滞留在拱背上的水分。

桥面排水：行车道应设置 1.5%～2.0%的横坡，人行道应设置向内侧 1%的横坡。排除桥面雨水构造如图 2-101。

040309010　防水层

泄水管分为金属泄水管与钢筋混

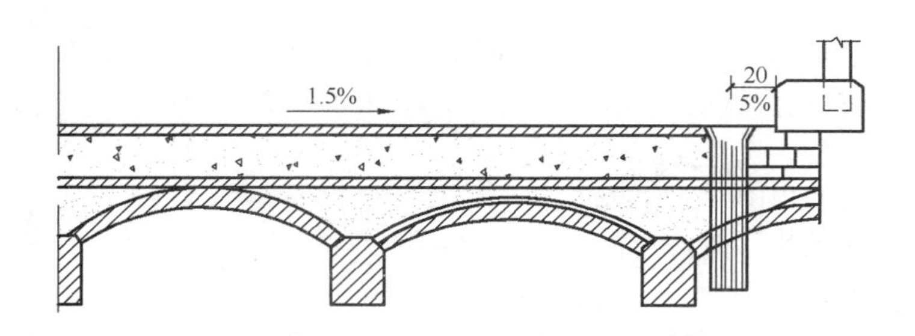

图 2-101　桥面排水构造

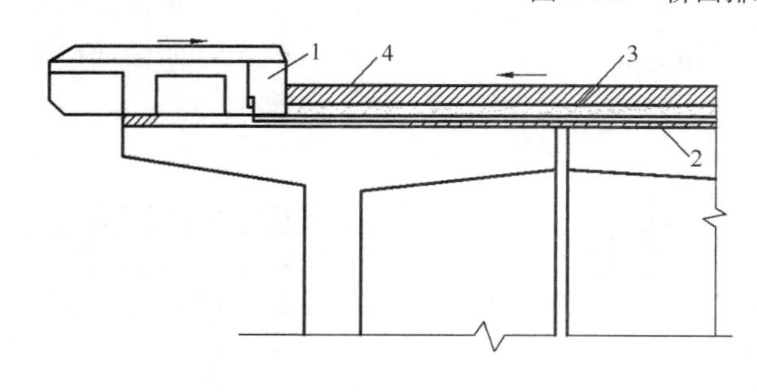

图 2-102　防水层设置
1—缘石；2—三角垫层；3—防水层；4—20 号混凝土

凝土泄水管。如图 2-102 所示为一种构造比较完备的铸铁泄水管。适用于具有贴式防水层的铺装结构，泄水管的内径一般为 10～15cm，管子下端应伸出行车道板底面以下至少 15～20cm。安放泄水管时，与防水层的接合处要处理特别仔细，防水层的边缘要紧夹在管子的顶缘与泄水漏斗之间，以便防水层上的渗水能通过漏斗上的过水孔流入管内。这种铸铁泄水管使用效果好，但构造较为复杂。通常可以根据具体情况，在此基础上作适当的简化，例如采用钢板和钢管的焊接构造。甚至改用塑料浇铸的泄水管等。

钢筋混凝土泄水管适用于不设专门防水层而采用防水混凝土的铺装结构上，在制作时，可将金属栅板直接作为钢筋混凝土管的端模板，以使焊于板上的短钢筋锚固于混凝土中。这种预的泄水管构造简单，也可以节约钢材。

钢筋混凝土梁桥：

桥面防水是使将渗透过铺装层的雨水挡住并汇集到泄水管排出。一般地区可在桥面上铺 8～10cm 厚的防水混凝土作为防水层，其强度等级一般不低于桥面板混凝土强度等级。当对防水要求较高时，为防止雨水渗入混凝土微细裂纹和孔隙，保护钢筋时，可以采用“三油三毡”防水层。具体作法是：首先在排水三角垫层上用水泥砂浆抹平，待硬化后涂一层热沥青底层随即贴上一层油毛毡，上面涂一层沥青胶砂，贴一层油毛毡，最后再涂一层沥青胶砂。其厚度通常为 1～2cm，防水层上再铺 4cm 左右的 C20 细骨料混凝土作保护层。防水层顺桥面应铺过桥台背，横向应伸过缘石底面从人行道与路缘石的砌缝里面上叠 10cm（图2-102）。

二毡三油式防水层造价高，施工麻烦。因此在气候温和地区，可在三角垫层上涂一层沥青玛蹄脂，或在铺装层上加铺一层沥青混凝土或用防水混凝土作铺装层即可。

拱桥防水设施：

渗入到拱腔内的雨水，应通过防水层汇集到预埋在拱腔内的泄水管排出。

实腹式拱桥，防水层应沿拱背护拱、侧墙铺设。对单孔桥，可不设泄水管，积水沿防水层流至两个桥台后面的盲沟，然后沿盲沟排出路堤。多孔拱桥可在 $L/4$ 处设备泄水管（图 2-103）。

空腹式拱桥，防水层沿腹拱上方和主拱圈实腹段的拱背铺设，泄水管宜布置在 $L/4$ 跨径处（图 2-104）。

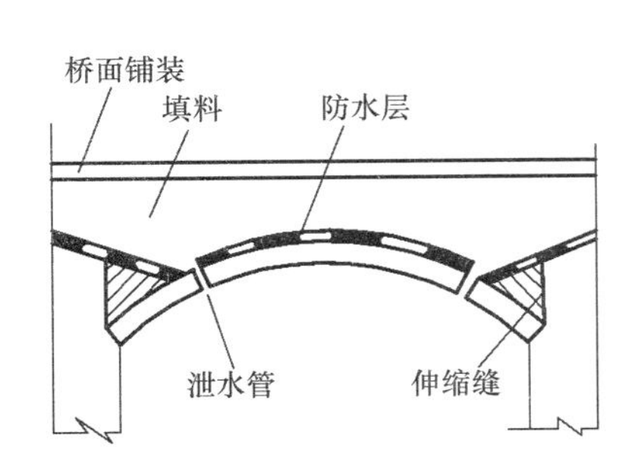

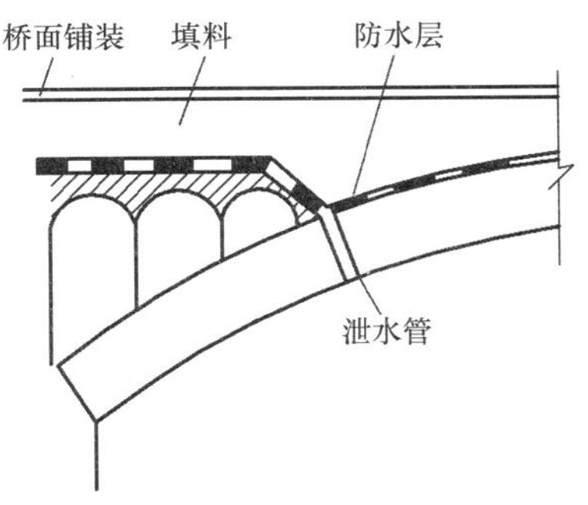

图 2-103　多孔实腹拱桥拱背排水构造　　图 2-104　空腹式拱桥拱背排水构造

泄水管可以采用铸铁管、混凝土管或陶瓷（瓦）管。城市桥梁宜用内径 15cm，排水管应用直管、短管。管顶应做喇叭形并加罩铁筛盖，在筛盖周围堆积碎砾石过滤层排出。

防水层有粘贴式与涂抹式两种，前者用 2～3 层油毛毡与沥青胶交替贴铺而成，效果较好，但造价较高；后者用沥青涂抹于砌体表面，施工简便，造价低，但效果较差，适用于少雨地区。当要求较低时，可采用石灰三合土（厚 15cm，水泥、石灰、土的配合比为 1∶2∶3）、黏土胶泥、石灰黏土砂浆等。

防水层在全桥范围内不应断开，当通过伸缩缝或变形缝时应妥善处理，使其既能防水又能适应变形，其构造如图 2-105 所示。

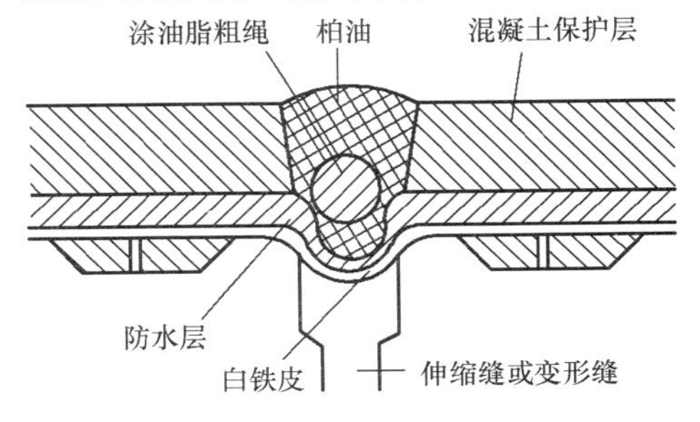

图 2-105　伸缩缝处即防水层构造

三、工程量清单项目表的编制与计价举例

【例 10】某河道旁的河岸土质比较松软，该河流较小且水流较缓慢。为了防止泥土滑入河中阻塞河道，在该土边缘打入圆木桩以固定。已知打入的圆木桩总数为 100 根，圆木桩的桩长为 2m，小头直径为 6cm。如图 2-106 和图 2-107 所示，试计算圆木桩的打桩工程量。

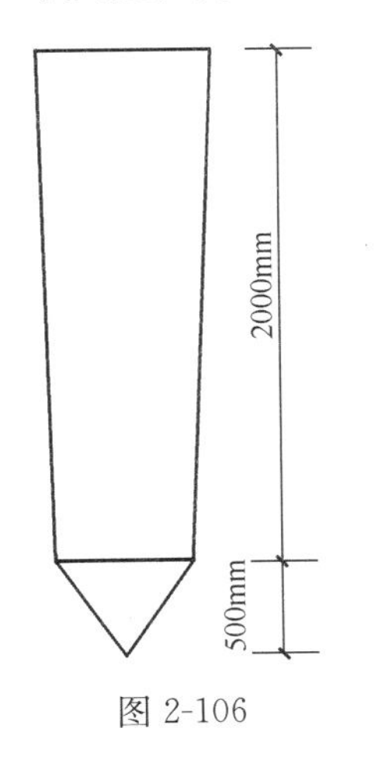

图 2-106

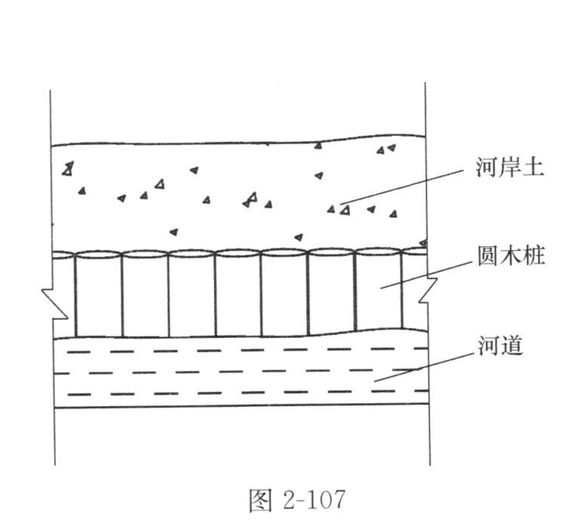

图 2-107

【解】(1) 清单工程量

单根圆木桩的长度：$L=2+0.5\text{m}=2.5\text{m}$

【注释】2——圆木桩的桩长；

0.5——圆木桩的桩尖长度。

则圆木桩总长度：$L=2.5\times100\text{m}=250\text{m}$

【注释】2.5——单根圆木桩的长度；

100——圆木桩总数。

清单工程量见表 2-48。

清单工程量计算表 **表 2-48**

序号	项目编码	项目名称	项目特征描述	计量单位	工程量
1	040302001001	圆木桩	桩长 2m，尾径 0.6m，90°倾斜	m	250

(2) 定额工程量

单根圆木桩体积：$V=2\times3.14\times0.3^2\text{m}^3=0.57\text{ m}^3$

【注释】2——圆木桩的桩长；

0.3——圆木桩尾部的半径。

圆木桩总体积：$V=0.57\times100\text{m}^3=57\text{m}^3$

【注释】0.57——单根圆木桩体积；

100——圆木桩总个数。

【例 11】 实腹式拱上建筑的特点是构造简单，施工方便，填料数量较多，荷载较重，某建设工程建设的拱桥采用这种构造，具体设计数据为：单孔跨径 9m，桥面长 30m，拱圆中心线 $R=4.5\text{m}$，拱板厚 200mm，双孔，桥宽（净宽）：$(7.5+2\times1.75)\text{ m}=11\text{m}$，重力式桥墩，圆台形护坡，其细部构造如图 2-108 所示，计算该桥工程量。

【解】(1) 台身工程量计算（图 2-108）

清单工程量：

镶面石工程量：

$V_1=0.1\times8\times11\text{m}^3=8.8\text{m}^3$

【注释】0.1m 为镶面石的厚度，8m 为镶面石部分的高度，11m 为桥的净宽。

浆砌片石、块石（粗料石）工程量：

$$V_2=\frac{1}{2}\times[(1.2-0.1)+(1.2+2-0.1)]\times8\times11\text{m}^3=184.8\text{m}^3$$

【注释】台身浆砌片石、块石（粗料石）部分的断面为一梯形，梯形的上底边边长为 (1.2−0.1) m，其中 0.1m 为台身镶面石的厚度，梯形的下底边边长为 (1.2+2−0.1) m，梯形的高度为 8m，因此梯形的面积 $=\frac{1}{2}\times$（上底边长＋下底边长）×高 $=\frac{1}{2}\times[(1.2-0.1)+(1.2+2-0.1)]\times8\text{m}^2$，梯形体的厚度为 11m（桥净宽）。

综上台身工程量为：

$$V=2V_1+2V_2=(2\times8.8+2\times184.8)\text{m}^3=387.2\text{m}^3$$

定额工程量同清单工程量。

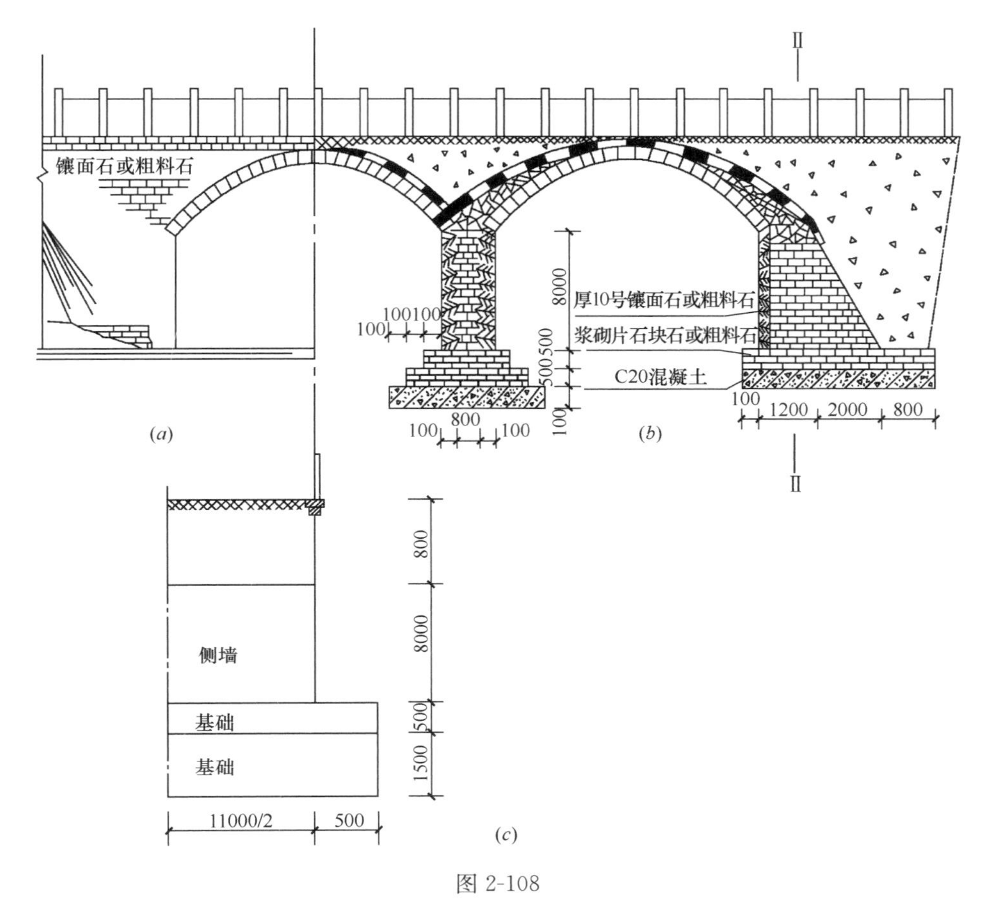

图 2-108

(a) 半立面图；(b) 半纵断面图；(c) Ⅱ－Ⅱ侧视图

(2) 台基础工程量

清单工程量：

浆砌片石、块石（粗料石）工程量：

$$V_1=(0.1+1.2+2+0.8)\times0.5\times(11+0.5\times2)\text{m}^3$$
$$=24.6\text{m}^3$$

【注释】台基础浆砌片石、块石沿桥长方向的长度为（0.1＋1.2＋2＋0.8）m，高度为0.5m，沿桥宽方向的长度为（11＋0.5×2）m，其中0.5m为基础向外伸出的长度，因两端均有向外伸出，因此乘以2。

C20混凝土工程量：

$$V_2=(0.1+1.2+2+0.8)\times1.5\times(11+0.5\times2)\text{m}^3=73.8\text{m}^3$$

【注释】式中1.5m为台基础的20号混凝土厚度，其他数据参考上文注释。

综上基础的工程量为：

$$V=2V_1+2V_2=(2\times24.6+73.8\times2)\text{m}^3=196.8\text{m}^3$$

定额工程量同清单工程量。

(3) 拱圈工程量（图 2-109）

清单工程量：

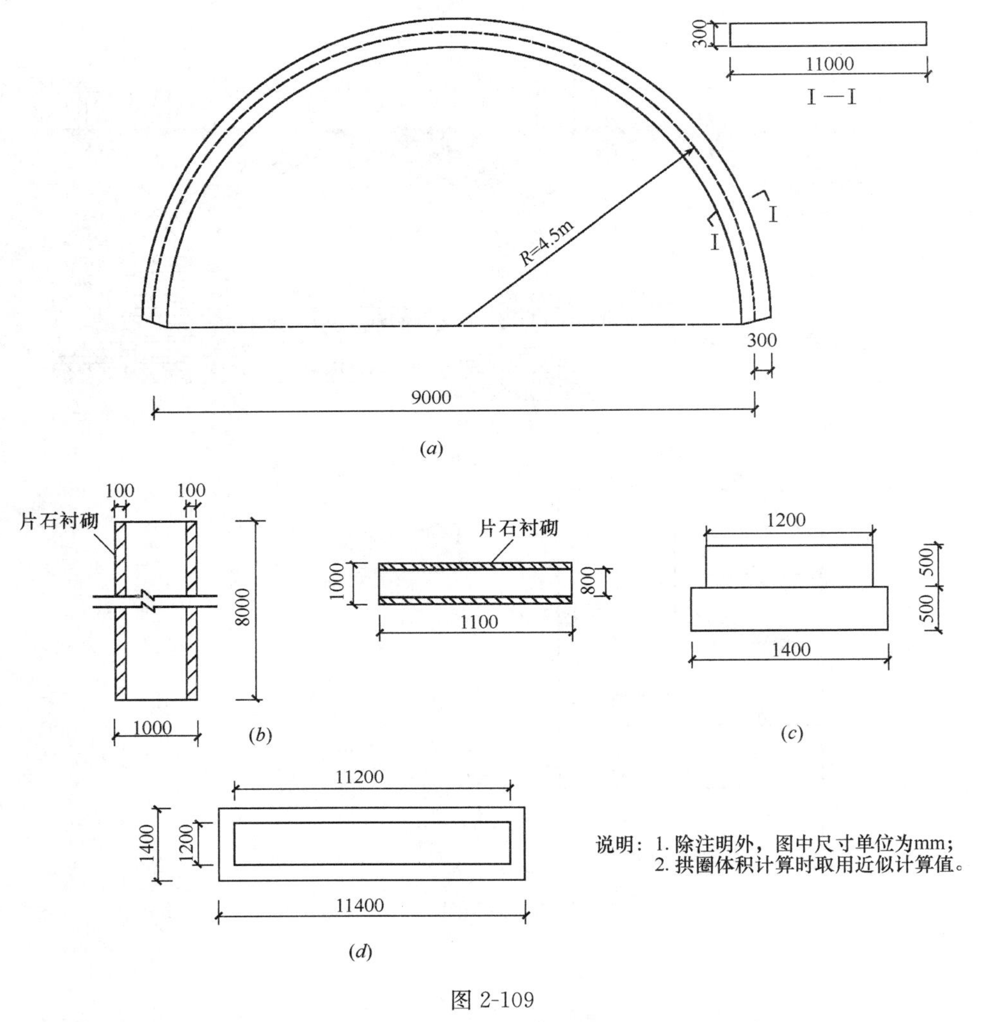

图 2-109

(a) 拱桥拱圈截面图；(b) 拱桥墩身截面图；(c) 石料基础截面图（一）；(d) 石料基础截面图（二）

拱板纵截面面积：

$$S=2\pi\times4.5\times\frac{1}{2}\times0.3\text{m}^2=4.24\text{m}^2$$

【注释】拱桥拱圈半径为 4.5m，半圆的中线长度为 $\times2\pi\times4.5\ \frac{1}{2}$m，0.3m 为拱圈的宽度，中线长乘以宽度极为近似的拱板的纵截面积。

拱板工程量：

$$V=4.24\times11\times2\text{m}^3=93.28\text{m}^3$$

【注释】式中 4.24m^2 为拱板纵截面面积，拱板的厚度为 11m（桥净宽），因该拱桥为双孔，因此乘以 2。

定额工程量同清单工程量。

(4) 拱桥墩身工程量

清单工程量：

墩身镶石衬砌工程量：

$$V_1 = 0.1 \times 11 \times 8 \times 2\text{m}^3 = 17.6\text{m}^3$$

【注释】式中0.1m为墩身镶石衬砌的厚度，11m为桥净宽，8m为墩身镶石衬砌的高度，墩两侧均镶石衬砌，因此乘以2。

墩身浆砌片石、块石（粗料石）：

$$V_2 = (1.0 - 0.1 \times 2) \times 11 \times 8\text{m}^3 = 70.4\text{m}^3$$

【注释】式中（1.0－0.1×2）m为墩身浆砌片石、块石（粗料石）的厚度，其中1.0m为墩身的总宽度，0.1m×2为墩身两侧镶石衬砌的厚度，11m为桥的净宽，8m为墩身浆砌片石、块石（粗料石）的高度。

定额工程量同清单工程量。

（5）拱桥墩基础工程量（图2-110）

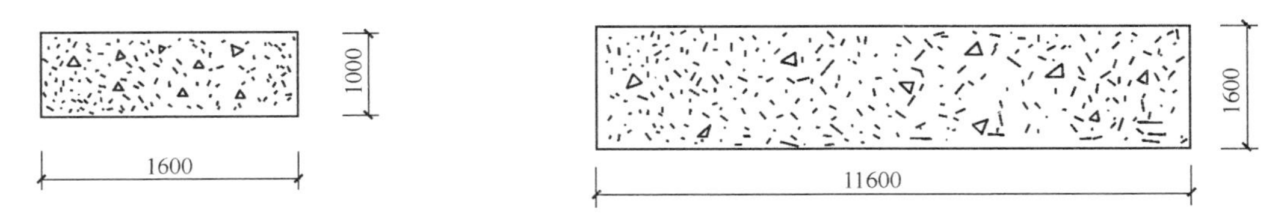

混凝土基础截面图

图2-110

墩基础浆砌片石、（块石）工程量：

$$V = (11.2 \times 1.2 \times 0.5 + 11.4 \times 1.4 \times 0.5)\text{m}^3 = 14.7\text{m}^3$$

【注释】式中11.2m＝11.6m－0.1×2－0.1×2m为第一层基础沿桥长方向的长度，其中11.6m为混凝土基础沿桥长方向的长度，0.1m分别为第二层浆砌片石（块石）基础比混凝土基础内缩的距离、第一层墩基础比第二层基础内缩的距离，1.2m＝1.6m－0.1m×4为第一层墩基础沿桥宽方向的长度，0.5m为第一层墩基础的厚度。11.4m＝116－0.1×2为第一层基础沿桥长方向的长度，1.4m＝1.6m－0.1×2为第二层墩基础沿桥宽方向的长度，0.5m为第二层墩基础的厚度。

（6）桥面板工程量（图2-111）

桥面板混凝土工程量：

清单工程量：

桥面板C20混凝土工程量：

$$V = 11 \times 0.2 \times 30\text{m}^3 = 66\text{m}^3$$

【注释】式中11m为桥的净宽，0.2m为桥面板C20混凝土的厚度，30m为桥长。

定额工程量同清单工程量。

桥面板钢筋工程量：

清单工程量：（∵ ϕ8根钢筋的理论重量为0.395kg/m）

$$\phi 8\text{ 箍筋个数：}\left(\frac{30000 - 50 \times 2}{100} + 1\right)\text{个} = 300\text{ 个}$$

【注释】式中30000mm为构件的总长度，0.05m为桥前后保护层的厚度，100mm为

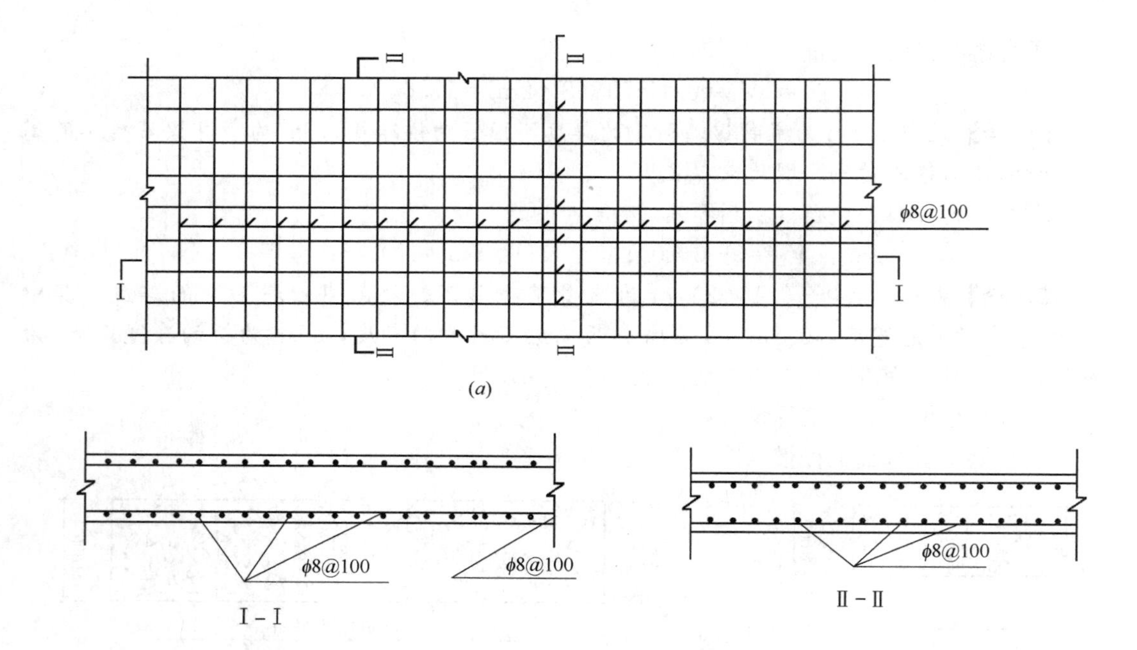

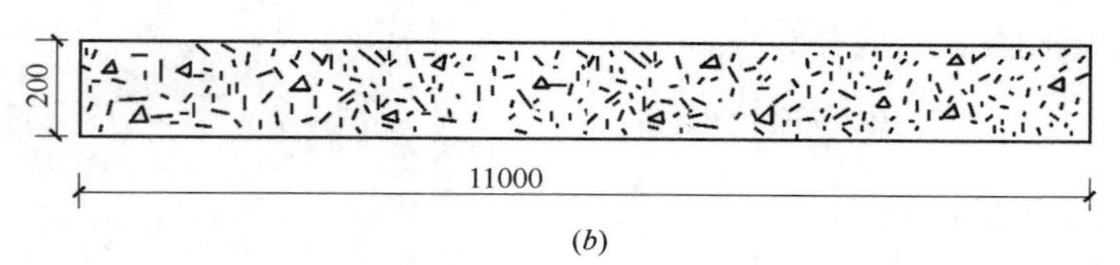

说明：1. 图中尺寸单位均匀mm；
2. 桥面板纵筋分上、下两层，纵筋及箍筋间距均匀100mm。
3. 极上下保护层厚为30mm，左右为50mm，前后为50mm。

图 2-111

(a) 桥面板内钢筋网布置图板内钢筋；(b) 桥面板横截面图

箍筋间距，箍筋个数$=\dfrac{\text{构件长度}-\text{保护层厚度}\times 2}{\text{箍筋间距}}+1$，将已知数据代入得到 $\phi8$ 箍筋根数。

$\phi8$ 箍筋工程量：

$$m=[(0.2-0.06)+(11.0-0.1)]\times 2\times 300\times 0.395\text{kg}$$
$$=11.04\times 2\times 300\times 0.395\text{kg}=2616.48\text{kg}=2.62\text{t}$$

【注释】 式中 0.2m 为桥面板的高度，0.03m 为桥上下保护层的厚度，0.06m＝0.03×2，11.0m 为桥面板的宽度，0.01m＝0.05m×2，其中 0.05m 为桥左右保护层的厚度，[(0.2－0.06)＋(11.0－0.1)]×2m 为一个 $\phi8$ 箍筋的长度，300 为 $\phi8$ 箍筋的根数。

$\phi8$ 纵筋根数：$\left(\dfrac{11000-100}{100}+1\right)\times 2$ 根＝220 根

【注释】 式中的 11000mm 为桥面板的宽度，减去的 100mm＝50mm×2 中 50mm 为桥左右保护层的厚度，之后除以纵筋间距 100mm，得到纵筋的个数，将数据代入：纵筋个数$=\dfrac{\text{构件长度}-\text{保护层厚度}\times 2}{\text{箍筋间距}}+1$，由于该桥上底面和下底面均有纵筋，因此乘以 2。

$\phi8$ 纵筋工程量：

$$m=(30-0.1)\times 220\times 0.395\text{kg}=29.9\times 220\times 0.395\text{kg}$$
$$=2598.31\text{kg}=2.60\text{t}$$

【注释】式中 30m 为桥面板长度，0.1m=0.05m×2，其中 0.05m 为桥前后保护层的厚度，220 为纵筋的根数，0.395 为 ϕ8 纵筋的每米重。

综上桥面板的钢筋工程量为：$m=m_{箍}+m_{纵}=(2.62+2.60)t=5.22t$

定额工程量同清单工程量。

（7）拱桥支座工程量（图 2-112）

清单工程量：

$$V_1=[(5\times3)\times5+(5\times2)\times5+5\times5-\frac{1}{2}\times(5\times2)\times(5\times2)]\times11m^3$$

$$=1100m^3$$

$$V=4V_1=4\times1100m^3=4400m^3$$

【注释】由拱桥支座图中虚线可知，将支座补为三个完整的长方体，断面面积分别为 $(5\times3)\times5m^2$，$(5\times2)\times5m^2$ 和 $5\times5m^2$，扣去补的那部分的断面面积，补的那部分为一三棱柱，其断面为两直角边均为（5×2）m 的等腰直角三角形，11m 为桥的宽度。

定额工程量同清单工程量。

（8）混凝土防护栏工程量（图 2-112）

清单工程量：

如图 2-112 所示，经计算可得：

栏板个数：$\frac{3000-30}{165}$个=18 个

【注释】式中 3000cm 为桥长，30cm 为混凝土防护栏的断面直径长，165m 为两个混凝土防护栏中心轴线间的距离。

柱子个数为：$\left(\frac{3000-30}{165}+1\right)$个=19 个

【注释】柱子的数量比栏板的数量多 1。

栏板工程量：$V_1=1\times(1.65-0.3)\times0.3\times18\times2m^3$

$$=14.58m^3$$

【注释】式中 1m 为栏板的高度，（1.65−0.3）m 为栏板的高度，其中 1.65m 为相邻混凝土栏杆的中心轴线之间的距离，减去的 0.3m 为混凝土柱的直径，乘以栏板的厚度 0.3m，栏板个数为 18，桥两侧均有栏板，因此乘以 2。

柱子工程量：$V_2=\pi\times\left(\frac{0.3}{2}\right)^2\times(1+0.2)\times19\times2m^3$

$$=3.22m^3$$

【注释】柱子的直径为 0.3m，柱子的底面面积为 $\pi\times\left(\frac{0.3}{2}\right)^2$，柱子的高度为（1+0.2）m，其中 1m 为栏板的高度，0.2m 为柱子高出栏板的高度，19 为柱子的数量，两侧均有护栏，因此乘以 2。

综上混凝土防护栏的工程量为：

$$V=V_1+V_2=(14.58+3.22)m^3=17.8m^3$$

定额工程量同清单工程量。

（9）路面铺装工程量（图 2-112）

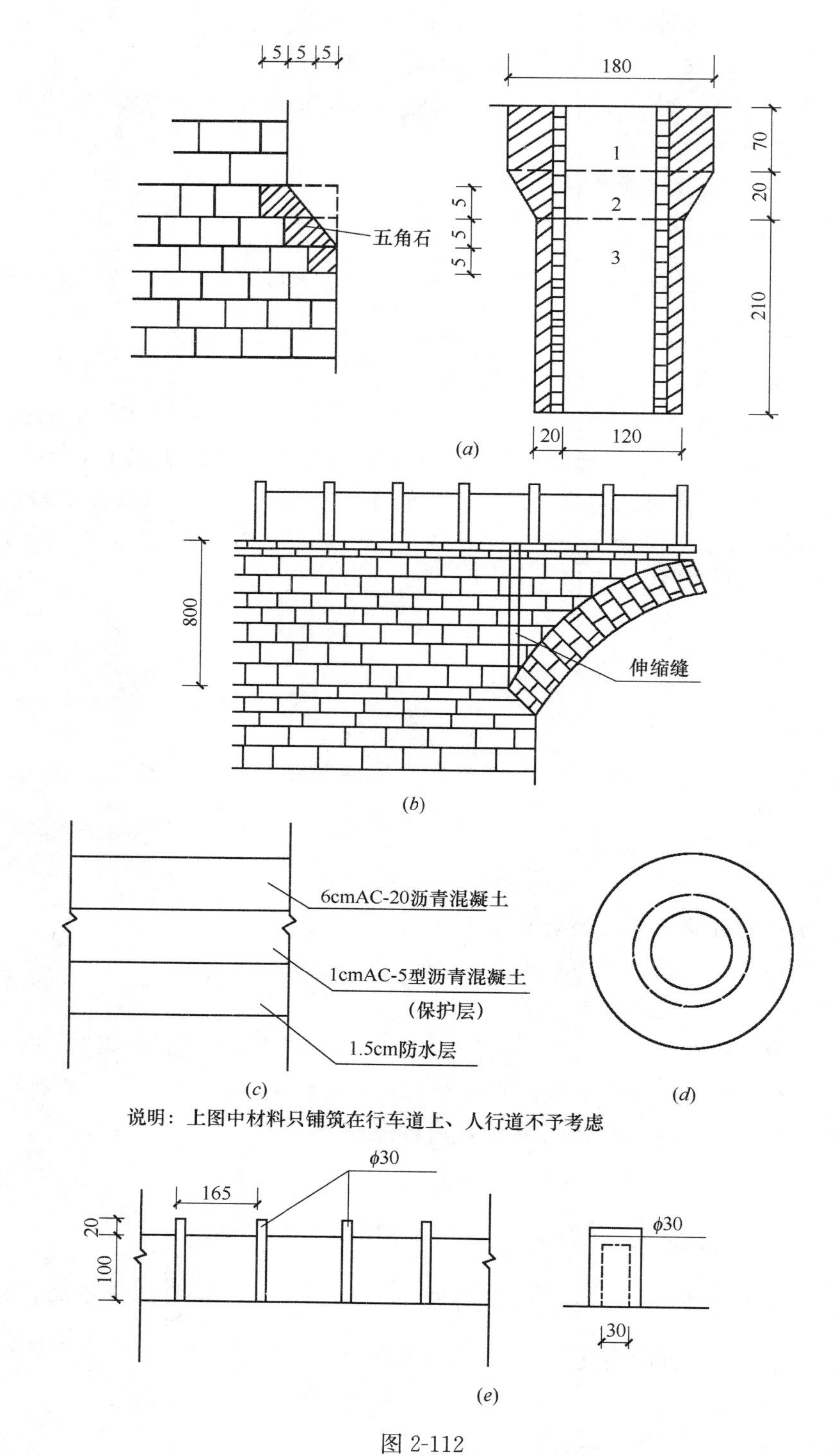

图 2-112

(*a*) 拱桥支座 (cm); (*b*) 实腹拱桥伸缝布置 (mm); (*c*) 路面铺装 (cm);
(*d*) 泄水管构造 (cm, C20 混凝土); (*e*) 混凝土防护栏 (cm)

清单工程量：

AC-20 型沥青混凝土：$S_1=30\times7.5\text{m}^2=225\text{m}^2$

【注释】式中 30m 为桥长，7.5m 为桥上行车道的宽度。

AC-5 型沥青混凝土：$S_2=30\times7.5\text{m}^2=225\text{m}^2$

防水层（C15 混凝土）：$S_3=30\times7.5\text{m}^2=225\text{m}^2$

定额工程量：

AC-20 型沥青混凝土：$V_1=S_1\times0.06=225\times0.06\text{m}^3=13.5\text{m}^3$

【注释】式中 225m² 为行车道的路面面积，0.06m 为 AC-20 型沥青混凝土的厚度。

AC-5 型沥青混凝土：$V_2=S_2\times0.01=225\times0.01\text{m}^3=2.25\text{m}^3$

【注释】式中 0.01m 为 AC-5 型沥青混凝土的厚度。

防水层（C15）混凝土：$V_3=S_3\times0.015=225\times0.015\text{m}^3=3.375\text{m}^3$

【注释】式中 0.015m 为防水层（C15）混凝土的厚度。

说明：根据 GB 50500—2013 清单计算规则中路面铺装按设计图示尺寸以面积计算，而根据 GYD-303-1999 定额计算规则中混凝土工程均按设计图示以体积计算。

（10）泄水管工程量（C20 混凝土）（图 2-112）

清单工程量：

$$l=(0.7+0.2+2.1)\text{m}=3\text{m}$$

定额工程量：

$$\begin{aligned}V_1&=\left[\pi\times\left(\frac{1.8}{2}\right)^2\times0.7-\pi\times\left(\frac{1.2-0.2}{2}\right)^2\times0.7\right]\text{m}^3\\&=1.23\text{m}^3\end{aligned}$$

【注释】式中 $\pi\times\left(\frac{1.8}{2}\right)^2$ 为泄水管上半部分的底面面积，其中 1.8m 为底面圆的直径，0.7m 为泄水管上半部分的高度，扣去泄水管中间孔洞的体积 $\pi\times\left(\frac{1.2-0.2}{2}\right)^2\times0.7\text{m}^3$，其中 1.2m 为泄水管下部分左侧内壁到右侧外壁间的距离，0.2m 为下部分的壁厚，$\left(\frac{1.2-0.2}{2}\right)$m 为孔洞的半径长度，0.7m 为泄水管上半部空洞的高度。

$$\begin{aligned}V_2&=\left\{\frac{\pi}{3}\times0.2\times\left[\left(\frac{1.2+0.2}{2}\right)^2+\left(\frac{1.8}{2}\right)^2+\left(\frac{1.2+0.2}{2}\right)\times\left(\frac{1.8}{2}\right)\right]-\pi\times\left(\frac{1.2-0.2}{2}\right)^2\times0.2\right\}\text{m}^3\\&=0.247\text{m}^3\end{aligned}$$

【注释】V_2 为泄水管中间部分，即泄水管放坡部分的体积，这部分的几何形状为圆台，圆台的体积公式为 $V=\frac{1}{3}\pi h\ (r_1^2+r_2^2+r_1r_2)$，其中 r_1 为圆台上底面的半径，r_2 为圆台下底面的半径，h 为圆台的高度，本题中圆台的高度 $h=0.2\text{m}$，上底面半径 $r_1=\frac{1.8}{2}\text{m}$，下底面半径为 $r_2=\left(\frac{1.2+0.2}{2}\right)\text{m}$，将数据代入公式即可得到圆台的体积，扣去中间部分孔洞的体积 $\pi\times\left(\frac{1.2-0.2}{2}\right)^2\times0.2$（其中数据见上题注释），就得到 V_2 的体积。

$$V_3=\left[\pi\times\left(\frac{1.2+0.2}{2}\right)^2-\pi\times\left(\frac{1.2-0.2}{2}\right)^2\right]\times2.1\text{m}^3$$

$=11.28m^3$

【注释】V_3 部分的几何形状为一圆环，圆环的底面积为外圆的面积减去中间孔洞的底面积，外圆柱的底面半径为 $\left(\frac{1.2+0.2}{2}\right)$m，孔洞的底面半径为 $\left(\frac{1.2-0.2}{2}\right)$m，圆的面积 $=\pi\times r^2$，代入公式中即可求出两个圆的面积，从而求出圆环的底面积，乘以圆环的高度 2.1m 即为所求 V_3。

综上泄水管的工程量为：

$$V=V_1+V_2+V_3$$
$$=(1.23+0.247+11.28)\ m^3$$
$$=12.757m^3$$

（11）拱桥伸缩缝工程量

清单工程量：

根据 GB 50500—2013 清单计算规则中伸缩缝按设计图示以长度（m）计算，故如图一个伸缩缝的工程量为 0.8m。

清单计价见表 2-49。

分部分项工程和单价措施项目清单与计价表 **表 2-49**

工程名称：某拱桥 标段： 第 页 共 页

序号	项目编码	项目名称	项目特征描述	计量单位	工程量	金额（元）		
						综合单价	合价	其中：暂估价
1	040305003001	浆砌块料	台身厚 10cm 镶面石	m^3	8.8			
2	040305003002	浆砌块料	台身浆砌片石、块石或粗料石	m^3	184.8			
3	040305003003	浆砌块料	台基础，浆砌片石、块石或粗料石	m^3	24.6			
4	040303002001	混凝土基础	台基础，C20 混凝土	m^3	73.8			
5	040303014001	混凝土板拱	拱圈拱板	m^3	93.28			
6	040305003004	浆砌块料	墩身镶石衬砌	m^3	17.6			
7	040305003005	浆砌块料	墩身浆砌片石、块石（粗料石）	m^3	70.4			
8	040305003006	浆砌块料	墩基础浆砌片石、块石	m^3	14.7			
9	040304003001	预制混凝土板	桥面板尺寸 11000mm×200mm，C20 混凝土	m^3	66			
10	040901001001	现浇构件钢筋	桥面板钢筋，ϕ8 箍筋，ϕ8 纵筋	t	5.22			
11	040303008001	混凝土拱桥拱座	拱桥五角石支座	m^3	4400			
12	040304005001	预制混凝土其他构件	混凝土防护栏	m^3	17.8			
13	040303019001	桥面铺装	6cmAC—20 型沥青混凝土	m^2	225			
14	040303019002	桥面铺装	1cmAC—5 型沥青混凝土	m^2	225			
15	040303019003	桥面铺装	1.5cm 防水层	m^2	225			
16	040309009001	桥面排（泄）水管	C20 混凝土	m	3			

续表

序号	项目编码	项目名称	项目特征描述	计量单位	工程量	金额（元）		
						综合单价	合价	其中：暂估价
17	040309007001	桥面伸缩装置	拱桥伸缩缝	m	0.8			
本页小计								
合计								

定额工程量同清单工程量。

第四节　隧　道　工　程

一、隧道工程造价概论

隧道是修建在岩石或土体内，供交通、水利、军事等使用的地下建筑物。隧道工程具有克服高程障碍，缩短线路长度，改善线路条件（平面、纵断面），提高运输效率，保证行车安全，避开特殊地质和地面建筑物等方面的作用。

隧道一般可分为两大类：一类是修建在岩层中的，称为岩石隧道；一类是修建在土层中的称为软土隧道。岩石隧道修建在山体中的较多，故又称为山岭隧道；软土隧道常常修建在水底或修建城市立交时采用，故又称为水底隧道和城市道路隧道。

隧道工程根据施工方法和埋藏条件不同，分为隧道和明洞。除此之外，习惯上又按长度进行分类，隧道又分为：

特长隧道：$L>10000$m

长 隧 道：$3000\text{m}\leqslant L\leqslant 10000$m

中 隧 道：$500\text{m}<L<3000$m

短 隧 道：$L\leqslant 500$m

道路隧道结构，主要由主体构筑物和附属构筑物两大类组成。主体构筑物是为了保持岩体的稳定和行车安全而修建的人工永久建筑物，通常指洞身衬砌（图 2-113、图 2-114）

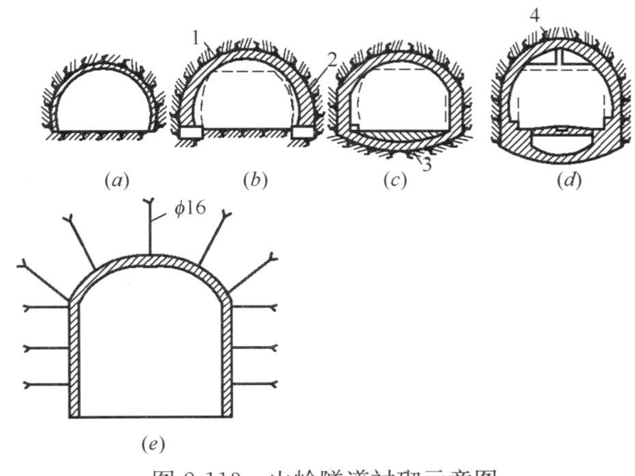

图 2-113　山岭隧道衬砌示意图

1—拱圈；2—侧墙；3—抑拱；4—通风道

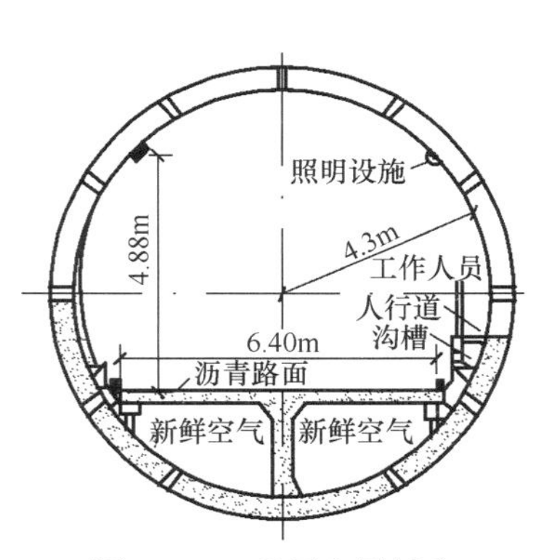

图 2-114　采用金属衬砌环的水底隧道

和洞门构筑物（图 2-115）。附属构筑物是主体构筑物以外的其他建筑物，是为了运营管理、维修养护、给水排水、通风、安全等而修建的构筑物。

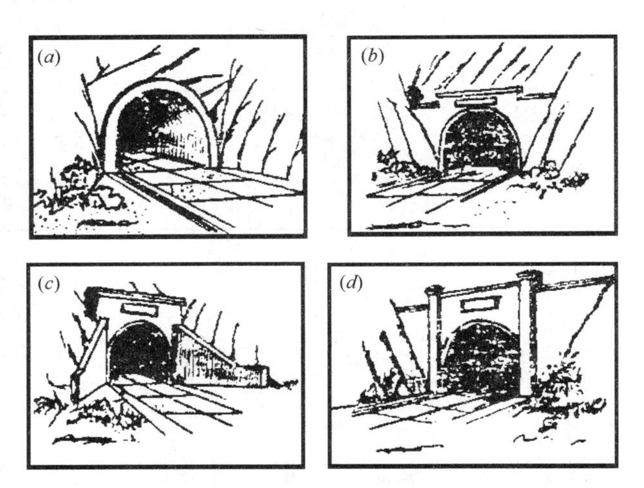

图 2-115　隧道洞门示意图

（a）环框式洞门；（b）一字墙式洞门；（c）八字式洞门；（d）柱墙式洞门

隧道施工就是要挖除坑道范围内的岩体。显然，开挖是隧道施工的第一道工序，也是关键工序。

根据隧道开挖的横断面形式，隧道开挖方法可分为全断面开挖法、台阶开挖法和分部开挖法三种方法。

全断面开挖法即按开挖设计断面一次性开挖成型。如图 2-116 所示。其具有施工速度快，施工组织和管理方便等优点，一般采用大型配套的机械施工，但因其开挖面大，使其围岩的相对稳定性降低，因此要求其拥有较大的开挖法出渣能力以及支护能力等。为了围岩的相对稳定性，其此利开挖方法要求有较大的断面进尺比，以获得良好的爆破效果。在采用全断面法进行开挖时，我们应具有与各工序使用配套的机械设备，准确了解前方的地质情况，并加强对辅助施工方法的设计和作业检查，以便提高工作效率和工作质量。

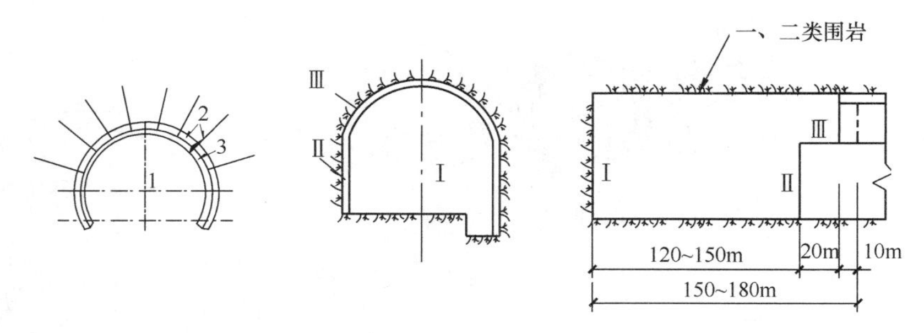

图 2-116　全断面开挖法

1—全断面开挖；2—锚喷支护；3—模筑混凝土衬砌

台阶开挖法即将设计断面分成上、下两个断面进行两次开挖，如图 2-117 所示，台阶开挖法施工速度亦较快，工作空间相对较大，但其上下断面作业互扰，且对围岩的扰动次数增加。然而因其上部开挖支护后，下部作业就较为安全（即有利于开挖面的稳定）。按开挖台阶的长短，台介开挖法可分为长台阶开挖法，短台阶开挖法以及微台阶开挖法三种上，台阶开挖法应注意台阶开挖长度的选择，上、下断面互扰及下部开挖时、下部的稳定性三个主要问题。

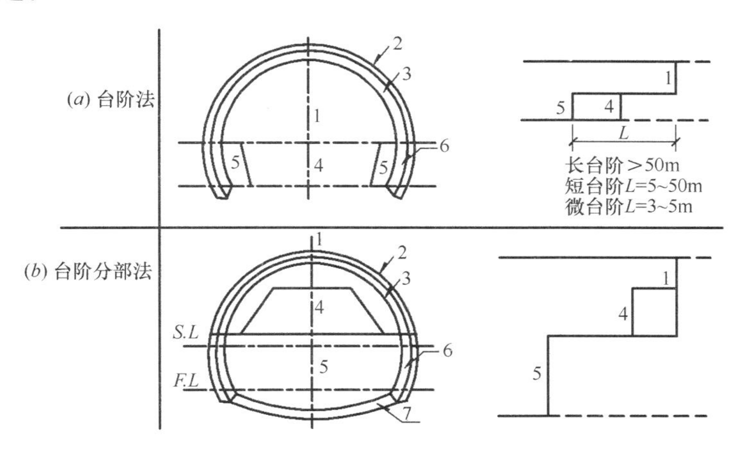

图 2-117　台阶及台阶分部开挖法（均省略了锚杆）

(a) 1—上半部开挖；2—拱部锚喷支护；3—拱部衬砌；4—下半部中央部分开挖；5—边墙部分开挖；6—边墙锚喷支护及衬砌

(b) 1—上弧形导坑开挖；2、3—同上；4—中核开挖；5—下部开挖；6—同上；7—灌注仰拱

分部开挖法又称导坑超前开挖法，其是指将隧道断面分部开挖逐步成型的方法。其具有易支护、提高坑道围岩稳定性的优点。分部开挖法应注意组织协调施工以免因其工作面多带来的互扰性；其应尽量减少分部次数以及注意上部支护与初砌的稳定性以使保证下部开挖的稳定性。

常用的普通爆破，由于没有对周边炮眼炸药的爆破作用实行有效的控制，致使炮眼附近的围岩遭受强烈破坏，坑壁岩面凹凸不平，且大量爆破裂隙延伸到围岩深处，严重影响围岩的完整和稳定，甚至引起坍塌。

光面爆破是 20 世纪 50 年代初期研究试验出来的，我国在 20 世纪 60 年代初期已开始用于铁路等部门，它是一种控制开挖轮廓的爆破方法。是在开挖面的预定爆破线上布置一排周边炮眼，选择合理间距与抵抗线，采用弱性装药结构（即炸药不充满炮眼孔，而是与眼孔壁之间有一定空隙），最后同时起爆，使相邻两炮眼间靠爆破冲击波的合力产生轮廓裂缝，炸下最后一层岩石。而炮眼孔壁上的爆炸压力因采用弱性装药，所以低于岩石的抗压强度，大致在眼孔周围产生径向裂缝，并有效地控制原有裂缝不致扩展，因此，使围岩最大限度地少受扰动和破坏，开挖轮廓平顺整齐。普通爆破的超挖量一般为 20％左右，而光面爆破的超挖量可降低至 4％左右。

光面爆破技术要求：

（1）目前国内隧道掘进光面爆破的周边眼直径，采用与掘进作业的其他炮眼常用直径一致（38～46cm）。

（2）钻凿炮眼前，必须画出设计的开挖轮廓线，标出眼位。

（3）各周边眼应彼此平行。

（4）一般在硬岩中，要求周边眼口打在开挖轮廓线上，眼底约超出轮廓线小于10cm；在软岩中，眼口打在开挖轮廓线里约6～8cm处，眼底落在轮廓线上。

（5）光面爆破宜选用低密度、低爆速、低猛度，但要求爆轰感度高、稳定性好的炸药。一般用硝铵炸药加工成ϕ20～ϕ25药卷应用，经性能试验，以选用ϕ25药卷为宜。

药卷密度单位为“g/cm^3”。炸药的爆力，是指炸药破坏一定量的介质体积的能力，也就是炸药的破坏威力，其单位为“ml”。药卷的爆速，是指炸药爆炸时爆轰波沿炸药的传播速度，单位为“m/s”。炸药的猛度，是指爆炸瞬间，爆炸产物直接对与之接触的局部固体介质的破坏程度，猛度愈大，破坏岩石愈碎，猛度单位为“mm”。爆轰感度是炸药对爆轰波能量的敏感程度，也就是指外界爆炸能引起炸药爆炸的难易程度，常用测定殉爆距离来衡量爆轰感度，单位为“cm”。

（6）光面爆破要求周边炮眼同时起爆。同时起爆的时差愈小，效果愈好，这体现在平整程度上。一般要求时差小于100ms。所以起爆应采用同段的非电毫秒延期雷管或毫秒延期电雷管，要注意选用雷管容许时间正负误差小的，以控制在100ms以内周边眼同时起爆。如果采用导爆索也可满足这一要求。

（7）全断面一次光面爆破法中，周边炮眼的雷管应与内圈炮眼的雷管跳段采用，可间隔两个2段较好，以便内圈炮眼爆落的岩石有一定的运动时间，可使周边炮眼起爆时不受夹制；另外，毫秒雷管分段起爆时间差很小，根据实测，当分段起爆时差小于50～100ms时，爆破震动波峰有叠加现象，这样就增加了对围岩的扰动，因此，周边炮眼与内圈炮眼的雷管跳段采用，以延长起爆时差。

（8）控制周边眼抵抗线（光面层厚度）的二圈眼，其眼距一般为光面层厚度。其装药量也应比其他掘进眼少，装药长度控制为炮眼长度的50%～60%。

预裂爆破是由光面爆破演变而来。20世纪50年代后期始用于矿山，到60年代已广泛地应用于公路与铁路的石质路堑工程。我国于60年代初期，在铁路、矿山、水利等部门也开始采用预裂爆破。规模较大的预裂爆破如长江葛洲坝工程，钻凿预裂炮眼10多万米，获得良好效果。

预裂爆破与光面爆破，两者不同之处是预裂爆破时周边炮眼在所有其他炮眼之前先行同时起爆，当其参数选择合理，则可使周边炮眼之间形成一连续的预裂面，成为随后断面中部其他炮眼爆破所产生的冲击波的屏障，使周边以外的围岩受到的扰动和破坏减到最小程度，从而得到光滑平整的开挖轮廓。所以更宜用于软岩。

从理论上讲，预裂面应沿周边眼中心连线贯通，但由于受地质构造、岩石不均匀性的影响，裂缝只是大体上沿着周边眼连线方向裂开。裂缝宽度随炮眼直径的不同而不同，在隧道中采用炮眼直径为38～46mm，预裂缝宽度以5～10mm为好。

预裂爆破装药结构与施工技术要求：

预裂爆破装药结构与光面爆破相同，施工技术要求也基本一致。只是在预裂爆破中周边炮眼先于其他炮眼起爆的间隔时间应尽可能加大，因为如果间隔时间太短，则可能在预裂面还未形成之前，其他炮眼的爆破作用就在预裂面外引起破坏。岩石越软，这一间隔时间应该越长。在坚硬岩层中，间隔时间不应小于50～75ms；在软岩层中，间隔时间不应小于150ms。

二、项目说明

1. 隧道岩石开挖

040401001 平洞开挖

隧道开挖一般采取平洞开挖，只有当隧道较长时才采用辅助坑道。

040401002 斜井开挖

斜洞开挖包括横洞开挖、平行导坑和斜井。

横洞是在隧道侧面修筑的与之相交的坑道。当隧道傍山沿河、侧向覆盖层较薄时，就可以考虑设置横洞。选择横洞与隧道的交角一般不小于 60°，地形限制时不宜小于 40°，交角太小则锐角段围岩较易坍塌。斜交时最好朝向主攻方向。横洞布置如图 2-118。为便于车辆运输，相交处可用半径不小于 7 倍轴距的圆曲线相连。运输方式可采用无轨运输或有轨运输。

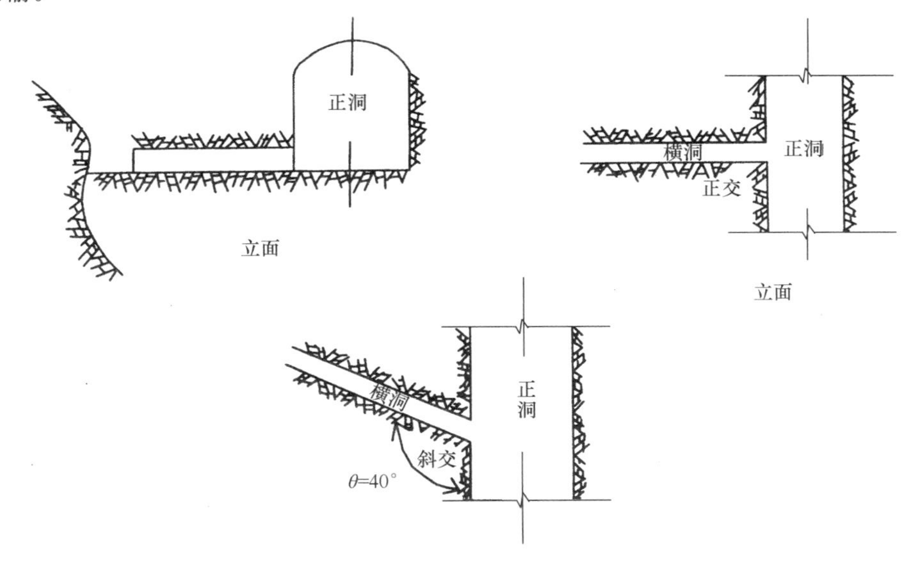

图 2-118 横洞布置示意图

与隧道平行修筑的坑道称为平行导坑，对于长大越岭隧道，因各种条件（如地形、机械设备、运输等条件）限制，不能选用竖井、斜井、横洞等辅助坑道时，可考虑选用平行导坑以便加快施工速度。但因增加导坑而使工程费用增加，因此在进行综合考虑必要时方可使用。如在 3000m 以上无其他辅助导坑的隧道可考虑使用。

平行导坑的平面布置如图 2-119 所示。

当隧道洞身一侧有较开阔的山谷且覆盖不太厚时，可在隧道侧面上方开挖与之相连的

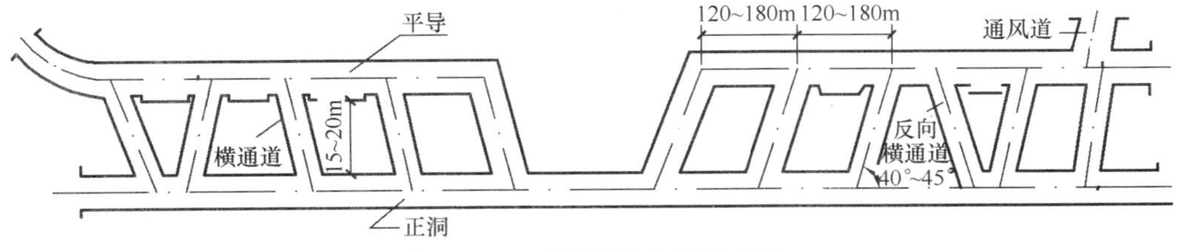

图 2-119 平行导坑布置示意图

倾斜坑道即斜井。斜井的平、剖面如图 2-120 所示。

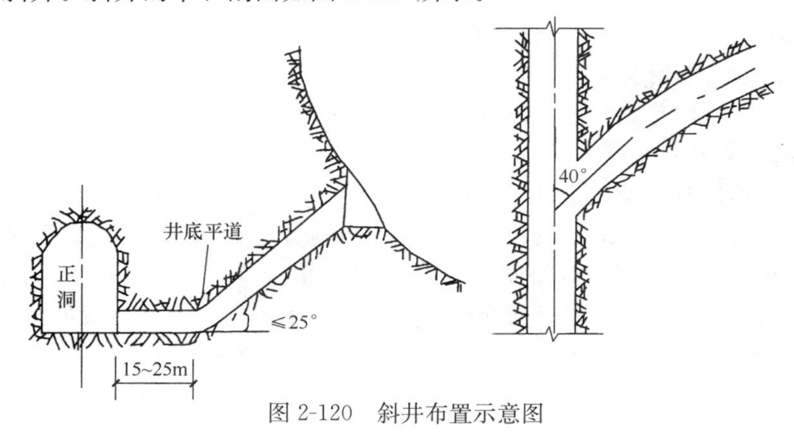

图 2-120　斜井布置示意图

临时支护是为了解决隧道在施工期间的稳定和安全的工程措施。隧道开挖后，除围岩完全能够自稳而无须支护以外，在围岩稳定能力不足时，则须加以支护才能使其进入稳定状态。

临时支护主要采用锚杆和喷射混凝土来支护围岩，它是隧道施工中最常见也是最基本的支护形式和方法。

040401003　竖井开挖

在隧道上方开挖的与隧道相连的竖向坑道称为竖井。其可设在隧道的一侧，与隧道间距一般为 15～25m（图 2-121），其深度一般小于或等于 15m，其亦可设在隧道的正上方根据设备不同具有不同的特点，设在一侧时，其通风效果较差，但施工相对安全干扰小，设在正方时，其施工危险性大且干扰大，但通风效果较好。竖井主要适用于覆盖层较薄的

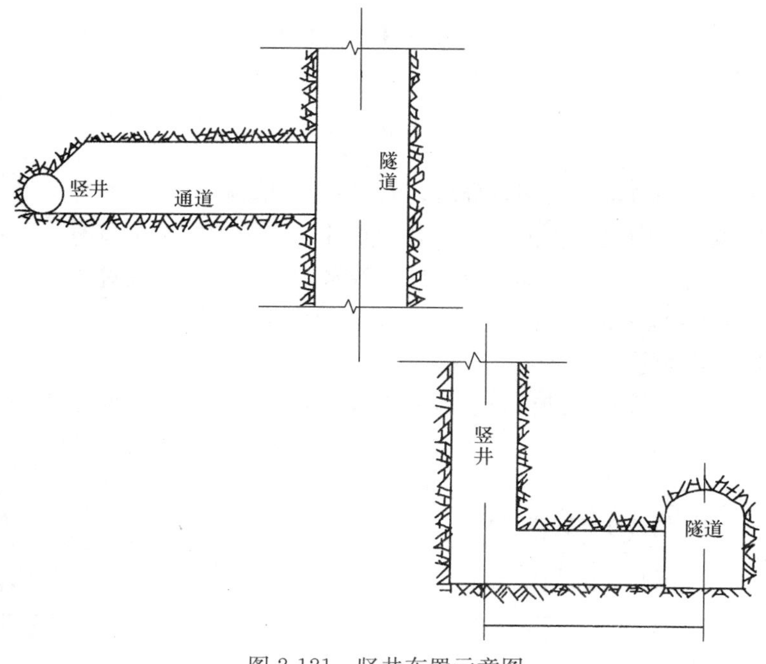

图 2-121　竖井布置示意图

长隧道，或在中间适当位置覆盖层不厚，具备提升设备，须增加工作面时，可考虑使用。

隧道施工排水方式有三种：顺坡排水、反坡排水和超前钻孔探排水。

隧道向上坡方向开挖时，水可自然排出洞外，但要求隧底无水漫流，工作面不积水，以免浸泡软化隧底，影响铺底或整体道床的质量。所以，洞内应开挖与线路坡度一致的临时排水沟自然排水，水沟断面大小应根据排水量与线路坡度确定。水沟开挖应紧跟隧道开挖工作面，并应经常清理保持畅通。

反坡排水指当隧道向下坡方向开挖时，水向工作面自然流汇，必须人为地采取措施才可将水排出洞外。一般情况应采用机械排水。

超前钻孔探排水指利用超前钻孔预先释放掘进前方的高承压水，以消除或减小突然涌水对隧道施工的危害。可根据水压、水量与含泥砂情况，采取相应措施。必要时开挖迂回侧洞排出滞水。

弃渣运输可以分为有轨运输和无轨运输两种方式。

有轨运输是铺设小型轨道，用轨道式运输车出渣和进料。有轨运输多采用电瓶车及内燃机车牵引，斗车或梭式矿车运渣，它既适应大断面开挖的隧道，也适用于小断面开挖的隧道，尤其适应于较长的隧道运输（3km 以上），是一种适应性较强和较为经济的运输方式。

无轨运输是采用各种无轨运输车出渣和进料。其特点是机动灵活，不需要铺设轨道，能适用于弃渣场离洞口较远和道路坡度较大的场合。缺点是由于多采用内燃驱动，作业时，在整个洞中排出废气，污染洞内空气，故一般适用于大断面开挖和中等长度的隧道中，并应注意加强通风。

运输方式的选择应充分考虑与装渣机的匹配和运输组织，还应考虑与开挖速度及运量的匹配，以尽量缩短运渣和卸渣时间。

040401004　地沟开挖

040401005　小导管

主要用于隧道不良地质地段超前开挖使用。

040401006　管棚一般是沿地下工程 断面的一部分或全部，以一定的间距环向布设，形成钢管棚护。

管棚超前支护是为了在特殊条件下安全开挖，预先提供增强地层承载力的临时支护方法。

主要用于软弱、沙砾地层和软岩、岩堆、破碎带地段。

040401007　注浆

2. 岩石隧道衬砌

隧道是埋藏在地层深处的工程建筑物，其衬砌通常需要承受较大的围岩压力、地下水压力，有时还要受到化学物质的侵蚀，地处高寒地区的隧道往往还要受到冻害等。所以要求用于衬砌的材料应具有足够的强度，耐久性、抗渗性耐腐蚀性和抗冻性等。于衬砌的材料应具有足够的强度，另一方面，隧道是大型工程构造物，每米隧道都需要大量建筑材料工程量很大。所以，从经济观点看，衬砌材料应当是价格便宜，就地取材，便干机械化施工。沉管隧道：又称沉埋法施工隧道。是修筑水底隧道的主要方法。

隧道衬砌是指隧硐成型后，用砖石、混凝土等建筑材料给硐壁加衬，使隧道不仅美观而且也加强对围岩的支承力。

040402001　混凝土仰拱衬砌

040402002　混凝土顶拱衬砌

拱部混凝土封顶有活封口和死封口两种。活封口是朝一个方向灌筑一个环节长度的拱部时所剩拱顶最后缺口，其缺口应随拱圈灌筑及时完成。而死封口是当从两个方向相对灌筑拱部时，二者相遇所剩拱顶最后缺口，一般是留出一个40cm左右的方形孔，等24h后，将方形缺口四壁凿毛清洗，然后将与该缺口体积相近的混凝土放进一个活底方木盒中，用千斤顶升活动底板，将混凝土顶入缺口中挤紧，待混凝土硬化后便可拆除底板。

(1) 先拱后墙法施工时

将每榀拱架节点连接好，先按大致间距立起，用临时木撑固定，并在拱架顶和两侧拱脚处按隧道纵轴方向绷线，先将待灌筑段首尾两榀拱架按绷线调整其中心位置与高程。高程要考虑拱架预留沉落量。当隧道在线路曲线上时，要特别注意设计图中断面加宽值（W）以及线路中线与隧道中线二者偏移值（d），同时一定要注意二者的左右关系，不可搞反。

拱架脚铁垫板下加木楔，以便调整高程与有利于拱架的拆除。拱架与岩壁间用短木顶紧，然后依次将已经立好的两榀拱架中间的各榀拱架调整妥善，每调整好一榀随即用纵撑撑稳，等拱脚基底处理后，即可安装模板开始灌筑拱部混凝土，并随灌筑进度逐步向上加装模板。

(2) 先墙后拱法施工时

边墙筑好后，先立排架并加纵梁与横梁，在横梁上铺设工作平台木板，并在其上立拱架。其中线与高程的要求和前所述注意事项相同。

040402003　混凝土边墙衬砌

边墙施工时墙架应结构简单、牢固。立墙架根据线路中线进行，注意曲线地段隧道加宽以及隧道中线与线路中线的偏移。

边墙基底以上1m范围内的超挖，宜用与边墙相同材料一次施工。先拱后墙法，墙顶封口应留7～10cm完成边墙后24h后进行。封口前必须将拱脚所粘附的浮渣清除干净。

040402004　混凝土竖井衬砌

隧道衬砌断面开挖最大可能高度：

隧道衬砌断面开挖最大可能高度＝拱顶外缘设计标高＋衬砌施工允许误差＋拱架（包括模板）预留沉落量＋预留支撑沉落量或开挖允许超挖值。

(1) 衬砌施工允许误差：

为确保衬砌设计净空，允许在衬砌施工时将设计的衬砌轮廓线扩大7cm（当采用锚喷衬砌与复合式衬砌时，应按设计要求办理）。施工单位一般以拱架外缘作为设计的衬砌内轮廓线，采用厚5cm的模板来满足这一要求。

(2) 拱架（包括模板）预留沉落量，见表2-50。

施工中应经常量测，以便调整使之符合实际四类。

拱架（包括模板）预留沉落量　　**表2-50**

围岩分类	≤Ⅲ	Ⅳ	Ⅴ	Ⅵ
预留沉落量（cm）	≤5	5～10	10～15	15～20

注：1. 上述数值适用于先拱后墙法，如采用先墙后拱法，则均不大于5cm。

2. 本表不包括施工误差。

（3）预留支撑沉落量：

隧道允许超挖值（cm） 表 2-51

开挖部位＼围岩类别	Ⅰ	Ⅱ～Ⅳ	Ⅴ～Ⅵ
拱　部	平均　10 最大　20	平均　15 最大　25	平均　10 最大　15
边墙、仰拱、隧底	平均　10	平均　10	平均　10

注：1. 采用大型钻孔台车和深眼（超过 3m）爆破时，可根据实际情况另行规定。
2. 如采用预留支撑沉落量时，则不应再计超挖值。

当采用构件支撑且围岩压力较大时，则支撑可能沉落或局部难于拆除，所以应加大开挖断面，预留支撑沉落量，以保证衬砌厚度。预留支撑沉落量一般土质 30～60cm，松软石质为 20～40cm，中硬岩为 0～10cm。施工中应根据观测调整。

（4）开挖允许超挖值，见表 2-51。

（5）开挖允许欠挖值：

开挖断面不应欠挖，仅在岩层完整、抗压强度大于 30MPa，确认不影响衬砌结构和强度时，岩石个别突出部分（每平方米内不大于 0.1m^2）可侵入衬砌，侵入量不得大于 5cm。拱、墙脚以上 1m 内断面严禁欠挖。

040402005　混凝土沟道

040402006　拱部喷射混凝土

040402007　边墙喷射混凝土

喷射混凝土是利用压缩空气的力量，将混凝土高速喷射到岩面上，它在高速连续冲击作用下，与岩面紧密地粘结在一起，并能充填岩面的裂隙和凹坑，把岩面加固成完整而稳定的结构。

喷射混凝土具有速凝、早强、粘结牢固、不用模板、省工省料等优点，是一种先进的施工技术，很有发展前途。目前主要用于隧道开挖的临时支护与永久衬砌；隧道大修加固；桥梁墩台基坑开挖护壁；路基边坡加固工程及其他地下工程的支护衬砌施工。

喷射混凝土所用的材料：

（1）水泥：采用不低于 42.5 级的普通水泥或矿渣水泥，有抗冻或防水要求时不低于 52.5 级；使用前应做强度复查试验。

（2）速凝剂：可采用“红星一型”和“711 型”，要求初凝不超过 5min，终凝不超过 10min，速凝剂掺量应通过试验确定，可采用水泥重量的 2%～4%，使用时要准确计量。

（3）砂：喷射混凝土应采用硬质洁净的中砂或粗砂，细度模数宜大于 2.5，含水率一般为 5%～7%，使用前一律过筛。

（4）石：采用坚硬耐久的碎石或卵石，粒径不宜大于 15mm，级配良好。

喷射混凝土的配合比，应符合混凝土强度和喷射工艺的要求，可按经验选择后通过试验确定，也可取为：

灰骨比　　1∶4～1∶5；

水灰比　　0.4～0.5；

砂　率　　45%～60%。

喷射混凝土的施工所用设备有混凝土喷射机、空气压缩机、喷枪以及水箱等。

喷射混凝土的施工方法有两种：一种是干料法，另一种是湿料法。干料法是将水泥、砂石及少量速凝剂所组成的混合料，停放时间不得超过 20min，用压缩空气从混凝土喷射机中经过高压（大于 0.8MPa）胶管或钢管吹送到喷枪头，再与高压水混合，进行高速喷射。湿料法是将混合料预先加水搅拌，然后送到喷枪头，加入气压，进行喷射。目前多采用湿料法施工。图 2-122 为干料法施工的喷射机示意图。

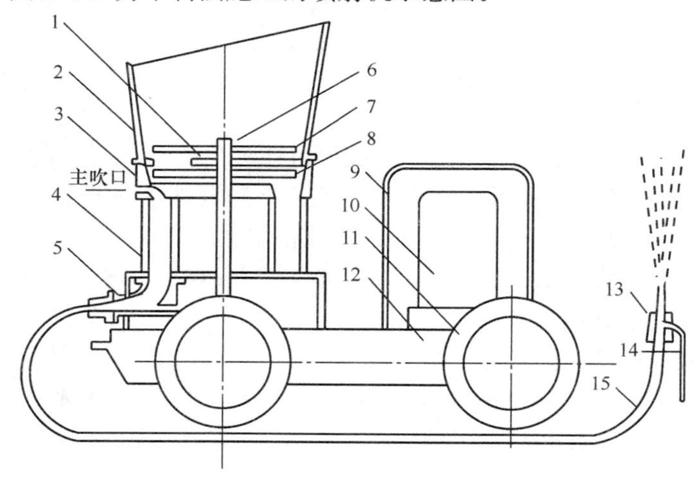

图 2-122 喷射机

1—变量夹板；2—料斗；3—上底座；4—旋转体；5—出料弯头；
6—主轴；7—搅拌叶片；8—变量器；9—电机罩壳；10—电机；11—走行轮；
12—减速箱；13—喷枪头；14—水管；15—输料管

喷射混凝土的工作压力与机型、管路长短等有关。压力过高则粉尘增多，回弹量增大；压力过低，则喷射无力，粗骨料掉落较多。因此，施工中喷射作业区的系统水压应大于 0.4MPa，并要求水压比风压高 0.1MPa，使喷头的水环喷水成雾，对于混合物能起到充分湿润作用。

喷射混凝土施工前，应先用喷射机喷水清洗岩壁。喷射混凝土时，喷射作业区应分段、分片由下而上顺序进行，每段长度一般不超过 6m。岩面有较大凹洼时，应先喷凹处找平。一次喷射厚度可根据喷射部位和设计厚度确定：不掺速凝剂，拱部为 3～4cm，墙部为 5～7cm；掺速凝剂，拱部为 5～6cm，墙部为 7～10cm。喷射方向，应尽可能垂直于岩面，其距离应以 0.6～1.2m 为宜。喷射动作是自下而上作慢速小螺旋形运动，一圈压半圈，每圈直径 15～20cm，如需分层喷射时，间隔时间一般为 20～30min，即在前层混凝土终凝后进行。若终凝后间隔 1h 以上再次喷射时，受喷面应用风、水清洗。喷射操作时，开始先给风、再开机、后送料；结束时待料喷完，先停机，后关风。工作风压应满足喷头处的压力在 0.1MPa 左右。喷枪头的加水量要适当控制，水量大小以喷层面有轻度光泽、不流淌、不脱落、粉尘不多为宜。

喷射混凝土所使用的材料、机具和作业区的温度不应低于 5℃，否则应按冬季施工办理。喷射混凝土强度在未达到 5MPa 前，不得受冻。

喷射混凝土的回弹量，正常情况下喷侧壁时不超过 15%，喷拱顶时不超过 25%，回弹物主要是砂石，水泥不多，回弹料应充分利用，一般在喷射后2h内用完。回弹料可用作骨料，重新拌合喷射混凝土，其掺量应在20%以下；亦可作其他附属工程的混凝土用料，但应通过试验确定。

喷射混凝土终凝后2h，即应开始洒水养护。浇水次数以能保持混凝土具有足够湿润状态为度，养护日期不得少于14d。

040402008　拱圈砌筑

拱圈砌筑材料一般使用料石。

料石砌拱部是利用料石作为主要材料砌筑拱部。砌拱部得先砌筑拱圈，砌筑拱圈前又应根据拱圈跨径、矢高、厚度及拱架的情况，设计拱圈砌筑程序，砌筑时，须随时注意观测拱架的变形情况，必要时对砌筑程序进行调整，以控制拱圈的变形。

拱跨是指顶拱的跨度，即跨长。拱体厚度则是指顶拱的砌筑厚度。拱跨要根据工程实际情况决定，而拱体厚度则要根据结构特殊力学性能来确定。

040402009　边墙砌筑

040402010　砌筑沟道

040402011　洞门砌筑

040402012　锚杆

锚杆按D22mm计算，若实际不同时，定额人工、机械应按表2-52系数调整，锚杆按净重计算不加损耗。

表2-52

锚杆直径（mm）	D28	D25	D22	D20	D18	D26
调整系数	0.62	0.78	1	1.21	1.49	1.89

锚杆安装后外露长度不宜超过10cm，不需锚头。每根锚杆的抗拔力不应低于50kN。锚杆布置宜呈梅花形，其间距不宜大于锚杆长度的1/2，且不得大于1.5m。锚杆长度一般为1.5～3.5m。

锚杆是用金属或其他高抗拉性能的材料制作的一种杆状构件。使用某些机械装置和粘结介质，通过一定的施工操作，将其安设在地下工程的围岩或其他工程结构体中。

锚杆按其与被支护体的锚固形式可分为以下几种：

（1）端头锚固式：

机械式内锚头锚杆：
- 楔缝式锚杆
- 楔头式锚杆
- 胀壳式锚杆

粘结式内锚头锚杆：
- 水泥砂浆内锚头锚杆
- 快硬水泥卷内锚头锚杆
- 树脂内锚头锚杆

（2）全长粘结式：
- 水泥浆全粘式锚杆
- 水泥砂浆全粘式锚杆（亦称砂浆锚杆）
- 树脂全粘结式锚杆

（3）摩擦式{缝管式锚杆
楔管式锚杆

（4）混合式{先张拉后灌浆预应力锚杆
先灌浆后张拉预应力锚杆

端头锚固式锚杆，利用内、外锚头的锚固来限制围岩变形松动。安装容易，工艺简单，安装后即可起到支护作用，并能对围岩施加预应力。

全长粘结式锚杆，采用水泥砂浆（或树脂）作为填充粘结料，不仅有助于锚杆的抗剪和抗拉以及防腐蚀作用，而且具有较强的长期锚固能力，有利于约束围岩移动。

摩擦式锚杆是用一种沿纵向开缝的钢管，装入比钢管外径小的钻孔内，对孔壁施加摩擦力，从而约束孔周岩体变形。

混合式锚固锚杆是端头锚固方式与全长粘结方式的结合使用。它既可以施加预应力，又具有全长粘结锚杆的优点，一般用于大体积、大范围工程结构的加固。

040402013　充填压浆

压浆部位：

（1）开挖前压浆：

1）地面钻孔预压浆：

在隧道将要掘进地段用小型地质钻机钻孔，压注水泥砂浆以形成隔水帷幕，同时可将易坍塌的松散破碎地层胶结，以保证开挖时能较顺利地进行。这种方法适用于隧道埋藏较浅的情况。京广铁路长沙隧道（714m），埋藏深度 15～30m，穿过泥质页岩、白沙井层、软塑红黏土、灰色粉土、细砂、含水软层等，承压地下水较丰富，在隧道开挖断面上有两层地下水。施工时曾采用过地面预压水泥浆的方法，取得一定效果。

地面预压浆的钻孔布置与钻孔深度应根据地质与水文地质情况确定。一般离隧道中线约 8～10m，也可根据地下水涌水方向确定布孔于隧道一侧或两侧，孔深一般宜超过隧道底约 2m。压注纯水泥浆或水泥砂浆，应根据地层的构造成分和渗流能力确定。宜试压一段掘进一段，随时调整改进。

2）洞内工作面钻孔预压浆：

在掘进工作面距含水层还有一定距离时就停止开挖，并在开挖断面周围钻孔压浆。这既可超前探明地下水和地质情况，又可把速凝胶结的浆液（水泥浆液、水泥水玻璃浆液、化学浆液）用压浆机具由钻孔压入围岩裂隙与孔洞，封闭地下水通路，隔断水源，固结破碎围岩，为后继开挖创造条件。同时也可防止衬砌以后渗漏水。

洞内工作面钻孔预压浆适用于深埋隧道不便于地面钻孔压浆的情况。可压一段开挖一段，每段长度一般 25～50m，掘进长度一般为压浆段长度的 70％～80％，每段留 20％～30％作为防护阻水段。

（2）衬砌后压浆堵水：

开挖后的涌水如未能在衬砌之前防堵，则须在衬砌后采取压浆来防水、堵水；或者根据设计文件，要求该隧道需要压浆者。一般是向衬砌背后压注水泥砂浆，如果衬砌仍有渗漏水的地段，可采用向衬砌砌体内压注化学浆液或水泥水玻璃浆液，以增强衬砌自身抗渗能力。隧道经压浆防水后，若拱部还有轻微渗水或成片潮湿不能满足电化要求时，则可采用喷涂防水层整治。

浆液成分有水泥砂浆、化学浆液、水泥水玻璃等。

化学浆液喷涂防水层可采用氯丁乳胶、防水硅化砂浆、环氧树脂、阳离子乳化沥青等。

040402014　仰拱填充

040402015　透水管

040402016　沟道盖板

040402017　变形缝

040402018　施工缝

040402019　柔性防水层

3. 盾构掘进

盾构是一种既可以支承地层压力又可以在地层中推进的活动钢筒结构。钢筒的前端设置有支撑和开挖土体的装置，钢筒的中段安装有顶进所需千斤顶；钢筒尾部可以拼装预制或现浇隧道衬砌环。盾构每推进一环距离，就在盾尾支护下拼装（或现浇）一环衬砌，并向衬砌环外围的空隙中压注水泥砂浆，以防止隧道及地面下沉。盾构推进的反力由衬砌环承担。

盾构是一种集开挖、支护、推进、衬砌等多种作业一体化的大型暗挖隧道施工机械。主要用于软弱、复杂等地层的隧道施工。盾构的类型很多，可按盾构的断面形状，开挖方式，盾构前部构造和排水与稳定开挖面方式进行分类。

按盾构断面形状不同可将盾构分为：圆形、拱形、矩形和马蹄形四种。圆形因其抵抗地层中的土压力和水压力较好，衬砌拼装简便，可采用通用构件，易于更换，因而应用较广泛；按开挖方式不同可将盾构分为：手工挖掘式、半机械挖掘式和机械挖掘式三种；按盾构前部构造不同可将盾构分为：敞胸式和闭胸式二种；按排除地下水与稳定开挖面的方式不同可将盾构分为：人工井点降水、泥水加压、土压平衡式的无气压盾构，局部气压盾构，全气压盾构等。

随着隧道与地下工程的发展，盾构机械的种类越来越多，适用性也越加广泛，为进一步了解盾构性能和适用性，可将盾构列表（表 2-53）分析。

表 2-53

挖掘方式	构造类型	盾构名称	开挖面稳定措施	适用地层	附　注
手工挖掘式	敞胸	普通盾构	临时挡板支撑千斤顶	地质稳定或松软均可	辅以气压，人工井点降水及其他地层加固措施
		棚式盾构	将开挖面分成几层，利用砂的安息角和棚的摩擦	砂性土	
		网格式盾构	利用土和钢制网状格栅的摩擦	黏土淤泥	
	闭胸	半挤压盾构	胸板局部开孔，依靠盾构千斤顶推力土砂自然流入	软可塑黏土	
		全挤压盾构	胸板无孔，不进土	淤泥	
半机械挖掘式	敞胸	反铲式盾构	手掘式盾构装上反铲式挖土机	土质紧硬，稳定面能自立	辅助措施
		旋转式盾构	手掘式盾构装上软岩掘进机	软岩	

续表

挖掘方式	构造类型	盾构名称	开挖面稳定措施	适用地层	附　注
半机械挖掘式	敞胸	旋转刀盘式盾构	单刀盘加面板多刀盘加面板	软岩	辅助措施
		插刀式盾构	千斤顶支撑挡土板	硬土层	
	闭胸	局部气压盾构	面板与隔板间加气压	含水松软地层	不再另设辅助措施
		泥水加压盾构	面板与隔板间加有压泥水	含水地层冲积层、洪积层	辅助措施
		土压平衡盾构	面板隔板间充满土砂产生的压力和开挖处的地层压力保持平衡	淤泥，淤泥夹砂	
		网格式挤压盾构	胸板为网格，土体通过网格孔挤入盾构	淤泥	

040403001　盾构吊装及吊拆

由于盾构（特别是大型盾构）是针对性很强的专用施工机械，每个用盾构法施工的隧道都需要根据地质水文条件、隧道断面尺寸、建筑界限、衬砌厚度和衬砌拼装方式等专门设计制造专用的盾构，很少几个隧道通用一个盾构。在盾构设计时，首先是拟定盾构几何尺寸，同时要计算盾构千斤顶的推力。盾构几何尺寸主要是拟定盾构外径 D 和盾构本体长度 L_M 以及盾构灵敏度 L_M/D。

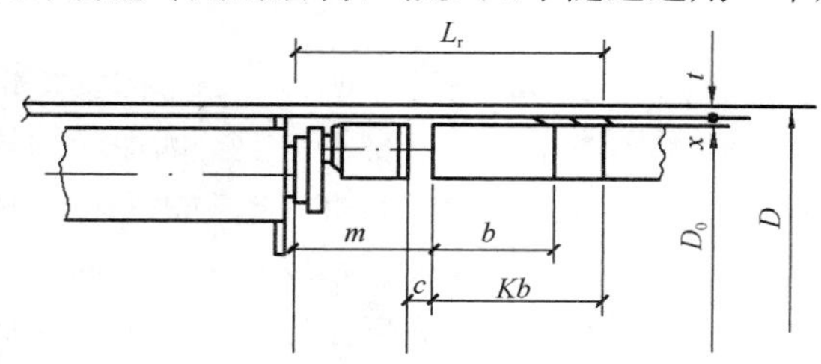

图 2-123　盾构外径和盾尾长度计算

（1）盾构外径 D

盾构外径应根据管片外径、盾尾空隙和盾尾板厚进行确定，如图 2-123 所示，盾构的外径可以按下式计算：

$$D=D_0+2(x+t)$$

式中　D——盾构外径；

D_0——管片外径；

t——盾尾钢板厚度。此厚度应能保证在荷载作用下不致发生明显变形，通常按经验公式或参照已有盾构盾尾板厚选用，经验公式如下：

$$t=0.02+0.01(D-4)$$

当盾构外径 $D<4\text{m}$ 时，上式中第二项为零；

x——盾尾空隙，按以下因素确定：管片组装时的富余量，以装配条件出发，按 $0.01D_0 \sim 0.008D_0$ 考虑；盾构在曲线上施工和施行修正时必须最小的富余量，可参照图 2-124，按下式计算：

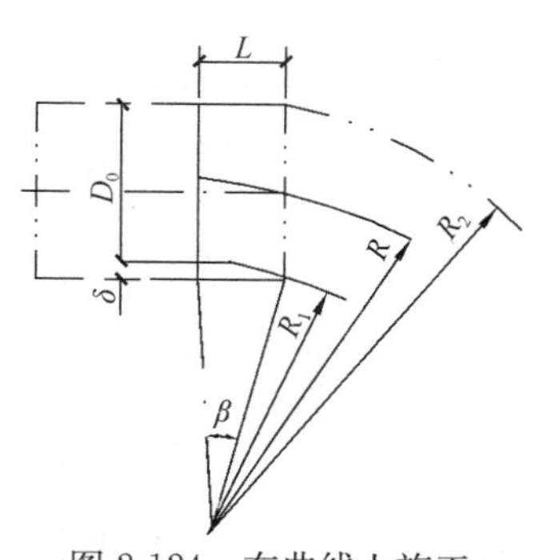

图 2-124　在曲线上施工时的盾尾空隙

$$x=\frac{\delta}{2}=\frac{R_1(1-\cos\beta)}{2}\approx\frac{L_M^2}{4(R-D_0/2)}$$

根据日本盾尾空隙的实践，多取 20～30mm，盾构推进之后，盾尾空隙和盾尾板厚之和，原封不动的保留下来，形成衬砌背后的空隙，再行压浆。

（2）盾构长度 L

盾构长度按图 2-125 所示应为盾构全长 L，此长度为盾构前端至后端的最大距离，其中盾构本体长度 L_M 按下式计算：

$$L_M=L_H+L_G+L_\gamma$$

式中 L_H——盾构切口环长度，对手掘式盾构，$L_H=L_1+L_2$，其中 L_1 为盾构前檐长度，此前檐长度在盾构插入松软土层后，能使地层保持自然坡度角 φ（一般取 45°），还应使压缩空气不泄漏（采用气压法时），L_1 大致取 300～500mm，视盾构直径大小而定；L_2 为开挖所需长度，当考虑人工开挖时，其最大值为 $L_2=D/\mathrm{tg}\varphi$ 或 L_2 小于 2m，当为机械开挖时要考虑在 L_2 范围内能容纳开挖机具；

L_G——盾构支承环长度，主要取决于盾构千斤顶长度，它与预制管片宽度口有关，$L_G=b+$（200～300mm）（便于维修千斤顶的富余量）；

L_γ——盾构的盾尾长度（图 2-125），取 $L_\gamma=kb+m+c$，其中 k 为盾尾遮盖衬砌长度系数，为 1.3～2.5；m 为盾构千斤顶尾座长度；c 为富余量，取100～300mm。

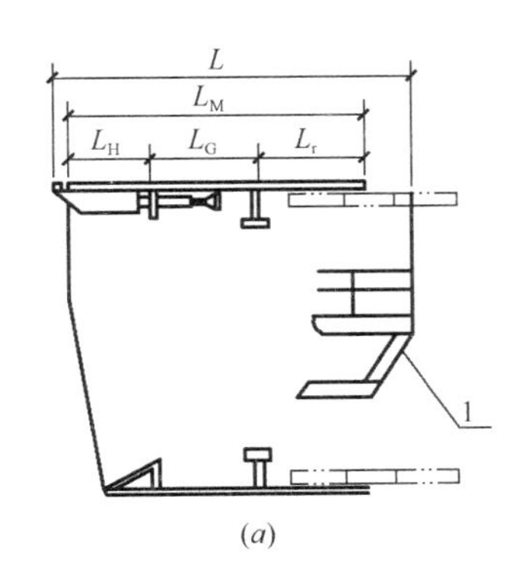

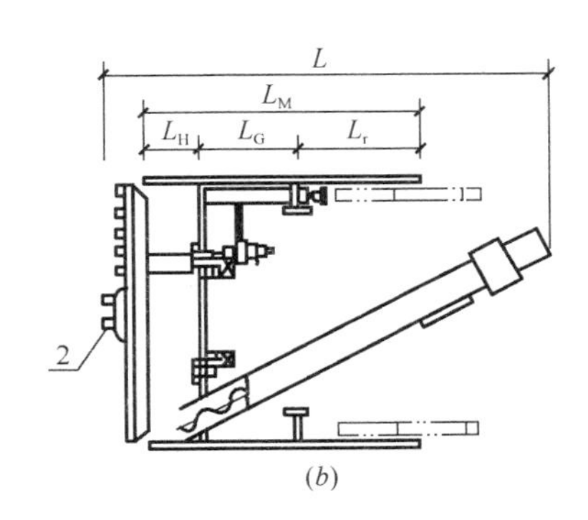

图 2-125　盾构长度

（a）敞胸式；（b）闭胸式

1—后方平台；2—切削刀盘

（3）盾构灵敏度 L_M/D

在盾构直径和长度确定以后，通过盾构本体长度 L_M 与直径 D 之间的比例关系，可以衡量盾构推进时的灵敏度，以下一些经验数据可作为确定普通盾构灵敏度的参考。

小型盾构　　D 为 2～3m，$L_M/D=1.50$；

中型盾构　　D 为 3～6m，$L_M/D=1.00$；

大型盾构　　D 为 6～9m，$L_M/D=0.75$；

特大型盾构　$D>9\sim12$m，$L_M/D=0.45\sim0.75$。

这些数据除了能保证灵敏度外，还能保证盾构推进时的稳定性。

气压盾构法施工：

盾构在地下水位以下开挖时，由于地下水的压力，大量水由开挖面涌出，为防止土体的流动及开挖面的坍塌，在盾构掘进行时，用压缩空气的压力来平衡水压力，进而疏干开挖面附近的地层，便于盾构掘进工作的正常进行，这种施工方法称为气压盾构施工法。如图 2-126 所示。

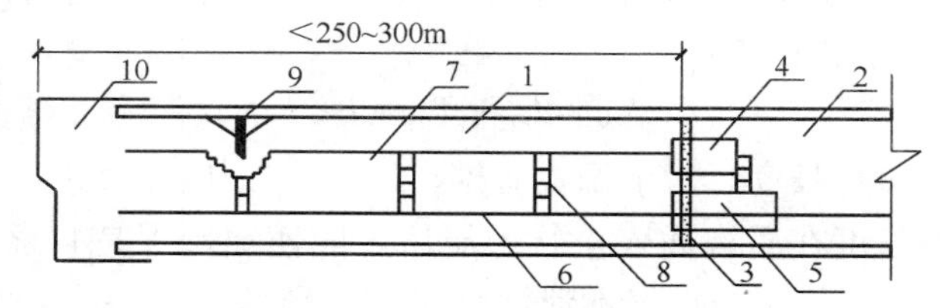

图 2-126　气压盾构施工作业示意图

1—气压段；2—常压段；3—闸墙；4—人行闸；5—材料闸；6—水平运输轨道；7—人行安全通道；8—安全梯；9—安全隔板；10—盾构

无气压掘进：

又称人工井点降水掘进。以人工井点降水来排地下水以稳定开挖面，是一种较经济的开挖方法尤其适用于漏气量较大的砂性土。井点降水法是在盾构两侧土层中先打入井点管，通过井点汲水滤管把地下水抽出使井点附近形成一个降水漏斗，从而降低地下水位，疏干开挖面地层，增加土质强度，保证开挖面稳定。

人工井点降水开挖的最大优点是可以不用气压施工，但也有局限性，对水底隧道水中段就不能使用人工井点降水盾构法。它只能用在两岸的岸边段，且埋置深度不能太深，若太深因降水效果不好有时可能引起盾构突然下沉。此外在两岸建筑物密集地区也不宜采用人工井点降水法。否则因降水不匀会引起建筑物不均匀沉降。

040403002　盾构掘进

施工阶段的划分：盾构掘进中，隧道总长度及盾构工作井布置的间距，对隧道总造价影响很大，为了正确反映隧道区间长度对总水平的影响，编制了盾构在不同施工阶段的定额。

（1）负环掘进

适用从拼装后靠负环起，到盾尾离开出洞井外壁止。定额不分满环拼装与开口环拼装，均按无气压综合考虑。负环掘进定额包括了基准环定位拼装、传力杆支撑安装、人行孔钢管片安装、盾构在无车架情况下出土和不出土掘进拼装，以及洞口封门拆除影响因素、盾构正面土体不稳定因素及正常出洞时井内土方清理等工作内容。

（2）出洞段掘进

适用从盾尾离开洞井外壁，到盾尾出洞井外壁 40m。定额不分有气压掘进和无气压掘进，已综合考虑了这一阶段掘进时，临时车架装拆并转换固定车架，工作井制作过程中引起的四周土体扰动并夹带砂石、井点降水引起的土体干硬等因素。

（3）正常段掘进

适用出洞段掘进结束，到进洞段掘进开始。定额分有气压掘进与无气压掘进两项。

正常施工段应符合下列要求：

1）选用的盾构及是否采用气压施工应符合该地区的土质要求；

2）地面沉降要求及隧道弯曲半径应符合盾构设计能达到的技术指标；

3）隧道覆土厚度、盾构技术性能与地表沉降量相适应；

4）顶端封闭式隧道（采用垂直顶升法的排水隧道）单线掘进长度大于880m；

5）出土面无暗桩及特殊障碍物。

负环管片拆除：盾构推进一定长度后，负环部分管片将拆除，拆除按隧道直径分档，以米为计量单位。拆除不分开口环和满环，包括支撑轨道及管片内污泥杂物的清除、拆除的管片吊出井口装车。定额中拆除的负环管片不考虑在隧道重复使用，负环拆除考虑在工作井上方能直接拆除。工作井上方已封，必须在井内拆除者，人工及机械费乘以2。

盾构掘进中考虑了施工过程中的各种管线路、轨道、走道板的安装。本定额适用于贯通后管线路、轨道、走道板、支架、栏杆等的一次拆除，以米为计量单位。分水力出土隧道和干式出土隧道，每项分为大隧道和小隧道2步。拆除后包括高压水冲清淤泥，在掘进过程中包括淤泥清理。施工管线拆除后的清洗只考虑少量嵌泥。隧道清理后的手孔填塞另单列项目。

040403003　衬砌壁后压浆

衬砌压浆按压浆形式分为同步压浆和分块压浆两类，同步压浆即盾构推进中由盾尾安装1组同步压浆泵进行压浆，分块压浆即盾构推进中进行分块压浆。压浆按浆液的不同配比分为石膏煤灰浆、石膏黏土粉煤灰浆、水泥粉煤灰浆和水泥砂浆。在编制施工图预算时，可根据土层地质的要求和施工组织设计选用的压浆材料取用。

压浆量根据盾尾间隙、土层泥浆渗透系数、地表沉降要求，由施工组织设计计算取定。

040403004　预制钢筋混凝土管片

预制混凝土管片采用高精度钢模和高强度等级混凝土，钢模制作费昂贵，加工数量有限，管片快速脱模。管片按直径分为6个步距，包括配筋、钢模安拆、厂拌混凝土浇捣、蒸发、水养等工作内容。

管片体积按外形尺寸计，模芯体积不作扣除。采用快速脱模蒸气养护考虑，养护罩和油布各半使用。油布、养护罩、管路、检漏架归入其他材料费中。

钢模使用按400次摊销，单价取5.33元/kg。本章定额不包括预制管片生产场地费。

040403005　管片设置密封条

弹性密封垫有两种：未定型和定型制品，其中未定型包括如焦油聚氨酯弹性体等现场浇涂的液状或膏状材料。定型制品则用固体氯丁橡胶，泡沫氯丁橡胶、丁基橡胶或天然橡胶、乙丙胶改性的橡胶及遇水膨胀防水橡胶等各种不同硬度的材料制成抓头形、齿槽形（梳形）等不同断面形成的制品。

通常情况下，以具有高度弹性和强复原能力的硫化橡胶类弹性密封垫（图2-127）和具有高弹性复合性弹生密封垫（图2-128）为芯材，外用致密性粘性好的覆盖层组成的复带制品的复合型密封垫较常被使用，其中硫化橡胶类弹性密封垫能在接头有一定张开的情况下，仍处于压密状态，从而有效地阻挡水的渗漏。而复合型弹性密封垫集弹性、黏性于一身，其高弹性的芯材使其在接头微张开的情况下仍不失水密性，覆盖层的自粘性使其与接头面的混凝土与封垫之间紧密牢固地粘在一起。

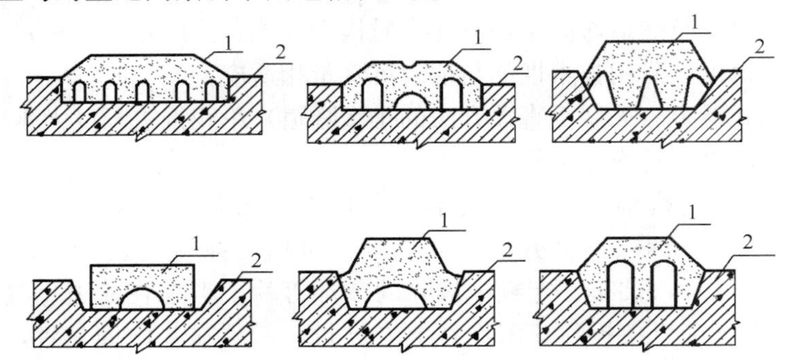

图 2-127　硫化橡胶类弹性密封垫

1—硫化橡胶弹性密封垫；2—钢筋混凝土衬砌

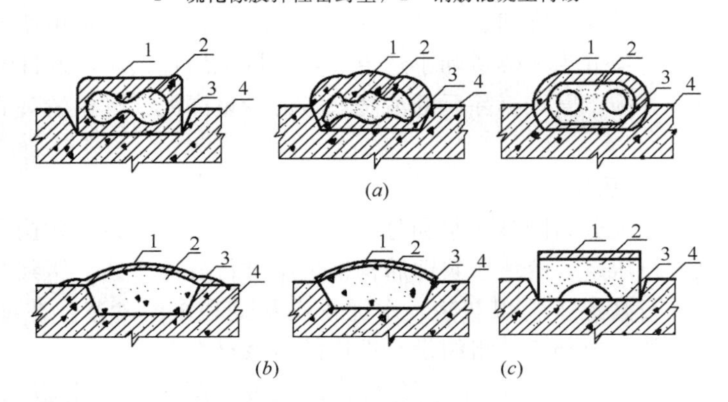

图 2-128　复合型弹性密封垫

(*a*) 完全包裹式；(*b*) 局部外仓式；(*c*) 双层叠加式

1—自粘性腻子带；2—海绵橡胶；3—粘合涂层；

4—混凝土或钢筋混凝土衬砌

040403006　隧道洞口柔性接缝环

柔性接缝环指隧道与工作井的连接环，分为施工阶段和正式阶段两部分。定额不分隧道直径，钢圈环板以吨为单位，安装直径包括铁件、螺丝等安装材料，但不含钢环制作，接缝环包括内外止水带及柔性注压材料，以延长米为计量单位，洞口环拆除及浇注洞圈混凝土以 m^3 为单位，洞圈混凝土采用木模，接缝环施工采用井口吊装机械，接缝环施工中的脚手架按使用量另套脚手架定额。

040403007　管片嵌缝

嵌缝防水是指在管片环缝、纵缝中沿管片内侧设置嵌缝槽，再用止水材料在槽内填嵌密实来达到防水目的的一种补充措施，其并不是靠弹性压密防水。

嵌缝填料要求具有与潮湿的混凝土结合好，不流坠的抗下垂性的性能，还应具有不透水性、粘结性，耐药、耐久性抗老化以及延伸性，其制作材料一般采用环氧树脂系、聚硫橡胶系、聚硫改性的环氧焦油系、尿素系树脂及聚氨酯等针对具体情况采用不同的材料，如在采用两次衬砌，但仅要求暂时止水时，可采用无弹性的价廉水泥，石棉化合物。

040403008　盾构机调头

利用千斤顶的顶推力使托架与盾构机主机一起平移、旋转到达预定的位置，完成盾构主机调头工作。盾构机从静止开始向前移动初始推力达到1000kN，在随后的平移和旋转过程中推力在300～500kN之间。

040403009　盾构机转场运输

通过卷扬机将后配套运到站台后方调头位置。运输前将超过站台底板和轨顶风道之间4.6m高度的部件拆除。

040403010　盾构基座

4. 管节顶升、旁通道

垂直顶升是隧道推进中的一项新工艺。这种不开槽的施工方法应用很广，遇到下列情况时就可采用：

（1）管道穿越铁路、公路、河流或建筑物时；

（2）街道狭窄，两侧建筑物多时；

（3）在交通量大的市区街道施工，管道既不能改线又不能断绝交通时；

（4）现场条件复杂，与地面工程交叉作业，相互干扰，易发生危险时；

（5）管道覆土较深，开槽土方量大，并需要支撑时。

影响顶升施工的因素包括：地质、管道埋深、管道种类、管衬及接口、管径大小、管节长、施工环境、工期等，其中主要因素是地质和管节长。

040404001　钢筋混凝土顶升管节

040404002　垂直顶升设备安装、拆除

040404003　管节垂直顶升

管节的顶入：在工作坑的入口处放置所要顶入的管节，在顶管出口孔壁对面侧为承压壁上安装液压千斤顶和承压垫板。千斤顶将带有切口和支护开挖装置的工具管顶出工作坑出口孔壁，然后以工具管为先导，将预制管节按设计轴线逐节顶入土层中，直至工具管后第一段管节的前端进入下一工作井的进口孔壁，这样就施工完一段管道。

后座墙与后背是千斤顶的支承结构，造价低廉，修建简便的原土后座墙是常用的一种后座墙。施工经验表明：管道埋深2～4m浅覆土原土后座墙的长度一般需4～7m，选择工作坑时，应考虑有无原土后座墙可以利用。

无法利用原土作后座墙时，可修建人工后座墙。后背的功能主要是在顶管过程中承担千斤顶顶管前进的后座力，后背的构造应有利于减少对后座墙单位面积的压力。后背的构造有很多种。方木后背的承载力可达3×10^3kN，具有装拆容易、成本低、工期短的优点；钢板桩后背承载能力可达5×10^3kN，采取与工作坑同时施工方法，适用于弱土层。

在双向坑内双向顶进时，利用已顶进的管段作千斤顶的后背，因此，不必设后座墙与后背。

后背结构及其尺寸主要取决于管径大小和后背土体的被动土压力——土抗力。计算土抗力的目的是考虑在最大顶力条件下保证后背土体不被破坏，以期在顶进过程中充分利用天然的后背土体。

由于最大顶力一般在顶进段接近完成时出现，所以后背计算时应充分利用土抗力，而且在工程进行中应严密注意后背土的压缩变形值。当发现变形过大时，应考虑采取辅助措

施，必要时可对后背土进行加固，以提高土抗力。

顶进时管子的连接，分永久性连接和临时性连接，钢管采取永久性的焊接。顶进过程中管子永久性连接，导致管子的整体顶进长度越长，管道位置偏移愈小。但一旦产生顶进位置误差积累，校正就很困难。所以，整体焊接钢管的始顶阶段，应在始顶时随时测量，以免产生积累误差。

钢筋混凝土管通常采用钢板卷制的整体式内套环临时连接，在水平直径以上的套环与管壁间楔入木楔。两管间设置柔性材料，如油麻、油毡，以防止管端顶裂。由于临时接口的非密封性，故不能用于未降水的高地下水水头的含水层内顶进，顶进工作完毕后，拆除内套环，再进行永久性接口。

在顶管工作中经常采用延长顶进技术。在最佳施工条件下，普通顶管法的一次顶进长度为百米左右。当铺设长距离管线时，为了减少工作坑，加快施工进度，可采用延长顶进技术。

040404004　安装止水框、连系梁

止水框架的安装：用起吊设备将止水框吊运至所要安装的部位进行安装，安装时一般采用电焊方法将其固定，在安装的过程中，要对其进行校正。安装之前要搭脚手架，安装完毕后要把脚手架拆除掉。

安装联系梁：运用吊运设备将联系梁吊运至所要安装的部位，对联系梁进行焊接固定，在固定之前要对其进行校正，以免发生偏差。安装之前要搭设脚手架，安装后要把脚手架拆掉。

040404005　阴极保护装置

阴极保护是防止电化学腐蚀及生物贴腐出水口的一种有效手段。它包括恒电位仪、阳极、参比电极安装，过渡箱的制作安装和电缆铺设等内容。

阴极保护：根据电化学腐蚀的原理，在腐蚀电池中阳极受腐蚀而损坏，而阴极则保持完好。利用外加的直流电源，通常是阴极保护站产生的直流电源，使管节对土壤造成负电位的保护方法称为阴极保护法。

恒电位仪：用恒定的电压把单位正电荷从某一点移到无穷远的仪器。正电荷越多，电位也越高。

阳极：电子仪器中吸收电子的一极。电子管和各种阴极射线管都有阳极，接受阴极放射的电子，这一极跟电源的正极相接。

参比电极：就要在参与比电源或电器上接通的电流。

040404006　安装取、排水头

040404007　隧道内旁通道开挖

040404008　旁通道结构混凝土

040404009　隧道内集水井

040404010　防爆门

040404011　钢筋混凝土复合管片

复合管片制作：将已制作好的复合钢壳安放在工作平台上用模板固定，在固定之前要将钢壳清理干净。将已焊接好的钢筋笼放在钢壳内并加以固定，将已搅拌好的混凝土吊运至钢模内，浇筑、振捣后加以养护（采用蒸养）。待养护好后进行拆模，将钢模进行清理、刷油。

在管片制作时，为了避免因管片制作精度不够，造成的顶管推进时初砌的顶碎和崩落而导致漏水以及为了确保管片接头面密贴不产生较大的初始缝隙，应采用高精度的钢模制作以减少制作中的误差，如钢筋混凝土管片易引起隧道漏水就是由于其制作精度不如铸铁或钢制管片。

管片各部分制作精度的尺寸误差，参照日本规范应符合表 2-54 的要求（图 2-129）。

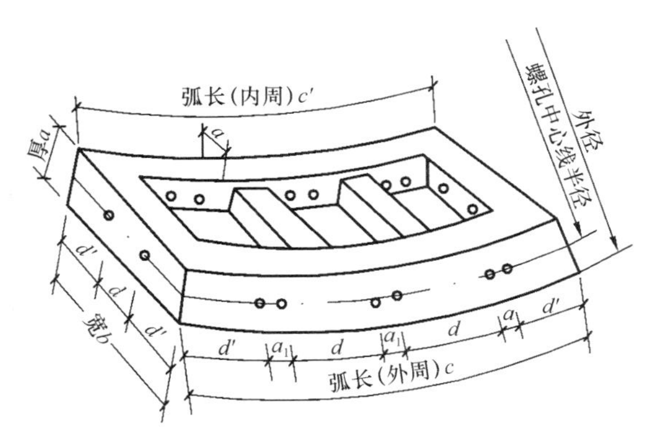

图 2-129　管片尺寸

管片尺寸误差表　　表 2-54

管片种类		铸铁				混凝土				钢制			
水平组装时的不圆度	管片外径（m）	$D<4$	$4\leqslant D<6$	$6\leqslant D<8$	$D\geqslant 8$	$D<4$	$4\leqslant D<6$	$6\leqslant D<8$	$D\geqslant 8$	$D<4$	$4\leqslant D<6$	$6\leqslant D<8$	$D\geqslant 8$
	螺孔中心半径（mm）	±5	±7	±8	±12	±7	±10	±10	±15	±7	±10	±10	±15
	外径误差（mm）	±7	±10	±15	±20	±7	±10	±15	±20	±7	±10	±15	±20
各部最小厚度（a）		−1.0				0							
宽　度（b）		±0.5				±1.0				±1.5			
弧长或弦长（c）		±0.5				±1.0				±1.5			
螺孔间距 d（d'）		±0.5				±1.0				±1.0			

040404012　钢管片

5. 隧道沉井

沉井外形像个井筒，施工时通常可以在建筑地点用混凝土或钢筋混凝土制成，然后在井孔内取土，使沉井在自重作用下克服土的阻力而下沉。当沉井顶面下沉至接近地面时，再接筑一节沉井，继续取土下沉，这样逐节接筑，不断取土下沉，直至沉井下沉到设计标高，再在井孔内填筑圬工，即成沉井基础。

040405001　沉井井壁混凝土

沉井按平面形状可分为矩形、圆形、圆端形三种，通常与墩台形状相配合。按建筑材料可分为无筋混凝土沉井和有筋混凝土沉井及钢沉井，按井孔布置方式不同，沉井又有单孔、双孔及多孔之分。

040405002　沉井下沉

（1）沉井下沉验算

沉井下沉时，应对其在自重下能否下沉进行必要的验算。沉井下沉必须克服井壁与土间的摩擦力和地层对刃脚的反力，下沉力与阻沉力之比值称为下沉系数 K，一般应大于 1.15～1.25。井壁与土间的摩擦力，通常有两种计算方法：一种是假定摩擦力随土深而加大，并且在5m深时达到最大值，5m以下时，保持常值（图2-130a）；另一种是假定摩擦力随土深而增大，在刃脚台阶处达到最大值，以下则保持常值（图2-130b）。前一种方法使用较多，按此计算偏于安全；而后一种比较符合实际情况。

沉井下沉力系平衡简图如图2-131，其下沉安全系数按下式计算：

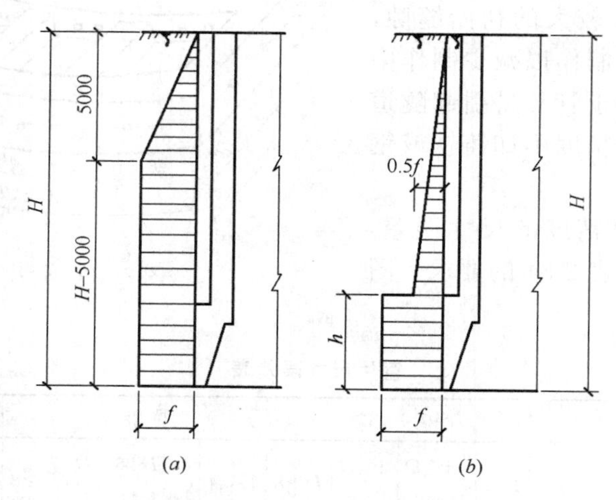

图2-130　沉井下沉摩擦力计算简图

$$K=\frac{Q-B}{T+R}$$

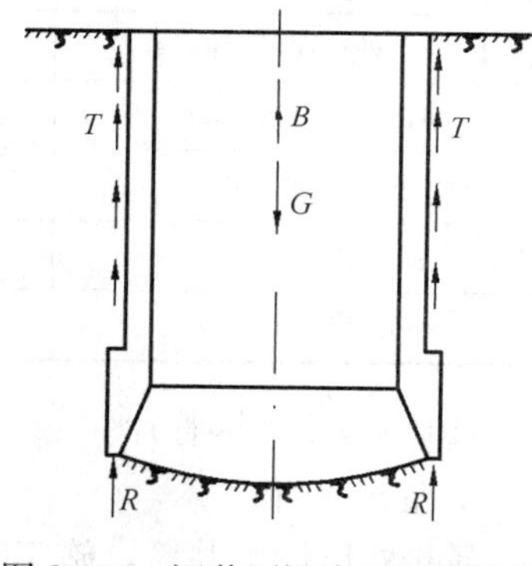

图2-131　沉井下沉力系平衡简图

式中　K——下沉安全系数，一般应大于1.15～1.25；

Q——沉井自重及附加荷重（kN）；

B——被井壁排出的水量（kN），如果采取排水下沉时，则$B=0$；

T——沉井与土之间的摩擦力（kN），按第一种假定时，$T=\pi D(H-2.5)f$；按第二种假定时，$T=\pi D\left(h+\frac{H-h}{2}\right)f$；

D——沉井外径（m）；

H——沉井全高（m）；

h——刃脚高度（m）；

R——刃脚以力（kN），如果采取将刃脚底面及斜面的土挖空，则$R=0$；

f——井壁与土的摩擦系数（即单位面积的摩擦力的平均值），可从表2-55查得；

当下沉范围内土层由不同土层构成时，其平均摩擦系数f_0由下式计算：

$$f_0=\frac{f_1n_1+f_2n_2+f_3n_3+\cdots\cdots f_nn_n}{n_1+n_2+n_3+\cdots\cdots n_n}$$

式中　f_1、f_2、f_3……f_n——各层土与井壁的摩擦系数（kN/m^2）；

n_1、n_2、n_3……n_n——各层土的厚度（m）。

沉井采取分节制作，分节下沉时，其下沉系数也应分段计算。

土与沉井外壁间的单位面积摩擦力 **表 2-55**

土的种类	土与沉井外壁间的摩擦力（kN/m²）	土的种类	土与沉井外壁间的摩擦力（kN/m²）
黏性土	24.5～49.0	砂卵石	17.7～29.4
软　土	9.8～11.8	砂砾石	14.7～19.6
砂　土	11.8～24.5	泥浆润滑套	2.9～4.9

【例 12】 已知沉井尺寸及地质剖面如图 2-132 所示，D=20m，下沉深度为 16.5m，采取分 2 节制作，高度均为 8.5m，井身混凝土量分别为 470m³ 和 507m³。不考虑浮力及刃脚反力作用，试验算沉井在自重下能否下沉。

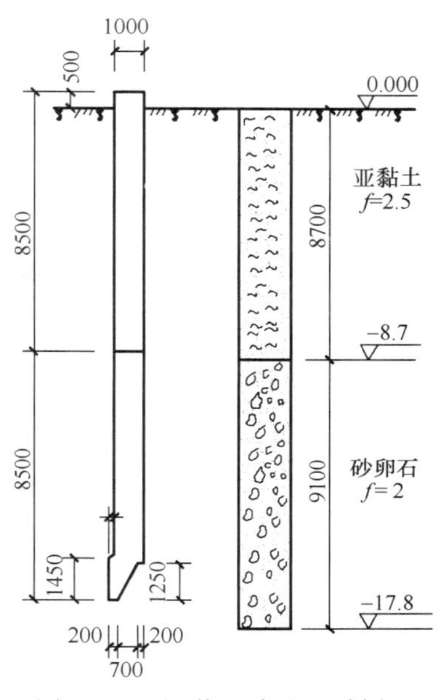

图 2-132　沉井尺寸及地质剖面

【解】 不考虑浮力及刃脚反力作用，则 $B=0$，$R=0$，土层的平均摩擦系数：

$$f_0=(8.7\times25+8.3\times20)/(8.7+8.3)=22.6(\mathrm{kN/m^2})$$

第一节沉井的下沉系数：

$$K_1=\frac{470\times24}{20\times3.14(8.5-2.5)\times22.6}=1.32>1.15$$

接高第二节后的下沉系数：

$$K_2=\frac{(470+507)\times24}{20\times3.14(16.5-2.5)\times22.6}=1.18>1.15$$

K_1、K_2 均大于 1.15，故能下沉。

(2) 沉井下沉方法

沉井下沉有排水下沉和不排水下沉两种方式，前者适用于渗水量不大（每 1m² 不大于 1m³/min）、稳定的黏性土，或在砂砾层中渗水量虽很大，但排水并不困难时使用；后者适用于严重的流砂地层中和渗水量大的砂砾层中使用，以及地下水无法排除或大量排水会影响附近建筑物安全的情况。

采用排水下沉法施工，多在沉井内设泵排水，沿井壁挖排水沟、集水井，用泵将地下水排出井外，边挖土边排水下沉，随着加深集水井。挖土采用人工或风动工具，对直径或边长 16m 以上的大型沉井，可在沉井内用 0.25～0.60m³ 小型反铲挖掘机挖土。挖土方法一般是采用碗形挖土自重破土方式，先挖中间，逐渐挖向四周，每层挖土厚 0.4～0.5m，沿刃脚周围保留 0.8～1.5m 宽土堤，然后再按每人负责 2～3m 一段向刃脚方向逐层、全面、对称、均匀地削薄土层，当土堤（垅）经不住刃脚的挤压时，便在自重作用下均匀垂直破土下沉（图 2-133*a*）；对有流砂情况发生或遇软土层时，亦可采取从刃脚挖起，下沉后再挖中间（图 2-133*b*）的顺序，挖出土方装在吊土斗内运出。当土垅挖至刃脚沉井仍不下沉，可采取分段对称地将刃脚下掏空或继续从中间向下进行第二层破土的方法。

采用不排水下沉法施工，挖土多用高压水枪（压力 2.5～3.0MPa）将土层破碎稀释成泥浆，然后用水力吸泥机（或空气吸泥机）将泥浆排出井外，井内的水位应始终保持高

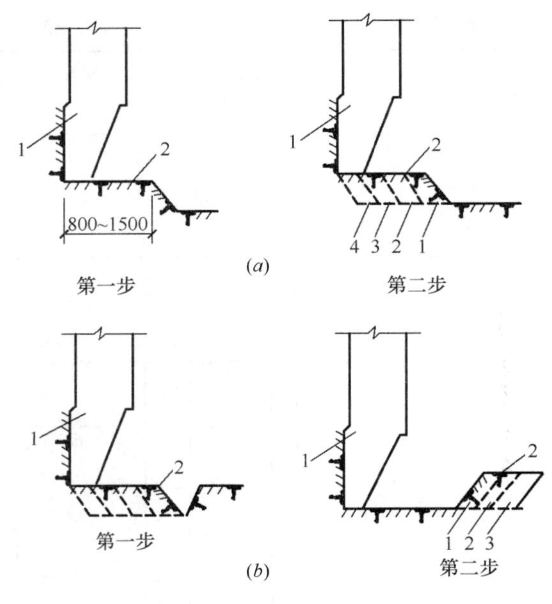

图 2-133　沉井下沉挖土方法
1—沉井刃脚；2—土堤（垅）
1、2、3……为刷坡次序

出井外水位 1～2m。也可用起重机吊抓斗进行挖土。作业时，一般先抓或冲井底中央部分的土形成锅底形，然后再均匀冲或抓刃脚边部，使沉井靠自重挤土下沉在密实土层中，刃脚土壤不易向中央坍落，则应配以射水管冲土。沉井下沉困难时，亦可采取一些辅助下沉方法，如在沉井外壁周围均匀布置水枪或射水管，借助高压水冲刷刃脚下面的土层，使沉井易于下沉；或在沉井外壁设置宽 10～20cm 的泥浆槽，充满触变泥浆（触变泥浆是以适当比例的膨润土和碳酸钠加水调制而成的），以减小井壁下沉的摩阻力；如果采用多节下沉，则可继续接高井身，增加下沉重量。

040405003　沉井混凝土封底

沉井封底亦有排水封底和不排水封底两种方式。前者系将井底水抽干进行封底混凝土浇筑。又称干封底，因其施工操作方便，质量易于控制，是应用较多的一种方法；后者多采用导管法在水中浇筑混凝土封底，施工较为复杂，只有在涌水量很大，难以排干且出现流砂现象时才应用。

排水封底方法是将新老混凝土接触面冲刷干净或凿毛，并将井底修整成锅底形，由刃脚向中心挖放射形排水沟，填以卵石形成滤水暗沟，在中部设 2～3 个集水井，深 1～2m，井间用盲沟相互连通，插入 ϕ600～800mm 四周带孔的钢管或无砂混凝土管，四周填以卵石，使井底的水流汇集于井中，再用潜水电泵排出（图 2-134），保持地下水位低于井底 0.5m 以上。封底时，井底先铺一层 150～500mm 厚卵石或碎石，再在其上浇一层 0.5～1.5m 厚的混凝土垫层，在刃脚下切实填严捣实，以保证沉井的最后稳定。垫层混凝土强度达到设计要求强度的 50%后，在其上绑钢筋，钢筋两端应伸入刃脚凹槽内，再浇筑底板混凝土。混凝土养护期间应继续抽水，混凝土强度达到设计要求强度的 70%后，将集水井中的水逐个抽干，在套管内迅速用干硬性混凝土进行堵塞捣实，盖上法兰盘，用螺栓拧紧或四周焊接封闭，上部用混凝土填实抹平。

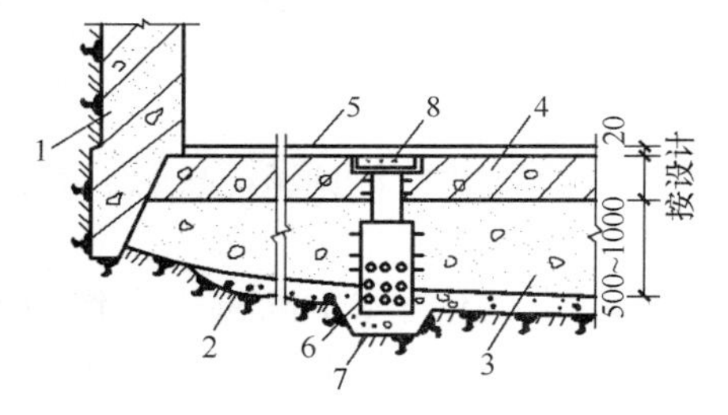

图 2-134　沉井封底构造
1—沉井；2—15～75mm 粒径卵石盲沟；3—封底混凝土；4—底板；5—抹防水水泥砂浆层；6—ϕ600～800mm 带孔钢板或无砂混凝土管；7—集水井；8—法盖盘盖

不排水封底方法是将井底浮泥用导管以泥浆置换，清除干净，新老混凝土接触面用水针冲刷净，并在井底抛毛石、铺碎石垫层。封底水下混凝土采用多组导管灌注，方法与一般灌注桩水下浇筑混凝土相同。混凝土养护 7～14d 后，方可从沉井内抽水，检查封底情况，进行检漏补修，按排水封底方法施工上部底板。

040405004　沉井混凝土底板

040405005　沉井填心

040405006　沉井混凝土隔墙

隔墙：设置在沉井井筒内，其主要作用是增加沉井在下沉过程中的刚度，同时，又把整个沉井分隔成多个施工井孔（取土井），使挖土和下沉可以较均衡地进行，也便于沉井偏斜时的纠偏。

040405007　钢封门

6. 混凝土结构

地下混凝土结构包括很多方面，大的方面来说有隧道工程、地铁工程、人防地下商业街、高层建筑地下室、地下仓储工程、地下厂房、泵房等。地下混凝土结构从小的方面来讲，有护坡、地梁、底板、墙、柱、梁、平台、顶板、楼梯、电缆沟、侧石、弓形底板、支承墙、内衬侧墙、顶内衬、行车道槽形板和隧道内车道等。

本节适用于地下铁道车站、隧道暗埋段、引道段沉井内部结构、隧道内路面及现浇内衬混凝土工程。

地下铁道是一种规模浩大的交通性公共建筑。根据其功能、适用要求、设置位置的不同划分成车站、区间和车辆段三个部分。

地铁车站：由车站主体（站台、站厅、生产、生活用房）、出入口及通道，通风道及地面通风亭等三大部分组成。

地下铁道车站按车站与地面相对位置可分为地下车站，地面车站和高架车站；按车站埋深可分为浅埋车站和深埋车站；按车站运营性质，可分为中间站、区域站、换乘站、枢纽站、联运站和终点站；按车站结构横断面形式可分为矩形断面、拱形断面、圆形断面、马蹄形断面和椭圆形断面等。

隧道：一般为交通所设置的地下工程，隧道包括山岭隧道、浅埋及软土隧道和水底隧道。

现浇内衬混凝土工程：即用混凝土现浇的内衬结构，对隧道内衬起支撑作用。

引道段沉井：在隧道的引道段由于不能采用明挖基础和桩基础时所采用的一种基础形式，它能承受上部较大的载荷，沉井基础特点是整体性好、刚性大、稳定性与抗震性能好，在地基承载力较差的情况下可以取得较大的支承面积而且在施工中本身结构又能起到防水与防坍的作用。

040406001　混凝土地梁

地梁：在地下混凝土结构中预制梁来保证地基的整体稳定性。

040406002　混凝土底板

底板：在基础上现浇的平板，它对基础起到整体稳定性。

040406003　混凝土柱

柱：建筑物中直立的起支持作用的构件。一般用木、石、型钢或钢筋混凝土制成。

柱是框架结构和厂房中主要承重构件之一。按柱的截面构造尺寸分为：

矩形柱、工字形柱、双肢柱、管柱。

040406004　混凝土墙

墙：是建筑物的重要组成构件。

墙体的分类：

墙体依其在建筑物和构筑物的位置不同可分成内墙和外墙，凡位于建筑物外界四周的墙称外墙。外墙是房屋的外围护结构，起着挡风、阻雨、保温、隔热等围护室内不受侵袭的作用，凡位于建筑内部的墙为内墙。

墙体根据结构受力情况不同，有承重墙和非承重墙之分。凡直接承受上部所传来荷载的墙称承重墙。凡不承受上部荷载的墙称非承重墙。

墙体按所用材料的不同，可分为砖墙、石墙、土墙及混凝土墙。

040406005　混凝土梁

梁：水平方向的长条形承重构件。一般起荷载传递作用。按其截面形式有矩形梁、工字形梁和花篮梁。

按其用途分屋面梁、挑梁、楼板梁、圈梁、过梁、地圈梁等。

040406006　混凝土平台、顶板

平台：指连接两个梯段之间的水平部分，平台用来供楼梯转折，连通某个楼层或供使用者在攀登了一定的距离后略事休息。平台的标高有时与某个楼层相一致，有时介于两个楼层之间，与楼层标高相一致的平台称为正平台，介于两个楼层之间的平台称之为半平台。

平台按其功能可分成，休息平台和工作平台。

顶板：房屋最上层覆盖的外围护结构，其主要功能是用以抵御自然界的不利因素影响，以便以下空间有一个良好的使用环境，在结构上，顶板是上层承重结构，它应能支承自重和作用在顶板上的各种活荷载，同时还起着对房屋上部的水平支撑作用。

040406007　圆隧道内架空路面

040406008　隧道内其他结构混凝土

楼梯：是房屋各层间的垂直交通联系部分，是楼层人流疏散必经的通路。

构成楼梯的材料可以是木材、钢筋混凝土、型钢或是多种材料混合使用。

现浇混凝土楼梯：用混凝土在施工现场现浇筑的楼梯，按其结构形式和构造分为板式和梁式现浇混凝土楼梯。

板式楼梯：是指由梯段板承受该梯段全部荷载的楼梯。梯段与平台相连，通常的处理是在平台口处设置一平台梁，以支承上下梯段板和平台板。

梁式楼梯：即梁式楼梯的踏步板，支承在斜梁上，斜梁又支承在平台梁上的楼梯。

电缆沟：即在地下挖来专门通电缆的沟道。

侧石：又称立缘石，是顶面高出路面的、设在路边的界石，其作用是在路面上区分车行车、人行道、绿地隔离带和道路与其他部分的界线，起到保障行人车辆安全和保证路面边缘齐整的作用，还有标定车行道范围和纵向引导排除路面水的作用。

弓形底板：即底板的形状为弓形，这类底板可节省材料，也可满足强度的要求。

7. 沉管隧道

040407001　预制沉管底垫层

沉管法：又称沉埋法，是修筑水底隧道的主要方法。采用沉管法施工的水底隧道又叫沉管隧道。沉道法施工时，先在隧址附近修建的临时干坞内（内利用船厂的船台）预制管段，预制的管段用临时隔墙封闭起来，然后将此管段浮运到隧址规定位置，此时已于隧址处预先挖好一个水底基槽。待管段定位后，向管段内灌水压载，使其下沉到设计位置，将此管段与相邻管段在水下连接起来，并经基础处理，最后回填覆土、成为水底隧道。

基础处理是沉管隧道水下施工的最后工序。由于沉管隧道在基槽开挖、管段沉放、基础处理和回填覆土后，其抗浮系数（管段总重与管段排水量之比）仅为1.1～1.2，因此作用在地基上的荷载一般比开挖前要小，故沉管隧道地基一般不会产生由于土质固结或剪切破坏引起的沉降。而且沉管隧道施工时是在水下开挖基槽，一般不会产生流砂现象，因而对地质条件的适应性很强。故施工时不必像采用盾构法施工水底隧道那样，须在施工前进行大量水中地质钻探工作。然而在沉管隧道中，仍须进行基础处理。其原因是在管段沉放前，基槽开挖不平整，使槽底表面与沉管底面之间存在很多不规则的空隙，而使地基受力不均，产生局部破坏，从而引起地基不均匀沉降，使沉管结构受到较大的局部应力而开裂。因此在沉管隧道施工中必须进行基础处理，其目的是使管段底面与地基之间的空隙充填密实。沉管隧道的基础处理主要是垫平基槽底部，其处理方法按垫平的途径不同有很多种，从基础处理的发展趋势，主要有四种：刮铺法、喷砂法、压注法和桩基法。刮铺法在管段沉放前进行，又称先铺法。喷砂法和压注法在管段沉放后进行，又称后填法。桩基法主要用于特别软弱地基。此外，沉管隧道基础处理曾采用过灌砂法和灌囊法，灌砂法是沿管段两侧向基底灌砂，因不能使矩形管段底面中部充填密实，只适用于圆形管段。灌囊法是在管段底面系上囊袋，管段沉放后向囊袋向灌注砂浆填充，这种方法现已被压浆法取代。

（1）刮铺法

刮铺法是在管段沉放前采用专用的刮铺船上的刮板在基槽底刮平铺垫材料（粗砂或碎石或砂砾石）作为管段基础（图2-135）。

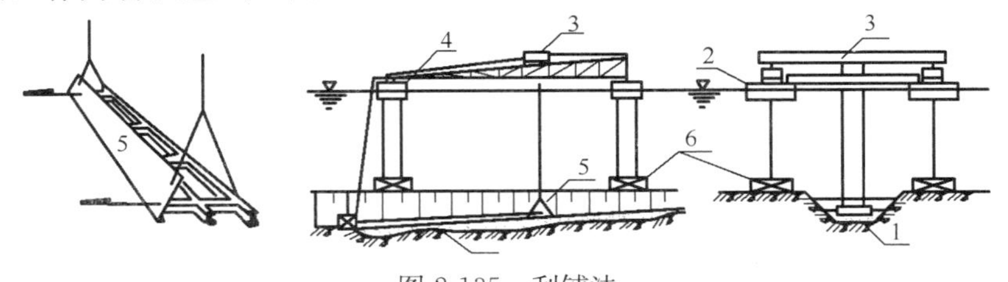

图2-135　刮铺法

1—砂石垫层；2—驳船组；3—车架；4—桁架及轨道；5—刮板；6—锚块

采用刮铺法开挖基槽底应超挖60～80cm，在槽底两侧打数排短桩安设导轨，以便在刮铺时控制高程和坡度。安设导轨时要有较高的精度，否则影响基础处理的效果。

投放铺垫材料采用抓斗或通过刮铺机的喂料管进行，投放范围为一节管段长，宽为管段底板宽加1.5～2.0m。如铺垫材料为碎石或砂砾石，其最佳粒径分别为15cm和2.6～3.8cm。

刮板船用沉到水底的锚块稳定，刮板支承在刮板船的导轨上，刮铺时刮平后垫层表面平整度为：刮砂±5cm，刮石±20cm。

为保证基础密实，管段就位后可加过量的压载水，使其产生超载，以使垫层压紧密贴。如铺垫材料为石料，可通过管段底板上预埋的压浆孔向垫层压注水泥膨润土混合砂浆。

1970年美国旧金山海湾快速交通隧道在水深41m，流速1.5～2.0m/s情况下成功地采用“张拉腿”刮板船将砂用输料管送到海底刮平。1980年日本大场隧道采用有顶升腿柱的平台上设置的样板刮平装置进行基础施工。

刮铺法也有其缺点：它需要专门的刮铺设备；作业时间长，干扰船道；刮铺完后需经常清除回淤土或坍坡的泥土；在管段底宽较大时（超过15m）施工困难。

（2）喷砂法

在管段宽度较大时，用刮铺法施工就很困难，1941年荷兰玛斯（Mass）隧道施工时创造了喷砂法。这种方法主要是从水面上用砂泵将砂、水混合料通过伸入管段底下的喷管向管段底喷注，填满空隙。喷填的砂垫层厚度一般为1m左右。喷砂的材料要求平均砂粒径为0.5mm左右，混合料中含砂量一般为10%，有时可达到20%，但喷出的砂垫层比较疏松，孔隙比为40%～42%。

喷砂作业用一套专用的台架，台架顶部突出在水面上，可沿铺设在管段顶面上的轨道作纵向前后移动。在台架的外侧，悬挂着一组（三根）伸入管段底部的L形钢管，中间一根为喷管，直径100mm，旁边二根为吸管，直径80mm。作业时将砂、水混合料经喷管喷入管底下空隙中，喷管作扇形旋移前进（图2-136）。在喷砂进行的同时，经二根吸管抽吸回水，使管段底面形成一个规则有序的流动场，砂子便能均匀沉淀。从回水的含砂量中可以测定砂垫层的密实程度。喷砂时从管段的前端开始，喷到后端时，用浮吊将台架移到管段的另一侧，再从后端向前喷填（图2-137）。

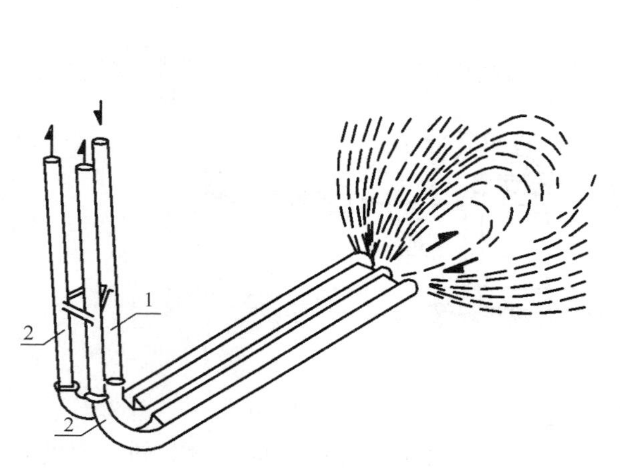

图2-136　喷砂法原理

1—喷砂管；2—回吸管

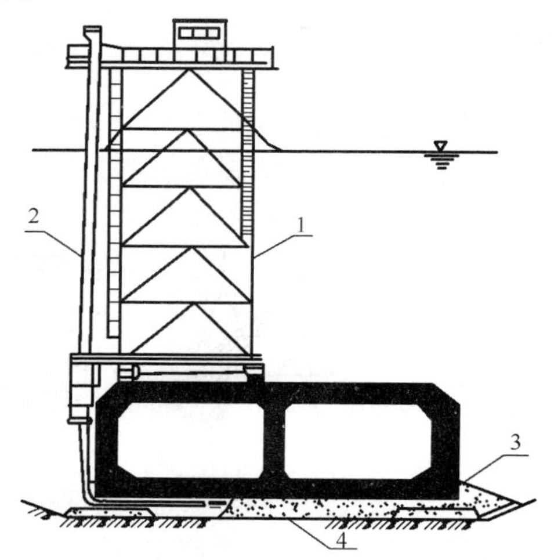

图2-137　喷砂台架

1—喷砂台支架；2—喷管及吸管；

3—临时支座；4—喷入砂垫

喷砂作业的施工速度约为200m^3/h。当管段底面积为3000～4000m^2时，喷砂作业的实际时间仅15～20h，大约二天便可完成。喷砂作业完成后，随即松卸临时支座上的定位千斤顶，使管段的全部（包括压载物）重量压到砂垫层上去进行压密。这时产生的沉降量，一般在5～10mm。运营后的最终沉降量一般在15mm以内，喷砂法在欧洲用得较多，适于宽度较大的沉管隧道，德国汉堡市的易北河隧道（管段宽41.5m），比利时安特卫普市的肯尼迪隧道（管段宽47.85m）等大型隧道都用此法完成基础处理。

喷砂法在清除基槽底的回淤土时十分方便，可在喷砂作业前，利用喷砂设备逆向作业系统进行。

喷砂法的缺点是：喷砂台架体积庞大，占用航道影响通航；设备费昂贵；对砂子的粒径要求较严，因而增加了喷砂法的费用。

（3）压注法

压注法是在管段沉放后向管段底面压注水泥砂浆或砂，作为管段基础，根据压注材料不同分成压浆法和压砂法两种。

由于压注法不需要专用设备，操作简单，施工费用低，且不受水深、流速、浪潮及气象条件的影响，在不干扰航运，不需潜水作业，便于日夜连续施工方面的突出优点，因而在今后的发展中将会取代其他基础处理方法得到普遍推广。

1）压浆法　压浆法在开挖基槽时，应先超挖 1m 左右，然后摊铺一层厚 40～60cm 的碎石，但不必刮平，只要大致整平即可，再堆放临时支座所需的石渣堆，完成后即可沉放管段。在管段沉放结束后，沿着管段两侧边及后端底边抛堆砂、石封闭栏，栏高至管底以上 1m 左右，以封闭管段底周边。然后从隧道内部，用压浆设备通过预埋在管段底板上的 ϕ80mm 压浆孔，向管底空隙压注混合砂浆（图 2-138），混合砂浆由水泥、膨润土、黄砂和缓凝剂配成。强度只要不低于原地基强度，但流动性要好。压浆材料也可用低标号、高流动性的细石混凝土。

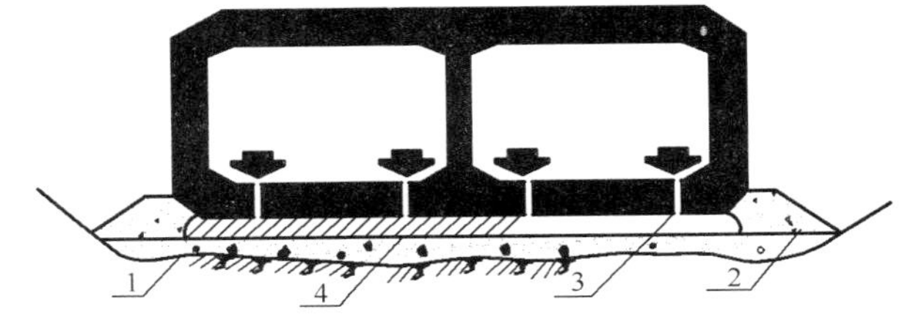

图 2-138　压浆法

1—碎石垫层；2—砂、石封闭栏；3—压浆孔；4—压入砂浆

掺用膨润土的目的是增加砂浆的流动度，同时还可以节约水泥。每立方米混合砂浆，可用水泥 150kg，膨润土 25～38kg，黄砂 600～1000kg。压浆时压力不必太大，一般比水压力大 20%，压浆时对压力要慎加控制，以防顶起管段。压浆孔的间距（40～90cm）与布置、压注顺序、压入速度等均须慎加探讨。同时在基槽开挖过程中，严格掌握开挖精度，务使平整度控制在 20cm 以内。

压浆法首先在日本东京第一航道水底道路隧道工程试验成功，不但突破了丹麦某公司在基础处理工艺的专利（喷砂法）的垄断，而且还解决了地震区液化问题。后来又在日本另一工程实例中试验成功压混凝土法。我国宁波甬江水底隧道是第一座采用压浆基础的沉管隧道，管段沉放后，通过管段内的压浆孔先用高压水冲洗管底，将淤泥冲出，然后压注 40cm 厚的水泥膨润土砂浆（压浆间距 5.5m，压浆孔口净压力 0.0527MPa）。据施工后的观测，压浆基础情况良好，这说明在软弱地基采用压浆基础是合适的。

2）压砂法　此法与压浆法很相似，但压入的材料不是砂浆，而是砂、水混合料。所用砂的粒径为 0.15～0.27mm，注砂压力比静水压力大 50～140kPa。压砂法具体作法是：在管段内沿轴向铺设 ϕ20 输料钢管，接至岸边或水上砂源，通过泵砂装置及吸料管将砂水混合料泵送（流速约为 3m/s）到已接好的压砂孔，打开单向球阀，混合料压入管底孔隙。停止压砂后，在水压作用下球阀自动关闭。每次只连接三个压砂孔，当一个压砂孔灌注范围填满砂子后，返回重压先前的孔，其目的是填满某些小的空隙。完成一段后再连接另外的孔，进行下一段压砂作业。压砂顺序是从岸边注向中间，这样可避免淤泥聚积在隧道两端。待整个管段基础压砂完成后，再用焊接钢板封闭压砂孔。采用此法时应注意压砂前要先通过试验，以合理选定压砂孔径、孔间距、砂水比、砂泵压力等参数，并确定砂积盘半径。一般宜选用大流量低压砂泵，压力稍大于管段底水压力即可。

此法设备简单，工艺容易掌握，施工方便。而且对航道干扰小，受气候影响小。但此法在管底预留压砂孔时，要认真施工和处理，否则容易造成渗漏，危及隧道安全。此外，在砂基经压载后会有少量沉降。

压砂法最早于20世纪70年代初期在荷兰的弗拉克（Vlake）水底道路隧道首创，以后逐渐推广，压砂法在荷兰已取代了喷砂法。我国广州珠江沉管隧道也成功地采用了压砂基础，其砂积盘半径为7.5m，压砂孔出口净压强为0.25MPa。

（4）桩基法

当沉管下的地基特别软弱时，其容许承载力很小，仅作“垫平”处理是不够的。采用桩基础支撑沉管，承载力和沉降都能满足要求，抗震能力也较强，而且桩较短，花费不大，因而是一种适宜的办法。

沉管隧道采用桩基础后，由于在施工中桩顶标高不可能达到齐平，为使基桩受力均匀，必须在桩顶采取一些措施，这些措施大体有以下三种：

1）水下混凝土传力法　基桩打好后，在桩顶灌筑水下混凝土，并在其上铺一层砂石垫层，使沉管荷载经砂石垫层和水下混凝土层均匀传递到桩基础上（图2-139）。1940年建成的美国本克海特（Bankhead）等水底道路隧道就采用此法。

2）砂浆囊袋传力法　在管段底部与桩顶之间，用大型化纤囊袋灌注水泥砂浆加以垫实，使所有基桩均能同时受力。1966年瑞典廷斯达特（Tingstand）隧道最先采用此法。

3）活动桩顶法　荷兰鹿特丹市地下铁道河中沉管隧道工程中，首次采用了一种活动桩顶法。该法在所有基桩顶端设一小段预制混凝土活动桩顶。在管段沉放完后，向活动桩顶与桩身之间的空腔中灌筑水泥砂浆，将活动桩顶顶升到与管段底部密贴接触为止（图2-140）。

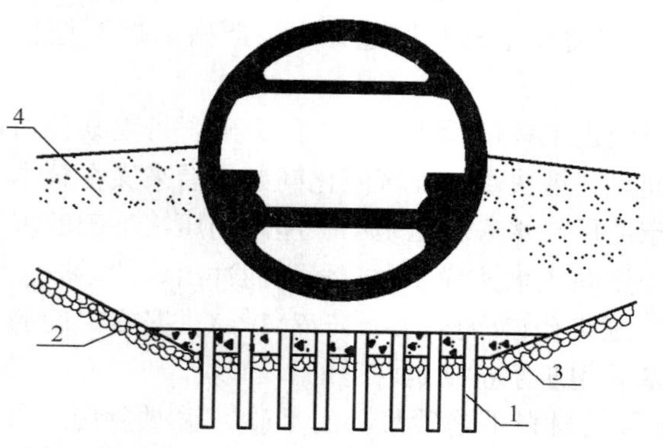

图2-139　水下混凝土传力法

1—基桩；2—碎石；3—水下混凝土；4—砂石垫层

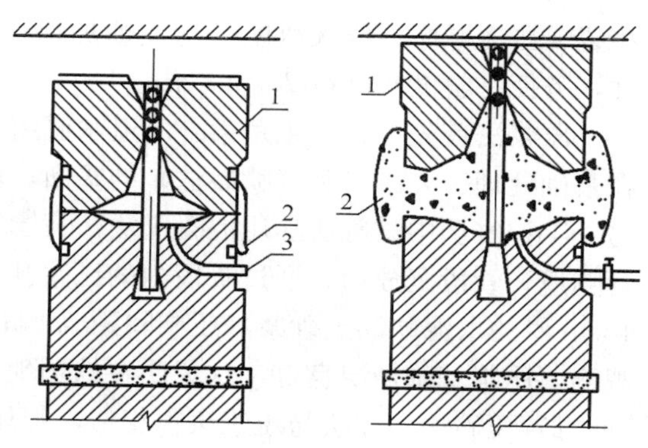

图2-140　活动桩顶法

1—活动桩顶；2—尼龙布套；3—压浆孔

040407002　预制沉管钢底板

圆形管段采用钢壳（厚12mm）作模板兼作永久性防水层。但耗钢量大，焊缝防水可靠性不高，钢材防锈问题不易解决。矩形钢筋混凝土管段采用在管底与侧边墙下部以6mm厚的钢板作外侧防水层。防水钢板的拼接一般采用焊接，钢板上焊有$\phi 8\times 100$的锚固钢筋，每平方米1根，在遇角钢板处加密至每平方米2根，使钢板牢靠地粘结在混凝土上。底部钢板还可以在浮运、沉放时起到保护管段的作用。

040407003　预制沉管混凝土板底

040407004　预制沉管混凝土侧墙

040407005　预制沉管混凝土顶板

040407006　沉管外壁防锚层

040407007　鼻托垂直剪力键

040407008　端头钢壳

040407009　端头钢封门

在管段灌筑完成，拆除模板之后，为使管段能在水中浮运，须于管段两端离端面50～100cm处设置密封墙。此端部的密封端通常称封端墙或端封墙。封端墙一般采用钢结构或钢筋混凝土结构制成，国外也有用钢梁加固的15～25cm厚的钢筋混凝土板复合结构作封端墙。钢制封端墙由端面钢板、主梁和横肋组成的正交异性板构成，它装拆方便。钢筋混凝土封端墙变形小，密封性好，但拆除麻烦。

040407010　沉管管段浮运临时供电系统

在施工现场，电力供应首先要确定总用电量，以便选择合适的发电机、变压器、各类开关设备和线路导线，做到安全、可靠地供电，减少投资，节约开支。

040407011　沉管管段浮运临时供排水系统

040407012　沉管管段浮运临时通风系统

040407013　航道疏浚

航道疏浚包括临时航道和管段浮运航道的疏浚。临时航道疏浚必须在基槽开挖以前完成，以保证施工期间河道上正常的安全运输。浮运航道是专门为管段从干坞到隧址浮运时设置的，管道出坞施运之前，浮运航道要疏浚好，浮运路线的中线应沿着河道的深槽，以减少疏浚航道的挖泥工作量。浮运航道要有足够水深，根据河床地质情况应考虑一定的富余水深（0.5m左右），并使管段在低水位（平潮）时能安全拖运。

疏浚深度：由于航道深度大多不超过15m，一般只有12m、13m左右，所以通常港务部门疏浚航道用的挖泥船，挖深都不超过20m，通常只有15m左右。可是沉管基槽的底深常是22～23m左右。

040407014　沉管河床基槽开挖

沉管基槽的断面主要由三个基本尺度决定，即底宽、深度和（边坡）坡度，应视土质情况、基槽搁置时间以及河道水流情况而定。沉管基槽的底宽，一般应比管段底宽大4～10m，不宜定得太小，以免边坡坍塌后，影响管段沉没的顺利进行。沉管基槽的深度，应为覆盖层厚度、管段高度以及基础处理所需超挖深度三者之和。沉管基槽边坡的稳定坡度与土层的物理力学性能有密切关系。因此应对不同的土层，分别采用不同的坡度。

沉管基槽清淤：沟槽由潮汐所带淤泥回填的速度为每个潮汐10～20cm。由于淤泥，使沟槽底部的水密度增加，因而降低了在管段深埋过程中的抗浮安全系数，在某些情况下，不得不加入附加压载用以平衡这一影响。由于淤泥在管段单元两边的沉泥，削弱了管段底部与潮汐水位高度之间的平衡，使临时支撑受到了危及。在底板处的接缝被（高密度的）淤泥快速回填，使得喷冲、泵压（甚至在潜水员的帮助下）也无效，因此不得不在底板下沿着沟槽的底部进行特别的淤泥清洗。只要底部淤泥一旦被清洗，潜水员马上进行喷砂作业。

040407015　钢筋混凝土块沉石

钢筋混凝土块沉石又称粗骨料，拌制混凝土用的石子分碎石和卵石。

工况等级：用 5～40mm 粒径石子，双层路面面层以用 5～20mm 为宜，大体积的坝体、围堰等工程为了减少碾压混凝土离析，最大粒径可用 80mm，有条件可用二级级配、三级级配：5～20mm、20～40mm、40～80mm。

040407016　基槽抛铺碎石

这种方法主要是从水面上用砂泵将砂、水、混合料通过伸入管段底下的喷管向管段底喷注，填满空隙。

040407017　沉管管节浮运

沉管管节浮运：管段在干坞内预制完成后，就可在干坞内灌水使预制管段逐渐浮起，浮起的过程中利用在干坞四周预先为管段浮运布设的锚位，用地锚绳索固定上浮的管段，然后通过布置在干坞坞顶布置的绞车将管段逐渐牵引出坞。

040407018　管段沉放连接

管段连接的方法有两种：一种是水下混凝土连接法，一种是水力压接法。

采用水下混凝土连接法时，先在接头两侧管段的端部安设平堰板（与管段同时制作），待管段沉放完后，在前后两块平堰板左右两侧，水中安放圆弧形堰板，围成一个圆形钢围堰，同时在隧道衬砌的外边，用钢檐板把隧道内外隔开，最后往围堰内灌筑水下混凝土，形成管段的连接。

水力压接法就是利用作用在管段上的巨大水压力使安装在管段前端面周边上的一圈胶垫发生压缩变形，形成一个水密性相当可靠的管段接头。施工时，当管段沉放就位完毕后，先将新设管段拉向既设管段并紧密靠上，这时接头胶垫产生了第一次压缩变形，并具有初步止水作用。随即将既设管段后端的封端墙与新设管段前端的封端墙之间的水（此时已与河水隔离）排走。排水之前，作用在新设管段前、后两端封端墙上的水压力是相互平衡的，排水之后，作用在前封端墙的压力变成了 1 个大气压的空气压力，于是作用在后封端墙上的巨大水压力就将管段推向前方，使接头胶垫产生第二次压缩变形。第二次压缩变形后的胶垫使管段接头具有非常可靠的水密性。

040407019　砂肋软体排覆盖

砂肋软体：尖肋型胶垫中的底肋——在胶垫底部的小突缘，用以解决管段端面施工精度（不平整）问题。质软，硬度仅 35°S。

040407020　沉管水下压石

沉管水下压石：在管段里灌足压载水，有时再压砂石料，使其产生超荷，而使垫层压紧密贴。

040407021　沉管接缝处理

管段预制时，从横断面来说，一般先灌筑底板混凝土，后灌筑边墙（又称竖墙）和顶板混凝土，因此在边墙下端（高出底板 30～50cm）会产生纵向施工接缝，纵缝是水平缝；从管段长度方向来说，需分成几个节段施工，节段之间留有横向施工缝（变形缝），由于横向施工缝是垂直缝，其水密性更难确保，一般要采取较慎重的防水措施。

一般将横向施工缝做成变形缝，变形缝间隔15～20m（节段长）（图2-141），以使管段结构不因隧道纵向变形而开裂。此变形缝的构造（图2-142）应满足三个主要要求：

1）能适应一定幅度的线变形和角变形。

2）施工阶段能传递弯矩，使用阶段能传递剪力。

3）变形前后均能防水。

在管段浮运时，为保持管段的整体性，变形缝一定要能传递由波浪及施工荷载引起的纵向弯矩，通常采用二种措施：

1）把变形缝处所有的管壁内、外纵向（水平）钢筋切断，另设临时预应力筋承受浮运时的纵向弯矩。

2）只将变形缝处所有管壁外排纵向钢筋切断，内排纵向钢筋保持连续并通过变形缝。待管段沉放完后再予切断，使之成为完全的变形缝。目前，也有不少工程实例中通过变形缝的纵向钢筋截面积仅为管壁纵向钢筋的2/3～3/4，而且在变形缝前后各15d范围内用套管隔开，使其与混凝土脱离接触。管段沉放完后不予切断，留作"安全阀"，这种方法较为经济方便。

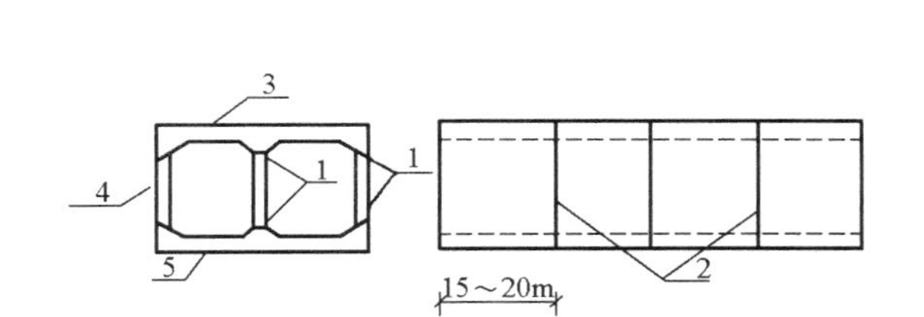

图2-141　管段纵向接缝与变形缝布置

1—纵向施工接缝；2—变形缝；3—顶板；4—边墙；5—底板

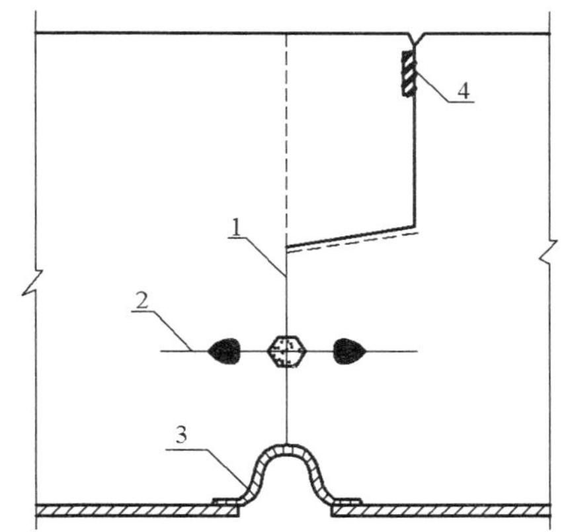

图2-142　变形缝构造

1—变形缝；2—钢板橡胶止水带；3—"Ω"密封带；4—止水填料

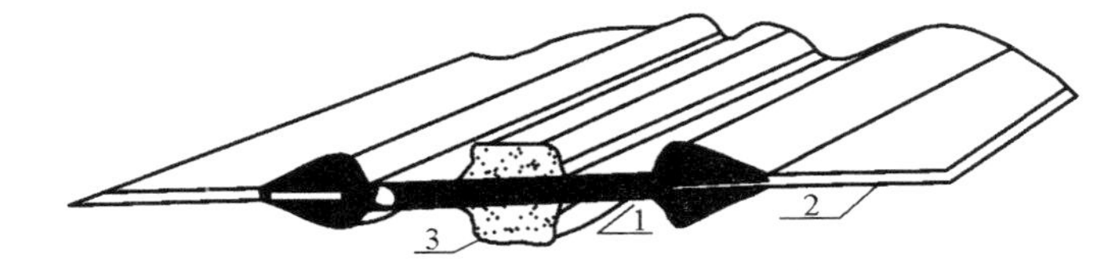

图2-143　钢板橡胶止水带

1—橡胶带体；2—薄钢板（0.7～0.8mm）；3—塑料

在变形缝中，一般均设置一至二道如图2-143所示止水带，以保证变形前后均能防止河（海）水漏入。止水带必须既能适应变形，又能有效地截断渗流，其种类和形式很多。图2-143所示的钢板橡胶止水带目前用得较多。

040407022　沉管底部压浆固封充填

在管段沉设结束后，沿着管段两侧边及后端底边抛堆砂、石封闭槛，槛高到管底以上

1m 左右，以封闭管底周边。然后从隧道内部，用通常的压浆设备，通过预埋在管段底板上的 ϕ80 压浆孔，向管底空隙压注混合砂浆。

压浆材料：由水泥、黄砂、黏土或斑脱土以及缓凝剂配成的混合砂浆。其强度只需不低于地基土体的固有强度即可，一般只需 0.5MPa。

压浆要求：压浆的压力不必太大，以防顶起沉管管段，一般比水压大 1/5 左右。

三、工程量清单表的编制与计价举例

【例 13】 ××地区有一隧道工程，岩石类别为次坚石，采用平洞开挖，全断面开挖，一般爆破，在此施工段 K2＋050～K2＋350，无地下水，此隧道形状为圆形，混凝土拱部及边墙采用混凝土衬砌。现浇混凝土强度等级为 C25，石料最大粒径为 15mm，具体尺寸如图 2-144 所示。隧道内混凝土路面厚度为 0.1m，强度等级为 C35，石料最大粒径为 25mm。隧道内附属设施电缆沟；车道侧石如图 2-144 所示，楼梯如图 2-145、图 2-146 所示，混凝土强度等级为 C30，石料最大粒径为 25mm。

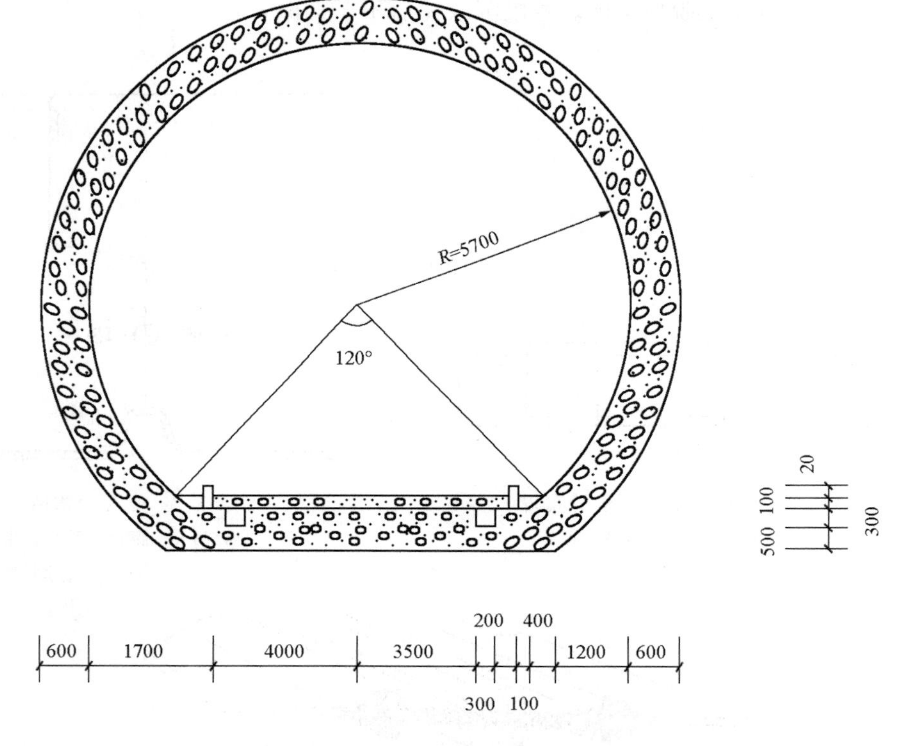

图 2-144　隧道开挖衬砌混凝土路面及车道侧石电缆沟示意图

求：1）平洞开挖工程量

2）混凝土拱部衬砌工程量

3）混凝土边墙衬砌工程量

4）隧道内混凝土路面工程量

5）隧道内附属结构混凝土工程量

【解】（1）清单工程量

1）平洞开挖工程量：

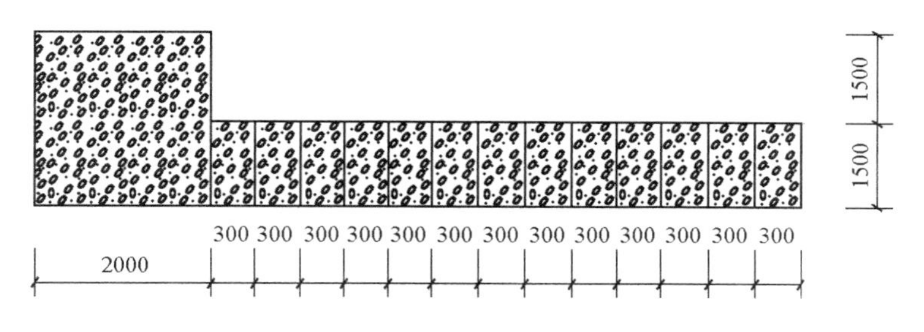

图 2-145　隧道内附属结构楼梯与平台平面图

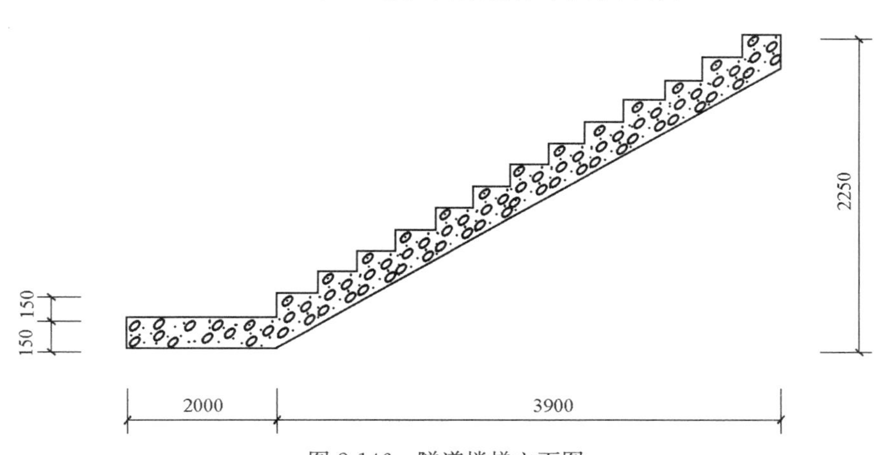

图 2-146　隧道楼梯立面图

$$V_1 = 300\times[\frac{2}{3}\pi\times(5.7+0.6)^2+\frac{1}{2}\times 2\sin 60°\times 5.7\times\frac{5.7}{2}+2\times(3.5+0.3+0.2+0.1+0.4)\times 0.9]\text{m}^3 = 31588.537\text{m}^3$$

【注释】平洞开挖工程量＝平洞开挖的截面积×隧道的长度；平洞开挖的截面是由一个扇形，一个三角形和一个矩形组成，扇形的半径为(5.7＋0.6)，圆心角为(360°－120°)＝240°，三角形的底边长为 sin60°×5.7，矩形的长为 2×(3.5＋0.3＋0.2＋0.1＋0.4)，矩形的宽为 0.9＝0.3＋0.1＋0.5，故开挖截面的面积＝240°/360°×π×6.3×6.3＋1/2×5.7×sin60°×5.7＋0.9×2×(3.5＋0.3＋0.2＋0.1＋0.4)；隧道的长度为 300；两项之积即为平洞开挖的工程量。

2）隧道衬砌工程量：

① 拱部衬砌工程量：

$$300\times\pi\times[(5.7+0.6)^2-5.7^2]\times\frac{1}{2}\text{m}^3=3392.93\text{m}^3$$

【注释】拱部衬砌工程量＝拱部衬砌的截面积×隧道的 长度；拱部衬砌的截面是由一个半径为(5.7＋0.6)的半圆和半径为 5.7 的半圆组成的圆环，其截面积＝1/2×π×(6.3×6.3－5.7×5.7)，隧道的长度为 300。

②边墙衬砌工程量：

$$300\times\frac{60}{360}\times[(5.7+0.6)^2-5.7^2]\pi\text{m}^3=50\times 22.62\text{m}^3=1130.97\text{m}^3$$

【注释】边墙衬砌的工程量＝边墙衬砌的截面积×隧道的长度；边墙是由两个圆心角

为 30°的扇环形组成的，其截面积＝$30°/360°\times2\times\pi\times(6.3\times6.3-5.7\times5.7)$，隧道长为 300。

3）混凝土结构工程量：

①电缆沟工程量：$2\times300\times0.3\times0.3m^3=54m^3$

【注释】电缆沟的工程量 ＝电缆沟的长度×电缆沟的截面积；300 为隧道的长度，2 表示隧道的两侧均有电缆沟；0.3 为电缆沟的边长，0.3×0.3 为电缆沟的截面积。

②车道侧石工程量：$2\times300\times0.1\times0.12=7.2m^3$

【注释】车道侧石工程量＝车道侧石的总长度×侧石的宽度×侧石的高度；侧石的长度＝隧道道路的长度×2，300 为道路的长度，2 表示道路两侧均有侧石；0.1 表示侧石宽度，0.12 为侧石高度。

③楼梯工程量：$1.5\times13\times(0.3+0.15)\times0.3/2m^3=1.32m^3$

【注释】楼梯工程量＝单个楼梯的长×单个楼梯的截面积×楼梯的个数；13 为楼梯的总个数，1.5 为单个楼梯的长，楼梯的截面为一个梯形，其上口宽度为 0.3，下口宽度为 0.15，高为 0.3，故梯形的截面积＝（0.3＋0.15）×0.3/2。

④平台工程量：$2\times3\times0.15m^3=0.9m^3$

【注释】平台工程量＝平台的长度×宽度×厚度；0.15 为平台的厚度，2 为平台的宽度，3 表示平台的长度。

⑤隧道内混凝土路面工程量：$8\times300m^2=2400m^2$

【注释】隧道内混凝土路面工程量＝隧道内路面长度×路面宽度；300 表示隧道内路面的长度，8 为路面的宽度。

清单工程量计算见表 2-56。

（2）定额工程量

1）平洞开挖工程量：

由《全国统一市政工程预算定额第四册隧道工程》GYD－304－1999 第一章隧道开挖与出渣说明：四、开挖定额均按光面爆破制定，如采用一般爆破开挖时，其开挖定额应乘以系数 0.935。

工程量计算规则规定：一、隧道的平洞、斜井和竖井开挖与出渣工程量，按设计图开挖断面尺寸，另加允许超挖管以 m^3 计算，本定额光面爆破允许超挖量：拱部为 15cm，边墙为 10cm，若采用一般爆破，其允许超挖量：拱部为 20cm，边墙为 15cm。

$$0.935\times300\times\left[\frac{1}{2}\pi(5.7+0.6+0.2)^2+\frac{60}{360}\pi(5.7+0.6+0.15)^2+\frac{1}{2}\times2\times5.7\times\sin60°\times\frac{5.7}{2}+(3.5+0.3+0.2+0.1+0.4)\times2\times(0.5+0.3+0.1)\right]m^3$$

$$=30944.13m^3$$

清单工程量计算表 表 2-56

序号	项目编码	项目名称	项目特征描述	计量单位	工程量
1	040401001001	平洞开挖	次坚石，采用全断面开挖，一般爆破	m^3	31588.54
2	040402001001	混凝土仰拱衬砌	C25 混凝土，石料最大粒径为 15mm	m^3	3392.93

续表

序号	项目编码	项目名称	项目特征描述	计量单位	工程量
3	040402003001	混凝土边墙衬砌	C25 混凝土，石料最大粒径为 15mm	m^3	1130.97
4	040203007001	水泥混凝土	厚度为 0.1m，强度等级为 C35，石料最大粒径为 25mm	m^3	2400
5	040406008001	隧道内其他结构混凝土	电缆沟，C30 混凝土，石料最大粒径为 25mm	m^3	54
6	040406008002	隧道内其他结构混凝土	车道侧石，C30 混凝土，石料最大粒径为 25mm	m^3	7.2
7	040406008003	隧道内其他结构混凝土	楼梯，C30 混凝土，石料最大粒径为 25mm	m^3	1.32
8	040406008004	隧道内其他结构混凝土	平台，C30 混凝土，石料最大粒径为 25mm	m^3	0.9

【注释】平洞实际开挖工程量＝平洞实际开挖的截面积×隧道的长度；平洞实际开挖的截面是由一个扇形，一个三角形和一个矩形组成，扇形的半径为（5.7＋0.6＋0.2），圆心角为（360°－120°）＝240°，三角形的底边长为 5.7×sin60°，矩形的长为 2×（3.5＋0.3＋0.2＋0.1＋0.4），矩形的宽为 0.9＝0.3＋0.1＋0.5，故开挖截面的面积＝240°/360°×π×6.5×6.5＋1/2×5.7×sin60°×5.7＋0.9×2×（3.5＋0.3＋0.2＋0.1＋0.4）；隧道的长度为 300；两项之积即为平洞开挖的工程量。

2）衬砌工程量：

由《全国统一市政工程预算定额第四册隧道工程》GYD－304－1999，第三章隧道内衬工程量计算规则规定：一、隧道内衬现浇混凝土和石料衬砌的工程量，按施工图所示尺寸加允许超挖量（拱部为 15cm，边墙为 10cm）以 m^2 计算，混凝土拱部不扣除 $0.3m^2$ 以内孔洞所占体积。

①拱部工程量：

$$300\times\frac{1}{2}\pi\times[(5.7+0.6+0.15)^2-5.7^2]m^3=150\pi\times9.1125m^3=1431.39\times3m^3$$

$$=4294.16m^3$$

【注释】拱部衬砌工程量＝拱部实际衬砌的截面积×隧道的长度；拱部实际衬砌的截面是由一个半径为（5.7＋0.6＋0.15）的半圆和半径为 5.7 的半圆组成的圆环，其截面积＝1/2×π×（6.45×6.45－5.7×5.7），隧道的长度为 300。

②边墙工程量：

$$300\times2\times\frac{30}{360}\pi\times[(5.7+0.6+0.1)^2-5.7^2]m^3=50\pi\times8.47m^3=1330.46m^3$$

【注释】边墙衬砌的工程量＝边墙实际衬砌的截面积×隧道的长度；边墙是由两个圆心角为 30°的扇环形组成的，其截面积＝30°/360°×2×π×（6.4×6.4－5.7×5.7），隧道长为 300。

3）混凝土结构工程量：

①电缆沟工程量：$2\times300\times0.3\times0.3m^3=54m^3$

②车道侧石工程量：

$$2\times300\times0.1\times(0.1+0.02)\text{m}^3=60\times0.12\text{m}^3=7.2\text{m}^3$$

③楼梯工程量：

$13\times1.5\times(0.15+0.15\times2)\times0.3/2\text{m}^3=13\times1.5\times0.45\times0.3/2\text{m}^3=1.32\text{m}^3$

④平台工程量：$2\times0.15\times3\text{m}^3=0.9\text{m}^3$

⑤隧道内混凝土路面工程量：$0.1\times8\times300\text{m}^3=240\text{m}^3$

【注释】隧道内混凝土路面工程量=路面长度×路面宽度×路面厚度；8 为路面宽度，300 为路面长度，0.1 表示路面厚度。

【例 14】某竖井长度为 130m，已知隧道全长 30m，开挖按照设计施工图采用平洞开挖，一般爆破，开挖后废渣采用轻轨斗车运至洞口 100m 处。隧道开挖后用强度为 C25 的混凝土砂浆砌筑隧道拱圈和边墙 30cm，在对隧道砌筑的同时，在竖井内壁安装钢模板，清理竖井内壁，然后，用强度为 C20 混凝土对竖井进行衬砌 20cm，由于隧道施工需要，需在距洞口 3m 处，每隔 8m 安装一个集水井，竖井布置如图 2-147 所示，试根据尺寸图，求下列工程项目工程量：

1）竖井开挖工程量

2）混凝土竖井衬砌工程量

3）拱圈砌筑工程量

4）边墙砌筑工程量

5）隧道内集水井工程量

6）隧道内旁通道开挖工程量

【解】（1）清单工程量

1）竖井开挖工程量：

$$3.14\times3.2^2\times130\text{m}^3=4179.97\text{m}^3$$

【注释】竖井开挖工程量=竖井开挖的截面积×竖井深度；竖井开挖截面为半径为 3.2 的圆形，故其截面积为 $\pi\times3.2\times3.2$，130 表示竖井深度。

2）混凝土竖井衬砌工程量：

$$(3.14\times3.2^2-3.14\times3^2)\times130\text{m}^3=506.17\text{m}^3$$

【注释】竖井混凝土衬砌工程量=竖井井壁的截面积×竖井深度；竖井井壁为两个圆心相同，半径分别为 3.2 和 3 的圆形组成的圆环，故其竖井井壁的截面积$=\pi\times(3.2\times3.2-3\times3)$，130 表示竖井深度。

3）拱圈砌筑工程量：

$$\left(\frac{1}{2}\times3.14\times5.3^2-\frac{1}{2}\times3.14\times5^2\right)\times30\text{m}^3$$
$$=(44.1013-39.25)\times30\text{m}^3$$
$$=4.8513\times30\text{m}^3=145.54\text{m}^3$$

【注释】拱圈砌筑的工程量=拱圈砌筑的截面积×拱圈砌筑长度；拱圈砌筑的截面为两个圆心相同，半径分别为 5.3 和 5 的半圆组成的环形，故拱圈砌筑截面积$=1/2\times\pi\times(5.3\times5.3-5\times5)$，30 表示拱圈砌筑长度。

4）边墙砌筑工程量：

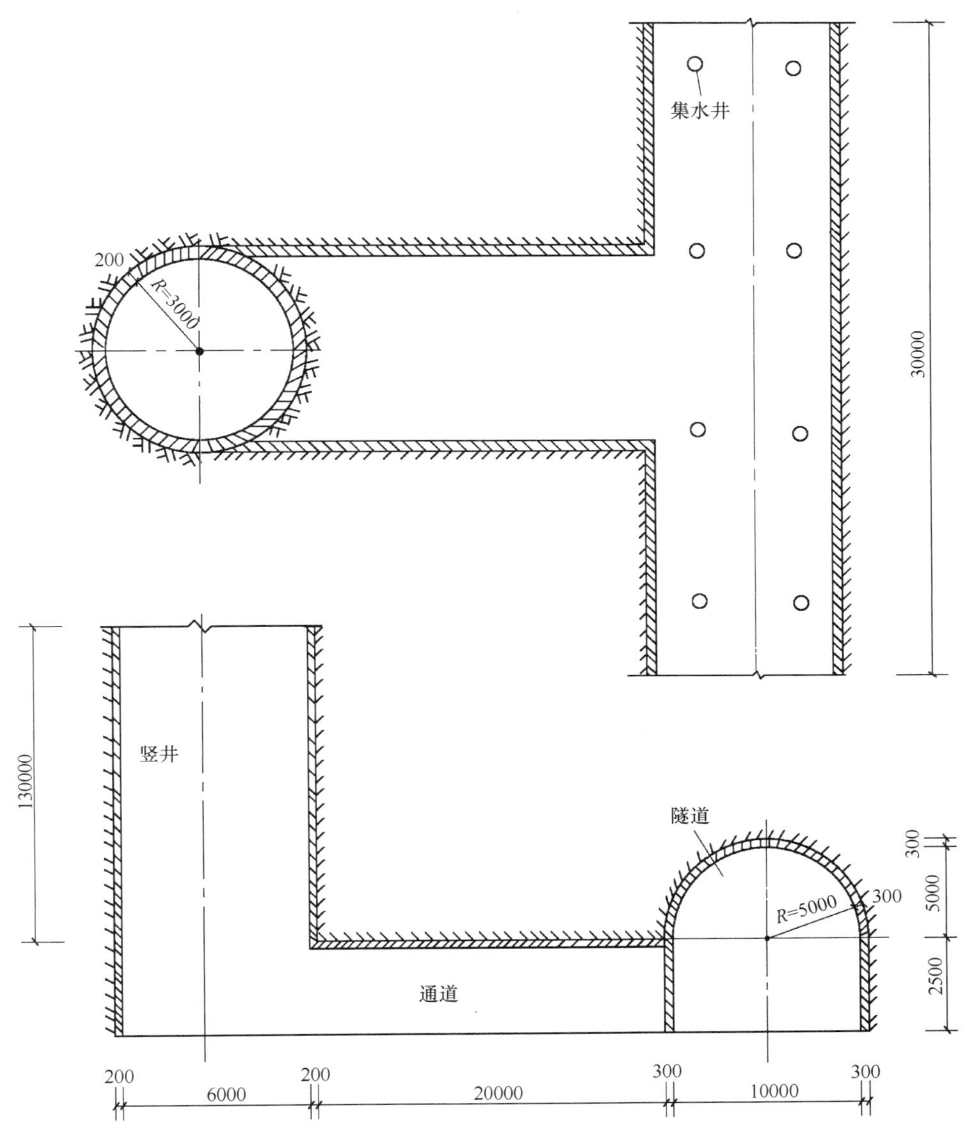

图 2-147　竖井内部布置示意图

$$0.3\times2.5\times30\times2\text{m}^3=45\text{m}^3$$

【注释】边墙砌筑工程量＝边墙砌筑的截面积×砌筑长度；边墙砌筑的截面为两个相同的矩形，其长和宽分别为 2.5 和 0.3，故边墙砌筑的截面积为 2×0.3×2.5，30 为边墙砌筑长度。

5）隧道内集水井工程量：

$$2\times\left(\frac{30-3\times2}{8}+1\right)\text{座}=8\text{座}$$

【注释】集水井工程量＝（隧道单侧设置集水井的长度/集水井设置的间隔距离＋1）×2；30－3×2 为集水井设置的长度，8 表示每两个集水井之间间隔的距离，2 表示隧道两侧均布置有集水井。

6）隧道内通道开挖工程量：

$$6.4 \times 2.5 \times 20\text{m}^3 = 320\text{m}^3$$

【注释】隧道内通道开挖工程量＝通道高度×通道宽度×通道长度；2.5 为通道高度，6.4 为通道宽度，6.4＝3×2＋0.2×2，20 表示通道长度。

清单工程量计算见表 2-57。

清单工程量计算表 **表 2-57**

序号	项目编码	项目名称	项目特征描述	计量单位	工程量
1	040401003001	竖井开挖	一般爆破，平洞开挖	m^3	4179.97
2	040402004001	混凝土竖井衬砌	C20 混凝土衬砌 20cm	m^3	506.17
3	040402008001	拱圈砌筑	C25 混凝土砂浆砌筑拱圈 30cm	m^3	145.54
4	040402009001	边墙砌筑	C25 混凝土砂浆砌筑拱圈 30cm	m^3	45
5	040404007001	隧道内旁通道开挖	一般爆破，平洞开挖	m^3	320
6	040404009001	隧道内集水井	在距洞口 3m 处，每隔 8m 安装一个集水井	座	8

（2）定额工程量

1）竖井开挖工程量：

《全国统一市政工程预算定额》第四册隧道工程 GYD—304—1999 第一章隧道开挖与出渣规定：隧道的竖井开挖与出渣工程量，按设计图开挖断面尺寸，另加允许超挖量以 m^3 计算，本定额采用一般爆破，其允许超挖量：拱部为 20cm，边墙为 15cm，另开挖定额采用一般爆破开挖，其开挖定额应乘以系数 0.935。

$$3.14 \times 3.2^2 \times 130 \times 0.935\text{m}^3 = 4179.97 \times 0.935\text{m}^3 = 3908.27\text{m}^3$$

2）混凝土竖井衬砌工程量：

混凝土竖井衬砌工程量定额与清单相同为 506.17m^3。

3）拱圈砌筑工程量：

《全国统一市政预算定额》第四册隧道工程 GYD—304—1999 第三章，隧道内衬规定：隧道内衬现浇混凝土和石料衬砌的工程量，按施工图所示尺寸加允许超挖量（拱部为 15cm）以 m^3 计算。

$$\left(\frac{1}{2} \times 3.14 \times 5.45^2 - \frac{1}{2} \times 3.14 \times 5^2\right) \times 30\text{m}^3 = 7.382925 \times 30\text{m}^3 = 221.49\text{m}^3$$

【注释】拱圈砌筑的工程量＝拱圈实际砌筑的截面积×拱圈砌筑长度；拱圈砌筑的截面为两个圆心相同，半径分别为 5.45 和 5 的半圆组成的环形，故拱圈砌筑截面积＝1/2×π×（5.45×5.45－5×5），30 表示拱圈砌筑长度。

4）边墙砌筑工程量：

根据《全国统一市政工程预算定额》第四册隧道工程 GYD—304—1999 规定：隧道内衬现浇混凝土和石料衬砌的工程量，按施工图所示尺寸加允许超挖量（边墙为 10cm）以 m^3 计算。

$$0.4 \times 2.5 \times 30 \times 2\text{m}^3 = 60\text{m}^3$$

【注释】边墙砌筑工程量＝边墙实际砌筑的截面积×砌筑长度；边墙砌筑的截面为两个相同的矩形，其长和宽分别为 2.5 和（0.3＋0.1），故边墙砌筑的截面积为 2×0.4×

2.5，30 为边墙砌筑长度。

5）隧道内集水井工程量：

隧道内集水井定额工程量与清单相同为 8 座。

6）隧道内旁通道开挖工程量：

隧道内旁通道开挖定额工程量与清单相同为 320m^3。

第五节　管　网　工　程

一、管网工程造价概论

管道工程是市政工程不可缺少的组成部分。各种用途的管道都是由管子和管道附件组成的。所谓管道附件，是指连接在管道上的阀门、接头配件等部件的总称。为便于生产厂家制造，设计、施工单位选用，国家对管子和管道附件制定了统一的规定标准。管子和管道附件的通用标准主要是下列所指的公称通径、公称压力、试验压力和工作压力等。

公称通径（或称公称直径）是管子和管道附件的标准直径。它是就内径而言的标准，只近似于内径而不是实际内径。因为同一规格的管外径都相等，但对各种不同工作压力要选用不同壁厚的管子，压力大则选用管壁较厚的，内径因壁厚增大而减小。公称通径用字母 *DN* 作为标志符号，符号后面注明单位为毫米的尺寸。例如 *DN*50，即公称通径为 50mm 的管子。公称通径是有缝钢管、铸铁管、混凝土管等管子的标称，但无缝钢管不用此表示法。

公称通径的标准列于表 2-58 中，表中既列出了公称通径，也给出了管子和管道附件应加工相当的管螺纹。

管子及管子附件的公称通径　　表 2-58

公称通径 *DN* (mm)	相当的管螺纹	公称通径 *DN* (mm)	相当的管螺纹	公称通径 *DN* (mm)	相当的管螺纹
1		10	3/8″	100	4″
1.5		15	1/2″	125	5″
2		20	$\frac{3}{4}$″	150	6″
2.5		25	1″	175	7″
3		32	$1\frac{1}{4}$″	200	8″
4		40	$1\frac{1}{2}$″	225	9″
5		50	2″	250	10″
6		70	$2\frac{1}{2}$″	300	12″
8	1/4″	80	3″		

注：在实际应用中，*DN*100 以上主要用焊接，很少用螺纹连接。

管子和管道附件以及各种设备上的管子接口，都要符合公称通径标准，根据公称通径生产制造或加工，不得随意选定尺寸。

公称压力、试验压力和工作压力：公称压力是生产管子和附件的强度方面的标准，不同的材料承受压力的性能不同。因此不同材质的管子和附件的公称压力、试验压力和工作压力也有所区别，见表2-59（1）～（4）。

碳素钢制管子附件公称压力、试验压力与工作压力　　表2-59（1）

公称压力 PN (MPa)	试验压力（用低于100℃的水）P_s (MPa)	介质工作温度（℃）						
		至200	250	300	350	400	425	450
		最大工作压力 P (MPa)						
		P_{20}	P_{25}	P_{30}	P_{35}	P_{40}	P_{42}	P_{45}
0.1	0.2	0.1	0.1	0.1	0.07	0.06	0.06	0.05
0.25	0.4	0.25	0.23	0.2	0.18	0.16	0.14	0.11
0.4	0.6	0.4	0.37	0.33	0.29	0.26	0.23	0.18
0.6	0.9	0.6	0.55	0.5	0.44	0.38	0.35	0.27
1.0	1.5	1.0	0.92	0.82	0.73	0.64	0.58	0.45
1.6	2.4	1.6	1.5	1.3	1.2	1.0	0.9	0.7
2.5	3.8	2.5	2.3	2.0	1.8	1.6	1.4	1.1
4.0	6.0	4.0	3.7	3.3	3.0	2.8	2.3	1.8
6.4	9.6	6.4	5.9	5.2	4.3	4.1	3.7	2.9
10.0	15.0	10.0	9.2	8.2	7.3	6.4	5.8	4.5

注：1. 表中略去了公称压力为16、20、25、32、40、50六级。

2. 本书压力单位采用MPa（原习惯单位为kg/cm^2），为工程应用方便，在单位换算时按$1kg/cm^2 \approx 0.1MPa$计算。

含钼不少于0.4%的钼钢及铬钢制品　　表2-59（2）

公称压力 PN (MPa)	试验压力（用低于100℃的水）P_s (MPa)	介质工作温度（℃）								
		至350	400	425	450	475	500	510	520	530
		最大工作压力（MPa）								
		P_{35}	P_{40}	P_{42}	P_{45}	P_{47}	P_{50}	P_{51}	P_{52}	P_{53}
0.1	0.2	0.1	0.09	0.09	0.08	0.07	0.06	0.05	0.04	0.04
0.25	0.4	0.25	0.23	0.21	0.20	0.18	0.14	0.12	0.11	0.09
0.4	0.6	0.4	0.36	0.34	0.32	0.28	0.22	0.20	0.17	0.14
0.6	0.9	0.6	0.55	0.51	0.48	0.43	0.33	0.30	0.26	0.22
1.0	1.5	1.0	0.91	0.86	0.81	0.71	0.55	0.50	0.43	0.36
1.6	2.4	1.6	1.5	1.4	1.3	1.1	0.9	0.8	0.7	0.6
2.5	3.8	2.5	2.3	2.1	2.0	1.8	1.4	1.2	1.1	0.9
4.0	6	4	3.6	3.4	3.2	2.8	2.2	2.0	1.7	1.4
6.4	9.6	6.4	5.8	5.5	5.2	4.5	3.5	3.2	2.8	2.3
10	15	10	9.1	8.6	8.1	7.1	5.5	5	4.3	3.6

注：本表略去了公称压力16～100的9级。

灰铸铁及可锻铸铁制品 表 2-59（3）

公称压力 PN (MPa)	试验压力（用低于100℃的水）P_s (MPa)	介质工作温度(℃)			
		至120	200	250	300
		最大工作压力 P (MPa)			
		P_{12}	P_{20}	P_{25}	P_{30}
0.1	0.2	0.1	0.1	0.1	0.1
0.25	0.4	0.25	0.25	0.2	0.2
0.4	0.6	0.4	0.38	0.36	0.32
0.6	0.9	0.6	0.55	0.5	0.5
1.0	1.5	1.0	0.9	0.8	0.8
1.6	2.4	1.6	1.5	1.4	1.3
2.5	3.8	2.5	2.3	2.1	2.0
4.0	6.0	4.0	3.6	3.4	3.2

青铜、黄铜及紫铜制品 表 2-59（4）

公称压力 PN (MPa)	试验压力（用低于100℃的水）P_s (MPa)	介质工作温度(℃)		
		至120	200	250
		最大工作压力 P (MPa)		
		P_{12}	P_{20}	P_{25}
0.1	0.2	0.1	0.1	0.07
0.25	0.4	0.25	0.2	0.17
0.4	0.6	0.4	0.32	0.27
0.6	0.9	0.6	0.5	0.4
1.0	1.5	1.0	0.8	0.7
1.6	2.4	1.6	1.3	1.1
2.5	3.8	2.5	2.0	1.7
4.0	6.0	4.0	3.2	2.7
6.4	9.6	6.4		
10	15	10		
16	24	16		
20	30	20		
25	33	25		

说明：1. 表中所用压力均为表压力。
2. 当工作温度为表中温度级之中间值时，可用插入法决定工作压力。

在管道内流动的介质，都具有一定的压力和温度。用不同材料组成的管子与管道附件所能承受的压力，受介质工作温度的影响。随着温度的升高，材料强度要降低。所以，必须以某一温度下，制品所允许承受的压力，作为耐压强度标准，这个温度称为基准温度。制品在基准温度下的耐压强度称为公称压力，用符号 PN 表示，如公称压力 2.5MPa，可记为 PN2.5。

试验压力是在常温下检验管子及附件机械强度及严密性能的压力标准，即通常水压试验的压力标准。试验压力以 P_s 表示。水压试验采用常温下的自来水，试验压力为公称压力的 1.5～2 倍，即 $P_s=(1.5\sim2)PN$，公称压力 PN 较大时，倍数值选小的；PN 值较小时，倍数值取大的。

工作压力是指管道内流动介质的工作压力，用字母 P_t 表示，"t"为介质最高温度 1/10 的整数值，例如 $P_t=P_{20}$ 时，"20"表示介质最高温度为 200℃。输送热水和蒸气的热力管道和附件，由于温度升高而产生热应力，使金属材料机械强度降低，因而承压能力随着温度升高而降低，所以热力管道的工作压力随着工作温度提高而应减小其最大允许值。P_t 随温度变化的数值，分别列于表 2-59（1）～（4）中。

公称压力既表示管子又表示管道附件的一般强度标准，因此可根据所输送介质的参数选择管子及管道附件，而不必再进行强度计算，这样既便于设计，又便于安装。公称压力、试验压力和工作压力的关系见表 2-59 中各表。如果温度和压力与表中不符时，可用插入法计算之。

管材：给水排水工程所选用的管材，分为金属与非金属管材两大类。对给水排水工程用材的基本要求：一是有一定的机械强度和刚度；二是管材内外表面光滑，水力条件较好；三是易加工，且有一定的耐腐蚀能力。在保证质量的前提下，应选择价格低廉，货源充足、供货近便的管材。

金属管材有无缝钢管、有缝钢管（焊接钢管）、铸铁管、铜管、不锈钢管等；非金属管分为塑料管、玻璃钢管、混凝土管、钢筋混凝土管、陶土管等。

在给水排水管道工程施工中，除了需要各种管材、管件外，还需要各种管道附件。这些管道附件主要有阀门、测量仪表等。

阀门是给排水、供暖、煤气工程中应用极广泛的一种部件，其作用是关闭或开启管路以及调节管道介质的流量和压力。按照阀门的职能和结构特点，可分为截止阀、闸阀、节流阀、球阀、蝶阀、隔膜阀、旋塞阀、止回阀、安全阀、疏水阀等。

管件常用的有弯管、三通管、四通管。弯管按形状分为 90°、45°和弯曲形污水管；三通管按形状分为 45°、90°、承插三通管；四通管有 45°承插四通管和 90°承插四通管。另外还有不常用的管件，如存水弯管分为 P 形、S 形，套管又有圆径套管、异径套管。

换土垫层：就是将给排水管道基础或构筑物地基底面下一定深度的弱承载土挖去，换为低压缩性的散体材料，如块石、卵石、碎石、砂、灰土、素土等。有些工业废料也可作为垫层材料，如煤灰、炉渣等。

换土垫层适用于较浅的地基处理，一般用于地基持力层扰动小于 0.8m 的地基处理。如有地下水，可采取满槽挤入片石的方法，由沟一端开始，依次向另一端推进，边挖边挤入片石，片石缝隙用级配砂石填充。片石厚度不小于扰动深度的 80%。

垫层作为地基的持力层，可提高承载力，并通过垫层的应力扩散作用，减少对垫层下面的地基的单位面积的荷载。

换土垫层厚度确定可采取钎插法。即人用力将 ϕ12～ϕ16mm 钢筋插入到硬底，插入土中深度即近似为地基换土垫层处理的深度。

换土垫层施工的基本要求为：垫层材料，应分层铺设，分层压实。与地基土接触的最下一层的压实应避免对地基土扰动。

基础：排水管道基础一般由地基、基础和管座三个部分组成，如图 2-148 所示。

地基指沟槽底的土壤部分。承受管子和基础的重量以及管内水的重量，管上部土的荷载及地面荷载。

基础指管子与地基间的设施，起传力的作用。

管座、管子与基础间的设施，使管子与基础成为一体，以增加管道的刚度。

图 2-148　管道基础示意图

1—管道；2—管座；3—管基；4—地基；5—排水沟

以下介绍几种常见的排水管道基础：

（1）弧形素土基础

如图 2-149 所示，在原土上挖成弧形管槽，弧度中心角采用 60°～90°，管道安装在弧形槽内。它适用于无地下水且原土干燥并能挖成弧形槽，管径为 150～1200mm，埋深 0.8～3.0m的污水管线，但当埋深小于 1.5m，且管线敷设在车行道下，则不宜采用。

（2）砂垫层基础

如图 2-150 所示，在沟槽内用带棱角的中砂垫层厚 200mm，它适用于无地下水、坚硬岩石地区，管道埋深 1.5～3.0m，小于 1.5m 时不宜采用。

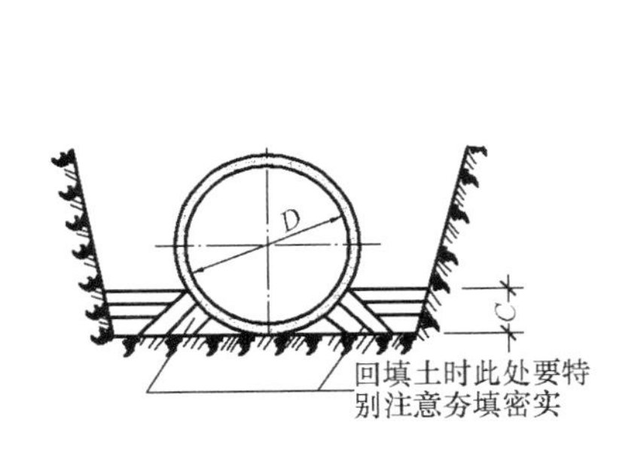

图 2-149　弧形素土基础

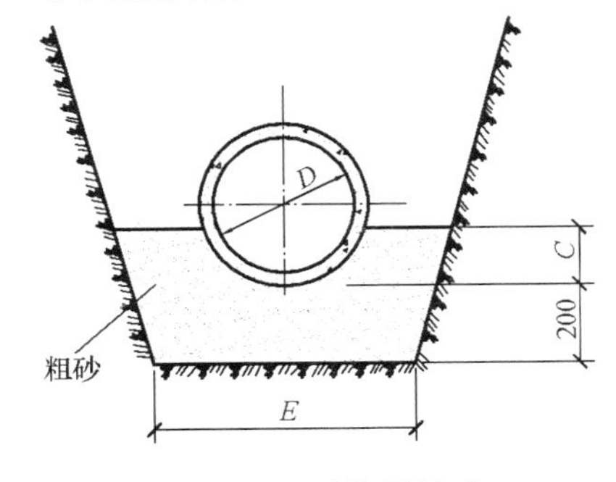

图 2-150　砂垫层基础

（3）灰土基础

灰土基础适用于无地下水且土质较松软的地区，管道直径 150～700mm，适用于水泥砂浆抹接口，套管接口及承插接口，其构造可参见图 2-149 所示，弧度中心角常采用 60°，灰土配合比为 3∶7（重量比）。

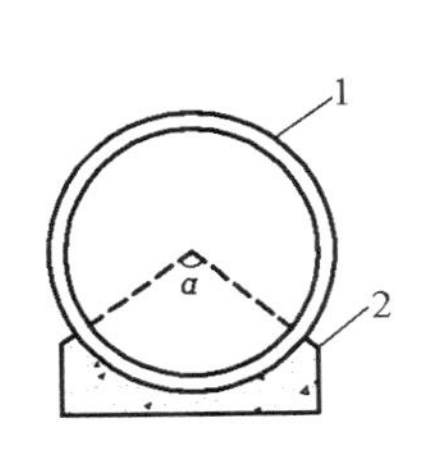

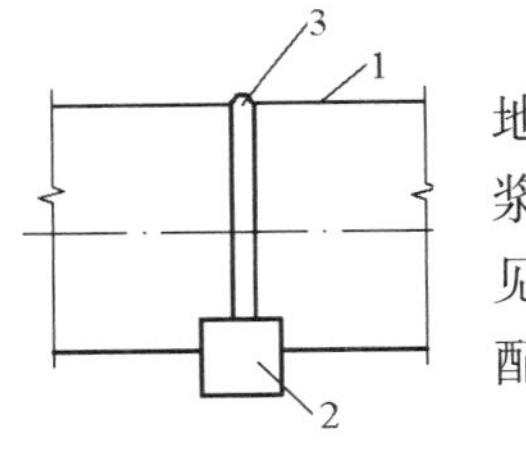

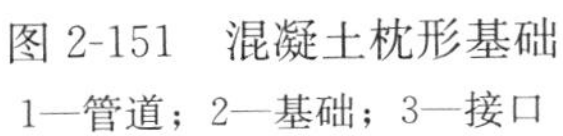

图 2-151　混凝土枕形基础

1—管道；2—基础；3—接口

（4）混凝土基础

混凝土基础分为混凝土带形基础和混凝土枕基两种，如图 2-151、图 2-152 所示。混凝土枕基只在管道接口处设置，采用 C10 混凝土，它适用于干燥土壤雨水管道及污水支管上，管径 D<900mm 的水泥砂浆接口及管径 D<600mm 的承插接口。

关于排水基础，见《给水排水标准图集》S222。

混凝土带形基础是沿管道全长铺设的基础，整体性强，抗弯抗震性好，按管座形式的

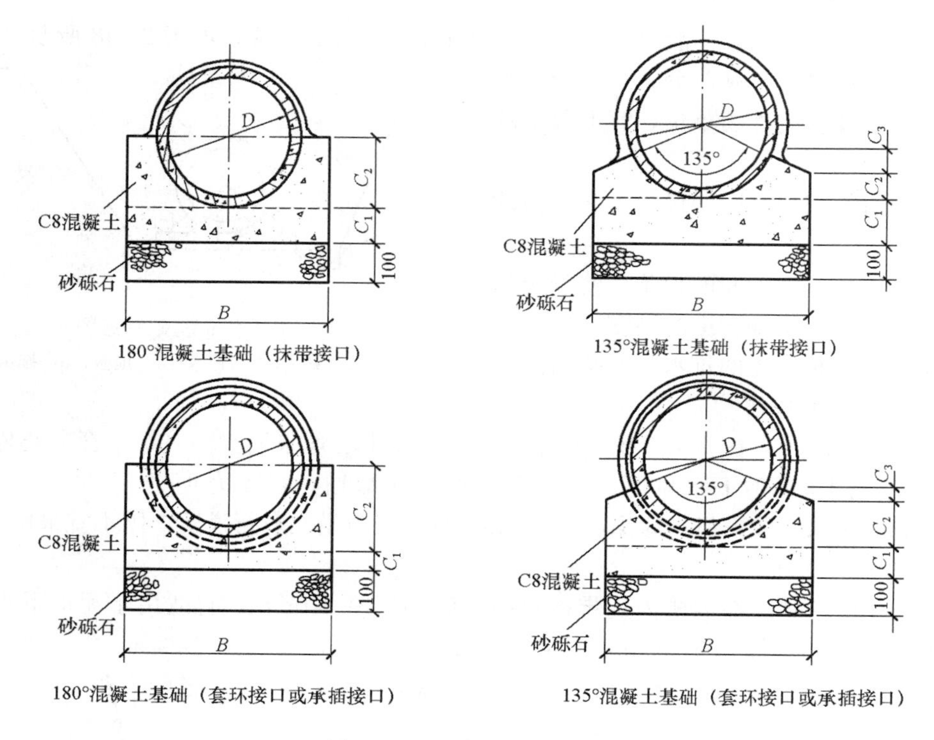

图 2-152　混凝土带形基础图

不同可分为 90°、135°、180°三种。这种基础适用于各种潮湿土壤及地基软硬不均匀的排水管道，管径为 200～2000mm。无地下水时在槽底老土上直接浇混凝土基础，有地下水时常在槽底铺 10～15cm 厚的卵石或碎石垫层，然后才在上面浇混凝土基础，一般采用强度等级为 C8 的混凝土。当管顶覆土厚度在 0.7～2.5m 采用 90°管座基础，管顶覆土厚度为 2.6～4m 时用 135°管座基础，覆土厚度在 4.1～6m 时采用 180°管座基础。在地震区或土质特别松软、不均匀沉陷严重的地段，最好采用钢筋混凝土带形基础。

管道防腐：腐蚀主要是材料在外部介质影响下所产生的化学作用或电化学作用，使材料破坏和质变。由于化学反应引起的腐蚀称为化学腐蚀；由于电化学反应引起的腐蚀称为电化学腐蚀。金属材料（或合金材料）上述两种反应均会发生。一般情况下，金属与氧气、氯气、二氧化硫、硫化氢等气体或与汽油、乙醇、苯等非电解质接触所引起的腐蚀都是电化学腐蚀。在室内、外给排水管道系统中，通常会因为管道腐蚀而引起系统漏水、漏汽（气），这样既浪费能源，又影响生产或生活，如管道中输送有毒、易燃、易爆的介质时，还会污染环境，甚至造成重大事故。由此可见，为了保证正常的生产秩序和生活秩序，延长系统的使用寿命，除了正确选材外，采取有效的防腐措施也是十分必要的。

为了增加防腐油漆的附着力和防腐效果，在涂刷底漆前，必须将管道或设备表面的污物清除干净，并保持干燥，以便涂料和管道、设备表面能很好地结合。

管道及设备表面的锈层可用下列方法消除：

（1）人工除锈，一般使用刮刀、锉刀、钢丝刷、砂布或砂轮片等摩擦外表面，将金属表面的锈层、氧化皮、铸砂等除掉。对于钢管的内表面除锈，可用圆形钢丝刷来回拉擦内外表面。除锈必须彻底，以露出金属光泽为合格，再用干净的废棉纱或废布擦干净，最后用压缩空气吹扫。人工除锈的方法劳动强度大，效率低，质量差，但在劳动力充足，机械设备不足时通常可采用。

（2）机械除锈，采用金刚砂轮打磨或用压缩空气喷石英砂吹打金属表面，将金属表面的锈层、氧化皮、铸砂等污物除净。喷砂除锈虽然效率高，质量好，但喷砂过程中产生大量灰土污染环境，影响人们的身体健康。

（3）化学除锈，用酸洗的方法清除金属表面的锈层、氧化皮。采用浓度10％～20％，温度18～60℃的稀硫酸溶液，浸泡金属物件15～60min，也可用10％～15％的盐酸在室温下进行酸洗，为使酸洗时不损伤金属，在酸溶液中加入缓蚀剂。

（4）旧涂料的处理，在旧涂料上重新刷漆时，可根据旧漆膜的附着情况，确定是否全部清除还是部分清除，如旧漆膜附着良好，铲刮不掉可不必清除，如旧漆膜附着不好，则必须清除重新涂刷。对钢管等表面处理后，可接着进行防腐措施。

1）在管道表面进行手工涂漆或机械喷漆施工时，不得漏涂。

2）对于埋地金属管道，为了减少管道系统与地下土壤接触部分的金属腐蚀，管材的外表面必须按要求进行防腐，根据腐蚀性程度选择不同等级的防腐层，如设在地下水位以下时，须考虑特殊的预防措施。

涂料防腐：常用的油漆涂料，按其是否加入固体材料（颜料和填料）分为：不加固体材料的清油、清漆和加固体材料的各种颜色涂料。

涂漆的环境空气必须清洁，无煤烟、灰尘及水汽。环境温度宜在15～35℃之间，相对湿度在70％以下。室外涂漆遇雨、降露时应停止施工。涂漆的方式有以下几种：

（1）手工涂刷：操作时应分层涂刷，每层应往复进行，纵横交错，并保持涂层均匀，不得漏涂（快干性漆不宜采用刷涂）。

（2）机械喷涂：采用的工具为喷枪，以压缩空气为动力。喷射的漆流和喷漆面垂直。喷漆面为平面时，喷嘴与喷漆面应相距250～350mm；喷漆面如为圆弧面；喷嘴与喷漆面的距离应为400mm左右。喷涂时，喷嘴的移动应均匀，速度宜保持在10～18m/min。喷漆使用的压缩空气压力为0.2～0.4MPa。

钢管防腐：钢管金属在有水和空气的环境中会被腐蚀而生成铁锈，失去金属特性。钢管直接埋入土中时，会和土中的水和空气接触，使管道外壁受到腐蚀；同时钢管输送液体时，管道内壁受到同样的腐蚀。我们将非电解质中的氧化剂直接与金属表面的原子相互作用而对金属产生的腐蚀称为化学腐蚀。还有电化学腐蚀指金属表面与电解质溶液发生电化学作用而产生的腐蚀。常用的防腐方法有涂裹防腐蚀法和阴极保护法。

（1）涂裹防腐蚀法主要是除锈、涂底漆、刷保护层：

1）除锈。为了保证防腐层的质量，应将管道内外壁的浮锈、氧化皮、焊渣等彻底清除。除锈方法分人工、喷砂和化学除锈法等。

2）钢管外防腐层。根据所采用防腐材料的种类不同而分石油沥青涂料外防腐层和环氧煤沥青涂料外防腐层。其中石油沥青涂料耐击穿电压较高，从18kV到26kV；环氧煤沥青涂料耐击穿电压较低，从2kV到5kV。

3）钢管内防腐层：是以水泥砂浆衬里防腐，该方法是在钢管内壁均匀地涂抹一层水泥砂浆，而使钢管得到保护。这一方法不但能防止管道内壁腐蚀、结垢，延长管道使用寿命，并能保护介质，保持或提高管道的输水能力，节省能源，具有明显的经济效益和社会效益。

（2）阴极保护法，可通过牺牲阳极法和强制电流保护法来实现：

1）牺牲阳极法，是将被保护钢管和另一种可以提供阴极保护电流的金属或合金（即牺牲阳极）相连，使被保护体自然腐蚀电位发生变化，从而降低腐蚀效率。

2）强制电流保护法：将被保护钢管与外加直流电源负极相连，由外部电源提供保护电流，以降低腐蚀速率的方法。外部电源通过埋地辅助阳极，将保护电源引入地下，通过土壤提供给被保护金属，被保护金属在大地电池中仍为阴极，其表面只发生还原反应，不会再发生金属离子化的氧化反应，使腐蚀受到抑制，而辅助阳极表面则发生丢失电子的氧化反应。辅助阳极所用材料有石墨、高硅铁、普通钢等。上述两种阴极保护法，都是通过一个阴极保护电流源向受到腐蚀或存在腐蚀并需要保护的金属体提供足够的与原腐蚀电流方向相反的电流，使之恰好抵消金属体原来存在的腐蚀电流。

埋设深度：

（1）给水管道埋设深度

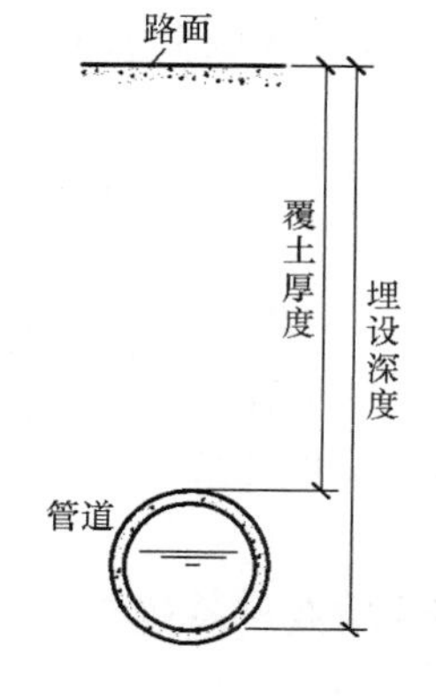

图 2-153　管道埋设示意图

管道的埋设深度有两个意义：

1）覆土厚度指管道外壁顶部到地面的距离。

2）埋设深度指管道内壁底部到地面的距离。这两个数值都能说明管道的埋设深度（图 2-153）。

非冰冻地区管道的覆土厚度（即管顶埋深），主要由外部荷载、管道强度、管道交叉情况以及土壤地基等因素决定，金属管道的覆土厚度一般不小于 0.7m，非金属管的覆土厚度应不小于 1.0～1.2m，以免受到动荷载的作用而影响其强度。冰冻地区管道的埋深除决定于上述因素外，还需考虑土壤的冰冻深度。一般管底在冰冻线以下的最小距离：管径 D 小于 300mm 时，为 D＋200mm；D 在 300～600mm 之间时，为 0.75D；D 大于 600mm 时，为 0.5D。

（2）污水管道的埋设深度

在污水管道工程中，土方工程在工程总造价中占相当比重。管道的埋设深度愈大，工程造价愈高，施工期愈长。例如，某地的排水管道工程中，当埋设较浅，采用列板支撑时，沟槽土方、支撑及排水费用约为总铺设费用的 15%～20%，当埋设较深，采用钢板桩保护槽壁时，费用可达 40%～60%。上海某地区排水工程，在设计复查中将部分污水管道的埋设标高提高 1m 左右，结果节约工程投资近 40 万元。因此，合理地确定管道埋深对于降低工程造价是十分重要的。在土质较差、地下水位较高的地区，若能设法减小管道埋深，对于降低工程造价尤为明显。

确定污水管道埋设深度时，必须考虑下列因素：

1）必须防止管内污水冰冻或土壤冰冻而损坏管道

由于生活污水本身往往具有一定的温度，再加上污水中的有机物不断地分解释放出热量，即使在严冬，一般生活污水的水温也在 4～15℃之间；有的工业废水的水温可能还要高些。另一方面，污水管道按一定的坡度敷设，管内污水具有一定的流速，能保持一定的流速不断地流动。所以，在污水管道的设计中，没有必要将整个管道都埋设在土壤的冰冻线以下。

土壤的冰冻深度，不仅受当地气候的影响，而且与土壤本身的性质有关。在相同的气候条件下，大孔性土壤的冰冻深度要大些；砂质土壤为大孔性土壤冰冻深度的80%；黏土为大孔性土壤冰冻深度的70%。所以，不同的地区，由于气候条件不同，土壤性质不同，土壤的冰冻深度也各不相同。在污水管道工程中，一般所采用的土壤冰冻深度值，是当地多年观测的平均值，如在海拉尔地区土壤冰冻深度取3.4m；哈尔滨取2.2m；北京地区取1.0m；天津地区取0.7m；长江流域取0.6m，等等。

现行的《室外排水设计规范》规定：无保温措施的生活污水或水温与其接近的工业废水管道，管底可埋设在土壤冰冻线以上0.15m，并应不小于最小覆土厚度的要求。有保温措施或水温较高或水流不断、流量较大的污水管道，其管底在冰冻线以上的距离可适当增大，其数值可根据经验确定。

2）必须保证管道不致因为地面荷载而破坏

为了降低排水管道工程的造价，缩短施工期，改善施工条件，在条件允许的范围内力求使管道的埋设深度愈小愈好。为保证污水管道不因受外部荷载而破坏，必须有一个覆土厚度的最小限值要求，这个最小限值，被称为最小覆土厚度。此值取决于管材的强度、地面荷载类型及其传递方式等因素。

现行的《室外排水设计规范》规定：在车行道下的排水管道，其最小覆土厚度一般不得小于0.7m。在对排水管道采取适当的加固措施后，其最小覆土厚度值可以酌减。

3）必须满足街坊污水管衔接的要求

影响污水管道埋设深度的另一个因素是街坊污水管衔接的需要，此值受建筑物污水出户管埋深的控制。从安装技术方面考虑，建筑物污水出户管的最小埋深一般在0.5～0.6m之间，以保证底层建筑污水的排出。所以街坊污水管道的起端埋深最小也应有0.6～0.7m，由此值可计算出街道污水管道的最小埋设深度。

城镇街道污水管道起端的埋深（图2-154），可由式计算：

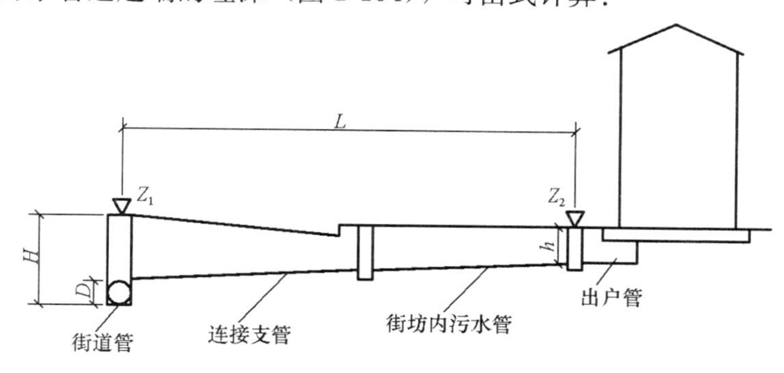

图2-154　街道污水管最小埋深示意

$$H=h+I\cdot L+Z_1-Z_2+\Delta h$$

式中　H——街道污水管道起点的最小埋深（m）；

h——街坊污水管起点的最小埋深（m）；

Z_1——街道污水管起点检查井处地面标高（m）；

Z_2——街坊污水管起点检查井处地面标高（m）；

I——街坊污水管和连接支管的坡度；

L——街坊污水管和连接支管的总长度（m）；

Δh——连接支管与街道污水管和管内底高差（m）。

对每一管道来说，从上面三个不同的要求来看，可以得到三个不同的管道埋深。这三个值中，最大的一个即是管道的最小设计埋深。

一般污水管道为重力流，因而随着污水管线的不断延长，管道的埋深则愈来愈大。因此，污水管道除要考虑上述最小埋深限值外，还要考虑其最大埋深的限值。管道的最大埋深，应根据设计地区的土质、地下水等自然条件，再结合经济、技术、施工等方面的因素确定。一般在土壤干燥的地区，管道的最大埋深不超过7～8m；在土质差、地下水位较高的地区，一般不超过5m。当管道的埋深超过了当地的最大限度值时，应考虑设置排水泵站提升，以提高下游管道的设计高程，使排水管道继续向前延伸。

稳管是将管子按设计的高程与平面位置稳定在地基或基础上。压力流管道铺设的高程和平面位置的精度都可低些。通常情况下，铺设承插式管节时，承口朝来水方向。在槽底急陡区间，应由低处向高处铺设。重力流管道的铺设高程和平面位置应严格符合设计要求，一般以逆流方向进行铺设，使已铺的下游管道先期投入使用，同时供施工排水。

稳管工序是决定管道施工质量的重要环节，必须保证管道的中线与高程的准确性。允许偏差值应按《给水排水管道工程施工及验收规范》技术规程规定执行，一般均为±10mm。

稳管时，相邻两管节底部应齐平。为避免因紧密相接而使管口破损，便于接口，柔性接口允许有少量弯曲，一般大口径管子两管端面之间应预留约10mm间隙。

承插式给水铸铁管稳管是将插口装在承口中，称为撞口。撞口前可在承口处作出记号，以保证一定的缝隙宽度。

胶圈接口的承插式给水铸铁管或预应力钢筋混凝土管及给水用UPVC管的稳管与接口同时进行，即稳管和接口为一个工序。撞口的中线和高程误差，一般控制在20mm以内。撞口找正完毕后，一般用铁牙背匀间隙，然后在管身两侧还土夯实或支撑，以防管子错位。

给水管道试验：

《给水排水管道工程施工及验收规范》中，规定了给水管道水压试验标准。如设计无具体要求时，可参照表2-60规定。

管道水压试验压力值（MPa） **表2-60**

管材种类	工作压力 P	试验压力 P_s
钢管	P	P+0.5且不小于0.9
普通铸铁管及球墨铸铁管	≤0.5	$2P$
	>0.5	P+0.5
预应力钢筋混凝土管 自应力钢筋混凝土管	≤0.6	$1.5P$
	>0.6	P+0.3
给水硬聚氯乙烯管	P	不得超过$1.5P$，且不小于0.5
现浇或预制钢筋混凝土管渠	≥0.1	$1.5P$

水压试验前应作好准备工作，包括编制水压试验方案、现场检查、试验分段、管端支

撑、管道试压后背和管件支墩、水压试验设备等。

水压试验前的各项工作完成后，即可向试验管段内注水：

（1）管道注水时，应将管道上的排气阀，排气孔全部开启进行排气，如排气不良（加压时常出现压力表表针摆动不稳，且升压较慢），应重新进行排气。排出的水流中不带气泡，水流连续，速度均匀时，表明气已排净。

（2）管内注满水后，宜保持0.2～0.3MPa水压（不得超过工作压力），充分浸泡。

（3）对所有支墩、接口、后背、试压设备和管路进行检查修整。

管道注水后，应进行一定时间的泡管，使管内壁和管道接口充分吸水，以保证水压试验的精确。泡管的时间：

（1）普通铸铁管、球墨铸铁管、钢管无水泥砂浆衬里者不小于24h；有水泥砂浆衬里不小于48h。

（2）给水硬聚氯乙烯管不小于48h。

（3）预应力、自应力钢筋混凝土管，当管径 $DN \leqslant 1000$mm 时，不小于48h；管径 $DN > 1000$mm 时，不小于72h。

给水管道的水压试验方法有落压试验和水压严密性试验（渗漏水量试验）两种。

开始水压试验时，应逐步升压，每次升压以0.2MPa为宜，每次升压后，检查没有问题，再继续升压；升压接近试验压力时，稳压一段时间检查，彻底排除气体，然后升至试验压力。

（1）落压试验（水压强度试验）

落压试验又称压力表试验。常用于管径 $DN \leqslant 400$mm 小管径的水压强度试验。试验装置如图2-155。

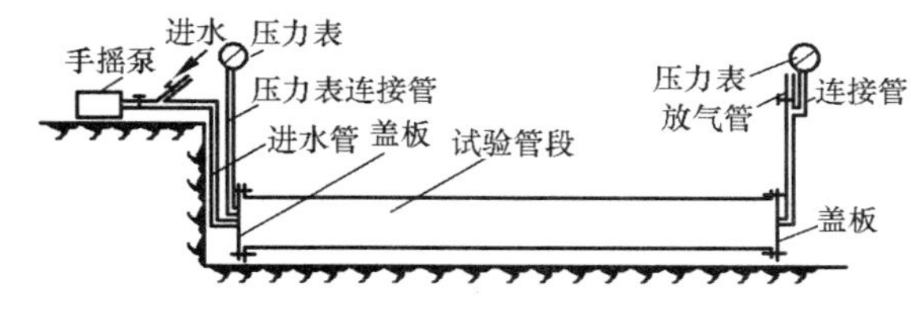

图2-155　落压试验设备布置示意

对于管径 $DN \leqslant 400$mm 管道，在试验压力下，10min降压不大于0.05MPa为合格。

（2）水压严密性试验（渗漏水量试验）

水压严密性试验又称渗漏水量试验。渗漏水量试验是根据在同一管段内，压力相同，降压相同，则其漏水总量亦应相同的原理，来检查管道的漏水情况。试验布置如图2-156所示。

试验时，先将水压升至试验压力，关闭进水闸门，停止加压，记录降压0.1MPa所需的时间 T_1；然后打开进水闸门再将水压重新升至试验压力，停止加压并打开放水龙头放水至量水容器，降压0.1MPa为止，记录所需时间为 T_2，放出的水量为 W（L）。

根据前后压降相同，漏水量亦相同原理，则有：

$$T_1 q_1 = T_2 q_2 + W$$

而

$$q_1 \approx q_2$$

则

$$q = \frac{W}{T_1 - T_2}$$

当漏水率 q 不超过表2-61规定值时，即认为试验合格。

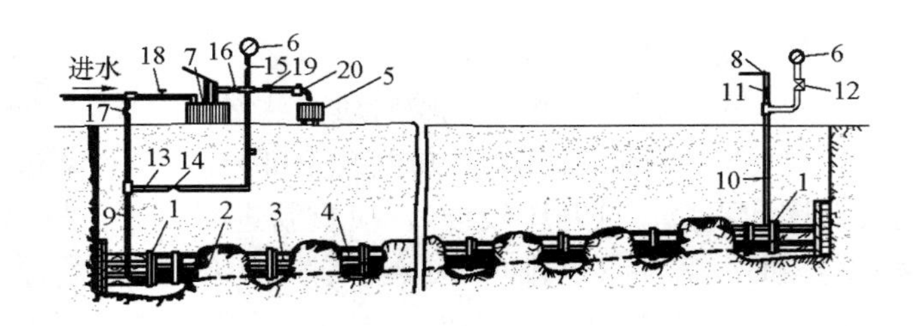

图 2-156 漏水量试验示意

1—封闭端；2—回填土；3—试验管段；4—工作坑；5—水筒；6—压力表；7—手摇泵；8—放气口；9—进水管；10、13—压力；表连接管；11、12、14、15、16、17、18、19—闸阀；20—龙头

给水管道水压试验允许漏水率［L/（min·km）］ **表 2-61**

管 径（mm）	钢 管	普通铸铁管 球墨铸铁管	预应力、自应力 钢筋混凝土管
100	0.28	0.70	1.40
125	0.35	0.9	1.56
150	0.42	1.05	1.72
200	0.56	1.40	1.98
250	0.70	1.55	2.22
300	0.85	1.70	2.42
350	0.90	1.80	2.62
400	1.00	1.95	2.80
450	1.05	2.10	2.96
500	1.10	2.20	3.14
600	1.20	2.40	3.44
700	1.30	2.55	3.70
800	1.35	2.70	3.96
900	1.45	2.90	4.20
1000	1.50	3.00	4.42
1100	1.55	3.10	4.60
1200	1.65	3.30	4.70

注：1. 表中未列的各种管径，可用下列公式计算允许漏水量。

钢管：$q=0.05\sqrt{D}$

普通铸铁管、球墨铸铁管：$q=0.1\sqrt{D}$

预应力、自应力钢筋混凝土管：$q=0.14\sqrt{D}$

式中 D——管内径（mm）；

q——允许漏水率（L/（min·km））。

2. 试验管段长度小于 1km 时，表中允许漏水量应按比例减小。

给水硬聚氯乙烯管道试压：给水硬聚氯乙烯管道试压，不同于其他给水管道的是先进行严密性试验，合格后再进行强度试验，并以漏水量来判断强度试验是否合格。

（1）严密性试验

进行严密性试验，先缓慢向试压管道中注水，经排除管内空气后，将管道内水加压到

0.35MPa，并保持2h（为保持管内压力可向管内补水）。检查各部位是否有渗漏或其他不正常现象。若在2h内无渗漏现象即为严密性试验合格。

（2）强度试验

严密性试验合格后，将管道内水压升至试验压力，稳压2h或满足设计的特殊要求。每当压力降落0.02MPa时，则应向管内补水。为保持管内压力所增补的水为漏水量的计算值。

若漏水量不超过表2-61、表2-62中所规定的允许值，强度试验即为合格。

给水硬聚氯乙烯管道允许漏水量　　表2-62

管外径 ϕ (mm)	允许漏水量[L/(min·km)]	
	粘接连接	胶圈连接
63～75	0.2～0.24	0.3～0.5
90～110	0.26～0.28	0.6～0.7
125～140	0.35～0.38	0.9～0.95
160～180	0.42～0.5	1.05～1.2
200	0.56	1.4
225～250	0.7	1.55
280	0.8	1.6
315	0.85	1.7

排水管道的闭水（气）试验：

生活污水、工业废水、雨污水合流管道，倒虹吸管或设计要求作闭水的其他排水管道，必须作闭水试验。如直径为300～1200mm的混凝土排水管道，且施工现场水源确有困难，无条件闭水，亦可采用闭气方法检验排水管道的严密性。

排水管道闭水试验：

在排水管道作闭水试验前，应对管线及沟槽等进行检查，检查结果应符合以下条件：

（1）管道及检查井的外观质量及“量测”检验均已合格。

（2）管道未回填土且沟槽内无积水。

（3）全部预留孔洞应封堵不得漏水。

（4）管道两端的管堵应封堵严密、牢固，下游管堵设置放水管和闸门，管堵须经核算承压力，管堵可用充气堵板或砖砌堵头。

（5）现场的水源应满足闭水需要。

排水管道作闭水试验，应尽量从上游往下游分段进行，上游段试验完毕，可往下游段充水，逐段试验以节约用水。闭水试验的方法又可分为带井闭水试验和不带井试验两种，一般采用带井闭水试验。

（1）带井闭水试验

管道及沟槽等具备了闭水条件，即可进行管道带井闭水试验，非金属排水管道试验段长不宜大于500m。带井闭水试验如图2-157所示。

试验前，管道两端管堵如用砖砌，必须养护3～4d达到一定强度后，再向闭水段的检查井内注水。闭水试验的水位，应为试验段上游管内顶以上2m，如井高不足2m，将水灌至接近上游井口高度。注水过程的同时，应检查管堵、管道、井身，达到无漏水和严重渗水后，再浸泡管道和井 1～2d，然后进行闭水试验。

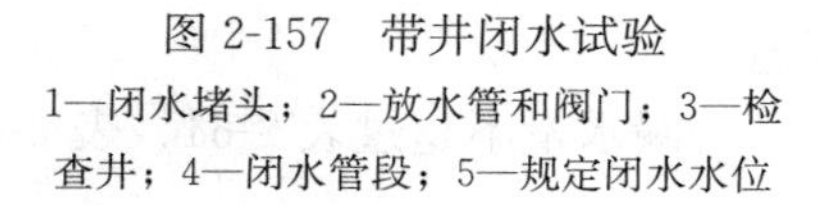

图 2-157 带井闭水试验

1—闭水堵头；2—放水管和阀门；3—检查井；4—闭水管段；5—规定闭水水位

将水灌至规定的水位，开始记录，对渗水量的测定时间为 30min，根据井内水面的下降值计算渗水量。渗水量计算公式为：

$$Q=\frac{48000q}{L}$$

式中 Q——每公里管道每 d 的渗水量 [m^3/(km·d)]；

q——闭水管段 30min 的渗水量（m^3）；

L——闭水管段长度（m）。

当 $Q\leqslant$规定允许渗水量时，即为合格。允许渗水量见表 2-63。

排水管道闭水试验允许渗水量 **表 2-63**

管径（mm）	允许渗水量			
	陶土管		混凝土管、钢筋混凝土管	
	m^3/（km·d）	L/（m·h）	m^3/（km·d）	L/（m·h）
150 以下	7	0.3	7	0.3
200	12	0.5	20	0.8
250	15	0.6	24	1.0
300	18	0.7	28	1.1
350	20	0.8	30	1.2
400	21	0.9	32	1.3
450	22	0.9	34	1.4
500	23	1.0	36	1.5
600	24	1.0	40	1.7
700	—	—	44	1.8
800	—	—	48	2.0
900	—	—	53	2.2
1000	—	—	58	2.4
1100	—	—	64	2.7
1200	—	—	70	2.9
1300	—	—	77	3.2
1400	—	—	85	3.5
1500	—	—	93	3.9
1600	—	—	102	4.3
1700	—	—	112	4.7
1800	—	—	123	5.1
1900	—	—	135	5.6
2000	—	—	148	6.2
2100	—	—	163	6.8
2200	—	—	179	7.5
2300	—	—	197	8.2
2400	—	—	217	9.0

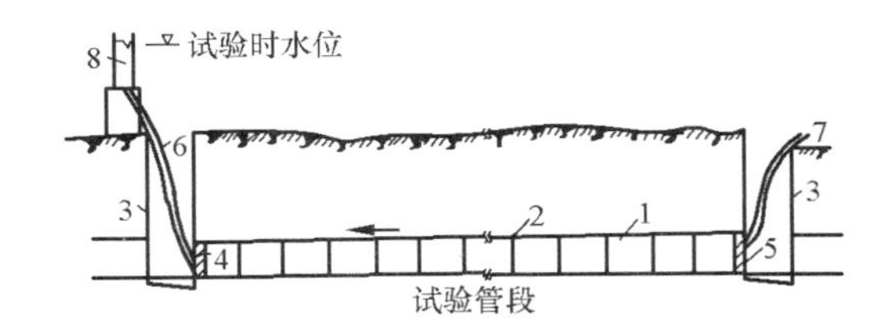

图 2-158　闭水试验示意

1—试验管段；2—接口；3—检查井；4—堵头；5—闸门；6、7—胶管；8—水筒

（2）不带井闭水试验

如图 2-158 所示。每个井段管口都须设堵，下游管堵设放水管与闸门，并须专门设置量水筒；上游管堵设进水管、排水管。

试验时，量水筒水位距闭水段上游管内顶 2m，测定时间为 30min，根据量水筒的水面下降值计算渗水量，如渗水量不大于表 2-63 所规定的允许渗水量，即为合格。

排水管道闭气检验

根据中国工程建设标准化协会标准《混凝土排水管道工程闭气检验标准》规定，闭气检验与闭水试验具有同等效力。

排水管道闭气检验适用于管道在回填土之前，地下水位低于管外底 150mm，直径为 300～1200mm 的承插口、企口、平口混凝土排水管道，环境温度为－15～50℃，在下雨时，不得进行闭气检验。

（1）闭气检验方法

将进行闭气检验的排水管道两端用专用管堵（图 2-159）密封，然后向管内充入空气至一定的压力，在规定闭气时间测定管内气体的压降值。

检验装置如图 2-160 所示。

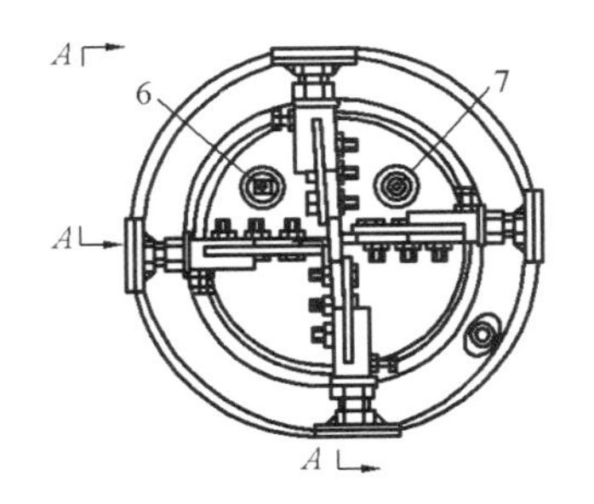

图 2-159　专用管堵

1—密封胶圈；2—胶圈衬垫；3—塑料封板；4—止动器；5—连接螺栓；6—管嘴组件；7—进气管组件

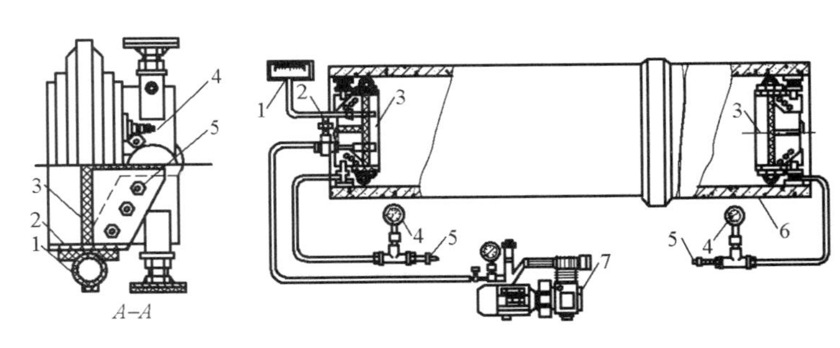

图 2-160　排水管道闭气检验装置图

1—膜盒压力表；2—气阀；3—塑料封板；4—压力表；5—充气嘴；6—混凝土排水管道；7—空气压缩机

（2）闭气检验的步骤

闭气检验的工艺流程如图 2-161 所示。

1）管堵安装。先对排水管道两端与管堵接触部分的内壁应进行处理，使其清洁光滑，接着将管堵分别安装在管道两端，每端接上压力表和充气嘴，然后用打气筒给管堵充气，加压至 0.15～0.20MPa 将管道密封，并用喷雾器喷洒发泡液检查管堵对管口的密封情况。

2）管道充气　用空气压缩机向管道内充气至 3000Pa，关闭气阀，使气压趋于稳定；气压从 3000Pa 降至 2000Pa 的时间不应少于 5min。

3）检验　根据不同管径的规定闭气时间，测定并记录管道内气压从 2000Pa 下降后

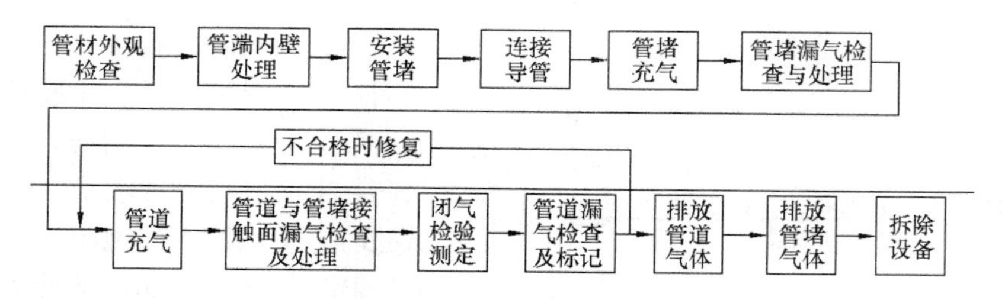

图 2-161　管道闭气检验流程图

的压力表读数，其下降到 1500Pa 的时间不得少于表 2-64 规定。闭气检验不合格时，应进行漏气检查、修补、复检。

漏气检查包括管堵充气胶圈漏气检查和管道漏气检查两项。检查方法为：

（1）管堵充气胶圈漏气检查　管堵充气胶圈充气达到压力值 2min 后，应无压降。在试验过程中应注意检查和进行必要的补气。

闭气检验标准　　**表 2-64**

管径（mm）	管内压力（Pa）		规定闭气时间（s）
	起点	终点	
300	2000	≥1500	60
400			95
500			125
600			155
700			185
800			215
900			250
1000			290
1100			330
1200			370

（2）管道漏气检查　在管道气压趋于稳定过程中，用喷雾器向管堵密封管口处，管道接口及管壁处喷洒发泡剂，如发现气泡。则做好标记，以便修补。

井壁凿洞：为了检修人员便于井中操作，特设工作室，由井壁凿洞而成。

接管口：将各管道之间的接口用水泥砂浆抹成半椭圆形砂浆带，以使管道有良好的整体性。

补齐管口：当管口长度不够或连接口处有缝隙时，应以砂浆将其补齐密封。

管道铺设的工程量按其不同材质、接口方式和管径计算。按施工图设计管道中心线长度以延长米计算，不扣除阀门和管件（包括减压器、疏水器、水表、伸缩器等成组安装）所占长度。

缸瓦管主要采用贯绳下管。铺设方法与普通钢筋混凝土甲型承插口管的铺设方法基本相同，但由于缸瓦管的材质较脆，故当被铺设在机动车道下面，且管径较大时，一般应做360°管座。缸瓦管的接口分刚性和柔性两种形式，其中刚性接口的形状、接口材料、配合比、连接方法等，均与承插式钢筋混凝土甲型管相同，本节主要介绍两种较常用的柔性接口。

（1）沥青砂浆接口

沥青砂浆接口的材料及配比与混凝土管接口的沥青砂浆相同。接口前，应首先清除接口工作面的污物，在管口处涂刷冷底子油，阴干后在接口内塞入油麻，并用錾子击实，防止沥青砂浆漏进管内，然后在管口处安装接口模具，浇灌沥青砂浆。

（2）耐酸沥青胶砂接口

由于缸瓦管具有较强的耐酸性，因此常被用于输送含酸废水，此时管道的接口也要求具有一定的耐酸性，工程中常使用耐酸沥青胶砂接口，其构造如图 2-162 所示。

沥青胶砂接口材料以耐酸石棉绳为嵌缝材料，以沥青胶砂为密封材料。耐酸石棉绳可通过将普通石棉绳在按 3∶7 配比的环氧树脂或沥青中浸渍后，取出晒干而得到；沥青胶砂是由沥青、粉料、石棉绒和细砂混合而成，一般其配合比为：

沥青∶粉料∶石棉绒∶细砂＝45∶22∶3∶30

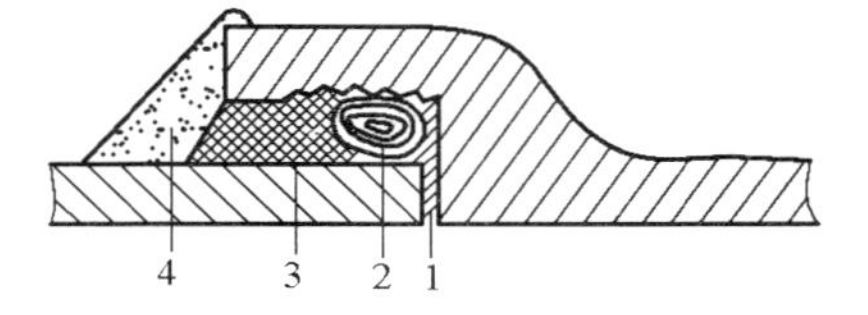

图 2-162 耐酸缸瓦管柔性接口

1—耐酸沥青砂浆；2—耐酸石棉绳；3—耐酸沥青胶；4—沥青砂浆

施工时，先将耐酸石棉绳塞入承插口的间隙中并捣实，然后安装浇灌模具，将沥青胶砂在 180～200℃温度时灌入管口内，凝固后抹沥青砂浆保护层，其配比可采用沥青∶耐酸水泥∶石棉绒∶细砂＝24∶21∶2∶53。操作温度控制在 140～160℃为宜。

有筋混凝土管：混凝土管的管径一般不超过 600mm，长度为 1m。为了抗外压，直径大于 400mm，最好加钢筋。此种混凝土管为有筋混凝土管。

无筋混凝土管：即素混凝土管，其管径一般不超过 600mm，长度为 1m。

二、项目说明

1. 管道铺设

040501001 混凝土管

管道铺设时首先应稳管，排水管道的安装常用坡度板法和边线法控制管道中心与高程，边线法控制管道中心和高程比坡度板法速度快，但准确度不如坡度板法。

（1）坡度板法：用坡度板法控制安管的中心与高程时，坡度板埋设必须牢固，而且要方便安管过程中的使用，因此对坡度板的设置有以下要求：

1）坡度板常用 50cm 厚木板，长度根据沟槽上口宽，一般跨槽每边不小于 500cm，埋设必须牢固。

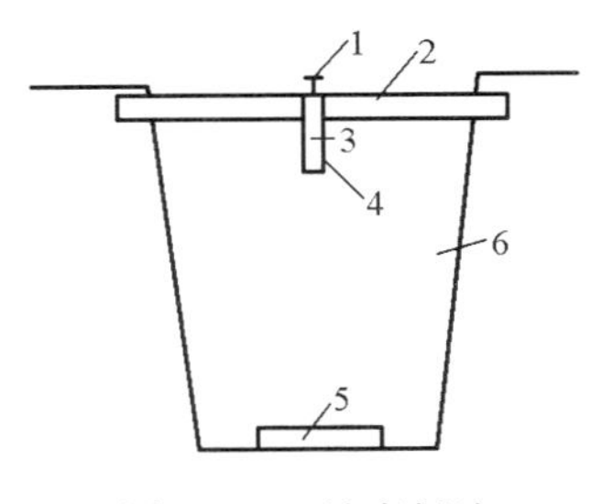

图 2-163 坡度板法

1—中心钉；2—坡度板；3—立板；4—高程钉；5—管道基础；6—沟槽

2）坡度板设置间距一般为 10m，最大间距不宜超过 15m，管道转向及检查井必须设置。

3）单层槽坡度板设置在槽上口跨地面，坡度板距槽底以不超过 3m 为宜，多层槽坡度板设置在下层槽上口跨槽台，距槽底也不宜大于 3m。

4）在坡度板上测量管道中心与高程时，中心钉应钉在坡度板顶面一侧紧贴中心钉一侧的高程板上（图 2-163）。

5）坡度板上应标明桩号（井室外的坡度板同时标明井室号）及高程钉至各有关部位的下反常数。变换常数处，应在坡度板两面分别书写清楚，并分别标明其所用高程钉。

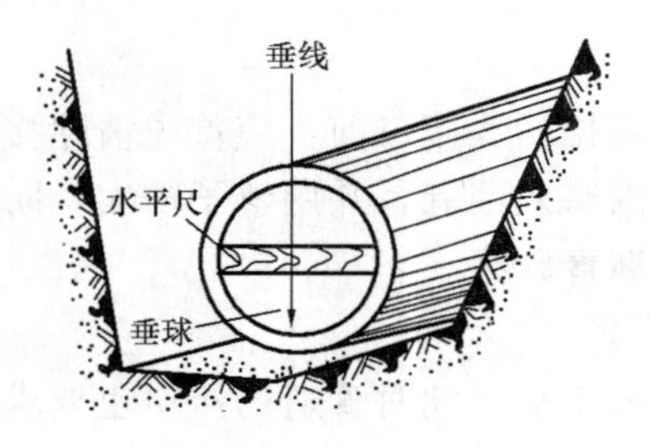

图 2-164　中心线对中

安装前，准备好必要的工具（垂球、水平尺、钢尺等），按坡度板上的中心钉、高程板上的高程钉挂中心线和高程线（至少是 3 块坡度板），用眼“串”一下，看有无折线、是否正常，根据给定的高程下反常数，在高程尺上量好尺寸，刻上标记，经核对无误后，再进行安装。安装时，在管端吊一中心垂线，当管径中心与垂线对正，不超过允许偏差时，安管的中心位置即正确。小管对中可用目测；大管可用水平尺量测，如图 2-164 所示。

控制安装的管内底高程：将高程线绷紧，把高程尺杆下端放至管内底上，当尺杆上的标记与高程线距离不超过允许偏差时，安管的高程为正确。

（2）边线法（图 2-165）的设置有如下要求：

1）在槽底给定的中线桩一侧钉边线铁杆，上挂边线，边线高度应与管中心高度一致，边线距管中的距离等于管外径的$\frac{1}{2}$加上一个常数（常数以小于 50mm 为宜）。

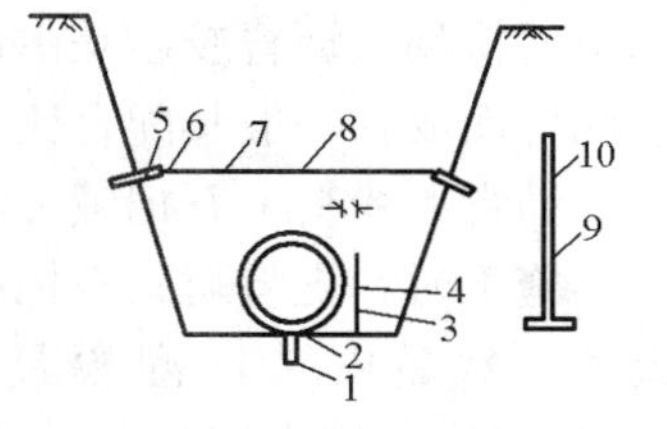

图 2-165　边线法安管示意图

1—给定中线桩；2—中线钉；3—边线铁杆；4—边线；5—高程桩；6—高程钉；7—高程辅助线；8—高程线；9—高程尺杆；10—标记

2）在槽帮两侧适当的位置打入高程桩，其间距 10m 左右（不宜大于 15m）一对，并施测上高程钉。连接槽两帮高程桩上的高程钉，在连线上挂上纵向高程线，用眼“串”线看有无折点、是否正常（线必须拉紧查看）。

3）根据给定的高程下反常数，在高程尺杆上量好尺寸，刻写上标记，经核对无误，再进行安管。

（3）排水管道铺设的常用方法：

1）“四合一”施工法：

排水管道施工，将混凝土平基、稳管、管座形成，抹带四道工艺合在一起施工的做法，称“四合一”施工法，这种方法速度快、质量好，是 $DN \leqslant 600$mm 管道普遍采用的方法。其施工程序为：验槽→支模→下管→排管→四合一施工→养护。

① 支模、排管施工：根据需要，第一次支模略高于平基，成 90°。模板材料一般采用 15cm×15cm 的方木，方木高程不够时，可用木板补平，木板与方木用铁钉钉牢，模板内侧用支杆临时支撑，方木外侧钉铁杆，以免安管时模板滑动。

② 管子下至沟内，利用模板作为导木，在槽内滚动运至安管地点，然后将管子顺排在一侧方木模板上，使管子重心落在模板上，倚在槽壁上，要比较容易滚入模板内，并将管口洗刷干净。

③ 若为 135°及 180°管座基础，模板宜分两次支设，上部模板待管子铺设合格后再支设。

2）“四合一”施工作法：

① 平基：灌筑平基混凝土时，一般使平基高出设计平基面 20～40mm（视管径大小而定），并进行捣固，管径 400mm 以下者，可将管座混凝土与平基一次灌齐，并将平基面作成弧形以利稳管。

② 稳管：将管子从模板上滚至平基弧形内后，前后揉动，将管子揉至设计高程（一

般高于设计高程1～2mm，以备下一节时又稍有下沉），同时控制管子中心线位置的准确。

③ 管座：完成稳管后，立即支设管座模板，浇筑两侧管座混凝土，捣固管座两侧三角区，补填对口砂浆，抹平管座两肩。如管道接口采用钢丝网水泥砂浆抹带接口时，混凝土的捣固应注意钢丝网位置的正确。同时配合勾捻相应的管内缝，管径在600mm以下时，可采用麻袋球或其他工具在管内来回拖动，将管口处的砂浆抹平。

④ 抹带：管座混凝土灌筑后，马上进行抹带，随后勾捻内缝，抹带与稳管至少相隔2～3节管，以免稳管时不小心碰撞管子，影响接口质量。

3）垫块法：排水管道施工中，把在预制混凝土垫块上安管（稳管），然后再浇筑混凝土基础和接口的施工方法，称为垫块法。垫块法施工程序为：预制垫块→安垫块→下管→在垫块上安管→支模→浇筑混凝土基础→接口→养护。

预制混凝土垫块强度等级同混凝土基础。垫块的几何尺寸：长为管径的0.7倍；高等于平基厚度，允许偏差±10mm；宽大于或等于高。每节管垫块一般为2个。垫块法操作施工要点：

① 垫块应放置平稳，高程符合质量要求。

② 安管时，管子两侧应立保险杠，防止管子从垫块上滚下伤人。

③ 安装时管的对口间隙：管径700mm以上者按10mm左右控制；安装较大的管子时，宜进入管内检查对口，减少错口现象。

④ 管子安好后一定要用干净石子或碎石将管子卡牢，并及时灌筑混凝土管座。

4）平基法：指在排水管道施工中，首先浇筑平基混凝土，待平基达到一定强度再下管、安管（稳管）、浇筑管座及抹带接口的施工方法。这种方法常用于雨水管道，尤其适合于地基不良或雨季施工的场合。

平基法施工程序：支平基模板→浇筑平基混凝土→下管→安管（稳管）→支管座模板→浇筑管座混凝土→抹带接口→养护。

平基法施工操作要点：

① 浇筑混凝土平基顶面高程，不能高于设计高程，低于设计高程也不能超过10mm。

② 平基混凝土强度达到5MPa（C5）以上时，方可直接下管。

③ 下管前可直接在平基面上弹线，以控制安管中心线。

④ 安管的对口间隙：管径≥700mm，按10mm控制；管径＜700mm可不留间隙。安较大的管子，宜进入管内检查对口，减少错口现象。稳管以达到管内底高程偏差在±10mm之内，中心线偏差不超过10mm，相邻管内底错口不大于3mm为合格。

⑤ 管子安好后，应及时用干净石子或碎石卡牢，并立即浇筑混凝土管座。

管座浇筑要求：

① 浇筑管座前，平基应凿毛或刷毛，并冲洗干净。

② 对平基与管子接触的三角部分，要选用同强度等级混凝土中的软灰，先行捣密实。

③ 浇筑混凝土时，应两侧同时进行，防止挤偏管子。

④ 较大管子浇筑时宜同时进入管内配合勾捻内缝；直径小于700mm的管子，可用麻袋球或其他工具在管内来回拖动，将流入管内的灰浆拉平。

管道接口：

混凝土管的规格为：100～600mm，L为1000mm；钢筋混凝土管300～2400mm，L

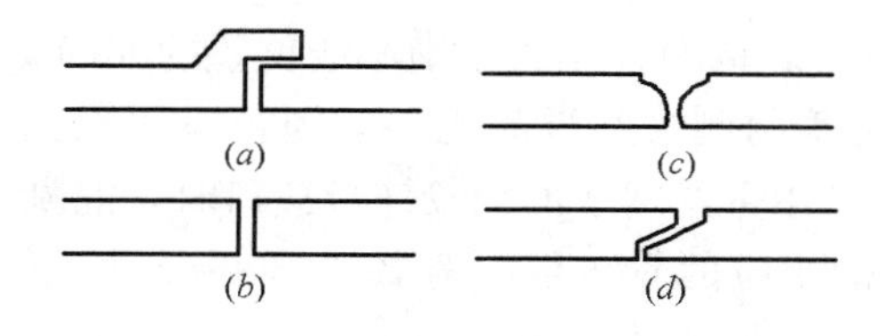

图 2-166　管口形式

(a) 承插口；(b) 平口；
(c) 圆弧口；(d) 企口

为 2000mm。管口形式有承插口、平口、圆弧口、企口，如图 2-166 所示。

混凝土管和钢筋混凝土管的接口形式有刚性和柔性两种。

(1) 抹带接口：

1) 水泥砂浆抹带接口：水泥砂浆抹带接口是一种常用的刚性接口，一般在地基较好、管径较小时采用。水泥砂浆抹带接口施工程序为：浇管座混凝土→勾捻管座部分管内缝→管带与管外皮及基础结合处凿毛清洗→管座上部内缝支垫托→抹带→勾捻管座以上内缝→接口养护。水泥砂浆抹带材料及重量配合比：水泥采用 42.5 级水泥，砂子应过 2mm 孔径筛子（斜放），含泥量不得大于 2%，含水一般不大于 0.5。勾捻内缝：水泥：砂＝1：3，水一般不大于 0.5。水泥砂浆抹带接口工具有浆桶、刷子、铁抹子，弧形抹子的形状可用 2～3mm 厚钢板制作，并有一定弹性。

2) 抹带：

① 抹带前将管口及管带覆盖到的管外皮刷干净，并刷水泥浆一遍。

② 抹第一层砂浆（卧底砂浆）时，应注意找正，使管缝居中，厚度约为带厚 1/3，并压实使之与管壁粘结牢固，在表面划成线槽，以利于与第二层结合（管径 400mm 以内者，抹带可一次完成）。

③ 待第一次砂浆初凝后抹第二层，用弧形抹子捋压成形，待初凝后再用抹子赶光压实。

④ 带、基相接处三角形灰要饱实，大管径可用砖模，防止砂浆变形。

3) $DN \geqslant 700$mm 管勾捻内缝：

① 管座部分内缝应配合浇筑混凝土时勾捻；管座以上的内缝应在管带内缝凝后勾捻，亦可在抹带之前勾捻，即抹带前将管缝支上内托，从外部用砂浆填空，然后拆去内托，将内缝勾捻平整，再进行抹带。

② 勾捻管内缝时，人在管内先用水泥砂浆将内缝填实抹平，然后反复捻压密实，灰浆不得高出管内壁。

4) $DN < 700$mm 管，应配合浇筑管座时勾捻，用麻袋球或其他工具在管内来回拖动，将流入管内的灰浆拉平。

(2) 钢丝网水泥砂浆抹带接口：

钢丝网水泥砂浆抹带接口由于在抹带层内埋置 20 号 10mm×10mm 方格的钢丝网，因此接口强度高于水泥砂浆抹带接口。施工程序：管口凿毛清洗（管径≤500mm 者刷去浆皮）→浇筑管座混凝土→将钢丝网片插入管座的对口砂浆中并以抹带砂浆补充肩角→勾捻管内下部管缝→为勾上部内缝支托架→抹带（素灰、打底、安钢丝网片、抹上层、赶压、拆模等）→勾捻管内上部管缝→内外管口养护。

抹带接口操作：

1) 抹带：

① 抹带前将已凿毛的管口洗刷干净并刷水泥浆一道，在带的两侧安装好弧形边模；

② 抹带第一层砂浆应压实，与管壁粘牢，厚 15mm 左右，待底层砂浆稍凉，有浆皮

后，将两片钢丝网包拢使其挤入砂浆浆皮中，用20号或22号铁丝（镀锌）扎牢，同时要把所有的钢丝网头塞入网内，使网面平整，以免产生小孔漏水；

③ 第一层水泥砂浆初凝后，再抹第二层水泥砂浆使之与模板平齐，砂浆初凝后赶光压实；

④ 抹带完成后立即养护，一般4～6天可以拆模，应轻敲轻卸，避免碰坏带的边角，然后继续养护。

2）勾捻内缝及接口养护方法与水泥砂浆抹带接口相同。钢丝网水泥砂浆接口的闭水性较好，常用于污水管道接口，管座采用135°或180°。

（3）套环接口：

套环接口的刚度好，常用于污水管道的接口，分为现浇套环接口和预制套环接口两种。

1）现浇套环接口，采用的混凝土的强度等级一般为C18；捻缝用1∶3水泥砂浆，配合比为：水泥∶砂∶水＝1∶3∶0.5；钢筋为Ⅰ级，直径ϕ6、ϕ8。

施工程序：浇筑管基→凿毛与管相接处的管基，并清刷干净→支马鞍形接口模板→浇筑混凝土→养护后拆模→养护。

捻缝与混凝土浇筑相配合进行。

2）预制套环接口：套环采用预制套环可加快施工进度。套环内可填塞油麻石棉水泥或胶圈石棉水泥。石棉水泥配比（重量比）为：水∶石棉∶水泥＝1∶3∶7；捻缝用砂浆配比：水泥∶砂∶水＝1∶3∶0.5。

施工程序为：在垫块上安管→安套环→填油麻→填打石棉水泥→养护。

（4）承插管水泥浆接口、沥青麻布柔性接口：

承插管水泥砂浆接口，一般适合小口径雨水管道施工。水泥砂浆配合比为：水泥∶砂∶水＝1∶2∶0.5。

施工程序：清洗管口→安第一节管，并在承口下部填满砂浆→安第二节管，接口缝隙填满砂浆→将挤入管内的砂浆及时抹光并清除→湿养护。

沥青麻布（玻璃布）柔性接口适用于无地下水、地基不均匀沉降不严重的平口或企口排水管道。

接口时，先清刷管口，并在管口上刷冷底子油、涂热沥青、作四油三布，并用铁丝将沥青麻布绑扎，最后捻管内缝（1∶3水泥砂浆）。

（5）沥青砂浆柔性接口：

这种接口的使用条件与沥青麻布柔性接口相同，但不用麻布，成本降低。沥青砂浆配合比为：石油沥青∶石棉∶砂＝1∶0.67∶0.69。制备时，待锅中沥青（10号建筑沥青）完全熔化到超过220℃时，加入石棉（纤维占1/3左右）、细砂，不断搅拌使之混合均匀。浇灌时，沥青砂浆温度控制在200℃左右，具有良好的流动性。

施工程序：管口凿毛及清理→管缝填塞油麻→刷冷底子油→支设灌口模具→灌注沥青砂浆→拆模→捻内缝。

（6）承插管沥青油膏柔性接口：

这是利用一种粘结力强、高温不流淌、低温不脆裂的防水油膏，进行承插管接口，施工较为方便。沥青油膏有成品，也可自配。这种接口适用小口径承插口污水管道。沥青油膏重量比：石油沥青：松节油：废机油：石棉灰：滑石粉=100：11.1：44.5：77.5：119。

施工程序为：清刷管口保持干燥→刷冷底子油→油膏捏成圈条备用→安第一节管→将粗油膏条垫在第一节管承口下部→插入第二节管→用麻錾填塞上部及侧面沥青油膏条。

管道冲洗：主要使管内杂物全部洗干净，使排出水的水质与自来水状态一致。在没有达到水质要求时，这部分冲洗水要放掉，可排至附近河道。排水管道，排水时应取得有关单位协助，确保排放畅通。安装放水口时，其冲洗管接口应严密，并设有闸阀、排气管和放水龙头，弯夹处应进行临时加固。冲洗水管可比被冲洗的水管管径要小，但断面不应小于二分之一，冲洗水的流速宜大于 0.7m/s。管径较大时，所需要的冲洗水量较大可在夜间进行冲洗，以不影响周围的正常用水。闸阀：又称闸板阀，这种阀门多用于煤气、油类、供水管道等。阀体内有闸板，当闸板被阀杆提升时，阀门便开启，流体通过其结构形式有明杆和暗杆。闸板有平行式和楔式，平行闸板两边的密封面是平行的，通常分为两个单独加工，再合并在一起使用，所以也把平行式的闸阀称为双闸板闸阀，一般把楔式闸板大多加工成单阀板，这种阀板的加工比双闸板困难，闸阀的优点很多，密封性能好、流体阻力小、开启和关闭比较容易、并且具有一定的调节性能。

管道消毒：目的是消灭新安装管道内的细菌，使水质不致污染，消毒液常用漂白粉溶液，注入被消毒的管段内，灌注时可少许开启来水闸阀和出水闸阀，使清水带着漂白液流经全部管段，当从放水口检验出高浓度氯水为止，然后关闭所有闸阀，使含氯水浸泡 24h 为宜，氯浓度为 20～30mg/L。采用含氯量为 25%～30%的漂白粉，浓度冬季为 2%，夏季为 1%，使管内每升水活性氯 30～50mg。

漂白粉：指含氯离子化合物 $Ca(ClO)_2$ 与 $Ca(OH)_2$ 的混合物。溶解漂白粉制成消毒溶液，$Ca(ClO)_2$ 与 H_2O、CO_2 反应生成 HClO，HClO 极不稳定易分解生成 Cl_2，而 Cl_2 具有强烈的刺激性，而起到消毒的作用。

040501002　钢管

钢管由于具有较高的机械强度和刚度、管内外表面光滑、水力条件好的特点而广泛地用于给水排水工程中。

用于给水排水工程中的钢管主要有有缝钢管（焊接钢管）、无缝钢管、不锈钢管。

（1）有缝钢管

又称为焊接钢管，由易焊接的碳素钢制造。按制造工艺不同，分为对焊、叠边焊和螺旋焊接管 3 种。

有缝钢管以公称通径标称，其最大的公称通径为 150mm（6″）。常用的公称通径为 *DN*15～*DN*100。有缝钢管规格见前面镀锌钢管所述。

一般给水工程，管径超过 100mm 的给水管常采用的钢管为卷焊钢管。卷焊管按生产工艺不同及焊缝的形式分为直缝卷制焊钢管和螺旋缝焊接钢管。

1）直缝卷制焊接钢管

直缝卷制焊接钢管是钢板分块经卷板机卷制成型，再经焊接而成。属低压流体输送用管。主要用于水、煤气、低压蒸气及其他流体。

2）螺旋缝焊接钢管

螺旋缝焊接钢管与直缝卷制焊接钢管一样，也是一种大口径钢管。用于水、煤气、空气和蒸气等一般低压流体输送的螺旋缝焊接钢管是以热轧钢带卷作管坯，在常温下卷曲成型，采用双面自动埋弧焊和单面焊法制成，也可采用高频搭接焊。

尽管普通焊接钢管的工作压力可达 1.0MPa。实际工程中，其工作压力一般不超过 0.6MPa；加厚焊接钢管、直缝、螺旋缝卷焊钢管虽然工作压力可达 1.6MPa，实际工程中，其工作压力一般不超过 1.0MPa。

（2）无缝钢管

无缝钢管是用普通碳素钢、优质碳素钢、普通低合金钢和合金结构钢制造的。按制造方法分为热轧管和冷拔（轧）管。无缝钢管规格表示为外径乘壁厚。如外径为 159mm、壁厚为 6mm 的无缝钢管表示为 ϕ159×6。在同一外径下的无缝钢管有多种壁厚，管壁越厚，管道所承受的压力越高。冷拔（轧）管外径 6～200mm，壁厚 0.25～14mm；热轧管外径 32～30mm，壁厚 2.5～75mm。热轧无缝钢管的长度为 3～12.5m；冷拔（轧）管的长度 1.5～9m。在管道工程中，管径在 57mm 以内时常用冷拔（轧）管，管径超过 57mm 时，常选用热轧管。无缝钢管适用于工业管道工程和高层建筑循环冷却水及消防管道。通常压力在 0.6MPa 以上的管道应选用无缝钢管。

（3）不锈钢管

不锈钢无缝钢管简称不锈钢管。它采用 19 个品种的不锈、耐酸钢制造。按制造工艺的不同，分为热轧、热挤压不锈钢管和冷拔（轧）不锈钢管。不锈钢管常用规格见表 2-65。

不锈钢管常用规格表 **表 2-65**

外径(mm)	壁厚(mm)	理论重量(kg/m)	外径(mm)	壁厚(mm)	理论重量(kg/m)
14	3	0.82	89	4	8.45
18	3	1.12	108	4	10.03
25	3	1.64	133	4	12.81
32	3.5	2.74	159	4.5	17.30
38	3.5	3.00	194	6	27.99
45	3.5	3.60	219	6	31.99
57	3.5	4.65	245	7	41.35
76	4	7.15			

钢管接口：焊接钢管常采用螺纹、焊接及法兰连接；无缝钢管、不锈钢管常采用焊接和法兰连接。

螺纹连接也称为丝扣连接。常用于 DN≤100mm，PN≤1MPa 的冷、热水管道，即镀锌焊接钢管（白铁管）的连接；也可用于 DN≤50mm，PN≤0.2MPa 的饱和蒸汽管道，即焊接钢管（黑铁管）的连接。此外，对于带有螺纹的阀件和设备，也采用螺纹连接。螺纹连接的优点是拆卸安装方便。

焊接是钢管连接的主要形式。焊接的方法有手工电弧焊、气焊、手工氩弧焊、埋弧自动焊、埋弧半自动焊、接触焊和气压焊等。在施工现场焊接碳素钢管，常用的是手工电弧焊和气焊。手工氩弧焊由于成本较高，一般用于不锈钢管的焊接。埋弧自动焊、埋弧半自动焊、接触焊和气压焊等方法由于设备较复杂，施工现场较少采用，一般在预制管道加工厂采用。电焊焊缝的强度比气焊焊缝强度高，并且比气焊经济，因此应优先采用电焊焊接。只有公称通径小于 80mm、壁厚小于 4mm 的管子才用气焊焊接。但有时因条件限制，不能采用电焊施焊的地方，也可以用气焊焊接公称通径大于 80mm 的管子。

法兰是在管口上的带螺栓孔的圆盘，法兰连接严密性好，安装拆卸方便，用于需要检修或定期清理的阀门、管路附属设备与管子的连接，法兰的连接如图 2-167 所示。

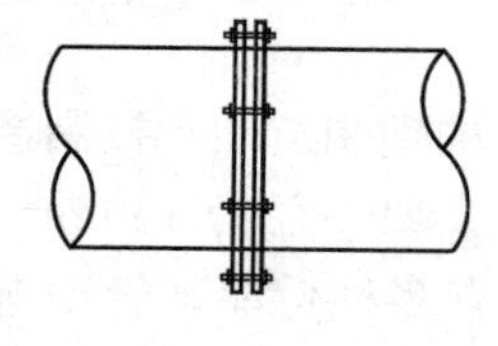
图 2-167　法兰

是固定在管口上的带螺栓孔的圆盘。法兰连接严密性好，拆卸安装方便，故用于需要检修或定期清理的阀门、管路附属设备与管子的连接，如泵房管道的连接常采取法兰连接。

根据法兰与管子的连接方式，钢制法兰分为以下几种：

（1）平焊法兰（图 2-168*a*、*b*）

给水排水管道工程中常用平焊法兰。这种法兰制造简单、成本低，施工现场既可采用成品，又可按国家标准在现场用钢板加工。平焊法兰的密封面根据耐压等级可制成光滑面、凸凹面和榫槽面 3 种，以光滑面平焊法兰应用最为普遍。平焊法兰可用于公称压力不超过 2.5MPa、工作温度不超过 300℃的管道上。

（2）对焊法兰

如图 2-168（*c*）所示，这种法兰本体带一段短管，法兰与管子的连接实质上是短管与管子的对口焊接，故称对焊法兰。一般用于公称压力大于 4MPa 或温度大于 300℃的管道上。对焊法兰多采用锻造法制作，成本较高，施工现场大多采用成品。对焊法兰可制成光滑面、凸凹面、榫槽面、梯形槽等几种密封面，其中以前两种形式应用最为普遍。

（3）铸钢法兰与铸铁螺纹法兰　铸钢法兰与铸铁螺纹法兰（图 2-168 *d*、*e*）适用于水煤气输送钢管上，其密封面为光滑面。它们的特点是一面为螺纹连接，另一面为法兰连接，属低压螺纹法兰。

（4）翻边松套法兰　翻边松套法兰属活动法兰，分为平焊钢环松套、翻边松套和对焊松套三种。翻边松套法兰（图 2-168*f*）由于不与介质接触，常用于有色金属管（铜管、铝管）、不锈钢管以及塑料管的法兰连接上。

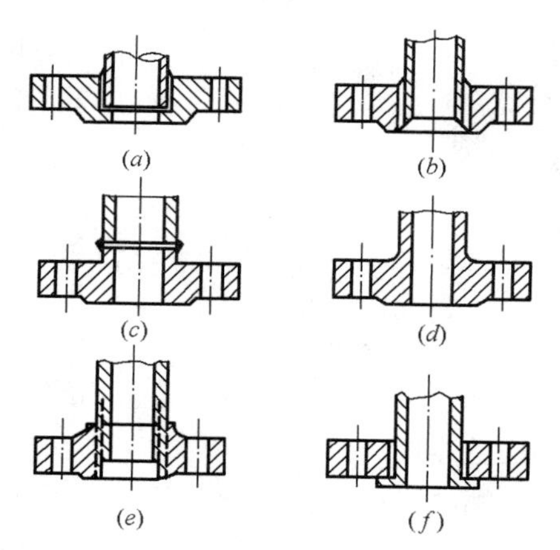

图 2-168　法兰的几种形式
（*a*）、（*b*）平焊法兰；（*c*）对焊法兰；（*d*）铸钢法兰；（*e*）铸铁螺纹法兰；（*f*）翻边松套法兰

（5）法兰盖　法兰盖是中间不带管孔的法兰，供管道封口用，俗称盲板。法兰盖的密封面应与其相配的另一个法兰对应，压力等级与法兰相等。

法兰与管子的连接方法：

平焊法兰、对焊法兰与管子的连接，均采用焊接。焊接时要保持管子和法兰垂直，其允许偏差见表 2-66。管口不得与法兰连接面平齐，应凹进 1.3～1.5倍管壁厚度或加工成管台，如图 2-168 平焊法兰（*a*）、（*b*）所示。

法兰的螺纹连接，适用于镀锌钢管与铸铁法兰的连接，或镀锌钢管与铸钢法兰的连接。在加工螺纹时，管子的螺纹长度应略短于法兰的内螺纹长度，螺纹拧紧时应注意两块法兰的螺栓孔对正。若孔未对正，只能拆卸后重装，不能将法兰回松对孔，以保证接口严密不漏。

法兰焊接允许偏差值 **表 2-66**

公称直径（mm）	≤80	100～250	300～350	400～500
法兰盘允许偏斜值 a（mm）	±1.5	±2	±2.5	±3

翻边松套法兰安装时，先将法兰套在管子上，再将管子端头翻边，翻边要平正成直角无裂口损伤，不挡螺栓孔。

法兰垫圈：法兰连接必须加垫圈，其作用为保证接口严密，不渗不漏。法兰垫圈厚度选择一般为 3～5mm，垫圈材质根据管内流体介质的性质或同一介质在不同温度和压力的条件下选用，给排水管道工程常采用以下几种垫圈：

（1）橡胶板。

（2）石棉橡胶板。

钢管、铸铁管保温：

保温材料应具有：导热系数小，密度在 400kg/m^3 以下；具有一定的强度，一般应能承受 0.3MPa 以上的压力；能耐一定的温度，对潮湿、水分的侵蚀有一定的抵抗力；不应含有腐蚀性的物质；造价低、不易燃，便于施工；保温材料如用涂抹法施工时，要求与管道有一定的粘结力。在实际工程中，一种材料全部满足上述要求是很困难的，这就需要根据具体情况具体分析、比较、抓主要矛盾，选择最有利的保温材料。例如低温系统应首先考虑保温材料的密度小，导热系数小，吸湿率小等特点；高温系统则应着重考虑材料在高温下的热稳定性。在大型工程项目中，保温材料的需要量和品种规格都较多，还应考虑材料的价格、货源以及减少品种规格等。品种和规格多会给采购、存放、使用、维修管理等带来很多麻烦。对于在运行中有振动的管道或设备，宜选用强度较好的保温材料及管壳，以免长期受振使材料破碎。对于间歇运行的系统，还应考虑选用热容量小的材料。

目前，保温材料的种类很多，比较常用的保温材料有岩棉、玻璃棉、矿渣棉、珍珠岩、硅藻土、石棉、水泥蛭石等类材料及碳化软木、聚苯乙烯泡沫塑料、聚氨酯泡沫塑料、泡沫玻璃、泡沫石棉、铝箔、不锈钢等。各厂家生产的同一保温材料的性能均有所不同，选用时应按照厂家的产品样本或使用说明书中所给的技术数据选用。

管道保温结构形式有以下几种：

（1）涂抹式结构　涂抹式结构如图 2-169（*a*）所示。

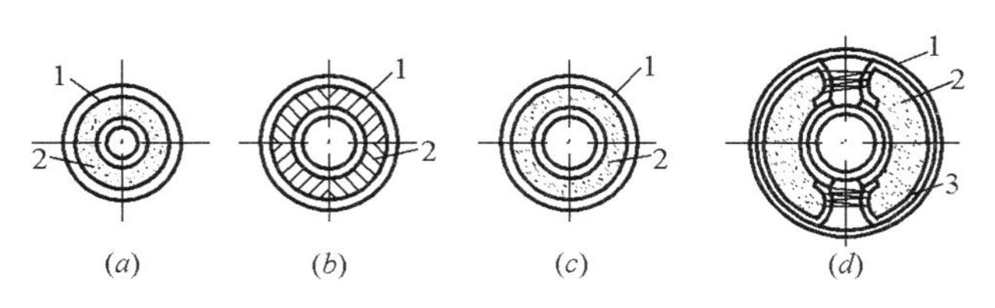

图 2-169　管道绝热结构

（*a*）涂抹式：1—保护壳或保护层；2—涂抹保温层；
（*b*）装配式：1—保护壳或保护层；2—预制件；
（*c*）缠包式：1—保护层；2—保温层；
（*d*）填充式：1—保护壳；2—保温材料；3—支撑环

涂抹式结构的施工方法是将石棉硅藻土或碳酸石棉粉用水调成胶泥，然后将这种胶泥涂抹在已刷过两道防锈漆的管道上。涂抹前可先在管道上抹一层六级石棉和水调制成的胶泥作底层，厚度约 5mm，用以增大保温材料与管壁的粘结力，干燥后再涂抹保温材料。每层保温材料的涂抹厚度为10～15mm。等前一层干燥后再涂抹后一层，直到需要的保温厚度为止。

在直立管段保温时，为防止保温层下坠，应先在管道上焊接支承环，然后再涂抹保温材料。支承环由2～4块宽度与保温层厚度相等的扁钢组成；当管径小于150mm时，也可以在管道上捆扎几道铁丝代替扁钢支承环。支承环的间距为2～4m。

涂抹式保温层的施工，应大环境温度高于0℃的情况下进行。为加速干燥，可在管内通入温度不高于150℃的热介质。

（2）预制装配式结构　预制装配式保温结构如图2-169（*b*）所示。

先将保温材料（泡沫混凝土、硅藻土或石棉蛭石等）预制成扇形块状，围抱管道圆周的预制件块数，最多不应超过8块。块数应取偶数，以便于使横的接缝相互错开。如保温层厚度较大，预制件可作成双层结构，也可以用泡沫塑料、矿渣棉和玻璃棉制成管壳形保温层。

将预制件装配到管道上之前，先在管壁上涂两道防锈漆，再涂敷一层5mm厚的石棉硅藻土或碳酸镁石棉粉胶泥。如用矿渣棉或玻璃棉管壳保温，可以不抹胶泥。

预制件装配时，横向接缝和双层构件的纵向接缝，应当相互错开，接缝用石棉硅藻土胶泥填实。当保温层外径不于200mm时，在保温层预制件的外面，用ϕ1～ϕ2的镀锌铁丝捆扎，间距为预制件长度的1/2，但不应超过300mm，并应使每块预制件至少捆扎两处。当保温层外径大于200mm时，应在保温层预制件外面用网格30×30～50×50（mm）的镀锌铁丝网捆扎。

（3）缠包式结构（图2-169*c*）　缠包式保温用矿渣棉毡或玻璃棉毡作为保温材料。施工时，先按管子的外圆周长加上搭接宽度，把矿渣棉毡或玻璃棉毡剪成适当的条块，再把这种条块缠包在已涂刷过两道防锈漆的管子上。包裹时应将棉毡压紧，使矿渣棉毡的密度不小于150～200kg/m^3，玻璃棉毡的密度不小于130～160kg/m^3，以减少它们在运行期间的压缩变形。如果一层棉毡的厚度达不到规定的保温厚度时，可以使用两层或三层棉毡分层缠包。

棉毡的横向接缝必须紧密结合，如有缝隙应用矿渣棉或玻璃棉填塞。棉毡的纵向接缝应放在管子的顶部。搭接宽度为50～300mm，可根据保温层外径的大小确定。保温层外径如小于500mm时，棉毡外面用直径ϕ1～ϕ1.4的镀锌铁丝捆扎，间隔为150～200mm。保温层外径大于500mm时，除用镀锌铁丝捆扎外，还应用网孔30mm×30mm的镀锌铁丝网包扎。

（4）填充式保温结构　填充式保温结构是矿渣棉，玻璃棉或泡沫混凝土等保温材料，填充在管子周围的特殊套子或铁丝网中，如图2-169（*d*）所示。

这种保温结构要用大量支承环，制作耗费时间。施工时，保温材料的粉末飞扬，影响操作人员的身体健康，因此在热力管道保温中采用较少，常用于制冷管道的保温。此外，铝管道多采用填充式保温结构，支承环焊接到支承角钢上。

（5）浇灌式保温结构　浇灌式保温结构用于不通行地沟内或无沟地下敷设的热力管道，分为有模浇灌和无模浇灌两种。浇灌用的保温材料大多用泡沫混凝土。浇灌前，须先在管子的防锈漆面上涂抹一层机油，以保证管子的自由伸缩。

（6）阀门的保温结构　阀门的保温结构有涂抹式或捆扎式两种形式。

涂抹式保温是将湿保温材料直接涂抹在阀体上。所有的保温材料及涂抹方法与管道保温相同。在保温层的外面，用网孔为 50mm×50mm 的镀锌铁丝网覆盖，铁丝网外面涂抹石棉水泥保护壳，作法与管道保温相同。

捆扎式保温是用玻璃丝布或石棉布缝制成软垫，内填装玻璃棉或矿渣棉，填装保温材料后的软垫厚度等于所需保温层的厚度。施工时将这种软垫包在阀体上，外面用 $\phi1$～$\phi1.6$ 的镀锌铁丝或直径为 3～10mm 的玻璃纤维绳捆扎。

040501003　铸铁管

铸铁管是给水管网及运输水管道最常用的管材。它抗腐蚀性好、经久耐用、价格较钢管低，缺点是质脆、不耐震动和弯折、工作压力较钢管低、管壁较钢管厚，且自重较大。给水铸铁管按材质分为灰铸铁管（普通铸铁管）和球墨铸铁管。在灰铸铁管中碳全部（或大部）不是与铁呈化合物状态而是呈游离状态的片状石墨；球墨铸铁管中碳大部分呈球状，石墨存在于铸铁中，使之具有优良的机械性能，故又可称为可延性铸铁管。

（1）灰铸铁管：给水管道中常用的一种管材，与钢管比较，其价格较低、制造方便、耐腐蚀性较好，但质脆、自重大。管径以公称直径表示，其规格为 *DN*75～*DN*1500，有效长度（单节）为 4、5、6m，承受压力分为低压、普压及高压三种规格，见表 2-67 所列。铸铁管的接口基本上可分为承插式和法兰接口，如图 2-170 所示。

铸铁管规格　　**表 2-67**

类别	高压管				普压管				低压管			
	直径（mm）	长度（m）	试验压力（MPa）	工作压力（MPa）	直径（mm）	长度（m）	试验压力（MPa）	工作压力（MPa）	直径（mm）	长度（m）	试验压力（MPa）	工作压力（MPa）
连铸	75～1200	4～5	2.5～3	1	75～1500	4～6	2～2.5	0.75	75～900	4～5	1.5～2	0.45
砂型离心	150～500	5～6		1	75～1500	4～6	2～2.5	0.75	75～900	4～6	1.5～2	0.45

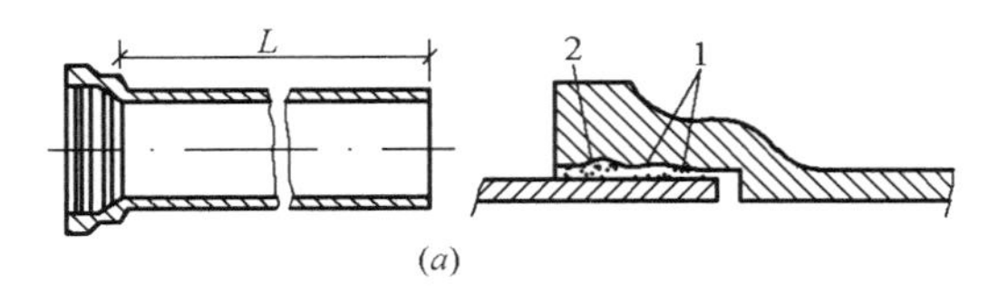

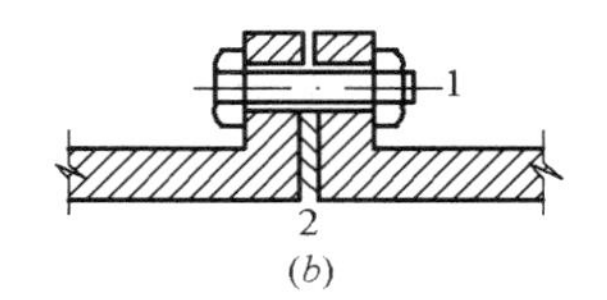

图 2-170　铸铁管接口形式图

（*a*）承插式；（*b*）法兰式

1—麻丝；2—石棉水泥等；1—螺栓；2—垫片

不同形式接口其安装方式又各不相同：

1）青铅接口承插铸铁管安装工作内容：检查及清扫管材、切管、管道安装、化铅、打麻、打铅口。

2）石棉水泥接口承插铸铁管安装工作内容：检查及清扫管材、切管、管道安装、调制接口材料、接口、养护。

3）膨胀水泥接口承插铸铁管安装工作内容：检查及清扫管材、切管、管道安装、调制接口材料、接口、养护。

4）胶圈接口承插铸铁管安装工作内容：检查及清扫管材、切管、管道安装、上胶圈。

(2) 球墨铸铁管：以镁或稀土镁合金球化剂在浇筑前加入铁水中，使石墨球化，同时加入一定量的渣铁或渣钙合金作孕育剂，以促进石墨球化。石墨呈球状时，对铸铁基本的破坏程度减轻，应力集中亦大大降低，因此它具有较高的强度与延伸率。球墨铸铁管采取胶圈接口，其T型推入式接口工具配套、操作简便、快速，适用于 $DN80 \sim DN2000$ 的输水管道，在国内外输水工程点广泛采用。工作内容：检查及清扫管材、切管、管道安装、上胶圈。

承插式刚性接口一般由嵌缝和密封材料组成。嵌缝的作用是使承插口缝隙均匀、增加接口的粘着力、保证密封填料击打密实，而且能防止填料掉入管内。嵌料材料有油麻、橡胶圈、粗麻绳和石棉绳，其中给水管常用前两种材料。

承插铸铁管铺设青铅接口指在承插承插接头处使用铅作为密封材料，作法是：

(1) 灌铅：在灌铅前检查嵌缝料填打情况，承口内擦洗干净，保持干燥，然后将特制的布卡箍或泥绳贴在承口外端，上方留一灌铅口，用卡子将布卡箍卡紧，卡箍与管壁接缝处用湿黏土抹严以防漏铅。灌铅及化铅人员佩戴石棉手套、眼镜，灌铅入站在灌铅口承口一侧，铅锅距灌铅口高约 20cm，铅液从铅口一侧倒入，以便排气，每个铅口应一次连续灌完，凝固后，卸下布卡箍和卡子。

(2) 填打铅口：首先用錾子将铅口飞刺剔除，再用铅錾捻打。打的方法：第一遍紧贴插口，第二遍紧贴承口，第三遍居中打。捻打时一錾压着半錾打，直至铅表面平滑。铅接口施工时，一定要严格执行有关操作规程，防止火灾，注意安全。施工程序：安设灌铅卡箍→熔铅→运送铅溶液→灌铅→拆除卡箍。

承插铸铁管安装（石棉水泥接口）：

指密封填料部分用石棉水泥填料作为普通铸铁管的填料，具有抗压强度较高、材料来源广、成本低的优点。但石棉水泥接口抗弯曲应力或冲击应力能力很差，接口需经较长时间养护才能通水，且打口劳动强度大，操作水平要求高。施工过程如下：

(1) 材料的配比与拌制：石棉在填料中主要起骨架作用：改善接口的脆性、有利接口的操作。所用石棉应有较好的柔性，其纤维有一定长度，通常使用 4F 级温石棉。石棉在拌合前晒干，以利拌合均匀水泥填料的重要成分，它直接影响接口的密封性、填料的强度、填料与管壁间的粘着力。作为接口材料的水泥不应低于 42.5 级，不允许使用过期或结块水泥。石棉水泥填料的配合比（重量比）一般为 3∶7，水占干石棉水泥混合重量的 10%。气温较高时适当增加石棉和水泥可集中拌制成干料，装入桶内，每次干拌填料不应超过一天的用量，使用时随用随加水湿拌成填料，加水拌合石棉水泥应在 1.5h 内用完，否则影响质量。

(2) 接口：在已经填打合格的油麻或橡胶圈承口内，将拌合好的石棉水泥，用捻灰錾自下而上往承口内填塞。其填塞深度、捻打遍数及使用錾子的规格，各地区有所不同，参考下表 2-68。

当接口填平嵌料与填打密封材料采用流水作业时，二者至少相隔 2～3 个管口，以免填打嵌料时影响填打密封料的质量。填打石棉水泥时，每遍均应按规定深度填塞均匀，用 1、2 号錾子，打两遍时贴承口打一遍，再靠插口打一遍，打三遍时，再靠中间打一遍，每打一遍，每錾至少打击三下，錾子移位应重叠 1/2～1/3，最后一遍找平时用力稍轻。填料表面呈灰黑色，并有较强的回弹力。管径小于 300mm，一般每个管口安排一人操作；

管径大于 300mm，一般每个管口安排两个操作。

石棉水泥填打方法 **表 2-68**

管径(mm) / 打法 / 填灰遍数	75～450			500～700		
	四填八打			四填八打		
	填灰深度	使用錾号	击打遍数	填灰深度	使用錾号	击打遍数
1	1/2	1号	2	1/2	1号	3
2	剩余的 2/3	2号	2	剩余的 2/3	2号	3
3	填平	2号	2	填平	2号	2
4	找平	2号	2	找平	3号	2

(3) 养护：石棉水泥接口填打完毕，应保持接口湿润，一般可用湿黏土糊盖接口处，夏季可覆盖淋湿的草帘，定时洒水，一般养护 24h 以上。养护期间管道不准承受震动荷载，管内不得承受有压的水。

(4) 填打水泥的方法按管径大小决定，一般，管径 75～400mm 时采用“四填八打”；管径 500～700mm 时，采用“四填十打”；管径 800～1200mm 时采用“五填十六打”。填打石棉水泥应注意以下几点：

1) 油麻填打与石棉水泥填土至少相隔 2 个口，分开填打，以避免打麻时因振动而影响接口质量。

2) 填打石棉水泥应用检尺检查填料深度，保持环形间隙在允许差的范围之内。

3) 石棉水泥接口不宜在气温低于－5℃的冬季施工。石棉水泥接口填打合格后，应及时采取湿养护。石棉水泥接口的质量标准是配比应准确、打口后的接口外表面灰黑而光亮、凹进承口 1～2mm，深浅一致、并用麻錾用力连打数下表面不再凹入为合格。

石棉水泥：是纤维加强水泥，有较高的强度，采用软－4 级或软－5 级石棉绒与不低于 42.5 级普通硅酸盐水泥加水混合的石棉水泥。常作为铸铁管承插口的填料。石棉是一种非金属矿物纤维，具有耐腐蚀、隔热好、不燃烧的特性，常用于保温材料。

承插铸铁管安装（膨胀水泥接口）：是指以承插的形式连接并且接口是膨胀水泥接口，亦就是指密封填料部分是膨胀水泥。膨胀水泥在水化过程中体积膨胀、密度减小、体积增加，提高水密性和管壁的粘结力，并产生密封性微气泡，提高接口抗渗性。

施工过程如下：

(1) 材料的配比与拌制：

水泥：接口用的膨胀水泥是强度等级不低于 42.5 级的石膏矾土膨胀水泥或硅酸盐膨胀水泥。出厂超过三个月者经试验证明其性能良好方可使用，自行配制膨胀水泥时，必须经过技术鉴定合格才能使用。接口所用的砂子应是洁净的中砂，最大粒料小于 1.2mm，含泥量小于 2%。膨胀水泥砂浆的配合比为膨胀水泥∶砂∶水＝1∶1∶0.3，当气温较高或风力较大时，用水量可酌量增加，但最大水灰比不宜超过 0.35。膨胀水泥砂浆拌合应均匀，外观颜色一致。在使用地点加水，随用随拌，一般干拌三遍，加水后再拌三遍，应随拌随用，一次拌灰量应在初凝期内用完。

(2) 膨胀水泥砂浆的填捣：

填膨胀水泥砂浆之前，用探尺检查嵌料层深度是否正确，然后用清水湿润接口缝隙，膨胀水泥砂浆应分层填入、分层捣实，捣实时应一錾压一錾，通常以三填三捣为宜，最外一层找平，凹进承口 1～2mm，冬季气温低于－5℃时，不宜进行膨胀水泥接口。具体操作方法见表 2-69。

填膨胀水泥砂浆方法　　表 2-69

填料遍数	填料深度	捣实方法
第一遍	至接口深度的 1/2	用錾子均匀捣实
第二遍	填至承口边缘	用錾子均匀捣实
第三遍	找平成活	捣至表面返浆，比承口凹进 1～2mm，刮去多余灰浆，找平表面

（3）膨胀水泥砂浆接口的养护：

膨胀水泥接口完成后，应立即用浇湿草袋（或草帘）覆盖，1～2h 后定时浇水，使接口保持湿润状态，也可以用湿泥养护，接口填料终凝后，管内可充水养护，但水压不得超过 0.1～0.2MPa（1～2kg/cm^2）。

膨胀水泥：一种是硅酸盐水泥、高铝水泥和石膏按一定比例共同磨细或分别粉磨再经混匀而成，另一种是铝酸盐型的是以高铝水泥熟料和二水石膏磨细而成的。

承插铸铁管安装（胶圈接口）：

管道接口是管道施工中的主要工序，也是管道安装中保证工程质量的关键。管道种类较多，承插式分刚性接口和柔性接口，胶圈接口是承插式柔性接口。它的密封材料是橡胶圈，橡胶圈在接口中处于受压缩状态，起到防渗作用。橡胶圈接口性能见下表 2-70。

橡胶圈接口性能　　表 2-70

项目＼口型	梯唇型接口 D=200mm	机械接口 D=150mm
密封折角	0～3.0MPa	0～2.2MPa
弯曲折角	在 0～1.4MPa 水压下 5°～70°	在 0～1.0MPa 水压下 55°
转向位移	在 0～1.4MPa 水压下 0～30mm	在 0～1.4MPa 水压下 0～30mm
耐震性	可耐烈度 9 度以下地震	在 1.0MPa 水压下以 3.5Hz 振幅 6.2mm 振动 3min 未漏

（1）滑入式橡胶圈接口操作：

1）清理承口：清刷承口，铲去所有粘结物，并擦洗干净。

2）清理橡胶圈：清擦干净，检查接头、毛刺、污斑等缺陷。

3）上胶圈：把胶圈上到承口内。

由于胶圈外径比承口凹槽内径稍大，故嵌入槽内后需要手沿圆内轻轻压一遍，使均匀一致卡在槽内。

4）刷润滑剂：用厂方提供的润滑剂或用肥皂水均匀地刷在胶圈内表面和插口工作面上。

（2）接口：完成上述步骤后，将插口中心对准承口中心，安装好顶推工具，使其就位，扳动手拉葫芦，均匀地使插口推入承口内。注意以下几点：

1）胶圈接口的内环径一般应为插口外径的 0.85～0.87 倍。

2）胶圈应有足够的压缩量。胶圈直径应为承插口间隙的 1.4～1.6 倍（圆形截面时）或其厚度为承插口间隙的 1.35～1.45 倍或胶圈截面直径的选择按胶圈填入接口后截面压缩率≤34%～40%为宜。

$$压缩率=\frac{胶圈截面直径-接口间隙}{胶圈截面直径}\times 100\%$$

3）胶圈接口应尽量采用胶圈推入器，使胶圈在装口时滚入接口内。

胶圈：是由橡胶经加工而制成的垫圈。胶圈具有较好的弹性、伸缩性，密封性能良好，而且具有较好的压缩量，并取代油麻作为承插口理想的内层填料。

040501004　塑料管道

塑料管按制造原料的不同，分为硬聚氯乙烯管（UPVC管）、聚乙烯管（PE管）和工程塑料管（ABS管）等。塑料管的共同特点是质轻、耐腐蚀性好，管内壁光滑，流体摩擦阻力小、使用寿命长。可替代金属管用于建筑给排水、城市给排水、工业给排水和环境工程。

（1）硬聚氯乙烯管又称UPVC管

按采用的生产设备及其配方工艺，UPVC管分为给水用UPVC管和排水用UPVC管。

1）给水用UPVC管　给水用UPVC管的质量要求是用于制造UPVC管的树脂中，含有已被国际医学界普遍公认的对人体致癌物质氯乙烯单体不得超过5mg/kg；对生产工艺上所要求添加的重金属稳定剂等一些助剂，应符合《给水用UPVC管材》的要求。给水用UPVC管材分3种形式：

① 平头管材。

② 粘接承口端管材。

③ 弹性密封圈承口端管材。管材的额定工作压力分两个等级0.63MPa和1.0MPa。给水用硬聚氯乙烯管规格见表2-71。

给水用硬聚乙烯管规格　　**表2-71**

外径（mm）		壁厚（mm）			
		公称压力			
		0.63MPa		1.0MPa	
基本尺寸	允许误差	基本尺寸	允许误差	基本尺寸	允许误差
20	0.3	1.6	0.4	1.9	0.4
25	0.3	1.6	0.4	1.9	0.4
32	0.3	1.6	0.4	1.9	0.4
40	0.3	1.6	0.4	1.9	0.4
50	0.3	1.6	0.4	2.4	0.5
65	0.3	2.0	0.4	3.0	0.5
75	0.3	2.3	0.4	3.6	0.6
90	0.3	2.8	0.5	4.3	0.7
110	0.4	3.4	0.5	5.3	0.8
125	0.4	3.9	0.6	6.0	0.8
140	0.5	4.3	0.7	6.7	0.9
160	0.5	4.9	0.7	7.7	1.0
180	0.6	5.5	0.8	8.6	1.1
200	0.6	6.2	0.9	9.6	1.2
225	0.7	6.9	0.9	10.8	1.3
250	0.8	7.7	1.0	11.9	1.4
280	0.9	8.6	1.1	13.4	1.6
315	1.0	9.7	1.2	15.0	1.7

2）排水硬聚氯乙烯（UPVC）管　常用于室内排水管，具有重量轻、价格低、阻力小、排水量大、表面光滑美观、耐腐蚀、不易堵塞、安装维修方便等优点。排水硬聚氯乙烯管一般采取承插粘接。

排水硬聚氯乙烯直管及粘接承口规格如图 2-171、图 2-172 和表 2-72。

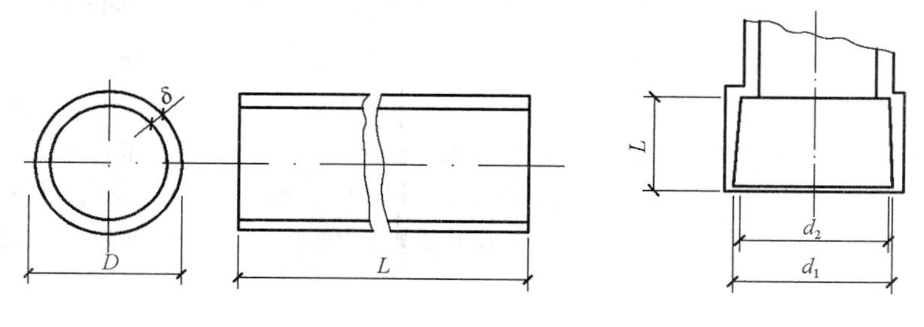

图 2-171　聚氯乙烯排水直管　　　图 2-172　粘接承口

排水硬聚氯乙烯直管公称外径与壁厚及粘接承口（mm）　　　**表 2-72**

公称外径 D	平均外径极限偏差	直管				粘接承口		
		壁厚 δ		长度 L		承口中部内径 d_s		承口深度 L 最小
		基本尺寸	极限偏差	基本尺寸	极限偏差	最小尺寸 d_2	最大尺寸 d_1	
40	+0.3 0	20	+0.4 0			40.1	40.4	25
50	+0.3 0	20	+0.4 0			50.1	50.4	25
75	+0.3 0	23	+0.4 0			75.1	75.5	40
90	+0.3 0	32	+0.6 0	4000 或 6000	±10	90.1	90.5	46
110	+0.4 0	32	+0.6 0			110.2	110.6	48
125	+0.4 0	32	+0.6 0			125.2	125.6	51
160	+0.5 0	40	+0.6 0			160.2	160.7	58

（2）聚乙烯塑料管（PE 管）

多用于压力在 0.6MPa 以下的给水管道，以代替金属管，主要用于建筑内部给水，多采用热熔连接和螺纹连接。

聚乙烯管规格见表 2-73。

聚乙烯夹铝复合管是目前国内外都在大力发展和推广应用的新型塑料金属复合管。该管由中间层纵焊铝管、内外层为聚乙烯以及铝管与内外层聚乙烯之间的热熔胶共挤复合而成。具有无毒、耐腐蚀、质轻、机械强度高、耐热性能好、脆化温度低、使用寿命较长等特点。一般用于建筑内部工作压力不大于 1.0MPa 的冷、热水、空调、供暖和燃气等管道，是镀锌钢管和钢管的替代产品。这种管材属小管径材料，卷盘供应，每卷长度一般为50～200m。聚乙烯夹铝复合管规格见表 2-74 所示。

聚乙烯管规格 **表 2-73**

外径	壁厚	长度	近似重量		外径	壁厚	长度	近似重量	
mm		m	kg/m	kg/根	mm		m	kg/m	kg/根
5	0.5	≥4	0.007	0.028	40	3.0	≥4	0.321	1.28
6	0.5		0.008	0.032	50	4.0		0.532	2.13
8	1.0		0.020	0.080	63	5.0		0.838	3.35
10	1.0		0.026	0.104	75	6.0		1.20	4.80
12	1.5		0.046	0.184	90	7.0		1.68	6.72
16	2.0		0.081	0.324	110	8.5		2.49	9.96
20	2.0		0.104	0.416	125	10.0		3.32	13.3
25	2.0		0.133	0.532	140	11.0		4.10	16.4
32	2.5		0.213	0.852	160	12.0		5.12	20.5

聚乙烯夹铝复合管规格 **表 2-74**

外径×壁厚 (mm)	外 径 (mm)	内 径 (mm)	壁 厚 (mm)	管 重 (kg/m)	卷 长 (m)	卷 重 (kg)
14×2	14	10	2	0.098	200	19.6
16×2	16	12	2	0.102	200	20.4
18×2	18	14	2	0.156	200	31.2
25×2.5	25	20	2.5	0.202	100	20.2
32×3	32	26	3	0.312	50	15.7

注：本规格选自广东佛山日丰塑铝复合管材有限公司产品。

聚乙烯夹铝复合管的连接采取卡套式或扣压式接口。卡套式适合于规格等于或小于25mm×2.5mm 的管子；扣压式适合于规格等于或大于 32mm×3mm 的管子。

1）卡套式接口方式如下：

① 将螺帽和卡套先套在管子端头；

② 将管件本体（即内芯）管嘴插入管子内腔，应用力将管嘴全长压入为止；

③ 拉回卡套和螺帽，用扳手将螺帽拧固在管件本体的外螺纹上。

2）扣压式接口方式如下：

① 将扣压式接头的管嘴插入管子内腔，应用力将管嘴全长插入为止；

② 用专用的扣压管钳将接头外皮挤压定型，管子即被牢固箍紧。

（3）聚丙烯管（PP 管）

它是以石油炼制厂的丙烯气体为原料聚合而成的聚烃族热塑料管材。由于原料来源丰富，因此价格便宜。聚丙烯管是热塑性管材中材质最轻的一种管材，密度为 0.91～0.92g/cm^3，呈白色蜡状，比聚乙烯透明度高。强度、刚度和热稳定性也高于聚乙烯管。

我国生产的聚丙烯管根据原轻工业部颁布标准 SG 246—81 规定：管材工作压力分Ⅰ、Ⅱ、Ⅲ 3 个等级。常温下工作压力为：Ⅰ型，0.4MPa；Ⅱ型，0.6MPa；Ⅲ型，0.8MPa。管材规格以外径×壁厚命名。Ⅰ型管外径为 D50～500；Ⅱ型管为 D40～400；

Ⅲ型管为 D25～200。

聚丙烯管可采用焊接、热熔连接和螺纹连接，又以热熔连接最为可靠。热熔接口是聚乙烯、聚丙烯、聚丁烯等热塑性管材的主要接口形式。小口径的上述管材常采用承插热熔连接，大口径管通常采用对接连接。用热熔接口连接时应将特制的熔接加热模加热至一定温度，当被连接表面由熔接加热模加热至熔融状态（管材及管件的表面和内壁呈现一层粘膜）时，迅速将两连接件用外力紧压在一起，冷却后即连接牢固。

聚丙烯管多用作化学废料排放管、化验室排水管、盐水处理管及盐水管道。由于材质轻、吸水性差及耐腐蚀，常用于灌溉、水处理及农村给水系统。在国外，聚丙烯管广泛用于建筑物的室内地面加热供暖管道。

（4）聚丁烯管（PB 管）

该种管重量很轻（相对密度为 0.925）。该管具有独特的抗蠕变（冷变形）性能，故机械密封接头能保持紧密，抗拉强度在屈服极限以上时，能阻止变形，使之能反复绞缠而不折断。

聚丁烯管材在温度低于 80℃时，对皂类、洗涤剂及很多酸类、碱类有良好的稳定性。室温时对醇类、醛类、酮类、醚类和脂类有良好的稳定性。但易受某些芳香烃类和氯化溶剂侵蚀，温度愈高越显著。

聚丁烯管在化学性质上不污染，抗细菌、藻类和霉菌。因此可用作地下管道，其正常使用寿命一般为 50 年。

聚丁烯管可采用热熔连接，其连接方法及要求与聚丙烯管相同。小口径管也可以采取螺纹连接。

聚丁烯管主要用于给水管、热水管及燃气管道。在化工厂、造纸厂、发电厂、食品厂、矿区等也广泛采用聚丁烯管作为工艺管道。

（5）工程塑料管（ABS 管）

该管是丙烯腈—丁二烯—苯乙烯的共混物，属热塑性管材，表面光滑、管质轻，具有较高的耐冲击强度和表面硬度，在－40～100℃范围内仍能保持韧性、坚固性和刚度，具有优良的抗沉积性，能保持热量，不使油污固化、结渣、堵塞管道。国产 ABS 管按工作压力分为 3 个等级：B 级为 0.6MPa、C 级为 0.9MPa、D 级为 1.6MPa，使用温度为－20～70℃，常用规格为 DN15～DN200。

ABS 管常采用承插粘接接口。在与其他管道连接时，可采取螺纹、法兰等过渡接口。

ABS 管适用于室内外给水、排水、纯水、高纯水、水处理用管。尤其适合输送腐蚀性强的工业废水、污水等。是一种能取代不锈钢管、铜管的理想管材。

管材必须有合格证书，且批量、批号相等，管的外形及尺寸偏差应符合现行国家标准。给水用塑料管除具有产品合格证外，还应有产品说明，标明用途、国家标准，并附卫生性能、物理力学性能检测报告等技术文件。塑料管表面应光滑，不允许有擦伤、断裂和变形现象，不允许有裂纹、气泡、脱皮和严重的冷斑、明显的杂质以及色泽不匀、分解变质的缺陷。管材的承插口的工作面，必须表面平整、尺寸准确。

管渠断面：

如图 2-173 所示，常用的排水管渠断面形式有圆形、马蹄形、椭圆形、半椭圆形、卵形、梯形、矩形、拱形等。断面形式必须满足水力学、静力学、经济上和养护管理上的要求。

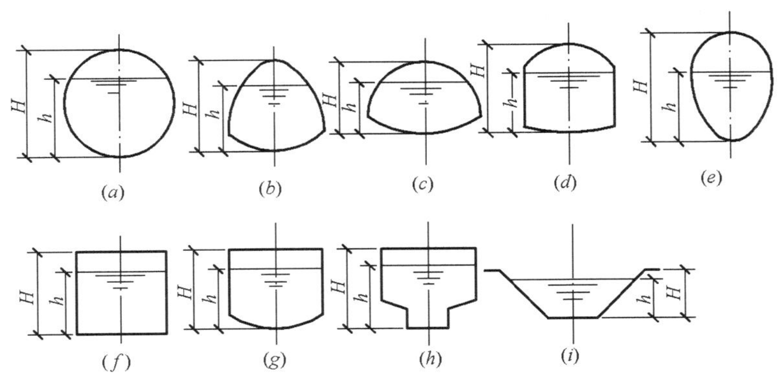

图 2-173　排水管渠常用断面形式

(a) 圆形；(b) 半椭圆形；(c) 马蹄形；(d) 拱顶矩形；(e) 卵形；(f) 矩形；(g) 弧形流槽的矩形；(h) 带低流槽的矩形；(i) 梯形

正确选择管渠断面形式，主要考虑因素有受力情况、土质条件、施工技术及造价等。其基本要求是：管渠结构要稳定，有较大的输水能力和一定的流速、施工及管理方便等特点。圆形断面为常用断面。该种断面水力条件好，管材可大规模生产，在排水工程中广泛应用。明渠排水常采用梯形或矩形断面，结构简单，便于施工。

垫层材料：

(1) 灰土垫层。灰土垫层应铺设在不受地下水浸湿的基土上，灰土拌合料用消石灰和黏土（或亚黏土、轻亚黏土）按比例拌制，其中消石灰应采用生石灰块，在使用前 3～4d 予以消解，并加以过筛，其粒径不得大于 5mm；所用土不得含有有机杂质，使用前亦应过筛，其粒径不得大于 15mm，施工时应保证拌合料比例准确、拌合均匀，并保持一定的湿度。灰土的配合比（体积比）一般为 2∶8 或 3∶7。灰土垫层材料用量见表 2-75。

灰土垫层材料用量（$10m^3$）　　**表 2-75**

材料名称	单　　位	灰土垫层	
		2∶8	3∶7
黏　土	m^3	13.23	11.62
石　灰	kg	1636	2454

(2) 砂和砂石垫层。垫层分别用砂和天然砂石铺设而成，砂和天然砂石中不得含有草根等有机杂质。石子的最大粒径不得大于垫层厚度的 2/3，冻结的砂和冻结的天然砂石不得使用。砂垫层的砂石垫层材料用量见表 2-76。

(3) 碎石垫层。垫层是采用强度均匀、级配适当和不风化的石料铺设而成，碎石是大粒径不得大于垫层厚度的 2/3。每 $10m^3$ 碎石垫层需用碎石 $11m^3$。

(4) 碎砖垫层。垫层采用碎砖料铺设而成，碎砖料不得采用风化、松酥和夹有瓦片及有机杂质的材料，其粒径不得大于 60mm。每 $10m^3$ 碎砖垫层需用碎砖料 $13.2m^3$。

砂垫层和砂石垫层材料用量（10m³） **表 2-76**

材　料	单　位	砂垫层	砂石垫层
天然砂	m³	12.25	2.6
砾石 2～7	m³		11.4

（5）炉渣垫层。垫层采用炉渣或用水泥、炉渣（或用水泥、石灰、炉渣）的拌合料铺设而成，所用石灰的质量，应符合灰土垫层中有关石灰的规定。炉渣内不应含有有机杂质和未燃尽的煤块，粒径不应大于 40mm，且不得大于垫层厚度的 1/2；粒径在 5mm 以下者，不得超过总体积的 40%。炉渣垫层拌合料必须拌合均匀，严格控制加水量，使铺设时表面不致呈现泌水现象。水泥炉渣垫层的配合比（体积比）一般为水泥：炉渣＝1：8；水泥石灰炉渣的配合比（体积比）一般为水泥：石灰：炉渣＝1：1：8。炉渣垫层材料用量见表 2-77。

（6）混凝土垫层。垫层用素混凝土浇筑而成，其强度等级不宜低于 C10，混凝土配合比及所用原材料应符合《钢筋混凝土工程施工及验收规范》中的有关规定。混凝土垫层材料用量见表 2-78。

炉渣垫层材料用量（10m³） **表 2-77**

材料名称	单　位	炉渣垫层	水泥炉渣垫层（1：8）	水泥石灰炉渣垫层（1：1：8）
32.5 级水泥	kg		1637	1788
石　灰	kg			747
炉　渣	m³	13	11	11.92

混凝土垫层材料用量（10m³） **表 2-78**

材料用量	单　位	混凝土等级	
		C10	C15
32.5 级水泥	kg	2131	2677
净　砂	m³	4.75	4.44
砾石 2～4	m³	9.09	8.99

垫层施工：

（1）灰土垫层应分层铺平夯实，每层虚铺厚度一般为 150～250mm，夯实至 100～150mm。夯实后的表面应平整，经适当晾干方可进行下道工序的施工。施工间歇后继续铺设前，接缝处应清扫干净，并应重叠夯实。上下两层灰土的接缝距离不得小于 500mm。

（2）砂垫层厚度不宜小于 60mm，压实时应适当洒水湿润，其密实度应符合设计要求。如果基土为非湿陷性的土层，所填砂土可浇水至饱和后加以夯实或振实；砂石垫层厚度不宜小于 100mm，砂石料必须摊铺均匀，不得有粗细颗粒分离的现象。

1）用碾压法压实时，应适当洒水使砂石表面保持湿润，一般碾压不应少于 3 遍，并压至不松动为止。当使用压路机碾压时，每层虚铺厚度为 250～350mm，最佳含水量为 8%～12%。

2）用夯实法压实时每层虚铺厚度为 150～200mm，最佳含水量为 8%～12%，要一夯压半夯全面夯实。

3）用内部振捣器捣实时，每层虚铺厚度为振捣器插入深度，插入间距应根据振捣器的振幅大小决定，振捣时不应插入基土上。最佳含水量为饱和含水量。

4）用表面振动器捣实时，每层虚铺厚度为200～250mm，最佳含水量为15%～20%，要使振动器往复振捣。

（3）碎石垫层必须摊铺均匀，表面空隙应以粒径为5～10mm的细石子填缝。压实时，按砂石垫层要求执行。

（4）碎砖垫层应分层摊铺均匀，适当洒水湿润后，采用机械或人工夯实，并达到表面平整。夯实后的厚度一般为虚铺厚度的3/4。不得在已铺设好的垫层上，用锤击的方法进行碎砖加工。

（5）炉渣垫层厚度不宜小于60mm。铺设前，应将基层清扫干净并洒水湿润。铺设后应压实拍平，当垫层厚度大于120mm时，应分层铺设。压实后的厚度不应大于虚铺厚度的3/4。如炉渣垫层内埋设管道时，管道周围宜用细石混凝土予以稳固。垫层施工完毕后，应注意养护，避免受水侵蚀。常温下，水泥炉渣垫层施工后至少养护2d；水泥石灰炉渣垫层施工后至少养护7d，方可进行下一道工序的施工。

（6）混凝土垫层厚度不应小于60mm。施工时应分区段（分仓）进行浇筑，其宽度一般为3～4m，但应结合变形缝的位置、不同材料的楼地面面层连接处及设备基础的位置等进行划分。浇筑前，垫层下的基层应予以湿润，并根据设计要求，进行预留孔洞的留设，以备安置固定地面与楼面镶边连接件所用的锚栓或木砖。混凝土浇筑完毕后，应在12h以内用草帘等加以覆盖和浇水，浇水养护时间不少于7d。混凝土强度达到1.2MPa以后，才能在其上做面层。

040501005　直埋式预制保温管

直埋式预制保温管是由输送介质的，工作钢管、泡沫保温层、聚乙烯塑料外护管，通过设备依次向外结合而成。

040501006　管道架空跨越

支承形式：

（1）当河道上设有桥梁时，管道可在人行道下悬吊过桥。如图2-174所示。寒冷地区应采取保温措施。

（2）大口径水管由于重量大，架设在桥下有困难时，可建专用管桥。管桥应有适当高度，以免影响航线。在过桥水管的最高点设排气阀，两端设置伸缩接头。在冰冻地区，应有适当的防冻措施。

040501007　隧道（沟、管）内管道

给水管道穿越铁路和重要公路时，一般是在铁路和重要公路的路基下垂直穿越，为避免管道受损，通常在管道外套一管径较大的隧道、沟或管道，此种作法称为隧道（沟、管）内管道。

套管管材常采用钢制套管或钢筋混凝土套管。

套管直径须根据施工方法而定，大开挖施工时，应比给水管直径大300mm，顶管法施工时套管直径可参见《给水排水设计手册》的有关规定，一般比管道直径大500～800mm。套管管顶距铁路轨底或公路路面距离不宜大于1.2m，以减轻动荷载对管道的冲击。图2-175为设套管穿越铁路的管线。

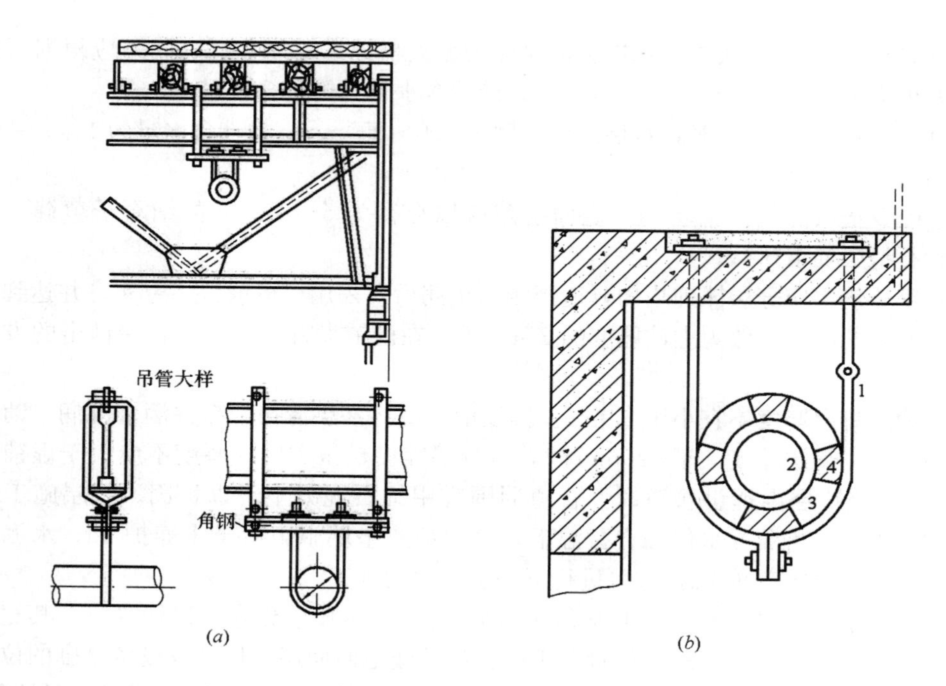

图 2-174　桥梁下吊管法

（a）钢桥下的水管吊架；（b）桥梁人行道下吊管法

1—吊环；2—水管；3—隔热层；4—垫块

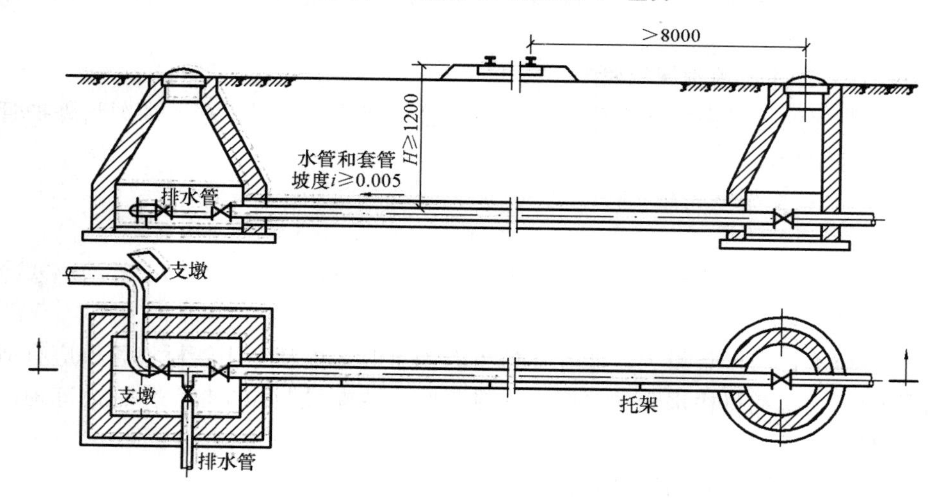

图 2-175　设套管穿越铁路的管线

040501008　水平导向钻进

水平导向钻进法是一种能够快速铺装地下管线的方法，钻孔轨迹可以是直的，也可以是逐渐弯曲的。在导向绕过地下管线等障碍物，或穿越高速公路、河流和铁路时，钻头的方向可以调整。

040501009　夯管

夯管法是指用夯管锤将铺设的钢管沿设计路线直接夯入地层，实现非开挖穿越铺管。

040501010　顶（夯）管工作坑

顶管法施工就是在工作坑内借助于顶进设备产生的顶力，克服管道与周围土壤的摩擦力，将管道按设计的坡度顶入土中，并将土方运走。一节管子完成顶入土层之后，再下第二节管子继续顶进。

040501011　预制混凝土工作坑

040501012　顶管

顶进后座墙与后背：

后座墙与后背是千斤顶的支承结构，造价低廉，修建简便的原土后座墙是常用的一种后座墙。施工经验表明：管道埋深 2～4m 浅覆土原土后座墙的长度一般需 4～7m，选择工作坑时，应考虑有无原土后座墙可以利用。

无法利用原土作后座墙时，可修建人工后座墙，图 2-176 是很多种人工后座墙的一种。

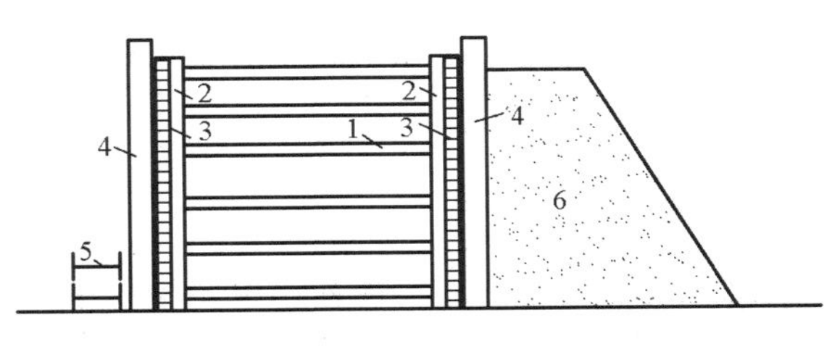

图 2-176　人工后座墙

1—撑杠；2—立柱；3—后背方木；4—立铁；5—横铁；6—填土

后背的功能主要是在顶管过程中承担千斤顶顶管前进的后座力，后背的构造应有利于减少对后座墙单位面积的压力。后背的构造有很多种，图 2-177 是其中的两种。方木后背的承载力可达 3×10^3kN，具有装拆容易、成本低、工期短的优点；钢板桩后背承载能力可达 5×10^3kN，采取与工作坑同时施工方法，适用于弱土层。

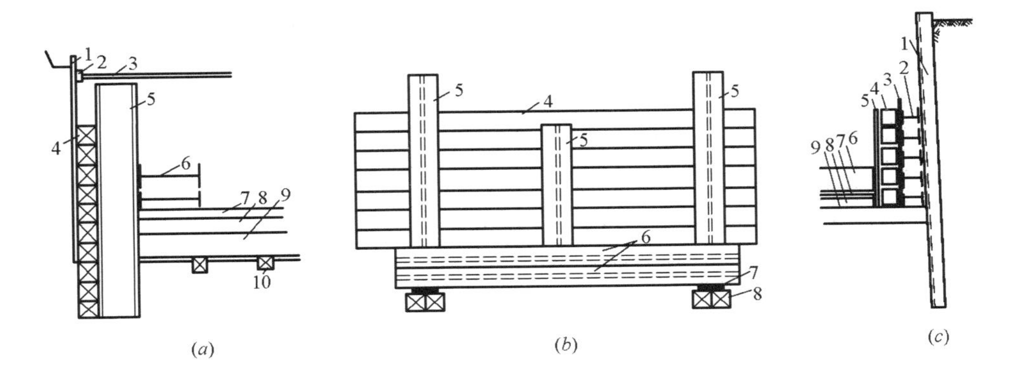

图 2-177　后背

(*a*) 方木后背侧视图；(*b*) 方木后背正视图

1—撑板；2—方木；3—撑杠；4—后背方木；5—立铁；6—横铁；7—木板；8—护木；9—导轨；10—轨枕；

(*c*) 钢板桩后背

1—钢板桩；2—工字钢；3—钢板；4—方木；5—钢板；6—千斤顶；7—木板；8—导轨；9—混凝土基础

在双向坑内双向顶进时，利用已顶进的管段作千斤顶的后背，因此，不必设后座墙与后背。

(1) 工作坑的附属设施：

工作坑的附属设施主要有工作台、工作棚、顶进口装置等。

1) 工作台　位于工作坑顶部地面上，由型钢支架而成，上面铺设方木和木板。在承重平台的中部设有下管孔道，盖有活动盖板。下管后，盖好盖板。管节堆放平台上，卷扬机将管提起，然后推开盖板再向下吊放。

2）工作棚　工作棚位于工作坑上面，目的是防风雨、雪以利操作。工作棚的覆盖面积要大于工作坑平面尺寸。工作棚多采用支拆方便、重复使用的装配式工作棚。

3）顶进口装置　管子入土处不应支设支撑。土质较差时，在坑壁的顶入口处局部浇筑素混凝土壁，混凝土壁当中预埋钢环及螺栓，安装处留有混凝土台，台厚最少为橡胶垫厚度与外部安装环厚度之和。在安装环上将螺栓紧固压紧橡胶垫止水，以防止采用触变泥浆顶管时，泥浆从管外壁外溢。

工作坑布置时，还要解决坑内排水、照明、工作坑上下扶梯等问题。

（2）顶进设备：

顶进设备种类很多，一般采用液压千斤顶。液压千斤顶的构造形式分活塞式和柱塞式两种。其作用方式有单作用液压千斤顶及双作用液压千斤顶，顶管施工常用双作用液压千斤顶。为了减少缸体长度而又要增加行程长度，宜采用多行程或长行程千斤顶，以减少搬放顶铁时间，提高顶管速度。

按千斤顶在顶管中的作用一般可分为：用于顶进管子的顶进千斤顶；用于校正管子位置的校正千斤顶；用于中断间顶管的中断千斤顶。顶进千斤顶一般采用的顶力为（2～4）×10^3kN。顶程0.5～4m。

千斤顶在工作坑内的布置方式分单列、并列和环周列。当要求的顶力较大时，可采用数个千斤顶并列顶进。

顶铁是顶进过程中的传力工具，其作用是延长短行程千斤顶的行程，传递顶力并扩大管节端面的承压面积。顶铁一般由型钢焊接而成。根据安放位置和传力作用不同，顶铁可分顺铁、横铁、立铁、弧铁和圆铁。顺铁是千斤顶的顶程小于单节管子长度时，在顶进过程中陆续安放在千斤顶与管子之间传递顶力的。当千斤顶的行程等于或大于一节管长时，就不需用顺铁。弧铁和圆铁是宽度为管壁厚的全圆形顶铁，包括半圆形的各种弧度的弧形顶铁以及全圆形顶铁。此外，还可做成各种结构形式的传力顶铁。顶铁的强度和刚度应当经过核算。

（3）中继间顶进：

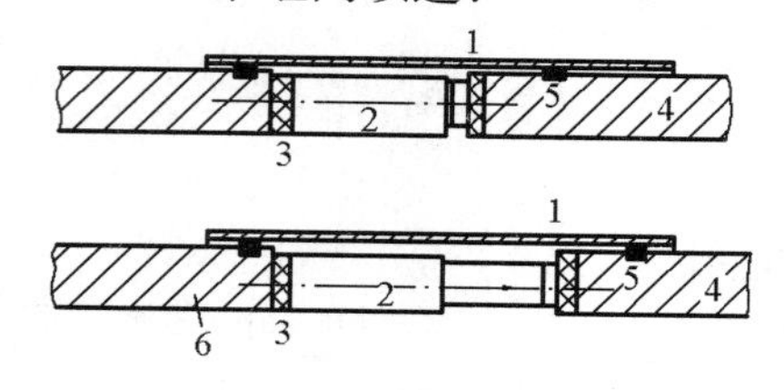

图 2-178　顶进中继间之一

1—中继间外套；2—中继千斤顶；3—垫料；4—前管；5—密封环；6—后管

中继间是在顶进管段中间设置的接力顶进工作间，此工作间内安装中继千斤顶，担负中继间之前的管段顶进。中继间千斤顶推进前面管段后，主压千斤顶再推进中继间后面的管段。此种分段接力顶进方法，称为中继间顶进。

图2-178所示为一种中继间。施工结束后，拆除中继千斤顶，而中继间钢外套环留在坑道内。在含水土层内，中继间与管前后之间的连接应有良好的密封。另一类中断间如图2-179所示。施工完毕时，拆除中继间千斤顶和中继间接力环。然后中继间将前段管顶进，弥补前中继间千斤顶拆除后所留下的空隙。

中继间的特点是减少顶力效果显著，操作机动，可按顶力大小自由选择，分段接力顶进。但也存在设备较复杂、加工成本高、操作不便、降低工效的不足。

触变泥浆减阻：

在管壁与坑壁间注入触变泥浆，形成泥浆套，可减少管壁与土壁之间的摩擦阻力，一次顶进长度可较非泥浆套顶进增加 2～3 倍。长距离顶管时，经常采用中继间-泥浆套顶进。

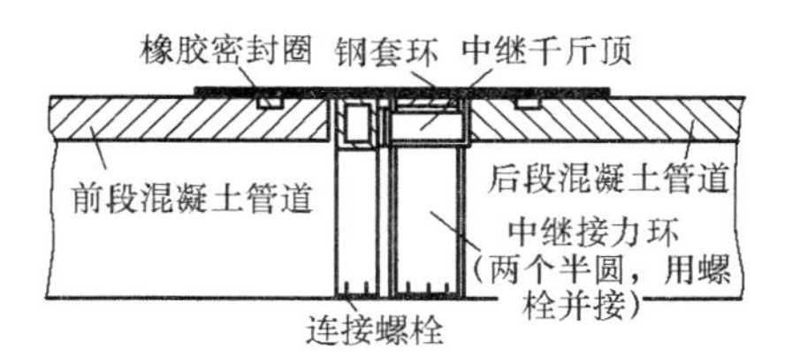

图 2-179 顶进中继间之二

触变泥浆的要求是泥浆在输送和灌注过程中具有流动性、可泵性和一定的承载力，经过一定的固结时间，产生强度。

触变泥浆主要组成是膨润土和水。膨润土是粒径小于 2μm，主要矿物成分是 Si-Al-Si（硅-铝-硅）的微晶高岭土。膨润土的相对密度为 2.5～2.95，密度为 $0.83 \sim 1.13 \times 10^3 kg/m^3$。对膨润土的要求为：

（1）膨润倍数一般要大于 6。膨润倍数愈大，造浆率越大，制浆成本越低；

（2）要有稳定的胶质价，保证泥浆有一定的稠度，不致因重力作用而使颗粒沉淀。

造浆用水除对硬度有要求外，并无其他特殊要求，用自来水即可。

顶进：指利用千斤顶出镐在后背不动的情况下，将管子推入土中。其操作过程如下：

（1）安装 U 形顶铁或圆形顶铁并挤牢，待管前挖土满足要求后，启动油泵，操纵控制阀，使千斤顶进油、活塞伸出一个行程，将管子推进一段距离。

（2）操纵控制阀，使千斤顶反向进油，活塞回缩。

（3）安装顶铁，重复上述操作，直到管端与千斤顶之间可以放下一节管子为止。

（4）卸下顶铁，下管，在混凝土管接口处放一圈油麻辫、橡胶圈或其他柔性材料，管口内侧留有 10～20mm 的间隙，以利接口和应力均匀。

（5）在管内口安装内胀圈。如设计有外套环时，可同时安装外套环。

（6）重新装好 U 形顶铁或环形顶铁，重复上述操作。

顶进时应遵照“先挖后顶，随挖随顶”的原则。应连续作业，尽量避免中途停止。工程实践证明，在黏性土层中顶进时，因某种原因使连续施工中断，重新起顶时，顶力将会增加 50%～100%。但在饱和砂土中顶进中断后，重新起顶时，顶力会比中断前的顶力小。

另外在管道顶进中，发现管前方坍塌，后背倾斜，偏差过大或油泵压力表指针骤增等情况，应停止顶进，查明原因，排除障碍后再继续顶进。

040501013　土壤加固

土壤加固剂由无机胶凝材料复合一定比例的有机物，并根据土质情况添加不同的化学激发材料与表面活性剂等组成。

040501014　新旧管连接

管材材质：铸铁管、钢管

铸铁管新旧管连接接口方式有青铅接口、石棉水泥接口、膨胀水泥接口三种。

青铅接口：承插式刚性接口形式的一种，指在承插接头处使用铅作为密封材料。由于铅的来源少、成本高，现在基本上已被石棉水泥或膨胀水泥所代替。铅接口具有较好的抗震、抗弯性能，接口的地震破坏率远较石棉水泥接口低；铅接口通水性好，接口操作完毕既可通水，损坏时容易修理；由于铅具有柔性，当铅接口的管道渗漏时，不必剔口，只需将铅用麻錾锤击即可堵漏，但是铅是有毒物质。能通过呼吸道、口腔和皮肤侵入人体，如果人体吸入过多，就会引起中毒，而且在熔铅时，如果操作不当还会引起爆炸，所以目前使用铅接口已较少，只有在重要部位，如穿越河流、铁路、地基不均匀沉降地段采用。

石棉水泥接口：作为普通铸铁管的填料，具有抗压强度较高、材料来源广、成本低的优点，但石棉水泥接口抗弯曲应力或冲击应力能力很差，接口需经较长时间养护才能通水，且打口劳动强度大、操作水平要求高。石棉应选用机选 4F 级温石棉，水泥采用 42.5 级普通硅酸盐水泥，不允许使用过期或结块的水泥。石棉水泥填料的重量配合比为石棉：水泥：水＝3：7：（1～2）。石棉水泥填料配制时，石棉绒在拌合前应晒干，并用细竹棍轻轻敲打，使之松散，先将称重后的石棉绒和水泥拌均匀后，然后加水拌合，加水多少现场常凭手感潮而不湿，拌好的石棉水泥其色泽藏灰，宜用潮布覆盖。

膨胀水泥接口：膨胀水泥作为密封填料也是给水铸铁管常用的一种刚性接口形式。膨胀水泥在水化过程中体积膨胀增大，提高了水密性和与管壁的粘结力，并产生密封性微气泡，提高接口的抗渗性。膨胀水泥砂浆接口所用的水泥为石膏矾土膨胀水泥或硅酸膨胀水泥，其强度宜为 42.5 级，出厂超过 3 个月者，经试验证明其性能良好方可使用。接口所用的砂子应是洁净的中砂，粒径为 0.5～1.5mm，含泥量小于 2%。膨胀水泥砂浆的配合比为膨胀水泥：砂：水＝1：1：0.3，当气温较高或风力较大时，用水量可酌量增加，但最大水灰比不宜超过 0.35，从而制成膨胀水泥砂浆。

钢管新旧管连接使用焊接方式，焊接钢管又称为有缝钢管。

040501015　临时放水管线

040501016　砌筑方沟

040501017　混凝土方沟

040501018　砌筑渠道

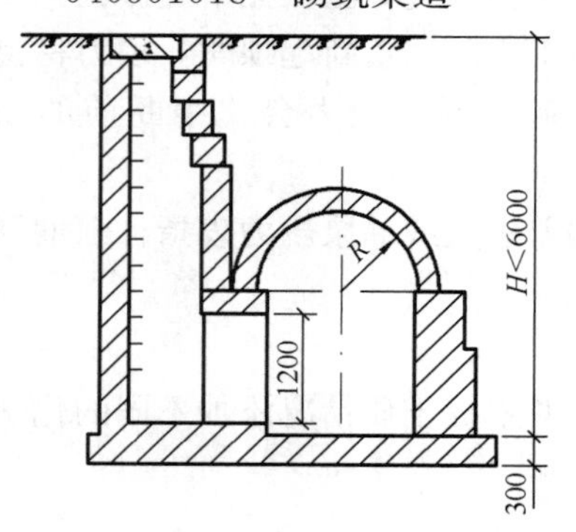

图 2-180　石砌拱形渠道

渠道材料：砌筑渠道采用的材料有砖、石、陶土块、混凝土块、钢筋混凝土块等。施工材料的选择，应根据当地的供应情况，就地取材。大型排水渠道通常由渠顶、渠底和基础以及渠身构成。如图 2-180 所示为石砌拱形渠道。

砂浆强度等级：砌筑砂浆是由胶结料（水泥、石灰、石膏）、细骨料（砂、细矿渣）和水组成的混合物。砂浆的名称以胶结料的名称而定。例如，以水泥为胶结料称水泥砂浆；用两种胶结料则称混合砂浆。混合砂浆一般由水泥、石灰膏、砂按一定比例混合而成。其他砂浆还有石灰砂浆、石灰黏土砂浆、黏土砂浆、石灰炉渣、水泥石灰炉渣等。石灰砂浆主要以石灰膏、黏土膏、砂混合而成，黏土砂浆主要以黏土、砂混合而成。砂浆的强度是砂浆硬化后的质量指标。砂浆的立方体抗压强度是划分强度等级的依据，其强度单位为 MPa。立方体强度是按《建筑砂浆基本性能试验方法》（JGJ 70）标准，制作 70.7×70.7×70.7

立方体试件（六块一组）经 20±5℃及正常湿度条件下的室内不通风处养护 28d，经抗压破坏试验后所得代表值，根据抗压强度标准值的大小，分为 M0.4、M1、M2.5、M5、M7.5、M10 和 M15 七个强度等级。

墙身砌筑：砌筑渠道应按变形缝分段施工，砌筑时先挂好通线，铺灰砌第一皮砖，而后盘角及交接处，盘角不宜超过六皮砖。在盘角过程中，随时用靠尺检查墙角是否垂直平整，砖灰缝厚度是否符合皮数杆上的标志。在砌墙身时每砌一层砖，挂线往上移动一次，砌筑过程中应三皮一吊，五层一靠，以保证墙面垂直平整。

砖砌渠道墙体宜采用五顺一丁砌法，其底皮与顶皮均应用丁砖砌筑。

砖砌渠道应满铺满挤、上下错缝、内外搭砌，水平灰缝厚度和竖向灰缝宽度宜为 10mm，并不得有竖向通缝。曲线段的竖向灰缝，其内侧灰缝宽度不应小于 5mm，外侧灰缝不应大于 13mm。

墙体有抹面要求时，应随砌随将挤出的砂浆刮平。墙体为清水墙时，应随砌随搂出深度 10mm 的凹缝。

砌筑须间断时，应预留阶梯形斜槎，接砌时应将斜槎冲净并铺满砂浆。斜槎长度不小于墙高的 2/3。

040501019　混凝土渠道

混凝土渠道指在施工现场支模浇制的渠道，其形式如图 2-181 所示。

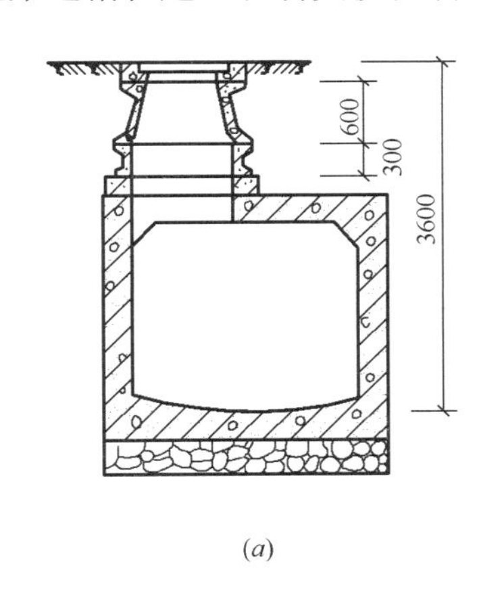

(a)

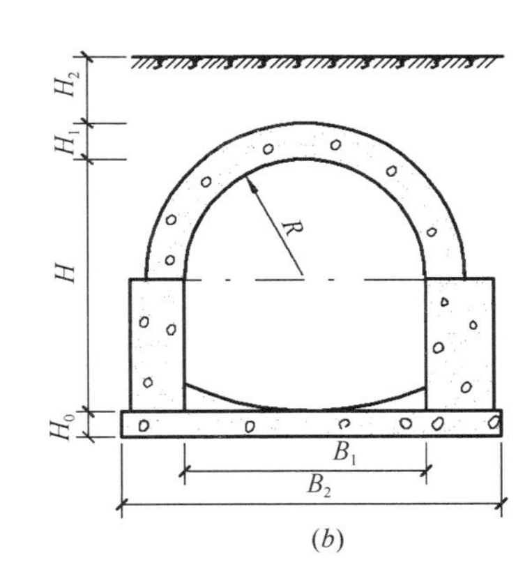

(b)

图 2-181　大型排水渠道

(a) 矩形钢筋混凝土渠道；(b) 大型钢筋混凝土渠道

墙身浇筑：

为保证现浇筑钢筋混凝土渠道的整体性，除满足混凝土浇筑的施工技术要求外，施工时尚应按下列施工操作要求进行：

(1) 渠道混凝土的浇筑应连续进行。当需要间歇时，间歇时间应在前层混凝土凝结之前将次层混凝土浇筑完毕。混凝土从搅拌机卸出到次层混凝土浇筑压槎的间歇时间是：当气温低于 25℃时，不应超过 3h；气温等于或高于 25℃时，不应超过 2.5h；当超过规定间歇时间时，应留置施工缝。现浇钢筋混凝土渠道应避免或尽可能减少人为的施工缝。

(2) 现浇钢筋混凝土矩形渠道的施工缝，应留在底角加腋的上皮以上不小于 20cm

处。墙体与顶板宜一次连续浇筑，但应在浇至墙顶时，暂停 1～1.5h 后再继续浇筑顶板。其目的是墙体混凝土在振捣后，还有自沉自密的过程。混凝土凝结硬化后与顶板连接处不致出现沉裂现象。

（3）渠道两侧一般应对称浇筑，高差不宜大于 30cm。严防一侧浇入量过大，推动钢筋笼及内模板产生弯曲变形。

（4）浇筑时变形缝处应加细处理，与止水带相接处的混凝土浇捣密实。

（5）顶板混凝土的坍落度应适当降低，且增加二次振捣，顶部厚度不得出现负值。不小于设计厚度，初凝后抹平压光。

（6）浇筑混凝土时，还应经常观察模板、支撑、钢筋笼、预埋件和预留孔洞，当有变形或位移时应立即修整。

（7）混凝土的振捣。直墙采用插入式振捣器（振捣棒）振捣，必要时可用外部振捣器（附着式振捣器）配合使用，顶板一般采用表面振捣器（平板振捣器）振捣。

止水带安装：

现浇钢筋混凝土渠道，其变形缝内止水带（如图 2-182）的设置应位置准确，与变形缝垂直，与墙体中心顺直对正，安装牢固。架立止水带的钢筋应预制成型。

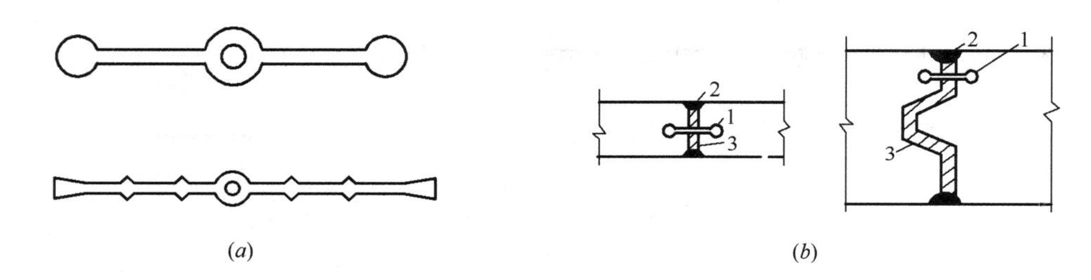

图 2-182　止水带装置图

（a）橡胶止水片；（b）止水片埋设

1—止水片；2—封缝料；3—填料

040501020　警示（示踪）带铺设

警示带以 PVC 薄膜为基材，具有良好的绝缘、耐燃、耐寒、耐电压、耐酸碱、耐溶剂等特性，警示带也还可以分为一次性警示带和重复使用警示带。

2. 管件、阀门及附件安装

040502001　铸铁管管件

管件类型、规格：

（1）给水铸铁管件材质分为灰口铸铁和球墨铸铁管件，接口形式分承插连接和法兰连接两种。给水铸铁管管件种类较多，有起转弯用的不同弯曲角度的弯管；有起管道分支用的丁字管、十字管；有起变径用的渐缩管；有起连接用的套管、短管等。表 2-79 是常用的铸铁管件表。

（2）排水管件。排水管件有弯管（弯头）、三通管、四通管等。常用管件介绍如下。

1）弯管　弯管又称为弯头。弯管按其形状，分为 45°、90°和弯曲形污水管（乙字弯）。45°和 90°弯管如图 2-183（一）、（二）所示，尺寸和重量见表 2-80（1）、（2）。

水管零件（配件） **表 2-79**

编号	名称	符号	编号	名称	符号
1	承插直管		17	承口法兰缩管	
2	法兰直管		18	双承缩管	
3	三法兰三通		19	承口法兰短管	
4	三承三通		20	法兰插口短管	
5	双承法兰三通		21	双承口短管	
6	法兰四通		22	双承套管	
7	四承四通		23	马鞍法兰	
8	双承双法兰四通		24	活络接头	
9	法兰泄水管		25	法兰式墙管（甲）	
10	承口泄水管		26	承式墙管（甲）	
11	90°法兰弯管		27	喇叭口	
12	90°双承弯管		28	闷头	
13	90°承插弯管		29	塞头	
14	双承弯管		30	法兰式消火栓用弯管	
15	承插弯管		31	法兰式消火栓用丁字管	
16	法兰输管		32	法兰式消火栓用十字管	

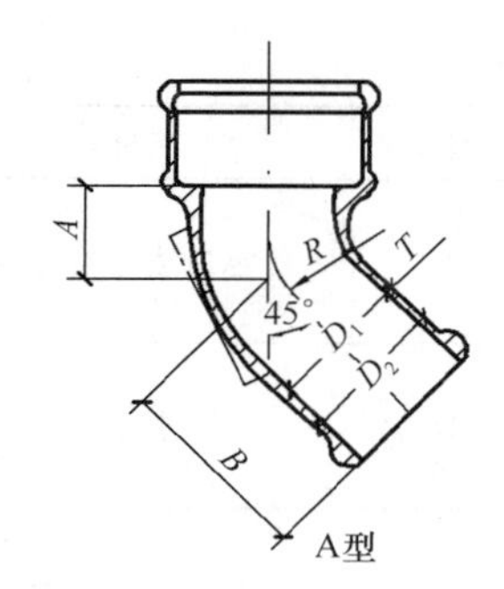

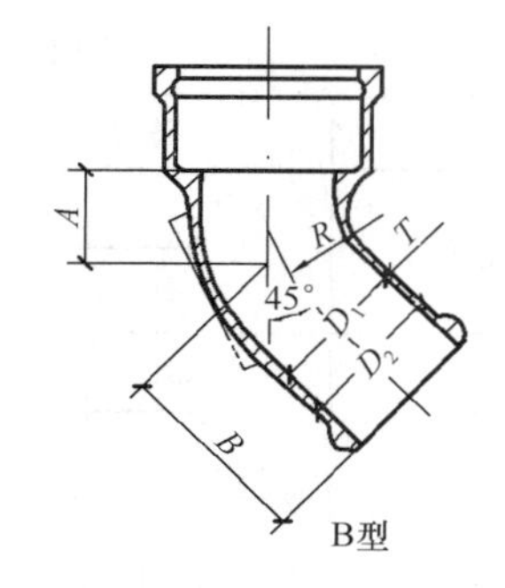

图 2-183（一） 45°承插弯管

45°承插弯管的尺寸 **表 2-80（1）**

公称通径	内径	外径	管厚	各部尺寸			重量	
mm							kg	
DN	D_1	D_2	*T*	*A*	*B*	*R*	A 型	B 型
50	50	59	4.5	40	105	60	1.98	2.03
75	75	85	5	50	120	70	3.23	3.31
100	100	110	5	60	135	80	4.79	4.91
125	125	136	5.5	70	150	90	6.76	6.90
150	150	161	5.5	80	165	100	8.93	9.13
200	200	212	6	100	195	120	14.61	14.91

注：检查孔根据需要可开设在弯管的底部。

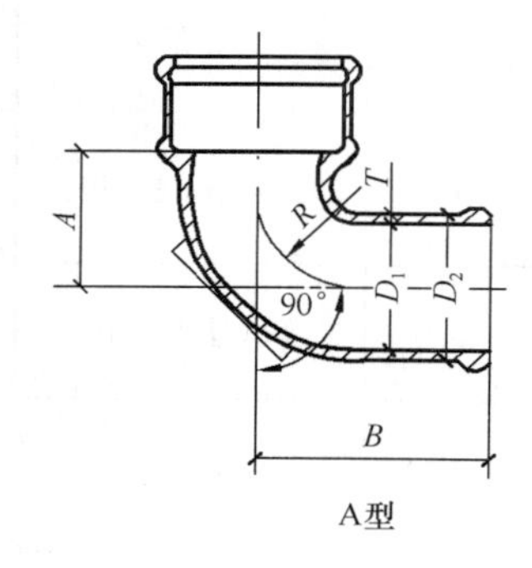

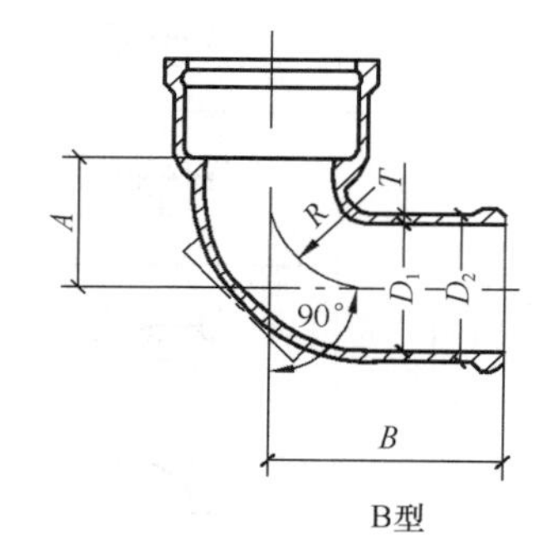

图 2-183（二） 90°承插弯管

90°承插弯管的尺寸 **表 2-80（2）**

公称通径	内径	外径	管厚	各部尺寸			重量	
mm							kg	
DN	D_1	D_2	*T*	*A*	*B*	*R*	A 型	B 型
50	50	59	4.5	60	125	45	2.10	2.15
75	75	85	5	80	150	60	3.54	3.62
100	100	110	5	100	175	75	5.35	5.47
125	125	136	5.5	120	200	90	7.76	7.90
150	150	161	5.5	140	225	105	10.38	10.58
200	200	212	6	180	275	135	17.46	17.76

注：检查孔根据需要可开设在弯管的底部。

90°弯管用于水流呈 90°急转弯处；45°弯管用于水流呈 135°转弯处及加大回转半径时用两个 45°弯管代替 90°弯管使用。例如室内排水立管与排出管连接处采用两个 45°弯头，以改善水流条件；弯曲形污水管（乙字弯）用于立管轴线有较小改变处。为了便于疏通，有一种带清扫口的 90°弯管，常用于明装需要清通的 90°转弯处。

2）三通管　三通管按其形状，分为 45°承插三通管和 90°承插三通管。如图 2-184（一）、（二）所示。其尺寸和重量见表 2-81（1）、（2）。

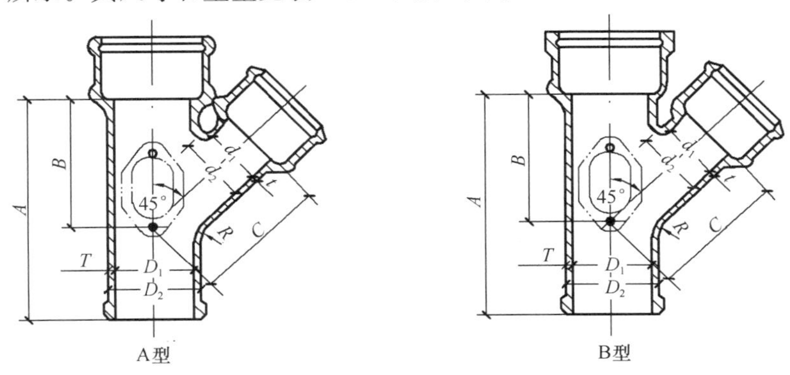

图 2-184（一）　45°承插三通管

45°承插三通管的尺寸　　**表 2-81（1）**

公称通径		内径		外径		管厚		各部尺寸				重量	
mm												kg	
DN	d_g	D_1	d_1	D_2	d_2	*T*	*t*	*A*	*B*	*C*	*R*	A 型	B 型
50	50	50	50	59	59	4.5	4.5	195	100	100	20	3.65	3.75
75	50	75	50	85	60	5	5	240	130	130	20	5.31	5.44
	75		75		85							5.95	6.11
100	50	100	50	110	60	5	5	285	165	165	20	7.40	7.58
	75		75		85							8.11	8.31
	100		100		110							8.95	9.19
125	75	125	75	136	85	5.5	5	330	195	195	20	10.89	11.11
	100		100		110		5					11.74	12.00
	125		125		136		5.5					12.68	12.96

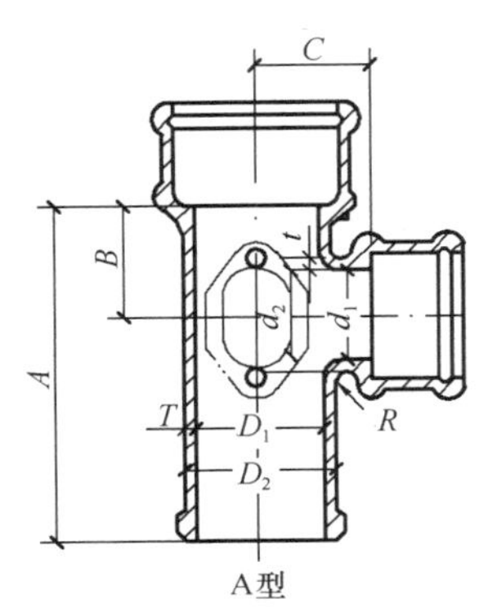

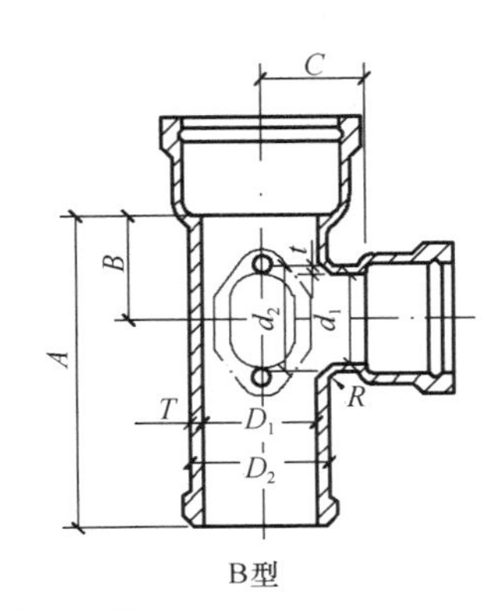

图 2-184（二）　90°承插三通管

90°承插三通管的尺寸 **表 2-81（2）**

公称通径		内径		外径		管厚		各部尺寸				重量	
mm												kg	
DN	d_g	D_1	d_1	D_2	d_2	T	t	A	B	C	R	A型	B型
50	50	50	50	59	59	4.5	4.5	180	55	55	3	3.40	3.50
75	50 75	75	50 75	85	60 85	5	5	215	70	70	4	4.85 5.35	4.98 5.51
100	50 75 100	100	50 75 100	110	60 85 110	5	5	255	85	85	5	6.73 7.23 7.91	6.90 7.43 8.15
125	50 75 100 125	125	50 75 100 125	136	60 85 110 136	5.5	5 5 5 5.5	295	100	100	6	9.21 9.72 10.38 11.03	9.40 9.94 10.64 11.31
150	50 75 100 125 150	150	50 75 100 125 150	161	60 85 110 136 161	5.5	5 5 5 5.5 5.5	330	115	110	7	11.82 12.34 13.01 13.66 14.54	12.07 12.62 13.33 14.00 14.94
200	50 75 100 125 150 200	200	50 75 100 125 150 200	212	60 85 110 136 161 212	6	5 5 5 5.5 5.5 6	405	145	145	9	18.95 19.46 20.13 20.80 21.66 23.51	19.30 19.84 20.55 21.24 22.16 24.11

注：检查孔根据需要可开设在管的左侧、右侧或底部。

三通管用于水流呈45°或90°汇集处。由于45°承插三通管水流条件优于90°承插三通管，因此，室内排水应尽量采用45°承插三通。

3）四通管四通管有45°承插四通管和90°承插四通管，如图2-185（一）、（二）。用于水流呈十字汇集处，45°承插四通管水流条件优于90°承插四通管，应尽量采用。45°承插四通管和90°承插铸铁管尺寸和重量见表2-82（1）、（2）。

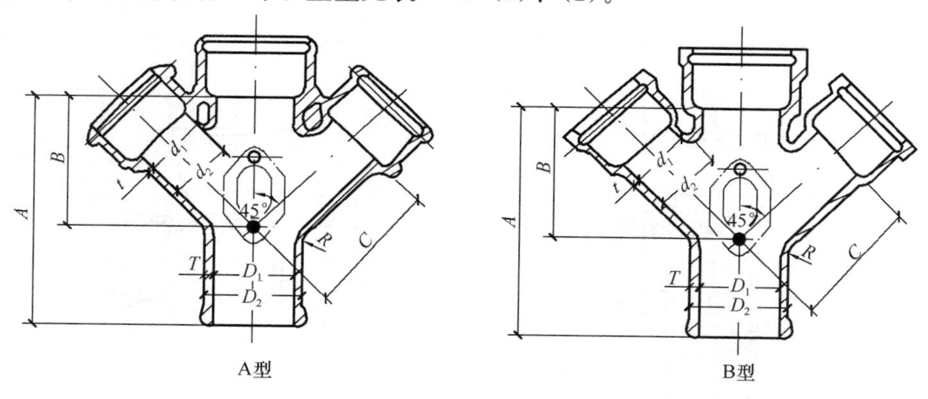

图2-185（一） 45°承插四通管

45°承插四通管的尺寸 **表 2-82（1）**

公称通径	内径		外径		管厚		各部尺寸				重量	
mm											kg	
DN	d_g	D_1	d_1	D_2	d_2	T	t	A	B	C	R	A型	B型
50	50	50	50	59	59	4.5	4.5	195	100	100	20	5.05	5.20
75	50 75	75	50 75	85	60 85	5	5	240	130	130	20	6.76 8.04	6.94 8.28
100	50 75 100	100	50 75 100	110	60 85 100	5	5	285	165	165	20	8.95 10.36 12.04	9.17 10.64 12.40
125	75 100 125	125	75 100 125	136	85 110 136	5.5	5 5 5.5	330	195	195	20	13.24 14.94 16.83	13.54 15.32 17.25
150	75 100 125 150	150	75 100 125 150	161	85 110 136 161	5.5	5 5 5.5 5.5	375	230	230	20	16.45 18.25 20.28 22.53	16.81 18.69 20.76 23.13
200	100 125 150 200	200	100 125 150 200	212	110 136 161 212	6	5 5.5 5.5 6	465	295	295	20	26.79 29.05 32.20 36.95	27.63 29.63 32.90 37.85

注：检查孔根据需要可开设在管的左侧、右侧。

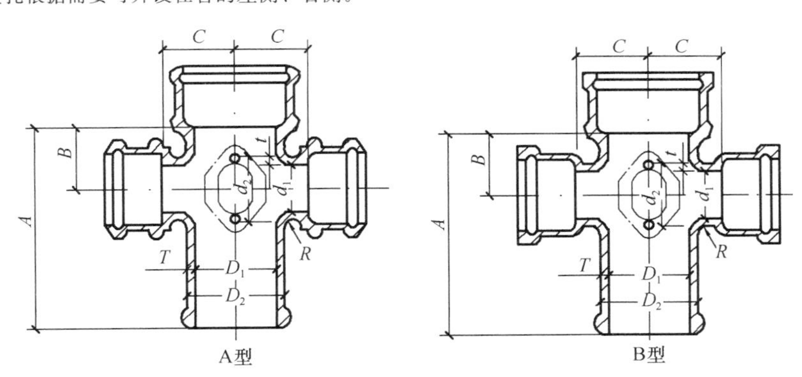

图 2-185（二） 90°承插四通管

90°承插四通管的尺寸 **表 2-82（2）**

公称通径	内径		外径		管厚		各部尺寸				重量	
mm											kg	
DN	d_g	D_1	d_1	D_2	d_2	T	t	A	B	C	R	A型	B型
50	50	50	50	59	59	4.5	4.5	180	55	55	3	4.60	4.75
75	50 75	75	50 75	85	60 85	5	5	215	70	70	4	6.06 7.06	6.24 7.30
100	50 75 100	100	50 75 100	110	60 85 110	5	5	255	85	85	5	7.96 8.96 10.32	8.18 9.26 10.68

续表

公称通径		内径		外径		管厚		各部尺寸				重量	
mm												kg	
DN	d_g	D_1	d_1	D_2	d_2	T	t	A	B	C	R	A型	B型
125	50 75 100 125	125	50 75 100 125	136	60 85 110 136	5.5	5 5 5 5.5	295	100	100	6	10.44 11.46 12.78 14.08	10.68 11.76 13.16 14.50
150	50 75 100 125 150	150	50 75 100 125 150	161	60 85 110 136 161	5.5	5 5 5 5.5 5.5	330	115	115	7	13.06 14.10 15.44 16.76 18.50	13.42 14.46 15.88 17.24 19.10
200	50 75 100 125 150 200	200	50 75 100 125 150 200	212	60 85 110 136 161 212	6	5 5 5 5.5 5.5 6	405	145	145	9	20.22 21.24 22.58 23.92 25.64 29.34	20.62 21.70 23.12 24.62 26.34 30.24

注：检查孔根据需要可开设在管的左侧、右侧。

4）存水弯管　设置在卫生器具排水管下的存水弯管具有平衡排水管内压力、防止有害气体窜入室内的功能。按其形状，分为P形存水弯管和S形存水弯管两种。如图2-186（一）、（二）所示。P形存水弯管和S形存水弯管的尺寸见表2-83。套管的尺寸见表2-84。

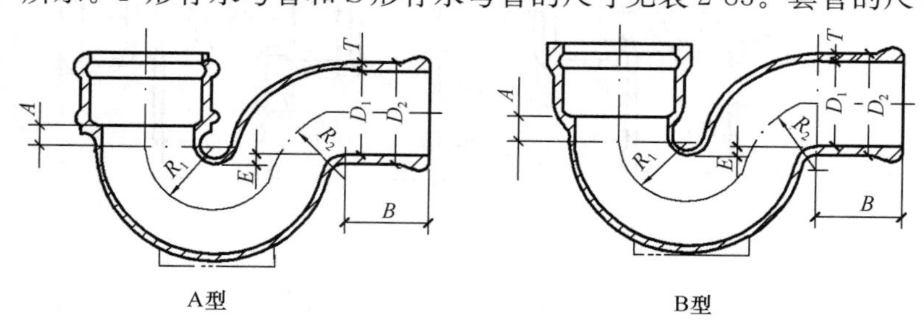

图2-186（一）　P形存水弯管

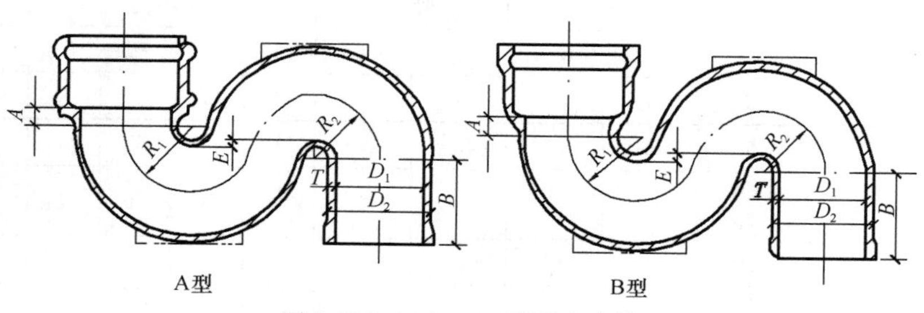

图2-186（二）　S形存水弯管

P 形存水弯管的尺寸　　　　表 2-83（1）

公称通径	内径	外径	管厚	各部尺寸					重量	
mm									kg	
DN	D_1	D_2	*T*	*A*	*B*	*E*	R_1	R_2	A 型	B 型
50	50	59	4.5	20	85	10	40	40	2.70	2.75
75	75	85	5	20	90	10	55	55	4.80	4.88
100	100	110	5	20	95	10	70	70	7.40	7.52
125	125	136	5.5	20	100	10	85	85	11.08	11.22
150	150	161	5.5	20	105	10	100	100	14.95	15.15
200	200	212	6	25	115	10	130	130	26.00	26.30

注：检查孔根据需要可开设在弯管的底部。

S 形存水弯管的尺寸　　　　表 2-83（2）

公称通径	内径	外径	管厚	各部尺寸					重量	
mm									kg	
DN	D_1	D_2	*T*	*A*	*B*	*E*	R_1	R_2	A 型	B 型
50	50	59	4.5	20	85	10	40	40	3.05	3.10
75	75	85	5	20	90	10	55	55	5.59	5.67
100	100	110	5	20	95	10	70	70	8.70	8.82
125	125	136	5.5	20	100	10	85	85	13.24	13.38
150	150	161	5.5	20	105	10	100	100	18.00	18.20
200	200	212	6	25	115	10	130	130	31.71	32.01

注：检查孔根据需要可开设在弯管的底部或顶部。

套管的尺寸　　　　表 2-84

公称通径	套管口径	管厚	各部尺寸					重量	
mm								kg	
DN	D_2	*T*	D_1	*A*	*B*	*C*	*R*	A 型	B 型
50	73	5.5	50	80	10	3	6	1.27	1.37
75	100	5.5	75	90	10	3	6	1.85	2.02
100	127	6	100	100	10	3	7	2.74	2.96
125	154	6	125	110	12	4	7	3.71	3.93
150	181	6	150	120	12	4	7	4.77	4.96
200	232	7	200	140	14	5	7	7.80	8.45

5）承插短管　承插短管（图 2-187）又称有门短管。设在室内排水立管上，设置高度距地坪 1.0m，其作用是便于立管的清通。承插短管的尺寸见表 2-85。

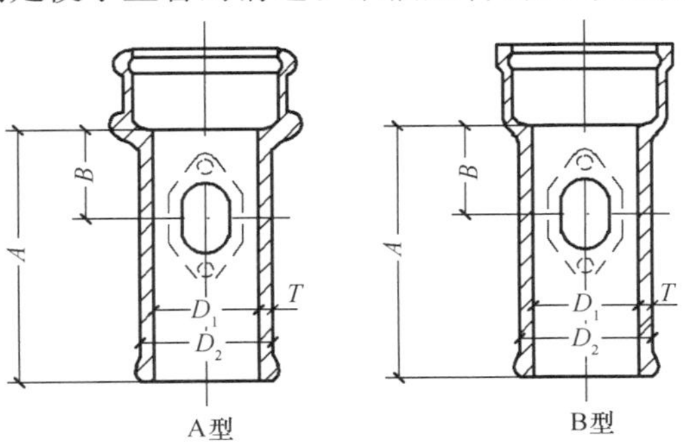

图 2-187　承插短管（带检查孔）

承插短管的尺寸 **表 2-85**

公称通径	内径	外径	管厚	各部尺寸		重量	
mm						kg	
DN	D_1	D_2	*T*	*A*	*B*	A 型	B 型
75	75	85	5	210	70	3.59	3.67
100	100	110	5	235	80	5.26	5.38
125	125	136	5.5	260	90	7.41	7.55
150	150	161	5.5	285	100	9.70	9.90
200	200	212	6	335	120	15.72	16.02

排水管件还有扫除口、地漏等，它们的尺寸和重量可参见给水排水手册或材料手册等有关资料。

040502002 钢管管件制作、安装

钢制成品管件安装包括三通、各种度数的弯头（虾壳弯）、异径管等。定额钢制成品管件均为未计价材料。

040502003 塑料管管件

管件类型

硬聚氯乙烯管（*UPVC* 管）

给水用 *UPVC* 管件按不同用途和制作工艺分为 6 类：

1）注塑成型的 *UPVC* 粘接管件；

2）注塑成型的 *UPVC* 粘接变径接头管件；

3）转换接头；

4）注塑成型的 *UPVC* 弹性密封圈承口连接件；

5）注塑成型 *UPVC* 弹性密封圈与法兰连接转换接头；

6）用 *UPVC* 管材二次加工成型的管件。

管件种类见表 2-86。它们的规格可查有关手册。

管件种类一览表 **表 2-86**

管件名称	管径（mm）																	
	20	25	32	40	50	63	75	90	110	125	140	160	180	200	225	250	280	315
90°弯头（粘接）	+	+	+	+	+	+	+	+	+	+	+	+						
45°弯头（粘接）	+	+	+	+	+	+	+	+	+	+	+	+						
90°三通（粘接）	+	+	+	+	+	+	+	+	+	+	+	+						
45°三通（粘接）	+	+	+	+	+	+	+	+	+	+	+	+						
套管（粘接）	+	+	+	+	+	+	+	+	+	+	+	+						
管堵（粘接）	+	+	+	+	+	+	+	+	+	+	+	+						
活接头（粘接）	+	+	+	+	+	+												
异径管Ⅰ、Ⅱ（粘接）	+	+	+	+	+	+	+	+	+	+	+	+						
90°变径弯头（粘接）	+	+	+	+	+	+												
90°变径三通（粘接）	+	+	+	+	+	+												
粘接承口与外螺纹转换接头（全塑）	+	+	+	+	+	+												

续表

管件名称	管径（mm）																	
	20	25	32	40	50	63	75	90	110	125	140	160	180	200	225	250	280	315
粘接插口与内螺纹转换接头（全塑）	+	+	+	+	+	+												
粘接承口与外螺纹转换接头Ⅰ、Ⅱ（全塑）	+	+	+	+	+	+												
粘接插口与外螺纹转换接头（全塑）	+	+	+	+	+	+												
粘接承口与内螺纹转换接头（带金属件）	+	+	+	+	+	+												
粘接承口与外螺纹转换接头（带金属件）	+	+	+	+	+	+												
双用承插口与活动金属帽转换接头Ⅰ、Ⅱ（全塑）	+	+	+	+	+	+												
PVC 套管与活动金属帽转换接头Ⅰ、Ⅱ（全塑）	+	+	+	+	+	+												
双承口套管（胶圈接口）						+	+	+	+	+	+	+	+	+	+			
90°三通（胶圈接口）						+	+	+	+	+	+	+	+	+	+			
双承口变径管（胶圈接口）						+	+	+	+	+	+	+	+	+	+			
单承口变径管Ⅰ、Ⅱ（胶圈接口）						+	+	+	+	+	+	+	+	+	+			
法兰支管双承口三通接头（全塑）						+	+	+	+	+	+	+	+	+	+			
法兰与胶圈承口转换接头Ⅰ、Ⅱ（全塑）						+	+	+	+	+	+	+		+	+			
法兰与胶圈插口转换接头（全塑）						+	+	+	+	+	+	+		+	+			
活套法兰变接头（全塑）						+	+	+	+	+	+	+		+	+			
粘接双承口弯头（111/4°、221/2°、30°、45°、90°）	+	+	+	+	+	+	+	+	+	+	+	+						
粘接单承口弯头（111/4°、221/2°、30°、45°、90°）	+	+	+	+	+	+	+	+	+	+	+	+						
胶圈双承口弯头（111/4°、221/2°、30°、45°、90°）						+	+	+	+	+	+	+	+	+	+	+	+	+
胶圈单承口弯头（111/°、221/2°、30°、45°、90°）						+	+	+	+	+	+	+	+	+	+	+	+	+

排水硬聚氯乙烯管件，主要有带承插口的T形三通和90°肘形弯头（图2-188），带承插口的三通、四通和弯头（图2-189）。除此之外，还有45°弯头、异径管和管接头（管箍）等。它们的规格可查有关手册。

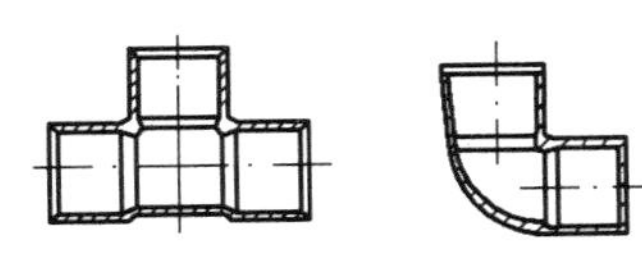

图2-188 带承插口的T形三通和90°肘形弯头

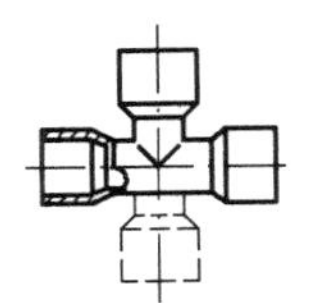

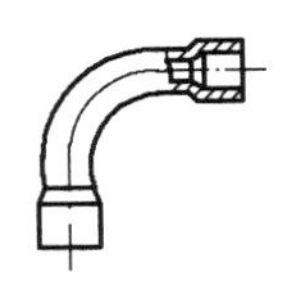

图2-189 带承插口的三通、四通和弯头

040502004 转换件

040502005 阀门

阀门由阀体、阀瓣、阀盖、阀杆及手轮等部件组成。在各种管道系统中，起开启、关闭以及调节流量、压力等作用。

阀门的种类很多，按其动作特点分为驱动阀门和自动阀门两大类。

驱动阀门：是用手操纵或其他动力操纵的阀门。如闸阀、截止阀等。

自动阀门：是依靠介质本身的流量、压力或温度参数发生的变化而自行动作的阀门。属于这类阀门的有止回阀（逆止阀，单向阀）、安全阀、浮球阀、液位控制阀、减压阀等。

按工作压力，阀门可分为：低压阀门≤1.6MPa；中压阀门2.5～6.4MPa；高压阀门≥10MPa；超高压阀门>100MPa。

按制造材料，阀门分为金属阀门和非金属阀门两大类。金属阀门主要由铸铁、钢、铜制造；非金属阀门主要由塑料制造。

常用阀门型号与基本参数见表2-87。

常用阀门型号与基本参数 **表2-87**

阀门名称	型号	公称压力（MPa）	使用温度（℃）	适用介质	公称通径范围 *DN*（mm）
内螺纹暗杆楔式闸阀	Z15T-1.0 Z15T-1.0K	1.0	≤120	水、蒸汽	15～100
明杆楔式单闸板闸阀 明杆平行式双闸板闸阀 暗杆楔式单闸板闸阀	Z41T-1.0 Z44T-1.0 Z45T-1.0	1.0 1.0 1.0	≤200 ≤200 ≤100	水、蒸汽 水、蒸汽 水	100～400 50～400 75～400
电动楔式闸阀 液动楔式闸阀 伞齿轮传动楔式双闸板闸阀	Z941T-1.0 Z741T-1.0 Z542H-2.5	1.0 1.0 2.5	≤200 ≤100 ≤300	水、蒸汽 水 水、蒸汽	100～450 100～600 300～500
内螺纹截止阀	J11X-1.0 J11T-1.6	1.0 1.6	≤50 ≤200	水 水、蒸汽	15～65 15～65
内螺纹铜截止阀	J11W-1.0T	1.0	≤225	水、蒸汽	6～65
法兰截止阀	J41W-1.0T J41T-1.6 J41H-2.5	1.0 1.6 2.5	≤225 ≤220 ≤425	水、蒸汽 水、蒸汽 水、蒸汽、油类	6～80 15～200 32～200
蝶阀	D71J-1.0	1.0	≤100	水	32～300
升降式止回阀	H11T-1.6 H41T-1.6	1.6 1.6	≤200 ≤210	水、蒸汽 水、蒸汽	15～60 20～150
旋启式止回阀	H44T-1.0 H44H-2.5	1.0 2.5	≤200 ≤350	水、蒸汽 水蒸气、油类	50～400 50～300

阀门解体、检查、清洗：通常先将阀盖拆下，对阀门进行清洗后检查：看内外表面有无砂眼、毛刺、裂纹等缺陷；阀座与阀体接合是否牢固；阀芯与阀座（孔）的密封面是否吻合和有无缺陷；阀杆与阀芯连接是否灵活牢固，阀杆有无弯曲；阀杆与填料压盖是否配合适当；阀门开闭是否灵活；螺纹有无缺扣断丝；法兰是否符合标准等。

经检查合格的阀门，按规定标准进行强度及严密性试验，在试验压力下检查阀体、阀盖、垫片和填料等有无渗漏。

阀门研磨：当阀门的密封面因摩擦、挤压而造成划痕和不平等损伤，损伤深度小于0.05mm时，可用研磨法处理。若深度大于0.05mm时可先用车床车削后再研磨。

截止阀、升降式止回阀及安全阀，可直接将阀芯的密封面和阀座密封圈上涂一层研磨剂，将阀芯来回旋转互相研磨；对闸阀则要将闸板与阀座分开研磨。

研磨少量阀门时，可采用手工研磨，当研磨的阀门较多时，可采取研磨机研磨。

研磨剂用人造刚玉粉、人造金刚砂和碳化硼粉和煤油、机油和酒精等配制而成，前者为磨料，后者为磨液。研磨铸铁、钢和铜制的密封圈，应采用人造刚玉粉；人造金刚砂和碳化硼粉用于研磨硬质合金密封圈。

研磨的工具硬度应比工件较大一些，以便于磨料，同时它本身又具有一定的耐磨性。最好的研具材料是生铁，其次为软钢、铜、铅和硬木等。

磨液按不同的研具进行选用。对生铁研具，用煤油；对软钢研具，用机油；对铜研具，用机油或酒精。将选定的磨液与磨料混合，则可用以研磨。

阀门经研磨、清洗、装配后，经试压合格后方可安装。

阀门的安装：

阀门安装时，应仔细核对阀门的型号、规格是否符合设计要求。

安装的阀门，其阀体上标示的箭头，应与介质流向一致。

水平管道上的阀门，其阀杆一般应安装在上半周范围内，不允许阀杆朝下安装。

安装法兰阀门，应保证两法兰端面相互平行和同心。

安装法兰或螺纹连接的阀门应在关闭状态下进行。

安装止回阀时，应特别注意介质的正确流向，以保证阀盘自动开启。对升降式止回阀，应保证阀盘中心线与水平面互相垂直；对旋启式止回阀，应保证其摇板的旋转枢轴成水平状。

安装铸铁、硅铁阀门时，应避免因强力连接或受力不均引起的破坏。

阀门的操作机构和传动装置应进行必要的调整，使之动作灵活，指示正确。

较大型阀门安装应用起重工具吊装，绳索应绑扎在阀体上，不允许将绳索拴在手轮、阀杆或阀孔处，以防造成损伤和变形。

为便于检修和启闭操作，室外地下阀门应设阀门井。地下阀门安装和阀门井的砌筑见全国通用给水排水标准图集 S143、S144。

阀门安装：

（1）阀门在安装搬运或吊装时，不得将钢丝绳拴在阀杆手轮及法兰盘螺栓孔上，应拴在阀体上。

（2）室外埋地管道，阀杆应垂直向上，砌筑在阀门井内，以便于检查、维修和操作。

（3）与阀门连接的法兰不得强力对正，安装时应使两个法兰端面相互平行和同心，橡胶垫放正。拧紧螺栓时，应对称或十字交叉地进行。

（4）安装蝶阀、止回阀、截止阀时应注意使水流方向与阀体上的箭头方向一致。

（5）阀体下端应设砖砌或混凝土支墩，详细尺寸见阀门井标准图集。

040502006　法兰

法兰管件安装是指法兰连接，即一对法兰盘用螺栓连接。

平焊法兰、对焊法兰见前面钢管接口形式所述。

绝缘法兰：安装绝缘法兰的目的，是将被保护管道和不应受保护的管道从中分开。因为当保护电流流到不应受保护的管道上去以后，不仅会使电流流失，造成额外损耗，同时还将对其他设备产生电蚀的不良影响。安装绝缘法兰就可大大减小保护电流，减小电源功率，增加管道保护长度。绝缘法兰详如图 2-190。

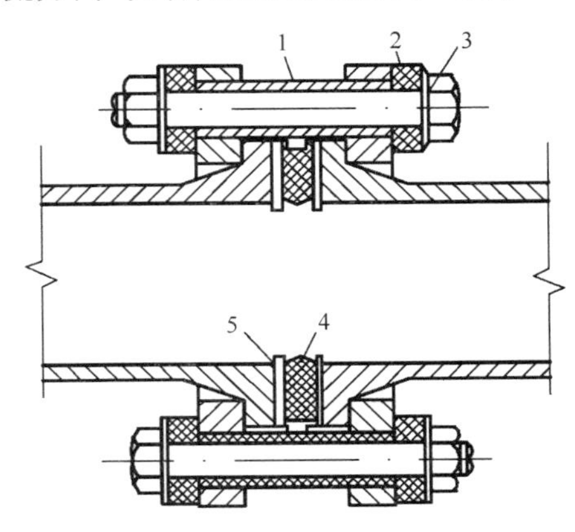

图 2-190 绝缘法兰

1—塑料套管；2—树脂或橡胶垫圈；3—钢垫圈；4—塑料圈；5—铅垫圈

040502007　盲堵板制作、安装

盲堵板是安装在管道中，在紧急情况下控制流向和流量的板，对安装要求高，对板的强度也要高。

040502008　套管制作、安装

套管主要用于油井用套管和油管的无缝钢管。

040502009　水表

过流量变化幅度很大时，应采用由旋翼式和螺翼式组合而成的复式水表。水表的公称直径应按设计秒流量不超过水表的额定流量来决定，一般等于或略小于管道公称通径。常用水表的技术特性见表2-88所示。

常用水表的技术特性　　**表2-88**

类型	介质条件			公称直径（mm）	主要技术特性	适用范围
	水温（℃）	压力（MPa）	性质			
旋翼式水表	0～40	1.0	清洁的水	15～150	最小起步流量及计量范围较小，水流阻力较大，湿式构造简单，精度较高	适用于用水量及其逐时变化幅度小的用户，只限于计量单向水流
螺翼式水表	0～40	1.0	清洁的水	80～400	最小起步流量及计量范围较大，水流阻力小	适用于用水量大的用户，只限于计量单向水流
复式水表	0～40	1.0	清洁的水	主表：50～400 副表：15～40	由主、副表组成，用水量小时仅由副表计量，用水量大时，则主、副表同时计量	适用于用水量变化幅度大的用户，仅限于计量单向水流

水表安装要求如下：

（1）水表应安装在便于检修和读数，不受曝晒、冰冻、污染和机械损伤的水平管道上；

（2）螺翼式水表的上游侧，应保证长度为8～10倍水表公称直径的直管段，其他类型的水表前后，则应有不小于300mm的直线管段；

（3）水表前后和旁通管上均应设检修阀门，若水表可能产生倒转而损坏水表时，则应在水表前设止回阀，室外水表安装见S145；

（4）住宅分户水表仅在表后设检修阀门；

（5）安装水表时应注意水表外壳上箭头所示方向应与水流方向一致。

室外水表安装注意事项

（1）检查水表型号、规格是否符合设计要求，并检查所带配件是否齐合。

（2）必须使进水方向与水表上标志方向一致。旋翼式水表应水平安装，切勿垂直安装。水平螺翼式水表可以任意安装，但倾斜、垂直安装时，使水流自下向上安装。

（3）为使水表计量准确，表前阀门与水表之间的距离应大于8～10倍管径。

（4）安装小口径水表应在水表与阀门之间安设活接头；大口径水表前后宜用伸缩节相连。

（5）水表、阀门底部应设支墩，支墩可用机砖或混凝土砌筑。

040502010　消火栓

消火栓是发生火警时的取水龙头，按安装形式可分为地上式和地下式两种。如图 2-191 和图 2-192。

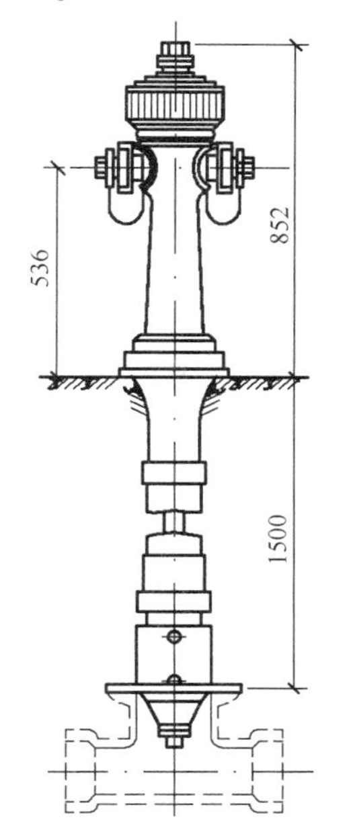

图 2-191　地上式消火栓

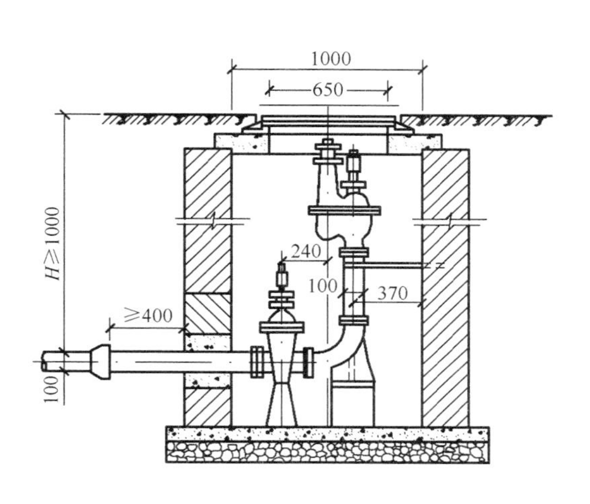

图 2-192　地下式消火栓

地面式消火栓装于地面上，目标明显，易于寻找，但较易损坏，有时妨碍交通。地面式一般适用于气温较高的地区。地下式消火栓适用于气温较低的地区，装于地下消火栓井内，使用不如地面式方便，消防人员应熟悉消火栓设置位置。

消防规范规定，接室外消火栓的管径不得小于 100mm，相邻两消火栓的间距不应大于 120m。距离建筑物外墙不得小于 5m，距离车行道边不大于 2m。

消火栓消防系统管道安装：

消火栓消防系统由水枪、水带、消火栓、消防管道等组成。水枪、水带、消火栓一般设在便于取用的消火栓箱内。消火栓消防管道由消防立管及接消火栓的短支管组成。独立的消火栓消防给水系统，消防立管直接接在消防给水系统上；与生活饮用水共用的消火栓消防系统，其立管从建筑给水管上接出。消防立管的安装应注意短支管的预留口位置，要保证短支管的方向准确。而短支管的位置和方向与消火栓有关。即安装室内消火栓，栓口应朝外，栓口中心距地面为 1.1m，允许偏差 20mm。阀门距消防箱侧面为 140mm，距箱后内表面为 100mm，允许偏差 5mm。安装消火栓水龙带，水龙带与水枪和快速接头绑扎好后，应根据箱内构造将水龙带挂在箱内的挂钉或水龙带盘上，以便有火警时，能迅速启动。

室外消火栓安装注意事项：

（1）安装前应检查消火栓型号、规格是否符合设计要求，阀门启闭应灵活。

（2）安装位置距建筑物不小于 5m，一般设在人行道旁，其位置必须符合设计位置。

(3) 室外地下消火栓与主管连接的三通或弯头下部，均匀稳固地支承于混凝土支墩上。其安装各部尺寸应满足设计或施工质量验收规范的要求。

(4) 室外地上式消火栓一般安装于高出地面 640mm。安装时，先将消火栓下部的带底座弯头稳固在混凝土支墩上。然后再连接消火栓本体。

040502011　补偿器（波纹管）

采暖系统的热补偿器有套管式、球形、波纹及弯管补偿器四大类。

(1) 套管式补偿器：有单向和双向两种，如图 2-193。

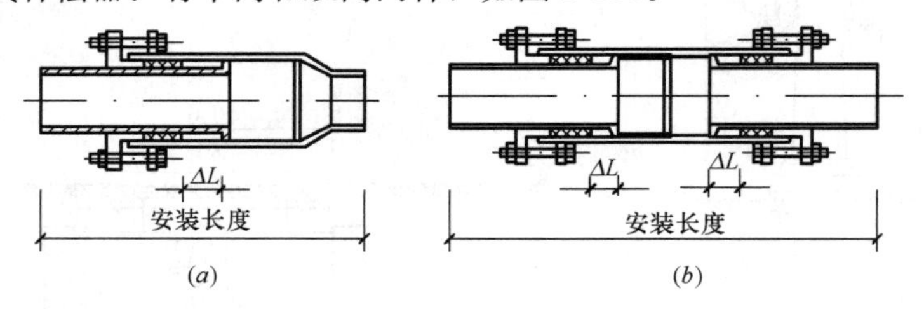

图 2-193　套管式补偿器

(a) 单向套管补偿器；(b) 双向套管补偿器

1) 套管式补偿器安装前应按生产厂给定的试验压力试压。试压时，套管应处于最大伸长量。试验压力下 5～10min 内应不渗不漏。

2) 套管补偿器安装长度应考虑预拉伸伸出长度。套管预拉伸长度按下式计算：

$$\Delta L=\alpha \cdot L\ (t_{\mathrm{r}}-t_{\mathrm{A}})$$

式中　ΔL——安装时套管预拉伸长度(m)；

α——管材线膨胀系数[m/(m·℃)]，钢管取 $\alpha=0.000012$；

t_{r}——管内介质最高计算温度(℃)；

t_{A}——补偿器安装时环境温度(℃)；

L——补偿器安装管段的计算长度(m)。

3) 双向套管补偿器安装于两固定支架中间，两侧管道最少应各安装两个导向支架。单向补偿器靠一端固定支架安装时，另一端应安装两个以上导向支架。

4) 套管补偿器安装时，应保证其中心线与管线中心线的一致，不可歪斜。

(2) 球形补偿器的安装：

1) 用于有三向位移的管道。其折曲角一般不大于 30°。

2) 球形补偿器不能单个使用，根据管路系统可由 2～4 个配套使用。

3) 补偿量的计算采用下式：

$$\Delta L=2R\sin\ (\theta/2)$$

式中　ΔL——需要的补偿量（mm）；

R——补偿器两球中心间距离（mm）；

θ——折曲角度（°）。

4) 球形补偿器两侧管支架，宜用滚动支架。

5) 用做采暖管道的球形补偿器安装时，需进行预压缩，其折曲角应向反方向偏转。

(3) 波纹补偿器的安装：

波纹管补偿器有轴向型、横向型、角向型，以补偿管道的轴向、横向和角位移。

1）安装前的准备工作：

① 核查补偿器的型号、规格、技术参数是否符合设计要求，并掌握产品使用说明书。

② 确实掌握厂家提供补偿器的预拉伸情况，是否与设计值相符，需要调整时还应对补偿器进行拉伸或冷紧。

③ 按照设计和厂家对波纹补偿器附近支架设置要求，安装好固定支架、导向支架和管道的铺设，待支架达到设计强度后，再安装补偿器。

2）波纹管式补偿器的安装方法：

补偿器接口有法兰连接和焊口连接两种形式，安装方法一种是随着管道敷设同时安装补偿器；也可以先安管道，系统试压冲洗后，再安装补偿器。视条件和需要确定。前者安装方法较为简单，与阀类安装相同。后者安装方法叙述如下：

① 先丈量好波纹补偿器的全长，在管道波纹补偿器安装位置上，划出切断线。

② 依线切断管道。

③ 焊接接口的补偿器：先用临时支、吊架将补偿器支吊好，使两边的接口同时对好口，同时点焊。检查补偿器安装是否合适，合适后按顺序施焊。焊后拆除临时支吊架。

④ 法兰接口的补偿器：先将管道接口用的法兰、垫片临时安到波纹管补偿器的法兰盘上，用临时支、吊架将补偿器支、吊就位，补偿器两端的接口要同时对好管口，同时将法兰盘点焊。检查补偿器位置合适后，卸下法兰螺栓，卸下临时支、吊架和补偿器。然后对管口法兰盘对称施焊，按照焊接质量要求清理焊渣，检查焊接质量，合格后对内外焊口进行防腐处理。最后将波纹补偿器吊起进行法兰正式连接。

3）安装波纹管补偿器注意事项：

① 在订购补偿器时，应向厂家提供介质温度、安装时环境温度和补偿器布置图，以便厂家了解所需的补偿能力，或向厂家提出补偿能力的要求。

② 若补偿器的构造不对称，应将内套有焊缝的一侧放置迎向流体流动方向，安装时不得装反。

③ 导向支架必须按照设计要求进行制作和安装。强度达到设计要求后，再安装补偿器。

④ 吊装时，不得将吊索绑扎在波节上，安装时要对波纹补偿器进行保护，可用石棉布或其他不燃物品覆盖，避免焊渣飞溅到波纹上。

（4）弯管补偿器：有方形（⎍）和 Ω 形，通常采用方形补偿器较多。

1）方形补偿器根据臂长和宽度的不同分为Ⅰ、Ⅱ、Ⅲ、Ⅳ型，如图 2-194，其规格见表 2-89。

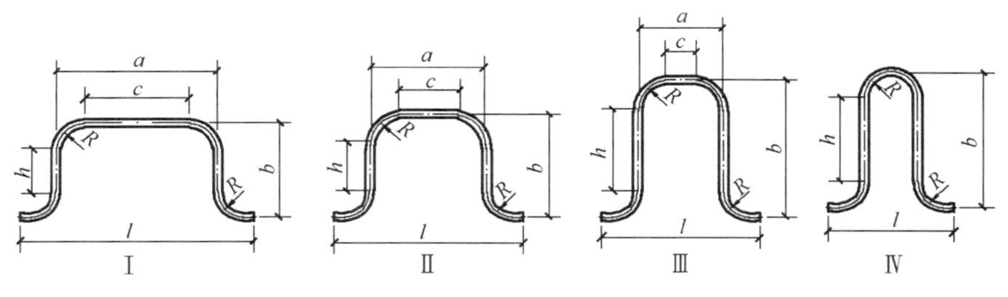

图 2-194　方形补偿器

方形补偿器规格尺寸表（mm）　　　　**表 2-89**

<table>
<tr><td rowspan="2">饱和蒸汽压力（表压）</td><td rowspan="2">热水或蒸汽温度</td><td rowspan="2">管道长度</td><td colspan="2">管径</td><td colspan="6">DN25</td><td colspan="6">DN32</td></tr>
<tr><td colspan="2">半径</td><td colspan="6">R=134</td><td colspan="6">R=169</td></tr>
<tr><td>kPa</td><td>℃</td><td>m</td><td>ΔX</td><td>型号</td><td>a</td><td>b</td><td>c</td><td>h</td><td>l</td><td>展开长度</td><td>a</td><td>b</td><td>c</td><td>h</td><td>l</td><td>展开长度</td></tr>
<tr><td>500</td><td>151</td><td>～13</td><td rowspan="8">25</td><td rowspan="2">Ⅰ</td><td rowspan="2">780</td><td rowspan="2">520</td><td rowspan="2">512</td><td rowspan="2">252</td><td rowspan="2">1248</td><td rowspan="2">2058</td><td rowspan="2">830</td><td rowspan="2">580</td><td rowspan="2">492</td><td rowspan="2">242</td><td rowspan="2">1368</td><td rowspan="2">2238</td></tr>
<tr><td rowspan="2">400</td><td rowspan="2">143</td><td rowspan="2">～14</td></tr>
<tr><td rowspan="2">Ⅱ</td><td rowspan="2">600</td><td rowspan="2">600</td><td rowspan="2">332</td><td rowspan="2">332</td><td rowspan="2">1068</td><td rowspan="2">2038</td><td rowspan="2">650</td><td rowspan="2">650</td><td rowspan="2">312</td><td rowspan="2">312</td><td rowspan="2">1188</td><td rowspan="2">2198</td></tr>
<tr><td>270</td><td>130</td><td>～15</td></tr>
<tr><td>143</td><td>110</td><td>～16</td><td rowspan="2">Ⅲ</td><td rowspan="2">470</td><td rowspan="2">660</td><td rowspan="2">202</td><td rowspan="2">392</td><td rowspan="2">938</td><td rowspan="2">2028</td><td rowspan="2">530</td><td rowspan="2">720</td><td rowspan="2">192</td><td rowspan="2">382</td><td rowspan="2">1068</td><td rowspan="2">2218</td></tr>
<tr><td rowspan="2">85</td><td rowspan="2">95</td><td rowspan="2">～20</td></tr>
<tr><td rowspan="2">Ⅳ</td><td rowspan="2">—</td><td rowspan="2">800</td><td rowspan="2">—</td><td rowspan="2">532</td><td rowspan="2">736</td><td rowspan="2">2106</td><td rowspan="2">—</td><td rowspan="2">820</td><td rowspan="2">—</td><td rowspan="2">482</td><td rowspan="2">876</td><td rowspan="2">2226</td></tr>
<tr><td>31</td><td>70</td><td>～28</td></tr>
<tr><td>500</td><td>151</td><td>14～27</td><td rowspan="8">50</td><td rowspan="2">Ⅰ</td><td rowspan="2">1200</td><td rowspan="2">720</td><td rowspan="2">932</td><td rowspan="2">452</td><td rowspan="2">1668</td><td rowspan="2">2878</td><td rowspan="2">1300</td><td rowspan="2">800</td><td rowspan="2">962</td><td rowspan="2">462</td><td rowspan="2">1838</td><td rowspan="2">3148</td></tr>
<tr><td rowspan="2">400</td><td rowspan="2">143</td><td rowspan="2">15～28</td></tr>
<tr><td rowspan="2">Ⅱ</td><td rowspan="2">840</td><td rowspan="2">840</td><td rowspan="2">572</td><td rowspan="2">572</td><td rowspan="2">1308</td><td rowspan="2">2758</td><td rowspan="2">920</td><td rowspan="2">920</td><td rowspan="2">582</td><td rowspan="2">582</td><td rowspan="2">1458</td><td rowspan="2">3008</td></tr>
<tr><td>270</td><td>130</td><td>16～30</td></tr>
<tr><td>143</td><td>110</td><td>17～35</td><td rowspan="2">Ⅲ</td><td rowspan="2">650</td><td rowspan="2">980</td><td rowspan="2">382</td><td rowspan="2">712</td><td rowspan="2">1118</td><td rowspan="2">2848</td><td rowspan="2">700</td><td rowspan="2">1000</td><td rowspan="2">362</td><td rowspan="2">662</td><td rowspan="2">1238</td><td rowspan="2">2948</td></tr>
<tr><td rowspan="2">85</td><td rowspan="2">95</td><td rowspan="2">21～42</td></tr>
<tr><td rowspan="2">Ⅳ</td><td rowspan="2">—</td><td rowspan="2">1250</td><td rowspan="2">—</td><td rowspan="2">982</td><td rowspan="2">736</td><td rowspan="2">3006</td><td rowspan="2">—</td><td rowspan="2">1250</td><td rowspan="2">—</td><td rowspan="2">912</td><td rowspan="2">876</td><td rowspan="2">3086</td></tr>
<tr><td>31</td><td>70</td><td>29～55</td></tr>
<tr><td>500</td><td>151</td><td>28～40</td><td rowspan="8">75</td><td rowspan="2">Ⅰ</td><td rowspan="2">1500</td><td rowspan="2">880</td><td rowspan="2">1232</td><td rowspan="2">612</td><td rowspan="2">1968</td><td rowspan="2">3498</td><td rowspan="2">1600</td><td rowspan="2">950</td><td rowspan="2">1262</td><td rowspan="2">612</td><td rowspan="2">2138</td><td rowspan="2">3748</td></tr>
<tr><td rowspan="2">400</td><td rowspan="2">143</td><td rowspan="2">29～42</td></tr>
<tr><td rowspan="2">Ⅱ</td><td rowspan="2">1050</td><td rowspan="2">1050</td><td rowspan="2">782</td><td rowspan="2">782</td><td rowspan="2">1518</td><td rowspan="2">3388</td><td rowspan="2">1150</td><td rowspan="2">1150</td><td rowspan="2">812</td><td rowspan="2">812</td><td rowspan="2">1688</td><td rowspan="2">3698</td></tr>
<tr><td>270</td><td>130</td><td>31～45</td></tr>
<tr><td>143</td><td>110</td><td>36～55</td><td rowspan="2">Ⅲ</td><td rowspan="2">750</td><td rowspan="2">1250</td><td rowspan="2">482</td><td rowspan="2">982</td><td rowspan="2">1218</td><td rowspan="2">3488</td><td rowspan="2">830</td><td rowspan="2">1320</td><td rowspan="2">492</td><td rowspan="2">982</td><td rowspan="2">1368</td><td rowspan="2">3718</td></tr>
<tr><td rowspan="2">85</td><td rowspan="2">95</td><td rowspan="2">43～63</td></tr>
<tr><td rowspan="2">Ⅳ</td><td rowspan="2">—</td><td rowspan="2">1550</td><td rowspan="2">—</td><td rowspan="2">1282</td><td rowspan="2">736</td><td rowspan="2">3606</td><td rowspan="2">—</td><td rowspan="2">1650</td><td rowspan="2">—</td><td rowspan="2">1312</td><td rowspan="2">876</td><td rowspan="2">3886</td></tr>
<tr><td>31</td><td>70</td><td>53～80</td></tr>
<tr><td>500</td><td>151</td><td>41～55</td><td rowspan="8">100</td><td rowspan="2">Ⅰ</td><td rowspan="2">1750</td><td rowspan="2">1000</td><td rowspan="2">1482</td><td rowspan="2">732</td><td rowspan="2">2218</td><td rowspan="2">3988</td><td rowspan="2">1900</td><td rowspan="2">1100</td><td rowspan="2">1562</td><td rowspan="2">762</td><td rowspan="2">2438</td><td rowspan="2">4348</td></tr>
<tr><td rowspan="2">400</td><td rowspan="2">143</td><td rowspan="2">43～55</td></tr>
<tr><td rowspan="2">Ⅱ</td><td rowspan="2">1200</td><td rowspan="2">1200</td><td rowspan="2">932</td><td rowspan="2">932</td><td rowspan="2">1668</td><td rowspan="2">3838</td><td rowspan="2">1320</td><td rowspan="2">1320</td><td rowspan="2">982</td><td rowspan="2">982</td><td rowspan="2">1858</td><td rowspan="2">4208</td></tr>
<tr><td>270</td><td>130</td><td>46～60</td></tr>
<tr><td>143</td><td>110</td><td>57～70</td><td rowspan="2">Ⅲ</td><td rowspan="2">860</td><td rowspan="2">1400</td><td rowspan="2">592</td><td rowspan="2">1132</td><td rowspan="2">1328</td><td rowspan="2">3898</td><td rowspan="2">950</td><td rowspan="2">1550</td><td rowspan="2">612</td><td rowspan="2">1212</td><td rowspan="2">1488</td><td rowspan="2">4298</td></tr>
<tr><td rowspan="2">85</td><td rowspan="2">95</td><td rowspan="2">64～85</td></tr>
<tr><td rowspan="2">Ⅳ</td><td rowspan="2">—</td><td rowspan="2">—</td><td rowspan="2">—</td><td rowspan="2">—</td><td rowspan="2">—</td><td rowspan="2">—</td><td rowspan="2">—</td><td rowspan="2">1950</td><td rowspan="2">—</td><td rowspan="2">1612</td><td rowspan="2">876</td><td rowspan="2">4486</td></tr>
<tr><td>70</td><td>70</td><td>81～100</td></tr>
<tr><td>500</td><td>151</td><td>56～80</td><td rowspan="8">150</td><td rowspan="2">Ⅰ</td><td rowspan="2">2150</td><td rowspan="2">1200</td><td rowspan="2">1882</td><td rowspan="2">932</td><td rowspan="2">2618</td><td rowspan="2">4788</td><td rowspan="2">2320</td><td rowspan="2">1320</td><td rowspan="2">1982</td><td rowspan="2">982</td><td rowspan="2">2858</td><td rowspan="2">5208</td></tr>
<tr><td rowspan="2">400</td><td rowspan="2">143</td><td rowspan="2">56～85</td></tr>
<tr><td rowspan="2">Ⅱ</td><td rowspan="2">1500</td><td rowspan="2">1500</td><td rowspan="2">1232</td><td rowspan="2">1232</td><td rowspan="2">1968</td><td rowspan="2">4738</td><td rowspan="2">1640</td><td rowspan="2">1640</td><td rowspan="2">1302</td><td rowspan="2">1302</td><td rowspan="2">2178</td><td rowspan="2">5168</td></tr>
<tr><td>270</td><td>130</td><td>61～90</td></tr>
<tr><td>143</td><td>110</td><td>71～110</td><td rowspan="2">Ⅲ</td><td rowspan="2">—</td><td rowspan="2">—</td><td rowspan="2">—</td><td rowspan="2">—</td><td rowspan="2">—</td><td rowspan="2">—</td><td rowspan="2">1150</td><td rowspan="2">1920</td><td rowspan="2">812</td><td rowspan="2">1582</td><td rowspan="2">1688</td><td rowspan="2">5238</td></tr>
<tr><td rowspan="2">85</td><td rowspan="2">95</td><td rowspan="2">86～125</td></tr>
<tr><td rowspan="2">Ⅳ</td><td rowspan="2">—</td><td rowspan="2">—</td><td rowspan="2">—</td><td rowspan="2">—</td><td rowspan="2">—</td><td rowspan="2">—</td><td rowspan="2">—</td><td rowspan="2">—</td><td rowspan="2">—</td><td rowspan="2">—</td><td rowspan="2">—</td><td rowspan="2">—</td></tr>
<tr><td>31</td><td>70</td><td>～</td></tr>
<tr><td>500</td><td>151</td><td>～13</td><td rowspan="8">25</td><td rowspan="2">Ⅰ</td><td rowspan="2">860</td><td rowspan="2">620</td><td rowspan="2">476</td><td rowspan="2">236</td><td rowspan="2">1444</td><td rowspan="2">2354</td><td rowspan="2">820</td><td rowspan="2">650</td><td rowspan="2">340</td><td rowspan="2">170</td><td rowspan="2">1500</td><td rowspan="2">2388</td></tr>
<tr><td rowspan="2">400</td><td rowspan="2">143</td><td rowspan="2">～14</td></tr>
<tr><td rowspan="2">Ⅱ</td><td rowspan="2">680</td><td rowspan="2">680</td><td rowspan="2">296</td><td rowspan="2">296</td><td rowspan="2">1264</td><td rowspan="2">2294</td><td rowspan="2">700</td><td rowspan="2">700</td><td rowspan="2">220</td><td rowspan="2">220</td><td rowspan="2">1380</td><td rowspan="2">2368</td></tr>
<tr><td>270</td><td>130</td><td>～15</td></tr>
<tr><td>143</td><td>110</td><td>～16</td><td rowspan="2">Ⅲ</td><td rowspan="2">570</td><td rowspan="2">740</td><td rowspan="2">186</td><td rowspan="2">356</td><td rowspan="2">1154</td><td rowspan="2">2304</td><td rowspan="2">620</td><td rowspan="2">750</td><td rowspan="2">140</td><td rowspan="2">270</td><td rowspan="2">1300</td><td rowspan="2">2388</td></tr>
<tr><td rowspan="2">85</td><td rowspan="2">95</td><td rowspan="2">～20</td></tr>
<tr><td rowspan="2">Ⅳ</td><td rowspan="2">—</td><td rowspan="2">830</td><td rowspan="2">—</td><td rowspan="2">446</td><td rowspan="2">968</td><td rowspan="2">2298</td><td rowspan="2">—</td><td rowspan="2">840</td><td rowspan="2">—</td><td rowspan="2">360</td><td rowspan="2">1160</td><td rowspan="2">2428</td></tr>
<tr><td>31</td><td>70</td><td>～28</td></tr>
</table>

饱和蒸汽压力（表压）	热水或蒸汽温度	管道长度	管径		DN25						DN32					
			半径		R=134						R=169					
kPa	℃	m	ΔX	型号	a	b	c	h	l	展开长度	a	b	c	h	l	展开长度
500	151	14～27	50	Ⅰ	1280	830	896	446	1864	3194	1280	880	800	400	1960	3308
400	143	15～28		Ⅱ	970	970	586	586	1554	3164	980	980	500	500	1660	3208
270	130	16～30		Ⅲ	720	1050	336	666	1304	3074	780	1080	300	600	1460	3208
143	110	17～35		Ⅳ	—	1280	—	896	968	3198	—	1300	—	820	1160	3348
85	95	21～42														
31	70	29～55														
500	151	28～40	75	Ⅰ	1660	1020	1276	636	2244	3954	1720	1100	1240	620	2400	4188
400	143	29～42		Ⅱ	1200	1200	816	816	1784	3854	1300	1300	820	820	1980	4168
270	130	31～45		Ⅲ	890	1380	506	996	1474	3904	970	1450	490	970	1650	4138
143	110	36～55		Ⅳ	—	1700	—	1316	968	4038	—	1750	—	1270	1160	4248
85	95	43～63														
31	70	53～80														

饱和蒸汽压力（表压）	热水或蒸汽温度	管道长度	管径		DN40						DN50					
			半径		R=192						R=240					
kPa	℃	m	ΔX	型号	a	b	c	h	l	展开长度	a	b	c	h	l	展开长度
500	151	41～55	100	Ⅰ	1920	1150	1536	766	2504	4474	2020	1250	1540	770	2700	4788
400	143	43～55		Ⅱ	1400	1400	1016	1016	1984	4454	1500	1500	1020	1020	2180	4768
270	130	46～60		Ⅲ	1010	1630	626	1246	1594	4524	1070	1650	590	1170	1750	4638
143	110	57～70		Ⅳ	—	2000	—	1616	968	4638	—	2050	—	1570	1160	4848
85	95	64～85														
31	70	81～100														
500	151	56～80	150	Ⅰ	2420	1400	2036	1016	3004	5474	2520	1500	2040	1020	3200	5788
400	143	56～85		Ⅱ	1730	1730	1346	1346	2314	5444	1800	1800	1320	1320	2480	5668
270	130	61～90		Ⅲ	1210	2030	826	1646	1794	5524	1290	2100	810	1620	1970	5758
143	110	71～110		Ⅳ	—	—	—	—	—	—	—	2650	—	2170	1160	6048
85	95	86～125														
31	70	～														
500	151	～13	25	Ⅰ	—	—	—	—	—	—	—	—	—	—	—	—
400	143	～14		Ⅱ	—	—	—	—	—	—	—	—	—	—	—	—
270	130	～15		Ⅲ	—	—	—	—	—	—	—	—	—	—	—	—
143	110	～16		Ⅳ	—	—	—	—	—	—	—	—	—	—	—	—
85	95	～20														
31	70	～28														
500	151	14～27	50	Ⅰ	1250	930	642	322	2058	3396	1290	1000	578	288	2202	3591
400	143	15～28		Ⅱ	1000	1000	392	392	1808	3286	1050	1050	338	338	1962	3451
270	130	16～30		Ⅲ	860	1100	252	492	1668	3346	930	1150	218	438	1842	3531
143	110	17～35		Ⅳ	—	1120	—	512	1416	3134	—	1200	—	488	1624	3413
85	95	21～42														
31	70	29～55														

续表

饱和蒸汽压力（表压）	热水或蒸汽温度	管道长度	管径		*DN*40						*DN*50					
			半径		R=192						R=240					
kPa	℃	m	ΔX	型号	a	b	c	h	l	展开长度	a	b	c	h	l	展开长度
500	151	28～40	75	Ⅰ	1700	1150	1092	542	2508	4286	1730	1220	1018	508	2642	4471
400	143	29～42		Ⅱ	1300	1300	692	692	2108	4186	1350	1350	638	638	2262	4351
270	130	31～45		Ⅲ	1030	1450	422	842	1838	4216	1110	1500	398	788	2022	4411
143	110	36～55		Ⅳ	—	1500	—	892	1416	3894	—	1600	—	888	1624	4273
85	95	43～63														
31	70	53～80														

饱和蒸汽压力（表压）	热水或蒸汽温度	管道长度	管径		*D*76×3.5						*D*89×3.5					
			半径		R=304						R=356					
kPa	℃	m	ΔX	型号	a	b	c	h	l	展开长度	a	b	c	h	l	展开长度
500	151	41～55	100	Ⅰ	2000	1300	1394	692	2808	4886	2130	1420	1418	708	3042	5271
400	143	43～55		Ⅱ	1500	1500	892	892	2308	4786	1600	1600	888	888	2512	1501
270	130	46～60		Ⅲ	1180	1700	572	1092	1988	4866	1280	1850	568	1138	2192	5281
143	110	57～70		Ⅳ	—	1850	—	1242	1416	4594	—	1950	—	1238	1624	4913
85	95	64～85														
31	70	81～100														
500	151	56～80	150	Ⅰ	2600	1600	1992	992	3408	6086	2790	1750	2078	1038	3702	6591
400	143	56～85		Ⅱ	1850	1850	1242	1242	2658	5836	2000	2000	1288	1288	2912	6301
270	130	61～90		Ⅲ	1460	2300	852	1692	2268	6346	1580	2450	868	1738	2492	6781
143	110	71～110		Ⅳ	—	2400	—	1792	1416	5694	—	2550	—	1838	1624	6113
85	95	86～125														
31	70	～														
500	151	14～27	50	Ⅰ	1400	1130	536	266	2464	3982	1550	1300	486	236	2814	4501
400	143	15～28		Ⅱ	1200	1200	336	336	2264	3922	1300	1300	236	236	2564	4250
270	130	16～30		Ⅲ	1060	1250	196	386	2124	3882	1200	1300	136	236	2464	4151
143	110	17～35		Ⅳ	—	1300	—	436	1928	3786	—	1300	—	236	2328	4015
85	95	21～42														
31	70	29～55														
500	151	28～40	75	Ⅰ	1800	1350	936	486	2864	4822	2050	1550	986	486	3314	5501
400	143	29～42		Ⅱ	1450	1450	586	586	2514	4672	1600	1600	536	536	2864	5151
270	130	31～45		Ⅲ	1260	1650	396	786	2324	4882	1410	1750	346	686	2674	5261
143	110	36～55		Ⅳ	—	1700	—	836	1928	4586	—	1800	—	736	2328	5015
85	95	43～63														
31	70	53～80														
500	151	41～55	100	Ⅰ	2350	1600	1486	736	3414	5872	2450	1750	1386	686	3714	6301
400	143	43～55		Ⅱ	1700	1700	836	836	2764	5422	1900	1900	836	836	3164	6051
270	130	46～60		Ⅲ	1460	2050	596	1186	2524	5882	1600	2100	536	1036	2864	6151
143	110	57～70		Ⅳ	—	2100	—	1236	1928	5386	—	2150	—	1086	2328	5715
85	95	64～85														
31	70	81～100														

续表

饱和蒸汽压力（表压）	热水或蒸汽温度	管道长度	管径		$D108\times4$						$D133\times4$					
			半径		$R=432$						$R=532$					
kPa	℃	m	ΔX	型号	a	b	c	h	l	展开长度	a	b	c	h	l	展开长度
500	151	56～80	150	Ⅰ	2950	1900	2086	1036	4014	7072	3250	2150	2186	1086	4514	7901
400	143	56～85		Ⅱ	2150	2150	1286	1286	3214	6772	2450	2450	1386	1386	3714	7701
270	130	61～90		Ⅲ	1760	2650	896	1786	2824	7382	1950	2800	886	1736	3214	7901
143	110	71～110		Ⅳ	—	2750	—	1886	1928	6686	—	2850	—	1786	2328	7115
85	95	86～125														
31	70	～														

饱和蒸汽压力（表压）	热水或蒸汽温度	管道长度	管径		$D159\times4.5$						$D219\times6$					
			半径		$R=636$						$R=876$					
kPa	℃	m	ΔX	型号	a	b	c	h	l	展开长度	a	b	c	h	l	展开长度
500	151	14～27	50	Ⅰ	1550	1400	278	128	3022	4730	—	—	—	—	—	—
400	143	15～28		Ⅱ	1400	1400	128	128	2872	4580	—	—	—	—	—	—
270	130	16～30		Ⅲ	1350	1400	78	128	2822	4530	—	—	—	—	—	—
143	110	17～35		Ⅳ	—	1400	—	128	2744	4452	—	—	—	—	—	
85	95	21～42														
31	70	29～55														
500	151	28～40	75	Ⅰ	2080	1680	808	408	3562	5820	2450	2100	698	348	4402	7098
400	143	29～42		Ⅱ	1750	1750	478	478	3222	5630	2100	2100	348	348	4052	6748
270	130	31～45		Ⅲ	1550	1800	278	528	3022	5530	1950	2100	198	348	3902	6598
143	110	36～55		Ⅳ	—	1900	—	628	2744	5452	—	2100	—	348	3704	6400
85	95	43～63														
31	70	53～80														
500	151	41～55	100	Ⅰ	2650	1950	1378	678	4122	6930	2850	2300	1098	548	4802	7898
400	143	43～55		Ⅱ	2050	2050	778	778	3522	6350	2380	2380	628	628	4332	7588
270	130	46～60		Ⅲ	1750	2200	478	928	3222	6350	2080	2400	328	648	4032	7328
143	110	57～70		Ⅳ	—	2300	—	1028	2744	6252	—	2550	—	798	3704	7300
85	95	64～85														
31	70	81～100														
500	151	56～80	150	Ⅰ	3550	2400	2278	1128	5022	8730	3750	2750	1998	998	5702	9698
400	143	56～85		Ⅱ	2600	2600	1328	1328	4072	8180	2950	2950	1198	1198	4902	9298
270	130	61～90		Ⅲ	2080	2880	808	1608	3552	8220	2480	3200	728	1448	4432	9328
143	110	71～110		Ⅳ	—	3000	—	1728	2744	7652	—	3250	—	1498	3704	8700
85	95	86～125														
31	70	～														

注：该表的选用应以补偿器的补偿量 ΔX 为准，表中管道长度、热水温度等为参考值。

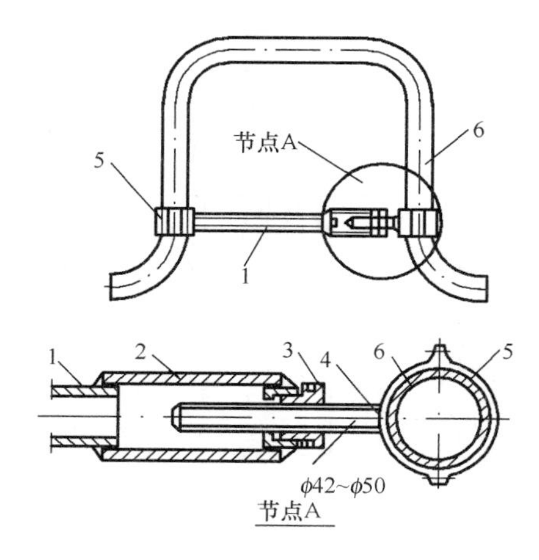

图 2-195 方形补偿器冷顶开装置
1—拉杆；2—短管；3—调节螺母；
4—螺杆；5—卡箍；6—补偿器

2）方形补偿器尺寸应准确、两边应对称，其偏差不得小于 3mm/m，垂直臂长度偏差不应大于 10mm，弯头必须是 90°。

3）补偿器安装就位时，起吊点应为 3 个，以保持补偿器的平衡受力，以防变形。

4）作为采暖系统的补偿器，安装时应预拉伸。对室内采暖系统推荐采用撑顶装置，如图 2-195 所示，拉伸长度应为该段最大膨胀变形量的 2/5。

5）方形补偿器应安装在两固定支架中间，其顶部应设活动支架或吊架。

040502012　除污器组成、安装

除污器是在石油化工工艺管道中应用较广的一种部件。其作用一是防止管道介质中的杂质进入传动设备或精密部位，使生产发生故障或影响产品的质量。除污器安装在用户入口供水总管上，以及热源（冷源）、用热（冷）设备、水泵、调节阀入口处。

040502013　凝水缸

凝水缸：凝水缸是排水器的一个组成部分。凝水缸根据材料可分为钢制凝水缸和铸铁凝水缸；根据结构分为立式凝水缸和卧式凝水缸，卧式凝水缸多用于管径较大燃气管道上；根据燃气的输气压力分为低压凝水缸和高中压凝水缸，因为高中压燃气管道中的冷凝水较低压管道多，所以高中压凝水缸的容积较低压管道大，而且用于冬季具有冰冻期的地区的高中压凝水缸的顶部有两个排水装置的管接头，低压凝水缸顶部一般只有一个管接头。

钢制凝水缸可采用直缝钢管或无缝钢管焊接制作，也可采用钢板卷焊。制作完毕应该用压缩空气进行强度试验和严密性试验，并按燃气管道的防腐标准进行防腐。

凝水器安装在管道坡度段的最低处，(用于承受缸体及所存冷凝）垂直摆放，缸底地基应夯实。直径较大的凝水器，缸底应预先浇筑混凝土基础，用于承受缸体及所存冷凝水的荷载。

040502014　调压器

调压器：调压器是用来调节管道里的压力，以使满足工作的需要。主要有活塞式、T型和雷诺式调压器，以及自力式调压器。其中活塞式、T 型调压器广泛布置于各类燃气的各种压力级别的城市燃气管网中，所以是最常见的调压器。雷诺调压器一般仅用于人工燃气管网的中低压燃气调压站，室内工艺布置也与前者大不相同，而自力式调压器则较多用于天然气门站或储配站。

调压器前后阀门之间的管段，最好是把阀门过滤器、波纹管补偿器和调压器等按平面位置和高程稳固好，法兰连接处先用螺栓紧固后，配齐短管并进行调找平，再进行法兰的点焊。待完成全部点固焊后，松开螺栓进行短管与法兰的环缝焊接。最后加法兰垫片进行设备安装。

调压室内所有设备在安装前均应进行检查清洗，阀门和调压器还应检查阀盖的法兰垫片和压盖下的填料，如有损伤应予以更换。

站内阀门采用明杆阀门或密封性好的油封旋塞阀，也可采用蝶阀，$DN \leqslant 50$ 的阀门采用压盖旋塞阀。安装前应对阀门进行空气压力试验，没有条件做压力试验时则做渗煤油试验。安装后的阀门手轮（柄）应按不同操作压力涂刷不同颜色，例如次高压刷红色，中压刷黄色，低压刷绿色。

调压器应按阀体上箭头所指燃气进出口方向安装，安装时调压阀应处于关闭状态，安装前应分别检查主调压器和指挥器以及排气阀等各部件动作是否灵敏，接头是否牢固。调压器应平放安装，使主调压器的阀杆呈垂直状态，不得倾斜和倒置。每台主调压器前均应设置过滤器，安装前应拆下过滤网清洗干净。

调压室的低压出口管道上必须安装安全阀或水封式安全装置。安全阀安装前应检验弹簧，薄膜，阀杆和阀口是否有损伤，动作是否灵敏。水封装置，可以在现场焊接制作，安装前需经强度试验，水封的进气管和放散器可用法兰连接（A 型），也可以螺纹连接。

040502015　过滤器

过滤器：分为粗效过滤器、中效过滤器、高效过滤器和超高效过滤器。

粗效过滤器：用以过滤 10～100μm 较粗尖粒的过滤器，可用作高效过滤器的预过滤。滤料分有泡塑料和针刺毡等。其过滤风速宜小于 1.2m/s，初阻力小于 100Pa，容尘量较小。

中效过滤器：常用中细孔泡沫塑料、化纤无纺布等为滤料的过滤器，主要用于过滤 1～10/μm 的尘料。它的过滤风速较低数量级为 cm/s，为提高处理能力，常作成扁袋式或抽屉式，使过滤料实际过滤面积与迎风面积之比在 10～20 倍以上，其压力损失高于粗效过滤器，适用于空气含尘浓度较低的过滤。

高效过滤器：采用超细玻璃纤维、超细石棉纤维（纤维直径小于 1μm）等制成的滤纸，为滤料作成的过滤器。为了减小阻力和增加微粒的扩散沉降必须采用很低的过滤风速（数量约为 cm/s），所以需将滤纸多次折叠，折叠后中间的通道靠波纹分隔板隔开，使其过滤面积为迎风面积的 50～60 倍，用于过滤小于 1μm 的微粒。中国一般现规定它对 0.3/μm 的微粒具有 99.97%的效率，它还能够有效地捕集细菌，用于生物洁净室，只适用于净化含尘浓度低的空气，所以必须在粗效过滤器和中效过滤器保护下使用，即为三级过滤器的末级过滤器。

亚高效过滤器：略次于高效过滤器的过滤器，它与高效过滤器之间、不同之处，在于其实际过滤面积与迎风面积之比较低（为 20～40 倍高效过滤器则为 50～60 倍），对 0.3/μm 微料的过滤效率也略低，为 90%～99.9%。

超高效过滤器：又称超低穿透率过滤器、*ULPA* 过滤器，是近几年出现的比高效过滤器效率还要高的过滤器，主要以过滤 0.1/μm 微料为目的，对 0.1/μm 微（料）粒的效率在 99.9%以上，即现在一般达到 99.9999%以上。

040502016　分离器

萘油分离器：分离器是用来把管道内输送的物料从高速的两相流中分流出来的设备。常用的有容积式分离器和旋风式分离器，前者主要用来分离粗颗粒物料，后者主要用来分离细粒状的物料。

040502017　安全水封

水封：利用充分的办法隔断管道设备等内部腔体与大气连通的方法，阻止内部气体溢入大气，防止昆虫通过。水封高度应大于腔体内最大可能正压或负压值，对于一般下水道，为了隔断管道内有害气体与室内大气的连通，最小水封高度大约为 50mm。

040502018　检漏（水）管

检漏管：检漏，在净化工程中对送风过滤器本身和过滤器与框架之间以及框架本身和框架与围护结构之间有无漏泄进行的测试措施。检漏管，为了便于发现和排除敷设在湿陷性黄土地区建筑物防护范围内的给水排水埋设地管道漏水，并对管道进行维护检修而设置的管道。

3. 支架制作及安装

040503001　砌筑支墩

040503002　混凝土支墩

在铺设给水铸铁管管径大于 400mm 时，在弯头、三通等处，由于受管内水压力作用下，产生较大推力，致使该处承插式接口松动而漏水甚至脱落，造成事故。因此，设置支墩防止接口松动，避免事故的发生。支墩可用砖砌或用混凝土建造。

支墩的形式：支墩有水平弯管支墩、三通支墩、纵向向上弯管支墩及纵向向下弯管支墩等多种形式，详见有关给水标准图集。图 2-196 为一水平弯管支墩图。

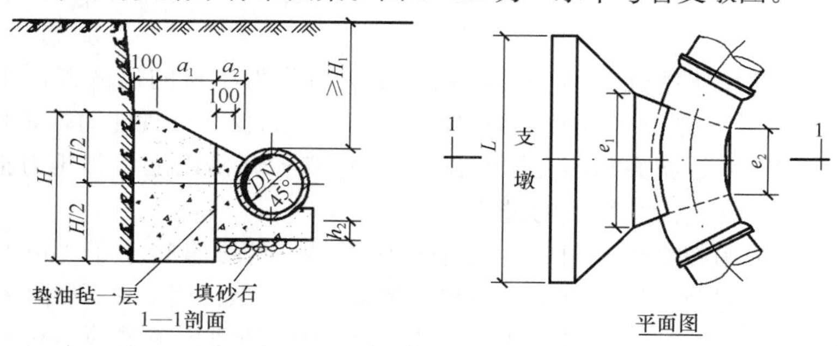

图 2-196　水平弯管支墩

支墩砌筑要点：

（1）管道支墩应在管道接口完毕后砌筑。支墩的砌筑砂浆或混凝土强度达到设计要求时，才能进行水压试验。

（2）支墩应在密实基础上和原状土上砌筑。

（3）砌筑支墩用的砖强度不低于 MU7.5 级，混凝土强度等级不低于 C10，砂浆不低于 M5。

（4）砌筑支墩尺寸、位置应满足设计要求。

040503003　金属支架制作、安装

管道支架是管道安装中使用最广泛的构件之一。选择管道支架的形式及其间距，主要取决于管道的材料、输送介质的工作压力和工作温度、管道保温材料与厚度，还需考虑便于制作和安装，在确保管道安全运行的前提下，降低安装费用。支架选择的一般规定如下：

（1）沿建筑物墙、柱敷设的管道一般采用支架；

（2）不允许有任何水平或垂直方向位移的管道采取固定支架。在固定支架之间，管道的热膨胀靠管道的自然补偿或专设的补偿器解决；

（3）允许有水平位移的管道（如热力管道），应采取滑动支撑，若管道输送温度较高，管径较大，为了减少轴向摩擦力，可采用滚动支架；

（4）有水平位移或垂直位移的管道（如热水管）穿过建筑物墙或楼板时，必须加套管，套管的作用相当于一种特殊的滑动支架。

管道支架安装的一般要求如下：

（1）支架横梁应牢固地固定在墙、柱子或其他构件上，横梁长度方向应水平，顶面应与管子中心线平行；

（2）管道的支架间距施工时一般按设计规定采用。

管道支架的安装分下面两个步骤进行：

（1）管道支架的定线，即按照设计要求定出支架的位置，再按管道的标高，将同一水平直管段两端的支架位置画在墙或柱子上。要求有坡度的管道，应根据两点间的距离和坡度的大小，算出两点间的高差，然后在两点间拉一根直线，按照支架的间距，在墙或柱子上画出每个支架的位置。

如土建施工时已在墙上预留了埋设支架的孔洞，或在钢筋混凝土构件上预埋了焊接支架的钢板，则应检查预留孔洞或预埋钢板的标高和位置是否符合设计要求。预埋钢板上的砂浆或油漆应清除干净。

由土建施工完成的混凝土、钢筋混凝土、砖砌等材料完成的支柱、支墩等，在安装支架前应测量顶面标高、坡度和垂直度是否符合设计要求。

（2）支架的安装。支架的安装应按设计或有关要求执行。其安装方法分为两种：小预留孔洞式或预埋钢板式。前者由土建施工时预留孔洞，埋入支架横梁时，应清除洞内碎石和灰尘，并用水将孔洞浇湿，埋入深度应符合设计要求或有关标准图的规定（图 2-197）。孔洞采用 C20 的细石混凝土填塞，要填得密实饱满；后者在浇灌混凝土前，将钢板焊接在钢筋骨架上，以免振捣混凝土时，预埋件脱落或偏离设计标高和位置。（图 2-198）。上述两种方法适合于较大直径且有较大推力的管道支架的安装。

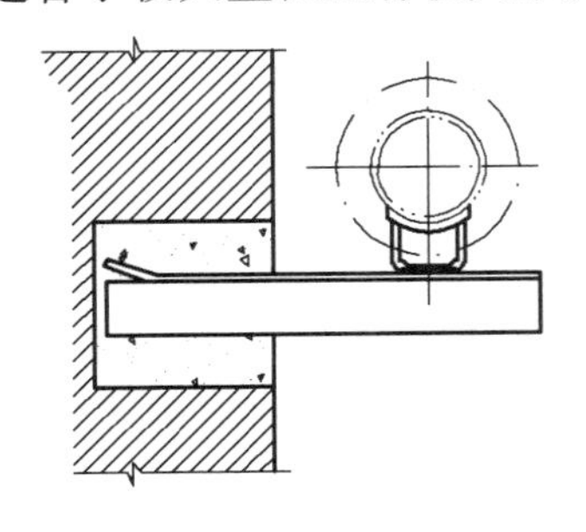

图 2-197　埋入墙内的支架

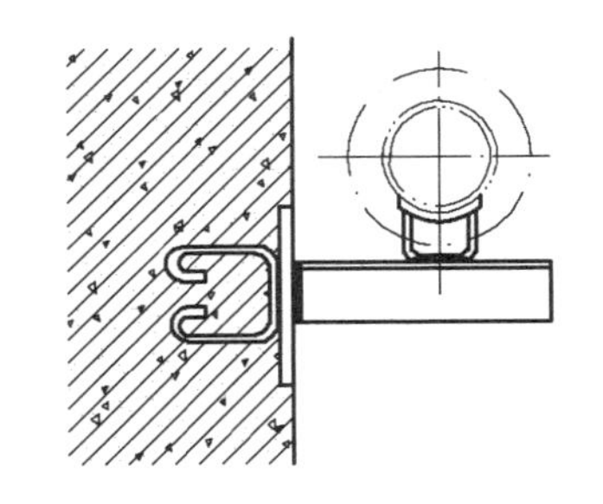

图 2-198　焊接到预埋钢板上的支架

在没有预留孔洞和预埋钢板的砖或混凝土构件上，可以用射钉或膨胀螺栓安装支架。这种施工方法具有施工进度快、工程质量好、安装成本低的优点。但是，这种方法安装的管道支架一般仅用于管径不大的管道或推力较小管道的安装。

040503004　金属吊架制作、安装

支吊架主要用于电厂汽水管道或锅炉设备、在运行中产生热位移及其设备装置上。

4. 管道附属构筑物

040504001 砌筑井

砌筑检查井的材料有砖和石料、砂浆。

市政给水排水构筑物大多采用机制普通黏土砖砌筑而成。砌筑井室用砖应采用普通黏土砖，其强度不应低于 MU7.5，并应符合国家现行《普通黏土砖》标准的规定。机制普通黏土砖的外形为直角平行六面体，标准尺寸为 240mm×115mm×53mm。在砌筑时考虑灰缝为 10mm，则每 4 块砖长、8 块砖宽和 16 块砖厚的长度约为 1m。每块砖重约为 2.5kg。

砌筑石材分为毛石和料石两大类。毛石又称片石或块石，是经过爆破直接获得的石块。按平整程度又可分为乱毛石和平毛石。料石又称条石，是由人工或机械开采出的较规则的六面体石块，再经凿琢而成。按其加工后的外形规则程度分为毛料石、粗料石、半细料石和细料石等。砌筑用的石料应采用质地坚实无风化和裂纹的料石或块石，其强度等级不应低于 MU20 及设计要求。

除上述材料外，有时工程中还使用混凝土砌块。混凝土砌块的抗压强度、抗渗、抗冻指标应符合设计要求，其尺寸偏差应符合国家现行有关标准规范的规定。

检查井井深尺寸见表 2-90。

检查井及井室允许偏差 **表 2-90**

项目		允许偏差（mm）
井身尺寸	长、宽	±20
	直径	±20
井盖与路面高程差	非路面	20
	路面	5
井底高程	$D<1000$	±10
	$D>1000$	±15

注：表中 D 为管内径（mm）。

定型井名称、定型图号、尺寸及井深：

砖砌圆形雨水、污水检查井：井径有 700mm、1000mm、1250mm、1500mm、2000mm、2500mm，对应的井深分别是 2m、2.5m、3m、3.5m、4m，适用于管径 1500mm 以下的管道。

砖砌跌水检查井：井深一般大于 3m，跌差高度大于 1m。

砖砌竖槽式跌水井：井深一般大于 3m，跌差高度大于 1m。此井适用于直径等于或小于 400mm 的管道。当管径不大于 200mm 时，一次落差不宜超过 6m。当管径为 300～400mm 时，一次落差不宜超过 4m。

砖砌阶梯式跌水井：井深 3.5m 适用于管径 700～1100mm，跌差高度 1.5m 以内；井深 4m 适用于管径 700～1350mm，跌差高度 2m 以内；井深 4.5m 适用于管径 1200～1650mm，跌差高度 2m 以内；

砖砌污水闸槽井：井深一般为 3.5m，规格有 1300mm×1700mm、1300mm×1800mm、1300mm×1900mm、1300mm×2000mm4 种，对应的管径分别为 700mm、800mm、900mm、1000mm。

砖砌矩形直线雨水、污水检查井尺寸见表2-91。

砖砌矩形直线雨水、污水检查井尺寸表　　表2-91

名称 \ 项目	规格（mm）	管径（mm）	井深（m以内）
雨水检查井	1100×1100	800	3
	1100×1200	900	3
	1100×1300	1000	3.5
	1100×1400	1100	3.5
	1100×1500	1200	3.5
	1100×1650	1350	3.5
	1100×1800	1500	4
	1100×1950	1650	4
	1100×2100	1800	4
	1100×2300	2000	4.5
污水检查井	1100×1100	800	3
	1100×1200	900	3.5
	1100×1300	1000	3.5
	1100×1400	1100	3.5
	1100×1500	1200	3.5
	1100×1650	1350	4
	1100×1800	1500	4
	1100×1950	1650	4
	1100×2100	1800	4
	1100×2300	2000	4.5

砖砌矩形一侧交汇雨水、污水检查井尺寸见表2-92。

砖砌矩形一侧交汇雨水、污水检查井尺寸表　　表2-92

名称 \ 项目	规格（mm）	管径（mm）	井深（m以内）
雨水检查井	1650×1650	900～1000	3.5
	2200×2200	1100～1350	3.5
	2630×2630	1500～1650	4
	3150×3050	1800～2000	4.5
污水检查井	1650×1650	900～1000	3.5
	2200×2200	1100～1350	3.5
	2630×2630	1500～1650	4
	3150×3050	1800～2000	4.5

砖砌矩形两侧交汇雨水、污水检查井尺寸见表2-93。

砖砌矩形两侧交汇雨水、污水检查井尺寸　　表2-93

名称 \ 项目	规格（mm）	管径（mm）	井深（m以内）
雨水检查井	2000×1500	900	3.5
	2200×1700	1000～1100	3.5
	2700×2050	1200～1350	3.5
	3300×2480	1500～1650	4
	4000×2900	1800～2000	4.5
污水检查井	2000×1500	900	3.0
	2200×1700	1000～1100	3.5
	2700×2050	1200～1350	3.5
	3300×2480	1500～1650	4
	4000×2900	1800×2050	4.5

砖砌30°扇形雨水检查井：井深3m，适用管径800～900mm；井深3.5m，适用管径1000～1350mm；井深4m，适用管径1500～1650mm、1800mm；井深4.5m，适用管径2000mm。

砖砌30°扇形污水检查井：井深3.5m，适用管径800～900mm、1000～1100mm、1200～1350mm；井深4m，适用管径1500～1650mm、1800mm；井深4.5m，适用管径2000mm。

砖砌45°、60°、90°扇形雨水检查井井深尺寸同砖砌30°扇形雨水检查井一样。

砖砌45°、60°、90°扇形污水检查井井深尺寸同砖砌30°扇形雨水检查井一样。

砖砌雨水进水井：井深不大于1m（有冻胀地区可适当加大），底部可作成沉泥井，泥槽深不小于12cm，连接管最小管径200mm，坡度0.01长度小于25m。

砖砌连接井：由两口或两口以上的井相互连通的井群称连接井。适用管径800mm、900mm、1000mm、1100mm、1200mm、1350mm、1500mm、1650mm、1800mm、2000mm。

养生：水泥稳定土分层施工时，下层水泥稳定土碾压完后，过一天就可以铺筑上层水泥稳定土，不需经过7天养生期。在铺筑上层稳定土之前，应始终保持下层表面湿润。当室外最低温度不低于－15℃时，地面以下的工程或表面系数不大于$15m^{-1}$的结构，应优先采用蓄热法养生。

砌筑：

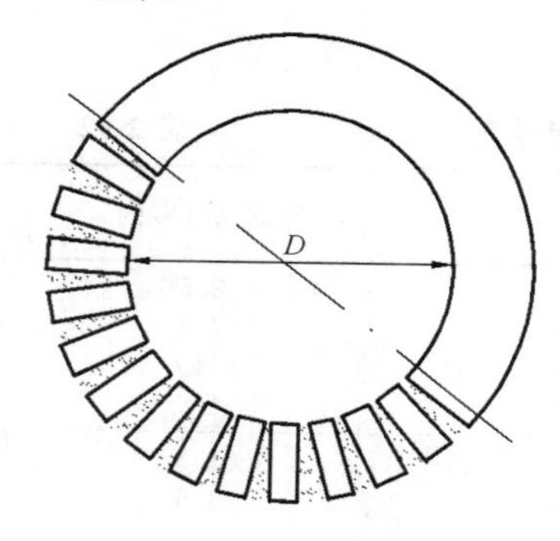

图2-199　全丁砌法

（1）在已安装完毕的排水管的检查井位置处，放出检查井中心位置线，按检查井半径摆出井壁砖墙位置。

（2）在检查井基础面上，先铺砂浆后再砌砖，一般圆形检查井采用全丁24墙砌筑，如图2-199所示。采用内缝小外缝大的摆砖方法，外灰缝塞碎砖，以减少砂浆用量。每层砖上下皮竖灰缝应错开。随砌筑随检查弧形尺寸。

（3）井内踏步，应随砌随安随坐浆，其埋入深度不得小于设计规定（参见国标S147）。踏步安装后，在砌筑砂浆未达到规定强度前，不得踩踏。混凝土检查井壁的踏步在预制或现浇时安装。

（4）排水管管口伸入井室30mm，当管径大于300mm时，管顶应砌砖圈加固，以减少管顶压力，当管径大于或等于1000mm时，拱圈高应为250mm；当管径小于1000mm时，拱圈高应为125mm。

（5）砖砌圆形检查井时，随砌随检测检查井直径尺寸，当需收口时，若四面收进，则每次收进应不超过30mm；若三面收进，则每次收进最大不超过50mm。

（6）排水检查井内的流槽，应在井壁砌到管顶时进行砌筑。污水检查井流槽的高度与管顶齐平；雨水检查井流槽的高度为管径的1/2。当采用砖砌筑时，表面应用1∶2水泥砂浆分层压实抹光，流槽应与上下游管道接顺。

（7）砌筑检查井的预留支管，应随砌随安，预留管的管径、方向、标高应符合设计要求。管与井壁衔接处应严密不得漏水，预留支管口宜用低标号砂浆砌筑，封口抹平。

勾缝要求：砌筑检查井、井室和雨水口的内壁应用原浆勾缝，有抹面要求时，内壁抹面应分层压实，外壁用砂浆搓缝应严密。其抹面、勾缝、坐浆、抹三角灰等均采用 1∶2 水泥砂浆，抹面、勾缝用水泥砂浆的砂子应过筛。勾缝一般采用平缝，要求勾缝砂浆塞入灰缝中，应压实拉平深浅一致，横竖缝交接处应平整。

抹面要求：当无地下水时，污水井内壁抹面高度抹至工作顶板底；雨水井抹至底槽顶以上 200mm。其余部分用 1∶2 水泥砂浆勾缝。当有地下水时，井外壁抹面，其高度抹至地下水位以上 500mm。抹面厚度 20mm。抹面时用水泥板搓平，待水泥砂浆初凝后及时抹光、养护。

井盖安装：检查井、井室及雨水口砌筑安装至规定高程后，应及时浇筑或安装井圈，盖好井盖。安装时砖墙顶面应用水冲刷干净，并铺砂浆。按设计高程找平，井口安装就位后，井口四周用 1∶2 水泥砂浆嵌牢，井口四周围成 45°三角。安装铸铁井口时，核正标高后，井口周围用 C20 细石混凝土筑牢。

040504002　混凝土井

混凝土工作井井筒横截面有圆形、矩形或椭圆形。井壁厚度有等截面和变截面两种，底部呈刃脚状。

040504003　塑料检查井

为便于对管渠系统作定期检查和清通，必须设置检查井。当检查井内衔接的上下游管渠的管底标高跌落差大于 1m 时，为消减水流速度、防止冲刷，在检查井内应有消能措施，这种井称为跌水井。当检查井内具有水封设施，以便隔绝易爆，易燃气体进入排水管渠，使排水管渠在进入可能遇火的场地时不致引起爆炸或火灾，这样的检查井称为水封井。这两种检查井属于特殊的检查井，或称为特种检查井。

040504004　砖砌井筒

井室的形式可根据附件的类型、尺寸确定，可参照给水排水标准图 S143、S144 选用。如图 2-200、图 2-201。

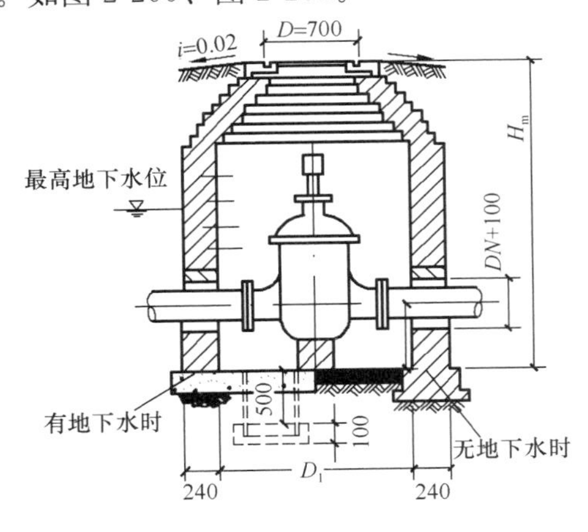

图 2-200　地面操作立式阀门井

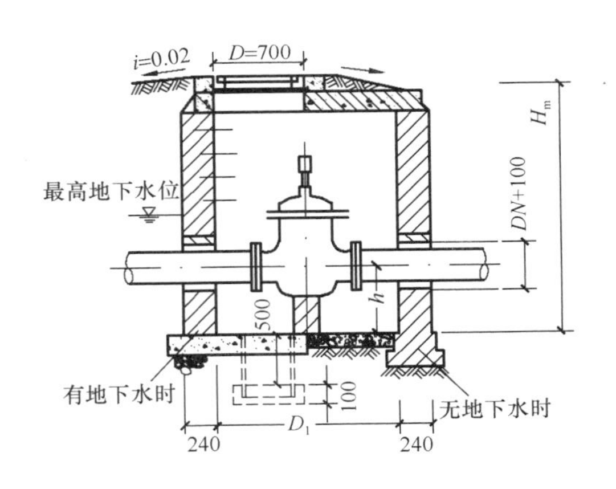

图 2-201　井下操作立式阀门井

质量要求：

（1）井室底的标高在地下水位以上，基础应为素土夯实；在地下水位以下时，基层应浇筑强度不低于 C19 的混凝土，厚度不小于 100mm。

（2）井室的规格尺寸、位置、标高应符合设计要求，砌筑材料符合要求，抹灰层严密不透水。

（3）各类井室的井盖应符合设计要求，应有明显的文字标志，各种井盖不得混用。

（4）设在通车路面下或小区道路下的各种井室，必须使用重型井圈、井盖。井盖表面与路面相平，允许偏差为±5mm。绿化带上和不通车的地方可采用轻型井圈和井盖，井盖的上表面应高出地坪50mm，并在井口周围以0.02的坡度向外做水泥砂浆护坡。

（5）重型铸铁或混凝土井圈，不得直接放在井室的砖墙上，应铺设在不小于80mm厚的细石混凝土垫层上。

（6）管道穿过井壁处，应用水泥砂浆、油麻填塞捣实，抹平，不得渗漏。

（7）井室砌筑的质量要求：

1）井室的勾缝抹面的防渗层应符合质量要求；

2）阀门的阀杆应与井口对中；

3）井盖高程的偏差应在允许值内；

4）井壁与管道交接处，不得漏水。

阀门井砌筑要点：

（1）井室的砌筑应在管道和阀门安装好之后进行，其尺寸应按照设计图或指定的标准图施工。不得将管道接口和法兰盘砌在井外或井壁内，而且井壁距法兰外缘大于250mm。

（2）井壁通常用MU7.5机砖、M5混合砂浆砌筑，砖缝应灰浆饱满。

（3）管道穿过井壁处，应采取起拱的方法处理，其间隙填塞油麻和石棉水泥灰找平。

（4）井壁内爬梯（踏步）按照标准图的位置边砌边安装。

（5）当井壁需要收口时，如四面收进，每层收进不大于30mm；如三面收进，每层收进不大于50mm。

（6）井室内壁应用原浆勾缝，有抹面要求时，内壁抹面应分层压实，外壁用砂浆搓缝密实。

地下消火栓井砌筑要点：

（1）根据指定消火栓井标准图或设计图，在已安装好消火栓处检查井底和消火栓支墩是否牢固。若有地下水应排除，并用混凝土浇筑井底找平。

（2）井内管道下皮距井底净空应不小于0.3m，消火栓顶部距井盖底面不应大于0.4m。如果超过0.4m应增加短管。

（3）井壁砌筑方法和使用材料与阀门井相同。井内壁原浆勾缝，外壁若处于地下水位以下时，用M7.5防水水泥砂浆抹面，厚度20mm。

（4）管道穿过井壁处应起拱，其间隙应严密不漏水。有地下水时，用沥青油麻填塞，外部用防水砂浆找平；无地下水时，可用水泥砂浆填塞找平。

（5）消火栓井盖应有明显消火栓字样。铺设在路下消火栓井盖的上表面应与路面相平，如不在路上时，井盖上表面应高出室外设计标高50mm，在井口周围以0.02坡度向外做混凝土护坡。

040504005　预制混凝土井筒

040504006　砌筑出水口

040504007　混凝土出水口

排水管渠出水口的位置、形式和出口流速，应根据排水水质、下游用水情况、水体的流量和水位变化幅度、稀释和自净能力、水流方向、波浪情况、地形变迁和气象等因素确定，并要取得当地卫生主管部门和航运管理部门的同意。出水口与水体岸边连接处应采取防冲、消能、加固等措施，一般用浆砌块石做护墙（如图 2-202、图 2-203）和铺底，在受冻胀影响的地区，出水口应考虑用耐冻胀材料砌筑，其基础必须设置在冰冻线以下。

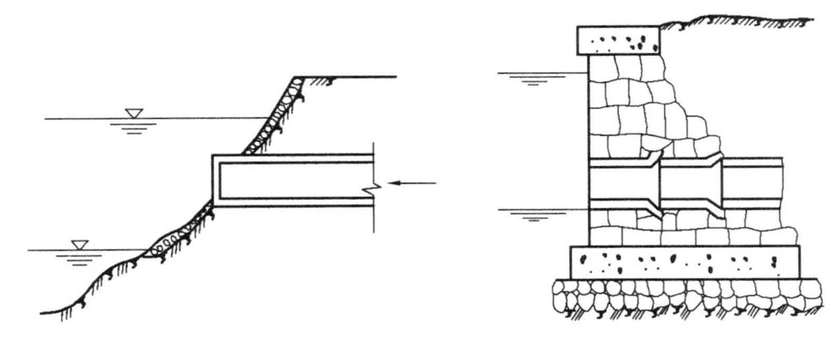

图 2-202　护坡式出水口　　　　图 2-203　挡土墙式出水口

当污水需和水体的水流充分混合时，出水口常长距离伸入水体分散出口，如图 2-204 所示，伸入水体的出水口应设置标志。

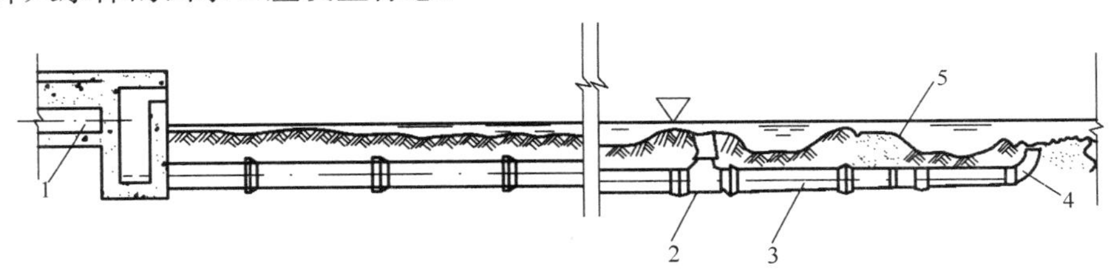

图 2-204　河床分散式出水口

1—进水管渠；2—T 形管；3—渐缩管；4—弯头；5—石堆

为了使污水和水体混合较好，避免污水沿河滩流泻，造成环境污染，污水管渠的出水口尽可能采用淹没式，其管顶标高一般在常水位以下。雨水管渠出水口可以采用非淹没式，其管底标高最好在水体最高水位以上，一般在常水位以上，以免水体水倒灌。当出水口标高比水体水面高出太多时，应考虑设置单级或多级跌水。

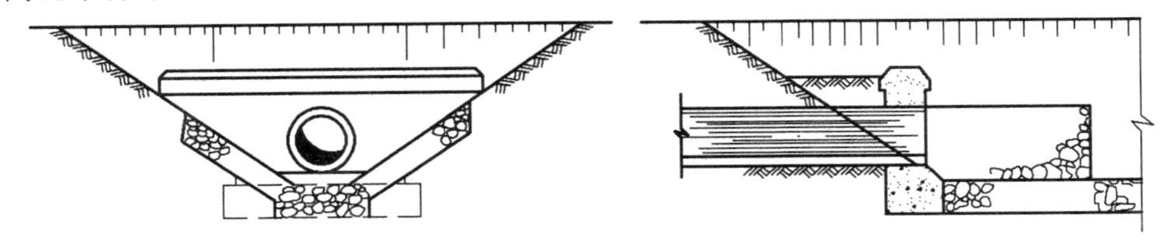

图 2-205　一字式出水口

在受潮汐影响的地区，在出水口的前一个检查井中应设置自动启闭的防潮闸门，以防止潮水倒灌。

图 2-205、图 2-206、图 2-207 分别为一字式出水口、八字式出水口和门字式出水口。

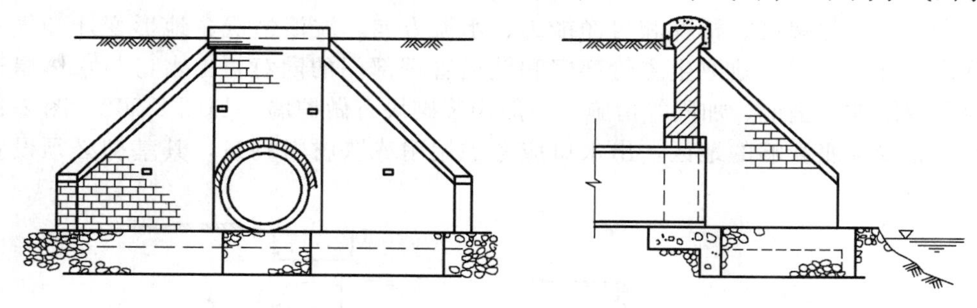

图 2-206　八字式出水口

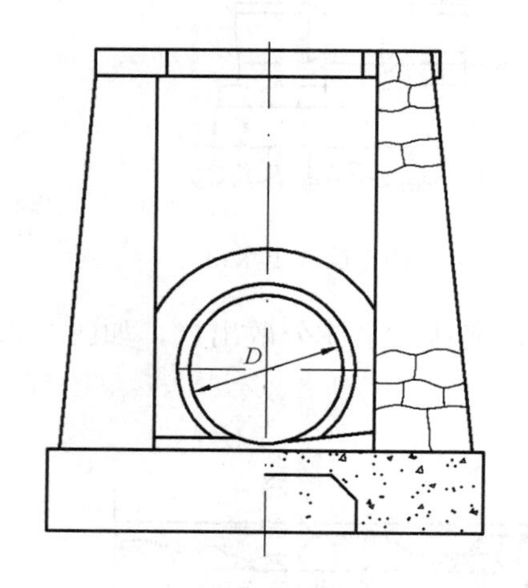

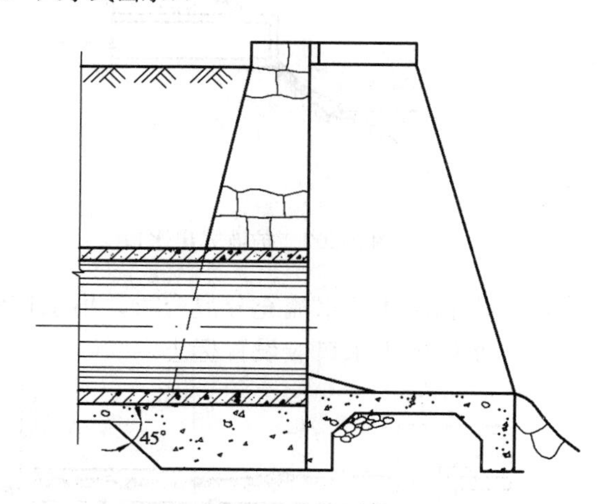

图 2-207　门字式出水口

040504008　整体化粪池

化粪池是处理粪便并加以过滤沉淀的设备。其原理是固化物在池底分解，上层的水化物体，进入管道流走，防止了管道堵塞，给固化物体（粪便等垃圾）有充足的时间水解。化粪池指的是将生活污水分格沉淀，及对污泥进行厌氧消化的小型处理构筑物。

040504009　雨水口

雨水口是雨水管道上或合流制管道上收集雨水的构筑物，通过连接管流入雨水管道或合流制管道中去。雨水口的设置，应保证能迅速收集雨水，常设置在交叉路口，路侧边沟及道路低洼的地方。道路上雨水进水口间隔距离 25～30m（视汇水面积大小而定）。

雨水进水口一般用铸铁制成，构造包括进水箅、井筒和连接管三部分。按一个雨水口设置的井箅数量多少，分单箅、双箅、多箅雨水进水口。按进水箅在街道上设置位置可分为平箅雨水口、立箅雨水口及联合式雨水口。如图 2-208、图 2-209 和图 2-210 所示。

雨水口的井筒采用砖砌或钢筋混凝土制成，深不大于 1m（有冻胀地区可适当加大），底部可作成沉泥井，泥槽深不小于 12cm。连接管最小管径 D200mm，坡度 0.01，长度小于 25m。在同一连接管上的雨水井不超过 3 个。如图 2-211 所示。

井箅安装：边沟雨水口处，井箅稍低于边沟底水平放置；边石雨水口，井箅嵌入边石垂直放置；联合式雨水口，在沟底和边石两侧都安放井箅。

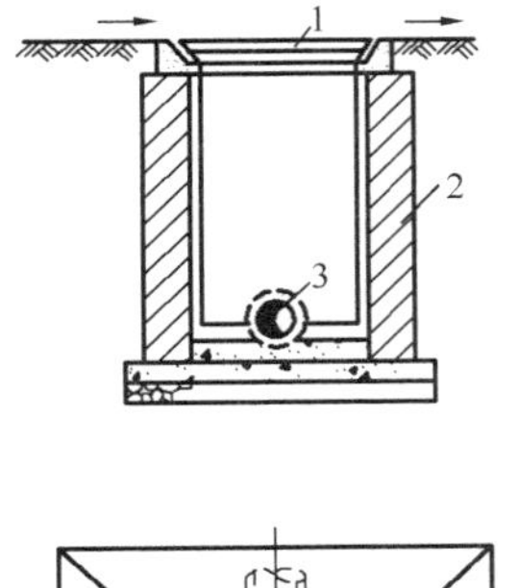

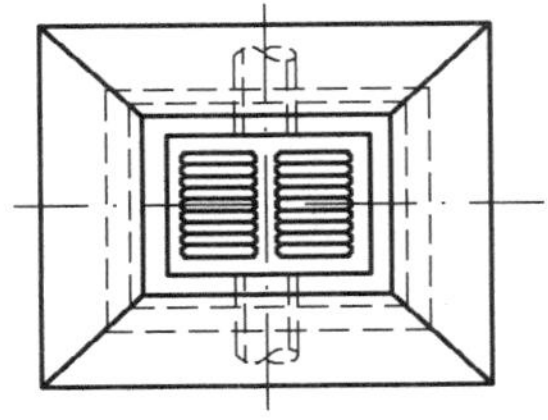

图 2-208　平箅式雨水口

1—进水箅；2—井筒；3—连接管

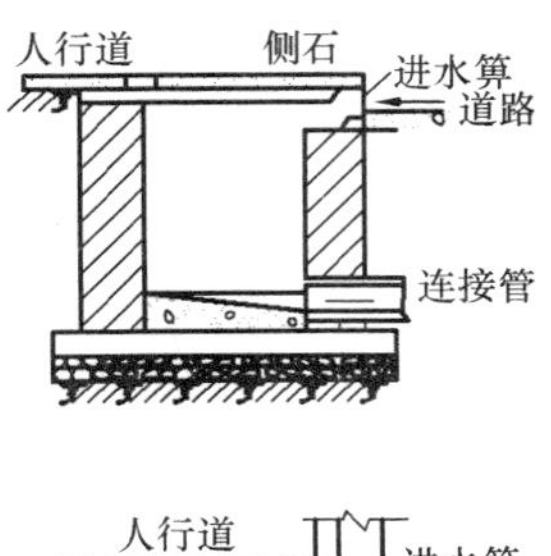

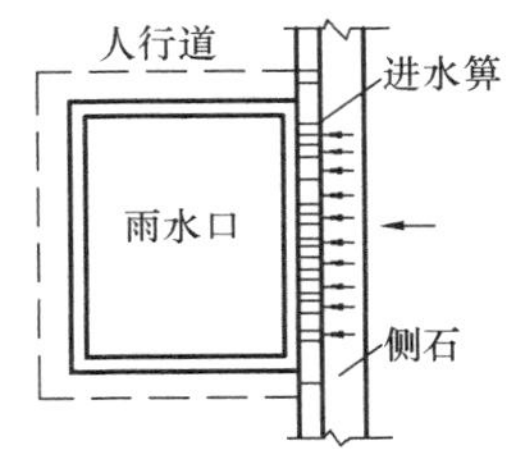

图 2-209　立箅式雨水口示意图

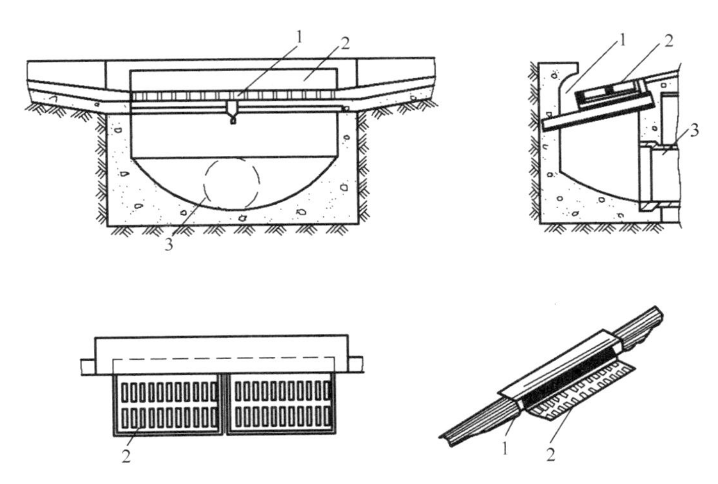

图 2-210　联合式雨水口示意图

1—边石进水箅；2—边沟进水箅；3—连接管

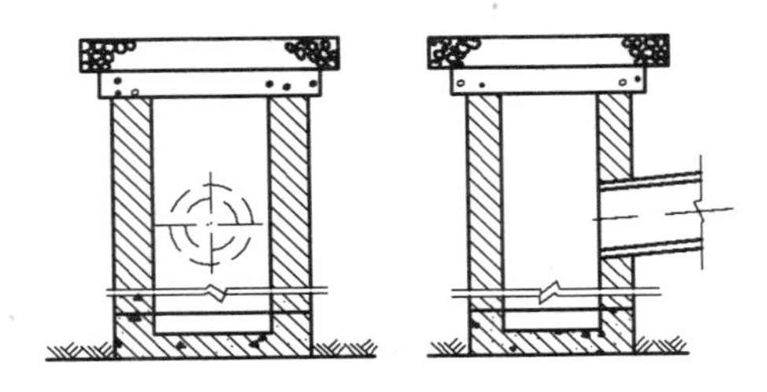

图 2-211　有沉泥井的雨水口

三、工程量清单表的编制和计价举例

【例 15】某市政排水管道欲建一座出水口，砖砌八字式，浆砌护坡，具体设计尺寸见图 2-212、图 2-213、图 2-214。试计算其工程量。

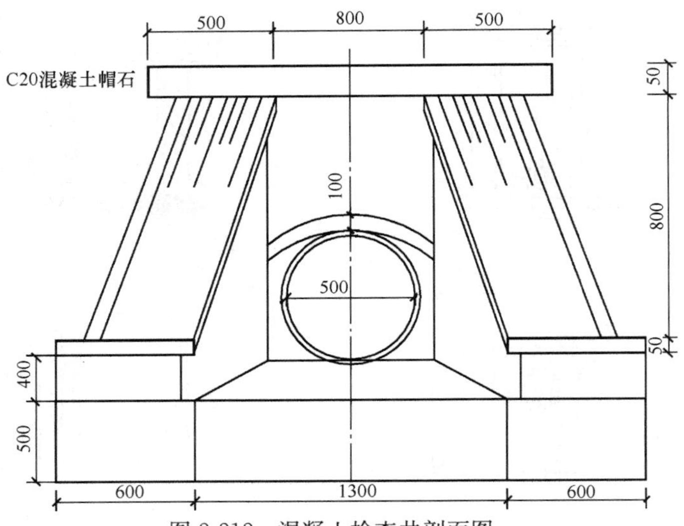

图 2-212　混凝土检查井剖面图

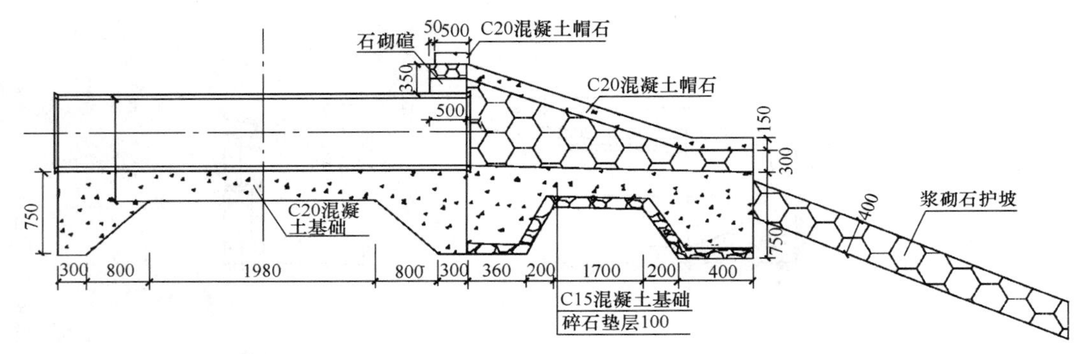

图 2-213　混凝土检查井剖面图

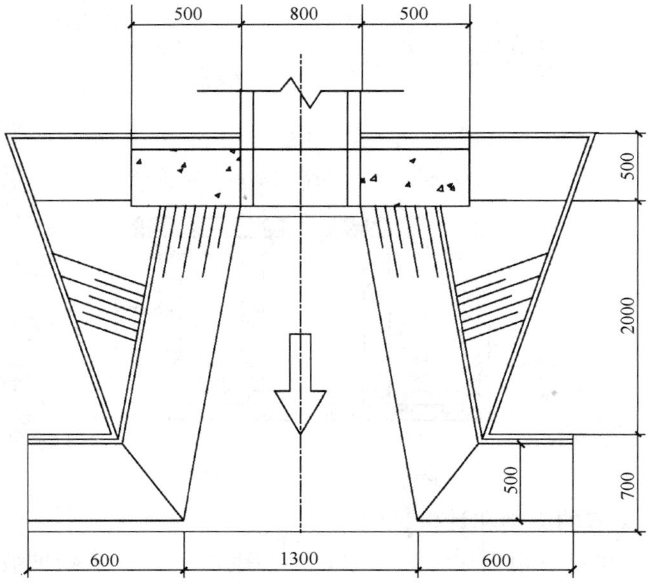

图 2-214　混凝土检查井平面图

【解】排水管道设置出水口用以排水，使得废水能够很好地排出，一般设在岸边，出水口与水体岸边连接处一般做成护坡或挡土墙，是设在排水系统终点的构筑物。污水经由出水口项水体排放。

（1）清单工程量

清单工程量计算根据《市政工程工程量计算规范》GB 50857—2013，应按设计图示数量计算。

砖砌八字式出水口：1处。见表2-94。

清单工程量计算表 　　　　**表2-94**

项目编码	项目名称	项目特征描述	计量单位	工程量
040504006001	砌体出水口	砖砌八字式，出口宽度1.3m，碎石垫层100mm，C15混凝土浇筑基础	处	1

（2）定额工程量

定额工程量根据《全国统一市政工程预算定额》GYD-301—1999计算。

砖砌八字式出水口：1处。见表2-95。

套用定额6-317。

某排水管道混凝土检查井施工图预算表 　　　　**表2-95**

序号	定额编号	分项工程量名称	计量单位	工程量	基价（元）	其中（元）			合计（元）
						人工费	材料费	机械费	
1	6-317	八字式出水口	处	1	649.76	251.19	343.63	54.94	649.76
合计									649.76

清单计价及综合单价分析见表2-96和表2-97。

分部分项工程和单价措施项目清单与计价表 　　　　**表2-96**

工程名称：某排水管道出水口　　　　标段：　　　　第　页　共　页

序号	项目编码	项目名称	项目特征描述	计量单位	工程量	金额（元）		
						综合单价	合价	其中：暂估价
1	040504006001	砌体出水口	砖砌八字式，出口宽度1.3m，碎石垫层100mm，C15混凝土浇筑基础	处	1	922.66	922.66	
本页小计							922.66	
合计							922.66	

工程量清单综合单价分析表 　　　　**表2-97**

工程名称：某排水管道出水口　　　　标段：　　　　第　页　共　页

项目编码	040504006001	项目名称	砌体出水口			计量单位	座	工程量	1	
清单综合单价组成明细										
定额编号	定额名称	定额单位	数量	单价				合价		
				人工费	材料费	机械费	管理费和利润	人工费	材料费	机械费	管理费和利润
6-317	八字式出水口	处	1	251.19	343.63	54.94	272.90	251.19	343.63	54.94	272.90
人工单价		小计						251.19	343.63	54.94	272.9
22.47元/工日		未计价材料费						—			
清单项目综合单价								922.66			

续表

	主要材料名称、规格、型号	单位	数量	单价（元）	合价（元）	暂估单价（元）	暂估合价（元）
材料费明细	混凝土 C15	m^3	1.01	—	—		
	混凝土 C20	m^3	2.05	—	—		
	水泥砂浆 1∶2	m^3	0.01	189.17	1.89		
	水泥砂浆 1∶3	m^3	0.06	145.38	8.72		
	水泥砂浆 M7.5	m^3	0.615	88.38	54.35		
	机砖	千块	1.334	236.00	314.82		
	草袋	个	8.122	2.32	18.84		
	电	kW.h	2.448	0.35	0.86		
	水	m^3	3.78	0.45	1.70		
	其他材料费				8.02	—	
	材料费小计			—	409.20	—	

【例 16】 某给水工程主管公称直径为 250mm，采用铸铁管，管道在某处需转弯 15°，此处为承插式铸铁管，为防止在转弯处承插口接头松动、脱节，造成破坏，设置管道支墩，管道支墩尺寸如图 2-215、图 2-216，试计算支墩工程量。

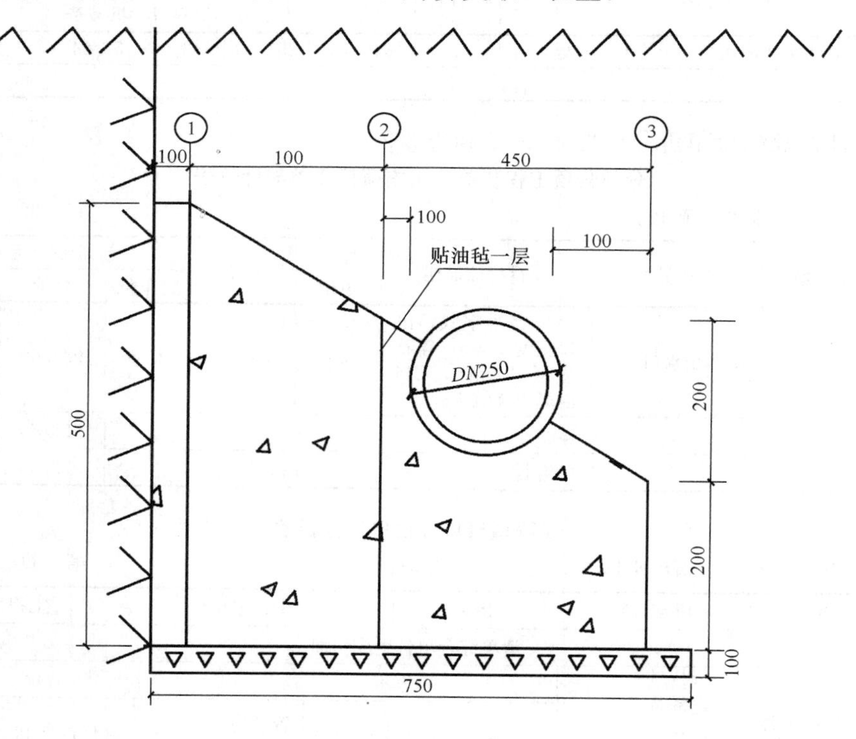

图 2-215　水平弯管支墩剖面图

【解】（1）清单工程量

清单工程量计算根据《市政工程工程量计算规范》GB 50857—2013，应按设计图示尺寸以体积计算。

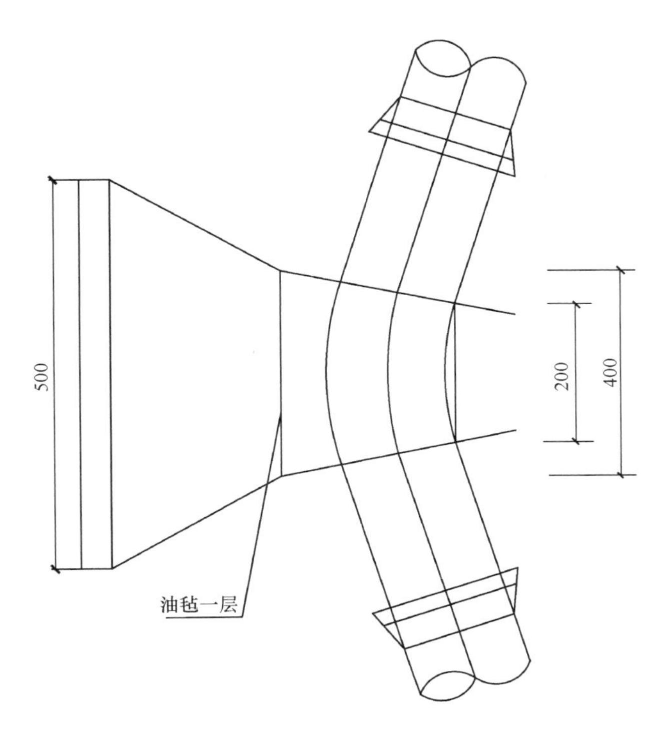

图 2-216　水平弯管支墩平面图

浇筑工程量：

$V_1=0.5\times0.5\times0.1\text{m}^3=0.025\text{m}^3\approx0.03\text{m}^3$

【注释】0.5——支墩后背高；

0.5——支墩后背长；

0.1——支墩后背宽。

$V_2=1/3\times0.3\times(0.5\times0.5+0.4\times0.4+\sqrt{0.5\times0.5\times0.4\times0.4})$

$=0.061\text{m}^3\approx0.06\text{m}^3$

【注释】V_2——1-2 段梯形台体积；

0.3——梯形台高；

0.5——梯形台上底面边长；

0.4——梯形台下底面边长。

$V_3=1/3\times0.45\times(0.4\times0.4+0.2\times0.2+\sqrt{0.4\times0.4\times0.2\times0.2})$

$=0.042\text{m}^3\approx0.04\text{m}^3$

【注释】V_3——2-3 段梯形台体积；

0.45——梯形台高；

0.4——梯形台上底面边长；

0.2——梯形台下底面边长。

$V_4=0.25\times[(0.1\cot7.5+0.25+0.1\times2)\times1/2\times0.4-1/2\times7.5/180\times3.14\times(0.1/\sin7.5+0.25)2]\text{m}^3$

$=0.035\text{m}^3$

【注释】V_4——管体扣除体积；

0.25——管径；

0.1——管道与梯形台边缘距离；

7.5——管道圆心角的一半；

0.4——梯形台边长。

综上，浇筑工程量 $V_5 = V_1 + V_2 + V_3 - V_4$

$= (0.03+0.06+0.04-0.035)\ m^3$

$=0.095m^3 \approx 0.10m^3$

清单工程量计算表见表 2-98。

清单工程量计算表 **表 2-98**

序号	项目编码	项目名称	项目特征描述	计量单位	工程量
1	040503002001	混凝土支墩	C20 混凝土浇筑，碎石垫层	m^3	0.10

(2) 定额工程量：

定额工程量根据《全国统一市政工程预算定额》GYD-301—1999 计算。

1) 垫层铺筑工程量：

$V_0 = [0.1\times0.5\times0.1+1/2\times(0.3+0.5)\times0.3\times0.1+1/2\times(0.1+0.3)\times0.45\times0.1]m^3$

$=0.026m^3 \approx 0.03m^3$

【注释】 $0.1\times0.5\times0.1$——支墩后背垫层体积；

$1/2\times(0.3+0.5)\times0.3\times0.1$——1-2 段垫层体积；

$1/2\times(0.1+0.3)\times0.45\times0.1$——2-3 段垫层体积。

套用定额：4-402。

2) 浇筑工程量：

$V_1 = 0.5\times0.5\times0.1m^3 = 0.025m^3 \approx 0.03m^3$

【注释】0.5——支墩后背高；

0.5——支墩后背长；

0.1——支墩后背宽。

$V_2 = 1/3\times0.3\times(0.5\times0.5+0.4\times0.4+\sqrt{0.5\times0.5\times0.4\times0.4})$

$=0.061m^3 \approx 0.06m^3$

【注释】V_2——1-2 段梯形台体积；

0.3——梯形台高；

0.5——梯形台上底面边长；

0.4——梯形台下底面边长。

$V_3 = 1/3\times0.45\times(0.4\times0.4+0.2\times0.2+\sqrt{0.4\times0.4\times0.2\times0.2})$

$=0.042m^3 \approx 0.04m^3$

【注释】V_3——2-3 段梯形台体积；

0.45——梯形台高；

0.4——梯形台上底面边长；

0.2——梯形台下底面边长。

$V_4=0.25\times[(0.1\cot7.5+0.25+0.1\times2)\times1/2\times0.4-1/2\times7.5/180\times3.14\times(0.1/\sin7.5+0.25)2]\text{m}^3$

$=0.035\text{m}^3$

【注释】V_4——管体扣除体积；

0.25——管径；

0.1——管道与梯形台边缘距离；

7.5——管道圆心角的一半；

0.4——梯形台边长。

综上，浇筑工程量 $V_5=V_1+V_2+V_3-V_4$

$=(0.03+0.06+0.04-0.035)\text{m}^3$

$=0.095\text{m}^3\approx0.10\text{m}^3$

套用定额：6-952。

3）抹面工程量（水泥砂浆1：3抹面）：

$$S_1=3\times0.1\times0.5\text{m}^2=0.15\text{m}^2$$

$$V_1=0.15\times0.02\text{m}^3=0.003\text{m}^3$$

【注释】S_1——支墩后背抹面面积；

V_1——后背抹面工程量；

3——支墩后背需抹面面数；

0.1——支墩后背宽；

0.5——支墩后背长和高；

0.02——抹面厚（下同）。

$S_2=1/2\times(0.4+0.5)\times0.3\times3\text{m}^2=0.405\text{m}^2\approx0.41\text{m}^2$

$V_2=0.41\times0.02\text{m}^3=0.0082\text{m}^3\approx0.008\text{m}^3$

【注释】S_2——1-2段梯形抹面面积；

V_2——1-2段梯形抹面工程量；

0.4——梯形上底长；

0.5——梯形下底长；

0.3——梯形高；

3——需抹面面数。

$S_3=2\times[1/2\times(0.2+0.4)\times0.45-1/2\times3.14\times0.252]+1/2\times(0.2+0.4)\times0.45-15/360\times3.14\times[(0.1/\sin7.5+0.25)2-(0.1/\sin7.5)2]\text{m}^2$

$=0.15\text{m}^2$

$V_3=0.15\times0.02\text{m}^3=0.003\text{m}^3$

综上，抹面工程量 $V_4=V_1+V_2+V_3$

$=(0.003+0.008+0.003)\text{m}^3$

$=0.014\text{m}^3$

定额中无此项。施工图预算、清单计价表及综合单价分析表见表 2-99、表 2-100 和表 2-101。

某水平弯管支墩施工图预算表 **表 2-99**

序号	定额编号	分项工程名称	计量单位	工程量	基价/元	其中：（元）			合价（元）
						人工费	材料费	机械费	
1	4-402	砂垫层	$10m^3$	0.003	986.92	165.60	576.05	245.27	2.96
2	6-952	支撑墩	$10m^3$	0.01	1099.9	643.38	368.22	88.30	11.00
合计									13.96

分部分项工程和单价措施项目清单与计价表 **表 2-100**

工程名称：某水平弯管支墩　　标段：　　第　页　共　页

序号	项目编码	项目名称	项目特征描述	计量单位	工程量	金额(元)		
						综合单价	合价	其中：暂估价
1	040503001	支(挡)墩	C20 混凝土浇筑，碎石垫层	m^3	0.10	164.60	16.46	
本页小计							16.46	
合计							16.46	

工程量清单综合单价分析表 **表 2-101**

工程名称：某水平弯管支墩　　标段：　　第　页　共　页

项目编码	040503002001	项目名称	混凝土支墩	计量单位	m^3	工程量	0.10

清单综合单价组成明细											
定额编号	定额名称	定额单位	数量	单价				合价			
				人工费	材料费	机械费	管理费和利润	人工费	材料费	机械费	管理费和利润
4-402	砂垫层	$10m^3$	0.003	165.60	576.05	245.27	414.50	0.497	1.728	0.736	1.244
6-952	支撑墩	$10m^3$	0.01	643.38	368.22	88.30	461.96	6.434	3.682	0.883	1.254
人工单价		小计						6.931	5.410	1.619	2.498
22.47 元/工日		未计价材料费									
清单项目综合单价								164.60			

材料费明细	主要材料名称、规格、型号	单位	数量	单价（元）	合价（元）	暂估单价(元)	暂估合价(元)
	混凝土 C20	m^3	0.102	—	—		
	草袋	个	1.524	2.32	3.536		
	中粗砂	m^3	0.039	44.23	1.725		
	其他材料费			—		—	
	材料费小计			—	5.26	—	

第六节 水 处 理 工 程

一、水处理工程造价概论

水处理工程是把不符合要求的水净化、软化、消毒、除铁除锰、去重金属离子、过滤的一个工程。水处理工程是通过物理的、化学的手段，除去水中一些对生产、生活不需要的物质所做的一个过程，是为了适用于特定的用途而对水进行的沉降、过滤、混凝、絮凝，以及缓蚀、阻垢等水质调理的一个工程。

二、项目说明

1. 水处理构筑物

040601001 现浇混凝土沉井井壁及隔墙

沉井一般由井壁、刃脚、底板（封底）、内隔墙、顶盖以及附属设施等部分组成（图2-217）。井壁为沉井的外壁，厚度根据结构受力和克服下沉摩阻力需要重量要求而定，一般厚0.8～1.5m，最小不小于0.4m；深随地质情况及工艺要求而定，应支承在稳定坚实土层上。刃脚为井壁下端的尖角部分，构造应坚固（图2-217），以利切土下沉，刃脚底面宽度（踏面）一般不大于15cm；当通过坚硬土层时，通常设角钢或钢板套，以保护井脚不被损坏；刃脚的内侧面倾角应大于45°；刃脚与井壁外缘应有0.2～0.3m的间隙，以避免沉井产生悬挂，在刃脚上部常设有凹槽，当沉到设计沉度后，再在刃脚踏面以上至凹槽处设混凝土封底，再在凹槽处设钢筋混凝土底板。内隔墙作用为分隔和利用沉井空间，其厚度一般为0.5～1.2m，其底面应比踏面高出0.5m以上，以免妨碍沉井下沉。顶盖设在沉井顶部，多做成梁板结构；在沉井内有时设置设备基础，上下楼梯、操作平台等，则作为生产需要而设如常规方式。

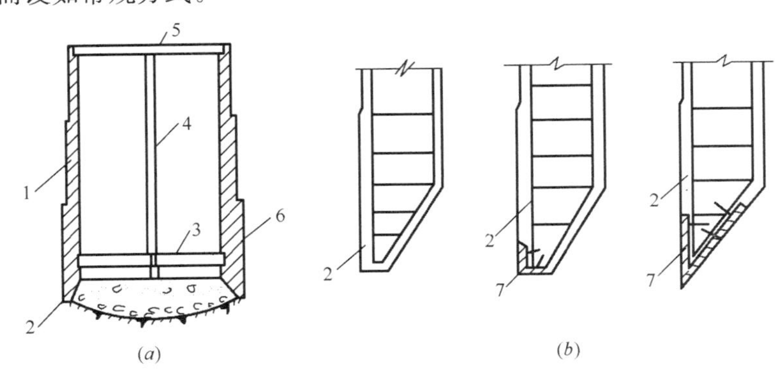

图2-217 沉井及刃脚构造

（a）沉井结构构造；（b）刃脚结构构造

1—井壁；2—刃脚；3—底板（封底）；4—内隔墙；5—顶盖；6—凹槽；7—角钢或钢板

040601002 沉井下沉

沉井下沉有排水下沉和不排水下沉两种方式，前者适用于渗水量不大（每1m² 不大于1m³/min）、稳定的黏性土，或在砂砾层中渗水量虽很大，但排水并不困难时使用；后者适用于严重的流砂地层中和渗水量大的砂砾层中使用，以及地下水无法排除或大量排水会影响附近建筑物安全的情况。

采用排水下沉法施工，多在沉井内设泵排水，沿井壁挖排水沟、集水井，用泵将地下水排出井外，边挖土边排水下沉，随着加深集水井。挖土采用人工或风动工具，对直径或边长16m以上的大型沉井，可在沉井内用0.25～0.60m³小型反铲挖掘机挖土。挖土方法一般是采用碗形挖土自重破土方式，先挖中间，逐渐挖向四周，每层挖土厚0.4～0.5m，沿刃脚周围保留0.8～1.5m宽土堤，然后再按每人负责2～3m一段向刃脚方向逐层、全面、对称、均匀地削薄土层，当土堤（垅）经不住刃脚的挤压时，便在自重作用下均匀垂直破土下沉（图2-218*a*）；对有流砂情况发生或遇软土层时，亦可采取从刃脚挖起，下沉后再挖中间（图2-218*b*）的顺序，挖出土方装在吊土斗内运出。当土垅挖至刃脚沉井仍不下沉，可采取分段对称地将刃脚下掏空或继续从中间向下进行第二层破土的方法。

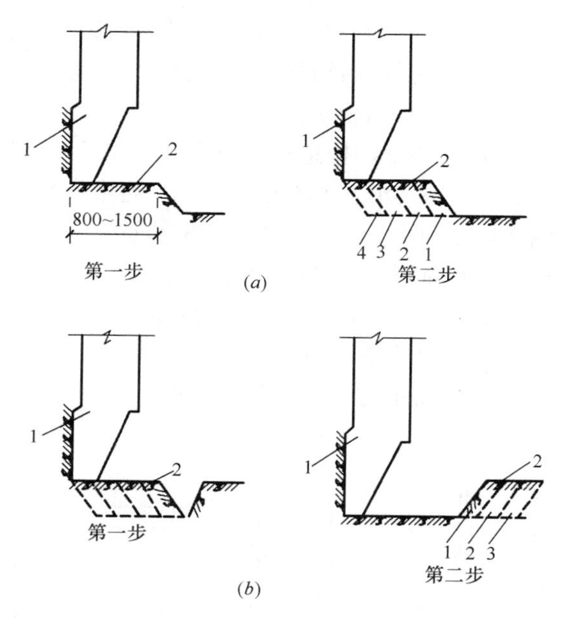

图2-218 沉井下沉挖土方法

1—沉井刃脚；2—土堤（垅）；1、2、3……为刷坡次序

采用不排水下沉法施工，挖土多用高压水枪（压力2.5～3.0MPa）将土层破碎稀释成泥浆，然后用水力吸泥机（或空气吸泥机）将泥浆排出井外，井内的水位应始终保持高出井外水位1～2m。也可用起重机吊抓斗进行挖土。作业时，一般先抓或冲井底中央部分的土形成锅底形，然后再均匀冲或抓刃脚边部，使沉井靠自重挤土下沉在密实土层中，刃脚土壤不易向中央坍落，则应配以射水管冲土。沉井下沉困难时，亦可采取一些辅助下沉方法，如在沉井外壁周围均匀布置水枪或射水管，借助高压水冲刷刃脚下面的土层，使沉井易于下沉；或在沉井外壁设置宽10～20cm的泥浆槽，充满触变泥浆（触变泥浆是以适当比例的膨润土和碳酸钠加水调制而成的），以减小井壁下沉的摩阻力；如果采用多节下沉，则可继续接高井身，增加下沉重量。

040601003 沉井混凝土底板

在谈到混凝土箱形结构时会分为地板和顶板，一般混凝土的量都是以体积计取的。

040601004　沉井内地下混凝土结构

所在部位：在沉井内设置的设备基础，上下楼梯、操作平台等。

040601005　沉井混凝土顶板

箱型截面的上缘便称之为顶板，是承受正负弯矩的主要工作部位。其除了要满足桥面板横向弯矩的要求外，在钢筋混凝土桥中，还需提供足够大承压面积；在预应力钢筋混凝土桥中要满足布置纵向预应力钢束的要求。

040601006　现浇混凝土池底

池底：指各类构筑物（指井类、池类的构筑物）的底部，有不同的形状，如平板形、圆锥形、圆形等。在池底的制作中，各种形状不同的池底，用不同类型的模板如平池底钢模、木模、锥形池底木模。

040601007　现浇混凝土池壁（隔墙）

池壁：指池类构筑物的内墙壁，具有不同的形状，不同类型，如矩形、池壁、圆形池壁。另外根据不同作用的池类，池壁制作样式亦有所不同，如直立池壁、斜立池壁。

池壁基深：指在锥形水池或坡底水池等类的池中，池壁发生曲折，而在曲折点处制作梁，此梁即为池壁基深。池梁按支承方式不同分为连续梁、单梁、悬臂梁、异型环梁。按截面形式分为“T”形、“L”形、“I”形、“+”字形、矩形梁等。

040601008　现浇混凝土池柱

无梁盖柱：是指支承无梁池盖的柱。其高度应自池底表面算至池盖的下表面。计算工程量时应包括柱座及柱帽的体积。池柱的形式有矩形柱、圆形柱和异形柱。

040601009　现浇混凝土池梁

混凝土梁包括配水井矩形圈梁、配水井异形圈梁，圈梁系指架空式配水井的柱盖梁。梁按图示断面尺寸乘以梁的内净长度以立方米计算，与池壁、水槽相连接的梁，梁长不包括伸入池壁内的部分。

040601010　现浇混凝土池盖板

池盖：指由铸铁或混凝土材料根据池类构件形状所制成的模板。

肋形池盖：指将池盖制成肋形的，体积较大，自重亦大，适用于不经常检查的池类构筑物。

040601011　现浇混凝土板

板的名称及规格：

平板、走道板有厚度 8cm 以内、12cm 以内两种规格。

悬空板有厚度 10cm 以内、15cm 以内两种规格。

挡水板有厚度 7cm 以内、7cm 以外两种规格。

040601012　池槽

池槽断面有矩形、梯形、混合形、悬空 V，U 形、悬空 L 形槽。

040601013　砌筑导流壁、筒

砌体材料有砖和混凝土预制块。

040601014　混凝土导流壁、筒

导流壁：在广泛使用的沉淀池中，入流装置是横向潜孔，潜孔均匀地分布在整个宽度上，潜孔前设置挡流板，其作用是消能，使污水均匀分布，这些潜孔就称为导流壁（其孔形为方形）。导流筒：释义请阅导流壁，但此时的孔形是圆形的。

040601015　混凝土楼梯

楼梯是楼层间的垂直交通枢纽，是楼房的重要构件。楼梯在建筑物中是一个空间结构，各种构件以相当复杂的方式共同工作，这种复杂的，非弹性性质的、材料的时效、阻尼变化等多种因素，在实际计算中存在着不准确性。

040601016　金属扶梯、栏杆

栏杆、扶手多用于楼梯、阳台及大厅回廊、外走廊等。

040601017　其他现浇混凝土构件

040601018　预制混凝土板

预制板在工业和民用建筑中广泛用作屋盖和楼盖，常用的预制板有实体板、空心板和槽形板，板的宽度视当地制造、吊装和运输设备的具体条件而定。为了保持预制板结构的整体性，要注意处理好板与板、板与墙和梁的联结构造。

040601019　预制混凝土槽

采用机械震动成型工艺制作，用于灌排工程的过水断面成

040601020　预制混凝土支墩

支墩指的是为防止管内水压引起水管配件接头移位而砌筑的礅座。

040601021　其他预制混凝土构件

040601022　滤板

滤板是水处理工艺中关键装置，在滤池中起到承载滤料层过滤和反冲洗配水（气）的双重作用。滤板质量的优劣（特别是滤板的平整度和精度）直接关系到水厂、污水厂的滤后水质、水量及运行的长期效益。传统的滤池配水系统过滤和反冲洗时阻力大，配水不均匀、死水区多、滤料易板结、积泥，同时由于局部冲洗强度造成承托层松动，出现漏砂等不良后果。

040601023　折板

折板：一般指的V形折板是梁板合一的薄壁构件，目前我国生产的V形跨度为6～24m，跨度9～15m的板宽一般为2m，板厚为35mm，跨度大于15m的板宽一般为3m，板厚为45mm，板的长度一般比跨度长1500mm。制作折板的材料有玻璃钢、塑料等。

040601024　壁板

壁板：起承重和围护作用的构件，常采用预制钢筋混凝土端壁板，用于钢筋混凝土水池，壁板由两块预制板拼接而成。

040601025　滤料铺设

滤料：采用双层及多层滤料，是当前国内外普通重组的过滤技术，双层滤料组成为：上层采用比重小、粒径大的轻质滤料、下层采用比重大、粒径小的重质滤料。由于两种滤料比重差，在一定的反冲洗强度下轻质滤料仍在上层，而重质滤料在下层，构成双层滤料池。

多层滤料：一般指三层滤料，上层为大粒径、小比重的轻质滤料，如无烟煤；中层为中等粒径、中等比重的滤料，如石英砂；下层为小粒径、大比重的重质滤料，如石榴石或磁铁矿颗粒。各层滤料平均粒径由上到下递减。三层滤料不仅含污能力大，且下层重质细

滤料对保证滤后水质有很大作用，故滤料比双层滤料还可高些。

排水处理所用的滤料，必须满足下列要求：

（1）具有足够的机械强度，以防冲洗时滤料产生严重磨损和破碎现象。

（2）具有足够的化学稳定性，以免滤料与水产生化学反应而恶化水质。尤其不能含有对人体健康和生产有害的物质。

（3）具有一定的颗粒及配合适当的孔隙率。

此外，滤料应尽量就地取材，货源充足，廉价。

石英砂是使用最为广泛的滤料，在双层和多层滤料中，常用的还有无烟煤、石榴石、钛铁矿、磁铁矿、金刚砂等。在轻质滤料中，也有用聚苯乙烯球粒，聚氯乙烯球粒等。

滤料铺设：为防止滤料从配水系统中流失，同时均布冲洗水也有一定作用，采用承托层，在单层或双层滤料池采用大阻力配水系统时，承托层采用天然卵石或砾石。各层滤料应均匀布设在承托层，满足设计要求。

洗砂石：洗砂石的目的是清除滤料层中所截留的污物，使滤池恢复工作能力。按冲洗流速，可分为高速冲洗，中速冲洗和低速冲洗三种。

冲洗砂石的原理是利用高速水流自下向上冲洗时，滤料层便膨胀起来。截留于滤层中的污物，在滤层孔隙中的水流剪力作用下，以及在滤料颗粒碰撞摩擦作用下，从滤料表面脱落下来，然后被冲洗水流带走。

细砂：指粒径在 0.1～0.25mm 的砂。

中砂：指粒径范围在 0.25～0.5mm 的砂。

卵石：指主要形状是圆形或亚圆形为主，粒径大于 20mm 的颗粒超过全重 50%。

碎石：以棱角形为主，粒径大于 20mm 的颗粒超过全重的 85%。

040601026　尼龙网板

尼龙板按生产工艺不同分为挤出和浇铸两种。

040601027　刚性防水

刚性防水采用的是砂浆和混凝土类刚性材料。

地下防水工程的防水混凝土结构、各种防水层及渗排水和盲沟排水均应在地基或结构验收合格后施工。

地下防水工程中采用的防水混凝土结构是指本身具有一定防水能力的整体式混凝土或钢筋混凝土承重结构，应采用普通防水混凝土或掺外加剂的防水混凝土。防水混凝土在侵蚀性介质中使用时，其耐蚀系数不应小于 0.8。

040601028　柔性防水

柔性防水采用的是柔性材料，如各种卷材、沥青胶结材料、油膏、胶泥和各种防水涂料。

040601029　沉降（施工）缝

材料品种：为避免外界自然因素对室内的影响，外墙外侧缝口应填塞或覆盖具有防水、保温和防腐性能的弹性材料，如沥青麻丝、泡沫塑料条、橡胶条、油膏等。当缝口较宽时，还应用镀锌铁皮、铝片等金属调节片覆盖。如墙面作抹灰处理，为防止抹灰脱落，可在金属片上加钉钢丝网后再抹灰。填缝或盖缝材料和构造应保证结构在水平方向的自由伸缩。

由于地基的不均匀沉降，结构内将产生附加的应力，使建筑物某些薄弱部位发生竖向错动而开裂。沉降缝就是为了避免这种状态的产生而设置的缝隙。因此，凡属下列情况应考虑设置沉降缝：

（1）同一建筑物两相邻部分的高度相差较大、荷载相差悬殊或结构形式不同时（图2-219*a*）；

（2）建筑物建造在不同地基上，且难于保证均匀沉降时；

（3）建筑物相邻两部分的基础形式不同、宽度和埋深相差悬殊时；

（4）建筑物体形比较复杂、连接部位又比较薄弱时（图2-219*b*）；

（5）新建建筑物与原有建筑物相毗连时（图2-219*c*）。

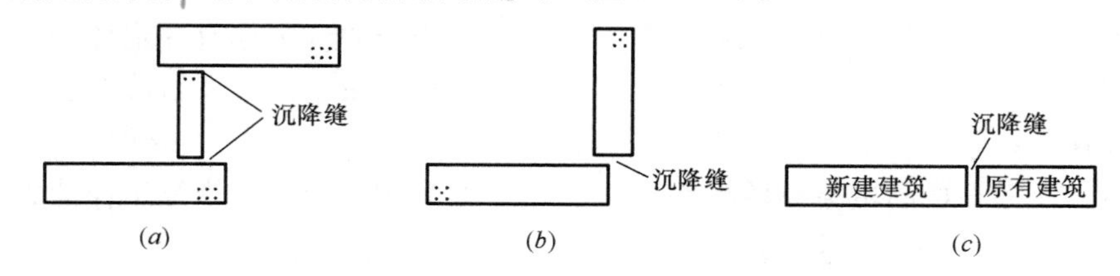

图2-219　沉降缝设置部位举例

沉降缝的宽度与地基的性质和建筑物的高度有关。地基越软弱，建筑高度越大，缝宽也就越大。建于软弱地基上的建筑物，由于地基的不均匀沉陷，可能引起沉降缝两侧的结构倾斜，应加大缝宽。不同地基情况下的沉降缝宽度见表2-102。

沉降缝宽度　　**表2-102**

地基性质	建筑物高度（H）或层数	缝宽（mm）
一般地基	H＜5m H＝5～10m H＝10～15m	30 50 70
软弱地基	2～3层 4～5层 6层以上	50～80 80～120 ＞120
湿陷性黄土地基		≥30～70

注：沉降缝两侧结构单元层数不同时，由于高层部分的影响，低层结构的倾斜往往很大。因此，沉降缝的宽度应按高层部分的高度确定。

沉降缝一般与伸缩缝合并设置，兼起伸缩缝的作用。

040601030　井、池渗漏试验

井：为了排除污水，除管渠本身外，还需要在管渠系统上设置某些构筑物，这些构筑物包括连接暗井、溢流井、检查井、跌水井、冲洗井、集水井、倒虹管、防潮门等。

池：在市政工程的排水系统中，在排放污水前，必须先处理，以免影响生态环境，暂时储存污水所用的构筑物。如化粪池。

2. 水处理设备

040602001　格栅

格栅通常是由一组平行的金属栅条制成的框架，斜置在污水流经的渠道上，或泵站集水池的进口处，用以截阻大块的呈悬浮或漂浮状态的污物。截留在格栅上污物的清除方法，有人工消除和机械清除两类。在大型污水处理厂或泵站前的大型格栅，清除污物数量大，为了减轻工人的劳动强度，一般应考虑采用机械清除设备。采用机械清除的格栅，栅条间距分粗、中、细三种，我国目前采用的机械格栅有履带式机械格栅和抓斗式机械格栅，其栅条间距大都在 2cm 以上，多采用 5cm 左右，机械格栅的间距不宜过小，否则格栅间的耙齿易被卡住。机械格栅的倾斜度较人工格栅为大，通常采用 60°～70°，传动系统有电力传动及液压传动两种，我国的采用电力传动系统。格栅栅条的断面形状，圆形断面栅条的水力条件好，水流阻力小，但刚度较差，一般多采用断面为矩形的栅条。为了防止栅条间隙堵塞，污水通过栅条间隙的流速一般不应小于 0.8～1.0m/s。

040602002　格栅除污机

格栅除污机是指装备有格栅拦污功能的一种除污机械。格栅除污机可分为履带式机械格栅除污机和抓斗式机械格栅除污机。抓斗式机械格栅其耙齿装置所占空间较小，用钢丝绳传动。抓斗由一根横轴固定，沿着槽钢导轨作上下运动。齿耙上升到一定高度与触点继电器相碰，则推动挡板，污物从斗中卸出，倾入污物车。

040602003　滤网清污机

滤网清污机：是指给水系统中在原水进入处理之前或排水系统中用于清除水中污泥或悬浮杂质的一种专用机械，它是由滤网形成格栅一样的方形小孔，通过生物膜过滤而使污泥吸附于网状系统上，再用排泥管将污泥排掉，它通常用于二次清污，由于其效果并不明显，故不常用。

040602004　压榨机

040602005　刮砂机

水力旋流的工作原理及设计自 100 多年前提出，现已广泛应用于化工、环保、食品、医药等许多工业部门。在水处理领域实现的除砂、降浊、固液分离等效果显著。

040602006　吸砂机

真空吸砂机是一种用于散装颗粒物料气动管道输送的除尘设备。主要由配置有吸砂管及吸气管的落砂罐和相并固定安装于方形框架内的滤芯反吹风旋风除尘器及水环真空泵组成。其水环真空泵的吸气管接至除尘器的上气室，落砂罐的吸气管接至除尘器的旋风风道进风口。冯宝华是我国实用新型专利“真空吸砂机”第一发明人。QC 系列改进型真空吸砂机特别适用于码头车船运输矿砂的装卸，与现行的同类机械相比，其结构布置紧凑，风机真空度及排气处理清洁度高，具有适合大浓度、长距离及小管径输送矿砂的优点。

040602007　刮泥机

行车式提板刮泥撇渣机：是指在拦污格栅时用于清理较大悬浮物的一种清污设备，主要清理较大尺寸的悬浮物或其他杂质等。

链条牵引式刮泥机：刮泥机是由刮泥板和桁架所组成，刮泥板固定在桁架的底部、刮泥机由链条牵引绕池缓慢移动，将污泥推入池中心处的污泥斗中，污泥从污泥斗中借静水压力排出池外，刮泥机旋转速度一般为 1～3r/h，外周刮泥板的线速度一般不超过 3m/min。

悬挂式中心传动刮泥机：一般用于池径小于 20m 的辐流式沉淀池内，驱动装置在池子中心走道板上，而当池径大于 20m 时，则使用其他刮泥机种类。辐射式沉淀池是直径较大的圆形池，其直径一般在 20 到 30m 之间。变化幅度可为 6～60m，故便于使用悬挂式中心传动刮泥机。

垂架式中心传动刮泥机：为了避免使用构件庞大的机械排泥设备，当沉淀池直径小于20m时，多采用垂架式中心传动刮泥机。

澄清池机械搅拌刮泥机：在平流式沉淀池的静化过程中，人们通过实践研究了多种形式的排泥设备，采用比较广泛的有澄清池机械搅拌刮泥机，在池底部，链带缓缓地沿与水流相反的方向滑动，刮板嵌于链带上，为了避免上述缺点，使用反刮泥机件伸入水中的桥式行车刮泥机，在池壁上设轨道，不用时，将刮泥设备提出水外，以免受腐蚀。

辊压转鼓式吸泥脱水机

辊压转鼓式污泥脱水机及其工作原理：真空过滤是目前较广泛的一种污泥机械脱水方法，使用的机械则是真空过滤机（辊压转鼓式污泥脱水机），辊压转鼓式污泥脱水机主要用于初次沉淀污泥和消化污泥的脱水。其特点是能够连续操作，运行平稳，可以自动控制，缺点是附属设备的工序复杂，运行费用较高。其工作过程如下：

在空心转鼓的表面上覆盖有过滤介质，并浸在污泥贮槽之内，转鼓用径向隔板分隔成许多扇形间格，每格有单独的连通管，管端与分配头相接。其中转动部件有一系列小孔，转鼓旋转时，由于真空的作用，将污泥吸附在过滤介质上，液体通过介质管，污泥吸附在转鼓上的滤饼上，转出污泥面后，滤饼被反吹松动污泥剥落被带走。

040602008　吸泥机

行车式吸泥机是由吸泥板和桁架等组成，吸泥板固定在桁架的底部，桁架绕中心缓慢旋转，将沉于池底的污泥吸入泥斗中，污泥从污泥斗中借静水压力排出池外，也可用排泥泵排泥。

垂架式中心传动吸泥机：为了避免使用构件庞大的机械排泥设备，当沉淀池直径小于20m时，多采用垂架式中心传动吸泥机。

周边传动式吸泥机：辐射或沉淀池是直径较大的圆形池，直径一般介于20～30m，但变化幅度可为6～60m，池中的深度约为2.5～5.0m，池周则约为1.5～3.0m，当池径大于20m时，多采用周边驱动式的吸泥机，驱动装置设在桁架的外缘。

钟罩吸泥机：是用于特殊工程的一种吸泥排泥设备。因为它附带钟罩，故不具备搅拌功能，对于其效果，一般认为可作为竖流式沉淀池的排泥设备。

虹吸式吸泥机：用机械吸泥排泥装置可充分发挥沉淀池的容积利用率，并且排泥可靠。虹吸式吸泥机吸泥动力利用沉淀池水位所能形成的虹吸水头。集泥板、吸口、吸泥管、排泥管成排地安装在桁架上、整个桁架利用电动机和传动机构通过滚轮架设在沉淀池壁的轨道上行走。在行进过程中将池底积泥吸出并排入排泥沟。

这种吸泥机适用于具有3m以上虹吸式虹吸水头的沉淀池，由于吸泥动力相对较小，池底积泥中的颗粒太粗时不易吸起。当沉淀池为半地下式时，如池内外的水位差有限，可采用泵吸式排泥装置，其构造和布置与虹吸式相似，但用泥泵抽吸，还有一种单口扫描式吸泥机，它是在总结多口吸泥机的基础上设计的，其特点是无须成排的吸口和吸管装置。当吸泥机沿沉淀池纵向移动时，泥泵、吸泥管和吸口沿着横向行走吸泥。虹吸式吸泥机的虹吸管一般采用矩形断面或圆形断面。水量较小时用钢板焊接，虹吸管进出口均需水封，虹吸管断面尺寸，可根据设计虹吸水位差计算。一般进水虹吸管流速为0.6～1.0m/s。虹吸管通水和断水由抽气系统控制。

040602009　刮吸泥机

刮吸泥机，主要有钢梁，溢流堰、传动装置、稳流筒、中心泥罐、排泥槽、刮板、吸泥装置、浮渣收集和排出设施，输电输气装置。待处理的水从中心筒进水管进入，通过稳流筒稳流进入沉淀池然后向四周扩散沉淀，清水由池边溢流堰流出，其中沉淀物由刮泥板集中到吸泥口，经压缩空气扰动混合和增加氧，增加了污泥活性，根据连通管原理，利用水位差将池底污泥吸入排泥槽，通过虹吸管进入中心筒排泥管排出。同时池中浮渣由刮板收集经排渣斗排出池外。

040602010　撇渣机

一种撇除浮渣用撇渣机，包括撇渣小车，安装在撇渣小车上的刮板，翻板机构，其特征在于所述刮板有二块或二块以上，各刮板由活动曲臂连杆相连，形成连杆同步翻板。

040602011　砂（泥）水分离器

螺旋式砂水分离器适用于污水处理厂的沉砂池，是污水中有机砂的分离及提升的一体化设备，可分离出粒径≥0.2mm 的颗粒，有较高的分离效率，设备采用无轴螺旋，无水中轴承，具有重量轻、结构紧凑、运行可靠、安装方便等特点，是一种理想的砂水分离设备。

040602012　曝气机

无负荷试运行：曝气机的无负荷试运行是指空机开机后检查曝气机是否运转正常，以及检查其性能是否优良。

曝气机：是种除污设备（附助除污），它的任务是将空气中的氧有效地转移到混合溶液中去。衡量曝气机效能的指标有动力效率和氧转移效率或充氧能力。

曝气机常有表面曝气机和转刷曝气机。

表面曝气机其叶轮是安排在池面上的，常用的表面曝气机的曝气叶轮有泵型、倒伞型和平板型三种，近来 K 型叶轮也在采用，效果也较好。

表面曝气叶轮的充氧是通过下述三部分实现的：

(1) 叶轮的提水和输水作用，使曝气池内液体不断循环流动，从而不断更新气液相触面和不断吸氧。

(2) 叶轮旋转时在其周围形成水跃，使液体剧烈搅动而卷进空气。

(3) 叶轮叶片后侧在旋转时形成负压区吸入空气。

叶轮（表面曝气机的曝气叶轮）的充氧能力与叶轮的直径、线速度、池型和浸没深度有关，线速度过大，打碎活性污泥，影响处理效果；线速度过小，则影响充氧能力。叶轮的浸没深度也要适当，如叶轮在临界浸没水深以下，不仅负压区被水膜隔阻，而且水跃情况大为削弱，甚至不能形成水跃，只起搅拌作用；反之叶轮设置过浅，提升能力将大为减弱，也会使充氧能力下降。

总的说来，表面曝气机的曝气叶轮具有构造简单，运行管理方便，充氧效率高等特点，因此近几年来在国内得到广泛采用，并积累了一定的运行经验，但不适用于寒冷地区。

转刷曝气机其曝气原理与表面曝气机的曝气原理相同，都是将空气中的氧有效地转移到混合液中去。转刷曝气机的曝气转刷是一个附有不锈钢丝或板条的横轴，用电机带动，转速通常为 40～60r/min，近来也有提高到 100r/min 的。安装时转刷贴近液面，部分浸在池液中。转动时钢丝或板条把大量液滴抛向空中，并使液面剧烈波动，促进氧的溶解；

同时推动混合液在池内循环流动，促进溶解氧的扩散转移。

040602013　曝气器

曝气器：是一种在处理污水时的曝气设备。曝气器的任务是将空气中的氧有效地转移到混合液中去。衡量曝气设备效能的指标有动力效率和氧转移效率或充氧能力。动力效率是指一度电所能转移到液体中去的氧量，氧转移效率是指鼓风曝气转移到液体中的氧占供给的百分数（%），而充氧能力则指叶轮或转刷在单位时间内转移到液体中的氧量（kg/h）。良好的曝气设备应当具有较高的动力效率和氧转移效率。

鼓风曝气则是传统的曝气方式，它由加压设备、扩散装置和连接两者的管道系统三部分组成。加压设备一般采用回转式或离心式鼓风机，为了净化空气，其进气管常装设空气过滤器。竖管曝气属大气泡扩散装置，倒盆式、撞击式和射流式属水力剪切扩散装置，涡轮式属机械剪切扩散装置。

机械曝气设备的试样较式，可归纳为叶轮和叶刷两类。

（1）曝气叶轮

曝气叶轮有安装在池中与鼓风曝气联合使用的，也有安装在池面的，后者称“表面曝气”。常用的表面曝气叶轮有泵型、倒伞型和平板型三种，近来 K 型叶轮也在采用，效果较好。

表面曝气叶轮的充氧是通过下述三部分来实现的：①叶轮的提水和输水作用，使曝气池内液体不断循环流动，从而不断更新气液接触面和不断吸氧；②叶轮旋转时在其周围形成水跃，使液体剧烈搅动而卷进空气；③叶轮叶片后侧在旋转时形成负压区吸入空气。

叶轮的充氧能力与叶轮的直径、线速度、池型和浸没深度有关。线速度过大，将打碎活性污泥，影响处理效果；线速度过小，则影响充氧能力，叶轮的浸没深度也要适当，如叶轮在临界浸没水深以下，不仅负压区被水膜阻隔，而且水跃情况大为削弱，甚至不能形成水跃，只起搅拌作用。反之叶轮设置过浅，提升能力将大为减弱，也会使充氧能力下降。一般表面曝气叶轮的动力效率在 3kg/(kW·h)左右。

总的说来，表面曝气叶轮具有构造简单，运行管理方便，充氧效率高等特点，因此，近几年来在国内得到广泛采用，并积累了一定的运行验，但不适用于寒冷地区。

（2）曝气转刷（设备）

曝气转刷是一个附有不锈钢丝或板条的横轴，用电机带动，转速通常为 40～60r/min，近来也有提高到每分钟 100 余转的。安装时转刷贴近液面，部分浸在池液中。转动时钢丝或板条把大量液滴抛向空中，并使液面剧烈波动，促进氧的溶解；同时推动混合液在池内循环流动，促进溶解氧扩散转移。

040602014　布气管

布气管：是将空气打入污泥中所用的钢管管道，此法是将空气打入污泥中，并使其以微小气泡的形式由水中析出，污水中比重近于小的微小颗粒的污染物质（如乳化油等）粘附到空气泡上，并随气泡上升至水面。形成泡沫浮渣而被去除。根据空气打入方式的不同，气浮处理设备通常有以下几部分：加压溶气气浮法、叶轮气浮法和射流气浮法等。但在施工及设计过程中，为了有效地提高气浮的实际使用效果，有时还须向污水中投放一定数量的混凝剂。

040602015　滗水器

又称滗析器，是 SBR 工艺中最关键的机械设备之一。可以分为虹吸式滗水器 、旋转滗水器、自浮式滗水器、机械式滗水器，目前在国内应用广泛的多为旋转式（属机械式滗水器的一种）。滗水器是 SBR 工艺采用的定期排除澄清水的设备，它具有能从静止的池表面将澄清水滗出，而不搅动沉淀，确保出水水质的作用。由于 SBR 法工艺采用间歇反应，进水、反应、沉淀、排水在同一池内完成，无须二次沉淀池和污泥回流设备，因此具有占地少、投资小、效率高、出水水质好等优点；同时将多个 SBR 池连接起来，还可以具有传统污泥法工艺的连续性（连续进水），又具有典型 SBR 工艺的连续性，适用于水质、水量、变化大的需要，因此得到国内外的广泛应用。

040602016　生物转盘

生物转盘：是由盘片、接触反应槽、转轴及驱动装置等所组成。盘片串联成组、中心贯以转轴，轴的两端安设在半圆形接触反应槽的支座上，转盘的 40%～50%浸没在槽内污水中，转轴高出水面 10～25cm。

生物转盘处理系统的核心处理构筑物是生物转盘，在系统中还包括初次沉淀和二次沉淀池，二次沉淀池的作用是去除经生物转盘处理后污水所挟带的脱落生物膜。

生物转盘由电机、变速器和传动链条等组成的传动装置，驱动转盘以较低的线速度在槽内转动，并交替地和空气与污水相接触，当转盘浸没于水中时，污水中的有机污染物为转盘上的生物膜所吸附，而当转盘离开污水时，盘片表面上形成一层薄薄的水层，水层从空气中吸收氧，而被吸附的有机污染物生物膜上的微生物分解，这样，转盘每转动一周，即进行一次吸附-吸氧-氧化分解过程，转盘不断地转动，使污染物不断地分解氧化，同时，转盘附着水泥中的氧是过饱和的，它把氧带入接触反应槽，使槽中污水的溶解氧含量不断增加，并随污水流入下一级转盘，最终在二次沉淀池被截留，由于生物膜脱落而形成的污泥，具有较高的密度，因此，很易于沉淀。

除了能除去有机污染物质外，生物转盘还具有硝化、脱氮、除磷的功能。

生物转盘的布置形式，一般分为单级单轴，单级多轴和多轴多级。级数多少和采取什么样的布置形式主要根据污水的水质、水量、净化要求达到的程度以及设置转盘场地的现场条件等因素决定。实践证明，对同一污水如盘片面积不变，将转盘分为多级串联运行，能够提高出水水质和水中溶解氧含量。

生物转盘设计与计算的主要内容是：计算所需转盘的总面积，盘片总片数，接触氧化槽的容积，转轴长度以及污水在接触及比槽内的停留时间等，其中主要的计算项目是确定所需转盘的总面积。

040602017　搅拌机

搅拌机：是指用于消化池的搅拌机械。

溶液搅拌设备的安装都必须以混凝土基础为准，因于搅拌时带来的强大的震动力，容易引起构筑物的事故性破坏，通常搅拌方法有三种：

水射器搅拌，设备较简单，每个水射器的最佳搅拌半径为 5m，缺点是电耗较大，由于污泥经过泵抽与喷嘴的射流，对消化污泥的浓缩脱水不利。这种搅拌方法比较适用于小型消化池。

螺旋桨搅拌法：电耗较少，每个搅拌器的最佳搅拌半径为 3～6m，如消化池直径较大，可采用多个螺旋搅拌器，呈等边三角形布置，同时进行搅拌，因此这种搅拌方法适用于大型消化池，对消化污泥的浓缩脱水影响不大。缺点是螺旋桨轴穿过池盖处，必须严格气密，装置比较复杂。

消化气循环搅拌法，有利于消化池中的消化气的释放，搅拌电耗约为 $0.5\text{kW}\cdot\text{h/m}^3$，对消化污泥的浓缩脱水有促进作用。

040602018　推进器

040602019　加药设备

040602020　加氯机

加氯机是一种污水消毒的专用设备，加氯机将氯气与水发生化学反应，从而使水达到消毒的目的，氯容易溶解于水。当氯溶解在清水中时，其消毒作用的近代观点是：主要通过次氯酸 HClO 起作用，HClO 为很小的中性分子，只有它才能扩散到带负电的细菌表面，并通过细菌细胞壁穿透到细菌内部。当 HClO 分子到达细菌内部时，能起氧化作用破坏细菌的酶系统而使细菌死亡。ClO^- 虽亦为具有杀菌能力的有效氯，但是带有负电，难于接近带负电的细菌表面，杀菌能力比 HClO 差得多，生产实践表明，pH 值越低则消毒作用越强。

严重污染的原水经折点氯化和一般净水工艺处理，能产生下列效果：

（1）色度大大降低——严重污染的原水，特别是原水中受含锰废水污染时，如用折点加氯，沉淀水颜色往往变深，色度很高，但这种色度在过滤时很容易去除；如加氯量不多，沉淀水色度虽不太高，但过滤后色度不易去除。

（2）能除去恶臭。

（3）对水中酚、铁、锰等杂质有非常明显的去除效果。

（4）使水中有机污染总量明显下降。

由于折点加氯的加氯量很大，有时产生的盐酸使原水固有的缓冲能力不足以弥补氢离子急剧增加的需要，使水的 pH 值大为降低，为了防止出厂水酸度过高，腐蚀管网并影响用户使用，必须加碱以调整 pH 值。

在过滤之后加氯，因大量有机物和细菌已经去除，所以加氯量很少。滤后消毒为生活饮用水的最后一步。在加混凝剂时同时加氯，可氧化水中有机胶体，对于处理含腐殖质的高色度水，可提高混凝效果，用硫酸亚铁作为混凝剂时可以同时加氯，将亚铁氧化成三价铁，促进硫酸亚铁的凝聚作用。这些氯化法称为滤前氯化或预氯化。预氯化还能防止水厂内各类构筑物中生长青苔和延长氯氨消毒的接触时间，使加氯量维持在某一阶段，以节省加氯量。

加氯机是一种专用的加氯设备，来自氯瓶的氧气首先进入旋风分离器，再通过弹簧薄膜阀和控制阀进入转子流量计和中转玻璃罩，经水射器与压力水混合，溶解于水内被输送到加氯点。其各部分作用如下：

旋风分离器：用于分离氯气中可能有的锈垢、油污等悬浮杂质。可定时打开分离器下部旋塞予以排除。

弹簧薄膜阀：当氯瓶中压力小于 1kg/cm^2 时，此阀即自动关闭，以满足氯气制造厂要求氯瓶内氯气应有一定剩余压力，不允许被抽吸成真空的安全性能要求。

氯气控制阀及转子流量计：用于控制和测定加氯量。

中转玻璃罩：起着观察加氯机工作情况的作用，此外尚有以下几种作用：

（1）稳定加氯量。当玻璃罩内进氯量小于水射器抽吸量时，罩内呈负压状态，从平衡水箱过来的水，便进入此罩，以补充水射器的抽吸量。

（2）防止压力水倒流，玻璃罩中的单向阀用以防止水射器的压力流倒流进来。

（3）水流中断时，由于罩内的负压继续吸去平衡水箱的水，当平衡水箱中的水位低于单向阀时，便自动吸入空气破坏罩内的真空。

平衡水箱：可补充和稳定中转玻璃罩内的水量。当水流中断时使水转玻璃罩破坏真空。

转子加氯机开始使用时，应先开启压力水阀门，使水射器开始工作，待中转玻璃罩有气泡翻腾后，开启平衡水箱进水阀门，使水箱适当有少量水从溢水管溢走，最后才开启氯瓶出氯阀和加氯机控制阀并调节加氯量。停止使用时，应先关氯瓶出氯阀，待转子跌落到零件后，关闭加氯机控制阀，然后再关闭平衡水箱进水阀门，待中转玻璃罩翻泡逐渐无色后再关闭压力水阀门。

加氯间应靠近投加地点、间距不宜大于30m，以利加注。加氯间必须与其他工作间隔开，房尾应坚固。防火、保温、通风。在加氯间的出入处，应设有工具箱、抢修材料箱和防毒面具。加氯间和氯库内应有测定空气中氯浓度的仪表和报警装置。照明和通风设备的开关应设在室外。加氯间还应考虑事故时氯瓶的处理，如设置事故井或密闭喷淋装置。大门应向外开。还须设置观察窗。需要采用采暖设备，采暖设备宜用暖气，如用火炉时火口应设在户外，暖气散热片或火炉应离开氯瓶或加氯机。

加氯间及氯瓶间应有通风设备，由于氯比空气重，所以排气孔应设在房屋最低处，进气孔设在高处。注意使用氯氨时，因氨比空气轻，所以氨瓶间和加氯间的排气孔应设在高处，通风设备可考虑每小时换气8～12次。氯瓶仓库应考虑与加氯间相近，有利于搬运。也可独立建造氯库，为防止日光曝晒，可设百叶窗，库房容量一般按15～30d的最大用量计算。

040602021　氯吸收装置

漏氯吸收装置，又称泄氯吸收装置、漏氯中和装置、氯气吸收装置。是一种发生氯气泄漏事故时的安全应急设备，可以对泄漏氯气进行吸收处理。

040602022　水射器

水射器由喷嘴、吸入室、喉管、扩散管组成。通过水泵的抽送，污泥以高速从喷嘴射出，使水射器的吸入室形成负压，将消化池内的熟污泥吸入，使污泥混合，在经过一段时间的运行后，即可达到消化池内污泥搅拌的目的。

水射器的计算方法如下：

水射器抽吸的流量按下列公式计算：

$$Q_m H = Q_w h \cdot \eta$$

即：

$$Q_m = \frac{Q_w \cdot h \cdot \eta}{H}$$

式中　Q_m——水射器抽吸的流量（m^3/h）；

h——污水泵的扬程（m）；

Q_w——引射流量，即污水泵的流量（m^3/h）；

H——为了克服液体惯性力及管路阻力所需压力，一般取 $H=1.0m$；

η——水射器的效率一般取 20%～30%。

040602023　管式混合器

混合器通常是指在压缩空气曝气过程中使用混合器使空气分散成小的气泡进行汽水混合，以加速曝气溶解氧过程。

混合器的形式很多，通常使用的有喷嘴式混合器、管式混合器。管式混合器是通过在喷嘴出口处设置弧形挡板，形成强烈的扰动，使空气被破碎成小的气泡，以提高曝气的效果。

管式混合器中的汽水混合时间一般为 10～15s，根据实验，这只能获得约 40%的溶解饱和度。将汽水混合时间增长到 20～30s，就能使溶解饱和度增至 70%左右，从而能减少所需空气流量，降低运行费用，所以比较经济合理。

040602024　冲洗装置

清除压气机和涡轮通道内，特别是叶片上附着的沉积物以减少腐蚀的装置。

040602025　带式压滤机

压滤机可分为带式压滤机和板框压滤机两种，板框压滤机又可分为人工板框压滤机和自动板框压滤机，人工框板压滤机，需一块一块地卸下，剥离泥饼并清洗滤布后，再逐块装上，劳动强度大，效率低。自动板框滤机，上述过程都是自动的，效率较高，劳动强度低，是一种有前途的脱水机械。自动板框压滤机有水平式与垂直式两种。

压滤脱水机的构造与脱水过程

压滤脱水机其构造简单，过滤推动力大，适用于各种性质的污泥。但操作比较麻烦，不能连续运行，产率较低。压滤机由板和框相间排列而成，在滤板的两面覆有滤布，用压紧装置把板与框压紧，这样，即在板与框之间构成压滤室。在板与框的上端相同部位开有小孔。压紧后，各孔成一条通道。被压到 4～8kg/cm^3 的污泥，由该通道进入，并由每一块滤框上的支路孔道进压滤室。滤板的表面设有沟槽，下端钻有供滤液排出的孔道。滤液在压力作用下，通过滤布并由孔道从滤机排出，达到脱水的目的。

040602026　污泥脱水机

污泥造粒脱水机：它是一种利用机械聚合的污泥脱水机械。污泥机械脱水有真空吸滤法、压滤法和离心法等。污泥机械脱水是以过滤介质两面的压力差作为推动力，污泥中的水分被强制通过过滤介质，固定颗粒被截留在介质上，从而达到脱水的目的。

040602027　污泥浓缩机

污泥浓缩机主要是针对污泥浓度在 1%，或浓度低于 1%的污泥，提高其含固率，也就是污泥浓度，经污泥浓缩机浓缩后流出浓度在 3%以上，便于后续的机械脱水，提高机械脱水的工作效率和使用效果。

040602028　污泥浓缩脱水一体机

是一种应用在污水处理领域中的，将污泥通过离心和挤压后脱水的设备。

040602029　污泥输送机

040602030　污泥切割机

污泥切割机是离心污泥脱水系统的重要配套设备。它主要对混于污泥中的纤维性缠绕物进行切碎后进入离心机，以确保离心机正常稳定的工作。

040602031　闸门

闸门也叫做闸板门，是给水管上最常见的阀门。闸板门由闸壳内的滑板上下移动来控制或截断水流，有升杆及暗杆之分，升杆式闸门的闸杆随闸板的启闭而升降，适用于明装的管道，便于观察闸门的启闭情况，暗杆式闸门的闸板在闸杆前进方向留下一圆形的螺孔，当闸板开启时，闸杆螺丝进入闸板孔内而提起闸板，闸杆仍不露出外面，有利于保护闸杆。

制造闸门的材料有钢材和铸铁两种。

闸门安装：时长时间存放和多次搬运的闸门，安装前应进行检查、清洗、试压和更换密封填料，当阀门不严密时，还必须对闸心及闸孔进行研究，闸门安装时，应仔细核对闸门的型号、规格是否符合设计要求。安装的闸门，其闸体上标示的箭头，应与介质流向一致。水平管道上的闸门，其闸杆一般应安装在上半周范围内，不允许闸杆朝下安装，安装法兰阀门，应保证两法兰端相互平行和同心，安装法兰和螺纹连接的闸门应在关闭状态下进行。

040602032　旋转门

旋转门：一种管道工程具有特殊用途的管道起闭及转向设备，通常我们依靠它来调节水量的大小及流速。

040602033　堰门

堰门分为铸铁堰门和钢制调节堰门。

堰门：是指安装于平流式沉淀池的挡流板。在平流式沉淀池的工程施工中，入流装置是横向潜孔，潜孔均匀地分布在整个宽度上，在潜孔前设置挡流板，其作用是消能，使水分布均匀，出流装置多采用自由堰形式，这就需要对堰板的施工必须是精心的。通常堰板的作用是阻挡浮渣，或设浮渣收集和排除装置。出流堰是沉淀池的重要部件，它不仅控制沉淀池的水面的高度，而且对沉淀池内水流均匀分布有着直接的影响。

040602034　拍门

安装于排水管道的尾端，具有防止外水倒灌功能的逆止阀。拍门主要由阀座、阀板、密土封圈、铰链四部分构成。形状分为圆形和方形。拍门的材质传统上为各种金属制品，现在已经发展为多种复合材料。

040602035　启闭机

启闭机通常是指管道始端用于启动该系统的主要设备，通常有电动水泵等机械。

040602036　升杆式铸铁泥阀

阀门常分为升杆式和暗杆式两种，升杆式铸铁泥阀是指用于小径高压管内调节其水量及水压的铸铁制阀门。

040602037　平底盖闸

平底盖闸是闸门的一种，其主要用作主干管道上控制和调节水压及水量，因其活动性较小，安全措施较高。

040602038　集水槽

集水槽用于汇集清水，均匀与否，直接影响分离室清水上升流速均匀性，从而影响泥渣浓度的均匀性和出水性质，因此集水槽布置应力求避免产生局部地区上升流速过高或过低现象的发生。在直径较小的澄清池中，可以沿池壁建造环形槽；当直径较大时，可在分离室内加设辐射井集水槽。辐射槽数大体如下：当直径小于 6m 时可用 4 到 6 条，直径大于 6m 时可用 6 到 8 条，环形槽和辐射槽的槽壁开孔，孔径可达为 20～30mm，孔口流速一般为 0.5～0.6m/s。

穿孔集水槽的设计流量应预留远期增加流量的余地，一般取为 1.2 到 1.5 倍，即穿孔集水槽的超荷系数 β=1.2～1.5。

穿孔集水槽计算方法如下：

孔口总面积：

根据澄清池计算流量和预定的孔口上的水头，按水力学的孔口出流公式，求出所需孔口总面积：

$$\Sigma f = \frac{\beta Q}{\mu \sqrt{2gh}}$$

式中 Σf——孔口总面积（m^2）；

β——超载系数；

μ——流量系数其值因孔眼孔径与槽壁厚度比值不同而异，对薄壁孔口，可采用 0.62；

Q——每只穿孔集水槽的流量（m^3/s）；

g——重力加速度（m/s^2）；

h——孔口上的水龙头（m）。

选定孔口直径，计算一只小孔的面积 f，按下式算出孔口总数 n：

$$n = \frac{\Sigma f}{f}$$

式中 Σf——孔口总面积。或按孔口流速计算孔口面积作孔口上作用水头。

穿孔集水槽的高度和宽度。

假定穿孔集水集的起端水流截面为正方形，也既宽度等于水深。有：

$$B = 1.73\sqrt[3]{\frac{Q^2}{gB^2}}$$

得到穿孔集水槽的宽度为：$B=0.9\mathbf{Q}^{0.4}$

式中 Q——穿孔集水槽的流量（m^3/s）；

B——穿孔集水槽的宽度（m）。

穿孔集水槽的总高度，除了上述起端水深以外，还应加上槽壁孔口出水的自由跌落高度（可取 7～8cm）以及集水槽的槽壁外孔口以上应有的水深和超高。

集水槽的安装应力求避免产生局部地区上升流速过高或过低现象的发生。在直径较小的澄清池中，可以沿池壁建造环形槽；当直径较大时，可在分离室内加设辐射井集水槽。辐射槽数大体如下：当直径小于 6m 时可用 4 到 6 根，直径大于 6m 时可用 6 到 8 条，环形槽和辐射槽的槽壁开孔，孔径可达为 20～30mm，孔口流速一般为 0.5～0.6m/s。

040602039　堰板

堰板是指在平流式沉淀池的工程施工中入流装置的横向潜孔均匀分布在整个宽度上，在潜孔前的挡流板，其作用是消能，使水分布均匀，出流装置多采用自由堰形式，这就需要对堰板的施工必须是精心的对接（焊接），出流堰是沉淀池的重要部件，它不仅控制沉淀池内水面的高度，而且对沉淀池内水能的均匀分布有些直接的影响，单位长度的堰口溢流量必须相同，此外，在堰的下游还应有一定距离的落差。堰板通常分为金属堰板和非金属堰板。金属堰板适用于碳钢和不锈钢，其中齿形堰板的设计面积应直接是其长度乘以其宽度，不扣除齿型间隔空隙所占面积。

齿型堰板：是指一种齿型的用于清水池的挡流板（堰板）。

040602040　斜板

040602041　斜管

在污水处理时，为解决排泥问题，斜板和斜沉淀池发展起来，浅池理论才得到实际应用。

斜板沉淀池实际上是把多层沉淀底板做成一定倾斜度，以利排泥。斜板与水平面呈60°角放置于沉淀池中，水从下向上流动（也有从上向下，或水平方向流动），颗粒则沉于斜板底部。当颗粒累积到一定程度时，便自动滑下。

斜管沉淀池实际上是把斜板沉淀池再进行横向分隔，形成管状（矩形或六角形）。

斜板斜管沉淀池按水流的流向，一般可分为上向流、平向流和下向流三种，上向流的水流与沉泥滑动的方向相反，通常称为异向流。斜管沉淀池均属异向流。下向流的水流方向则与沉泥的滑动方向相同，通常称为同向流。下向流斜板沉淀池由两种不同倾斜角度的矩形管组成，在不同角度的斜板连接处没有强制集水装置。清水经集水支渠、集水渠流出。与异向流相比，同向流构造复杂，容易堵塞。

斜板或斜管沉淀池的进水高度不宜小于1.5m，以便于均匀配水。为了使水流均匀地进入斜管下的配水区，反应池出口一般应考虑整流措施。可采用缝隙栅条配水，缝隙前狭后宽，也可用穿孔墙。整流配水孔的流速，一般要求不大于反应池出口流速，通常在0.15m/s以下。

斜板（管）倾角愈小，则沉淀面积愈大，沉淀效率愈高，但对排泥不利，根据生产实际，倾角θ角宜为50°～60°。

在斜管进口一段距离内，泥水混杂，水流紊乱，污泥浓度亦较大，此段称为过渡段，该段以上部分便明显看出泥水分离，因此，称为分离段，一般估计过渡长度约为200mm，斜板（管）过长会增加造价，而沉淀效率的提高则有限。试验表明，往往在分离段上部出现一段较长的清水段，并未起沉淀作用。目前斜板、斜管长度多采用800～1000mm。从沉淀效率考虑，斜板间距愈小愈好，但从施工安装和排泥角度看，不宜小于50mm，也不宜大于150mm，斜管斜板的材料要求轻质、坚牢、无毒而价格便宜，使用较多的有薄塑料板，斜板斜管沉淀池的推广，往往取决于管材的来源和制作的方便。

040602042　紫外线消毒设备

紫外线消毒设备本指南适用于城镇污水处理厂出水、城市污水再生利用水、工业废水处理站出水的紫外线消毒设备。

040602043　臭氧消毒设备

臭氧设备是制取臭氧的装置或机器总称，主要用于发生制取臭氧气体。臭氧有杀菌、除味、脱色、氧化等功效，在空间灭菌和水处理、医疗等行业广泛应用。臭氧在常温常压下为暂存状态因此无法储存，需现场生产现场使用，凡是用到臭氧的场所均使用臭氧设备。臭氧设备是由臭氧管、臭氧电源、气源装置、电控装置组成。

040602044　除臭设备

离子除臭设备是由离子发生器、离子传送管、控制系统组成，用来除臭、清除异味的空气净化设备，普遍应用于工厂、车间、污水站、垃圾除臭等场所。常见的有等离子除臭设备、高能离子除臭设备、光氢离子除臭设备。

040602045　膜处理设备

膜分离设备是利用膜分离技术而在生产工厂按照其膜分离的技术参数标准制造的大型机械设备，其设备能够其分离的作用，效果远远超出传统的分离方式。

040602046　在线水质检测设备

水质是水体质量的简称，一般包括水体的物理特性、化学特性和生物特性。我国规定了一系列水质参数和水质标准来评价水体质量的状况，如生活饮用水、工业用水和渔业用水等水质标准。这说明水质检测正越来越受到广大企业和个人的关注，水质检测在人们的生产生活过程中起着十分关键的作用。

三、工程量清单表的编制和计价举例

【例 17】某污水处理厂新建一直径 30m 长酸化水解池，需安装一台刮泥机，悬挂式中心传动，设计尺寸如图 2-220、图 2-221 所示，试计算其工程量。

【解】刮泥机，是一种排泥设备。中心传动式刮泥机主要由工作桥、传动装置、稳流筒、传动轴、刮臂、刮泥板等组成。该机设有横跨池子的固定平台，工作时其整机载荷都作用在工作桥中心；污水经池中心稳流筒均流到四周。随着过流面积增大而流速降低，污水中的沉淀物沉淀于池底，刮泥机将沉淀的污泥刮集到中心集泥坑中，利用水压将其从污泥管中排出。

（1）清单工程量

清单工程量计算根据《市政工程工程量计算规范》GB 50857—2013，应按设计图示数量计算。

悬挂式中心传动刮泥机：一台。清单工程量计算表见表 2-103。

清单工程量计算表　　　　**表 2-103**

项目编码	项目名称	项目特征描述	计量单位	工程量
040602007001	刮泥机	悬挂式中心传动刮泥机	台	1

（2）定额工程量：

定额工程量根据《全国统一市政工程预算定额》GYD-301-1999 计算。

悬挂式中心传动刮泥机：一台。

套用定额：6-1115。

施工图预算表、清单计价表及综合单价分析表见表 2-104、表 2-105 和表 2-106。

某污水处理厂刮泥机施工图预算表　　　　**表 2-104**

序号	定额编号	分项工程名称	计量单位	工程量	基价（元）	其中（元）			合价（元）
						人工费	材料费	机械	
1	6-1115	悬挂式中心传动刮泥机	台	1	5749.39	2205.14	1216.28	2327.97	5749.39
合计									5749.39

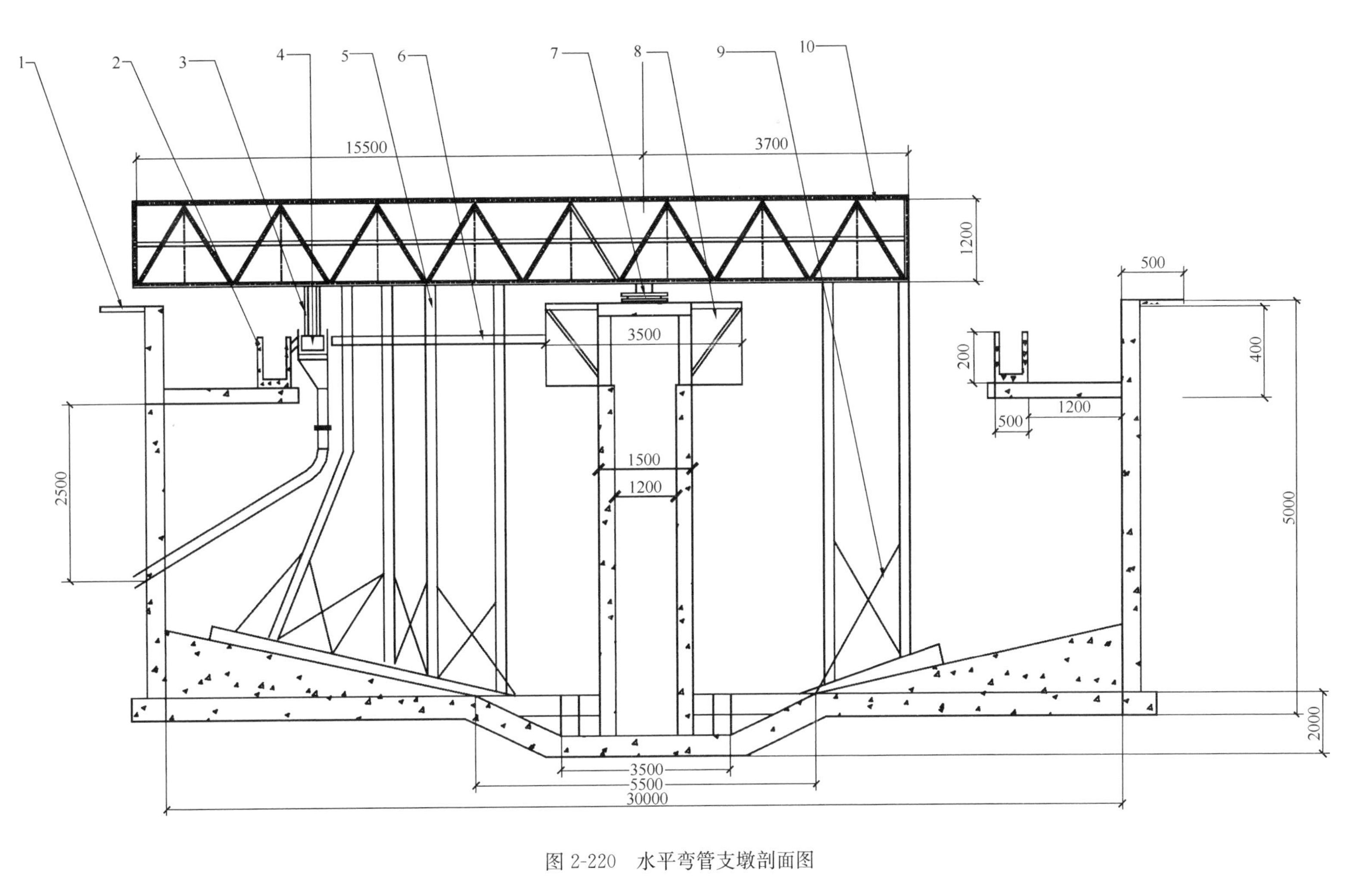

图 2-220　水平弯管支墩剖面图

1—走道；2—浮渣挡板及溢流堰；3—刮渣耙；4—排渣斗；5—中间架；
6—撇渣装置；7—支座及机电装置；8—稳流筒；9—刮泥系统；10—工作桥

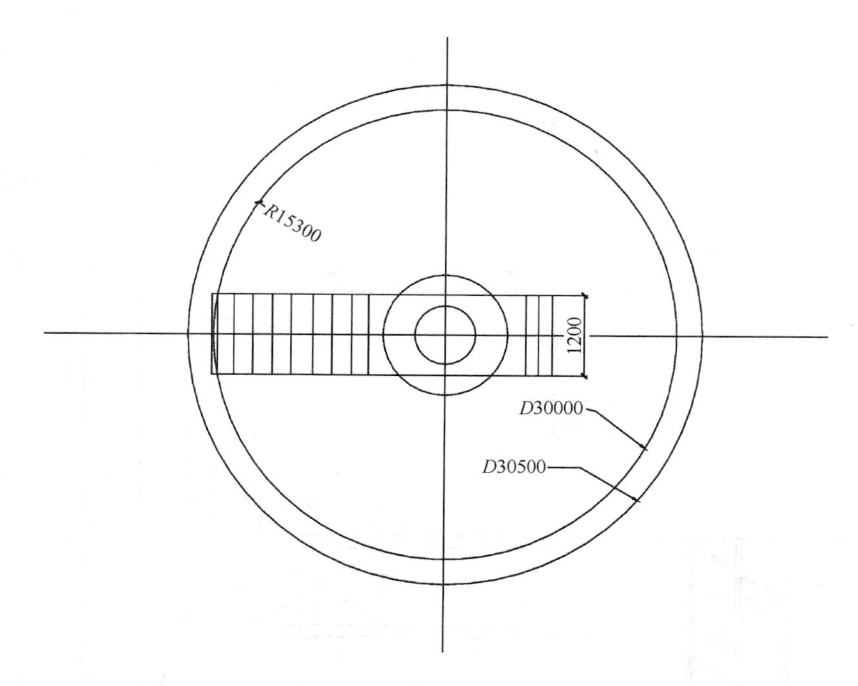

图 2-221　水平弯管支墩平面图

分部分项工程和单价措施项目清单与计价表　　　　**表 2-105**

工程名称：某污水处理厂刮泥机　　　　标段：　　　　第　页　共　页

序号	项目编码	项目名称	项目特征描述	计量单位	工程量	金额（元）		
						综合单价	合价	其中：暂估价
1	040602007001	刮泥机	悬挂式中心传动刮泥机	台	1	8164.13	8164.13	
本页小计							8164.13	
合计							8164.13	

工程量清单综合单价分析表　　　　**表 2-106**

工程名称：某污水处理厂刮泥机　　　　标段：　　　　第　页　共　页

项目编码	040503002001	项目名称	混凝土支墩	计量单位	m^3	工程量	0.10

清单综合单价组成明细											
定额编号	定额名称	定额单位	数量	单价				合价			
				人工费	材料费	机械费	管理费和利润	人工费	材料费	机械费	管理费和利润
6-1115	悬挂式中心传动刮泥机	台	1	2205.14	1216.28	2327.97	2414.74	2205.14	1216.28	2327.97	2414.74
人工单价		小计						2205.14	1216.28	2327.97	2414.74
22.47 元/工日		未计价材料费						—			
清单项目综合单价								8164.13			

续表

	主要材料名称、规格、型号	单位	数量	单价（元）	合价（元）	暂估单价（元）	暂估合价（元）
材料费明细	钢板 δ1～3	kg	1.40	3.52	4.93		
	钢板 δ3～10	kg	12.43	3.10	38.53		
	镀锌铁丝 10 号	kg	3.50	6.14	21.49		
	钢筋 ϕ10	kg	27.12	3.068	83.20		
	紫铜皮	kg	0.10	20.00	2.00		
	无缝钢管 D76	m	1.44	249.00	358.56		
	板方材	m^3	0.21	1764.00	370.44		
	枕木 250×200×2500	根	1.10	110.25	121.28		
	棉纱	kg	4.50	8.32	37.44		
	电焊条	kg	5.03	5.39	27.11		
	氧气	m^3	2.48	2.128	5.28		
	乙炔气	kg	0.827	13.33	11.02		
	破布	kg	4.30	5.83	25.07		
	黄油 钙基脂	kg	4.60	6.21	28.57		
	机油 5～7 号	kg	3.10	4.67	14.48		
	煤油	kg	5.00	3.44	17.20		
	汽油 60～70 号	kg	1.00	2.90	2.90		
	其他材料费			—	51.10	—	
	材料费小计			—	1220.60	—	

第七节　生活垃圾处理工程

一、生活垃圾处理工程造价概论

生活垃圾处理是指日常生活或者为日常生活提供服务的活动所产生的固体废弃物以及法律法规所规定的视为生活垃圾的固体废物的处理，包括生活垃圾的源头减量、清扫、分类收集、储存、运输、处理、处置及相关管理活动。

二、项目说明

1. 垃圾卫生填埋

040401001　场地平整

场地平整就是将天然地面改造成工程上所要求的设计平面，由于场地平整时全场地兼有挖和填，而挖和填的体形常常不规则，所以一般采用方格网方法分块计算解决，平整场地前应先做好各项准备工作，如清除场地内所有地上、地下障碍物；排除地面积水；铺筑临时道路等。

040701002　垃圾坝

为研究垃圾坝和界面强度对填埋场沿底部衬垫系统滑动的影响，将填埋场分为主动楔体、被动楔体和垃圾坝3个部分，对其进行极限平衡分析，建立平衡方程，求解填埋场的安全系数。

040701003　压实黏土防渗层

指采用工程措施，通过建立一种水力屏障来隔离垃圾因填埋而产生的渗滤液，填埋气体等对填埋场周围水体，土壤的污染。

040701004　高密度聚乙烯（HDPD）膜

高密度聚乙烯，是一种结晶度高、非极性的热塑性树脂。原态HDPE的外表呈乳白色，在微薄截面呈一定程度的半透明状。PE具有优良的耐大多数生活和工业用化学品的特性。某些种类的化学品会产生化学腐蚀，例如腐蚀性氧化剂（浓硝酸），芳香烃（二甲苯）和卤代烃（四氯化碳）。该聚合物不吸湿并具有好的防水蒸气性，可用于包装用途。HDPE具有很好的电性能，特别是绝缘介电强度高，使其很适用于电线电缆。中到高分子量等级具有极好的抗冲击性，在常温甚至在－40F低温度下均如此。

040701005　钠基膨润防水毯（GCL）

钠基膨润土防水毯（垫）GCL是一种新型土工合成材料，它是由一层黏土或其他低渗透性矿物材料外覆土工织物或土工膜，通过针刺或缝合的方法制成的环保生态复合防渗材料，根据工程需要，还可以在防水毯上粘覆HDPE膜，以适应特殊环境的需要，达到更加理想的防渗效果。本产品整体性能好，抗拉和抗剪强度高，中间夹封的防渗膨润土属无机材料，遇水后高度膨胀，产生水合作用，形成不透水的凝胶防渗体，同时此种膨润土还有储存水分的能力，其吸收、含水量可达自身重量的10倍以上，具有永久的防水性能。

040701006　土工合成材料

土工合成材料是土木工程应用的合成材料的总称。作为一种土木工程材料，它是以人工合成的聚合物（如塑料、化纤、合成橡胶等）为原料，制成各种类型的产品，置于土体内部、表面或各种土体之间，发挥加强或保护土体的作用。《土工合成材料应用技术规范》将土工合成材料分为土工织物、土工膜、土工特种材料和土工复合材料等类型。

040701007　袋装土保护层

土工膜宜边铺膜边盖保护层土料。复合土工膜以塑料薄膜作为防渗基材土工布，与无纺布复合而成的土工防渗材料，它的防渗性能主要取决于塑料薄膜的防渗性能。

040701008　帷幕灌浆垂直防渗

帷幕灌浆布置在左、右闸肩基岩部位，并在靠河床覆盖层处的外侧帷幕与防渗墙套接一定长度。为了确保帷幕灌浆的施工质量，特制定本施工技术要求。

040701009　碎（卵）石导流层

渗滤液导流层在沙土保护层上铺设平均300mm厚的卵(碎)石层，粒径要求20～40mm之间，按上细下粗进行铺设，防止填埋的垃圾堵塞砾石缝，从而影响渗滤液导流的效果。

040701010　穿孔管铺设

管材：看具体情况，一般用PVC之类的管 管径：看具体情况，有 *DN*25，*DN*32……孔：向下交错45°开孔，孔径大小一般在10mm以内，孔间隔示具体情况（池大小，曝气量（若是只起搅拌作用，个人认为气水比取3：1）等）而定，一般在1m左右。

040701011　无孔管铺设

040701012　盲沟

盲沟指的是在路基或地基内设置的充填碎、砾石等粗粒材料并铺以倒滤层（有的其中埋设透水管）的排水、截水暗沟。盲沟又叫暗沟，是一种地下排水渠道，用以排除地下水，降低底下水位。用于在一些要求排水良好的活动场地，如体育馆地下水位高影响植物生长可以用盲沟。

040701013　导气石笼

导气石笼中部设 ϕ200 的 HDPE 穿孔导气管，外设 ϕ1000mm 的钢丝网笼，管与网笼之间填充碎石。

040701014　浮动覆盖膜

浮动盖设计和施工中应综合考虑的原则：浮动盖应达到完全密封的效果，杜绝因恶臭气体挥发而污染环境，防止雨水流入污水池内而增加污水量。

040701015　燃烧火柜装置

其特征在于是一个带沼气燃烧头；①和壳体支架；②的火炬装置，装置顶部设有防风防雨帽；③燃烧头下部连接气体扩散腔；④气体扩散腔下部连接文丘里管；⑤文丘里管下部连接沼气进气管；⑥和排水阀门；⑦文丘里管的另一侧连接可调节风量鼓风机；⑧在沼气管路的中间位置安装有点火电极；⑨在点火电极的上端位置安装有验火开关；⑩罐体顶部和中部安装倒流板。运用此种火炬装置，点火有效率三分钟内在 50%以上，验火有效率为 95%以上。

040701016　监测井

用钻孔法完成的监测地下水水位、水温、水质变化情况的专用井。其施工方法和常规水井相似，完井后在井中放置监测仪器，并定时采取水样进行分析测试。监测井布置在污染源集中区点，在国外已采用水平井大面积测控地下水污染情况。

040701017　堆体整形处理

路床（槽）整形项目的内容，包括平均厚度 10cm 以内的人工挖高填低、整平路床，使之形成设计要求的纵横坡度，并应经压路机碾压密实。

040701018　覆盖植被层

植被覆盖率通常是指森林面积占土地总面积之比，一般用百分数表示。但国家规定在计算森林覆盖率时，森林面积还包括灌木林面积、农田林网树占地面积以及四旁树木的覆盖面积。森林覆盖率，是反映森林资源和绿化水平的重要指标。

040701019　防风网

防风网，又叫防风抑尘墙、防风墙、挡风墙、抑尘墙。产品主体由钢结构组成，主要起挡风防尘的作用。

040701020　垃圾压缩设备

垃圾压缩设备，分为液压垃圾压缩机，预压式垃圾压缩机，压装式垃圾压缩机，小型垃圾压缩机

2. 垃圾焚烧

040702001　汽车衡

汽车衡也被称为地磅 。是厂矿、商家等用于大宗货物计量的主要称重设备。在 20 世

纪80年代之前常见的汽车衡一般是利用杠杆原理纯机械构造的机械式汽车衡，也称作机械地磅。20世纪80年代中期，随着高精度称重传感器技术的日趋成熟，机械式地磅逐渐被精度高、稳定性好、操作方便的电子汽车衡所取代。

040702002　自动感应洗车装置

工程车辆自动冲洗机，自动洗车机，FS型车辆自动冲洗机是依据市政、路政、建委、环委、交通等各部门对施工车辆的要求下，对各类工程车辆的轮胎及底盘而设计，该设备利用多方位高压水枪对轮胎及底盘部位进行高压冲洗，从而达到将车轮及底盘彻底洗净的效果，达到各部门的上路要求，冲洗机用机械自动感应式、遥控和手动三种控制，可自动完成冲洗的工作，冲洗用水可循环使用，连续工作时，仅需补充少量的水，因此可以节约大量水资源。

040702003　破碎机

常用的破碎机，根据其构造不同可分为如下几种：①颚式破碎机；②圆锥破碎机；③对辊破碎机；④冲击式破碎机；⑤反击式破碎机。

040702004　垃圾卸料门

垃圾卸料门是垃圾焚烧发电厂的配套设备，用于垃圾卸料大厅，产品具有一定抗腐蚀性，使用寿命长，运行灵活、使用频繁等特点。

040702005　垃圾抓斗起重机

垃圾抓斗起重机是城市生活垃圾焚烧厂垃圾供料系统的核心设备，位于垃圾贮存坑的上方，主要承担垃圾的投料，搬运，搅拌，取物和称量工作。

040702006　焚烧炉体

等离子体焚烧炉，由等离子体弧电源，等离子体发生器，等离子体焚烧炉，垃圾送料器，送风装置，灰烬排出器及废气处理系统组成，其特征在于：等离子体焚烧炉，由炉壳体、装在壳体内侧的隔热层、装在隔热层内侧的高温耐火材料内壁，由该种材料内壁围城的两个彼此分离的主燃烧室和副燃烧室，装在主燃烧室内的等离子体发生器，在主燃烧室顶部安装的垃圾送料器及止回板，在主燃烧室壁设置的进风管道，在副燃烧室底部设置的尾气排出管道所组成。

第八节　路　灯　工　程

一、路灯工程造价概论

路灯工程是指城市亮化工程工。政府有责任和义务为居民提供有偿或无偿公共产品和服务的各种照 明、亮化、设备等。路灯工程一般是属于国家的基础建设，是指城市建设中的各种公共设施，照明基础设施建设是城市生存和发展必不可少的物质基础。

二、项目说明

1. 变配电设备工程

040801001　杆上变压器

040801002　地上变压器

变压器是利用电磁感应的原理来改变交流电压的装置，主要构件是初级线圈、次级线圈和铁芯（磁芯）。主要功能有：电压变换、电流变换、阻抗变换、隔离、稳压（磁饱和变压器）等。

040801003　组合式成套箱式变电站

把高压隔离开关，断路器，高压保护装置，计量装置和变压器，低压配电柜装置、补偿装置按一定功率要求搭配组合在一起的成套变配电系统。

040801004　高压成套配电柜

高压成套配电柜又可称为高压开关柜，是指用于电力系统发电、输电、配电、电能转换和消耗中起通断、控制或保护等作用，电压等级在 3.6～550kV 的电器产品，主要包括高压断路器、高压隔离开关与接地开关、高压负荷开关、高压自动重合与分段器，高压操作机构、高压防爆配电装置和高压开关柜等几大类。

040801005　低压成套控制

040801006　落地式控制箱

040801007　杆上控制箱

控制箱分为落地式控制箱和杆上控制箱，是控制马路路灯，隧道路灯，小区路灯，景观灯，广场灯等开关。

040801008　杆上配电箱

040801009　悬挂嵌入式配电箱

040801010　落地式配电箱

配电箱设备是在低压供电系统末端负责完成电能控制、保护、转换和分配的设备。主要由电线、元器件（包括隔离开关、断路器等）及箱体等组成。

040801011　控制屏

只有正面的控制柜，所有内部设备全部安装在面板上。即将所有功能集一体来实现控制的屏幕。

040801012　继电、信号屏

040801013　低压开关柜（配电屏）

开关柜是一种电气设备，开关柜外线先进入柜内主控开关，然后进入分控开关，各分路按其需要设置。如仪表，自控，电动机磁力开关，各种交流接触器等

040801014　弱电控制返回屏

040801015　控制台

040801016　电力电容器

用于电力系统和电工设备的电容器。任意两块金属导体，中间用绝缘介质隔开，即构成一个电容器。电容器电容的大小，由其几何尺寸和两极板间绝缘介质的特性来决定。当电容器在交流电压下使用时，常以其无功功率表示电容器的容量，单位为乏或千乏。

040801017　跌落式熔断器

跌落式熔断器是 10kV 配电线路分支线和配电变压器最常用的一种短路保护开关，它具有经济、操作方便、适应户外环境性强等特点，被广泛应用于 10kV 配电线路和配电变压器一次侧作为保护和进行设备投、切操作之用。

040801018　避雷器

能释放雷电或兼能释放电力系统操作过电压能量，保护电工设备免受瞬时过电压危害，又能截断续流，不致引起系统接地短路的电器装置。避雷器通常接于带电导线与地之

间，与被保护设备并联。当过电压值达到规定的动作电压时，避雷器立即动作，流过电荷，限制过电压幅值，保护设备绝缘；电压值正常后，避雷器又迅速恢复原状，以保证系统正常供电。

040801019　低压熔断器

是指当电流超过规定值时，以本身产生的热量使熔体熔断，断开电路的一种电器。熔断器是根据电流超过规定值一段时间后，以其自身产生的热量使熔体熔化，从而使电路断开；运用这种原理制成的一种电流保护器。

040801020　隔离开关

即在分位置时，触头间有符合规定要求的绝缘距离和明显的断开标志；在合位置时，能承载正常回路条件下的电流及在规定时间内异常条件（例如短路）下的电流的开关设备。

040801021　负荷开关

040801022　真空断路器

“真空断路器”因其灭弧介质和灭弧后触头间隙的绝缘介质都是高真空而得名。

040801023　限位开关

限位开关又称行程开关，可以安装在相对静止的物体（如固定架、门框等，简称静物）上或者运动的物体（如行车、门等，简称动物）上。当动物接近静物时，开关的连杆驱动开关的接点引起闭合的接点分断或者断开的接点闭合。由开关接点开、合状态的改变去控制电路和电机。

040801024　控制器

是指按照预定顺序改变主电路或控制电路的接线和改变电路中电阻值来控制电动机的启动、调速、制动和反向的主令装置。

040801025　接触器

接触器分为交流接触器（电压 AC）和直流接触器（电压 DC），它应用于电力、配电与用电。接触器广义上是指工业电中利用线圈流过电流产生磁场，使触头闭合，以达到控制负载的电器。

040801026　磁力启动器

磁力启动器是用电磁形式启动，靠的是磁力把电路两端连接起来，有点像家里的漏电保护开关。减压启动器是通过减压形式启动，关闭时，压缩泵把空气压进去，把电闸顶开，开启时，就减压，电闸合上。

040801027　分流器

040801028　小电器

主要包括电风扇、音响、吸尘器、电暖器、加湿器、空气清新器、饮水机，电动晾衣机等。

040801029　照明开关

040801030　插座

040801031　线缆断线报警 装置

040801032　铁构件制作、安装

040801033　其他电器

2. 10kV 以下架空线路工程

040802001　电杆组立

电杆组立是线路安装过程中的一部分，也就是将杆塔组装和起立。即将电杆、横担、抱箍、瓷瓶等运到杆位后，在现场排杆焊接，组装横担瓷瓶等，再将杆塔整体起立。对铁塔可以分节吊装，也可在地面组装好后整体起立。这一过程叫作杆塔组立。

040802002　横担组装

040802003　导线架设

就是把导线假设到电线杆上、与地埋相对来说的

3. 电缆工程

040803001　电缆

通常是由几根或几组导线（每组至少两根）绞合而成的类似绳索的电缆，每组导线之间相互绝缘，并常围绕着一根中心扭成，整个外面包有高度绝缘的覆盖层。电缆具有内通电，外绝缘的特征。

040803002　电缆保护管

电缆保护管主要安装在通讯电缆与电力线交叉的地段，防止电力线发生断线造成短路事故，引起通讯电缆和钢丝绳带电，以保护电缆、交换机、机芯板，以至整机不被烧坏，对电力线磁场干扰也起到一定的隔离作用。

040803003　电缆排管

040803004　管道包封

用涂刷、浸涂、喷涂等方法将热塑料性或热固性树脂施加在制件上，并使其外表面全部被包覆而作为保护涂层或绝缘层的一种作业。

040803005　电缆终端头

电缆终端头集防水、应力控制、屏蔽、绝缘于一体，具有良好的电气性能和机械性能，能在各种恶劣的环境条件下长期使用。

040803006　电缆中间头

040803007　铺砂、盖保护 板（砖）

4. 配管、配线工程

040804001　配管

040804002　配线

将电缆组合配置成为一个经济合理，符合使用要求的电缆系统或网络的设计技术称为电缆配线，简称配线。

040804003　接线箱

040804004　接线盒

在家居装修中，接线盒是电工辅料之一，因为装修用的电线是穿过电线管的，而在电线的接头部位（比如线路比较长，或者电线管要转角）就采用接线盒作为过渡用，电线管与接线盒连接，线管里面的电线在接线盒中连起来，起到保护电线和连接电线的作用，这个就是接线盒。

040804005　带形母线

带形母线是一种成带形的汇流排。

5. 照明器具安装工程

040805001　常规照明灯

040805002　中杆照明灯

离地面高度为 15～25m 的杆上照明灯。

040805003　高杆照明灯

040805004　景观照明灯

分为：杆灯，庭院灯，草坪灯，地埋灯，壁灯，透光灯等。

040805005　桥栏杆照明灯

桥梁护栏灯桥梁护栏灯使用桥梁两旁的护栏钢管作为 LED 灯具的载体，解决桥面防护与照明双重需求，取代高杆路灯对桥面的照明，不仅节约资源使桥面更简洁，同时消除了高杆路灯造成的光污染。

040805006　地道涵洞照明灯

6. 防雷接地装置工程

040806001　接地极

接地极是埋入大地以便与大地连接的导体或几个导体的组合。适用于一般环境和潮湿、盐碱、酸性土壤及产生化学腐蚀介质的特殊环境等高要求的工作接地、保护接地、防雷接地、防静电接地的垂直接地体。

040806002　接地母线

地母线也称层接地端子，是一条专门用于楼层内的公用接地端子，它的一端要直接与后面将要介绍的接地干线连接，另一端当然是与本楼层配线架、配线柜、钢管或金属线槽等设施所连接的接地线连接。

040806003　避雷引下线

避雷引下线是将避雷针接收的雷电流引向接地装置的导体，按照材料可以分为：镀锌接地引下线和镀铜接地引下线、铜材引下线、超绝缘引下线。

040806004　避雷针

避雷针，或称引雷针、镦针，可以称为避雷导线，是一种用于牵制闪电的电击到地面的设备，它是一种能截引闪电，将闪电的电流导入地下装置，并能在一定的面积范围内保护地面建筑物或电力设备，使受电击物备免受雷电破坏的金属物装置。

040806005　降阻剂

降阻剂由多种成分组成，其中含有细石墨、膨润土、固化剂、润滑剂、导电水泥等。它是一种良好的导电体，将它使用于接地体和土壤之间，一方面能够与金属接地体紧密接触，形成足够大的电流流通面；另一方面它能向周围土壤渗透，降低周围土壤电阻率，在接地体周围形成一个变化平缓的低电阻区域。

7. 电气调整试验

040807001　变压器系统调试

变压器系统调试；变压器是变换交流电压的电气设备，它用来把某一电压变换成同频率的另一种或几种交流电压，可以是升压也可以是降压。变压器是电力系统中不可缺少的设备。

040807002　供电系统调试

供电系统调试包括变压器回路的调试及空投试验。

040807003　接地装置调试

接地装置调试是通过利用各种仪器仪表及各种数据对所属对象进行检验、检查、试验、测量、记录的论证过程。接地装置调试就是对接地装置用接地摇表进行测量，看接地电阻是否满足要求。

040807004　电缆试验

三、工程量清单表的编制和计价举例

【例 18】某著名城市的旅游景点之一为电车系统。其中，一条电车通道长为 2896m，每隔 50m 设立一立电杆，上面架有电线，试求立电杆的工程量。

【解】（1）定额工程量

立电杆的数量：2896/50＋1＝57.92＋1＝59(根)

（2）清单工程量

清单工程量计算同定额工程量计算。

清单工程量计算见下表表 2-107。

清单工程量计算表　　**表 2-107**

项目编码	项目名称	项目特征描述	计量单位	工程量
040802001001	立电杆	钢筋混凝土电杆	根	59

【例 19】如图 2-222～图 2-225 所示。

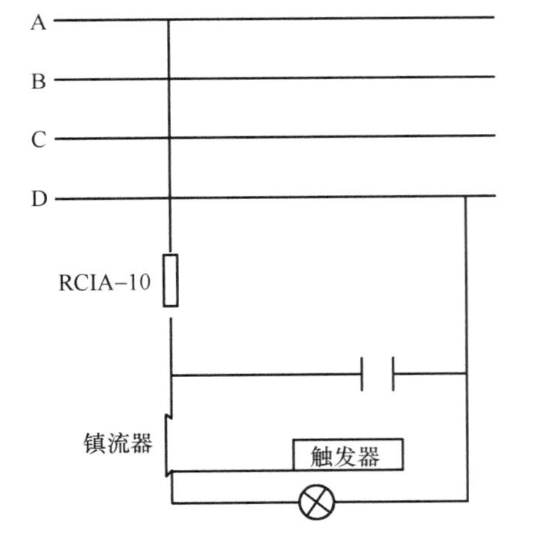

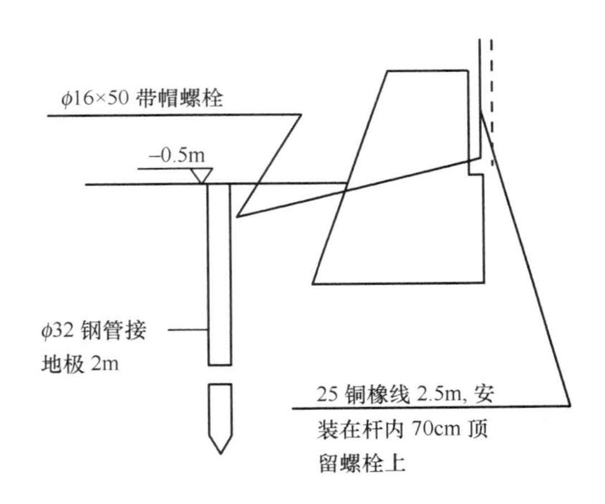

说明：本系统采用单灯补偿方式，250W 高压钠灯配备 30μF 电容。

图 2-222

依据：

（1）根据上海市规划设计院设计的图纸计算。

（2）根据沪建造字（2004）203 号公布的《上海市安装工程综合预算定额》单位估价表，沪建造字（2004）197 号《上海市建筑安装工程费用定额》及沪建造字（2002）161 号编制。

说明：1. 灯杆制作按施工单位自行加工制作考虑。

2. 预算中的未计价材料价格按沪建管发（2002）111 号及 2004 年上半年的信

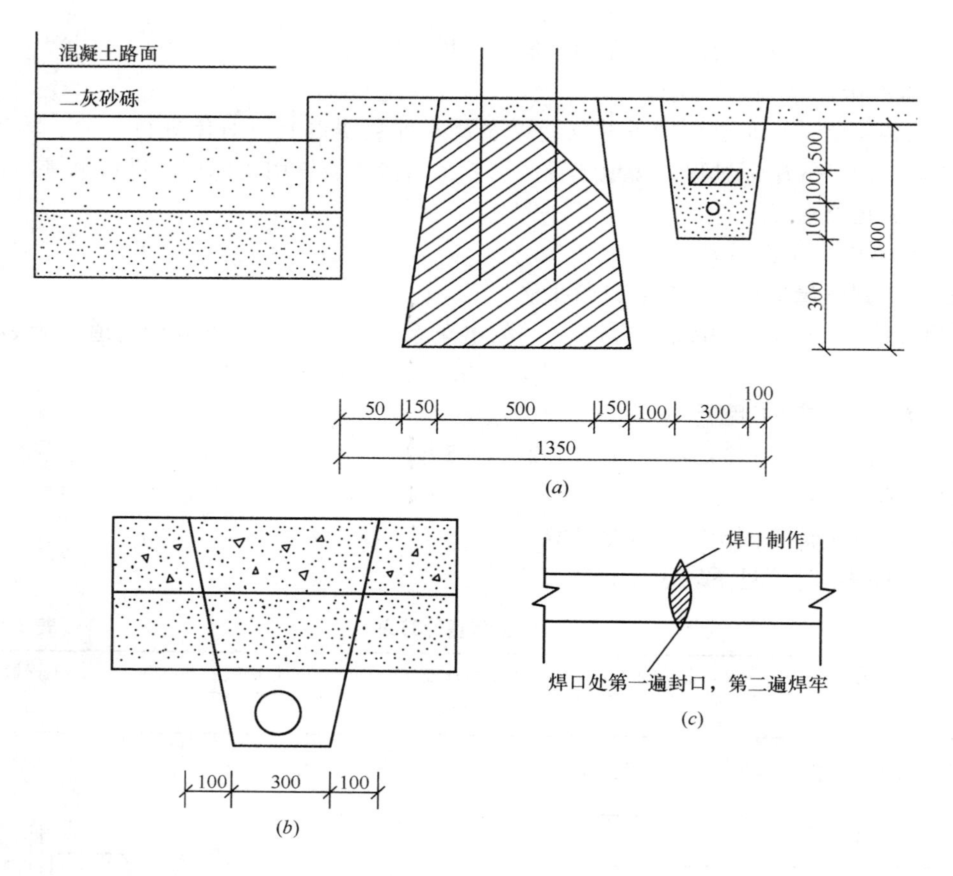

图 2-223

(*a*) 人行道内灯座和电缆敷设位置断面图；(*b*) 过路电缆保护管敷设断面图；(*c*) 接口大样图

说明：1. 本图尺寸均以 mm 计。

2. 铺设过路电缆保护管，两头应长出路 0.5m，同时管头应密封，以防止砂进入。

3. 制作电缆保护管时，两侧管口和焊口处应制作成喇叭口形，焊接口应平滑，铁水不得流入管内，以防划伤电缆。

4. 铺设电缆进行绝缘测试，并保证电缆无伤痕方可铺设。

5. 铺设电缆应在路面工程完工，缘石砌筑完后进行。

息价格计算。

3. 动态调整及变压器安装未考虑。

部分材料表见表 2-108。

部分材料表 **表 2-108**

序号	材料名称	规格	单位	数量
1	仿菲利浦灯具		套	80
2	电熔器		个	80
3	触发器		个	80
4	熔断器		个	80
5	电力电缆	VV293×25+1×16	米	2544
6	焊接钢管	Φ50，Φ60	米	817

注：道路宽 30m。

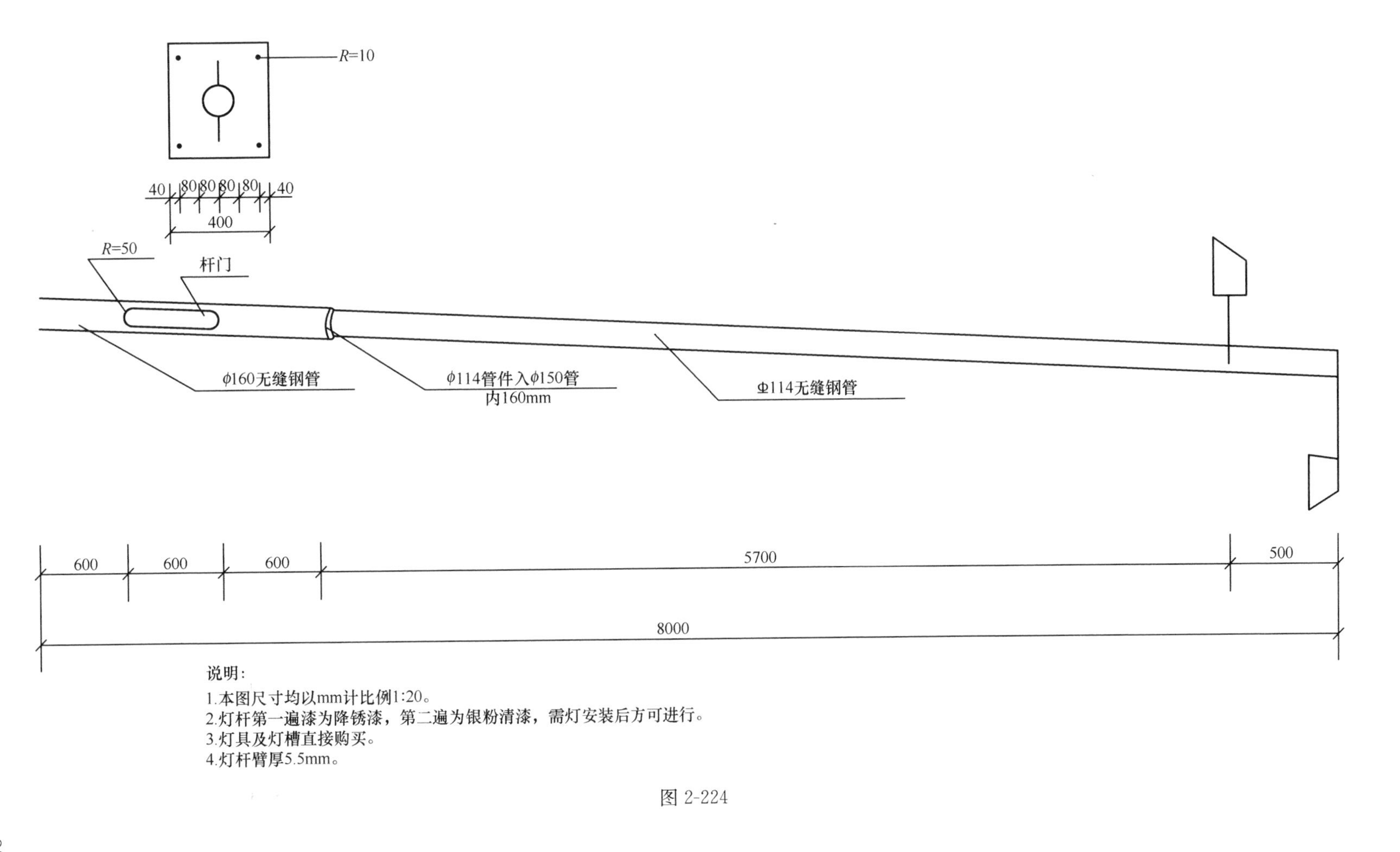

说明:

1.本图尺寸均以mm计比例1:20。
2.灯杆第一遍漆为降锈漆，第二遍为银粉清漆，需灯安装后方可进行。
3.灯具及灯槽直接购买。
4.灯杆臂厚5.5mm。

图 2-224

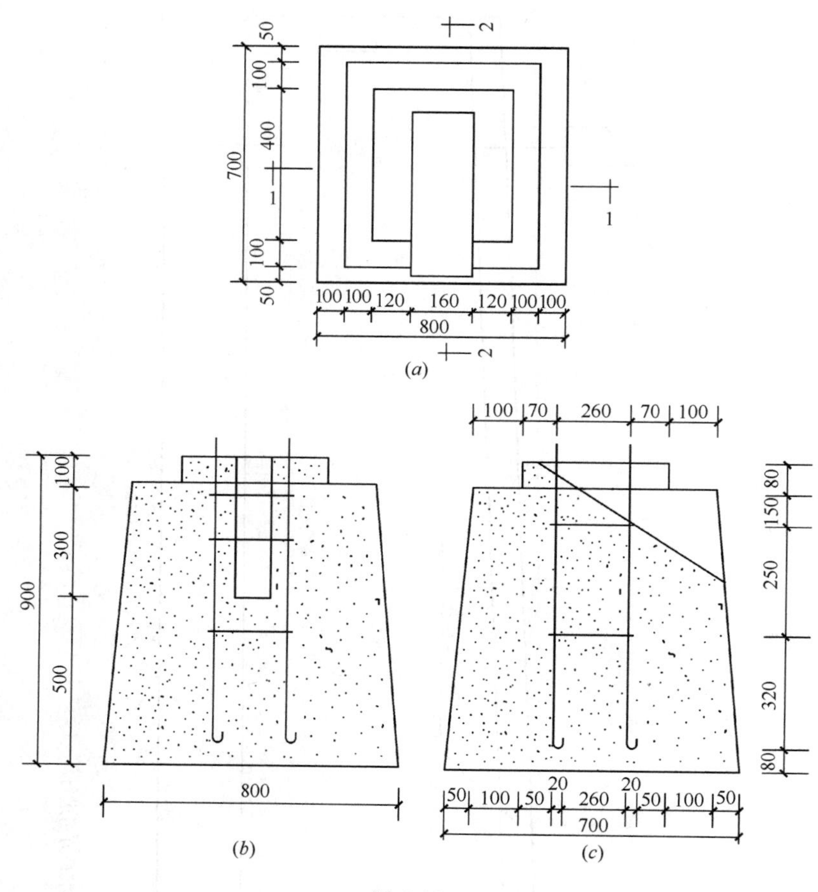

图 2-225

（a）基础平面图；（b）1-1 剖面图；（c）2-2 剖面图

说明：1. 本图尺寸均以 cm 计。

2. 灯座采用 C25 现浇混凝土，设在距路缘石 0.5m 处。

3. 混凝土灯座在一条直线上，预留电缆槽时开口应对人行一侧。

4. 钢筋表面除锈，主筋是为灯杆预留的，四根底角螺栓焊接尺寸应准确。

【解】工程量：

（1）C25 钢筋混凝土灯座：

$$V=\{0.4\times0.4\times0.1+\frac{0.8}{6}\times[(0.8+0.6)\times(0.7+0.6)+0.6\times0.6+0.7\times0.8]\}\times80\text{m}^3$$
$$=30.51\text{m}^3$$

【注释】0.4 为 C25 钢筋混凝土灯座顶部矩形的长度和宽度，0.1 为其高度，0.8 为基础除去顶部部分后的高度，0.6 为基础截面梯形部分的上底宽度，0.8 为其下底宽度，80 为 C25 钢筋混凝土灯座的数量。

（2）横过路预留钢管：$\phi60$　2×30m=60m

（3）过路电缆管敷设：$\phi50$

(30×2+57×2+32+31+32×2+35+40×2+34+40+30+33+40×2+34×2)m
=701m

（4）电缆敷设铺砂盖砖：(2544－60－701)m＝1783m

【注释】2544 为电力电缆的总数量。

（5）钢芯聚氯乙烯电缆：VV293×25＋1×16

(1783＋701)m＝2484m

（6）灯杆增加：80×4m＝320m

【注释】4 为每根灯杆增加的电缆长度。

（7）铺设增加：2484×7%m＝17m

（8）灯杆制作：ϕ159×5.5　1.8m×20.82kg/m＝37.48kg

ϕ114×5.5　6.36m×14.72kg/m＝93.62kg

400×400×10　0.4×0.4×0.01×7850kg＝12.56kg

【注释】1.8 为 ϕ159×5.5 钢管的长度，5.5 为灯杆臂厚，20.82 为 ϕ159×5.5 钢管每米的质量，6.36 为 ϕ114×5.5 管件的长度，14.72 为其每米的质量，0.4 为灯杆底盘的尺寸，0.01 为其厚度，7850 为其密度。

合计：(37.48＋93.62＋12.56)×80kg

＝11493kg

（9）ϕ32 接地极：80 根

（10）灯杆穿 42 铜橡线：9×4×80m＝2880m

清单工程量计算见表 2-109。

清单工程量计算表　　**表 2-109**

项目编码	项目名称	项目特征描述	计量单位	工程量
040805001001	常规照明灯	灯杆：ϕ159×5.5，ϕ114×5.5，ϕ400×40×10，C25 钢筋混凝土灯座	套	1
040803002001	电缆保护管	ϕ60 钢管	m	60.00
040803002002	电缆保护管	ϕ50 钢管	m	701.00
040803001001	电缆	钢芯聚氯乙烯电缆	m	2484.00

第九节　钢　筋　工　程

一、钢筋工程造价概论

1. 钢筋品种与规格

混凝土结构用的普通钢筋，可分为两类：热轧钢筋和冷加工钢筋（冷轧带动钢筋、冷轧扭钢筋、冷拔螺旋钢筋）。冷拉钢筋与冷拔低碳钢丝已逐渐淘汰。余热处理钢筋属于热轧钢筋一类。

热轧钢筋的强度等级由原来的Ⅰ级、Ⅱ级、Ⅲ级和Ⅳ级更改为按照屈服强度（MPa）分为 HPB300、HRB335、HRB400 和 RRB400。

热轧钢筋的直径、横截面面积和重量，见表 2-110。热轧带肋钢筋的外形，如图2-226所示。

热轧钢筋的直径、横截面面积和重量 **表 2-110**

公称直径（mm）	内径（mm）	纵、横肋高 h、h_1（mm）	公称横截面面积（mm^2）	理论重量（kg/m）
6	5.8	0.6	28.27	0.222
8	7.7	0.8	50.27	0.395
10	9.6	1.0	78.54	0.617
12	11.5	1.2	113.1	0.888
14	13.4	1.4	153.9	1.21
16	15.4	1.5	201.1	1.58
18	17.3	1.6	254.5	2.00
20	19.3	1.7	314.2	2.47
22	21.3	1.9	380.1	2.98
25	24.2	2.1	490.9	3.85
28	27.2	2.2	615.8	4.83
32	31.0	2.4	804.2	6.31
36	35.0	2.6	1018	7.99
40	38.7	2.9	1257	9.87
50	48.5	3.2	1964	15.42

注：1. 表中理论重量按密度为 7.85g/cm^3 计算；

2. 重量允许偏差：直径 6～12mm 为±7%，14～20mm 为±5%，22～50mm 为±4%；

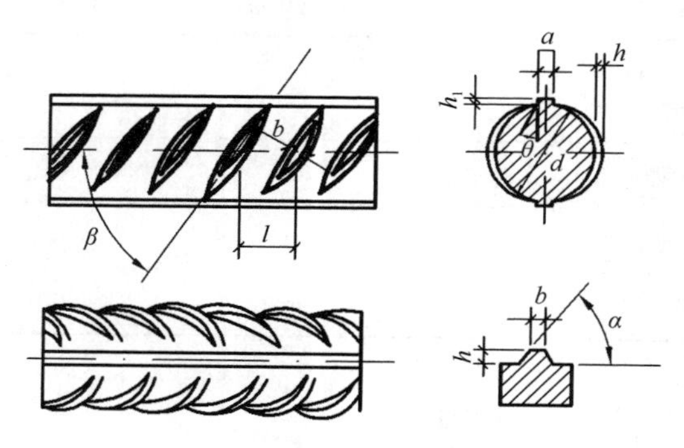

图 2-226　月牙肋钢筋表面及截面形状

d——钢筋内径；α—横肋斜角；h—横肋高度；β—横肋与轴线夹角；h_1—纵肋高度；θ—纵肋斜角；a—纵肋顶宽；l—横肋间距；b—横肋顶宽

带肋钢筋的横肋与钢筋轴线夹角 β 不应小于 45°，当该夹角不大于 70°时，钢筋相对面上横肋的方向应相反。横肋的间距 l 不得大于钢筋公称直径的 0.7 倍。横肋侧面与钢筋表面的夹角 α 不得小于 45°。钢筋相对两面上横肋末端之间的间隙（包括纵肋宽度）总和不应大于钢筋公称周长的 20%。

余热处理钢筋：余热处理钢筋是经热轧后立即穿水，进行表面控制冷却，然后利用芯部余热自身完成回火处理所得的成品钢筋。余热处理钢筋应符合《钢筋混凝土用余热处理钢筋》的规定。

余热处理钢筋的表面形状同热轧带肋钢筋。

冷轧带肋钢筋：冷轧带肋钢筋是热轧圆盘条经冷轧或冷拔减径后在其表面冷轧成三面或二面有肋的钢筋。冷轧带肋钢筋应符合国家标准《冷轧带肋钢筋》的规定。

冷轧带肋钢筋的外形如图 2-227。肋呈月牙形，三面肋沿钢筋横截面周围上均匀分布，其中有一面必须与另两面反面。肋中心线和钢筋轴线夹角 β 为 40°～60°。肋两侧面和钢筋表面斜角 α 不得小于 45°。肋间隙的总和应不大于公称周长的 20%。冷轧带肋钢筋的尺寸、重量及允许偏差见表 2-111。

冷轧带肋钢筋的直径、横截面面积和重量　　表 2-111

公称直径 d（mm）	公称横截面积（mm^2）	理论重量 kg/m
(4)	12.6	0.099
5	19.6	0.154
6	28.3	0.222
7	38.5	0.302
8	50.3	0.395
9	63.6	0.499
10	78.5	0.617
12	113.1	0.888

注：重量允许偏差±4%。

冷轧扭钢筋：冷轧扭钢筋是用低碳钢钢筋（含碳量低于 0.25%）经冷轧扭工艺制成，其表面呈连续螺旋形（图 2-228）。这种钢筋具有较高的强度，而且有足够的塑性，与混凝土粘结性能优异，代替 HPB235 级钢筋可节约钢材约 30%。一般用于预制钢筋混凝土圆孔板、叠合板中的预制薄板，以及现浇钢筋混凝土楼板等。

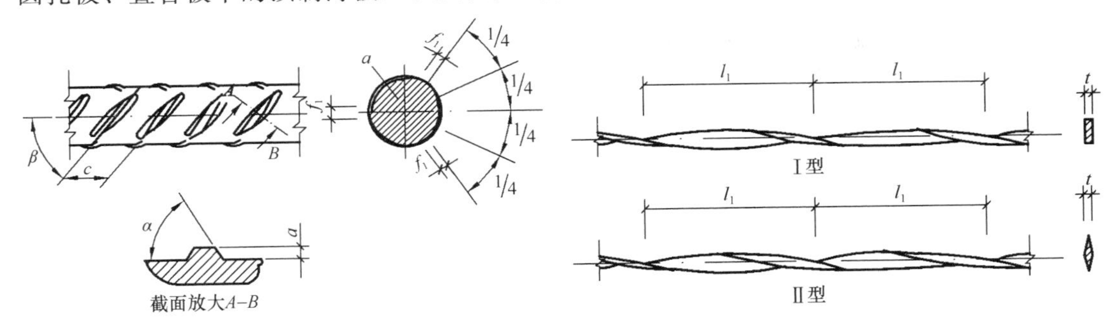

图 2-227　冷轧带肋钢筋表面及截面形状

图 2-228　冷轧扭钢筋
t—轧扁厚度；l_1—节距

冷轧扭钢筋应符合行业标准《冷轧扭钢筋》的规定。其规格见表 2-112。

冷轧扭钢筋规格　　表 2-112

类型	标志直径 d（mm）	公称截面面积 A（mm^2）	轧扁厚度 t（mm）不小于	节距 l_1（mm）不大于	公称重量 G（kg/m）
Ⅰ型矩形	6.5	29.5	3.7	75	0.232
	8.0	45.3	4.2	95	0.356
	10.0	68.3	5.3	110	0.536
	12.0	98.3	6.2	150	0.733
	14.0	132.7	8.0	170	1.042
Ⅱ型菱形	12.0	97.8	8.0	145	0.768

注：实际重量和公称重量的负偏差不应大于 5%。

冷拔螺旋钢筋：冷拔螺旋钢筋是热轧圆盘条经冷拔后在表面形成连续螺旋槽的钢筋。冷拔螺旋钢筋的外形如图 2-229。其规格见表 2-113。

冷拔螺旋钢筋的尺寸、重量及允许偏差 **表 2-113**

公称直径 D（mm）	公称横截面面积（mm²）	重量		槽深		槽宽	螺旋角	
		理论重量（kg/m）	允许偏差（%）	h（mm）	允许偏差（mm）	b（mm）	α	允许偏差
4	12.56	0.0986	±4	0.12	−0.05～+0.10	0.2D～0.3D	72°	±5°
5	19.63	0.1541		0.15				
6	28.27	0.2219		0.18				
7	38.48	0.3021		0.21				
8	50.27	0.3946		0.24				
9	63.62	0.4994		0.27				
10	78.54	0.6165		0.30				

2. 理论重量的计算

（1）钢筋计算公式＝0.006165×d^2

【例 20】 按公式 0.006165d^2 计算 ϕ4～ϕ12 钢筋的每米重。

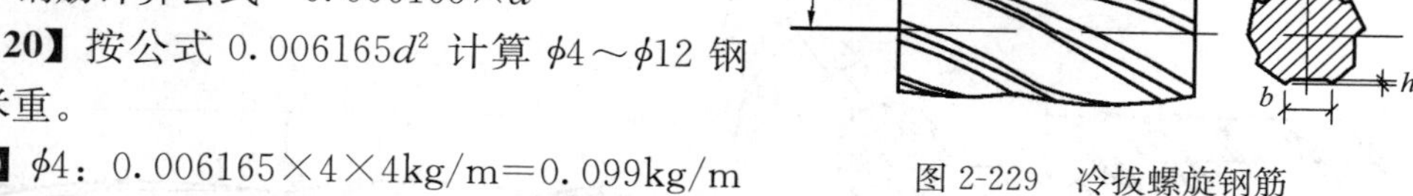

图 2-229 冷拔螺旋钢筋

【解】 ϕ4：0.006165×4×4kg/m＝0.099kg/m

ϕ6：0.006165×6×6kg/m＝0.222kg/m

ϕ6.5：0.006165×6.5×6.5kg/m＝0.260kg/m

ϕ8：0.006165×8×8kg/m＝0.395kg/m

ϕ10：0.006165×10×10kg/m＝0.617kg/m

ϕ12：0.006165×12×12kg/m＝0.888kg/m

（2）钢板计算公式＝7.85×厚度(mm)

（3）其他金属材料理论重量查五金手册。

3. 钢筋长度计算

计算钢筋用量时，应按施工图计算，当通长钢筋长度超过标尺长度时，应计算钢筋搭接长度。

设计图上注明了尺寸的，按图上注明尺寸计算，未注明尺寸的按下面规定计算。

（1）直钢筋、弯钢筋、分布筋计算

1）——直钢筋长度＝构件长度－保护层厚度

2）带弯钢筋长度＝构件长度－保护层厚度＋弯钩长度

① ⊂____半圆弯钩长度＝6.25d/个弯钩

② └____直弯钩长度＝3d/个弯钩

③ ∠____斜弯钩长度＝4.9d/个弯钩

3）分布筋根数＝配筋长度÷间距＋1

（2）箍筋计算

箍筋长度＝箍筋内周长度＋箍筋调整值(表 2-114)

或者＝箍筋周长＋弯钩长度

箍筋根数＝配筋长度÷间距＋1

箍筋调整值表 **表 2-114**

钢筋量度方法	箍筋直径（mm）			
	ϕ4～5	ϕ6	ϕ8	ϕ10～12
量外包尺寸	40	50	60	70
量内包尺寸	80	100	120	150～170

（3）弯起筋计算

弯起钢筋长度＝直接长度＋弯钩增加长度＋（S 值）（表 2-115）

有关基本数值 **表 2-115**

α	S	L	$S—L$
30°	$2H$	$1.73H$	$0.27H$
45°	$1.41H$	$1H$	$0.41H$
60°	$1.15H$	$0.58H$	$0.57H$

【例 21】 根据图 2-230，计算 8 根现浇 C20 钢筋混凝土矩形梁的钢筋工程量，混凝土保护层厚为 25mm。

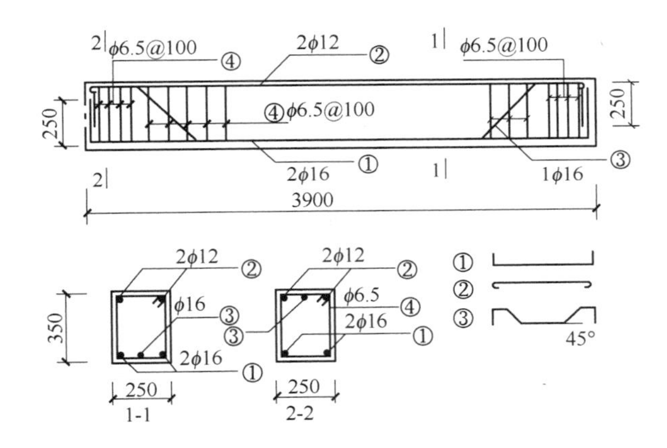

图 2-230 现浇 C20 钢筋混凝土矩形梁

【解】 ① 号筋（ϕ16，2 根）

$l_1=(3.90-0.025\times2+0.25\times2)\times2\text{m}=8.70\text{m}$

【注释】 3.90 为矩形梁的长度，0.025 为混凝土保护层厚度，0.25 为一侧的弯起长度。

② 号筋（ϕ12，2 根）

$l_2=(3.90-0.025\times2+0.012\times6.25\times2)\times2\text{m}=8.0\text{m}$

【注释】 0.012 为钢筋的直径，0.012×6.25 为弯起 180°时钢筋增加的长度。

③ 号筋（ϕ16，1 根）

$l_3=[3.90-0.025\times2+0.25\times2+(0.35-0.025\times2-0.016)\times0.414\times2]\text{m}$

$=(4.35+0.24)\text{m}$

$=4.59m$

④ 号筋($\phi6.5$)

箍筋根数$=(3.90-0.025\times2-0.10\times3\times2$ 端-0.20×2 端$)/0.20+1$ 根$+(4$ 根$\times2$ 端$)$

$=(14.25+1+8)$根

$=24$ 根

每个箍筋长$=\{[(0.35-0.025\times2+0.0065)+0.25-0.025\times2+0.0065)]\times2+11.9\times0.0025\times2\}m$

$=[(0.3065+0.2065)\times2+0.1547]m$

$=1.18m$

【注释】0.1 为两端箍筋的设置间距，0.2 为中间部分箍筋的设置间距，4 为一端设置间距为 0.1 的箍筋数量，0.35 为梁的截面宽度，0.0065 为箍筋直径，0.25 为梁的截面高度，11.9×0.0065 为箍筋弯钩长度。

调整后：

每个箍筋长$=[(0.35+0.25)\times2-0.02]m=1.18m$

【注释】0.02 为箍筋长度调整值。

箍筋总长 $l_4=1.18\times24m=28.32m$

计算 8 根矩形梁的钢筋重

$\phi16$：$(8.70+4.59)\times8\times0.006165\times16\times16kg=167.79kg=0.168t$

$\phi12$：$8.0m\times8\times0.888kg/m=56.83kg=0.057t$

$\phi6.5$：$28.32m\times8\times0.26kg/m=58.91kg=0.059t$

钢筋总重：$(0.168+0.057+0.059)t=0.284t$

清单工程量计算见表 2-116。

清单工程量计算表 **表 2-116**

项目编码	项目名称	项目特征描述	计量单位	工程量
040901001001	现浇构件钢筋	现浇 C20 钢筋混凝土矩形梁	t	0.284

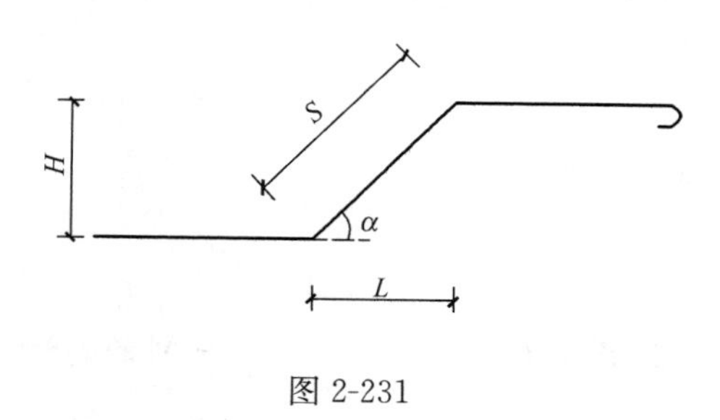

图 2-231

例：根据图 2-231 弯起筋为 $\phi20$，$H=0.4m$，α 为 45°，直线长为 3m，计算其长度及重量。

$\phi20$ 弯起筋长度$=3+0.02\times6.25+1.41H$

$=3+0.125+0.564$

$=3.689(m)$

$\phi20$ 筋重量$=3.689\times0.00617\times20^2=3.689\times2.468=9.1(kg)$

(4) 螺旋箍筋计算

$$螺旋箍筋净长=\frac{H}{h}\times\sqrt{[\pi-(D-2b-d)]^2+h^2}$$

式中 H——螺旋箍筋高度（深度）；

h——螺距；

D——圆直径；

b——保护层；

d——钢筋直径。

如图 2-232（a）、（b）。

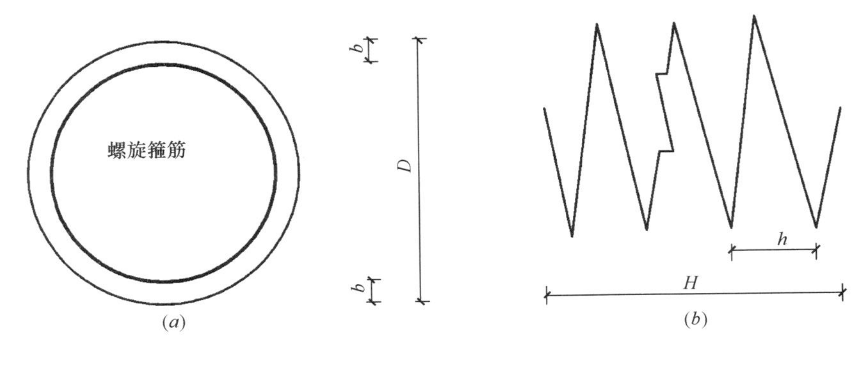

图 2-232

【例 22】 有一螺旋体高 1.5m，螺距 0.3m，中心线直径 0.8m，求该螺旋体长度。

【解】 已知 $H=1.5\text{m}$，$b=0.3\text{m}$，$d=0.8\text{m}$

$n=H/b=1.5/0.3=5$

$L=5\times\sqrt{0.3^2+(3.1416\times0.8)^2}\text{m}=5\times2.531\text{m}=12.66\text{m}$

4. 钢筋接头

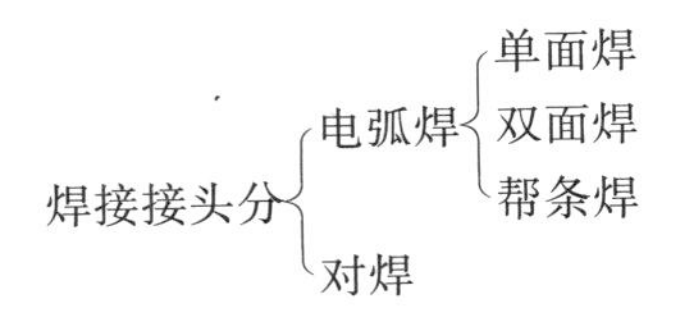

钢筋绑扎、焊接接头最小搭接长度见表 2-117。

钢筋绑扎、焊接接头最小搭接长度参考表 **表 2-117**

钢筋级别	受拉区	受压区	双面焊	单面焊
HPB300	30d	20d	≥4d	≥8d
HRB335	35d	25d	≥5d	≥10d
HRB400	40d	30d	≥5d	≥10d
冷拔低碳钢丝	250mm	200mm		

5. 钢筋保护层厚度表（表 2-118）

钢筋保护层厚度表 **表 2-118**

构件名称		保护层厚度（mm）
板	厚度≤100mm	10
	厚度>100mm	15
梁柱和一般构件		25
基础梁		35
基础	有垫层的	35
	没有垫层的	70
分布钢筋（在板和墙中）		10

二、项目说明

040901001　现浇构件钢筋

040901002　预制构件钢筋

040901003　钢筋网片

040901004　钢筋笼

预应力筋按材料类型可分为：钢丝、钢绞线、钢筋（钢棒）等。

预应力筋的发展趋势为高强度、低松弛、粗直径、耐腐蚀。

预应力钢丝：预应力钢丝是用优质高碳钢盘条经索氏体化处理、酸洗、镀铜或磷化后冷拔而成的钢丝总称。预应力钢丝用高碳钢盘条采用 80 号钢，其含碳量为 0.7%～0.9%。为了使高碳钢盘条能顺利拉拔，并使成品钢丝具有较高的强度和良好的韧性，盘条的金相组织应从珠光体变为索氏体。由于轧钢技术的进步，可采用轧后控制冷却的方法，直接得到索氏体化盘条。

预应力钢丝根据深加工要求不同，可分为冷拉钢丝和消除应力钢丝两类。消除应力钢丝按应力松弛性能不同，又可分为普通松弛钢丝和低松弛钢丝。

预应力钢丝按表面形状不同，可分为光圆钢丝、刻痕钢丝和螺旋肋钢丝。

（1）冷拉钢丝

冷拉钢丝是经冷拔后直接用于预应力混凝土的钢丝。其盘径基本等于拔丝机卷筒的直径，开盘后钢丝呈螺旋状，没有良好的伸长值。这种钢丝存在残余应力，屈强比低，伸长率小，仅用于铁路轧枕、压力水管、电杆等。

（2）消除应力钢丝（普通松弛型）

消除应力钢丝（普通松弛型）是冷拔后经高速旋转的桥直辊筒矫直，并经回火(350～400℃）处理的钢丝。其盘径不小于 1.5m。钢丝经矫直回火后，可消除钢丝冷拔中产生的残余应力，提高钢丝的比例极限、屈强比和弹性模量，并改善塑性；同时获得良好的伸直性，施工方便。这种钢丝以往广泛应用，由于技术进步，已逐步向低松弛方向发展。

（3）消除应力钢丝（低松弛型）

消除应力钢丝（低松弛型）是冷拔后在张力状态下经回火处理的钢丝。钢丝的张力为抗拉强度的 30%～50%，张力装置有以下两种：一是利用二组张力轮的速度差使钢丝得到张力（图 2-233*a*）；二是利用拉拔力作为钢丝的张力，即放线架上的半成品钢丝的直径要比成品钢丝的直径大（留有 10%～15%的压缩变形量），该钢丝通过机组中的拉丝模拉成最终产品（图 2-233*b*）。钢丝在热张力的状态下产生微小应变（约 0.9%～1.3%），从而使钢丝在恒应力下抵抗位错转移的能力大为提高，达到稳定化目的。

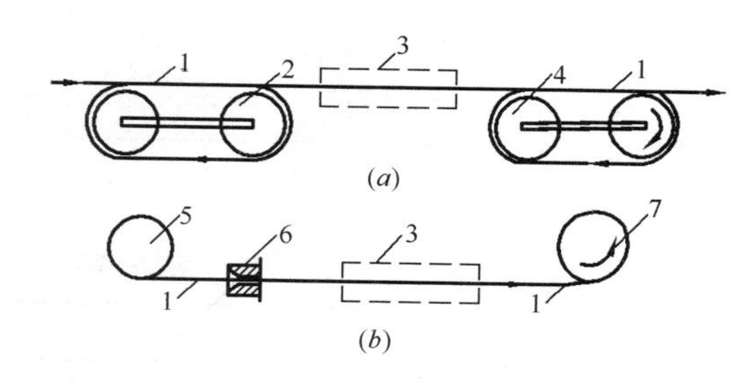

图 2-233　钢丝的稳定化处理

（*a*）张力轮法；（*b*）拉拔刀法

1—钢丝；2—第 1 组张力轮；3—中频回火；4—第二组张力轮；5—放线架；6—拔丝模；7—拉拔卷筒

经稳定化处理的钢丝，弹性极限和屈服强度提高，应力松弛率大大降低，但单价稍贵；考虑到构件的抗裂性能提高、钢材用量减少等因素，综合经济效益较好。这种钢丝已逐步在房屋、桥梁、市政、水利等大型工程中推广应用，具有较强的生命力。

（4）刻痕钢丝

刻痕钢丝是用冷轧或冷拔方法使钢丝表面产生周期变化的凹痕或凸纹的钢丝。钢丝表面凹痕或凸纹可增加与混凝土的握裹力。这种钢丝可用于先张法预应力混凝土构件。

图 2-234 示出刻痕钢丝外形，其中一条凹痕倾斜方向与其他两条相反。刻痕深度 $a=0.12\sim0.15$mm，长度 $b=3.5\sim5.0$mm，节距 $L=5.5\sim8.0$mm；公称直径＞5.0mm 时，上述数据取大值，刻痕钢丝的公称直径、横截面积、每米参考重量与光圆钢丝相同。

（5）螺旋肋钢丝

螺旋肋钢丝是通过专用拔丝模冷拔方法使钢丝表面沿长度方向上产生规则间隔的肋条的钢丝，钢丝表面螺旋肋可增加与混凝土的握裹力。这种钢丝可用于先张法预应力混凝土构件。

图 2-235 示出螺旋肋钢丝外形，每个螺旋肋导程 c 有 4 条螺旋肋。单肋宽度 a：对公称直径 $d_n=5$mm 的，a 为 1.30～1.70mm，对 $d_n=7$mm 为 1.80～2.20；单肋高度 $D-D_1/2$：对 $d_n=5$mm 为 0.25mm，对 $d_n=7$mm 为 0.36mm。螺旋肋钢丝的公称直径、横截面积、每米参考重量与光圆钢丝相同。

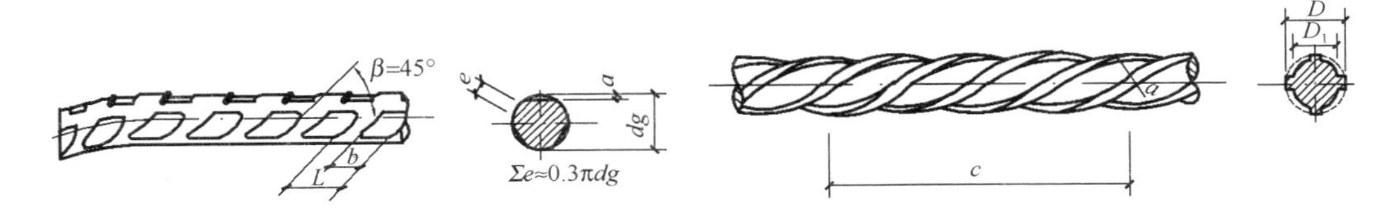

图 2-234　三面刻痕钢丝外形

图 2-235　螺旋肋钢丝外形

预应力钢丝的规格见表 2-119。

光圆钢丝尺寸及允许偏差、参考重量　　**表 2-119**

公称直径 d_n（mm）	直径允许偏差（mm）	公称横截面积 s_n（mm^2）	参考重量（kg/m）
3.00	±0.04	7.07	0.058
4.00		12.57	0.099
5.00	±0.05	19.63	0.154
6.00		28.27	0.222
7.00		38.48	0.302
8.00	±0.06	50.26	0.394
9.00		63.62	0.499
10.00		78.54	0.616
12.00		113.1	0.888

预应力钢绞线：预应力钢绞线是由多根冷拉钢丝在绞线机上成螺旋形绞合，并经消除应力回火处理而成的总称。钢绞线的整根破断力大，柔性好，施工方便，具有广阔的发展前景。

预应力钢绞线按捻制结构不同可分为：1×2 钢绞线、1×3 钢绞线和 1×7 钢绞线等（图 2-236）。1×7 钢绞线是由 6 根外层钢丝围绕着一根中心钢丝（直径加大 2.5%）绞成，用途广泛。1×2 钢绞线和 1×3 钢绞线仅用于先张法预应力混凝土构件。

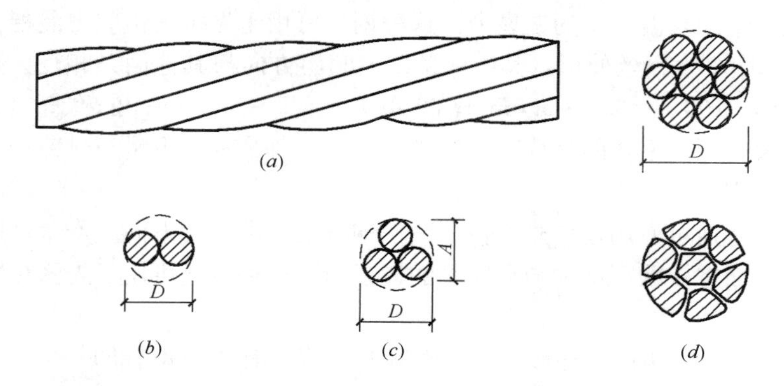

图 2-236 预应力钢绞线

(*a*) 1×7 钢绞线；(*b*) 1×2 钢绞线；(*c*) 1×3 钢绞线；(*d*) 模拔钢绞线

D—钢绞线公称直径；*A*—1×3 钢绞线测量尺寸

钢绞线根据深加工要求不同又可分为：标准型钢绞线、刻痕钢绞线和模拔钢绞线。

(1) 标准型钢绞线

标准型钢绞线即消除应力钢绞线。在预应力钢绞线新标准中，只规定了低松弛钢绞线的要求，取消了普通松弛钢绞线。低松弛钢绞线的消除应力回火处理是采用张力轮法进行的，与低松弛钢丝张力轮法相同，如图 2-236 (*a*)。

低松弛钢绞线的力学性能优异、质量稳定、价格适中，是我国土木建筑工程中用途最广、用量最大的一种预应力筋。

(2) 刻痕钢绞线

刻痕钢绞线是由刻痕钢丝捻制成的钢绞线，可增加钢绞线与混凝土的握裹力。其力学性能与低松弛钢绞线相同。

(3) 模拔钢绞线

模拔钢绞线是在捻制成型后，再经模拔处理制成（图 2-236*d*）。这种钢绞线内的钢丝在模拔时被压遍，各根钢丝成为面接触，使钢绞线的密度提高约 18%。在相同截面面积时，该钢绞线的外径较小，可减少孔道直径；在相同直径的孔道内，可使钢绞线的数量增加，而且它与锚具的接触面较大，易于锚固。

预应力钢绞线的捻距为钢绞线公称直径的 12～16 倍，模拔钢绞线的捻距应为钢绞线公称直径的 14～18 倍。钢绞线的捻向，如无特殊规定，则为左（*S*）捻，需加右（*Z*）捻应在合同中注明。在拉拔前，个别钢丝允许焊接，但在拉拔中或拉拔后不应进行焊接。成品钢绞线切断后应是不松散的或可以不困难地捻正到原来的位置。

钢绞线的规格应符合国家标准《预应力混凝土用钢绞线》(GB/T 5224) 的规定，见表 2-120、表 2-121。由于 1×2 钢绞线用量小，其尺寸未列入本手册，可直接查 GB/T 5224 标准。

1×3 结构钢绞线尺寸及允许偏差、参考重量 **表 2-120**

钢绞线结构	公称直径		钢绞线测量尺寸 A (mm)	测量尺寸 A 允许偏差 (mm)	钢绞线参考截面积 S_n (mm^2)	钢绞线参考重量 (kg/m)
	钢绞线直径 D (mm)	钢丝直径 d (mm)				
1×3	8.60	4.00	7.46	+0.20 −0.10	37.7	0.296
	10.80	5.00	9.33		58.9	0.462
	12.90	6.00	11.20		84.8	0.666
1×3 I	8.70	4.04	7.54		38.5	0.302

注：I—刻痕钢绞线。

1×7 结构钢绞线的尺寸及允许偏差、参考重量 **表 2-121**

钢绞线结构	公称直径 D (mm)	直径允许偏差 (mm)	钢绞线参考截面积 S_n (mm^2)	钢绞线参考重量 (kg/m)	中心钢丝直径 d_0 加大范围 (%) 不小于
1×7	9.50	+0.30 −0.15	54.8	0.430	2.5
	11.10		74.2	0.582	
	12.70	+0.40 −0.20	98.7	0.775	
	15.20		140	1.101	
	15.70		150	11.78	
	17.80		190	1.500	
(1×7) C	12.70	+0.40 −0.20	112	0.890	
	15.20		165	1.295	
	18.00		223	1.750	

注：C—模拔钢绞线。

精轧螺纹钢筋：精轧螺纹钢筋是一种用热轧方法在整根钢筋表面上轧出不带纵肋而横肋为不连续的梯形螺纹的直条钢筋，如图 2-237。该钢筋在任意截面处都能拧上带内螺纹的连接器进行接长，或拧上特制的螺母进行锚固，无须冷拉与焊接，施工方便，主要用于

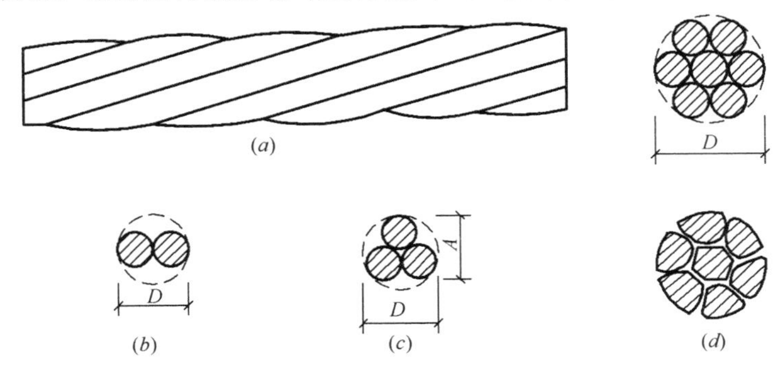

图 2-237 精轧螺纹钢筋外形

房屋、桥梁与构筑物等直线筋。

精轧螺纹钢筋的外形尺寸应符合首都钢铁公司企业标准Q/SG53.3—1999的规定，见表表2-122。当钢筋进行冷弯时，受弯曲部位外表面不得产生裂纹。

精轧螺纹钢筋外形尺寸、重量及允许偏差　　表2-122

公称直径（mm）		18	25	28	32
基圆直径	D_h	18±0.3	25±0.4	28±0.5	32±0.5
	D_v	18+0.2 −0.6	25+0.4 −0.8	28+0.4 −0.8	32+0.4 −0.8
牙高 h		1.2±0.2	1.6±0.3	1.8±0.4	2.0±0.4
牙底宽 b		4±0.3	6.0±0.5	6±0.5	7±0.5
螺距 t		9±0.2	12±0.3	14±0.3	16±0.3

040901005　先张法预应力钢筋（钢丝、钢绞线）

先张法预应力筋制作是一种新的工艺，可提高钢筋的强度，使钢筋屈服点进一步得到提高，是现在制作预应力构件的主要途径。

先张法：先张法的制作工艺是浇混凝土前在台座之间张拉钢筋至预定值并作临时固定，安置模板，浇混凝土并待混凝土达一定强度后（约为设计强度的70%以上），放松钢筋，利用钢筋弹性回缩，借助于粘结力在混凝土上建立预应力，先张法多用于工厂化生产，台座可以很长（大于100m以上），在台座间可生产同类型构件，预应力筋愈快放松就愈能加快生产周期，提高生产率，但需采取相应措施，保证混凝土达一定强度。

利用台座张拉预应力钢筋，有直线配筋及折线配筋两种，因此可采用竖向折线张拉，也可采用水平折线张拉。

安装：在此安装工艺指预应力钢筋在台座上的安装。安装的程序为：①将钢筋固定在两台座之间，可用两端同时张拉，也可一端张拉。②将千斤顶系于钢筋的两端（或一端），开始张拉。③当张拉到一定程度（指到达钢筋的屈服强度或满足我们所需的强度），即停止张拉，用锚具或夹具将钢筋的两端固定在台座上。整个过程即为预应力钢筋的安装过程。

在先张法制作预应力筋及安装过程中，都没有涉及台座的张拉，因台座的强度不同和材料各异，其张拉时所损失的预应力也不一样，所以该部分可由各省、自治区、直辖市视具体情况另行规定。

钢绞线一般取直径为15.24mm，束长不超过40m，因为超过40m则预应力损失太多，达不到使用要求。超过40m时应分段进行张拉，使其满足施工要求。

束长20m以内：指所张拉的钢丝束的长度为20m以内，张拉的机具有高压油泵80MPa，预应力拉伸机YCW-100。

束长40m以内：指所张拉的钢丝束的长度为40m，如果束长太长可分段张拉，这样预应力的损失会减小。

钢丝的偏束：为使成束预应力钢丝在穿孔和张拉时不致紊乱，可将钢丝对齐后穿入特制的梳丝板，然后一边梳理钢丝一边每隔1～1.5m衬以弹簧垫圈，并在衬圈处用22号铁丝缠绕20～30道。

临时钢丝束：它是一种在工程中应急用的钢丝束，钢丝编束后用绞盘将其缠紧，以备用。为了防止钢丝扭结，必须进行编束。编束时可将钢丝对齐后穿入特制的梳丝板使排列整齐，然后一边梳理钢丝一边每隔 1～1.5m 衬长 3～4cm 的螺旋衬圈或短钢管，并在设衬圈处用 2 号铁丝缠绕 20～30 道捆扎成束。这种制束工艺对防锈、压浆有利，但操作较麻烦。

另一种编束方式是每隔 1～1.5m 先用 18～20 号铅丝将钢丝编成帘子状，然后每隔 1～1.5m 设置一个螺旋衬圈并将编好的帘子绕衬圈围成圆束。

为了简化编束工序，有的工地上曾用无螺旋衬圈的所谓“一把抓”成束方法，不过钢丝仍应平行排列整齐，不使绞乱。这样编成的钢丝束管道截面可略减小，但对于弯道半径小的不宜采用。

对于镦头锚具，则可用与锚具相应的梳丝板，从一端拉至另一端，将钢丝理顺后绑扎成束。

040901006　后张法预应力钢筋（钢丝束、钢绞线）

后张法是先浇灌混凝土，并在混凝土中预留孔道，待混凝土达一定强度后（约为设计强度的 70%以上），在孔道中穿筋并在构件端部张拉预应力筋，张拉到预定数值，用锚具将钢筋锚在端部，再通过特殊导管灌浆，使预应力与钢筋混凝土产生粘结力。可以一端先锚住，在另一端张拉钢筋完毕后锚固，也可以两端分别张拉，然后锚固于端部。后张法多在工地现场进行，大跨度构件分段施工用此法更为有效。

选择合适的锚具，夹具对节约材料，提高生产率，保证构件的可靠度，扩大预应力混凝土的应用范围有重大意义。锚具与夹具应符合如下要求：

(1) 材料性能符合规定的技术指标，加工尺寸精确，锚固力筋的可靠性好，不产生滑动；

(2) 使用时可靠，装卸容易；

(3) 构造简单，制作容易，节约材料，经济效益高；

(4) 能与张拉机具配套使用。

压浆是为了保护预应力筋不致锈蚀，并使力筋与混凝土梁体粘结成整体，从而既能减轻锚具的受力，又能提高梁的承载能力、抗裂性能和耐久性。孔道压浆用专门的压浆泵进行，压浆时要求密实、饱满，并应在张拉后尽早完成。

压浆工艺有“一次压注法”和“二次压注法”两种，前者用于不太长的直线形孔道，对于较长的孔道或曲线孔道以“二次压注法”为好。

压浆压力以 500～600kPa 为宜，如压力过大，易胀裂孔壁。压浆顺序应先下孔道后上孔道，以免上孔道漏浆把下孔道堵塞。直线孔道压浆时，应从构件的一端压到另端；曲线孔道压浆时，应从孔道最低处开始向两端进行。

二次压浆时，第一次从甲端压入直至乙端流出浓浆时将乙端的阀关闭，待灰浆压力达到要求且各部再无漏水现象时再将甲端的阀关闭。待第一次压浆后 30 分钟，打开甲、乙端的阀，自乙端再进行第二次压浆，重复上述步骤，待第二次压浆完成 30 分钟后，卸除压浆管，压浆工作便告完成。

在压浆操作中应当注意：

(1) 在冲洗孔道时如发现串孔，则应改成两孔压注；

(2) 每个孔道的压浆作业必须一次完成，不得中途停顿，时间超过 20min，则应用清水冲洗已压浆的孔道，重新压注；

(3) 水泥浆从拌制到压入孔道的间隔时间不得超过 40min，在此时间内，应不断地搅拌水泥浆；

(4) 输浆管的长度最多不得超过 40m。当超过 30m 时，就要提高压力 100～200kPa，以补偿输浆过程中的压力损失；

(5) 压浆工人应戴防护眼镜，以免灰浆喷出时射伤眼睛；

(6) 压浆完毕后应认真填写压浆记录。

压浆管道：指在后张法中现浇灌混凝土，并在混凝土中预留孔道，待混凝土达一定强度后（约为设计强度的 70%以上），在孔道中穿筋并在构件端部张拉预应力筋，张拉到预定数值，用锚具将钢筋锚在端部，再通过特殊导管灌浆，使预应力筋与混凝土产生粘结力，这种预留的灌浆孔道为压浆管道。

铁皮管：特指压浆管道的铁皮管。它是用铁皮卷成圆筒状后再用电焊将侧缝焊紧的一种简易而粗糙的铁管道。

波纹管：波纹管与铁皮管的制作相似，不同的是波纹管的外管壁刻有波纹，以提高波纹管与混土的粘结力。特别注意的是波纹管的内管壁不能有波纹，这样会使预应力损失得更多。

三通管：指在同一结点上有三个方向的管道，且相互贯通，此种管道在水电安装工程中使用得较多。在后张法中使用三通管，主要是用来浇压水泥浆来填塞压浆管道。

束道：指张拉钢丝或钢筋的台座之间的距离。

锚具：锚具是制作预应力混凝土构件时用来锚住钢筋的工具。先张法构件中张伸钢筋时采用夹具以临时锚住钢筋，待混凝土结硬、钢筋切断后，夹具可取下重复使用。后张法构件中张拉钢筋过一端就须先用锚具将钢筋锚住，待另一端张拉完毕也须将钢筋锚住后才能放松千斤顶，所以锚具是永远留在构件上，不能重复使用。

锚具的作用在后张法构件中很重要，如锚具失效，对无粘结预应力混凝土构件来说，预应力将全部消失以至构件失效，即使对有粘结预应力混凝土构件也将带来严重后果。

锚具的要求，首先是安全可靠，本身应有足够强度和刚度，应使预应力钢筋尽可能不发生滑移，保证预应力能可靠传递。此外，还要求制作简单，使用方便，节约钢材和减少造价。

锚具按受力特点可分为三种：

(1) 摩擦型锚具；

(2) 粘结型锚具；

(3) 承压型锚具。

040901007　型钢

型钢分为实腹式和空腹式两类。实腹式型钢可由型钢或钢板焊成，常用截面形式为I、工、匚、T 等和矩形及圆形钢管。空腹式构件的型钢由缀板或缀条连接角钢或槽钢组成。实腹式型钢制作简便，承载能力大，近年来在日本和西方国家普遍采用。空腹式型钢较节省材料，在苏联时期曾大量使用，但其制作费用较多。

040901008　植筋

植筋就是种植钢筋，为了加固建筑物或是续建，在原建筑上钻孔，插入钢筋，用特用胶水灌缝，使钢筋锚固在其中，钢筋和原建筑将成为一体。

040901009　预埋铁件

预埋铁件由锚板和直锚筋或锚板、直锚筋和弯折锚筋组成，如图 2-238。

（1）受力预埋件的锚筋应采用热轧钢筋，严禁采用冷加工钢筋。

（2）预埋件的受力直锚筋不宜少于 4 根，且不宜多于 4 层；其直径不宜小于 8mm，且不宜大于 25mm。受剪预埋件的直锚筋可采用 2 根。

预埋件的锚筋应位于构件的外层主筋内侧。

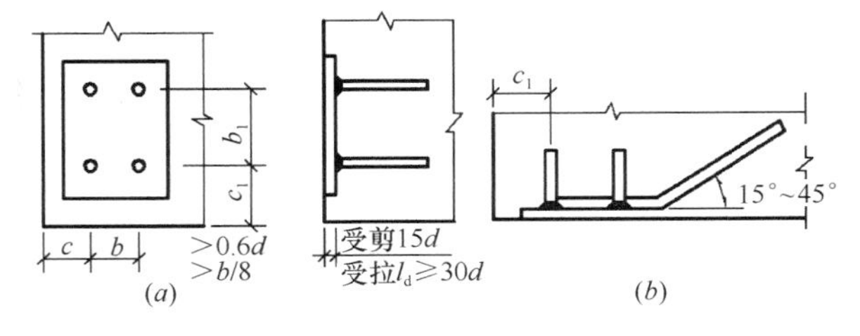

图 2-238　预埋件的形式与构造

（*a*）由锚板和直锚筋组成；（*b*）由锚板、直锚筋和弯折锚筋组成

（3）受力预埋件的锚板宜采用 Q235 级钢板。锚板厚度宜大于锚筋直径的 0.6 倍，受拉和受弯预埋件的锚板厚度尚宜大于 $b/8$（b 为锚筋间距）。

对受拉和受弯预埋件，其锚筋的间距 b、b_1 和锚板至构件边缘的距离 c、c_1，均不应小于 $3d$ 和 45mm。

（4）受拉直锚筋和弯折锚筋的锚固长度应不小于受拉钢筋锚固长度 l_a，且不应小于 $30d$；受剪和受压直锚筋的锚固长度不应小于 $15d$（d 为锚筋直径）。

弯折锚筋与钢板间的夹角，一般不小于 15°，且不大于 45°。

（5）考虑地震作用的预埋件，其实配的锚筋截面面积应比计算值增大 25%，且应相应调整锚板厚度。在靠近锚板处，宜设置一根直径不小于 10mm 的封闭箍筋。

铰接排架柱顶预埋件的直锚筋：对一级抗震等级应为 4 根直径 16mm，对二级抗震等级应为 4 根直径 14mm。

040901010　高强螺栓

高强螺栓主要应用在钢结构工程上，用来连接钢结构钢板的连接点。

三、工程量清单表的编制和计价举例

【例 23】某单孔涵洞标准跨径 l_b＝2.5m 的盖板涵，上部结构采用预制，下部结构为现浇施工，涵洞结构设计图如图 2-239 所示，试计算该涵洞的钢筋工程量。

【解】（1）分析

根据钢筋工程量的计算规则，应区别现浇，预制不同钢种和规格，分别按设计长度乘以单位重量，以 t 计算，涵洞工程上部结构的盖板为预制结构，下部结构为涵台、台帽及支撑梁为现浇结构，故应将现浇和预制的钢筋工程量分别计算汇总。

又根据《桥涵工程》第四章钢筋工程钢筋子目分别按 ϕ10 以内，ϕ10 以外，Φ 10 以外螺纹钢筋，三种计列，因此按图计算时，应将三种类别分别统计计算。

综上所述，该例的钢筋工程量按钢筋编号计算，之后将三种类别的钢筋统计列表。

（2）钢筋工程量

1）上部盖板：

① Φ 12 的总长：264×106cm＝27984cm＝279.84m

质量：279.84×0.888kg＝248.50kg＝0.249t

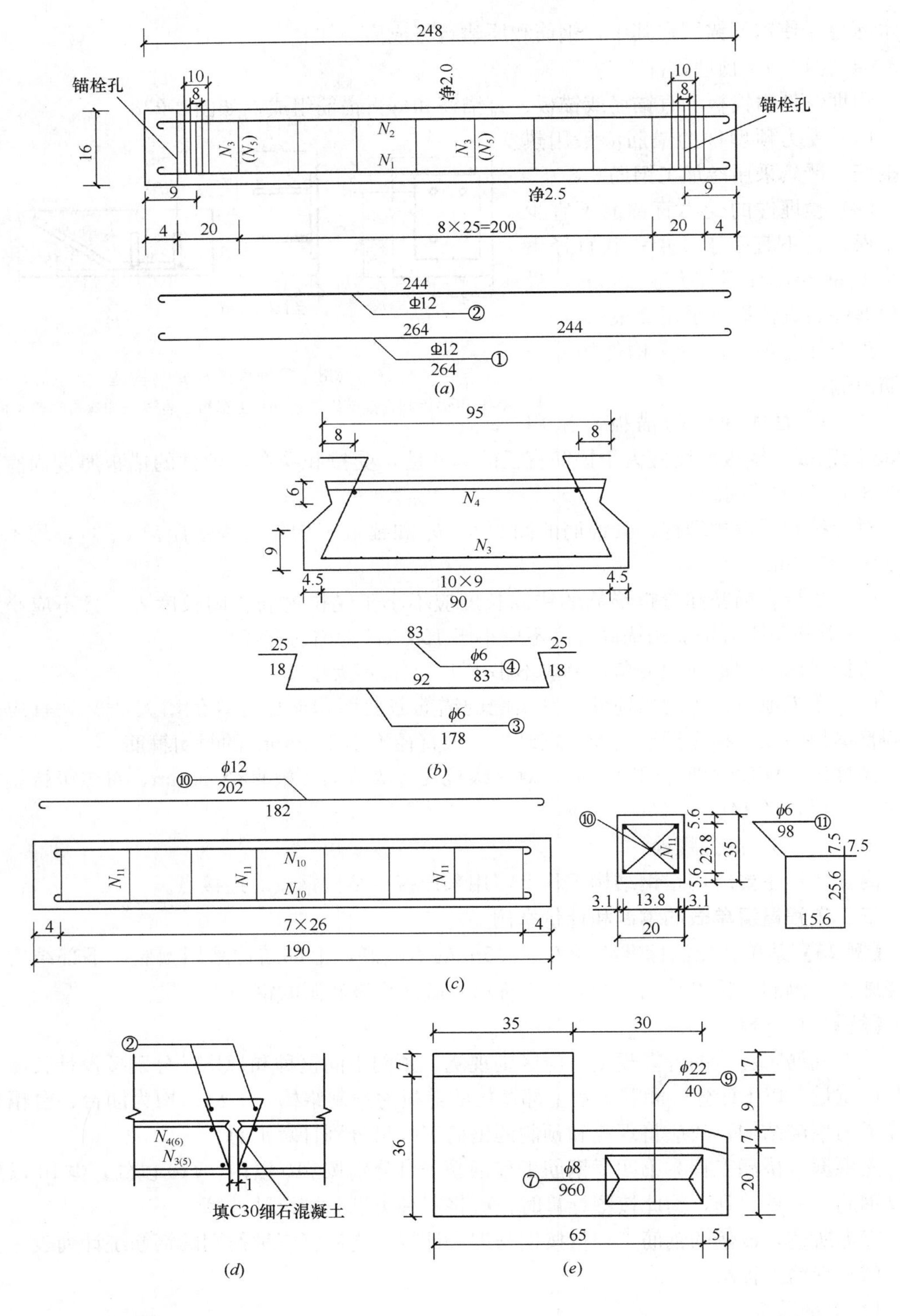

图 2-239 涵洞结构设计图（一）

(a) 盖板纵断面图；(b) 中部块件横断面图；(c) 支撑梁钢筋构造图；(d) 接缝处钢筋网；(e) 台帽锚固构造；

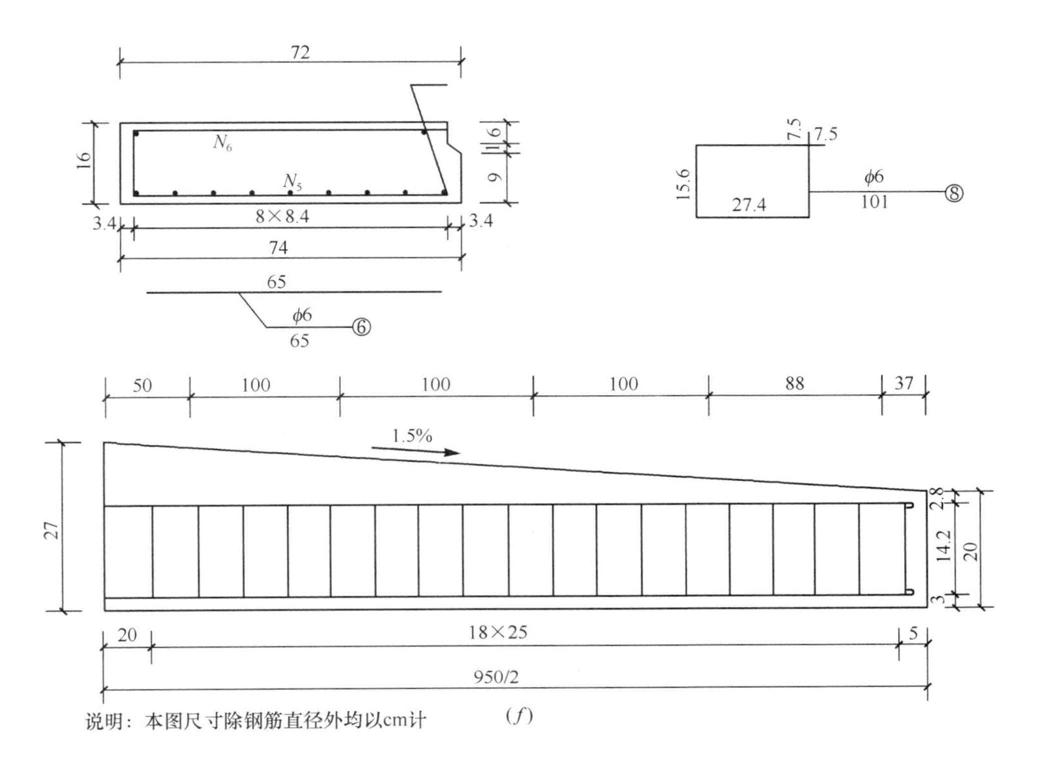

图 2-239 涵洞结构设计图（二）

(f) 台帽钢筋布置图

【注释】264 为Φ 12 单根钢筋的长度，106 为其数量，0.888 为其每延米的理论质量。

② Φ 12 的总长：264×38cm=10032cm=100.32m

质量：100.32×0.888kg=89.08kg=0.089t

【注释】38 为其数量。

③ φ6 的总长：178×88cm=15664cm=156.64m

质量：156.64×0.222kg=34.8kg=0.035t

【注释】178 为 φ6 单根钢筋的长度，88 为其数量，0.222 为其每延米的理论质量。

④ φ6 总长：83×88cm=7304cm=73.04m

质量：73.04×0.222kg=16.2kg=0.016t

【注释】83 为 φ6 单根钢筋的长度，88 为其数量。

⑤ φ6 总长：128×22cm=2816cm=28.16m

质量：28.16×0.222kg=6.3kg=0.006t

【注释】128 为 φ6 单根钢筋的长度，22 为其数量。

⑥ φ6 总长：65×22cm=1430cm=14.30m

质量：14.30×0.222kg=3.2kg=0.003t

【注释】65 为 φ6 单根钢筋的长度，22 为其数量。

2）下部台帽及支撑梁：

① φ8 总长：960×8cm=7680cm=76.80m

质量：76.80×0.396kg=30.4kg=0.030t

【注释】960 为 $\phi8$ 单根钢筋的长度，8 为其数量，0.396 为其每延米的理论质量。

② $\phi6$ 总长：101×76cm=7676cm=76.76m

质量：76.76×0.222kg=17.0kg=0.017t

【注释】101 为 $\phi6$ 单根钢筋的长度，76 为其数量。

③ $\phi22$ 总长：40×20cm=800cm=8.0m

质量：8.0×2.98kg=23.8kg=0.024t

【注释】40 为 $\phi22$ 单根钢筋的长度，20 为其数量，2.98 为其每延米的理论质量。

④ $\phi12$ 总长：202×12cm=2424cm=24.24m

质量：24.24×0.888kg=21.5kg=0.022t

【注释】202 为 $\phi12$ 单根钢筋的长度，12 为其数量。

⑤ $\phi6$ 总长：98×24cm=2352cm=23.52m

质量：23.52×0.222kg=5.2kg=0.005t

【注释】98 为 $\phi6$ 单根钢筋的长度，24 为其数量。

(3) 钢筋工程量汇总（表 2-123）

钢筋工程量汇总表 **表 2-123**

项目 / 部位	钢筋种类	钢筋工程量（t）
盖板	$\phi10$ 以内圆钢筋	0.060
	Φ 10 以外螺纹钢筋	0.338
支撑梁及台帽	$\phi10$ 以内圆钢筋	0.052
	$\phi10$ 以外圆钢筋	0.046

钢筋长度计算方法，也可根据面积相等近似法做，其计算思路与步骤如下：

(1) 计算不规则平板的面积 S。

(2) 将不规则平板面积 S 折算为边长为 a 的正方形，$a=\sqrt{S}$。

(3) 计算边长为 a 的正方形单向布筋总长度 L，计算公式：

$$L=n\times a，其中\ n=[(a-保护层\times2)/间距+1]根$$

（若间距不同，可计算另一方向钢筋总长度）

(4) 计算不规则平板水平布筋总根数 $n_{平}$：

$$n_{平}=[(竖向长度-保护层\times2)/间距+1]根$$

(5) 计算不规则平板竖向布筋总根数 $n_{竖}$：

$$n_{竖}=[(水平方向长度-保护层\times2)/间距+1]根$$

(6) 计算不规则平板水平布筋总长 $L_{平}$：

$$L_{平}=(L/n_{平}-保护层\times2+弯钩长)\times n_{平}$$

同理，$L_{竖}=(L/n_{竖}-保护层\times2+弯钩长)\times n_{竖}$

(7) $L_{总}=L_{平}+L_{竖}$。

清单工程量计算见表 2-124：

清单工程量计算表 **表 2-124**

序号	项目编码	项目名称	项目特征描述	计量单位	工程量
1	040901005001	先张法预应力钢筋（钢丝、钢绞线）	ϕ6，盖板内圆钢筋	t	0.060
2	040901005002	先张法预应力钢筋（钢丝、钢绞线）	Φ 12，盖板内螺纹钢筋	t	0.338
3	040901005003	先张法预应力钢筋（钢丝、钢绞线）	ϕ6，ϕ8，支撑梁及台帽内圆钢筋	t	0.052
4	040901005004	先张法预应力钢筋（钢丝、钢绞线）	ϕ12，ϕ22，支撑梁及台帽内圆钢筋	t	0.046

【例 24】某道路挡土墙配筋图如图 2-240 所示，求挡土墙的钢筋用量。

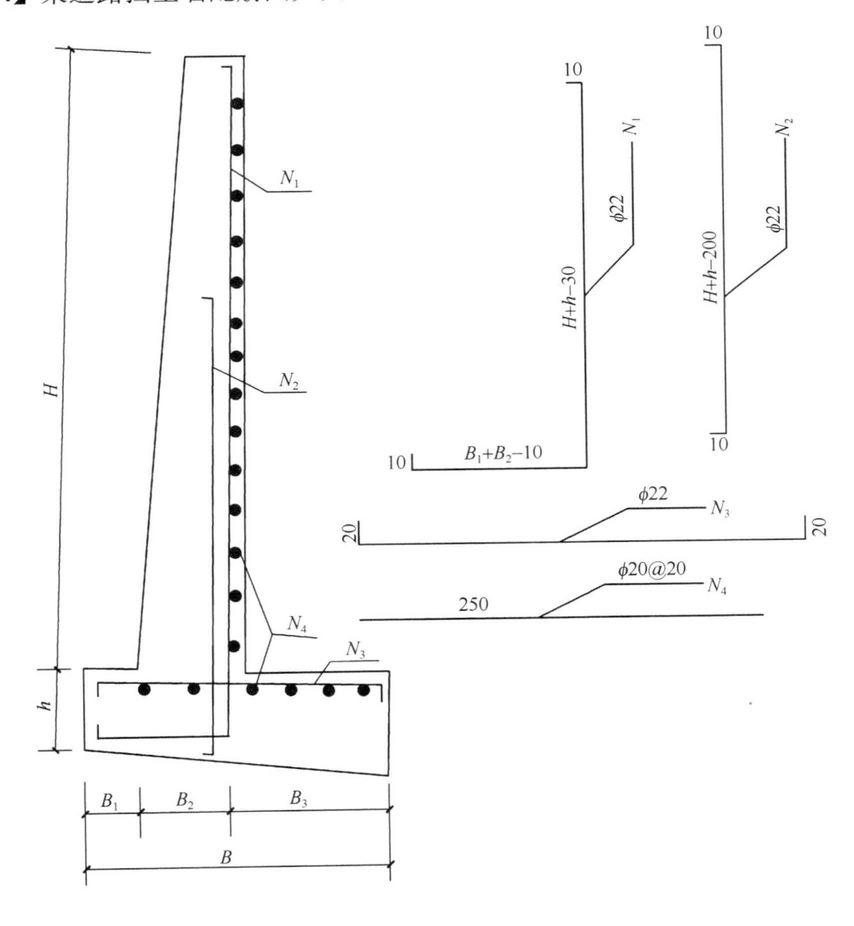

说明：1. 本图尺寸除钢筋直径外，其他均以 cm 计。

2. 本图参照挡土墙规格，取 $H=450\text{cm}$　$B=310\text{cm}$

$B_1=30\text{cm}$　$B_2=53\text{cm}$

$B_3=227\text{cm}$　$h=50\text{cm}$

3. 混凝土净保护层厚为 3cm。

图 2-240　挡土墙配筋图

【解】钢筋工程量：

（1）N_1 钢筋的长度：

$$10+B_1+B_2-10+H+h-30+10=B_1+B_2+H+h-20$$
$$=(30+53+450+50-20)\text{cm}$$
$$=563\text{cm}=5.63\text{m}$$

则 N_1 钢筋的质量：

$$5.63\times0.00617\times22^2\text{kg}=16.81\text{kg}=0.017\text{t}$$

【注释】10 为 N_1 钢筋两段弯起的长度。

（2）N_2 钢筋的长度：

$H+h-200+20=H+h-180=(450+50-180)\text{cm}=320\text{cm}=3.2\text{m}$

则 N_2 钢筋的质量：

$3.2\times0.00617\times22^2\text{kg}=9.56\text{kg}=0.010\text{t}$

（3）N_3 钢筋的长度：

$B-3\times2+20\times2=(310+34)\text{cm}=344\text{cm}=3.4\text{m}$

N_3 钢筋的质量：

$3.4\times0.00617\times22^2\text{kg}=10.15\text{kg}=0.010\text{t}$

【注释】3 为一侧混凝土净保护层厚度，20 为 N_3 钢筋两段的弯起长度。

（4）N_4 钢筋的总长度：

$$2.5\times20\text{m}=50\text{m}$$

N_4 钢筋的质量：

$$50\times0.00617\times20^2\text{kg}=123.40\text{kg}=0.123\text{t}$$

【注释】2.5 为单根 N_4 钢筋的长度，20 为其数量。

合计：(16.81+9.56+10.15+123.40)kg=159.92kg=0.158t

清单工程量计算见表 2-125。

清单工程量计算表 **表 2-125**

序号	项目编码	项目名称	项目特征描述	计量单位	工程量
1	040901001001	现浇构件钢筋	ϕ22，钢筋	t	0.037
2	040901001002	现浇构件钢筋	ϕ20@20，钢筋	t	0.123

第十节 拆 除 工 程

一、拆除工程造价概论

拆除工程指对已建成的建筑物或构筑物由于时间太久某些功能已丧失，建筑问题形成危房，或城市规划等需要拆除的建筑构筑物，用人工、机械或火药等进行拆除。

二、项目说明

041001001　拆除路面

面层：是直接同车轮和大气相接触的结构层。它承受行车荷载（竖直力，特别是水平力和冲击力）的反复作用，又受到降水的侵蚀和气温变化的不利影响。因此，同其他层次相比，面层应具有较高的结构强度和气候稳定性，而且要耐久、防渗，其表面应有良好的平整度和粗糙度。

路面的使用品质主要取决于面层。例如，面层采用水泥混凝土、沥青混凝土铺筑的路面具有强度高，耐久性好，平整无尘等特点，能承担繁重交通，并保证高速行驶和常年通行，属于高级路面。次高级路面的面层类型有热拌沥青碎石、乳化沥青碎石。

面层采用泥结碎石，级配砾（碎）石及半整齐石块铺筑，因强度和耐久性较低，易生尘土、平整度差，只适用于车速不高和交通量较小的情况，属于中级路面。采用各种粒料加固或改善土铺筑的低级路面，强度和水稳性均差能承担的交通量最小。

面层可由1～3层组成，如沥青上拌下贯式，上层采用沥青混合料而下层为沥青贯入碎石。碎（砾）石路面上所铺的砂土磨耗层和松散保护层，也可看作是碎石面层的组成部分。

041001002　拆除人行道

041001003　拆除基层

基层：主要承受由面层传下来的行车荷载竖直力的作用，并把它扩散到垫层和土基、故基层应具有足够的强度和刚度，但可不考虑耐磨性能。基层受气候因素的影响虽不如面层强烈，但由于仍可能受到地下水和路表水的渗入其结构还应有足够的水稳性。基层顶面也应平整，具有与面层相同的横坡，以保证面层厚度均匀。

用作基层的材料有沥青稳定类（包括热拌沥青碎石、乳化沥青碎石混合料、沥青贯入碎石等），无机结合料稳定类（又称半刚性类型，分为水泥稳定类、石灰稳定类、工业废渣稳定类等）粒料等（包括各种碎砾石材料和天然砂砾等）以及片（块）石或圆石等。

沥青面层与半刚性基层之间可设置上基层，以加强面层与基层的共同作用或减小基层收缩所引起的反射裂缝，上基层采用沥青稳定材料或级配碎石铺筑。在基层之下，还可设置底基层。以分担基层的承重作用，并减薄其厚度。

为保护面层的边缘，基层每侧应比面层至少宽出25cm。底基层每侧宜比基层宽15cm，但膨胀土路基上的基层或透水性基层，其宽度应横贯整个路基，也可在边缘设置排水渗沟，以排除渗入该层的水分，避免引起路面破坏。

041001004　铣刨路面

路面铣刨就是把损坏的旧路面刮一层，再铺新面层，主要是为了消除旧路面破坏松散部分，或使新旧面能够很好地结合。

041001005　拆除侧、平（缘）石

侧缘石：是设在路边边缘的界石，也称道牙或缘石，它是在路面上区分车行道、人行道、绿地、隔离带和道路其他部分的界线，起保障行人、车辆交通安全和保证路面边缘整齐的作用。侧缘石可分为侧石、平石、平缘石三种。

侧石：又叫立缘石，顶面高出路面的路缘石，有标定车行道范围和纵向引导排除路面水的作用。

平缘石：是顶面与路面平齐的路缘石，有标定路面的范围、整齐路容、保护路面边缘的作用。采用两侧明沟排水时常设置平缘石，以利排水，也方便施工中的碾压作业。

平石：是铺筑在路面与立缘之间的平缘石，常与侧石联合设置，是城市道路中最常用的设置方式为保证准确地不使锯齿形偏沟的坡度变动。

路缘石可用不同的材料制作：有水泥混凝土、条石、块石等，缘石外形有直，弯弧形和曲线形，应根据要求和条件，使用路缘石，应有足够的强度抗风化和耐磨耗的能力。

041001006　拆除管道

拆除管道按材质不同分为拆除混凝土管道、拆除金属管道、镀锌管拆除。每种管道按管径不同分别拆除。

041001007　拆除砖石结构

拆除砖石结构包括拆除检查井和构筑物。

构筑物：指与人们进行生产和生活活动有关，而不是直接使用的建筑物，如烟囱、水塔、栈桥、堤坝、水池、油池等。

041001008　拆除混凝土结构

拆除混凝土结构按拆除方式不同、有筋无筋分别计算。

041001009　拆除井

041001010　拆除电杆

041001011　拆除管片

盾构管片是盾构施工的主要装配构件，是隧道的最外层屏障，承担着抵抗土层压力、地下水压力以及一些特殊荷载的作用。盾构管片质量直接关系到隧道的整体质量和安全，影响隧道的防水性能及耐久性能。

管片模具是用模具钢制造的，由一块底板、四块侧板、两个上盖所组成的用于隧道管片生产的专用性混凝土预制件模具。

三、工程量清单表的编制和计价举例

【例 25】某街道道路新建排水工程，其路面拆除和分部分项工程量清单如表 2-126 所示。

分部分项工程量清单　　　　**表 2-126**

工程名称：某街道道路新建排水工程

序号	项目编码	项目名称	计量单位	工程数量
1	041001001001	拆除路面	m^2	11.90
2	041001003001	拆除基层	m^2	11.90

《建设工程工程量清单计价规范》GB 50500—2013 计算方法：

（1）人工拆除混凝土路面面层，长 16m，宽 1.95m，无筋厚 22cm，其面积为 $16m\times1.95m=31.2m^2$，其体积为 $31.2m^2\times0.22m=6.86m^3$

1）人工拆除混凝土路面面层，无筋厚 15cm 以内

① 人工费：390.90 元/$100m^2\times31.2m^2$＝121.96 元

② 材料费：无

③ 机械费：无

【注释】390.90 为人工拆除混凝土路面面层，无筋厚 15cm 的定额基价。

2）人工拆除无筋混凝土路面，增 7cm

① 人工费：25.85 元/100m^2×31.2m^2×7＝56.46 元

② 材料费：无

③ 机械费：无

【注释】25.85 为在 15cm 基础上每增加 1cm 厚度所增加的定额基价。

3）明挖石方双轮手推车运输（50m 以内）

① 人工费：945.76 元/100m^3×6.9m^3＝65.26 元

② 材料费：无

③ 机械费：无

【注释】945.76 为双轮手推车运输明挖石方，运距在 50m 以内的定额基价。

4）综合

① 直接费合计：243.68 元

② 管理费：243.68×14%元＝34.12 元

③ 利润：243.68×7%元＝17.06 元

④ 总计：（243.68＋34.12＋17.06）元＝294.86 元

⑤ 综合单价：294.96/11.9 元/m^3＝24.79 元/m^3

【注释】14%为管理费费率，7%为利润率，下同。

（2）人工拆除道路稳定层，厚 35cm，其面积为 16×1.95＝31.20（m^2），其体积为 31.2×0.35m＝10.92（m^3）

1）人工拆除无骨料多合土基层，厚 10cm

① 人工费：175.04 元/100m^2×31.20m^2＝54.61 元

② 材料费：无

③ 机械费：无

2）人工拆除无骨料多合土基层，增 25cm

① 人工费：87.63 元/100m^2×31.20m^2×5＝136.70 元

② 材料费：无

③ 机械费：无

3）人工装运土方（运距 50m 以内）

① 人工费：431.65 元/100m^3×10.92m^3＝47.14 元

② 材料费：无

③ 机械费：无

4）综合

① 直接费合计：238.45 元

② 管理费：238.45×14%元＝33.88 元

③ 利润：238.45×7%元＝16.69 元

④ 总计：（238.45＋33.38＋16.69）元＝288.44 元

⑤ 综合单价：288.44/11.9 元/m^3＝24.24 元/m^2

《市政工程工程量计算规范》CB 50857—2013 计算方法：

清单计价及综合单价分析表见表2-127、表2-128和表2-129。

分部分项工程和单价 措施项目清单与计价表 **表2-127**

工程名称：某街道道路新建排水工程　　　标段：

序号	项目编码	项目名称	项目特征描述	计量单位	工程数量	金额（元）		
						综合单价	合价	其中：暂估价
1	041001001001	拆除路面	拆除混凝土路面无筋厚22cm	m^2	11.90	24.79	295.00	
2	041001003001	拆除基层	拆除道路稳定层厚35cm	m^2	11.90	24.24	288.46	
本页小计							583.46	
合计							583.46	

工程量清单综合单价分析表 **表2-128**

工程名称：某街道道路新建排水工程　　　标段：

项目编码	041001001001	项目名称	拆除路面	计量单位	m^2	工程量	11.90

清单综合单价组成明细											
定额编号	定额名称	定额单位	数量	单价				合价			
				人工费	材料费	机械费	管理费和利润	人工费	材料费	机械费	管理费和利润
1-549	人工拆除混凝土路面	$100m^2$	0.03	390.98			58.65	11.73			1.76
1-550	人工拆除无筋混凝土路面	$100m^2$	0.03	180.88			27.13	5.43			0.81
1-409	明挖石方双轮手推车	$100m^3$	0.0058	945.76			141.86	5.49			0.82
人工单价		小计						22.65			3.39
22.47元/工日		未计价材料费									
清单项目综合单价								26.04			

材料费明细	主要材料名称、规格、型号	单位	数量	单价（元）	合价（元）	暂估单价（元）	暂估合价（元）
	其他材料费			—		—	
	材料费小计			—		—	

注：1.“数量”栏为：投标方（定额）工程量/招标方（清单）工程量/定额单位数，如“0.03”为31.2/11.9/100

2.管理费费率为10%，利润费为5%，基数取直接费。

工程量清单综合单价分析表 **表 2-129**

工程名称：某街道道路新建排水工程　　　　标段：

项目编码	041001001001	项目名称	拆除路面		计量单位		m^2		工程量	11.90	
清单综合单价组成明细											
定额编号	定额名称	定额单位	数量	单价				合价			
				人工费	材料费	机械费	管理费和利润	人工费	材料费	机械费	管理费和利润
1-569	人工拆除无骨料多合土基层（10cm）	$100m^2$	0.03	175.04			26.26	5.25			0.79
1-570	人工拆除无骨料多合土基层（增 252cm）	$100m^2$	0.03	438.15			64.75	4.32			0.65
1-45	人工装运土方（运距 50m 以内）	$100m^2$	0.01	431.65			64.75	4.32			0.65
人工单价		小计						22.71			3.41
22.47 元/工日		未计价材料费									
清分单项目综合单价								26.12			
材料费明细	主要材料名称、规格、型号				单位	数量		单价（元）	合价（元）	暂估单价（元）	暂估合价（元）
	其他材料费							—		—	
	材料费小计							—		—	

注：1.“数量”栏为：投标方（定额）工程量/招标方（清单）工程量/定额单位数，如“0.03”为 31.2/11.9/100

2. 管理费费率为 10%，利润费为 5%，基数取直接费。

【例 26】 某一街道位于城市的繁华市区，交通拥挤，所以路面损坏严重，需维修改造。原路长 586m，车行道宽 12m，每侧人行道宽 3.5m。根据原资料档案调查知，此路原结构为：20cm 混凝土面层，10cm 级配碎石层；原路缘石为 200mm×200mm 混凝土条石；人行道板 8cm 厚，其底部是 10cm 稳定粉质砂土层。此道路拆除的建筑垃圾须全部外运，运距 10km。计算其拆除与运输工程量。

【解】（1）混凝土路面拆除

机械拆除混凝土路面（厚 20cm 的工程量）$=586\times12m^2=7032m^2=70.32(100m^2)$

装载机装拆除物的工程量 $=586\times12\times0.2m^3=1406.4m^3=14.06(100m^3)$

自卸车运拆除物（10km 的工程量）$=586\times12\times0.2m^3=1406.4m^3=14.06(100m^3)$

【注释】586 为原路长度，12 为车行道宽度，0.2 为原结构混凝土面层厚度。

(2) 级配碎石层拆除

机械拆除级配碎石层(厚 10cm)的工程量$=586\times12\text{m}^2=7032\text{m}^2=70.32(100\text{m}^2)$

装载机装拆除物的工程量$=586\times12\times0.1\text{m}^3=703.2\text{m}^3=7.03(100\text{m}^3)$

自卸车运拆除物(10km)的工程量$=586\times12\times0.1\text{m}^3=703.2\text{m}^3=7.03(100\text{m}^3)$

【注释】0.1 为级配碎石层厚度。

(3) 稳定粉质砂土层拆除

人工拆除稳定粉质砂土基层(厚 10cm)的工程量$=[586\times(3.5-0.2)\times2]\text{m}^2$

$=3867.6\text{m}^2=38.68(100\text{m}^2)$

人工装拆除物的工程量$=[586\times(3.5-0.2)\times2\times0.1]\text{m}^3$

$=386.8\text{m}^3=3.87(100\text{m}^3)$

自卸车运拆除物的工程量(10km)$=[586\times(3.5-0.2)\times2\times0.1]\text{m}^3$

$=3.87(100\text{m}^3)$

【注释】3.5 为一侧人行道宽度，0.2 为路缘石宽度，0.1 为稳定粉质砂土基层厚度。

(4) 人行道板拆除

人工拆除人行道板(厚 8cm)的工程量$=[586\times(3.5-0.2)\times2]\text{m}^2$

$=38.68(100\text{m}^2)$

装载机装拆除物的工程量$=[586\times(3.5-0.2)\times2\times0.08]\text{m}^3$

$=3.09(100\text{m}^3)$

自卸车运拆除物(10km)的工程量$=[586\times(3.5-0.2)\times2\times0.08]\text{m}^3$

$=309.41\text{m}^3=3.09(100\text{m}^3)$

【注释】0.08 为人行道板的厚度。

(5) 路缘石拆除

拆除路缘石工程量$=586\times2\text{m}=1172\text{m}=11.72(100\text{m})$

装载机装拆除物工程量$=586\times2\times0.2\times0.2\text{m}^3$

$=46.88\text{m}^3=0.47(100\text{m}^3)$

自卸车运拆除物(10km)的工程量$=586\times0.2\times0.2\times2\text{m}^3$

$=46.88\text{m}^3$

$=0.47(100\text{m}^3)$

【注释】0.2 为路缘石的截面尺寸。

清单工程量计算见表 2-130。

清单工程量计算表 **表 2-130**

序号	项目编码	项目名称	项目特征描述	计量单位	工程量
1	041001001001	拆除路面	混凝土，厚 20cm	m^2	7032
2	041001003001	拆除基层	级配矿石，厚 10cm	m^2	7032
3	041001003002	拆除基层	稳定粉质砂土，厚 10cm	m^2	3867.60
4	041001002001	拆除人行道	人行道板，厚 8cm	m^2	3867.60
5	041001005001	拆除侧、平（缘）石	拆除路缘石	m	1172